Nr. 17 1953
S. 2545—2704 29. April

Chemisches Zentralblatt

Vollständiges Repertorium für alle Zweige der reinen und angewandten Chemie

Im Auftrage der Deutschen Akademie der Wissenschaften zu Berlin, der Akademie der Wissenschaften zu Göttingen und der Gesellschaft Deutscher Chemiker

herausgegeben von

Prof. Dr. Maximilian Pflücke

Chefredakteure: Dr. Eugen Klever und Prof. Dr. Maximilian Pflücke

124. Jahrgang

1953

Akademie-Verlag GmbH., Berlin — Verlag Chemie, GmbH., Weinheim/Bergstr.

Inhalt

CHEMISCHES ZENTRALBLATT

VOLLSTÄNDIGES REPERTORIUM
FÜR ALLE ZWEIGE DER REINEN UND ANGEWANDTEN CHEMIE

GEGRÜNDET 1830

Im Auftrage der Deutschen Akademie der Wissenschaften zu Berlin,
der Akademie der Wissenschaften zu Göttingen
und der Gesellschaft Deutscher Chemiker

herausgegeben von

Prof. Dr. Maximilian Pflücke

124. JAHRGANG

1953

SEITE 1281—2704
MÄRZ BIS APRIL

Chefredakteure: Dr. Eugen Klever und Prof. Dr. Maximilian Pflücke

1953

AKADEMIE-VERLAG GMBH · BERLIN
VERLAG CHEMIE, GMBH., WEINHEIM/BERGSTR.

Herausgeber und verantwortlich für den Inhalt: Prof. Dr. Maximilian Pflücke, Berlin W 8, Jägerstraße 22/23, Fernsprecher: 20 04 81, 20 14 64. Redaktion: Chefredakteure Dr. Eugen Klever u. Prof. Dr. Maximilian Pflücke. Verlag: Akademie-Verlag GmbH, Berlin NW 7, Schiffbauerdamm 19 (Fernsprecher 42 55 71, Postscheckkonto Berlin 350 21) u. Verlag Chemie, GmbH, Weinheim/Bergstraße (Postscheckkonto Frankfurt/M. 1453 14 u. Berlin [West] 74 30, Fernsprecher: Weinheim 20 17).

Bestell- und Verlags-Nr. 1007/124.

Satz u. Druck: VEB Leipziger Druckhaus, Leipzig, III/18/203. III. 53.

Veröffentlicht unter der Lizenznummer 1212 des Amtes für Literatur u. Verlagswesen der Deutschen Demokratischen Republik.

Printed in Germany.

Chemisches Zentralblatt

1953 Nr. 17 29. April

Geschichte. Unterricht.

L. Krówczyński, *Tadeusz Estreicher.* Nachruf auf den am 8/4. 1952 verstorbenen Direktor der Pharmazeut. Abteilung der Jagellon. Universität in Krakau. (Farmacja polska **8.** 266—67. 1952.) R. K. MÜLLER. 1

G. G. Urasow, *N. Ss. Kurnakow als Begründer der physikalisch-chemischen Analyse.* Würdigung seiner Arbeiten über die Salzgleichgewichte, Komplexverbb. u. bes. die Zusammensetzungs-Eigenschaftsdiagramme. (Успехи Химии [Fortschr. Chem.] **21.** 1019—33. Sept. 1952.) LEBTAG. 1

Ss. A. Pogodin, *Über die Priorität von N. Ss. Kurnakow bei der Begründung und Ausarbeitung der grundlegenden Methoden und Vorstellungen der physikalisch-chemischen Analyse.* (Успехи Химии [Fortschr. Chem.] **21.** 1034—43. Sept. 1952.) LEBTAG. 1

. . Kornilow, *Entwicklung der Arbeiten von N. Ss. Kurnakow über die Chemie metallischer Legierungen.* Übersicht über die Arbeiten KURNAKOWs über Metallegierungen, Metallverbb., feste metall. Lsgg. u. Zustandsdiagramme der Metallsysteme. (Успехи Химии [Fortschr. Chem.] **21.** 1045—57. Sept. 1952.) LEBTAG. 1

N. W. Agejew, *Natur der festen metallischen Phasen wechselnder Zusammensetzung.* Vf. weist nach, daß die von KURNAKOW gegebene Begriffsbest. für die Daltonide u. Berthollide durch die späteren kristallchem., thermodynam. u. die Unterss. über die Elektronendichte bestätigt wurde. (Успехи Химии [Fortschr. Chem.] **21.** 1058—67. Sept. 1952.) LEBTAG. 1

W. K. Ssementschenko, *Die Arbeiten von N. Ss. Kurnakow über die kritischen Erscheinungen im festen Zustand.* (Успехи Химии [Fortschr. Chem.] **21.** 1068—78. Sept. 1952.) LEBTAG. 1

. N. Lepeschkow, *Untersuchungen von N. Ss. Kurnakow und seiner Schule auf dem Gebiet der natürlichen Salze und Wasser-Salz-Gleichgewichte.* (Успехи Химии [Fortschr. Chem.] **21.** 1079—85. Sept. 1952.) LEBTAG. 1

N. K. Wosskressenskaja, *Die Arbeiten von N. Ss. Kurnakow und seiner Schule auf dem Gebiet der Chemie geschmolzener Salze.* (Успехи Химии [Fortschr. Chem.] **21.** 1086—95. Sept. 1952.) LEBTAG. 1

Josef Wilhelm Gilles, *Der Stammbaum des Hochofens.* Geschichtlicher Überblick über den Ursprung u. die Entw. des Hochofens. (Arch. Eisenhüttenwes. **23.** 407—15. Nov./Dez. 1952. Niederschelden/Sieg.) HABBEL. 2

Ernst Hermann Schulz und **Paul Bornefeld,** *Eine eigenartige Luppe aus dem Mittelalter.* Eine an einer aus der Zeit zwischen dem 12. u. 15. Jahrhundert stammenden Eisengewinnungsstätte bei Hohenlimburg gefundene Eisenluppe hat bei einer Zus. von 1,5 (%) C, 0 Si, 0,18 Mn, 0,065 P, 0,045 S u. 0,005 N ein Abschreckgefüge. (Stahl u. Eisen **72.** 1448—49. 6/11. 1952. Dortmund u. Hohenlimburg.) HOCHSTEIN. 2

Gilbert P. Haight jr., *Farbige Ionen der Übergangselemente.* Demonstration der Oxydation von V^{II} (purpurrot) in mol. schwefelsaurer Lsg. beim Titrieren oder Überschichten (Zonen) mit $KMnO_4$-Lsg. in V^{III} (grün), V^{IV} (blau) u. V^{V} (gelb) mit Zwischenfarben bis zum Violett des $KMnO_4$-Überschusses. (J. chem. Educat. **29.** 296. Juni 1952. Washington, D. C., George Washington Univ.) BLUMRICH. 6

Milton L. Braun, *Eine Quecksilberlichtquelle zum Gebrauch mit einem Beugungsgitter.* Eine Fluorescenzlampe wird so montiert, daß sie gleichzeitig als Spalt dient u. Beobachtung u. Best. der Lage der gelben u. grünen Hg-Linie für Praktikumszwecke gestattet. (Amer. J. Physics **20.** 311. Mai 1952. Salisbury, N. C., Catawba Coll.) LINDBERG. 6

Robert Edmund Simpson, *Ein 0,5 MeV-Protonen-Cyclotron.* Anleitung u. Schaltskizze für ein 0,5 MeV-Cyclotron. (Chemistry **24.** Nr. 7. 2—8. März 1951. Kenmore, N. Y., Senior High School.) WEIGEL. 6

V. R. Damerell, Laboratory experiments in college chemistry. New York: Macmillan. 1952. (128 S. m Abb. u. Diagr.) $ 1,75.

Lillian Hoagland Meyer, Laboratory manual for introductory chemistry. New York: Macmillan. 1952. (114 S. m. Diagr.) $ 1,75.

Otto Ruff, Einführung in das chemische Praktikum. Für Studierende der Chemie und Hüttenkunde. 4. Aufl. Überarb. u. erg. von **Hans-Albert Lehmann.** Leipzig: Akademische Verl.-Ges. 1952. (VIII + 86 S. m. 9 Abb.) DM 5,—.

A. Allgemeine und physikalische Chemie.

Giovanni Polvani, *Zur Frage des der Grundeinheit der Masse zu gebenden Namens.* Zur Bezeichnung der im Pavillon de Breteuil in Sèvres aufbewahrten Grundeinheit der M. schlägt Vf. vor, die griech. Wörter βρῖθος oder σταθμός in Form der Stämme „brize" bzw. „statmo" oder den aus dem Latein. kommenden Stamm „bes" zu verwenden mit den Abkürzungen b, st oder wieder b. (Ricerca sci. **22.** 597—614. April 1952. Milano.) R. K. MÜLLER. 10

Oscar Scarpa, *Zur Frage des der Grundeinheit der Masse zu gebenden Namens.* (Vgl. vorst. Ref.) Vf. schlägt die Namen Kima (Abkürzung: Km) oder MAS vor, um das umständliche Wort Kilogramm-Masse zu ersetzen. (Ricerca sci. **22.** 1449. Juli 1952. Bordighera.) R. K. MÜLLER. 10

Jack Jousset, Chimie. A l'usage des étudiants P. C. B. et licenses (sciences), chimistes, ingénieurs. 65e éd. T. 1: Mesures, constantes physiques des corps chimiques. T. 2: Propriétés et caractéristiques des composés organiques. T. 3: Chimie minérale, analyse minérale et analyse organique. Paris: Dunod. 1952. 3 vol.

P. Lafay, Sciences physiques. Paris: A. Colin. (320 S.) Fr. 800,—.

A_1. Kernphysik und Kernchemie.

Gérard Petiau, *Über die Auflösung der Wellengleichungen des Teilchens mit dem Spin $^1/_2$ ħ in Wechselwirkung mit einem radialen pseudoskalaren Potential.* Vf. untersucht die Auflösung der Wellengleichungen des Teilchens mit dem Spin $^1/_2$ ħ für den Fall, daß dieses Teilchen der Wrkg. eines radialen Potentials vom pseudoskalaren Typ unterworfen wird. Werden die Wellenfunktionen durch Kombinationen von Kugelfunktionen u. Radialfunktionen dargestellt, so läßt sich das Differentialsyst. aufstellen, das die Radialfunktionen bestimmt. Für verschied. Fälle lassen sich dann die Lösungen der Wellengleichung des Teilchens mit dem Spin $^1/_2$ ħ genau angeben. (J. Physique Radium **12.** 810—16. Okt. 1951. Paris, Inst. Henri Poincaré.) GERHARD SCHMIDT. 80

P. Bassi, A. M. Bianchi und **C. Manduchi,** *Über die Photonenkomponente der ausgedehnten Schauer in Luft.* Die Photonenkomponente ausgedehnter Höhenstrahlschauer wurde in Seehöhe u. auf 2000 m gemessen. Die Zähleranordnung erfaßte durch Antikoinzidenz- u. Koinzidenzschaltungen alle ionisierenden Teilchen, welche durch nichtionisierende, zu einem ausgedehnten Schauer gehörende Teilchen in einer Pb-Schicht ausgelöst wurden. Die Messungen zeigten die Existenz der photon. Komponente der Höhenstrahlung unter schweren Pb-Schichten. Es ergab sich, daß das Verhältnis zwischen Photonen u. Elektronen unabhängig von der Höhe ist u. mit der Schauerdichte wächst. (Nuovo Cimento [9] **9.** 358—64. April 1952. Padova, Univ., Ist. di Fis., Centro di Stud. degli Ioni veloci del C. N. R.) CONRAD. 85

C. Milone, *Über das Energiespektrum der Elektronen in ausgedehnten Schauern der Höhenstrahlung.* In 40 m Höhe wird in Abständen von 0 u. 50 m das Energiespektr. von Elektronen in ausgedehnten Schauern mit einer mittleren D. (im zentralen Teil) von 72 bis zu 3,14 Teilchen/m² untersucht. Es entspricht der Beziehung $N = K (E + E_0)^{-s}$, wobei N die Zahl der Elektronen mit Energien über E, E_0 die krit. Energie in Luft, s ein von der mittleren D. des Schauers u. dem Abstand der Elektronen von der Schauerachse abhängiger Exponent ist. Der experimentelle Schauer ist härter, als es die Theorie vorsieht. Über 50 m Abstand hinaus liegen Elektronen vor, deren Energie zu hoch ist, als daß sie einer von einem einzigen Elektron in hoher Atmosphäre ausgelösten Elektronenkaskade angehören könnten. (Nuovo Cimento [9] **9.** 549—71. 1/7. 1952. Catania, Univ., Ist. di Fis.) R. K. MÜLLER. 85

L. Barbanti Silva, C. Bonacini, C. Depietri, G. Lovera und **E. Perilli Fedeli,** *Über die anomale Verteilung der von der Höhenstrahlung in photographischen Emulsionen erzeugten Zertrümmerungssterne.* Eine statist. Unters. über die Zahl der 3- u. mehrzackigen Sterne in einer Emulsion bei Einw. von Höhenstrahlung im Vgl. mit den Sternpaaren aus α-Teilchen ergibt in beiden Fällen für die Abweichung zwischen beobachteten u. berechneten Sternzahlen keinen systemat. Gang. Wenn der Regenerationsprozeß Abweichungen von einer rein zufälligen Verteilung bewirken sollte, können sie nur sehr gering sein. (Nuovo Cimento [9] **9.** 630—32. 1/7. 1952. Modena, Univ., Ist. di Fis.) R. K. MÜLLER. 85

E. Pickup und **L. Voyvodic,** *Beobachtungen an einigen energiereichen Höhenstrahlzusammenstößen in photographischen Emulsionen.* (Vgl. C. **1951.** I. 3144.) ILFORD G 5-Platten wurden in ca. 27 km Höhe der Höhenstrahlung ausgesetzt. Sechs energiereiche Zusammenstöße, die nur relativist. oder nahezu relativist. Fragmente zeigen u. bei denen die Schauerteilchen, vermutlich Mesonen, in einem Kegel nach vorwärts ausgesandt werden, werden besprochen. Die Winkelverteilung kann größtenteils durch die FERMI-

Theorie der Mehrfacherzeugung von Mesonen erklärt werden. In einem Fall handelt es sich um den Zusammenstoß eines Li-Kerns mit einem H-Kern der Emulsion, die Energie des einfallenden Kerns wird zu $2 \cdot 10^{12}$ eV/Nucleon berechnet. (Physic. Rev. [2] **84.** 1190 bis 1198. 15/12. 1951. Ottawa, Can., Nat. Res. Counc., Phys. Div.) Wiedemann. 85

Edward J. Althaus, *Die Beobachtung von zwei instabilen V-Mesonen in einer Nebelkammer in Seehöhe.* (Sitzungsbericht.) Bei der Unters. (vgl. C. **1952.** 474) des Einfangs von μ-Mesonen in *Pb* u. *C* mit einer durch Neutronenkoinzidenzen gesteuerten Nebelkammer wurden auf 1215 Aufnahmen zwei V-Bahnen beobachtet. Eine davon hatte Gabelform, entsprach also dem Zerfall eines neutralen V^0-Teilchens. Die andere zeigte den Zerfall eines V^+-Teilchens in ein neutrales u. ein geladenes Teilchen. (Physic. Rev. [2] **83.** 896. 15/8.; Bull. Amer. physic. Soc. **26.** Nr. 5. 16. 25/6. 1951. Washington Univ.) Pollermann. 90

E. Clementel, *Die Wechselwirkung der π-Mesonen mit der Kernmaterie.* Für den Fall der Rkk. von π-Mesonen mit *C*-Kernen wird aus der Zahl der absorbierten Teilchen u. der Zahl der einfallenden Teilchen der Stoßquerschnitt berechnet, der die unelast. Streuung, die Streuung mit Ladungswechsel u. die Sternbldg. umfaßt, u. der theoret. Wert mit den experimentellen Daten verglichen. Eine endgültige Entscheidung über den Wert des Potentials ist noch nicht möglich. (Nuovo Cimento [9] **9.** 369—71. April 1952. Padova, Univ., Ist. di Fis.) R. K. Müller. 90

E. R. Caianiello, *Fermion-Typen und daraus folgende Auswahlregeln.* Es wird gezeigt, daß bei Annahme der Hypothese einer universalen Wechselwrkg. vom Fermi-Typ die Bedingungen, die diese Hypothese den Fermiontypen auferlegt, zusammen mit der Kenntnis der Wechselwirkungen zwischen Fermionen u. Bosonen zu einer einigermaßen definierten Best. der Fermionentypen führen. Daraus ergeben sich einige neue Auswahlregeln, die bei solchen Prozessen wirksam werden, bei denen die Fermionen ihre Natur ändern. (Nuovo Cimento [9] **9.** 336—50. April 1952. Torino, Univ., Ist. di Fis.) Conrad. 90

M. Verde, *Spin-Bahn-Kopplung und Polarisation von Neutronen.* Um experimentelle Unterlagen über das Vorliegen einer Spin-Bahn-Kopplung zu gewinnen, werden Berechnungen über die Stöße polarisierter u. nichtpolarisierter Neutronen mit einem Kern herangezogen. Es werden die Möglichkeiten einer experimentellen Best. des Polarisationsvektors erörtert. (Nuovo Cimento [9] **9.** 376—79. April 1952. Torino, Univ., Ist. di Fis.) R. K. Müller. 90

W. A. Nierenberg, *Die Oktupolmoment-Wechselwirkung.* (Sitzungsbericht.) Neuberechnung der Matrixelemente der Oktupolwechselwrkg. unter Zuhilfenahme korrekter Eigenwerte des Operators. (Physic. Rev. [2] **87.** 225. 1/7. 1952. Berkeley, Univ. of California.) Gerhard Schmidt. 95

A. Gamba, R. Malvano und **L. A. Radicati,** *Auswahlregeln bei Kernreaktionen.* Vff. betrachten die Symmetrieeigg. der Wellenfunktionen des Kerns u. der Hamilton-Operatoren in bezug auf die symm. Austauschgruppe, um Auswahlregeln für den Zerfall eines Kerns nach Absorption einer elektromagnet. oder Mesonenstrahlung zu erhalten. Als einfaches Beispiel wird die Photozertrümmerung des α-Teilchens durchgerechnet. (Physic. Rev. [2] **87.** 440—43. 1/8. 1952. Torino, Univ., Ist. di Fis.; Ist. di Fis. del Politec.) Gerhard Schmidt. 103

Stuart P. Lloyd, *Winkelkorrelationen verzögerter Koinzidenzen.* Vf. betrachtet die Richtungsabhängigkeit bei der Kernkaskade $j_1 \rightarrow j \rightarrow j_2$ sukzessiv emittierter Teilchen, wobei die j-Werte die Drehimpulse der Kernniveaus bei einer in einem homogenen Magnetfeld angebrachten Strahlenquelle darstellen. (Physic. Rev. [2] **82.** 277—78. 15/4. 1951. Urbana, Ill., Univ., Dep. of Phys.) Gerhard Schmidt. 103

M. L. Chaudhury, *Über die Theorie des α-Zerfalls.* Nach der von Kar u. Chaudhury entwickelten Theorie wird eine von der Zerfallskonstanten λ unabhängige theoret. Formel für den Kernradius abgeleitet. Die Radien sind größer als die aus der früheren Theorie berechneten. Im radioakt. Bereich betragen die Energieabstände der Kernniveaus hier nur einige eV gegenüber ca. 10^5 eV u. stimmen mit den experimentellen Ergebnissen über den Resonanzeinfang von Neutronen durch Elemente mit einem At.-Gew. bis zu ca. 200 überein. Der Charakter des Verhältnisses der anomalen u. n. Streuung von α-Teilchen führt zur Annahme eines Yukawa-Potentials außerhalb des Kerns, das sich dem Coulomb-Potential überlagert. Die Meßergebnisse von Chang über die α-Spektren von ^{210}Po u. ^{226}Ra, die im Widerspruch zur Gamow-Theorie des α-Zerfalls stehen, werden vom Standpunkt der neuen Theorie aus diskutiert. Das neu eingeführte Yukawa-Feld gestattet die qualitative Erklärung dieser Diskrepanz. (Indian J. Physics Proc. Indian Assoc. Cultivat. Sci. **26.** 186—96. April 1952. Calcutta, Presidency Coll., Phys. Labor.) Werner Schulz. 103

Philip B. Smith und **James S. Allen**, *Kernrückstöße beim Zerfall von ^7Be.* Ausführliche Darst. des C. **1951.** II. 5 referierten Sitzungsberichtes. (Physic. Rev. [2] **81.** 381—85. 1/2. 1951. Urbana, Ill., Univ., Phys. Dep.) GERHARD SCHMIDT. 103

L. J. de Vries, F. T. H. Veringa und **J. Clay**, *Halbwertszeitbestimmung von ^{31}Si durch eine Präzisionsmethode und ein vorläufiges Ergebnis für ^{83}Kr.* Vff. bestimmen die Halbwertszeiten von ^{31}Si u. ^{83}Kr nach einer Ionisationsmeth., wobei die 5 im Cyclotron nach der Rk. ^{30}Si(d,p) erhaltenen ^{31}Si-Proben unter verschied. Bedingungen gemessen wurden. Die Herst. der Präpp. erfolgte nach verschied. chem. Trennungsmethoden. Für ^{31}Si ergab sich ein mittlerer Wert für die Halbwertszeit von 157,3 Min. $\pm$ 3%. Der vorläufige Wert für die Halbwertszeit von ^{83}Kr wird zu 111,5$\pm$0,15 Min. angegeben. (Proc., Kon. nederl. Akad. Wetensch., Ser. B **55.** 303—09. Sept./Okt. 1952. Amsterdam, Univ., Natuurkund. Labor.) GERHARD SCHMIDT. 103

M. Paganelli und **G. Quareni**, *Über das Zerfallsschema von ^{40}K.* Ausführliche Darst. der C. **1953.** 1755 referierten Arbeit. (Nuovo Cimento [9] **9.** 324—35. April 1952. Padova, Univ., Ist. di Fis., Centro di Stud. degli Ioni veloci del C. N. R.) CONRAD. 103

P. Hubert, *Spektrometrische Untersuchung der γ-Strahlung von ^{76}As.* Vf. mißt mit einem Magnetlinsenspektrometer die den β-Zerfalldes 26,7 Std.-^{76}As begleitende γ-Strahlung. Die Intensität der benutzten Strahlenquelle lag bei 10 mC. Das mit einem Cu-Strahler erhaltene Spektr. weist 4 charakterist. Verteilungen auf. Die Änderung des Spektr. durch Bedecken des Cu-Trägers mit einer Pb-Folie von 50 μ bzw. 100 μ Dicke wird wiedergegeben. Die genauen Energiewerte der 5 beobachteten γ-Strahlen werden bei Verwendung einer Au-Folie von 7 mg/cm² Dicke als Träger erhalten. Eine γ-Strahlung von 1,7 oder 1,8 MeV tritt nicht auf. Die Ggw. von 5 γ-Strahlen läßt für den Zerfall von ^{76}As ein Zerfallsschema vermuten, das dem von MARTY (C. R. hebd. Séances Acad. Sci. **228.** [1941.] 1722) vorgeschlagenen analog ist. (J. Physique Radium **12.** 823—24. Okt. 1951. C. N. R. S.) GERHARD SCHMIDT. 103

R. B. Leachman, *Geschwindigkeiten der Bruchstücke aus der Spaltung von ^{233}U, ^{235}U und ^{239}Pu.* (Vgl. C. **1952.** 1774.) Vf. bestimmt die Geschwindigkeitsverteilung der Bruchstücke aus der durch langsame Neutronen induzierten Spaltung mit einer Flugzeitmethode. Durch Vgl. mit den Werten von Spaltbruchstücken, die in Ionisationskammern mit Ar- u. CO_2-Füllung gebremst werden, zeigen die Geschwindigkeitswerte der Bruchstücke an, daß die kinet. Energien der Bruchstücke jene aus Ionisationskammermessungen erhaltenen Werte um 5,7 MeV für das wahrscheinlichste leichte Bruchstück u. um 6,7 MeV für das wahrscheinlichste schwere Bruchstück überschreiten. Diese Energiedifferenzen können durch Energie-Ionisationsverhältnisse erklärt werden, die um 6 bzw. 11% das Energie–Ionisations-Verhältnis des α-Teilchens überschreiten, worauf sich die Energien aus den Ionisationskammermessungen gründen. Die mittlere kinet. Energie der Spaltbruchstücke stimmt mit calorimetr. u. massenspektrograph. Werten überein. Die Breiten der Spitzen direkt gemessener Geschwindigkeitsverteilung sind merklich enger als die aus Ionisationskammerwerten berechneten. (Physic. Rev. [2] **87.** **444**—47. 1/8. 1952. Los Alamos, N. Mex., Sci. Labor.; Univ. of California.) GERHARD SCHMIDT. 103

J. S. Fraser, *Die Winkelverteilung unverzögerter Neutronen bei der ^{239}Pu-Spaltung.* (Sitzungsbericht.) Parallel gerichtete Spaltbruchstücke aus einer 200 μg/cm² ^{239}Pu-Schicht, die langsamen Meilerneutronen ausgesetzt war, wurden in einer Gitter-Ionisationskammer nachgewiesen u. energet. identifiziert. Koinzidierende schnelle Neutronen in einer vorgegebenen Richtung wurden durch Protonenrückstöße in einer mit Methan gefüllten Kammer gezählt. Die Winkelverteilungen der schnellen Neutronen wurden in bezug auf die Spaltprodd. aufgeführt. Für die Kurve (a) wurden nur die leichten Bruchstücke ausgewählt, für die Kurve (b) wurden alle Bruchstücke zugelassen. Kurve (a) liefert ein Verhältnis N (0°)/N (180°) = 1,72$\pm$0,06; für Kurve (b) beträgt dieses Verhältnis 0,992$\pm$0,020. Damit wird das Verhältnis N (0°)/N (90°) zu 4,35$\pm$0,15 gefunden. (Physic. Rev. [2] **85.** 726. 15/2. 1952; Bull. Amer. physic. Soc. **26.** Nr. 6. 30. 24/10. 1951. Chalk River Labor.) GERHARD SCHMIDT. 103

A. Ertaud, V. Raievski und **D. Breton**, *Die beim Graphitprobenvergleich angewandte Oscillationsmethode im Meiler.* (Vgl. C. **1953.** 1437.) Vff. lassen im Reflektorraum des Meilers eine streuende u. absorbierende Substanz langsam pendeln u. messen den period. Ausschlag, den diese Oscillation in einer Ionisationskammer erzeugt. Die Unters. zeigt, daß für bestimmte Lagen von Probe u. Kammer die Änderung der Einfangeigg. der pendelnden Substanz sich als eine Änderung der Phasenverschiebung zwischen der Bewegung des Oscillators u. des Ausschlages äußert, wenn die Streueigg. ungeändert bleiben. Die Genauigkeitsgrenzen der Anordnung werden angegeben. (J. Physique Radium **12.** 784—88. Okt. 1951. Fort de Châtillon, Fontenay aux Roses, Comm. à l'Énergie atomique.) GERHARD SCHMIDT. 105

A. Ertaud, R. Beaugé, H. Fauquez und **L. Vautrey**, *Experimentelle Untersuchung der Kinetik des Meilers von Châtillon.* (Vgl. vorst. Ref.) Die Unters. der Energieanstiegskurven des Meilers u. deren Zusammenhang mit der Reaktivierung des Meilers ermöglicht die experimentelle Best. der Reaktivierungsänderung des Meilers durch Variation des Schweren Wasser-Niveaus, der Lage der Regelstangen u. der Temperatur. Für die Reaktivierungsschwankung wird in dem prakt. Verwendungsbereich des Meilers der entsprechende Ausdruck angegeben. (J. Physique Radium **12.** Nr. 8. Suppl. 17A—25A. Okt. 1951.)
Gerhard Schmidt. 105

J. M. Harrer, R. E. Boyar und **Darwin Krucoff**, *Die Transportgleichung des Argonne CP-2-Reaktors.* Das kinet. Verh. des Meilers wurde für sinusförmige Schwankungen der Reaktivität theoret. u. experimentell untersucht. Zur örtlichen Änderung der Reaktivität wurde ein Cd-Stab durch einen Motor period. hin- u. herbewegt. Die Amplitude u. Phasenverschiebung in einer an zwei Stellen im Meiler angebrachten Ionisationskammer wurde als Funktion der Frequenz der Reaktivitätsschwankung an Hand von Diagrammen mit den theoret. Ergebnissen verglichen. (Nucleonics **10.** Nr. 8. 32—36. Aug. 1952. Chicago, Ill., Argonne Nat. Labor.) H. Hauswald. 105

K. Z. Morgan und **C. P. Straub**, *Berechnung der maximal zulässigen Konzentration radioaktiver Verseuchung in Luft und Wasser nach einer Atomexplosion.* (Sitzungsbericht.) Aufstellung einer Gleichung für die maximal zulässige Konz. von Radioisotopen für die Zeit von 30 Min. bis zu 3 Jahren nach einer Unterwasser-Atomexplosion. (Physic. Rev. [2] **87.** 178. 1/7. 1952. Oak Ridge Nat. Labor.) Gerhard Schmidt. 105

—, *Bleischrot für γ-Abschirmung.* Zum Schutze von Personen gegen γ-Strahlen können an Stelle fester Pb-Wände Eisenblechbehälter, die mit 0,1 in. Bleischrot gefüllt sind, verwendet werden. Diese Abschirmungen eignen sich jedoch nicht für photograph. Material. Durch weitere Verss. wurde gezeigt, daß das Bleischrot nicht eng u. regulär gepackt war, u. daß die austretende Strahlung hauptsächlich prim. γ-Strahlung war. Die Abschirmungswrkg. gleicher Dicken massiver Pb- u. Bleischrotschichten wird verglichen. (Nucleonics **10.** Nr. 1. 27—28. Jan. 1952.) Gerhard Schmidt. 105

R. M. Sievert und **R. Walstam**, *Eine Methode für umfassende laufende Strahlenschutzmessungen.* Vff. beschreiben eine kleine zylindr. Doppelkondensatorkammer (Durchmesser 13 mm, Länge 30 mm), bestehend aus 3 koaxialen Zylindern aus graphiertem Papier mit gegenseitiger Isolation aus Styroflex. Die äußere Kammer ist 10mal empfindlicher als die innere, so daß man über 2—3 Zehnerpotenzen messen kann. Nach Aufladung kann der App. an der Kleidung der Versuchsperson befestigt werden. Die Messung der Entladung erfolgt in einem Spezialgerät, in dem die Wiederaufladung über einen Hochohmwiderstand bewirkt wird. Die Meßgenauigkeit beträgt ±10%. (Fortschr. Gebiete Röntgenstrahlen verein. Röntgenprax. **75.** Sonderheft. 168—73. Dez. 1951. Stockholm, Radiophysikal. Inst.) Reusse. 105

Nils Forsberg und **Pelle Isberg**, *Ein elektrostatischer Generator für 1 MV.* Ausführliche Beschreibung eines Van de Graaff-Generators, der mit der D-D-Rk. auf einem Schweren Eis-Target einen Neutronenstrom von 9 C Ra–Be-Äquivalent liefert. (Ark. Fysik **3.** 519—24. 1952. Stockholm, Royal Inst. of Technol., Dep. of Phys.)
H. Hauswald. 112

R. Wahl, *Ein Laboratoriums-Impulserzeuger.* Schaltskizzen eines Impulserzeugers für kernphysikal. Unterss. mit Misch- u. Verstärkerstufe. Die Dauer der Signale beträgt im Minimum $3 \cdot 10^{-7}$ Sekunden. (Électronique **1952.** Nr. 72. 5—8. Nov. Comm. à l'Énergie atomique.) Gerhard Schmidt. 112

G. Valladas, *Ein Koinzidenzen- und Antikoinzidenzen-Selektor.* Detaillierte Beschreibung eines Selektors für Koinzidenzen mit drei Kreisen u. einem Antikoinzidenzkreis. Die Auflösungszeit der Anordnung kann zwischen 0,1 u. 2 μSek. justiert werden. Das Schaltbild u. die Charakteristiken der einzelnen Kreise werden angeführt. (J. Physique Radium **47.** Nr. 8. Suppl. 53A—64A. Okt. 1951. Fontenay-aux-Roses, Labors du Fort de Châtillon, Comm. à l'Énergie atomique.) Gerhard Schmidt. 112

Jacques Labeyrie, Claude Lallemant und **Jacky Weill**, *Ionisationskammer mit Borcarbid (B_4C)-Niederschlag zur Messung der Ströme thermischer Neutronen.* Zur Best. des Flusses therm. Neutronen wird eine Ionisationskammer verwendet, die weniger empfindlich ist, aber sich leichter konstruieren läßt als die übliche BF_3-Ionisationskammer. Die aus der mit B_4C-Nd. u. einem Verstärker bestehende Anordnung dient zur Kontrolle von Meilern u. ermöglicht die Messung von Strömen zwischen 1 u. 10^8 Neutronen/Sek./cm². (J. Physique Radium **12.** Nr. 8. Suppl. 32A—36A. Okt. 1951. Fontenay-aux Roses, Labor. du Fort de Châtillon, Comm. à l'Énergie atomique.) Gerhard Schmidt. 112

Arthur J. Freedman und **Ernest C. Anderson**, *Zählmethoden für schwache Intensitäten.* Durch Impulshöhendiskriminierung mit einem $^{14}CO_2$-gefüllten Proportionalzähler konnte bei gleichem statist. Fehler die Zählzeit um den Faktor 3 verringert werden. Es werden Gleichungen für die Abhängigkeit des Signal-Nulleffekt-Verhältnisses vom statist. Fehler abgeleitet. (Nucleonics **10.** Nr. 8. 57—59. Aug. 1952. Albuquerque, N. Mex., Univ., Dep. of Chem.; Los Alamos, N. Mex., Sci. Labor.) H. Hauswald. 112

G. G. Eichholz und **J. L. Horwood,** *Herstellung plastischer Scintillationsphosphore.* Polystyrolpulver wird trocken mit dem organ. Leuchtstoff (*Terphenyl, Fluoren* usw.) gemischt. Ein Zusatz von *Diphenylhexatrien* verschiebt das Scintillationsspektr. in den Bereich maximaler Empfindlichkeit für 1P21- oder 5819-Photomultiplier. Die Mischung wird in der Gußform zur Austreibung von Luft bei einem Druck von 70 at erwärmt. Bei 100° wird der Druck auf 700 at erhöht, bis eine Temp. von 150—200° erreicht ist, je nach dem F. des Phosphors. Die Abkühlung erfolgt langsam u. unter Druck. (Rev. sci. Instruments **23.** 305. Juni 1952. Ottawa, Can., Dep. of Mines and Technic. Surv. Mines Branch, Radioact. Div.) H. Hauswald. 112

Gösta Brogren und **Carl-Gösta Rylander,** *Scintillationszähler für Röntgenstrahlen.* Vff. untersuchten den Wirkungsgrad von Scintillationszählern als Funktion des Nulleffektes eines ZnS-Schirms u. eines $CdWO_4$-Kristalls zur Scintillationszählung der K_{α_1}-Linien von *Ag, Mo* u. *Cu* u. der K_{β_1}-Linie von Ag sowie die Absorption dieser Substanzen als Funktion der Wellenlänge. Der Wirkungsgrad betrug mit einem NaJ(Tl)-Kristall für alle Wellenlängen 100%. (Ark. Fysik **4.** Nr. 33. 495—99. 1952. Upsala, Univ., Dep. of Phys.) H. Hauswald. 112

R. J. T. Herbert, *Reduzierung des Nulleffektes in Scintillationszählern durch eine Diskriminatorschaltung.* Signal- u. Rauschimpulse in γ-Scintillationszählern mit RCA 931A-Photomultipliern können dadurch getrennt werden, daß ein Scintillationsimpuls aus mehreren kurzzeitig aufeinanderfolgenden Impulsen besteht. Die Schaltung liefert nur dann eine Zählung, wenn auf einen ersten Impuls innerhalb einer einstellbaren Zeitspanne (im Optimum 25 μSek.) ein oder mehrere andere in die Koinzidenzstufe gelangen. Die hierzu geforderte Abklingzeit des Phosphors ist für Scheelit erfüllt. Der Diskriminator verschluckt nur 35% der Signalimpulse, dagegen fast alle Rauschimpulse. (Nucleonics **10.** Nr. 8. 37—39. Aug. 1952. Liverpool, Radium Inst.) H. Hauswald. 112

E. Gatti, E. Germagnoli, A. Persano und **E. Zimmer,** *Scintillationsneutronenzähler mit Borschicht.* Für Pulvermischungen verschied. B-Verbb. mit ZnS oder ZnO wurde die Lichtdurchlässigkeit u. der Wirkungsgrad für die Neutronenscintillationszählung als Funktion des Mischungsverhältnisses untersucht. ZnS lieferte dreimal so große Impulse wie ZnO. Der größte Wirkungsgrad von 3,84% wurde mit 100 mg BN + 350 mg ZnS bei 0—50 μ Korngröße erzielt. Mit wachsender Korngröße sinkt der Wirkungsgrad. Für therm. Neutronen wurde ein Wirkungsgrad von 6% erreicht. Der Zähler ist unempfindlich gegen γ- u. Höhenstrahlung. (Nuovo Cimento [9] **9.** 1012—21. 1/10. 1952. Milano, Labor. CISE.) H. Hauswald. 112

M. H. Greenblatt, M. W. Green, P. W. Davison und **G. A. Morton,** *Zwei neue Photomultiplier für Scintillationszählung.* Die Röhre 4646 mit einer Verstärkung von 10^9 eignet sich zum Zählen extrem kleiner Zeitintervalle. Eine große Feldstärke an der Photokathode sammelt die Photoelektronen vollzählig u. kurzzeitig auf die erste Dynode der Röhre H 5037. Die besondere Konstruktion der Anode gestattet die Entnahme von 200 mA bei 200 V zwischen der 15. u. 16. u. zwischen der 16. Dynode u. der Anode. An Hand von Spektrogrammen wird der Einfl. der Raumladung auf die Impulshöhe diskutiert. (Nucleonics **10.** Nr. 8. 44—47. Aug. 1952. Princeton, N. J., RCA Labor. Div.) H. Hauswald. 112

L. F. Wouters, *Energiereiche Teilchen und der Scintillationszähler.* Vf. diskutiert die Zweckmäßigkeit verschied. elektron. Koinzidenzanordnungen mit Photomultipliern, bes. zur Unters. der π-μ-β-Zerfallsketten in der Mesonenforschung. Zur Erreichung kleinster Zeitkonstanten werden die Vakuumröhren durch Transistoren ersetzt. Ein von Jakobson entwickelter Impulsanalysator mit aufgeteilten Mischstufen u. einem schnellen Intervall-Impulsgenerator wird angegeben. (Nucleonics **10.** Nr. 8. 48—53. Aug. 1952. Berkeley, Calif., Univ., Radiat. Labor.) H. Hauswald. 112

R. Ascoli, *Über den Nachweis von Teilchenschauern mit Scintillationszählern.* Scintillationszähler eignen sich zum Nachw. von Schauern, auch wenn sie aus wenigen schnellen Teilchen bestehen, wobei keine Koinzidenzanordnungen erforderlich sind. Beim Aufsetzen eines Pb-Absorbers auf einen Scintillationszähler läßt sich eine starke Zunahme der Frequenz der höheren Impulse beobachten, da die weiche Komponente der Höhenstrahlung im Pb Kaskaden von Elektronen u. Photonen erzeugt. Bei einem Wasserabsorber ist die Zunahme geringer. (Nuovo Cimento [9] **9.** 610—14. 1/7. 1952. Torino, Univ., Ist. di Fis.) R. K. Müller. 112

R. Ascoli, *Über eine Anordnung zur Stabilisierung von Photomultipliern.* Vf. beschreibt einen automat. wirkenden Stabilisator für Scintillationszähler, der die Emissionskonstanz eines radioakt. Präp. benutzt, um die nachteiligen Wirkungen der zeitlichen Inkonstanz der Photomultiplier auszugleichen. (Nuovo Cimento [9] **9.** 615—17. 1/7. 1952. Torino, Univ., Ist. di Fis.) R. K. Müller. 112

Jørgen Koch and Børge Bendt-Nielsen, A high intensity mass-spectrograph for experiments on the separation of isotopes. 2. ed. København: Munksgaard. 1951. (28 S. m. Abb.) Kr. 3,50.

A_2. Optisches Verhalten der Materie.

Carl Schalén, *Spektralphotometrie mit einem Schmidt-Teleskop. Eine Untersuchung verschiedener Farbäquivalente und des Gesetzes der Rotverfärbung.* Mit dem 31 cm-Schmidt-Väisälä-Teleskop von 68 cm Brennweite wurden unter Verwendung eines Objektivprimas von 6°3 134 Sterne aus dem Cygnus- u. 89 Sterne aus dem Cepheus-Gebiet bis zur 9. Größenklasse auf ihre Farbindices C_{510}^{635}, C_{453}^{635}, C_{406}^{635}, C_{856}^{635}, C_{406}^{558}, C_{406}^{453} untersucht. Außerdem wurden für das Cygnus-Gebiet Hγ, δ, ε, ζ, u. für das Cepheus-Gebiet Hγ, δ, ε gemessen. Aus der sehr guten Übereinstimmung der Messungen mit anderen Bestimmungen ergibt sich, daß diese Meth. trotz der geringen Dispersion (2000 Å/mm bei 6000 Å, 980 Å/mm bei 5000 Å, 675 Å/mm bei Hγ u. 525 Å/mm bei 4000 Å) gut brauchbar ist. Die erhaltenen Werte werden zur Unters. von Gebieten verschied. galakt. Struktur sowie der Abhängigkeit der Absorption von der Wellenlänge benutzt. Aus spektralphotometr. Messungen an 25 Punkten der kontinuierlichen Spektren von A- u. B-Sternen geht hervor, daß die Abhängigkeit der Absorption von der Wellenlänge für verschied. Gebiete der Galaxis sehr verschieden sein kann, was bedeuten würde, daß die interstellare Materie nicht überall die gleiche Zus. hat. (Nova Acta Regiae Soc. Sci. Upsaliensis [4] **15.** Nr. 4. 1—60. 16/3. 1951. Upsala, Obs.) Eichhoff. 113

Franz Sauberer, *Messungen der Infrarotdurchlässigkeit von Nebel mit Bleisulfid-Photowiderständen.* Unters. der Eigg. von mehreren PbS-Photowiderständen. Mit diesen wurden Durchlässigkeitsmessungen an Nebeln auf einem Bergrücken (1300 m) in aufliegenden Wolken u. in Talnebeln vorgenommen. Als Strahlungsquelle diente im ersten Fall ein glühendes Fe-Blech, welches bei Berücksichtigung der spektralen Empfindlichkeit der PbS-Zelle einen Schwerpunkt der gemessenen Strahlung bei 2,8 μ ergab. Im zweiten Fall wurde mit Glühlampen u. einem Schwerpunkt bei 1,5 bzw. 1,8 μ gearbeitet. Die Durchlässigkeiten werden in Abhängigkeit von der Sichtweite u. dem Schwerpunkt der Strahlung dargestellt, wobei sich eine Abnahme der Durchlässigkeit des Nebels für Infrarotstrahlung mit zunehmender Wellenlänge ergibt. Die Teilchengröße der Nebel wurde nicht bestimmt. (Arch. Meteorol., Geophysik, Bioklimatol., Ser. B **4.** 1—13. 1952. Wien, Zentralanstalt für Meteorologie u. Geodynamik.) Eichhoff. 113

H. K. Paetzold, *Ein Beitrag zur atmosphärischen Extinktion.* Zur Trennung der von der Rayleigh-Streuung, vom *Ozon* u. vom Dunst bewirkten Anteile der visuellen Extinktion wurden die visuelle Rayleigh-Extinktion u. die visuelle O_3-Extinktion in Abhängigkeit von der Zenitdistanz u. dem Spektraltypus berechnet. Aus der Diskussion der von anderer Seite durchgeführten Messungen der nächtlichen visuellen Extinktion auf Mallorca u. in Windhuk folgt, daß in vereinzelten Nächten nach Abzug der O_3-Extinktion die Restextinktion ca. 20% unter der berechneten Rayleigh-Extinktion lag. (Astronom. Nachr. **281.** 17—22. Aug. 1952. Weissenau, Max-Planck-Inst. für Phys. d. Stratosphäre.) Gottfried. 113

N. D. Sayers, *Meinels ultrarote Aurora-Banden.* Mit Hilfe von zwei im Original kurz beschriebenen Gasentladungs-Apparaturen erzeugt Vf. ein Bandensyst. im nahen Ultrarot (λ 7828—8107 Å), das von Meinel (C. **1952.** 7130) im Aurora-Spektr. beobachetet worden war. Es ist wahrscheinlich dem N_2^+-Ion zuzuschreiben. (Proc. physic. Soc., Sect. A **65.** 152—53. 1/2. 1952. Belfast, Queen's Univ., Phys. Dep.) Lüttke. 120

—, *Polarisierte Infrarotspektren in der Strukturaufklärung.* Besprechung von Unterss. von Halford u. Mitarbeitern mit polarisierter Infrarotstrahlung an NH_4NO_3 u. *Polypeptiden.* (Chem. Rdsch. [Solothurn] **5.** 291—92. 15/9. 1952.) Eichhoff. 120

A. Ch. Chalilow, *Intensität der Raman-Linien außerhalb des Anwendungsbereiches der Polarisationstheorie von Placzek.* Voraussetzung für die Anwendbarkeit der Polarisationstheorie von Placzek ist Erfüllung der Beziehungen $\nu_e - \nu \gg \nu_v$, $\nu \gg \nu_v$ (ν = einfallende, ν_e = Elektronen-, ν_v = Kernfrequenz), oder $I \sim (\nu - \nu_{vv'})^4$ (I = Raman-Intensität). Für Moll. mit mehreren konjugierten Doppelbindungen wird dagegen $\nu_e - \nu \gg \nu_{rot}$; $\nu \gg \nu_{rot}$. Das obige experimentelle Kriterium wird nicht erfüllt. Vf. gibt für der Theorie von Placzek nicht gehorchende Moll. einen quantentheoret. Ansatz für die Intensität von Raman-Linien. (Журнал Физической Химии [J. physik. Chem.] **26.** 611—20. Mai 1952. Moskau, Physikal.-Chem. Karpow-Inst.) Amberger. 120

Thomas H. Walnut, *Theorie der Form und Breite der Banden in den Schwingungsspektren von Kristallen.* (Sitzungsbericht.) Es wurde eine Meth. gefunden, um eine Beziehung zwischen der Breite u. den Formen von beobachteten Schwingungsbanden von vollkommenen Kristallen zu dem anharmon. Teil der Potentialfunktion herzustellen. Bei der Formulierung dieser Meth. war es notwendig, einen neuen Weg der Behandlung der mechan. Anharmonizität in Kristallen in Termen der Momente der beobachteten Frequenzen oberhalb gegebener Punkte zu entwickeln. Es wurden allg. Ausdrücke für diese Momente in Abhängigkeit von der Temp. hergeleitet sowie angenäherte Beziehungen für spezielle Fälle in Molekular- u. Ionenkristallen gefunden. (Physic. Rev. [2] **87.** 201. 1/7. 1952. Chicago, Ill., Univ.) GOTTFRIED. 120

L. C. Jones, A. V. Bushkovitch, C. A. Potter und **A. G. Rouse,** *Änderung der Zusammenstoßdurchmesser mit dem Mischungsverhältnis in binären Gemischen in der Mikrowellendruckverbreiterung.* (Sitzungsbericht.) Es wurden Messungen der Zusammenstoßdurchmesser von O_2 u. *He* in bin. Mischungen mit NH_3 gemacht, wobei die Gasgemische bei verschied. Drucken vorher chem. analysiert wurden. Die früher beobachtete Änderung der Zusammenstoßdurchmesser mit dem Mischungsverhältnis konnte wieder festgestellt werden. Eine Reduktion der Ergebnisse mit Hilfe der kleinsten Quadrate lieferte die folgenden Werte für die Änderung der Zusammenstoßdurchmesser in (Å): O_2 b_{12} 4,79 bis $8{,}53 \cdot 10^{-3}$ (% O_2) u. He b_{12} 2,46—$3{,}18 \cdot 10^{-3}$ (% He). (Physic. Rev. [2] **87.** 227. 1/7. 1952. Saint Louis Univ.) GOTTFRIED. 121

J. O. Artman und **J. P. Gordon,** *Druckverbreiterung der $^{16}O_2$-Linien im Millimeter-Wellenlängenbereich.* (Sitzungsbericht.) Es wurde die Selbstverbreiterung der O_2-Linien im 5 mm-Wellenlängenbereich untersucht. u. die O_2–N_2-Wirkungsquerschnitte durch die Abnahme der Linienintensität nach Zusatz von N_2 bestimmt. Einzelne O_2-Linien wurden bei Drucken von einigen mm Hg beobachtet. Ebenso wurde die Absorption von O_2 bei 1 at gemessen. Der mittlere Wert des Linienbreitenparameters $\Delta\nu/P$ für Linien der Rotationsquantenzahlen K = 3 bis K = 13 ist 1,9 MHz/mm Hg. Scheinbar nimmt die Linienbreite mit zunehmendem K etwas ab. Aus einzelnen O_2-Linienmessungen folgt, daß der N_2–O_2-Verbreiterungseffekt ziemlich konstant bei 0,9 des Selbstverbreiterungsparameters ist. Die beobachteten Halbwertsbreiten von O_2 lassen sich als Summe eines K-unabhängigen Kraftbeitrages kurzer Entfernung von 1,31 MHz/mm Hg u. einer Polarisierbarkeitswechselwrkg. ausdrücken. Der Kraftbeitrag kurzer Entfernung entspricht der Viscosität–Wärmeleitungs-Zusammenstoßfrequenz. Vernachlässigbar scheint die mol. Quadrupolwechselwirkungsverbreiterung von O_2 zu sein. (Physic. Rev. [2] **87.** 227. 1/7. 1952. Columbia Univ.) GOTTFRIED. 121

D. F. Smith und **D. W. Magnuson,** *Das Mikrowellenspektrum von Nitrylfluorid.* (Sitzungsbericht.) Von dem Mikrowellenspektr. von NO_2F konnten 8 Linien identifiziert werden. Das Nichtauftreten von Übergängen zwischen Niveaus der Kernart „a" deutet darauf hin, daß das Mol. eben ist mit einer C_{2v}-Achse. Die Trägheitsmomente sind I_a = $38{,}28_6$; $I_b = 44{,}15_9$ u. $I_c = 82{,}59_0$ stehen damit in Übereinstimmung, da I_c–I_a–I_b = $0{,}14_5$. Nimmt man für den Winkel O–N–O 125° an, dann betragen die Abstände N—F u. N—O 1,35 Å bzw. 1,23 Å. Das Dipolmoment beträgt 0,47 Debye. Die Hyperfeinstruktur konnte nur unvollständig für zwei Übergänge aufgelöst werden. Aus diesen Aufspaltungen erhält man als angenäherte Quadrupolkupplungskoeffizenten χ_{aa} = 0,7 MHz; χ_{bb} = 1,5 MHz u. χ_{cc} = —2,2 MHz. (Physic. Rev. [2] **87.** 226—27. 1/7. 1952. Carbide and Carbon Chem. Co.) GOTTFRIED. 121

A. Javan und **A. V. Grosse,** *Mikrowellenspektrum von MnO_3F.* (Sitzungsbericht.) Es wurde im Mikrowellengebiet der Übergang J = 2 → 3 von MnO_3F beobachtet. Die Quadrupolhyperfeinstruktur bestätigt für ^{55}Mn einen Spin von 5/2 u. lieferte eine Quadrupolkupplungskonstante von +16,8 MHz. Der B-Wert für das Mol. ist 4129,11 MHz. Da ^{16}O den Spin Null hat u. das Mol. die Symmetrie C_{3v}, treten im Grundzustand nur Niveaus mit K einem Vielfachen von 3 auf. In angeregten entarteten Schwingungszuständen können auch Niveaus auftreten, die die Bedingung K — *l* gleich einem Vielfachen von 3 befriedigen; diese Niveaus wurden auch beobachtet. Drei angeregte Schwingungszustände mit den folgenden α-Werten wurden beobachtet: —12,8; 5,8 u. 7,77 MHz. Die ersten zwei sind entarteten, angeregten Zuständen zuzuschreiben u. zeigen eine Verdoppelungsaufspaltung vom *l*-Typ; die Werte dieser Verdopplungskonstanten sind 14,6 u. 8,64 MHz. (Physic. Rev. [2] **87.** 227. 1/7. 1952. Temple Univ.) GOTTFRIED. 121

Jacob Ségal, *Die Absorption von rotem Licht durch die Farbstoffe und ihre Beziehung zum Sehen.* Die Mehrzahl der Farbstoffe zeigt am roten Ende des Spektr. ein scharfes Abfallen des Absorptionskoeff., gefolgt von einem fast horizontalen Bereich. Die sehr seltenen Ausnahmen von dieser Regel sind auf die Ggw. von Metallionen zurückzuführen.

die ihr eigenes Absorptionsvermögen besitzen. Der Abfall der Absorption bei 6800 Å ist um so weniger ausgesprochen, je stärker der Farbstoff dissoziiert ist. Für eine Suspension von Mikrokristallen, welche einen Zustand völliger Ionisation darstellt, wird dieser von einem horizontalen Bereich gefolgte Abfall durch einen einheitlichen Gradienten ersetzt. Das beobachtete Phänomen kann als ein Analogon zu der verbotenen Zone bei der Emission von Dielektrika betrachtet werden. Die spektrale Empfindlichkeitskurve des menschlichen Auges zeigt keine Unregelmäßigkeit in der Gegend von 6800 Å. Das absorbierende Pigment, welches die Empfindlichkeit des Auges für größere Wellenlängen bestimmt, kann darum nicht in gelöstem Zustand vorliegen. (Rev. Opt. théor. instrument. **31.** 433—42. Okt. 1952. Coll. de France, Labor. de Physiol. des Sensations.) Eichhoff. 122

Edward S. Amis, *Betrifft Edmonds und Birnbaums Gleichung für die Gleichgewichtskonstanten bei der Bildung eines gefärbten Komplexes.* Die Gleichung wird umgeformt, um sie hinsichtlich der verwendeten Einheiten den amerikan. opt. Instrumenten anzupassen. (J. Amer. chem. Soc. **74.** 1340. 5/3. 1952. Fayetteville, Ark., Univ. of Arkansas, Dep. of Chem.) H. W. Levi. 122

W. I. Lissin, *Luminescenz von Calciumverbindungen.* Kurze Mitt. über Beobachtungen der allg. auftretenden Luminescenz von Ca enthaltenden Geweben, Papier, natürlicher Kreide, gelöschtem Kalk u. anderen Ca-Verbb., die auf eine Chemiluminescenz zurückgeführt wird. (Журнал Экспериментальной и Теоретической Физики [J. exp. theoret. Physik] **23.** 238—39. Aug. 1952. Tara.) Amberger. 125

P. Ss. Litwinowa, *Über die Photoluminescenztilgung in Zinksulfid.* (Vgl. C. **1950.** II. 971.) Die Unters. der Abhängigkeit der relativen Photoluminescenzquantenausbeute von *ZnS·Zn*-Phosphoren von der Intensität des erregenden Lichts (bes. Hg 313, auch 365 mμ) bei verschied. Tempp. (—180 bis +57°) ergibt, daß die relative Quantenausbeute von einem konstanten Wert bei geringen Erregungsintensitäten zu einem (größeren) konstanten Wert bei großen Erregungsintensitäten übergeht. (Журнал Экспериментальной и Теоретической Физики [J. exp. theoret. Physik] **23.** 101—04. Juli 1952. Tomsk, Univ., Sibir. Physikal.-Techn. Inst.) Amberger. 125

N. W. Shukowa, *Einfluß des Flußmittels auf die Anlagerungsniveaus der Elektronen im ZnS–Cu-Phosphor.* Vf. untersucht die therm. Ausleuchtung eines ZnS–Cu-Phosphors mit $6 \cdot 10^{-5}$ g Cu/g u. *LiCl* (**I**), *NaCl* (**II**) u. *KCl* (**III**) als Schmelzmittel. Glühdauer 15 Min. bei T = 1100°, Erregungsdauer 10 Min. mit $\lambda = 365$ mμ. Ohne Schmelzmittel treten 3 Maxima bei —132, —52 u. +20° auf. Bei Zusatz von $\gtrsim$ 2% **I** fließen die beiden ersten Maxima in ein einziges zusammen. Bei **II** ist dieses Zusammenfließen weniger ausgeprägt u. fehlt bei **III**. Abgesehen davon treten bei Schmelzmittelzusatz Verschiebungen der Maxima u. ihrer Intensität auf. Die Schmelzmittelatome lagern sich neben bereits bestehende Gitterstörstellen (Aktivatoratome) u. beeinflussen die Zahl der besetzten Anlagerungsniveaus u. ihre Tiefe wesentlich u. in verschied. Weise. Der Einfl. des Schmelzmittelanions tritt gegenüber dem des Kations völlig in den Hintergrund. (Доклады Академии Наук СССР [Ber. Akad. Wiss. UdSSR] [N. S.] **85.** 981—84. 11/8. 1952. Moskau, Lomonossow-Univ., Physikal. Inst.) Amberger. 125

L. A. Winokurow, *Über die Temperatur- und Infrarotauslöschung des ZnS–Cu, Co-Phosphors.* Vf. untersucht mit der früher (C. **1951.** II. 1850) beschriebenen Anordnung Abklingkurven eines ZnS–Cu, Co-Phosphors bei Infrarotbestrahlung (~800 mμ). Bei 20 u. 100° gehorchen die Abklingkurven annähernd der Becquerel-Formel, bei 175° einem Exponentialgesetz. Diese Änderung bedeutet, daß bei hohen Tempp. die Auslöschung nicht mehr in den Ionisationszentren nach der Rekombination, sondern außerhalb dieser Zentren u. unabhängig von der Rekombination erfolgt. Bei Veränderung der Infrarotintensität bleibt das hyperbol. Abklinggesetz erhalten, d. h. die Infrarotauslöschung erfolgt in den Leuchtzentren selbst. Vf. nimmt den gleichen Rekombinationsmechanismus der therm. u. opt. Elektronen wie beim *CaS, SrS·Ce, Sm*-Phosphor an (Morgenstern, C. **1947.** 971) (lediglich mit dem Unterschied, daß die Rekombinationswahrscheinlichkeit der opt. Elektronen hier unter Emission ein Mehrfaches größer als bei therm. Elektronen ist). Die daraus folgende Vorstellung, daß die Wrkg. des langwelligen Lichtes vor allem in einer Elektronenloslösung aus den Einfangniveaus beruhe, bestätigt Vf. durch Messung der Lichtsumme ohne u. nach vorhergegangener Infrarotbestrahlung, die im 2. Falle nur ca. den 3. Teil beträgt, u. durch die nahe Übereinstimmung der beiden Maxima der löschenden Wrkg. mit denen der lichtelektr. Leitfähigkeit (0,8 u. 1,3 μ; vgl. Melamed, C. **1951.** I. 428). (Доклады Академии Наук СССР [Ber. Akad. Wiss. UdSSR] [N. S.] **85.** 529—32. 21/7. 1952. Physikal. Lebedew-Inst. der Akad. der Wiss. der UdSSR.) Amberger. 125

A_3. Elektrizität. Magnetismus. Elektrochemie.

M. A. Easley, *Sondentechnik für die Messung von Elektronentemperaturen.* Zahlreiche Kontrollmessungen in der positiven Säule von Hg-Dampfentladungen zeigten übereinstimmend, daß Abweichungen von der semilogarithm. Geraden der Sondencharakteristik auf Verunreinigungen der Sonde, bes. auf Hg-Ndd., zurückzuführen sind. Genau so gefährlich sind geringste Verunreinigungen durch CO, CO_2 u. C_2. (J. appl. Physics **22.** 590—93. Mai 1951. Nela Park, Cleveland, O., Gen. Electric Co., Lamps Development Labor.) PIEPLOW. 131

Jan van Calker und **Wilfried Maass,** *Elektrische und spektroskopische Messungen an Niederspannungsfunken.* Zur Unters. des spektralen Charakters einer Funkenentladung als Funktion der elektr. Daten der Entladung haben Vff. eine Schaltung entwickelt, bei der ein Gleichstromfunken durch eine Hilfselektrode gezündet wird, die mit Hochfrequenzspannung beaufschlagt wird. Diese Meth. der Zündung erlaubt die Einstellung extrem kurzer Funkendauern bei sehr hoher Energie. So konnten bei 400 V Zündspannung Ströme bis zu 10000 A erzielt werden. Die elektr. Werte u. die Kenndaten der elektr. Entladung sind in Formeln u. Tabellen zusammengestellt. Durch spektroskop. Unterss. der Entladung wurde festgestellt, daß das Intensitätsverhältnis von Fe-Bogenlinie zu Fe-Funkenlinie in erster Linie durch die im Funken umgesetzte Energie u. die Funkendauer bestimmt wird. Bei behinderter Entladung (Verkleinerung der Elektrodenoberfläche) wird das Spektr. infolge Erhöhung der Stromdichte bogenförmiger. (Z. angew. Physik **4.** 161—66. Mai 1952. Münster, Univ., Phys. Inst., u. Neu-Beckum/Westf., Westfäl. Glühlampenfabrik.) REUSSE. 131

M. Hoyaux, *Theoretischer und experimenteller Beitrag zur Kenntnis der Rückzündungen in Quecksilberdampf-Gleichrichtern.* Vf. bringt eine eingehende Theorie der Rückzündung im Gas-Gleichrichter während der Sperrphase. Infolge der verzögert erfolgenden Deionisation im Plasma der Entladung vermag die in der Sperrphase an negativer Spannung liegende Anode Ionen aus dem Plasma anzuziehen, die an deren Oberfläche Sekundärelektronen auslösen, die ihrerseits im Gas Tertiärelektronen erzeugen. Letztere erhöhen die Ionisation im Gas bzw. verhindern die endgültige Entionisierung, so daß es auch in der Sperrphase zu einem Stromdurchgang kommt. (Mém. Soc. roy. belge Ing. Industriels **1951.** 79—104. Bruxelles, A. C. E. C., Centre nucl., Sect. à la Div. Électronique.) REUSSE. 131

André Lebrun, *Eine neue Rechentafel zur Bestimmung der Permittivität von Dielektrika bei Höchstfrequenzen.* Durch Verwendung von Nomogrammen, die sich aus der Messung der Permittivität bei Dezimeter- bzw. Zentimeterwellen ergeben, gelingt es, Werte für die Komponenten der Permittivität zu erhalten. Vf. schlägt folgenden Weg dazu vor: $\mathrm{ctg}\,(m + j\,n)$ wird gleich $(g_1 - j\,b_1)$ gesetzt, wo m u. n direkt gemessene Werte sind. Bei Anwesenheit von Glimmer sind b_1 u. g_1 korrigiert worden. Es gilt also: $g_1 - j\,b_1 = (\lambda_g/2\pi\,h)\,(g - j\,b)$ u. $g - j\,b = -j\,(u + j\nu)\,\mathrm{ctg}\,(u + j\nu)$. Die Rechentafel liefert u u. ν. Unter Berücksichtigung der bekannten Formeln $\varepsilon' - \lambda^2/\lambda_0^2 = (\lambda^2/4\pi^2 h^2)\,(\nu^2 - u^2)$ u. $\varepsilon'' = (\lambda^2/4\,\pi^2\,h^2)\,2\,u\,\nu$ ergibt sich $\lambda/\lambda_g = \sqrt{1 - (\lambda_0/\lambda)^2}$. (C. R. hebd. Séances Acad. Sci. **234.** 518—20. 28/1. 1952.) SURAWSKI. 132

I. N. Beljajew, N. Ss. Nowossilzew, Je. G. Fessenko und **A. L. Chodakow,** *Dielektrische Eigenschaften und optische Anomalien von $BaTiO_3$-Einkristallen.* Vff. untersuchen die Temperatur- u. Frequenzabhängigkeit von ε u. $\mathrm{tg}\,\delta$ von $BaTiO_3$-Einkristallen, von denen Gruppe I auf Grund der Austausch-Rk. $BaCO_3 \rightleftharpoons Na_2TiO_3$ bei 800° erhalten, Gruppe **II** (Ba 58%, Ti 20,4%, Fe 0,4%) u. **III** (Ba 57,1%, Ti 19,7%, Fe 2,2%) aus ihren Lsgg. gezogen wurden. Bei den Kristallen der Gruppe **I**, die sich am reinsten erwies, ist die Domänenstruktur nur schwach ausgeprägt, u. die Kristalle bewahren hier ihren Ein-Domänencharakter sogar nach erheblicher Abkühlung unter den CURIE-Punkt. $\mathrm{tg}\,\delta$ war hier am kleinsten, im Frequenzintervall 10^5—$2 \cdot 10^8$ Hz konnten Vff. keine Dispersion beobachten. Bei den Kristallen der Gruppe **II** u. **III** betrug die Hysteresis zwischen dem Auftreten u. Verschwinden der Domänenstruktur bis 15°. Im obigen Frequenzbereich trat jetzt eine Erniedrigung von ε um 30—35% ein. Bei den in einem konstanten Feld von 8 kV/cm polarisierten **II**-Kristallen war $\varepsilon_{\parallel}$ 380, $\varepsilon_{\perp}$ 5500. Die Domänenstruktur setzt sich aus einer schichtförmigen u. einer sie durchsetzenden Komponente zusammen. (Журнал Экспериментальной и Теоретической Физики [J. exp. theoret. Physik] **23.** 211—16. Aug. 1952. Rostow/Don, Univ.) AMBERGER. 132

Luther Davis jr. und **Lawrence G. Rubin,** *Einige dielektrische Eigenschaften von keramischen Massen aus Bariumstrontiumtitanat.* (Sitzungsbericht.) Es wurden die dielektr. Eigg. von keram. Massen aus $BaTiO_3$, $SrTiO_3$ u. Mischungen beider Komponenten untersucht. Trägt man die CURIE-Tempp. gegen die Gew.-% graph. auf, so erhält man eine im wesentlichen lineare Beziehung. Gemessen wurde die DK. $\varepsilon'/\varepsilon_0$ einiger Gemische als

Funktion der Temp. bei Frequenzen von 1 kHz, 10 kHz, 500 kHz u. 3000 MHz ohne scheinbare Frequenzabhängigkeit bei Tempp. oberhalb des CURIE-Punktes. Für 73 $BaTiO_3$ —27 $SrTiO_3$ wurde $\varepsilon'/\varepsilon_0$ in Abhängigkeit von dem angelegten Gleichstromfeld u. der Temp. für kleine u. Mikrowellenfrequenzen gemessen. Hierbei wurde eine Abnahme von $\varepsilon'/\varepsilon_0$ u. eine Zunahme der Temp. des CURIE-Punktes mit zunehmendem Feld beobachtet. Die Linearität eines CURIE-WEISS-Diagramms wurde benutzt, um die „elektr. Länge" der Probe zu ermitteln. Aus Verss. mit Proben verschied. Länge folgte, daß die Verlusttangente bei 3000 MHz über ihre Niederfrequenzwerte zunimmt. Oberhalb des CURIE-Punktes sind die Werte nicht so groß, so daß man Stoffe aus Titanat bei Mikrowellenanlagen benutzen kann. (Physic. Rev. [2] **87.** 201. 1/7. 1952. Ratheon Mfg. Comp.) GOTTFRIED. 132

A. R. Schulman und **W. L. Makedonski,** *Über die Untersuchung der sekundären Elektronenemission von Dielektrika bei Einzelimpulsen.* Beim Elektronenbeschuß dielektr. Targets ist der Sekundäremissionsfaktor infolge Aufladung u. Dissoziation in der akt. Schicht des Targets zeitabhängig. Zur Unters. dieser Verhältnisse wurde eine Meßanordnung gebaut, welche erlaubt, bei konstantem Primärstrom, bei period. u. bei Einzelimpulsen (10—500 msec) den Sekundäremissionsfaktor zu messen. (Журнал Технической Физики [J. techn. Physik] **22.** 1540—41. Okt. 1952.) LENZ. 132

W. Ss. Wawilow, *Elektronenoptische Methode zur Untersuchung elektromagnetischer Felder und ihre Anwendung zur Untersuchung des inneren Photoeffektes.* Für eine App. zur Messung von Mikrofeldern aus der Schattenbildverzerrung nach der Meth. von MARTON (C. **1949.** I. 860) wird ein Auflösungsvermögen von 0,3—1 μ angegeben. Bei 3—5 kV Beschleunigungsspannung konnten Potentialänderungen von 0,15—0,25 V sichtbar gemacht werden. Die Meth. wurde zur Unters. der lichtelektr. Leitung in *PbS* benutzt, indem der Potentialabfall längs einer auf Glas aufgedampften, teilweise beleuchteten PbS-Schicht gemessen wurde. Aus der Verteilung des Potentialabfalls wurde auf den Driftweg der Ladungsträger im Feld geschlossen (vorwiegend Elektronenphotoleitung bei Löcher-Dunkelleitung). Der Driftweg ist gleich dem Prod. Feldstärke · Beweglichkeit · Lebensdauer. Die Experimente ergeben für PbS ein Verhältnis aus Driftweg u. Feldstärke von $1{,}2—7 \cdot 10^{-4}$ cm^2/V. (Журнал Технической Физики [J. techn. Physik] **22.** 1644—57. Okt. 1952.) LENZ. 135

Paul Leurgans und **J. Bardeen,** *Die Wechselwirkung zwischen Excitonen und Phononen.* (Sitzungsbericht.) Zur Best. der mittleren freien Weglänge therm. Excitonen für Streuung durch Gitterwellen wurde die Wechselwrkg. zwischen Excitonen u. Phononen untersucht. Unter Benutzung der Vorstellung von Deformationspotentialen wurde die Größe der Wechselwrkg. aus der Bandlücke mit der Ausdehnung abgeschätzt. Aus den von anderer Seite gegebenen Werten der Änderung in der Bandlücke wurde der mittlere freie Weg in *Ge* bei 300° K zu 103 Å u. bei 10° K zu 3000 Å gefunden. Bei *NaCl* wurde das bekannte thermoopt. Verh. benutzt, um die Verschiebung der Bandlücke festzulegen, woraus bei 300° K ein mittlerer freier Weg von 12 Å gefunden wurde. Es wurden ferner Unterss. über Effekte zweiter Ordnung angestellt, die durch elektr. Felder verursacht werden, die entweder von Energiebandverschiebungen in nichtpolaren Halbleitern oder von „Polarisationswellen" in polaren Kristallen herrühren. Die resultierenden Polarisationswechselwirkungen sind klein im Vgl. zu den Wechselwirkungen, die von der Änderung in der Bandlücke herrühren. (Physic. Rev. [2] **87.** 200. 1/7. 1952. Univ. of Illinois.) GOTTFRIED. 135

W. L. Bontsch-Brujewitsch, *Elektronenniveaus von an Kristalloberflächen adsorbierten Atomen.* 2. Mitt. (1. vgl. C. **1948.** II. 471.) Die Adsorption eines positiven Atoms A an derjenigen Fläche eines Ionenkristalls M^+R^-, die nur M^+-Ionen enthält, wird als Einelektronenproblem behandelt. Unter vereinfachenden Annahmen ergibt sich, daß, wenn das Valenzelektron von A in das Leitfähigkeitsband übergeht, keine Adsorption stattfindet. Diese ist nur möglich bei Bldg. zweier lokalisierter Oberflächenniveaus unterhalb des Leitfähigkeitsbandes. Auf solch einem Niveau ist das Elektron „verteilt" zwischen A u. dem Gitter, wandert aber nicht durch das Gitter. Die Berücksichtigung der hier vernachlässigten Elektronenwechselwrkg. kann das Ergebnis unter Umständen noch wesentlich ändern. (Журнал Физической Химии [J. physik. Chem.] **25.** 1033—42. Sept. 1951. Inst. für physikal. Chem. der Akad. der Wiss. der UdSSR.) KIRSCHSTEIN. 135

Je. Ss. Borowik, *Widerstandsänderung von Metallen im Magnetfeld bei tiefen Temperaturen.* Die experimentelle Unters. der Widerstandsänderung von *Sn-*, *In-* u. *Bi-*Einkristallen im Magnetfeld u. bei Tempp. unterhalb 20° K ergibt nur eine größenordnungsmäßig richtige Übereinstimmung mit der Theorie, mit deren Vervollkommnung die Ergebnisse der experimentellen Unters. galvanomagnet. Erscheinungen zur Best. der Zahl der Träger im Metall u. deren Beweglichkeit benutzt werden können. (Журнал Экспериментальной и Теоретической Физики [J. exp. theoret. Physik] **23.** 91—100. Juli 1952. Physikal.-Techn. Inst. der Akad. der Wiss. der UkrSSR.) AMBERGER. 136

E. J. Gillham und **J. S. Preston**, *Durchsichtige leitende Filme.* Leitfähigkeits- u. opt. Durchlässigkeitsunterss. an sehr dünnen *Au*-Filmen (60 Å), die durch Kathodenzerstäubung hergestellt waren, in Abhängigkeit von der Unterlage u. der therm. Behandlung. Absorption u. spezif. Widerstand der Filme sind beträchtlich höher als die entsprechenden, nach dem kompakten Metall berechneten Werte. Gewisse Unterlagen, wie Bi_2O_3, begünstigen die Adhäsion von Au, so daß sehr homogene Filme mit geringem Widerstand u. geringer Absorption entstehen. Andere Unterlagen bedingen dagegen sehr inhomogene Filme. (Proc. physic. Soc., Sect. B **65.** 649. 1/8. 1952. Teddington, Middlesex, Nat. Phys. Labor.) SPEER. 136

Je. Ss. Borowik, *Hall-Effekt in Beryllium und Aluminium bei tiefen Temperaturen.* Vf. mißt im Temperaturbereich 2—280° K den HALL-Effekt für Be, Al(Zn) in Feldern bis 20000 Oe. Die HALL-Konstante ist feld- u. temperaturabhängig. Zur Charakterisierung der Feldabhängigkeit eignet sich das dimensionslose Verhältnis E_y/E_x des HALL-Feldes zum elektr. Feld in Stromrichtung. Bei Be u. Zn nimmt E_y/E_x nach Durchschreiten eines Maximums für Feldstärkern $\gtrsim 5 \cdot 10^3$ Oe asymptot. ab; bei *In* u. Al nimmt E_y/E_x nach Durchschreiten eines Minimums unbegrenzt mit H zu (bei Al nach dem Minimum bei $\sim$300 Oe annähernd linear mit H). (Журнал Экспериментальной и Теоретической Физики [J. exp. theoret. Physik] **23.** 83—90. Juli 1952. Physikal.-Techn. Inst. der Akad. der Wiss. der UkrSSR.) AMBERGER. 137

Roger Vautier, *Temperaturabhängigkeit der Magnetostriktion eines Kobaltferrits.* An Proben aus Co-Ferrit (56% Fe_2O_3 44% CoO) wird bei 20, —80 u. —196° die Längenmagnetostriktion in Abhängigkeit von der magnet. Feldstärke, u. zwar im isotropen u. vorzugsgerichteten Zustande durch Magnetfeldabkühlung gemessen. Entsprechend der Zunahme der Koerzitivkraft mit abnehmender Temp. wird für den isotropen Zustand eine starke Zunahme der negativen Sättigungsmagnetostriktion mit abnehmender Temp. erhalten. Mit Ausnahme der Werte bis —196° zeigt auch die vorzugsgerichtete Probe n. Verh.: kleine Magnetostriktionswerte in Vorzugsrichtung, stark negative Werte in den Querrichtungen. Bei —196° besitzt die Querrichtung sehr kleine Magnetostriktionswerte, in Richtung des Magnetfeldes bei der Abkühlung werden veränderliche, starke positive Magnetostriktionswerte gefunden. Bei —196° scheint also die Vorzugsrichtung nicht mit der Richtung des Abkühlungsmagnetfeldes, sondern mehr mit Richtungen quer dazu übereinzustimmen. (C. R. hebd. Séances Acad. Sci. **235.** 417—19. 11/8. 1952. Paris-Bellevue, Centre National de la Recherche Scient.) FAHLENBRACH. 137

Jules Wucher und **Nicolas Perakis**, *Über das magnetische Verhalten von mit Palladium assoziiertem Rhenium.* Zwischen —180 u. 460° wird die Temperaturabhängigkeit von Re–Pd-Legierungen zwischen 0 u. 100% Re untersucht. Bis zu 17 At.-% Re scheint sich Re im Gitter des Pd zu lösen, da bis zu dieser Konz. die Susceptibilität u. die CURIE-Tempp. abnehmen. Oberhalb dieser Konz. besteht ein Zweiphasengebiet. Die zweite Phase dürfte wie reines Re temperaturunabhängigen Paramagnetismus zeigen. Re scheint dabei siebenwertig zu sein. Mkr. Aufnahmen bestätigen die Ergebnisse über das Zweistoffsyst. Re–Pd. (C. R. hebd. Séances Acad. Sci. **235.** 419—21. 11/8. 1952.) FAHLENBRACH. 137

Edward G. Taylor, L. Murray Lyne und **Alan G. Follows**, *Leitfähigkeitsmessungen in Wasser–Salpetersäure–Stickstoffpentoxyd-Mischungen bei verschiedenen Temperaturen.* Es wird über Leitfähigkeitsmessungen im Syst. H_2O–HNO_3–N_2O_5 über einen größeren Temperaturbereich (0—70°) berichtet, deren Ergebnisse in guter Übereinstimmung mit denen von VELEY u. MANLEY [1898] das Auftreten eines Minimums der spezif. Leitfähigkeit bei ca. 96 Gew.-% HNO_3 u. die Existenz eines negativen Temperaturkoeff. der spezif. Leitfähigkeit für HNO_3-reiche Lsgg. bestätigen. Ferner werden die Ergebnisse von BERL u. SAENGER (Mh. Chem. **53/54.** [1929.] 1036) bestätigt, nach denen bei HNO_3-N_2O_5-Mischungen die spezif. Leitfähigkeit mit wachsendem N_2O_5-Geh. zunächst ansteigt, um nach einem Maximum bei ca. 30 Gew.-% HNO_3 wieder abzufallen. Zur Ergänzung werden für die HNO_3-N_2O_5-Mischungen einige Viscositäts- u. Dichtemessungen nachgeholt. Ferner wurde der Einfl. von N_2O_4 auf die Leitfähigkeit des Lsgg. untersucht, sowie der Einfl. des W. auf N_2O_4–HNO_3-Mischungen. Die Leitfähigkeit wasserfreier HNO_3 wird durch N_2O_4 linearproportional zum Geh. an N_2O_4 erhöht, u. zwar ziemlich stark. Dagegen ist der Einfl. von N_2O_4 auf die Leitfähigkeit von HNO_3–N_2O_5-Mischungen ziemlich gering. (Canad. J. Chem. **29.** 439—51. Juni 1951. Kingston, Ontario, Queen's Univ., Dep. of Chem.)
NIEMITZ. 138

Edward G. Taylor, Charles A. N. Baker und **L. Murray Lyne**, *Leitfähigkeit von Ammoniumnitrat in Wasser–Salpetersäure–Stickstoffpentoxyd-Mischungen bei verschiedenen Temperaturen.* (Vgl. vorst. Ref.) Es wird über Leitfähigkeitsmessungen an Lsgg. von NH_4NO_3 in W.–HNO_3–N_2O_5-Mischungen bei verschied. Tempp. u. Konzz. berichtet. Mit Ausnahme der N_2O_5-reichen Systeme ist die Änderung der spezif. Leitfähigkeit mit der

NH_4NO_3-Konz. ähnlich der für viele Elektrolyte bei verschied. Lösungsmitteln gefundenen. In N_2O_5-reichen Lsgg. nimmt dagegen die spezif. Leitfähigkeit mit wachsender Salzkonz. ab. Das muß auf eine Wechselwrkg. des Salzes mit einer oder mehreren Komponenten des untersuchten Syst. zurückgeführt werden. Die Temperaturabhängigkeit ist in allen Fällen normal. Es wird gezeigt, daß der Zusatz von NH_4NO_3 der wasserfreien HNO_3 einen beträchtlichen Grad von therm. Stabilität verleiht. (Canad. J. Chem. **29**. 452—60. Juni 1951.) NIEMITZ. 138

Edward G. Taylor und **Alan G. Follows**, *Einige Gefrierpunkts- und Leitfähigkeitsmessungen im System Salpetersäure–Essigsäure.* Durch eine unabhängig durchgeführte Unters. des Phasendiagramms für das fest–fl. Syst. HNO_3–CH_3COOH werden die Ergebnisse von MISKIDSHJAN u. TRIFONOW (Журнал Общей Химии [J. allg. Chem.] **17**. (**79**.) [1947.] 1033) bestätigt, bes. die Existenz einer 1:1 Molekülverbindung. Aus den ebenfalls durchgeführten Leitfähigkeitsmessungen des Syst. bei 0,25 u. 40° allein läßt sich die Existenz dieser Molekülber. nicht vorhersagen. Eine frühere Unters. des Fl.–Dampf-Gleichgewichtes des Syst. zeigt die Existenz eines maximalsd. Azeotrops an, das vermutlich bin. ist u. wahrscheinlich mit der von PICTET u. GENEQUAND [1902] entdeckten *Diacetylorthosalpetersäure* $(CH_3COO)_2N(OH)_3$ ident. ist, was durch einige Mol.-Gew.-Messungen orientierend erhärtet wird. (Canad. J. Chem. **29**. 461—68. Juni 1951. Kingston, Ontario, Queen's Univ., Dep. of Chem.) NIEMITZ. 138

O. Lindström, *Einige Merkmale einer 300 Ampere-Fluorzelle.* Die beschriebene Elektrolysezelle arbeitet bei 100° mit einem Elektrolyten der Zus. KF·2HF mit 1% LiF u. 2% NaF. Die Kathoden bestehen aus Flußeisen, die Anoden aus amorphem Kohlenstoff. Der wesentliche Vorzug dieser Zelle besteht darin, daß die Anoden nicht am Deckel der Zelle, sondern an einem in der Schmelze liegenden u. mit Wasserkühlung versehenen Träger aus Cu befestigt sind, der zugleich Hilfsanoden aus Ni trägt, die im Falle der Polarisation der C-Anoden in Betrieb genommen werden. Im gekühlten Zustand sind Anodenträger u. Ni-Hilfsanoden mit einer ca. 1 mm dicken, nichtleitenden Schicht der erstarrten Schmelze bedeckt. Durch Unterbrechung der Wasserkühlung können die Ni-Anoden in ca. 1 Min. in Tätigkeit gesetzt werden. Ihr Arbeiten ist an dem Abfall der Zellenspannung von 11 auf 10 V zu erkennen. Durch diese Konstruktion ist die Bruchgefahr der Anoden verringert u. Kurzschluß durch aufschwimmende Bruchstücke ausgeschlossen. (Research **5**. 441—42. Sept. 1952. Stockholm, Royal Inst. of Technol., Div. of Phys. Chem.) FORCHE. 141

Denise Rollet und **Luc-Henry Collet**, *Über die Konzentrationsänderungen an den Elektroden bei der Elektrolyse.* Vff. untersuchen mit einer von ihnen beschriebenen App. die an den Elektroden bei der Elektrolyse von HCl-Lsgg. auftretenden Konzentrationsänderungen. Aus den in einer Tabelle zusammengestellten Meßergebnissen ist zu ersehen, daß bei höheren Konzz. die von HITTORF angegebenen Werte gelten, während bei verdünnteren Lsgg. ein Absinken der Kathodenkonz. festzustellen ist. An der Anode nimmt die Konz. etwas ab, um dann sprunghaft anzusteigen. Es liegt eine vollkommene Umkehrung des HITTORFschen Phänomens vor. Vff. führen dies auf Ionenhydratation zurück u. geben folgende Formeln an: $p_c = \varrho nit/V_0[U^- + n\nu_0(U^+n^+ - U^-n^-)]$ u. $p_A = \varrho nit/V_0 [U^+ - n\nu_0(U^+n^+ - U^-n^-)]$, wo n^+ = Zahl der H_2O-Moll. jedes einzelnen Ions, n = Konz., ν_0 = mittleres Vol., das ein H_2O-Mol. einnimmt, t = Zeit, i = Strom, ϱ = spezif. Widerstand der Lsg. u. U = Ionenbeweglichkeit ist. Die Gleichungen geben die beobachteten Phänomene recht gut wieder. (C. R. hebd. Séances Acad. Sci. **232**. 1760—62. 7/5. 1951.) SURAWSKI. 141

Eugène Lewartowicz, *Überspannung im Redoxsystem Cer(III)-Cer(IV).* Vf. betrachtet an Hand der AUDUBERTschen Überspannungstheorie das Gleichgewicht $Ce^{3+} \rightleftharpoons Ce^{4+} + e$ u. erhält dafür folgende Gleichungen: $I_a = K[Ce^{3+}]e^{-W-\alpha FV/RT} \cdot [1 - e^{-(\alpha+\beta)F\eta/RT}]$ u. $I_c = K'[Ce^{4+}]e^{-W'+\beta FV/RT}[1 - e^{-(\alpha+\beta)F\eta/RT}]$. Es ist V = Potential, η = Überspannung, I_a = anod. Stromdichte, I_c = kathod. Stromdichte, K = kinet. Konstante, W = Aktivierungsenergie u. α = Übergangskoeffizient. Bei Benutzung einer reversiblen Ce-Elektrode als Bezugselektrode u. Verknüpfung der kinet. Konstanten mit den Aktivierungsenergien ergibt sich $W = E + \alpha F(V_0 - TdV_0/dT)$, $W' = E' - \beta F(V_0 - T\,dV_0/dT)$ u. $E = E'$. Es zeigt sich nun auf Grund der durchgeführten Berechnungen, daß α u. β vom Verhältnis der Konzz. Ce^{3+}/Ce^{4+} abhängen. Für eine Ce^{3+}-Lsg., die Ce^{4+}-Ionen in Spuren enthält, beträgt α 0,93, wodurch sich dann β zu 0,07 ergibt. Eine Ce^{4+}-Lsg. mit 1% Ce^{3+}-Ionen ergibt für α einen Wert von 0,17, β ist dann 0,83. Die Verwendung der Ce^{3+}/Ce^{4+}-Elektrode gestattet es, Überspannungen von 10 mV mit höherer Genauigkeit als mit der Kalomelelektrode zu messen. Die Aktivierungsenergien W (12—32 kcal) u. W' (—15 bis 5 kcal) sind Funktionen des Ausdruckes $[Ce^{3+}]/[Ce^{4+}]$, während die Werte von E (10 kcal) sich als konzentrationsunabhängig erweisen. Vf. betrachtet letztere Größe als Charakteristik des gegebenen Redoxsystems. (C. R. hebd. Séances Acad. Sci. **232.** 1756—58. 7/5. 1951.) SURAWSKI. 143

A₄. Thermodynamik. Thermochemie.

W. K. Markow, *Der Parachor und seine physikalische Bedeutung.* Aus der SUGDENschen Gleichung für den Parachor $\pi = \sigma^{1/4} M/(D - d)$ folgt, daß $\sigma^{1/4}$ zahlenmäßig gleich $(D - d)_t/(D - d)_{\sigma=1}$ ist, dabei bedeuten $(D - d)_t$ u. $(D - d)_{\sigma=1}$ die Differenz der Dichten von Fl. u. gesätt. Dampf für die Temp. t bzw. diejenige Temp., bei der $\sigma = 1$ wird. Aus dem Zahlenmaterial für *Bzl.*, *CCl_4*, *CO_2* u. einige andere Verbb. ergibt sich die zahlenmäßige Beziehung $\pi/V_{krit} = P_{\sigma=1}/P_{krit}$ (V_{krit} = krit. Mol.-Vol., $P_{\sigma=1}$ u. P_{krit} die den betrachteten Zuständen entsprechenden Drucke). Die Gleichung $\pi = M/(D - d)_{\sigma=1}$ formt Vf. in $\pi = [WV/(V-W)]_{\sigma=1}$ um, in der W u. V die Mol-Voll. von Fl. u. gesätt. Dampf bedeuten. Danach definiert Vf. π als „Mol-Vol." für diejenige Temp., die $\sigma = 1$ entspricht. (Доклады Академии Наук СССР [Ber. Akad. Wiss. UdSSR] [N. S.] **85.** 1321—24. 21/8. 1952.) R. KNOBLOCH. 148

Lo-ching Chang, *Wärmeausdehnungskoeffizienten von Au-Cd-Legierungen mit 47,5 Atomprozent Cd.* An Einkristallen einer Au–Cd-Legierung mit 47,5 At.-% Cd wurden röntgenograph. die Wärmeausdehnungskoeffizienten der kub. β_1-Phase u. der rhomb. β'-Phase bestimmt. Die β_1-Phase wandelt sich beim Abkühlen auf ca. 60° diffusionslos in β' um; β_1 entsteht ebenfalls diffusionslos beim Erhitzen von β' auf ca. 70—80°. Für β_1 wurde für den Temperaturbereich von 70—105° ein Ausdehnungskoeff. von $33 \cdot 10^{-6}$ pro °C gefunden. Die Koeffizienten für β' in dem Temperaturbereich von 20—45° sind senkrecht zu (1 0 0) $216 \cdot 10^{-6}$ pro °C, senkrecht zu (0 1 0) $-12 \cdot 10^{-6}$ pro °C, senkrecht zu (0 0 1) $-74 \cdot 10^{-6}$ pro °C u. senkrecht zu (1 1 1) $99 \cdot 10^{-6}$ pro °C. (J. appl. Physics **22.** 525—26. April 1951. New York, N. Y., Columbia Univ.) GOTTFRIED. 148

Cesare Codegone, *Die Viscosität der Gase und Dämpfe.* (Vgl. C. **1941.** I. 3055.) Wenn η_x der dynam. Viscositätskoeff. eines Dampfes mit x%, η_1 derjenige von trockenem Dampf ist, gilt $\eta_x = \eta_1(1 + 6{,}1\,[1 - x]/x)$. Durch eine Ausdehnung des Gesetzes der übereinstimmenden Zustände auf die Viscosität gelingt es, die dynam. u. kinemat. Viscositätskoeffizienten für krit. Bedingungen zu berechnen. Es gilt allg. für T/T_k (T_k = absol. krit. Temp.): $\eta/\eta_k = \sim 0{,}6\,(T/T_k)^{0{,}64}$ u. $\nu/\nu_k = \sim 0{,}6\,(T/T_k)^{0{,}64}/(p/p_k)$. In einer Tabelle werden für 23 Gase u. Dämpfe die krit. Daten gegeben. Bei den untersuchten KW-stoffen (CH_4 bis C_8H_{18}) ist mit geringen Schwankungen ν_k ca. $0{,}10 \cdot 10^{-6}$ m²/Sekunde. (Ricerca sci. **22.** 1416—19. Juli 1952. Torino, Centro di Studio per la Dinamica dei Fluidi.) R. K. MÜLLER. 149

J. W. Grisard, H. A. Bernhardt und **George D. Oliver,** *Wärmewerte, Dampfdruck und Entropie von Chlortrifluorid.* Vff. bestimmen die Wärmekapazität von ClF_3 von 14° K bis zum Kp. (284,91° K) u. geben die Ergebnisse tabellar. an. Sie stellen bei 190,50° K eine isotherme Umwandlung fest, die 360,5 cal/Mol benötigt. Bei einem Tripelpunkt von 196,84 ± 0,05° K wird die Schmelzwärme zu 1819,3 cal/Mol gemessen. Vff. führen Dampfdruckmessungen aus, die den Druckbereich bis zu 2 at u. einen Temperaturbereich von —47 bis 30° umfassen. Die Ergebnisse werden tabellar. mitgeteilt u. können durch die Gleichung dargestellt werden: $\log_{10} P_{mm} = 7{,}37611 - 1096{,}917/(t + 232{,}75)$. Die berechnete Verdampfungswärme am Kp. beträgt 6580 cal/Mol. Aus diesen Daten werden die Entropiewerte am Kp. für die Fl. zu 43,66 ± 0,10 u. für das ideale Gas zu 66,87 Cl/Mol berechnet. (J. Amer. chem. Soc. **73.** 5725—27. Dez. 1951. Oak Ridge, Tenn., Union Carbide and Carbon Corp., Carbide and Carbon Chem. Div., K-25 Plant, Res. Labor.) FREIWALD. 150

K. J. Neuvonen, *Thermochemische Untersuchung der Åkermanit-Gehlenit-Reihen.* Die Ergebnisse einer ausführlichen thermochem. Unters. der Åkermanit–Gehlenit-Reihe mittels Lösungscalorimetrie werden mitgeteilt. Natürliche Minerale, synthet. Glas u. Milchkristalle wurden zunächst chem., mkr. u. röntgenograph. untersucht. Für die calorimetr. Messungen wurde eine Mischung von 5 Gew.-% HF u. 20 Gew.-% HCl bei 75° benutzt. Technik u. Korrekturverff. werden angegeben u. diskutiert. Die Lösungswärmen (pro g bzw. pro Mol) ergeben folgende Werte: *Quarz* —556,17 ± 0,50 cal/g bzw. —33400 ± 30 cal/Mol; *CaO* —833,99 ± 0,50 bzw. —49570 ± 30; *γ-Al_2O_3* —829,92 ± 0,77 bzw. —84600 ± 80; *Brucit* [*$(MgOH)_2$*] —441,41 ± 0,95 bzw. —25850 ± 70; *MgO* — bzw. —35480 ± 80; *Melilith* (synthet. glasig) mit 100% Åkermanit —606,62 ± 1,06 bzw. —165360 ± 290; mit 74% —646,04 ± 1,40 bzw. —176380 ± 380; mit 50% —673,76 ± 0,85 bzw. —184190 ± 230; mit 25% —698,07 ± 0,56 bzw. —191110 ± 150; mit 0% Åkermanit = 100% Gehlenit —710,85 ± 1,08 bzw. —194890 ± 300; Melilith (synthet., kristallin) mit 100% Åkermanit —578,11 ± 0,71 bzw. —157590 ± 190; mit 85% —587,85 ± 1,15 bzw. —160380 ± 310; mit 74% —600,70 ± 0,97 bzw. —164000 ± 260; mit 50%

$-626{,}32 \pm 0{,}68$ bzw. -171220 ± 190; mit 25% $-650{,}79 \pm 0{,}77$ bzw. -178170 ± 210; mit 0% Åkermanit = 100% Gehlenit $-667{,}41 \pm 1{,}16$ bzw. -182980 ± 320; natürlicher Melilith von Honululu $-554{,}87 \pm 1{,}17$ bzw. —; Gehlenit von Luna County $-606{,}73 \pm 0{,}48$ bzw. —; *Diopsid* von Juva $-535{,}81 \pm 0{,}92$ bzw. -116600 ± 250. Die Beziehung zwischen der Lösungswärme u. dem Åkermanit–Gehlenit-Verhältnis ist nicht linear. Das zeigt nichtideale Isomorphie an. Die latente Kristallisationswärme für die Melilithreihe wird aus den Lösungswärmen berechnet u. die Zers. des Åkermanits unterhalb seines Stabilitätsfeldes diskutiert. (Bull. Commiss. géol. Finlande **1952.** Nr. 158. 1—50.) Hiller. 155

F. E. Simon, N. Kurti, J. F. Allen, K. Mendelssohn, *low temperature physics.* Four Lectures. London: Pergamon Press Ltd. 1952. (VI + 132 S. m. 58 Abb.) 21 s.

Eine sehr lebendige Darst. des heutigen Standes der experimentellen u. theoret. Forschung auf dem Gebiet der tiefen Tempp. durch erste Sachkenner. F. E. Simon bringt einen Überblick über die Problematik im allg., N. Kurti beschreibt die Arbeitsmethoden im Temperaturgebiet unterhalb 1° absol., J. F. Allen schildert die Forschungsergebnisse am fl. He u. K. Mendelssohn berichtet über die Supraleitung. Thilo. 149

A₅. Grenzschichtforschung. Kolloidchemie.

A. I. Jurshenko und **R. W. Kutscher,** *Untersuchung der kolloiden (gekoppelten) Löslichkeit von Sudan III in wässerigen Lösungen in Alkylbenzolsulfoderivaten.* Photometr. untersuchten Vff. die Kinetik der koll. Auflösung von *Sudan III* (I) in wss. Lsgg. von *Nekal* (II), *Sulfanol* (III) u. *dibutylbenzolsulfonsaurem Na.* Die Kinetik der Auflösung ist stark abhängig von der Micellgröße des Emulgators. Am raschesten erfolgt sie in II mit den geringsten Micellen, während die Auflösung in III die 3fache Zeit erfordert. In allen Fällen nimmt die mol. koll. Löslichkeit der Emulgatoren unterhalb 0,01 g Mol/Liter mit sinkender Konz. zu, während oberhalb dieser Konz. keine Abhängigkeit von der Konz. des koll. Elektrolyten besteht, bedingt durch die konstante Größe der Micellen. Die Zugabe von H_2SO_4 verringert die koll. Löslichkeit von I, die p_H-Steigerung durch Zugabe von NaOH steigert sie. Dasselbe gilt für die Zugabe von Na_2SO_4. Die Änderung der koll. Löslichkeit ist für jeden Emulgator proportional der Änderung des Micellargewichtes. Die krit. Konz. der Micellenbldg. stimmt mit der krit. Konz. aus der Lichtstreuung gut überein. Die Annahme von Green u. McBain (C. **1948.** I. **1454**), daß die koll. Löslichkeit vom Mol.-Gew. der einfachen Moll. des Emulgators bestimmt wird, gilt nur für jene koll. Elektrolyte, die hydrophobe Teile von gleicher Struktur aufweisen. (Коллоидный Журнал [Kolloid-J.] **14.** 283—88. Juli/Aug. Lwow, Franko-Univ., Lehrstuhl für Kolloidchemie.) Lebtag. 164

A. M. Schkodin und **G. P. Tichomirowa,** *Schaumbildung in Gemischen oberflächenaktiver Kolloide.* 2. Mitt. *Über Schaumbildung in Gemischen von Seifen verschiedener Natur.* (1. vgl. C. **1951.** II. 2155.) Potentiometr. wurde der Einfl. von *Kolophoniumseife* (I) u. *Ricinolseife* (II) auf *Na-Oleat* (III) u. die Schaumbldg. in diesen bin. Gemischen untersucht. Das Schaumbildungsvermögen von III wird bei gewöhnlicher Temp. in Ggw. von II vermindert, nicht jedoch bei erhöhter Temperatur. Durch Zusatz von I wird das Schaumbildungsvermögen von III nicht beeinflußt. Aus der potentiometr. Titration der 0,1%ig. Lsg. von III mit 2%ig. I oder II ergibt sich, daß durch Zusatz von II das p_H der Lsg. gesenkt wird, während es durch I nicht beeinflußt wird. Die Micellen von II binden die bei der Hydrolyse von III gebildeten OH-Ionen, wodurch die III-Micellen sensibilisiert werden. Die übliche Vorstellung, daß die Kurve p_H–Schaumvol. S-Form aufweist, wird nicht bestätigt. Durch p_H-Änderung mittels HCl u. NaOH wird nachgewiesen, daß die Kurve für die Abhängigkeit der Schaumbldg. von III u. Kernseife vom p_H der Lsg. bei 9,8 ein Maximum aufweist. (Коллоидный Журнал [Kolloid-J.] **14.** 279—82. Juli/Aug. 1952. Charkow, Ukrain. Wiss. Forschungsinst. für Lebensmittelind.) Lebtag. 166

B. Ja. Teitelbaum, *Zur Frage der Oberflächenentmischung und Schaumbildung.* Polemik gegen die Stellungnahme von Starobinetz (C. **1952.** 7779) zu den Arbeiten des Vf. u. seiner Mitarbeiter (C. **1952.** **6017**), worin die Schaumbldg. als Folge der Oberflächenentmischung nach Teitelbaum bestritten wird u. die Stabilität des Schaumes damit erklärt wird, daß an der Grenze Lösung–Luft eine hohe Oberflächenaktivität vorliegt, hervorgerufen durch die quasikrist. Struktur der Lsg. als Folge des Mechanismus der H-Bindung. Es wird nachgewiesen, daß in allen untersuchten Systemen mit einem Geh. an *Anilin* oder *Nitrobenzol* Oberflächenspannung u. Schaumbldg. unabhängig von der Klasse des KW-stoffs, sich gleichartig verändern. Dies beweist, daß diese Erscheinungen nicht mit einem Mechanismus oder einer Komplexbldg. auf Kosten der H-Bindungen zusammenhängen, sondern durch die gegenseitige Löslichkeit der Komponenten in der Oberflächenschicht bedingt sind u. mit der Oberflächenentmischung zusammenhängen. Die festgestellten Gesetzmäßigkeiten gelten sowohl für die polaren als auch für die unpolaren oberflächenakt. Stoffe. Die Bldg. eines beständigen Schaumes wird nur dort beobachtet, wo eine Oberflächenentmischung durch die anomalen Polythermen angezeigt wird. (Коллоидный Журнал [Kolloid-J.] **14.** 292—95. Juli/Aug. 1952. Kasan, Chem. Arbusow-Inst. der Kasaner Zweigstelle der Akad. der Wiss. der UdSSR.) LEBTAG. 166

F. Conrad, E. Cremer und Th. Kraus, *Über das Haften von Magnesitpulvern auf fester Unterlage.* 1. Mitt. In einleitenden Betrachtungen wird gezeigt, daß für das Haften eines Pulvers auf einer geneigten Unterlage neben der Reibungskraft noch eine zusätzliche Kraft, die Haftkraft, berücksichtigt werden muß. Die Best. dieser Haftkraft erfolgte durch Best. des krit. Neigungswinkels einer bestaubten Fläche. Die Vorr. bestand aus einer drehbaren, mit Winkeleinteilung versehenen Scheibe, in deren Zentrum eine kleine kreisförmige Glasplatte angebracht war. Mit Hilfe eines Lotes konnte die Neigung der Glasplatte, bei der das gesamte Pulver gleichzeitig abrutschte, auf $\pm 1/2^0$ genau abgelesen werden. Zur Unters. gelangten Pulver verschied. Teilchengröße von natürlichem, gemahlenem Radentheiner *Dolomit* u. Magnesit. Auf Grund der erhaltenen Meßergebnisse wurden die gesetzmäßigen Zusammenhänge zwischen der M. des Pulvers, dem Neigungswinkel, der Haftkraft, dem mittleren Teilchendurchmesser, dem Reibungskoeff. u. einer als Haftspannung eingeführten Größe theoret. u. prakt. untersucht. Es ergab sich, daß die für das Haften entscheidende Haftspannung eine Materialkonstante u. von der Teilchengröße unabhängig ist. Ferner tritt die Haftkraft nur bei Teilchen bis zu einer bestimmten Höchstgrenze in Erscheinung. (Radex-Rdsch. **1951.** 227—33. Okt. Innsbruck, Univ.) GOTTFRIED. 166

Jui Hsin Wang, *Tracerdiffusion in Flüssigkeiten.* 3. Mitt. *Die Eigendiffusion des Chloridions in wässerigen Natriumchloridlösungen.* (2. vgl. C. **1953.** 180.) Analog wie die Diffusion des Na^+ wird diejenige des $^{36}Cl^-$-Ions in wss. NaCl-Lsgg. bei Konzz. zwischen 0,030 u. 5 mol. bestimmt. Die D–$\sqrt{c}$-Kurve zeigt hier kein Maximum. Es wird die Aktivierungsenergie der radioakt. Indicatoren (Alkali- u. Halogenionen) für c → 0 bei 25° verglichen u. eine präzisere Formulierung dieser Aktivierungsenergie gegeben. (J. Amer. chem. Soc. **74.** 1612—15. 20/3. 1952. New Haven, Conn., Yale Univ.) HENTSCHEL. 171

Robert Simha, *Eine Abhandlung über die Viscosität von konzentrierten Suspensionen.* In den heute üblichen Theorien der Konzentrationsabhängigkeit werden die gelösten Moll. als punktförmige Störzentren behandelt. Die endlichen Abmessungen, die eine Abschirmung zweier sich gegenseitig beeinflussender Teilchen in Ggw. anderer bewirken, red. die in der Punktnäherung berechnete gegenseitige Beeinflussung u. verringern daher die Diskrepanz zwischen Theorie u. Experiment. Eine Näherungsbehandlung für ein punktförmiges, gelöstes Teilchen, die auf der Grundlage des Käfigmodells aufbaut u. daher besser für hohe Konzz. paßt, wird angegeben. Sie operiert mit einer kugelförmigen Schale um das Zentralpartikel. Die Lage dieser Schale gibt die relative Ausdehnung wieder, bis zu welcher Teilchen jenseits nächster Nachbarschaft hydrodynam. mit dem Zentralmol. in gegenseitige Wechselwrkg. treten können. Auf diese Weise erscheint in der Theorie ein Parameter f, der langsam mit der Konz. zunimmt u. eine Grenze erreicht, die durch das Zusammentreffen der Schale mit der Wand des nächstliegenden Nachbarkäfigs gegeben ist. Im Aufbau dieser Theorie muß f als eine halbempir. Größe betrachtet werden. Das hydrodynam. Problem kann streng behandelt werden. Die berechnete relative Viscosität ist über einen großen Konzentrationsbereich in befriedigender Übereinstimmung mit empir. Ausdrücken, die man erfolgreich auf passende Systeme angewandt hat. (J. appl. Physics **23.** 1020—24. Sept. 1952. New York, N. Y., Univ., Dep. of Chem. Engng.) G. HEINRICH. 172

F. Gutmann und **L. M. Simmons,** *Die Temperaturabhängigkeit der Viscosität von Flüssigkeiten.* Die Gleichung $\log \eta = A + B/(T + C)$ wird als einfache Modifikation der Viscositätsgleichung von ANDRADE durch Behandlung der Aktivierungsenergie als Funktion der Temp. erhalten, wobei A, B u. C freie Parameter sind. Dies wird statist. aufgezeigt, um die Temperaturabhängigkeit der Viscosität hinreichend gut über einen großen Temperaturbereich ausdrücken zu können. U. a. wurden folgende Fll. untersucht: *n-Heptan, n-Nonan, Bzl.,* zähes *Mineralöl, A., W., Hg,* geschmolzenes *Ga, Na, AgBr,* Br_2 u. 98 bis 100%ig. H_2SO_4. (J. appl. Physics **23.** 977—78. Sept. 1952. Sydney, Australia, N. S. W., Univ. of Technol.) G. HEINRICH. 172

Yoshimasu Hirada, *Chromatographie als Forschungsverfahren.* Übersicht über Adsorptionschromatographie, Ionenaustauscher, TSWETTs Verf., Papierchromatographie u. neueste Literatur. (Chem. and chem. Ind. [Kagaku to Kogyo] **5.** 160—63. April 1952. [Orig.: japan.]) SCHULER. 177

Kojo Tamura, *Apparatives zur Chromatographie.* Schichtentrennung nach TSWETT, Elutionsfragen, automat. Apparate. — 12 Literaturangaben. (Chem. and chem. Ind. [Kagaku to Kogyo] **5.** 164—67. April 1952. Tokyo. [Orig.: japan.]) SCHULER. 177

A_6. Strukturforschung.

Maurice Goldsmith, *Das Protonenmikroskop öffnet der Wissenschaft das Gebiet des unendlich Kleinen.* Entwicklungsgeschichtliche Betrachtung über die Mikroskopie. (Électronique **1952.** Nr. 70. 5. 34. Sept.) GERHARD SCHMIDT. 181

Seito Yamaguchi, *Anwendung des Elektronenmikroskops in der Chemie.* Erörterung der 5 Hauptverfahren. — 40 Literaturangaben. (Chem. and chem. Ind. [Kagaku to Kogyo] **5.** 182—87. April 1952. [Orig.: japan.]) SCHULER. 181

C. E. Challice, *Die Erweiterung des Vergrößerungsbereichs eines zweistufigen Elektronenmikroskops.* Vf. ersetzt in einem zweistufigen magnet. RCA-Elektronenmikroskop vom Typ EMB den üblichen einspaltigen Projektivpolschuh durch einen zweispaltigen u. erzielt so eine Erweiterung des Vergrößerungsbereichs, bes. auf kleinere Abbildungsmaßstäbe hin. Eine maßstäbliche Zeichnung des zweispaltigen Polschuhs u. Kurven für die Abhängigkeit der Vergrößerung von der Projektivdurchflutung für den ein- u. den zweispaltigen Polschuh werden wiedergegeben. (J. sci. Instruments **29.** 167. Mai 1952. London, Nat. Inst. for Med. Res.) LENZ. 181

F. A. Hamm, *Ein Photometer für das Elektronenmikroskop.* Vf. beschreibt eine Vorr., um die Intensität der Elektronenstrahlen im Beobachtungsraum des Elektronenmikroskops zu messen. Ein Teil der abbildenden Elektronenstrahlen wird durch eine Metallsonde gesammelt (Cu-Scheiben von 1,5—8 mm Durchmesser). Diese Elektronen werden über einen hohen Widerstand zur Erde abgeleitet, der Spannungsabfall wird gemessen, er entspricht der Elektronenintensität. Es wird der Gebrauch dieser Vorr. als Belichtungsmesser u. zur Messung der Stromdichte auf der Probe beschrieben. (Rev. sci. Instruments **22.** 895—98. Dez. 1951. Easton, Pa., General Aniline & Film Corp., Central Res. Labor.) FAHNENBROCK. 181

O. I. Sseman, *Aberrationen elektronenoptischer Systeme mit Oberflächenladungen im optisch wirksamen Teil des Feldes.* Diskussion der Möglichkeit, durch ein feinmaschiges Netz mit Oberflächenladungen die Bildfehler von Elektronenlinsen zu beeinflussen. Vf. hält eine Verringerung des Öffnungsfehlers auf diesem Wege auf Grund theoret. Überlegungen für möglich. (Журнал Технической Физики [J. techn. Physik] **22.** 1581—91. Okt. 1952.) LENZ. 181

R. I. Garber und **A. I. Kowalew,** *Elektronenmikroskopische Untersuchung von Gleitbanden.* Unters. der Gleitbanden an *Steinsalz* im Elektronenmikroskop bei 50 kV u. 5000- bis 8000facher Vergrößerung. Die zu untersuchende Oberfläche wird zunächst mit Cr u. dann mit Quarz bedampft, um kontrastreiche Abdrücke zu erzielen. Eine gelegentlich beobachtete Strichelung der Bilder im Bereich der Gleitbanden wird als das Auftreten zahlreicher kleiner Risse von nicht mehr als 0,02 mm Tiefe gedeutet. (Доклады Академии Наук СССР [Ber. Akad. Wiss. UdSSR] [N. S.] **86.** 901—03. 11/10. 1952.) LENZ. 181

O. Kratky, G. Porod und **L. Kahovec,** *Einige Neuerungen in der Technik und Auswertung von Röntgenkleinwinkelmessungen.* Es wird zuerst eine neu konstruierte Spaltblende beschrieben, die aus einem Zylinder u. einer möglichst spitzwinkeligen scharfen Schneide besteht, bei der das Diagramm auf der Seite des Zylinders weitgehend frei von Streustrahlung der Blende ist. Um bei den Aufnahmen eine chem. Wrkg. auf die zu untersuchende Fl. auszuschalten, wurde ein Strömungsapp. für kleine Flüssigkeitsmengen konstruiert. Es wird ferner ein Abschaltverf. mit rotierendem Schirm beschrieben, durch welches Schwierigkeiten bei der Vermessung von sehr steil ansteigenden Streukurven vermieden werden. Besprochen werden Methoden zur Rückrechnung der reinen Streukurve aus dem stets etwas verschmierten Diagramm, u. zwar unter Erweiterung der Meth. von GUINIER-FOURNET, für Primärstrahlen endlicher Länge sowie ein Verf. zur Eliminierung der Breitenverschmierung. Die mittels des photograph. Films gemessene Absolutintensität der Abbeugung wurde zur Berechnung des Teilchenvol. herangezogen u. eine entsprechende Formel angegeben. — Als Beispiel für die prakt. Erprobung der Meth. wurde das Vol. von Au-Teilchen eines Au-Sols bestimmt; der Durchmesser eines solchen Teilchen unter Annahme von Kugelgestalt beträgt 109 Å. (Z. Elektrochem. angew. physik. Chem. **55.** 53—59. Jan. 1951. Graz, Univ., Inst. für theoret. u. physikal. Chemie.) GOTTFRIED. 181

A. F. Prebus und **J. W. Michener,** *Micellarstruktur in Silicatgläsern.* (Sitzungsbericht.) Elektronendurchstrahlungsmikrographien von Glas zeigten, daß einige SiO_2-Gläser Inhomogenitäten in der Zus. besitzen, u. zwar in einem Maßstab, der größer ist als der von ZACHARIASEN oder WARREN [1932] angenommene. Ein Glas der Zus. SiO_2 54,6 (%); $Al_2O_3 + Fe_2O_3$ 14,8; CaO 17,4; MgO 4,5; B_2O_3 8,0; $Na_2O + K_2O$ 0,6 besitzt sinusförmige oder schraubenförmige Kettenstrukturen mit Breiten von ca. 30 Å u. Längen von mehreren Hundert Å. Aus demselben Glas geblasene Fasern bestehen aus SiO_2-Ketten noch größerer Länge, die nach der Faserachse ausgerichtet sind. Ein Glas der Zus. SiO_2 63,6 (%); Al_2O_3 3,8; Fe_2O_3 0,2; CaO 14,0; MgO 2,6; B_2O_3 6,7; Na_2O 8,7; K_2O 0,4 besitzt ähnliche Aggregate, die dazu neigen, Stäbchen in paralleler Anordnung zu bilden. Die zweite Phase dieser Gläser erscheint homogen u. fließt bei Bruchoberflächen leicht. (Physic. Rev. [2] **87.** 201. 1/7. 1952. Ohio State Univ., u. Owens-Corning Fiberglass Corp.) GOTTFRIED. 188

B. T. M. Willis, *Schraubenversetzungen in Quarz.* Vf. konnte mit Sicherheit das Auftreten von Schraubenversetzungen in Quarz feststellen. Auf der Rhomboederfläche $(1 0 \bar{1} 1)$ eines natürlichen Quarzkristalls wurden die Kanten von Wachstumsflächen beobachtet, die sich in zwei getrennten Richtungen ausgebreitet hatten (α u. β). Die α-Wachstumsfronten sind kontinuierlich u. parallel zu den Konturen der Fläche; die β-Wachstumsfronten dagegen sind entlang einer Linie diskontinuierlich. Diese Linie endet an beiden Seiten auf der Oberfläche u. verläuft parallel der Schnittlinie der Fläche mit einer benachbarten Rhomboederfläche; sie stellt eine Stufe dar, deren Höhe zwischen 0 u. 950° schwankt. Da die $(1 0 \bar{1} 1)$-Ebenen Ebenen partieller Spaltbarkeit sind, wird angenommen, daß die Linie eine Gleitlinie ist, wobei partielle Gleitung parallel der Hauptrhomboederfläche stattgefunden hatte. Die Endpunkte der Gleitlinie u. die Punkte auf der Linie, bei denen eine Änderung der Höhe auftritt, markieren die Austrittspunkte von Schraubenversetzungen. — Es wird noch kurz mitgeteilt, daß ein weiterer Beweis für das Auftreten von Schraubenversetzungen die Beobachtung von Wachstumsspiralen auf Quarz ist. (Nature [London] **170.** 115—16. 19/7. 1952. Englefield Green, Surrey, Royal Holloway Coll.) GOTTFRIED. 190

Mario Fornaseri, *Struktur tetragonaler Metaborate und ihre kristallchemischen Beziehungen.* Strukturunterss. an den tetragonalen Metaboraten *Teepleit,* $Na_2B_2O_4 \cdot 2NaCl \cdot 4H_2O$, u. *Bandylith,* $CuB_2O_4 \cdot CuCl_2 \cdot 4H_2O$, ergeben, daß in beiden das B im Mittelpunkt eines OH-Tetraeders — als $B(OH)_4$-Gruppe — steht. Das W. ist nicht als H_2O-Moll., sondern in Form von OH-Gruppen vorhanden. Im Teepleit befindet sich das Na im Zentrum eines mit seiner Hauptachse gegen die Achsen des Elementarkörpers geneigten Oktaeders, an dessen Ecken 4 OH- u. 2 Cl-Atome angeordnet sind; die Projektion des Elementarkörpers auf (0 0 1) u. die FOURIER-Projektion (Meth. BRAGG-HUGGINS) sind wiedergegeben. Im Bandylith hat das Cu-Atom 4 an den Ecken eines zu (0 0 1) parallelen Quadrats angeordnete OH als unmittelbare Nachbarn u. bildet 4 stärkere Bindungen zum O u. 2 schwächere zum Cl. Wegen dieser verschied. Anordnung von Na u. Cu sind die beiden Mineralien trotz ähnlicher chem. Zus. u. Struktur nicht als isotyp anzusehen. Bandylith hat ein typ. Schichtgitter [Schichten parallel zu (0 0 1)]. (Ricerca sci. **21.** 1192—94. Juli 1951. Rom, Univ., Ist. di Mineral. e Petrografia.) v. DECHEND. 195

W. Rüdorff und **K. Brodersen,** *Über die Struktur des $HgNH_2Br$ und eine Mischkristallbildung zwischen NH_4Br, $Hg(NH_3)_2Br_2$ und $HgNH_2Br$. Quecksilberamidobromid* (**I**), $HgNH_2Br$, krist. kub. mit $a = 4{,}339 \pm 0{,}004$ Å, $Z = 1$. Atomlagen: 1 NH_2 in 0 0 0, 1 Br in ½ ½ ½ u. 1 Hg statist. auf die dreizählige Punktlage 0 ½ 0, ½ 0 0, 0 0 ½ verteilt. **I** u. *$Hg(NH_3)_2Br_2$* (**II**) ($a = 4{,}221 \pm 0{,}009$ Å) bzw. *$Hg(NH_3)_2Cl_2$* (**III**) besitzen fast die gleiche Struktur, doch ist in **II** u. **III** die dreizählige Lage nur zu $^1/_6$ mit Hg besetzt. Während sich in **I** am N um 90° gewinkelte $-NH_2-Hg-NH_2-Hg-NH_2$-Ketten ausbilden, enthalten **II** u. **III** isolierte $H_3N-Hg-NH_3$-Gruppen. Der Abstand Hg—N von 2,17 Å in **I** u. 2,11 Å in **II** ist nur mit einer kovalenten Bindung zu vereinbaren. Dagegen entsprechen die Abstände Hg—Br mit 3,07 Å (**I**) u. 2,98 Å (**II**) (im $HgBr_2$ dagegen nur 2,48 Å) der Summe der Ionenradien. Die enge strukturelle Verwandtschaft zwischen **I** u. **II** einerseits u. *NH_4Br* (**IV**) (CsCl-Typ mit $a = 4{,}047 \pm 0{,}008$ Å) andererseits läßt Mischkristallbldg. erwarten. Durch Tempern von **I**-**II**-Gemischen im geschlossenen Rohr bei 100° können Mischkristalle mit bis zu 50 Mol-% **I** erhalten werden. Bei höherem **I**-Geh. findet NH_3-Abspaltung u. Bldg. von $NH(HgBr)_2$ statt. Auch beim Zusammengeben von $HgBr_2$ u. verd. Ammoniaklsgg. findet bei niedriger **IV**-Konz. Mischkristallbldg. statt. Hierdurch erklären sich die Schwierigkeiten bei der Reindarst. von **I** (vgl. JANDER u. BRODERSEN, Z. anorg. allg. Chem. **265.** [1951.] 117). Zwischen **II** u. **IV** findet auffallend leichte Mischkristallbldg., schon beim Verreiben des Gemischs im Mörser, statt, doch reicht die Mischkristallreihe auch nur bis zu 50 Mol-% **IV**. (Z. Naturforsch. **7b.** 56—57. Jan. 1952. Tübingen, Univ., Chem. Inst.) B. REUTER. 195

Vittorio Cirilli und **Aurelio Burdese,** *Über den Dicalciumferrit und über die ternären festen Lösungen des Systems Kalk–Aluminiumoxyd–Eisenoxyd.* Von Dicalciumferrit ($2CaO \cdot Fe_2O_3$)-Einkristallen (große, nicht regelmäßige Platten) werden Drehkristall- u. WEISSENBERG-Aufnahmen gemacht: $a = 5{,}32$, $b = 14{,}63$, $c = 5{,}58$ Å, $D_{\text{röntg}}$ 4,01, $Z = 4$; wahrscheinliche Raumgruppe V_h^{28}. Wahrscheinlich folgen sich in Richtung der Achse b durch O-Atome verbundene Gruppen FeO_6, FeO_4, FeO_6, FeO_4; der Elementarkörper kann durch die Formel $Ca_8Fe_4^{IV}Fe_4^{VI}O_{20}$ ausgedrückt werden. — Es werden ferner

Einkristalle der festen Lsgg. *2 CaO·(Fe, Al)$_2$O$_3$* untersucht. Für *Brownmillerit* werden gefunden: a = 5,26, b = 14,42, c = 5,51 Å, D. 3,76; im Elementarkörper sind 2 Moll. 4 CaO·Al$_2$O$_3$·Fe$_2$O$_3$. Für die feste Lsg. 6 CaO·2 Al$_2$O$_3$·Fe$_2$O$_3$ („*Hexacalciumdialuminatferrit*") ist a = 5,22, b = 14,35, c = 5,48 Å, D. 3,71; bei dieser ist es nicht möglich, die Stellung der Atome in einem Elementarkörper vom Typ $Ca_8Me_4^{IV}Me_4^{VI}O_{20}$ nachzuweisen. Die Formel 6 CaO·2 Al$_2$O$_3$·Fe$_2$O$_3$ gibt nur das Molverhältnis wieder, in dem die 3 Oxyde in der festen Lsg. sind. Im ganzen Gebiet der festen Lsgg. ist die Änderung der Gitterkonstanten in Abhängigkeit von der Zahl der durch Al ersetzten Fe-Atome linear. Brownmillerit u. auch „Hexacalciumdialuminatferrit" werden als Zwischenglieder einer Reihe von festen Lsgg. u. als einzige kristallograph. definierbare Verb. das Dicalciumferrit angesehen. Der Ersatz von Fe durch Al, bei dem alle Atome des Fe gleichwertig sind, führt zu einer immer größeren Unbeständigkeit des Gitters, so daß es nicht möglich ist, homogene feste Lsgg. vom Typ 2 CaO (Fe, Al)$_2$O$_3$ mit weniger als 20—21 Gew.-% Fe$_2$O$_3$ zu erhalten. (Ricerca sci. **21.** 1185—91. Juli 1951. Turin, Politecnico, Ist. di chim. gen. ed appl. e di metallurg.) v. DECHEND. 195

W. E. Hauth jr., *Kristallchemie in der Keramik.* 1. u. 2. Mitt. Zusammenfassender Überblick über die Koordinationstheorie u. über die Bindungsverhältnisse in Kristallen. (Amer. ceram. Soc. Bull. **30.** 5—7. Jan. 1951. Ames, Iowa, State Coll.) GOTTFRIED. 195

W. E. Hauth jr., *Kristallchemie in der Keramik.* 3. Mitt. *Paulingsche Regeln und wichtigste Silicatstrukturen.* (2. vgl. vorst. Ref.) Nach einem kurzen Überblick über die bekannten PAULINGschen Regeln werden die Strukturen der *Orthosilicate*, der *Pyroxene*, *Amphibole*, der *Tonmineralien*, des *SiO$_2$* sowie der *Feldspäte* beschrieben. (Amer. ceram. Soc. Bull. **30.** 47—49. Febr. 1951.) GOTTFRIED. 195

W. E. Hauth jr., *Kristallchemie in der Keramik.* 4. Mitt. *Die Ortho-, Pyro- und Metasilicate und Amphibole.* (3. vgl. vorst. Ref.) Nach einer kurzen Besprechung des isomorphen Ersatzes behandelt Vf. eine Reihe von Silicaten mit SiO_4^{4-}-, SiO_3^{2-}- u. $Si_2O_7^{6-}$-Gruppen. (Bull. Amer. ceram. Soc. **30.** 76—77. März 1951.) GOTTFRIED. 195

W. E. Hauth jr., *Kristallchemie in der Keramik.* 5. Mitt. *Die Mineralien mit Schichtstruktur und die Feldspäte.* (4. vgl. vorst. Ref.) Es werden die Strukturen von *Gibbsit*, *Brucit*, *Talk*, den triklinen u. monoklinen *Feldspäten* kurz beschrieben. Kurz wird noch auf feste Lsgg. in Mineralien eingegangen. (Amer. ceram. Soc. Bull. **30.** 137—39. April 1951.) GOTTFRIED. 195

John B. Goodenough, *Ein Mechanismus, der die Änderungen des Achsenverhältnisses in nichtkubischen Metallkristallen verursacht.* (Sitzungsbericht.) Es wird ein Mechanismus vorgeschlagen, welcher zeigt, wie die FERMI-Oberfläche eine Anziehungskraft auf die BRILLOUIN-Zonengrenzen ausübt. Es werden die Richtung u. die relative Größe der Veränderung des Verhältnisses c/a für hexagonale Kristalle vom idealen Wert für dichteste Packung als Funktion des Verhältnisses Elektron : Atom vorhergesagt u. mit den in der Literatur vorkommenden Werten der Gitterparameter verglichen. (Physic. Rev. [2] **87.** 200. 1/7. 1952. Chicago, Univ.) GOTTFRIED. 197

Konrad Schubert und **Gundolf Brandauer**, *Zum Aufbau des Systems Kupfer-Germanium.* Die Phase Cu$_3$Ge, die eine Valenzelektronenkonz. (VEK) von 1,5 hat, besitzt eine A 3 ε-Struktur, d. h. eine A 3-Struktur, deren Achsverhältnis c/a mit wachsender Ge-Konz. abnimmt. Diese Änderung wird durch Taktion der FERMI-Kugel an der BRILLOUIN-Ebene BE (0 0 2) verursacht. Die Cu$_3$Ge (Tieftemp.)-Phase hat eine A 3 ϰ-Struktur, d. h. es bewegen sich beim Übergang unverzerrt–verzerrt von 6 vermöge der Punktgruppe C$_6$ äquivalenten Punkten des reziproken Gitters 4 auf den Ursprung zu u. 2 von diesem weg. Die Cu$_3$Ge (Hochtemp.)-Phase hat bei Cu-reicher Zus. eine trigonal verzerrte A 2-Struktur. Die VEK 1,75 läßt keine A 2-Struktur, bei der die BE (1 1 0) tangiert wird, mehr zu. Trotzdem ist die Phase bei einer Zus. von etwa Cu$_3$Ge stabil, weil diese Zus. eine energet. bes. vorteilhafte Verteilung der Ge-Atomen im A 2-Gitter gestattet. Die BE (1 1 0) der kub. Aufstellung wird dann teilweise von der FERMI-Kugel überragt, so daß die Struktur sich verzerrt. Bei ca. 27 At.-% Ge ist bei höheren Tempp. eine kub. A 2-Phase stabil. Eine schwache Extralinie deutet auf Lücken in der Struktur hin. Bei 23 At.-% Ge liegt ein Eutektikum vor. Die trigonale A 2-Phase krist. unzers. bei 24 At.-% Ge. Die Strukturanalogien mit den Systemen des Cu mit Zn u. Si werden besprochen. (Z. Metallkunde **43.** 262—68. Juli 1952. Stuttgart, Max-Planck-Inst. für Metallforsch.) HOCHSTEIN. 197

K. E. Puttick und **Ronald King**, *Korngrenzengleichung in Zinnbikristallen.* Sn-Proben, die aus zwei, sich in einer geraden Korngrenze treffenden Kristallen bestehen, werden auf Scherung beansprucht, wodurch eine Relativbewegung der Kristalle an der Korngrenze verursacht wird. Es wurde die Beziehung zwischen der Relativbewegung

u. der Zeit bei einer stetigen Beanspruchung geprüft. Hierbei zeigte sich, daß das Verh. der Kristallkorngrenze analog der einer viscosen Fl. ist. Es wurde ermittelt, daß der physikal. Charakter der Korngrenze von der Natur der im Sn vorhandenen Verunreinigungen abhängig ist. Korngrenzen in zwei Sn-Gußproben von ähnlichem Gesamtgeh. an Verunreinigungen, die sich jedoch in den relativen Anteilen der Verunreinigungen unterschieden, hatten ein verschied. Aussehen. (J. Inst. Metals **80**. 537—44. Juni 1952. London, Brit. Iron and Steel Res. Assoc.) HOCHSTEIN. 197

G. W. Ushik, *Über die spröde Zerstörung von Metallen. Erwiderung an N. N. Dawidenkow.* Vf. polemisiert dagegen, daß DAWIDENKOW (vgl. C. **1953**. 500) in seinen Arbeiten nicht genügend klar zwischen den physikal. bedingten Ursachen für das Auftreten von Sprödbruch (Einfl. der Temp., Geschwindigkeit der Belastung usw.) u. solchen mechan. Art (Einfl. von Kerben, Probenform usw.) unterscheidet. Auch die von DAWIDENKOW angewandte Methodik zur Best. der Trennfestigkeit, so die von ihm bes. empfohlene durch Zerreißen von gekerbten Probestäben bei —190°, wird beanstandet. Aus allem dem ergebe sich die nicht genügende Bewertung der Trennfestigkeit als eine der wichtigsten Festigkeitscharakteristiken von Metallen. (Известия Академии Наук СССР, Отделение Технических Наук [Nachr. Akad. Wiss. UdSSR, Abt. techn. Wiss.] **1951**. 1390—1414. Sept.) EHMCKE. 200

Lewis S. Combes, Stanley S. Ballard und **Kathryn A. McCarthy,** *Vergleichende elastische Untersuchungen von Einkristallen des CaF_2- und CsCl-Typs.* (Sitzungsbericht.) Der YOUNG-Modul, die scheinbare elast. Grenze u. der Bruchmodul wurden für *CaF_2, BaF_2, CsBr, TlCl* u. *Tl(Br, J)* (KRS-5) gemessen. Die Messungen wurden an aus den Einkristallen geschnittenen Stäben im Biegevers. durchgeführt. Für CaF_2 u. BaF_2 fallen die elast. Grenze u. der Bruchmodul zusammen, d. h. das HOOKEsche Gesetz ist bis zum Bruchpunkt erfüllt. Messungen an Stäben von Tl(Br, J), deren lange Achsen ca. 10° von einer 1 0 0-Richtung im Kristall abwichen, lieferten für den YOUNGschen Modul einen Wert von $2{,}3 \cdot 10^{11}$ Dyn·cm^{-2} u. für die scheinbare elast. Grenze einen Wert von $73 \cdot 10^7$ Dyn·cm^{-2}. Diese Werte sind beträchtlich größer als die, die Vff. (vgl. C. **1952**. 2292) für einen Stab erhalten hatten, dessen lange Achse in einer 1 1 0-Richtung lag. (Physic. Rev. [2] **87**. 201. 1/7. 1952. Tufts Coll.) GOTTFRIED. 200

Charles Sanborn Barrett, Structure of metals; crystallographic methods, principles, and data. 2nd ed. New York: McGraw-Hill. 1952. (677 S. m. Abb. u. Diagr.) $ 10,—.

Herbert Mayer, *Aktuelle Forschungsprobleme aus der Physik dünner Schichten.* München: R. Oldenbourg. 1950. (144 S. m. 69 Abb.) DM 14,—.

Das als Festschrift zum 60. Geburtstag von W. GERLACH herausgegebene Buch bringt einen sehr inhaltsreichen Bericht über den Stand der experimentellen Forschung auf allen Teilgebieten der Physik u. Chemie dünner Schichten: I. Elementarvorgänge bei der Kristallisation. a) Oberflächenwanderung. b) Einschwingen von Kristallbausteinen in Gitterplätze. — II. Baustein u. Zwischenbaustein beim Elementarprozeß des Kristallaufbaues. — III. Das mol. Oberflächengebirge oder die Oberflächenrauheit. a) Das Interferenzlinienverfahren. b) Die Adsorptionsmethoden. c) Die chem. u. elektrochem. Methoden. — IV. Der Übergang vom einzelnen Metallatom zum kompakten Metall. — V. Die WEISS-HEISENBERGschen Elementarbereiche ferromagnet. Körper. — VI. Supraleitung u. dünne Schicht. a) Supraleitungskeime. b) Die Eindringtiefe magnet. Felder u. der Abschirmströme. — VII. Der Elementarprozeß beim äußeren lichtelektr. Effekt an Metallen. — VIII. Adsorptionsschichten u. der Akkomodationskoeffizient. — IX. Monomol. Schichten auf Wasseroberflächen, Dimensionen u. Struktur organ. Moll. u. das Eiweißproblem. — Der elementar u. leichtverständlich geschriebene Bericht wird durch zahlreiche ausgezeichnete Abbildungen u. Literaturzitate, ganz bes. der histor. wichtigen Arbeiten, bestens ergänzt. THILO. 181

A₇. Gleichgewichte. Kinetik.

M. I. Rawitsch, *Gleichgewichte von Salzen in Gegenwart von Wasserdampf unter hohem Druck.* Vf. beschreibt die bei der Unters. der Phasengleichgewichte in den W.–Salz-Systemen angewandten Verff. sowie die Versuchsergebnisse bei Tempp. bis zu 600—650° u. bis zu Drucken von 300—350 at. Nach der p–x- u. p–t-Kurvenmeth. wurden die bin. Systeme *KCl*–H_2O u. *KBr*–H_2O, die tern. Systeme KCl–*NaCl*–H_2O, KCl–*K_2SO_4*–H_2O, NaCl–*Na_2SO_4*–H_2O u. das quaternäre. gegenseitige Syst. Na, K ‖ Cl, SO_4 untersucht. Aus den Ergebnissen wird geschlossen, daß bei konstantem Druck des Wasserdampfes die Kristallsalze nur in einem bestimmten Temperaturintervall existenzfähig sind. Oberhalb u. unterhalb dieses Intervalls kann sich nur die fl. ungesätt. Lsg. im Gleichgewicht mit dem Dampf befinden. Für ein Salzgemisch von bestimmter Zus. liegt dieses Intervall um so tiefer, je höher der Dampfdruck. Ist der Dampfdruck geringer als der maximale Dampfdruck der euton. Lsgg., dann sind die Kristallsalze gleichzeitig mit der fl. gesätt. Lsg. oder ohne diese existenzfähig. Bei einer Temperaturänderung innerhalb eines größeren Bereiches ist eine Kristallisation nicht zu vermeiden. Ist der Dampfdruck von W. größer als der maximale Dampfdruck der euton. Lsgg., dann können die krist. Salze nur gleichzeitig mit der fl. gesätt. Lsg. auftreten, sofern die Zus. des Ausgangssalzes außerhalb des

Gebietes für die homogene feste Lsg. liegt. Hier ist die gleichzeitige Kristallisation von zwei festen Phasen unmöglich. Es gibt hier ein Gebiet des Salzzuss., wo bei gegebenem Druck selbst ein Salz bei keiner Temp. kristallisiert. Dieses Gebiet wird mit steigendem Dampfdruck breiter. Die Verhinderung einer Kristallisation der Sulfate von Na u. K im Gemisch mit den Chloriden bei Temperaturänderung im weiten Bereich u. unabhängig von der ursprünglichen Gesamtkonz. der Lsg. ergibt sich nicht aus der Unters. des bin. Syst. Sulfat–Wasser. (Успехи Химии [Fortschr. Chem.] **21.** 1096–1116. Sept. 1952. Moskau.) Lebtag. 221

M. W. Towbin und **Ss. I. Krassnowa,** *Stabilität übersättigter Salzlösungen.* 2. Mitt. (1. vgl. C. **1950.** I. 1181.) Vff. bestimmen ϱ für *KNO_3, KCl, $KClO_3$, K_2CrO_4* im Temperaturbereich 0 (10°) bis 40°, wobei ϱ ein Maß für die Stabilität übersätt. Salzlsgg. darstellt u. sich die Abhängigkeit $\varrho = A \cdot \exp(B/T)$ bestätigt. Ist β eine von der Natur des Elektrolyten unabhängige Funktion von T, so stimmt der nach $\varrho = (\beta/c_0)(dc_0/dT)$ berechnete ϱ-Wert bei t = 20° mit dem experimentellen innerhalb einer Fehlergrenze von $\lesssim$100% für 15 Elektrolyte überein (c_0 Löslichkeit der Substanz). Eine bes. große Abweichung ergab sich für K_2CrO_4 ($\varrho_{exp} = 0{,}093$; $\varrho_{theor} = 0{,}034$). Vff. untersuchen den Einfl. des Kations an 6 Nitraten, ferner an Kalisalzen den Einfl. des Anions auf ϱ. Es ergibt sich u. a. die Reihe SO_4^{2-} ($\varrho = 0{,}37$) > NO_3^- (0,36) > Cl^- (0,095) > Br^- (0,056) > J^- (0,029), die eine Zunahme der Stabilität übersätt. Lsgg. mit der Hydratisation des Anions beweist. Die Stabilität übersätt. *KJ*-, *$CuCl_2$*-, *$HgCl_2$*- u. *HgJ_2*-Lsgg. ist in *W.* am größten; es folgen in der Reihenfolge der DK. *A.* u. *Aceton* u. in weitem Abstand *Äthylacetat.* (Журнал Физической Химии [J. physik. Chem.] **25.** 161–69. Febr. 1951. Kiew, Inst. für Apotheker-Fortbildung.) Amberger. 221

Je. I. Achumow und **B. Ja. Rosen,** *Über die zweite Löslichkeitskurve.* Die maximalen Konzz. übersätt. Lsgg. werden von Vff. als „zweite Löslichkeitskurve" bezeichnet, da ihre Temperaturabhängigkeit ebenso durch eine Gleichung der Form L = A + B/T dargestellt werden kann, wie die der gesätt. Lösungen. Die Auswertung von experimentellen Daten der Systeme *K_2SO_4*–H_2O, *$HgCl_2$*–H_2O, *$K_2Cr_2O_7$*–H_2O u. *Na_2CO_3*–H_2O zeigt, daß die übersätt. Lsgg. sowohl wasserfreier als auch wasserhaltiger Salze in ihrer Temperaturabhängigkeit der angegebenen Gleichung entsprechen. (Доклады Академии Наук СССР [Ber. Akad. Wiss. UdSSR] [N. S.] **85.** 363–66. 11/7. 1952.) Reinbach. 224

G. H. Turner, *Aktive Zwischenprodukte in chemischen Reaktionen Wasserstoffüberspannung–Kristallwachstum.* Laboratoriumsverss. über die Einflüsse des Zusatzes geringer Fremdelemente in Elektroden- u. Kristallisations-Rkk. hatten zu dem Schluß geführt, daß während vieler elektrochem. Rkk. freie Radikale auftreten, die die Haupt-Rkk. deutlich beeinflussen. Die Verss. erstreckten sich hauptsächlich auf die Prozesse der elektrolyt. H_2-Darst. u. der elektrolyt. Niederschlagung von Zn. Bei dem letzteren Prozeß genügen geringste Zusätze von Ge (1 : 10000000), um die Geschwindigkeit des Hauptprozesses wesentlich zu beeinflussen. Auch die Ggw. von Cu in der gleichen Verdünnung steigert die Geschwindigkeit der Luftoxydation von Sulfit u. wird der Bldg. von Radikalen zugeschrieben, die die Haupt-Rkk. anregen u. unterhalten. Auch das schichtweise Wachstum von Kristallen kann einem Kettenreaktionsmechanismus zugeschrieben werden. Ganz allg. ergab sich aus den Verss., daß die Geschwindigkeit einer elektrochem. Rk. durch gleichzeitige Führung einer Konkurrenz-Rk., die mäßige oder hohe Aktivierungsenergie verlangt, erhöht werden kann. (Research **4.** 246–47. Mai 1951. Toronto, Consolidated Mining and Smelting Co. of Canada, Ltd., Central Res. Labor.) Gottfried. 225

B. Anorganische Chemie.

N. I. Wissjagin und **A. G. Wassilewskaja,** *Neue Daten über die Formierung des Thenardits.* Feld- u. Laboratoriumsunterss. natürlicher u. synthet. Salzlaken ergaben, daß aus ihnen *Thenardit* (I) gewonnen werden kann, falls ihre Zus. dem I-Feld des Diagramms $MgSO_4$–NaCl–H_2O entspricht. Erforderlich ist ein geringer Geh. (∼ 0,02%) an Ca^{2+}, dann bildet sich I im Temperaturbereich 25–45° beim Konzentrieren auf 30° Bé, jedoch nicht direkt, sondern auf dem Umwege über Mirabillit oder andere kompliziertere Verbb. in Form eines sek. Vorgangs: Flocken garbenförmiger Kristalle mit 40–60% W., die kristalloopt. aus 4 Komponenten bestanden: 1. Kristalltäfelchen mit *n* 1,464–1,491; 2. Kristallnadeln mit *n* 1,488–1,491; 3. rhomb. I-Kristalle, *n* 1,464–1,473; 4. Halit, *n* 1,544. Die Zus. der synthet. Lsgg. wird angegeben. Die garbenförmigen Kristalle bilden sich nicht in Abwesenheit des Ca-Ions. (Доклады Академии Наук СССР [Ber. Akad. Wiss. UdSSR] [N. S.] **86.** 537–38. 21/9. 1952.) v. Wilpert. 274

A. I. Iwanow, *Zustandsdiagramm des Systems KCl–$MgCl_2$–$CaCl_2$.* Die Unters. wurde im Temperaturbereich 800–380° nach den Verff. der therm. Analyse sowie der

Unters. der Mikro- (teils auch Röntgen-) Struktur durchgeführt. Chem. Analysen, Aufzeichnung der Abkühlungskurven durch das selbstschreibende Kurnakow-Pyrometer, teils auch visuell ermittelt, wobei die Tempp. durch ein Pt–Pt/Rh-Thermoelement bestimmt wurden u. die Kristalloptik im Polarisationsmikroskop beobachtet wurde, lieferten die Meßdaten. — Im Syst. $KCl-MgCl_2-CaCl_2$ (einem Teil des quartären Syst., das außerdem NaCl einbezog) wurden innerhalb der Tempp. 425—641° an nonvarianten Punkten 8 eutekt. (davon 2 tern.) u. 3 peritekt. (2 tern.) Tempp. im tern. Syst., einschließlich der dazu gehörigen bin. Teilsysteme, ermittelt. Es wurde eine anisotrope Bldg. mit Doppelbrechung, ferner eine Sonderphase „A" von wechselnder Zus. nachgewiesen. Insgesamt wurden 17 polytherm. Durchschnitte (für jede 20° eine Isotherme) untersucht. (Доклады Академии Наук СССР [Ber. Akad. Wiss. UdSSR] [N. S.] **86.** 539—42. 21/9. 1952. Allunions Aluminium-Magnesium-Inst.) v. Wilpert. 283

Eiichi Fujita, *Die Herstellung von sehr reinem Calciummetall durch thermische Reduktion.* 3. Mitt. *Über den Reaktionsmechanismus.* Der erste graue Nd., der sich bei der Red. von CaO mit Al bei 1250° im Vakuum auf der Oberfläche der CaO-Briketts bildet, besteht aus $5\,CaO \cdot 3\,Al_2O_3$ u. $3\,CaO \cdot Al_2O_3$. Es wird angenommen, daß sich prim. das $5\,CaO \cdot 3\,Al_2O_3$ bildet. Wegen der nur 35,5% Gesamtausbeute ist die folgende Rk. wahrscheinlich: $6\,CaO + 2\,Al = 3\,Ca + 3\,CaO \cdot Al_2O_3$. (Rep. Government chem. ind. Res. Inst., Tokyo **46.** VI. Febr. 1951. [Orig.: japan.; Auszug: engl.]) J. Fischer. 283

Eiichi Fujita, *Die Herstellung von sehr reinem Calciummetall durch thermische Reduktion.* 4. Mitt. *Raffinieren des Calciummetalles durch Vakuumdestillation.* (3. vgl. vorst. Ref.) Das 95—98%ig. Metall wird bei 800—1000° bei 10^{-3} mm Hg destilliert. Der Dampfdruck des Ca liegt im Bereich zwischen 850 u. 950° bei 1—6 mm. Ca-Dampf kondensiert bei 470—710°. Die Verunreinigungen mit etwas Roh-Ca kondensieren bei 370—490°. 95% des Ca können auf diese Weise gereinigt werden. Der Reinheitsgrad beträgt 99,99%. (Rep. Government chem. ind. Res. Inst., Tokyo **46.** VII. Febr. 1951. [Orig.: japan.; Auszug: engl.]) J. Fischer. 283

Jerrold M. Seehof, *Darstellung von Cer(III)-ammoniumacetylacetonat.* Cer(III)-ammoniumacetylacetonat, $Ce(C_5H_7O_2)_3 \cdot 2\,NH_4C_5H_7O_2$, F. 143—144° (Zers.), durch Zutropfen von 0,5 g $Ce(NO_3)_3 \cdot 6\,H_2O$ in W. zu einer sd. Lsg. von 6 cm^3 Acetylaceton + 6 cm^3 konz. NH_4OH, Kochen u. Stehen; hexagonale gelbe Kristalle; 90% Ausbeute. (J. Amer. chem. Soc. **74.** 3960—61. 5/8. 1952. Fayetteville, Ark., Univ., Dep. of. Chem.) Lehwald. 304

Jerrold M. Seehof, *Darstellung von Praseodymammoniumacetylacetonat.* Praseodymammoniumacetylacetonat, $Pr(C_5H_7O_2)_3 \cdot 2\,NH_4C_5H_7O_2$, F. 145°, aus $Pr(NO_3)_3$ wie die Ce(III)-Verb. (vgl. vorst. Ref.); hexagonale grüne Kristalle; 90%. (J. Amer. chem. Soc. **74.** 3961. 5/8. 1952. Fayetteville, Ark., Univ., Dep. of Chem.) Lehwald. 305

Sten Ahrland, *Über die Komplexchemie des Uranylions.* 4. Mitt. *Die Komplexität des Uranylacetats.* (3. vgl. C. **1949** E. 521.) Vf. untersuchten die Art der Komplexbldg. des Uranylacetats mit Hilfe von potentionmetr. u. Extinktionsmessungen bei 20° u. einer Ionenstärke I = 1 ($NaClO_4$). Als Puffergemische (Essigsäure–Na-Acetat) werden die Konzz. ½ : 1, 2 : 1 u. 5 : 1 verwendet. Vf. stellt fest, daß Uranylacetat ein starker Komplexbildner ist. Bei ausreichend hohen Acetatkonzz. wird der Komplex $[UO_2(CH_3 \cdot COO)_3]^-$ gebildet. Die gebildeten Komplexe sind einkernig. Mit abnehmender Acetationenkonz. u. zunehmendem p_H wird Acetat durch OH^- ersetzt. Es werden die ersten drei Konstanten der einkernigen Acetatkomplexe berechnet: $\beta_1 = 240\ C^{-1}$, $\beta_2 = 2{,}3 \cdot 10^4\ C^{-2}$ u. $\beta_3 = 2{,}2 \cdot 10^6\ C^{-3}$. (Acta chem. scand. **5.** 199—219. 1951. Lund, Univ., Chem. Inst., Dep. of Inorg. and Phys. Chem.) Link. 339

Rayburn W. Dunn, *Verfahren zur Herstellung von* ^{59}*Fe.* Vf. beschreibt die Herst. von ^{59}Fe hoher spezif. Aktivität (bis 3,9 C/g) durch die (d, 2p)-Rk. im 60 in.-Cyclotron. Die geglättete Oberfläche des elektrolyt. abgeschiedenen Co wird auf den Cu-Präparateblock aufgelötet u. die Cu-Elektrolysierunterlage abgeschliffen. Nach der Bestrahlung mit 20 MeV-Deuteronen wird eine dünne Schicht in 1n HNO_3 gelöst. Hierzu wird die Co-Oberfläche auf eine Gummiunterlage gepreßt u. der Präparateblock mit Paraffin vergossen. Das Nitrat wird dann durch Eindampfen mit HCl in das Chlorid übergeführt. Co u. Fe werden durch eine 6stufige Ätherextraktion getrennt. Zur medizin. Verwendung wird das Fe entweder durch Ausfällen mit NH_4OH oder bei sehr wenig Trägersubstanz durch Adsorption an einem Ionenaustauscher gereinigt. Die Ausbeute an ^{59}Fe beträgt 0,07 μC pro μA u. Stunde. (Nucleonics **10.** Nr. 8. 40—43. Aug. 1952. Berkeley, Calif., Univ., Radiat. Labor.; Donner Labor., Div. of Med. Phys.) H. Hauswald. 354

Mohamed A. Gheith, *Differentielle thermische Analyse einiger Eisenoxyde und -oxydhydrate.* Braune u. gelbe Eisenoxydhydrate geben bei der therm. Analyse zunächst das adsorbierte W. ab unter gleichzeitiger Kristallisation zu *Hämatit.* Beim Umrühren bilden sich *Goethit*-Kristalle. Synthet. *Magnetit* oxydiert sich zunächst zu γ-Fe_2O_3, welches sich in Hämatit verwandelt. Die Kurve des natürlichen Magnetits zeigt den Beginn der Oxydation zu Hämatit bei 635° als exotherme Rk., welche bei 1100° noch nicht beendet ist. *$MgFe_2O_4$* u. γ-Fe_2O_3 können durch therm. Analyse gut unterschieden werden. Nach dieser Meth. kann auch γ-Fe_2O_3 in Hämatit festgestellt werden. (Amer. J. Sci. **250.** 677—95. Sept. 1952. Minneapolis, Minn., Geol. Dep.) ENSSLIN. 354

Aurelio Burdese, *Beitrag zur Kenntnis der Chloroferrite des Calciums.* Nach vergeblichen Verss. auf anderen Wegen ist es gelungen, durch Sintern von Gemischen von 2 CaO·Fe_2O_3 (I) + CaO + $CaCl_2$ (1 : 1 : 1) oder CaO·Fe_2O_3 (II) + CaO + $CaCl_2$ (1 : 2 : 1) bei ca. 750° oder durch Schmelzen bei 900° ein homogenes festes Prod. der Zus. 3 CaO·Fe_2O_3·$CaCl_2$ zu erhalten, dessen Spektrogramm (Tabelle) deutlich von demjenigen von I u. II verschieden ist, wenn auch einige Linien (d/n = 2,78; 2,67; 1,93; 1,83) denjenigen von I naheliegen. Das Prod. entspricht dem von MALQUORI u. CIRILLI (C. **1941.** II. 2065) durch Entwässern des Hydrats erhaltenen. (Ricerca sci. **22.** 1447—48. Juli 1952. Torino, Politecn., Inst. di Chim. gen. e appl. e di. Metallurgia.) R. K. MÜLLER. 354

J. A. Smythe, *Reaktionen zwischen einigen Nichteisenmetallen und ihren Sulfiden.* Es werden folgende Systeme metallograph. untersucht: 1. *Pb–PbS*; *Sb–Sb_2S_3*; *Bi–Bi_2S_3*; *Sn–SnS* u. *Ag–Ag_2S* (Löslichkeits-Rkk. zwischen Metallen u. ihren Sulfiden); 2. *Sb–PbS* u. *Bi–PbS* (Löslichkeits-Rkk. zwischen Metallen u. anderen Metallsulfiden; 3. *Pb–Sb–S*; *Pb–Bi–S*; *Pb–Zn–S*; *Pb–Cd–S*; *Pb–Sn–S*; *Pb–Ag–S*; *Ag–Sb–S* u. *Ag–Sn–S* (chem. Rkk. zwischen Metallen u. Metallsulfiden). Zu 1: Von den genannten Systemen zeigen Pb, Bi u. Sn vollständige Mischbarkeit im fl. Zustand. Beim Abkühlen kristallisieren die entsprechenden Sulfide wieder aus. Bei Pb u. Sn wird außerdem die Bldg. von Subsulfiden vermutet. Ag u. Sb zeigen im fl. wie festen Zustand begrenzte Mischbarkeit. Sb bildet mit seinem Sulfid mehrere Eutektika, Ag_2S wird in Ag emulgiert. — Zu 2: Sb u. Bi zeigen für PbS ein gewisses Lösungsvermögen. Bei Bi findet oberhalb von 800° eine chem. Rk. statt. — Zu 3: Bei den Systemen Pb–Zn–S, Pb–Cd–S, Pb–Bi–S (oberhalb von 800°), Pb–Sn–S u. Ag–Sn–S treten reversible chem. Rkk. auf: M + NS = MS + N. Für das Syst. Pb–Sn–S wird die Gleichgewichtskonstante im Mittel zu 3,3 berechnet. Bei den Systemen Pb–Sb–S, Pb–Ag–S u. Ag–Sb–S finden irreversible chem. Rkk. statt, bei dem Syst. Ag–Sb–S kann die rückläufige Rk. $2\,Sb + 3\,Ag_2S = 6\,Ag + Sb_2S_3$ indessen nicht vollständig ausgeschlossen werden. Die bei den Rkk. auftretenden Sulfide bilden entweder feste Lsgg. (PbS–Bi_2S_3), Eutektika (PbS–ZnS, PbS–CdS; PbS–Ag_2S u. Ag_2S–SnS) oder Verbb. (PbS–Sb_2S_3; PbS–SnS u. Ag_2S–Sb_2S_3) miteinander. Auf Ag_2S, PbS, Sb_2S_3 u. SnS übt Ag emulgierende Eigg. aus, wobei die Wrkg. gegenüber SnS sehr gering ist. (Proc. Univ. Durham philos. Soc. **11.** 40—67. 1951.) LINK. 359

Karl Gleu und Ilse Büddecker, *Ruthenammine.* 11. Mitt. *Nitrosopentammine des Rutheniums.* (10. vgl. C. **1938.** II. 3668.) Es werden Darst., Eigg. u. chem. Verh. einer Reihe von *Nitrosopentamminen* (I) des Ru beschrieben. Die Darst. des unlösl. Sulfat–Persulfats $[Ru(NH_3)_5NO]SO_4(S_2O_8)_{1/2}$ (II) als Ausgangskörper einer Reihe von weiteren Salzen erfolgt nach einer neuen Grund-Rk. durch Oxydation NO-freier Ru-Ammine mittels $(NH_4)_2S_2O_8$ in wss. NH_3, am Beispiel des *Purpureo–Ruthenchlorids* formuliert: $[Ru^{III}(NH_3)_5Cl]Cl_2 + 3\,(NH_4)_2S_2O_8 + 6\,NH_3 + H_2O = [Ru^{III}(NH_3)_5NO]SO_4(S_2O_8)_{1/2} + 4\,(NH_4)_2SO_4 + 3\,NH_4Cl$. 3 g $[Ru^{III}(NH_3)_5Cl]Cl_2$ werden in 90 cm^3 W. unter Aufkochen gelöst, die heiße Lsg. mit 90 cm^3 konz. NH_3 (D. 0,91) u. darauf mit 9 g $(NH_4)_2S_2O_8$ versetzt u. umgeschüttelt, bis das Salz gelöst ist. Die Lsg. färbt sich schnell rötlich, u. nach kurzer Zeit beginnt **II** in Form eines hellorangefarbigen Pulvers sich abzuscheiden. **II** entwickelt infolge des Persulfatgeh. beim Kochen mit HCl Cl_2, setzt aus angesäuerter J^--Lsg. J_2 in Freiheit u. liefert andere Oxydationsreaktionen. Die Unmöglichkeit einer Darst. von **I** aus *Nitroso-Ru-Tetramminen* (**III**), z. B. Ersatz eines Cl-Liganden durch NH_3, wird so begründet, daß das thermodynam. Gleichgewicht zwischen **III** u. **I** auch im stark überschüssigen konz. NH_3 ganz zugunsten des NH_3-ärmeren **III** liegt. Vff. diskutieren die vorst. Rk., nach der die NO-Gruppe allein durch NH_3 als N-Träger eingeführt wird ohne Mitwrkg. oxydierter Stufen des N, u. ziehen eine Parallele zur katalyt. NH_3-Verbrennung an Pt- bzw. Pt–Rh-Netzen. Aus **II** werden weitere Salze der **I**-Reihe dargestellt: Durch Kochen des rohen **II** mit etwa der 10fachen Menge konz. HCl für 1/4 Std. am Rückfluß gemäß: $\mathbf{II} + 4\,HCl + H_2O = [Ru^{III}(NH_3)_5NO]Cl_3 \cdot H_2O\ (\mathbf{IV}) + 2\,H_2SO_4 + \frac{1}{2}\,Cl_2$ wird **IV** erhalten. **IV**, dessen wss. Lsg. neutral reagiert u. keine Oxydationswirkungen zeigt, bildet orangefarbige Prismen, ist in reinem W. leicht lösl. (1 : 2,5 in der Siedehitze), mit steigender HCl-Konz. nimmt die Löslichkeit zunächst ab, erreicht bei ca. 6 n HCl ein Minimum u. nimmt bei höherer HCl-Konz. wieder zu. Die Existenz eines sauren **IV**·HCl wird diskutiert. Das Kristallwasser entweicht leicht im Trockenschrank bei 110° ohne konstitutionelle Änderung des Salzes. Das Bromid $[Ru(NH_3)_5NO]Br_3 \cdot H_2O$ entspricht in Zus. u. äußerem Habitus der Kristalle völlig **IV** u. wird erhalten, indem die heiße Lsg. von **IV** mit überschüssiger *HBr* versetzt wird; beim Erkalten krist. das Salz aus. Das Ion $[Ru^{III}(NH_3)_5NO]^{3+}$ ist gegenüber Säuren so beständig, daß konz. H_2SO_4 bei Zimmertemp. keine Veränderung bewirkt. Daher kann das Sulfat aus **IV** durch Verreiben mit konz. H_2SO_4 hergestellt werden. Unter HCl-Gasentw. bildet sich eine zähe Paste, aus der sich nach Verdünnen mit W. beim Erkalten das saure Sulfat $[Ru(NH_3)_5NO]SO_4HSO_4$ in Form orangefarbiger Kristalle abscheidet. Seine Löslichkeit in W. ist gering (ca. 1 : 120 in der Siedehitze), sie steigt mit steigender H_2SO_4-Konzentration. Das übersaure Sulfat $3\{[Ru(NH_3)_5NO]SO_4HSO_4\}\cdot 2\,H_2SO_4\cdot 6\,H_2O$ (**V**) bildet sich, wenn **II** in verd. H_2SO_4 bei Ggw. von Reduktionsmitteln in Lsg. gebracht wird. Hierfür sind geeignet: Halogenwasserstoffsäuren, bes. aber Ameisensäure u. Semicarbazid, weniger wirksam ist Hydrazinsulfat, Formaldehyd ist unwirksam. **V** bildet orangegelbe, glänzende Kristalle, ist in W. erheblich leichter lösl. als das saure Sulfat (1 : 10 in heißem W.). Das neutrale Sulfat, $[Ru(NH_3)_5NO](SO_4)_3\cdot H_2O$, wird erhalten durch Versetzen einer 60° warmen Lsg. von **V** mit dem gleichen Vol. konz. NH_3. Das Salz fällt quantitativ als feines lockeres Pulver von hellrosa Farbe aus, seine Löslichkeit in W. ist gering. Die I-Salze des Ru sind in saurer Lsg. sehr beständig, sie sind nicht oxydierbar u. durch Mittel, die die NO-Gruppe nicht angreifen, auch nicht reduzierbar. Das Ion $[Ru(NH_3)_5NO]^{3+}$ reagiert in wss. Lsg. gegen p_H-Papier neutral. Bei alkal. Rk. erfolgt leicht Abspaltung von 1 Mol. NH_3 unter Übergang in die gelbe Tetramminoreihe $[Ru(NH_3)_4(NO)OH]^{2+}$. Wird eine konz. Lsg. von **IV** mit wenig konz. NH_3 versetzt u. erwärmt, so scheiden sich schon in der Wärme gelbe Kristalle ab: $[Ru^{III}NH_3)_4(NO)OH]Cl_2$ (**VI**). In verdünnterer Lsg. bleibt die Abscheidung von **VI** wegen der zu großen Löslichkeit aus, auf Zusatz von NH_4Br erhält man jedoch sofort eine gelbe krist. Fällung des schwerer lösl. Bromids $[Ru(NH_3)_4(NO)OH]Br_2$. Beim Kochen mit HCl entsteht aus **VI** $[Ru(NH_3)_4\cdot(NO)Cl]Cl_2$, schwer lösl. orangerote Kristalle. Das aus den **I** hergestellte **VI** ist trotz äußerlicher Gleichheit bei gleicher Zus. u. offenbar gleicher Konfiguration chem. nicht ident. mit dem $[Ru(NH_3)_4(NO)OH]Cl_2$, erhalten aus $[Ru(NH_3)_4(NO)Cl]^{2+}$ bzw. $[RuCl_5NO]^{2-}$. Der therm. Abbau von **IV** wird untersucht. Während **IV** bei 150° prakt. beständig ist, wird bei 200° nach 24 Std. Erhitzung 1 NH_3 abgespalten. Die Konfiguration der **III** wird diskutiert. Auch nach den neuen, hier aufgeführten Rkk., ist eine Entscheidung über die Konfiguration der Verbb. nicht möglich. Magnet. Messungen von **II**, **IV** (u. Bromid), **VI** u. $(NH_4)_2[RuCl_5NO]$ zeigen, daß sämtliche Salze in Übereinstimmung mit der Theorie diamagnet. sind. (Die Susceptibilitäten sind in Tabellenform aufgeführt.) Zum Vgl. sind magnet. Werte von Pt- u. Ir-Amminkomplexen nach Rosenbohm (Z. physik. Chem. **93**. [1919.] 698) angeführt. (Z. anorg. allg. Chem. **268**. 202—20. Juni 1952. Frankfurt/M., Univ., Inst. für anorgan. Chem.) Sparmann. 363

Raymond Quelet, Précis de chimie. (P. C. B. — S. P. C. N. — M. P. C.) T. II. Chimie minérale. Paris: Presses universitaires de France. (VIII + 202 S.) Fr. 900,—.

C. Mineralogische und geologische Chemie.

I. A. Osstrowski, *Probleme der elementaren Theorie der Systeme mit flüchtigen Komponenten und Hypothesen über den Erhärtungsprozeß von Intrusionen.* An einem einfachen bin. Syst. mit einer flüchtigen Komponente wird die Kristallisation bei konstantem Druck u. konstantem Vol. behandelt u. hieraus geschlossen, daß die Abkühlung der Intrusionen in 3 Stufen erfolgt. In der 1. Stufe der Intrusion bei konstanter Temp. scheidet das aufsteigende Magma durch Sieden oder Verdampfen eine Gasphase aus. Die Intrusionen der geringen Tiefen unterscheiden sich von denen aus großer Tiefe durch Zus. u. größeren Geh. an Emanation. In der 2. Stufe der Erhärtung bei konstantem Druck ist der Außendruck entweder größer als die maximale Dampfspannung der gesätt. Schmelze (Tiefenintrusion) oder geringer (Erhärtung in mittlerer oder geringer Tiefe). In der 3. Stufe erfolgt die Erhärtung bei konstantem Volumen. (Известия Академии Наук СССР, Серия Геологическая [Nachr. Akad. Wiss. UdSSR, geol. Ser.] **1952**. Nr. 5. 12—20. Sept./Okt.) Lebtag. 378

Th. H. F. Klompé, *Das Granitproblem.* Die Theorien, die sich mit der Entstehung des Granits befassen, werden krit. besprochen. Am besten übernimmt man die Auffassung der Petrologen des vergangenen Jahrhunderts, wonach es 2 Arten Granite gibt: intrusive u. metamorphe. (Madjalah Ilmu Alam Untuk Indonesia [Indones. J. natur. Sci.] **107**. 121—39. Nov./Dez. 1951. Bandung, Univ., Fac. van Wiskunde en Natuurwetenschap., Afd. Geol.) Wesly. 378

R. Van Tassel (unter Mitarbeit von **M. H. Hey**), *Dalyit, ein neues Kalium-Zirkoniumsilicat von Ascension Island, Atlantic.* In Alkaligranitblöcken von Ascension Island wurde ein neues Mineral, Dalyit, gefunden. Mikroanalyse: SiO_2 61,85, ZrO_2 21,70, K_2O 14,60, Na_2O 1,75, Fe_2O_3 0,37, H_2O 0,64%; Formel $K_2ZrSi_6O_{15}$. Es sind kleine farblose, trikline Kristalle. Gitterkonstanten nach Weissenberg-Diagramm: $a = 7{,}51$, $b = 7{,}73$ $c = 7{,}00$ Å, $\alpha = 106^\circ\,19'$, $\beta = 112^\circ\,30'$, $\gamma = 99^\circ\,08'$, $Z = 1$, Raumgruppe $P\bar{1}$. Beobachtete Kristallformen: {1 0 0}, {0 0 1}, {0 1 0}, {$\bar{1}$ 0 1}, {1 1 0}, {1 $\bar{1}$ 0}, {1 $\bar{2}$ 0}, {$\bar{1}$ 1 1}, {0 1 1}, {1 0 1}, {$\bar{1}$ $\bar{1}$ 1}, {1 $\bar{2}$ 1}, {1 $\bar{1}$ 1}, {0 $\bar{1}$ 1}, {$\bar{1}$ 0 2}, {0 $\bar{1}$ 2}. Spaltbarkeit ($\bar{1}$ 0 1) u. (0 1 0), Zwillinge nach (1 0 0). Optik: $n_\alpha = 1,575$, $n_\beta = 1,590$, $n_\gamma = 1,601$, $2 V_\alpha = 72^0$, $\alpha : c = 7^0$, die opt. Achsenebene bildet einen Winkel von 18^0 mit (1 0 0), Dispersion sehr schwach $v < r$. D. 2,84. Härte 7½. (Mineralog. Mag. J. mineralog. Soc. **29.** 850—57. Juni 1952. Inst. Royal des Sci. Nat. de Belgique; British Museum, Dep. of Mineral.) Hiller. 380

G. F. Claringbull und **Max H. Hey**, *Sinhalit* (*$MgAlBO_4$*), *ein neues Mineral.* Von 22 braunen bis gelben Edelsteinen, die für eisenreichen Olivin gehalten wurden, erwiesen sich 20 als ein neues Mineral, Sinhalit ($MgAlBO_4$). Analyse: B_2O_3 24,2, Al_2O_3 41,0, Fe_2O_3 2,0, MgO 32,3, H_2O 0,3%. Optik: $2 V = 55^0$, $n_\alpha = 1,6670—1,6765$, $n_\beta = 1,6966—1,7038$, $n_\gamma = 1,7098—1,7121$. Die Struktur ist der des Olivins analog: a = 4,328, b = 9,878, c = 5,675 Å. Raumgruppe: D_{2h}^{5}-P b m m oder C_{2v}^{2}-P b 2_1 m oder C_{2v}^{4}-P b m (2). Die Röntgeninterferenzen des Pulverdiagramms werden angegeben. (Mineralog. Mag. J. mineralog. Soc. **29.** 841—49. Juni 1952. British Museum, Dep. of Mineral.) Hiller. 380

M. E. Akkersdijk, *Zinnstein-Viellinge von Tempilang, Banka.* Aus einem Zinnerzgang von Tempilang, S. Banka, werden Zinnsteinviellinge beschrieben. Ein Kristall, der zunächst den Eindruck eines Fünflings machte, ist in Wirklichkeit ein Zwölfling, der aus zwei senkrecht zueinander stehenden Paaren von cycl. Drillingen besteht. Teilweise werden nur in einer Richtung die cycl. Viellinge entwickelt. Es entsteht dann ein ungefähr hexagonaler Zwillingskristall, der in einem Falle aus einem Drilling u. einem Fünfling zusammengesetzt ist. Dabei haben die Einzelindividuen (1 0 0) gemeinsam. Ferner wurden Penetrationszwillinge nach [1 0 1] beobachtet. (Madjalah Ilmu Alam Untuk Indonesia [Indones. J. natur. Sci.] **108.** 33—34. Jan./April 1952. Bandung, Univ. of Indonesia, Fac. of techn. Sci.) Hiller. 380

Ja. N. Belewzew, *Typen der Erzfelder in den Eisenerzlagerstätten von Kriwoi Rog und Betrachtungen zur Genesis der Eisenerze.* Die reichen Eisenerze bei Kriwoi Rog reichen in große Tiefen hinab. Die morpholog. Lagerungsform umfaßt Erzsäulen, schichtartige u. scharnierförmige Ablagerungen. Es werden 3 Hauptfelder unterschieden: das Ssakssaganische Feld (vorwiegend *Hydrohämatit* neben *Martit*- u. *Hämatit*-Martit-Erzen — über 80% des Gesamterzbestandes dieses Feldes), das Nordfeld (vorwiegend *Magnetit*) u. des Iljitschewsker Feld (Magnetit u. *Hydromagnetit*). — Die Entstehung ist außerordentlich kompliziert: der prim. Sedimentation folgten hydrothermale u. hypergene Prozesse, denen vor allem die Bldg. des Hydrohämatits zuzuschreiben ist, ferner die des feinkörnigen Magnetits u. Hämatits. Die Prozesse sind jedoch in jedem der 3 erwähnten Hauptfelder im einzelnen anders verlaufen. Für den hydrothermalen Prozeß werden 3 Etappen angegeben. (Известия Академии Наук СССР, Серия Геологическая [Nachr. Akad. Wiss. UdSSR, geol. Ser.] **1951.** Nr. 2. 3—27. März/April.) v. Wilpert. 384

Heinz Lettau, *Zur Frage der Sauerstoff- und Wasserdampfbilanz der Atmosphäre.* Es wurden die meteorolog. Grundlagen der O_2-Erzeugung vermittels photochem. Spaltung von Wasserdampf in der E-Schicht der Atmosphäre diskutiert. Es muß die Möglichkeit, die effektive Wirksamkeit dieses Prozesses aus der vertikalen Wasserdampfdiffusion durch die untere Stratosphäre zu berechnen, bezweifelt werden. Die numer. Schlußfolgerungen von Harteck u. Jensen, die auf Feuchtigkeitsbedingungen in der unteren Stratosphäre gegründet sind, stehen im Widerspruch zu meteorolog. Beobachtungstatsachen. (Z. Naturforsch. **7a.** 270—73. März/April 1952. Cambridge, Mass., Air Force Res. Center, Geophys. Res. Div.) Gottfried. 396

Wm. S. Wilson, Wm. B. Guenther, Robert D. Lowrey und **Joseph C. Cain**, *Oberflächenozon in College, Alaska, für das Jahr 1950.* In College, Alaska (Breite 65° N, Länge 148° W) wurde während des ganzen Jahres 1950 täglich der mittlere O_3-Geh. nahe der Erdoberfläche durch Absorption des O_3 in einer KJ-Lsg. u. mit Na-Arsenit gemessen. Die monatlichen Konzz. schwanken zwischen 1 u. 75 mg/100 m^3 trockner Luft u. ergeben ein Jahresmittel von 9,8 mg/100 m^3 Luft oder $4,6 \cdot 10^{-8}$ Mol O_3 pro Mol Luft. Die Monatsmittel zeigten ein Hauptmaximum im April, ein zweites im Juli u. ein Minimum im August. (Vgl. C. **1952.** **2810.**) (Trans. Amer. geophysic. Union **33.** 361—64. Juni 1952. College, Alaska, Univ., Geophys. Inst.) Gottfried. 396

James Walton, Physical gemmology. New York: Pitman. 1952. (316 S. m. Abb. u. Diagr.) $ 6,—.

Hans Schneiderhöhn, *Erzmikroskopisches Praktikum.* Stuttgart: E. Schweizerbart'sche Verlagsbuchhandlung. 1952. (XII + 274 S. m. zahlreichen Abb., Tab. u. Taf.) DM 40,60.

Ein für den erzmkr. Hochschulunterricht u. das Selbststudium, bes. der Anfänger, bestimmtes Lehrbuch, in dem die theoret. Ableitungen zurücktreten gegenüber den mit großer Sorgfalt u. Ausführlichkeit behandelten Anweisungen für die Handhabung der Apparate u. die Anwendung der Methoden. Ausführlich werden diskutiert die Bedeutungen der einzelnen Verff. u. ihre Fehlerquellen. Zahlreiche Abbildungen u. Tabellen ergänzen die hervorragende Darstellung. Thilo. 370

D. Organische Chemie.

D_1. Allgemeine und theoretische organische Chemie.

Joe S. Ham und **J. R. Platt**, *Spektren von Peptiden im fernen Ultraviolett.* Die Spektren von *Diglycin, Triglycin* u. *Glycinanhydrid* wurden bis 1800 Å in wss. Lsg. gemessen. Das Maximum, das bei 1850 Å gefunden wurde, ist einer im wesentlichen additiven Absorption der —CONH-Gruppe zuzuschreiben, Oscillatorstärke $f = 0{,}27 \pm 0{,}07$/ Peptidgruppe. Ein Vgl. der Spektren der —COOH-, $—CONH_2$- u. —CONH-Gruppe zeigt, daß die intensive Hauptbande in dieser Reihenfolge langwellig verschoben u. dadurch die schwache Vorbande mehr u. mehr überdeckt wird. Die Rotverschiebung der Hauptbande von $—CONH_2$ zu —CONH— ist charakterist. für den Ersatz eines H-Atoms durch eine Alkylkette. (J. chem. Physics **20.** 335—36. Febr. 1952. Chicago, Ill., Univ., Dep. of Phys.)
D. BRÜCK. D 118

Stéphane Robin, *Untersuchung der Störung der Spektrallinien durch Drucke bis 1200 kg/cm².* 3. Mitt. (2. vgl. C. **1953. 2416.**) Nach einführender Behandlung der Definition der Druckverbreiterung der Spektrallinien u. deren Theorie werden Meßergebnisse über die Absorptionsbandenverschiebung am *Phenanthren* in komprimiertem N_2, H_2 u. Ar sowie neue Messungen über die Druckverschiebung u. -verbreiterung der Resonanzlinie 2537 Å des *Hg* in Ar, der Absorptionslinien 4044 u. 4047 Å des *K* in Ar, der Resonanzabsorptionslinien des *Na* in Ar u. N_2 sowie der Resonanzlinie des *X* (1469 Å) in komprimiertem Ar mitgeteilt. Mit Ausnahme der X-Linie, die mit wachsendem Druck nach kurzen Wellen verschoben wird, wird allg. eine Verschiebung nach langen Wellen beobachtet, die bei hohen Drucken nicht mehr quadrat., sondern nahezu linear mit der relativen Gasdichte geht. Auf der kurzwelligen Seite der Resonanzlinien werden beim Hg u. bes. beim Na bei steigendem Druck in zunehmender Stärke neue Linien (um 5565 Å beim Na) beobachtet. Die Ergebnisse werden auf Grund der Stoßtheorie u. der statist. Theorie der Druckverbreiterung von Spektrallinien diskutiert. Die Theorien sind zur Erklärung des Verh. im Bereich der Drucke von einigen 100 at nicht ausreichend. Vermutlich müssen die Abstoßungskräfte berücksichtigt werden. Das Auftreten kurzwelliger Linien bei hohen Drucken kann mit Hilfe der Theorie von KUHN, OLDENBERG u. von PRESTON erklärt werden. (J. Chim. physique Physico-Chim. biol. **49.** 1—18. Jan. 1952. Paris, Fac. des Sci., Labor. de Phys.-Enseignement, u. Bellevue, Labor. des Hautes Pressions.)
RUDOLPH. D 118

M. M. Ssuschtschinski, *Über die Linienbreite in den Raman-Spektren einiger Kohlenwasserstoffe.* 1. Mitt. Vf. beschreibt eine Meth. der Abschätzung der Breite von RAMAN-Linien, die auf dem Vgl. der Gesamtintensität zum Intensitätsmaximum beruht, u. wendet sie auf *Hexan, 2-Methylpentan, 2.2-Dimethylbutan, 3-Methyl-3-äthylhexan, 4-Äthylheptan* u. andere Paraffine an. Es besteht ein enger Zusammenhang zwischen Linienbreite u. den anderen maßgebenden Parametern, der es unter verschied. Voraussetzungen ermöglicht, von den photoelektr. gemessenen Intensitäten zu den Intensitätsmaxima der Linien überzugehen. (Журнал Экспериментальной и Теоретической Физики [J. exp. theoret. Physik] **22.** 755—67. Juni 1952. Physikal. Lebedew-Inst. der Akad. der Wiss. der UdSSR.)
AMBERGER. D 120

Ss. A. Antipina und **P. G. Masslow**, *Schwingungsspektren und Einflußkoeffizienten von Äthan- und Deuteroäthanmolekülen.* Unabhängig von dem Syst. der dynam. Koeffizienten k_{ij} (STEPANOW, Журнал Физической Химии [J. physik. Chem.] **15.** [1941.] 865) leitet Vf. ein verfeinertes Syst. k^*_{ij} der Einflußkoeffizienten für C_2H_6 u. C_2D_6 ab, bestimmt die 1. Ableitungen der Frequenzen nach den Parametern k^*_{ij}, a_{ij} u. zerlegt die Schwingungsfrequenzen in nur von einem Parameter abhängige Komponenten. Die berechneten Frequenzen stimmen gut mit dem Experiment überein, mit Ausnahme der Frequenzen $\nu_\beta^{E_g}$ u. $\nu_\alpha^{E_g}$ von C_2D_6. Die von vielen Autoren für die erstere Frequenz angesehene Linie 970 cm⁻¹ ist nach Vff. eher durch Verunreinigungen bedingt. Auch für 1375 cm⁻¹ versuchen Vff. andere Deutungsmöglichkeiten. Im Gegensatz zu STITT (J. chem. Physics **7.** [1939.] 297) u. CRAWFORD u. Mitarbeiter (J. chem. Physics **6.** [1938.] 682) halten Vff. 2894 u. 2087, 2925 u. 2225 cm⁻¹ für die Grundfrequenzen $\nu_q^{A_u}$ u. $\nu_q^{A_g}$ von C_2H_6 u. C_2D_6, während sie 2954 bzw. 2111 cm⁻¹ von C_2H_6 bzw. C_2D_6 als zusammengesetzt ansehen. — Ausführliche Tabellen. (Журнал Экспериментальной и Теоретической Физики [J. exp. theoret. Physik] **22.** 705—15. Juni 1952. Leningrad.)
AMBERGER. D 120

P. G. Masslow, *Schwingungsspektren von Dimethylacetylen.* (Vgl. vorst. Ref.) Vf. berechnet in im allg. sehr guter Übereinstimmung mit dem Experiment mit Hilfe der Einflußkoeffizienten von *Äthan* u. *Acetylen* die Schwingungsfrequenzen des Dimethylacetylenmol.

u. zerlegt die Grundfrequenzen in nur von den Parametern k^*_{ij} u. a_{ij} abhängige Anteile. Im Gegensatz zu CRAWFORD u. Mitarbeiter (J. chem. Physics 7. [1939.] 555) entsprechen nach Vf. die beobachteten Frequenzen 1240 u. 2234,6 cm^{-1} den Grundfrequenzen $\nu_{qc}^{A_1'}$ u. $\nu_{qa}^{A_1}$, während 1126 u. 2312,7 cm^{-1} zusammengesetzte Frequenzen darstellen. Die Deutung von 2975 cm^{-1} als $\nu_{q_H}^{A_1'}$ (HERZBERG, Schwingungs- u. Rotationsspektren mehratomiger Moll.) hält Vf. für unwahrscheinlich; nach Vf. ist $\nu_{q_H}^{A_1'} = 2923\ cm^{-1}$. Vf. beurteilt, wie früher (C. **1951.** I. 687) dargelegt, mit Hilfe der „Frequenzempfindlichkeit" $\partial\nu_i/\partial\tau$ den Einfl. einzelner Molekülteile auf eine Frequenz. Die Festigkeit der $C_{(2)}{\equiv}C_{(3)}$-Bindung ist dreimal so groß wie die der benachbarten C—C-Bindung. Diskussion der Ergebnisse; ausführliche Tabellen. (Журнал Экспериментальной и Теоретической Физики [J. exp. theoret. Physik] **22.** 716—28. Juni 1952. Leningrad.) AMBERGER. D 120

P. G. Masslow, *Einflußkoeffizienten und Schwingungsspektren von Methylacetylen und Methylhalogenacetylenen.* Vf. berechnet in sehr guter Übereinstimmung mit dem Experiment mit Hilfe der Einflußkoeffizienten von Dimethylacetylen u. Acetylen die Schwingungsfrequenzen der 4 Moll. CH_3—C≡C—X (X = H, J, Br, Cl) u. findet lineare Beziehungen zwischen den Einflußkoeffizienten k^*_X u. den Gleichgewichtsabständen der Atome in den C—X (X = J, Br, Cl)-Bindungen. Die Festigkeit der C≡C-Bindung ist in allen 4 Moll. dreimal so groß wie die der C—C-Bindungen. Nach Vf. sind die Frequenzen $\nu_{q_X}^{A_1}$, $\nu_{q_s}^{A_1}$, $\nu_{q_C}^{A}$ u. ν_{ψ}^{E} nicht (vgl. MEISTER, C. **1948.** I. 1276) nur durch die Einzelbindungen C—X (q_X), C≡C (q_s), C—C (q_C) u. den Winkel C≡C—X (X = H, J, Br, Cl), sondern durch die ganze Kette C—C≡C—X bedingt. Diskussion der Ergebnisse; ausführliche Tabellen. (Журнал Экспериментальной и Теоретической Физики [J. exp. theoret. Physik] **22.** 729—41. Juni 1952. Leningrad.) AMBERGER. D 120

H. C. Allen jr., *Reine Quadrupolspektren von festen Chloressigsäuren und substituierten Chloressigsäuren.* (Sitzungsbericht.) Es wurde das reine Quadrupolspektr. von ^{35}*Cl* in den Verbb. *$ClCH_2COOH$, $Cl_2CHCOOH$, Cl_3CCOOH, $Cl_3CCH(OH)_2$, Cl_3CCONH_2* u. *Cl_3CCOCl* gemessen. In jeder dieser Verbb. wurden Vielfachlinien beobachtet, die, außer in Cl_3CCOCl, sehr nahe beieinander lagen u. wahrscheinlich von kristallograph. nichtäquivalenten Cl-Atomen herrühren. In Cl_3CCOCl wurde eine Gruppe von Linien nahe 40 MHz beobachtet, die von der Trichlormethylgruppe herrühren, sowie eine einzelne Linie, die dem mehr ionenartig gebundenen Säurechlor nahe 34 MHz zugeschrieben wird. Nach den Frequenzen nimmt der scheinbare Elektronenabziehungseffekt in der folgenden Reihenfolge zu: $-CH(OH)_2$; $-CONH_2$; $-COOH$ u. $-COCl$. (Physic. Rev. [2] **87.** 227. 1/7. 1952. Harvard Univ.) GOTTFRIED. D 121

M. F. Wukss und **I. I. Bilenko,** *Experimentelle Untersuchung der Temperaturabhängigkeit der Intensität der polarisierten Komponenten der Rayleigh-Streuung von Flüssigkeiten.* Vff. messen die Intensität der beiden Polarisationskomponenten des RAYLEIGH-Streulichtes von *p-Dichlor* (**I**)-, *p-Dibrom* (**II**)-, *p-Dijodbenzol* (**III**), *Naphthalin* (**IV**) u. *Diphenyl* (**V**), *Bzl.* ($I_{\|\,20^\circ} = 1$), *Chlor-, Brom-* u. *Jodbenzol* (**VI—VIII**), *Chlf.* (**IX**), *Bromoform* (**X**), *Ameisen* (**XI**)-, *Essig* (**XII**)- u. *Ölsäure* (**XIII**), *Salol* (**XIV**), *Benzophenon* (**XV**), *Phenol* (**XVI**) u. *Nitrobenzol* (**XVII**) u. trennen dabei den isotropen, parabelförmig mit der Temp. ansteigenden Anteil (Dichteanteil) von dem anisotropen, richtungsabhängigen Anteil. Für die Berechnung des isotropen (I_i) u. anisotropen (I_a) Anteils benutzen Vff. die Beziehungen: $I_{\|} = 6/13\ I_a$; $I_{\perp} = I_i + 7/13\ I_a$; $I = I_{\|} + I_{\perp} = I_i + I_a$ u. finden: I_a schwankt zwischen 0,59 (**IX**) u. 16 (**III**) u. ist verhältnismäßig wenig temperaturabhängig; nimmt bei Bzl. u. **XVI** geringfügig mit einer Erwärmung zu, bleibt bei **VI—X** prakt. konstant u. nimmt bei den übrigen ab. Ähnliche Substanzen verhalten sich auch bzgl. I_a u. I_i ähnlich, was nicht nur auf der Ähnlichkeit des Molekülbaus, sondern auch der der Anordnung der Moll. in der Fl. beruht. (Журнал Экспериментальной и Теоретической Физики [J. exp. theoret. Physik] **23.** 105—14. Juli 1952. Leningrad, Univ.) AMBERGER. D 122

W. L. Talrose und **A. K. Ljubimowa,** *Sekundäre Prozesse in der Ionenquelle des Massenspektrometers.* Bei der Massenspektrographie von ungesätt. KW-stoffen treten „mit einem Proton beschwerte" Moll. auf, z. B. bei *Propylen* $C_3H_7^+$ u. bei *Isobutylen* $C_4H_9^+$. Bei gesätt. KW-stoffen wurde Entsprechendes nur beim *Methan* beobachtet, wo CH_5^+-Ionen auftraten. Das Intensitätsverhältnis der CH_5^+- zur CH_4^+-Linie im Massenspektrogramm nimmt mit dem Druck im Ionenerzeuger zu. Als Bildungsprozeß für die CH_5^+-Ionen wird $CH_4^+ + CH_4 = CH_5^+ + CH_3$ angenommen. (Доклады Академии Наук СССР [Ber. Akad. Wiss. UdSSR] [N. S.] **86.** 909—12. 11/10. 1952.) LENZ. D 131

P. L. McGeer, A. J. Curtis, G. B. Rathmann und **C. P. Smyth,** *Mikrowellenabsorption und Molekularstruktur in Flüssigkeiten.* 8. Mitt. *Dielektrische Relaxation in einigen lang-*

kettigen Estern. (7. vgl. Curtis u. Mitarbeiter, C. **1952**. 7788.) Vff. bestimmten bei den Wellenlängen 1,25, 3,22 u. 10,0 cm, sowie 577 m u. im Temperaturbereich 3—90° die DKK. u. Verluste folgender Substanzen: *Äthyl-, Isoamyl-, Cetyl-* u. *Octadecylacetat, Tetradecylpalmitat, Decyl-, Tetradecyl-* u. *Cetylstearat, Mono-, Di-* u. *Tristearin,* sowie *Äthylendimyristinat, -dipalmitat* u. *-distearat.* Außerdem wurden Refraktionen, Dichten u. Viscositäten gemessen. Die krit. Wellenlänge, bei der der Verlust ein Maximum erreicht, wächst mit der Mol.-Länge u. der Viscosität, wie bereits früher (l. c.) an Alkylbromiden beobachtet wurde. Die Viscositäten der Ester sind wenig niedriger als die der entsprechenden Alkylbromide gleicher Länge, dagegen sind die krit. Wellenlängen nur halb so groß infolge des veränderten Einfl. der dielektr. Relaxation. Vermutlich wird die Orientierung der polaren Mol.-Abschnitte durch die Rotation um die C—C-Bindung hervorgerufen. (J. Amer. chem. Soc. **74**. 3541—45. 20/7. 1952. Princetown, N. J., Univ., Frick Chem. Labor.) Niemitz. D 132

J. T. Arnold und **M. E. Packard,** *Veränderungen bei dem absoluten Konstitutionseinfluß auf Kerninduktionssignale, die durch die Hydroxylgruppen von Methyl- und Äthylalkohol bewirkt werden.* Vff. messen bei *Methanol* u. *A.* die Differenzen Δ zwischen der Lage der Kerninduktionssignale von OH- u. CH_2-Gruppe. Die Δ nehmen zwischen 150 u. 350° K linear mit der Temp. ab, eine analoge Abnahme tritt auch bei steigender Verdünnung von A. mit Chlf. auf. (J. chem. Physics **19**. 1608—09. Dez. 1951. Stanford, Calif., Stanford Univ.) Kresze. D 137

Bernard Neivelt, Elizabeth C. Mayo, Jane Hanafin Tiers, Dewey H. Smith und **G. W. Wheland,** *Die Basenstärke von N.N'-Dialkylguanidinen.* (Vgl. Davis u. Elderfield, J. Amer. chem. Soc. **54**. [1932.] 1499.) Von Vff. wurde auf Grund potentiometr. Messungen im Gegensatz zu l. c. festgestellt, daß auch *N.N'-Dimethylguanidin* (I) u. *N.N'-Diäthylguanidin* (II) starke Basen sind. I u. II wurden dabei nach den Verff. von Schenk u. Noah (1890) dargestellt, ihre Konst. sichergestellt (I-*Nitrat,* F. 101—101,5° [W. u. A.]; I-*Pikrat,* F. 177,5° [W.]; II-*Pikrat,* F. 143—144° [W.]). Die l. c. zur Darst. von I u. II benutzte Meth. von Kaess u. Gruszkiewicz (1902) aus prim. Amin u. Chlorcyan gibt, wie auch schon früher festgestellt, die Salze der angewandten Amine. Damit darf angenommen werden, daß bei den Messungen von Davis u. Elderfield keine N.N'-Dialkylguanidine vorlagen. (J. Amer. chem. Soc. **73**. 3475—78. Juli 1951. Chicago, Ill., Univ., George Herbert Jones Labor.) Kleinwächter. D 139

Basudeb Das Sarma, *Säuredissoziationskonstanten und Basizität von Biguaniden und Dibiguaniden.* Im Rahmen einer quantitativen Unters. der relativen Stabilität innermetall. Biguanidkomplexe 3. Ordnung (vgl. Rây u. Dutt, J. Indian chem. Soc. **25**. [1948.] 564) bestimmte Vf. die Säuredissoziationskonstanten folgender Verbb.: *Biguanid* (I)-*Methyl-, Äthyl-, N'-Dimethyl-, N'-Diäthylbiguanid, m-Phenylen-* u. *Äthylendibiguanid, Phenyl-, α-Naphthylbiguanid* u. *Glycin.* Die I-Verbb. verhalten sich im allg. als einsäurige Basen, ihre Tendenz zur Aufnahme eines 2. Protons ist ca. 10^{-8}—10^{-7} derjenigen des 1. Protons. Erwartungsgemäß nimmt die Basenstärke bei aromat. Substitution ab, während bei aliphat. Substitution das Verh. verwickelter ist. (J. Indian chem. Soc. **29**. 217—24. April 1952. Calcutta, Univ. Coll. of Sci. and Technol., Inorg. Chem. Labor.) Niemitz. D 139

Hans W. Meyer und **W. D. Treadwell,** *Über die Redoxpotentiale von einigen Polyoxyanthrachinonen und Küpenfarbstoffen.* Die Redoxpotentiale einer Reihe von Küpenfarbstoffen aus der Gruppe des Indigos, der Azine u. von einigen Polyoxyanthrachinonen (im einzelnen: *Thioindigodisulfonsäure, Indigodisulfonsäure, Anthrachinon-β-sulfonsäure, 1.8-Dioxyanthrachinondisulfonsäure, 1.5-Dioxyanthrachinondisulfonsäure, Alizarin-S, Kresylblau, Lauthsches Violett, Thiazinblau, Methylenblau, Neumethylenblau, Safranin O* u. *Neutralrot*) wurden in Funktion der genau bestimmten Acidität vom stark sauren bis ins alkal. Gebiet gemessen u. in Tabellen u. graph. Darstellungen der Aciditäts–Potential-Kurven mitgeteilt. Säurekonstanten K_r u. K_0 von red. u. oxydierten Formen wurden aus den beobachteten Knickpunkten in den Aciditätskurven abgelesen u. es wurden die Aciditätsgebiete bestimmt, in welchen die charakterist. Steigwerte des Potentials mit der Acidität von —0,10888, —0,0592, —0,0296 u. 0,000 V pro p_H vorkommen. Aus den von der Norm abweichenden Titrationskurven wurde auf Semichinonbldg. bei Kresylblau u. 1.8-Dioxyanthrachinondisulfonat geschlossen. (Helv. chim. Acta **35**. 1444—60. 1/8. 1952. Zürich, TH, Labor. für anorgan. Chemie.) Niemitz. D 140

Hans W. Meyer und **W. D. Treadwell,** *Einfluß der Acidität auf das Absorptionsspektrum einiger Küpenfarbstoffe und Beziehungen zum Redoxpotential.* (Vgl. vorst. Ref.) Es wurden die Absorptionsspektren derselben Küpenfarbstoffe wie im vorst. Ref. mit Ausnahme des Alizarin-S in saurer u. zum Teil in alkal. Lsg. aufgenommen u. die durch Salzbldg. bedingten Verschiebungen diskutiert. Zur weiteren Charakterisierung der Farbstoffe wurden die Quotienten η aus der Frequenz des Hauptmaximums $\nu_{max} \cdot 10^{-14}$ der Absorption u. dem Redoxpotential ($\varepsilon_0 + 0{,}089$) Volt bei p_H 1,50 gebildet. Es konnte gezeigt werden, daß diese Quotienten für Gruppen homologer Farbstoffe, welche nach KUHN (C. **1949**. II. 1173) einen kleinen Störparameter V_0 aufweisen, also eine geringe Störung der Absorption des Elektronengases durch die Substituenten im Mol. zeigen, ähnliche bis nahezu konstante Werte aufweisen. Bei den Oxyanthrachinonen dagegen, welche unter dem verschiedenartigen Einfl. der vorhandenen OH-Gruppen große u. stark verschied. V_0 benötigen, zeigen die η-Werte große u. individuelle Unterschiede, die sich zur Charakterisierung einzelner Glieder dieser Gruppe eignen. (Helv. chim. Acta **35**. 1460—70. 1/8. 1952.) NIEMITZ. D 140

H. Harry Szmant, Ora Mae Devlin und **Gene A. Brost**, *Das kryoskopische Verhalten organischer Verbindungen in Schwefelsäure.* 1. Mitt. *Organosiliciumverbindungen.* Durch Best. der Gefrierpunktserniedrigung wird die in einigen Std. bis Tagen ablaufende Rk. von *Tetraphenylsilan* (**I**), *Tetrabenzylsilan* (**II**), *Tributylfluorsilan* (**III**), *Triphenylfluorsilan* (**IV**), *Tribenzylfluorsilan* (**V**) u. *Hexaphenyldisiloxan* (**VI**) mit kalter 100% ig. H_2SO_4 untersucht. Neben der Isolierung von Benzolsulfonsäure (**VII**) bzw. Benzylsulfonsäure (**VIII** aus dem Reaktionsgemisch von **I** u. **IV** bzw. **II**, führt die Berechnung u. Deutung des VAN'T HOFFschen i-Faktors zu folgenden Reaktionsabläufen: Bei **I** u. **II** tritt vollständige Spaltung unter Bldg. von **VII** bzw. **VIII** u. sulfurierter Polykieselsäure der Zus. $[SiO \cdot (OSO_3H)_2]_x$ ein. **III** wird als $(C_4H_9)_3SiOSO_3H$ gelöst, **IV** u. **V** dagegen auch an der Si—C-Bindung gespalten; bei **V** ist die Spaltung vollständig, bei **IV** jedoch in 100 Std. noch unvollständig wegen Bldg. von unlösl. Phenylpolysiloxan. **VI** wird vollständig gespalten. Isolierung von Fluorsulfonsäure aus dem Gemisch von NaF oder $C_6H_5CF_3$ mit H_2SO_4 gelang nicht. Daraus u. auf Grund der NaF-Gefrierpunktserniedrigung wird geschlossen, daß F als H_2F^+ in Lsg. geht. Als Zwischenstufe bei der Spaltung der Organosiliciumverb. wird Anlagerung von H_2SO_4 oder HSO_4^- an das Si-Atom, bei den Fluorsilanen auch $R_3Si^{+\delta} \cdots FH \cdots {}^{-\delta}OSO_3H$ vermutet. (J. Amer. chem. Soc. **73**. 3059—61. Juli 1951. Pittsburgh, Pa., Duquesne Univ., Dep. of Chem.) GROSSE-RUYKEN. D 147

H. Harry Szmant und **Gene A. Brost**, *Das kryoskopische Verhalten organischer Verbindungen in Schwefelsäure.* 2. Mitt. *Sulfide, Sulfoxyde und Sulfone. Beweis für die Existenz neuer Schwefelionen.* (1. vgl. vorst. Ref.) Durch Best. der Gefrierpunktserniedrigung u. Berechnung des VAN'T HOFFschen i-Faktors wird das Verh. der Verbb. R_2S, R_2SO u. R_2SO_2 mit R = *Phenyl, Benzyl, p-Nitrophenyl* u. *p-Nitrobenzyl* in 100% ig. H_2SO_4 untersucht. — Von den Sulfiden ist nur *Di-[p-nitrophenyl]-sulfid* gegen Oxydation u. Sulfurierung beständig. Der i-Faktor deutet auf Ionisierung durch Anlagerung eines Protons an den Schwefel. Aryl- u. Benzylsulfide unterscheiden sich dadurch, daß erstere wegen der Resonanzstabilisierung des Diarylsulfoniumions rotgefärbte Lsgg., letztere farblose Lsgg. in H_2SO_4 bilden. — Die Sulfoxyde sind unverändert aus der H_2SO_4-Lsg. rückzugewinnen. Benzylsulfoxyde geben farblose, Phenylsulfoxyd grüne, p-Nitrophenylsulfoxyd tiefrote Lösungen. In Übereinstimmung mit dem i-Faktor wird in der grünen Lsg. eine neue Form 2fach positiven Schwefels, ein *Diphenylsulfidoniumion* $(C_6H_4)_2S^{++}$ (**I**) vermutet, in der roten Lsg. ein *Sulfoxydoniumion* $(O_2NC_6H_4)_2SOH^+$, da durch Einführung der NO_2-Gruppe die S—O-Bindung gefestigt wird. Durch Wasserzugabe zur Lsg. von **I** in 100% ig. H_2SO_4 geht dieses in Sulfoxydoniumion über. — Die Sulfone sind in H_2SO_4 schwache Basen u. werden nur teilweise protoniert. NO_2-Substitution steigert die Basizität von Phenylsulfonen, jedoch nicht von Benzylsulfonen. — Die Absorptionsspektren der Sulfide u. Sulfoxyde in H_2SO_4 zeigen bei gleichem R große Ähnlichkeit. (J. Amer. chem. Soc. **73**. 4175—77. Sept. 1951.) GROSSE-RUYKEN. D 147

B. T. Jordan jr. und **Matthew van Winkle**, *Dampf-Flüssigkeits-Gleichgewichte bei subatmosphärischen Drucken. Dodecan–Octadecen-System.* Der Einfl. von Drucken auf die Verdampfungscharakteristik des hochsd. Syst. *n-Dodecan–Octadecen-(1)* wird untersucht. Dampf–Fl.-Gleichgewichte werden zwischen 10 u. 760 mm Hg bestimmt. Mit abnehmendem Druck nehmen die Aktivitätskoeffizienten beider Verbb. zu, bleiben aber bei allen untersuchten Drucken kleiner als 1. Die Abweichungen der Aktivitätskoeffizienten von 1 bei mäßig kleinen Drucken zeigen nichtideales Verh. an. Im allg. werden für nichtideale Systeme positive Abweichungen beobachtet, u. negative Abweichungen — wie sie z. B. in Elektrolyten u. anderen Lsgg. auftreten — deuten auf Verbindungsbldg. oder Assoziation. Ob Paraffin–Olefin-Systeme eine Ausnahme bilden, wird zu prüfen sein. (Ind. Engng. Chem. **43**. 2908—12. 10/12. 1951. Austin, Tex., Univ. of Texas.) SCHÖTTLER. D 150

Italo Gabrielli und **Gianni Poiani**, *Messung der Ultraschallgeschwindigkeit in Flüssigkeitsgemischen.* Mittels der Meth. von LUCAS u. BIQUARD werden Ultraschallgeschwindigkeit u. Kompressibilität in bin. Flüssigkeitsgemischen bei 6,4 MHz gemessen.

In Mischungen von *Methyl-* oder *Äthylalkohol* mit *Ae.* verläuft die Kompressibilität als Funktion des Äthermolenbruches nahezu linear. Bei den Gemischen *Cyclohexan–Aceton* bzw. *Cyclohexan–A.* ist der Verlauf komplizierter. Einen fast linearen Verlauf zeigt die Mischung *Anilin–Nitrobenzol.* Eine theoret. Deutung wird versucht. (Ricerca sci. **22.** 1426—32. Juli 1952. Roma, Ist. Nazionale di Ultracustica; Trieste, Univ., Ist. di Fisica.) FALKENHAGEN. D 159

P. A. Demtschenko, A. W. Dumanski und **L. G. Demtschenko,** *Oleophile Eigenschaften der Seifen.* Zur Charakterisierung der Seifen wurde die Benetzungswärme bei Einw. von KW-stoffen herangezogen. Untersucht wurden *Na-Seifen* der *Stearin-, Palmitin-, Caprin-, Capron-, Butter-* u. *Propionsäure* u. die KW-stoffe *Hexan, n-Octan, Styrol* u. *Vaselinöl.* In allen Fällen wurden Benetzungswärmen gefunden, die sich bei Verkleinerung der C-Kette der gesätt. Fettsäuren um ein C-Atom um 0,065 cal/g erniedrigen. Die Wärmeentw. wird gleich Null, wenn der KW-stoff zu einem Gemisch von Seife u. KW-stoff, dessen Molverhältnis 1 : 1 ist, zugegeben wird, woraus sich auf eine Verb. von Seife u. KW-stoff schließen läßt. Auch in W. enthaltenden konsistenten Schmiermitteln wird eine Verb. $CH_3(CH_2)_nCH_3 \cdot CH_3(CH_2)_mCOONa \cdot H_2O$ angenommen. Beim Vgl. der Benetzungswärme von Seifen u. Cellulose mit KW-stoffen wurde gefunden, daß die Benetzungswärme bei Seifen der höheren Fettsäuren 2—3 mal größer als bei Cellulose ist. Daher haben Seifen von Fettsäuren mit mehr als 8 C-Atomen eine Waschwrkg., die bei den niedriger mol. unmöglich ist. (Коллоидный Журнал [Kolloid-J.] **14.** 164—71. Mai/Juni 1952.) v. SCHROEDER. D 166

L. Saunders und **R. S. Srivastava,** *Die Absorption einiger organischer Basen durch Carboxylgruppen enthaltende Ionenaustauschharze.* 1. Mitt. *Gleichgewichtsuntersuchungen.* Es wird die Gleichgewichtskonz. folgender organ. Basen an sauren Ionenaustauschern (Amberlite IR C 50 u. Methacrylsäureharz) bestimmt: *Piperidin, Benzylamin, n-Butylamin, Pyridin, Anilin, Dimethylanilin, Ephedrin* u. (+)-*Pseudoephedrin, Nicotin, n-Heptylamin,* α- u. β-*Naphthylamin, Chinin* u. *Coffein.* Als Lösungsm. für die Basen wurde W., A. u. ein Gemisch W.–A. (1 : 1 Vol.) benutzt. In besonderen Verss. wurde die Quellung der Kunstharze in den Lösungsmitteln bei Zugabe der Basen, die völlig reversibel ist, gemessen, in A. ist die durch Ggw. der Basen bedingte Quellung nur gering (< 5%). Für die schwachen Basen gilt der einfache Verteilungssatz: Konz. der Base im Harz/Konz. in der Gleichgewichtslsg. ≈ const. Für die stärkeren Basen (Pyridin, Piperidin) gilt dagegen die logarithm. Beziehung: $y = A \log C + B$ (C = Konz. der Base in der Gleichgewichtslsg.), wobei der Wert der Konstanten A u. B mit der Dissoziationskonstante der organ. Basen variiert. Es wird darauf hingewiesen, daß für diese Basen der 2. Gruppe eine Ähnlichkeit mit dem Dosis–Wrkg.-Gesetz in der Biologie besteht, u. unter bestimmten Annahmen eine theoret. Deutung dieser logarithm. Gesetzmäßigkeit zu geben versucht. (J. chem. Soc. [London] **1952.** 2111—18. Juni. London, Univ., School of Pharmacy.) HENTSCHEL. D 176

Isao Oda, *Konjugierte Doppelbindung und π-Elektron.* Zusammenfassende Darlegung über die *konjugierten Doppelbindungen* in geraden Ketten u. Ringen u. die Rkk. zwischen Verbb. mit solchen in Beziehung zu den π-Elektronen. — 43 Literaturangaben. (Chem. and chem. Ind. [Kagaku to Kogyo] **5.** 231—37. Mai 1952. [Orig.: japan.]) SCHULER. D 182

A. Bondi, *Über die Eigenschaften von Fluorkohlenstoff- und Polysiloxanflüssigkeiten.* Bei C—F- u. Si—O-Bindungen ist der Ionenbindungsanteil der Bindungsenergie außergewöhnlich groß u. die Bindungsabstände sind wesentlich kleiner als bei kovalenten Bindungen. Demgemäß haben in den Fluorkohlenstoff- u. Siloxanverbb. die diamagnet. Susceptibilität u. die Deformierbarkeit (Polarisierbarkeit) der Valenzelektronenwolke wesentlich kleinere Werte als bei den meisten anderen organ. Verbindungen. Auffällig sind bei diesen Fll. auch die hohen Werte der therm. Ausdehnung u. der Kompressibilität. Die hohe Kompressibilität ist auch größtenteils für den geringen Binnendruck verantwortlich. Das Verhältnis $(d\,E/d\,V)_T/\Delta\,E_v/V_L$, worin E die innere Energie, E_v die Verdampfungsenergie u. V_L das Molvol. bedeuten, beträgt bei den Fluorkohlenstoffen u. den Polysiloxanen ca. 1,3, während es bei den gewöhnlichen Fll. den Wert 1 hat. Die Steifheit der Perfluorparaffine u. die Dipolmomente der Siloxane wirken sich in einer Behinderung der äußeren Rotation dieser Moll. im fl. Zustand aus. Das Verhältnis von Verdampfungswärme zu Gesamtoberflächenenergie liegt in derselben Größenordnung wie bei gewöhnlichen nichtassoziierten Fll., obwohl die Oberflächenspannung der Fluorkohlenstoffe u. Methylsiloxane viel geringer als diejenige der entsprechenden KW-stoffe ist. Der Packungszustand kann sich also nicht wesentlich von dem in gewöhnlichen Fll. unterscheiden. Die geringe Oberflächenspannung spiegelt den geringen Binnendruck wider. — Die Wärmeleitfähigkeit u. Viscosität werden anscheinend mehr von der mol. Biegsamkeit bzw. Steifheit als von der Größe der Kohäsionskräfte bestimmt. Es wird eine Beziehung zwischen der Wärmeleitfähigkeit u. dem Druckkoeff. der Viscosität aufgestellt. (J. physic. Colloid Chem. **55.** 1355—68. Nov. 1951. Emeryville, Calif., Shell Development Co.) FORCHE. D 182

H. P. Lemaire und **R. L. Livingston,** *Die Molekülstrukturen von Oktafluorcyclobutan und Methylcyclobutan.* (Vgl. LEMAIRE u. LIVINGSTON, C. **1950.** II. 1802.) Aus Elektronenbeugungsunterss. u. ihrer Auswertung nach der radialen Verteilungsmeth. u. nach der visuellen Meth. folgt, daß *Oktafluorcyclobutan* (Kp. —0,1 bis —6,0°) einen nichtplanaren C-Ring mit folgenden Abmessungen besitzt: C—F = 1,33 ± 0,02 Å; C—C = 1,60 ± 0,04 Å; Winkel FCF = 109,5 ± 3°; α (Winkel zwischen Ebenen, welche gegenüberstehende CF_2-Gruppen halbieren) = 160 ± 4°; Winkel C—C—C = ca. 89°. Auffallend ist der ungewöhnlich große C—C-Abstand, der offenbar auf den Einfl. der F-Atome zurückzuführen ist. Auch von C_3F_6 weiß man, daß sich F-Atome, die an benachbarten C-Atomen stehen, nur auf ca. 2,70 Å nähern können. Diese Zahl entspricht dem doppelten Wert des VAN DER WAALSschen F-Radius. — Auch bei *Methylcyclobutan* ($Kp._{755}$ 36,98°, $Kp._{760}$ 37,18°, F. —161,51°, n_D^{25} 1,3878) ist ein nichtplanarer Ring mit den experimentellen Daten vereinbar, wenn auch eine sichere Entscheidung nicht getroffen werden kann. Möglicherweise ist der Ring zu einem Winkel von 150 oder 160° gefaltet. C—C-Abstand im Ring 1,56 ± 0,03 Å, Seitenkettenabstand **1,54** ± 0,06 Å, durchschnittlicher C—C-Abstand $1,55_5$ ± 0,02 Å. Der Winkel β zwischen der Bindungsrichtung der Seitenkette u. der Halbierenden des C—C—C-Winkels im Ring beträgt 130 ± 8°; das entspricht einem C—C—CH_3-Winkel von ca. 118°. (J. Amer. chem. Soc. **74.** 5732—36. 20/11. 1952. Lafayette, Ind., Purdue Univ., Dep. of Chem. u. Purdue Res. Found.) FORCHE. D 182

H. Mackle und **L. E. Sutton,** *Eine Untersuchung der Stereochemie des Acrylaldehyds und Crotonaldehyds mittels der Elektronenbeugungsmethode.* Vff. untersuchen die Konfigurationen von *Acrolein* (I), $Kp._{760}$ 52,3—52,6°, u. *Crotonaldehyd* (II), $Kp._{760}$ 102—103°, mittels Elektronenbeugung in der Gasphase. Für I wurden folgende Bindungsabstände ermittelt: $C_{(1)}$—O 1,21 ± 0,02, $C_{(2)}$—$C_{(3)}$ 1,36 ± 0,02 u. $C_{(1)}$—$C_{(2)}$ 1,46 ± 0,03 Å; die entsprechenden Abstände für II betragen: $C_{(1)}$—O 1,21, $C_{(2)}$—$C_{(3)}$ 1,36, $C_{(3)}$—$C_{(4)}$ 1,52 Å. Die Winkel $C_{(2)}C_{(1)}O$ u. $C_{(1)}C_{(2)}C_{(3)}$ wurden für beide Verbb. zu 120 ± 3° gefunden. Aus den Radialverteilungskurven muß auf ein gemeinsames Vork. von ebenen single (s)–trans-Isomeren (Konfigurationen an der $C_{(1)}$—$C_{(2)}$-Einfachbindung) bei I u. II geschlossen werden; das Verhältnis ist bei I ca. 1 : 3 u. bei II ca. 1 : 1. Die gefundenen Diagramme von II sind mit der Annahme von s–cis, d–cis (d = Konfiguration an der Doppelbindung) oder s–trans-, d–cis-Isomeren unvereinbar. Die Diskussion der Temperaturabhängigkeit des s–cis/s–trans-Gleichgewichtes ergibt, daß für I bei einer Temp. von 70° das Gleichgewicht bei ca. 1 : 1 liegt. (Trans. Faraday Soc. **47.** 691—99. Juli 1951. Oxford, Phys. Chem. Labor.) ZIMMER. D 184

Kenneth J. Tauer und **William N. Lipscomb,** *Über die Kristallstruktur, Restentropie und dielektrische Anomalie von Methanol.* Methanol schm. bei 175,37° K u. unterliegt einer λ-Punktumwandlung bei 157,8° K. Röntgenaufnahmen wurden hergestellt bei —110 u. —160°. BUERGER- u. WEISSENBERG-Aufnahmen um verschied. Richtungen ergaben für den Alkohol bei —110° ein rhomb. Gitter mit den Dimensionen a = 6,43 ± 0,02 Å; b = 7,24 ± 0,02 Å; c = 4,67 ± 0,02 Å. Raumgruppe ist D_{2h}^{17} — C m c m; z = 4. Aus PATTERSON-Projektionen ergab sich, daß je 4 C u. 4 O in 0 y $^1/_4$; 0 $\bar{y}$ $^3/_4$; $^1/_2$, $^1/_2$ + y, $^1/_4$; $^1/_2$, $^1/_2$ — y, $^3/_4$ liegen mit den Parametern y_C = 0,244 ± 0,003 u. y_O = 0,410 ± 0,002. In dem Gitter treten unendliche Zick-Zack-Ketten von H-Bindungen parallel der (1 0 0)-Fläche auf. Der Abstand C—O ist 1,42 Å u. der O···O H-Bindungsabstand 2,66 Å; aus der letzteren Entfernung folgt, daß die H-Bindungen sehr stark sind. Eine CH_3-Gruppe hat als nächste sie umgebende Nachbarn 2 CH_3-Gruppen im Abstand 3,88 Å, 4 CH_3-Gruppen im Abstand 4,01 Å, 2 O-Atome in 3,86 Å u. 4 O-Atome in 4,09 Å. Die Aufnahmen bei —160° zeigten, daß die λ-Punktumwandlung nur als eine einfache Verschiebungsumwandlung anzusehen ist, wobei nur eine geringe Faltung der unendlichen H-Bindungsketten eintritt unter Beibehaltung der Ketten. Das Gitter kann monoklin gedeutet werden mit Z = 2 u. den Dimensionen a = 4,53 Å; b = 4,69 Å; c = 4,91 Å; β = 90°; Raumgruppe C_{2h}^3 — P 2_1/m. Einige schwache Reflexe deuten allerdings auf eine Überstruktur hin. Da die Tieftemperaturmodifikation des Methanols die gleichen unendlichen Ketten von H-Bindungen enthält wie die Modifikation oberhalb des λ-Punktes, muß vom strukturellen Standpunkt aus gesehen angenommen werden, daß die Restentropie den Wert Null besitzt. Die von anderer Seite beobachtete Änderung der DK. bei dem λ-Punkt hängt wahrscheinlich mit der oben angegebenen Faltung der Ketten unterhalb des λ-Punktes zusammen. (Acta crystallogr. [Kopenhagen] **5.** 606—12. 10/9. 1952. Minneapolis, Minn., Univ., School of Chem.) GOTTFRIED. D 195

G. B. Rawitsch, *Bedeutung des Zeitfaktors bei der physikalisch-chemischen Analyse von Systemen aus organischen Substanzen.* Untersucht würde an *n-Fettsäuren, ihren Salzen* *u. Estern* der Einfl. der chem. Struktur der Moll. auf das Verh. der aus ihnen gebildeten Ein- u. Zweistoffsysteme hinsichtlich der Bldg. von metastabilen Formen u. der Kinetik ihrer Umwandlungen in stabilere Formen. Der Einfl. der Doppelbindung in der Reihe der n-C_{18}-Fettsäuren wurde durch Vgl. der *Oleinsäure* mit der *Stearinsäure* untersucht. Danach begünstigt die Doppelbindung eine Unterkühlung u. direkte Bldg. der metastabilen Phasen aus der Schmelze. Die Umwandlung der gesätt. Monocarbonsäuren ermöglicht die Feststellung der Temperaturzone mit relativ großer Geschwindigkeit der polymorphen Umwandlungen. Unterhalb dieser Temp. bleibt die Substanz unbegrenzt lange im metastabilen Zustand erhalten. Die Glycerinester der höheren Fettsäuren weisen 4 polymorphe Formen auf: metastabile glasartige γ-Form, krist. metastabile α- u. β-Formen u. stabile β-Form. Bldg. u. Umwandlungen dieser Formen werden am *Tripalmitin* gezeigt. Aus dem Zustandsdiagramm für *Stearinsäure–Palmitinsäure* wird geschlossen, daß bei genügender Unterkühlung aus der Schmelze Kristalle der festen Lsg. ausgeschieden werden. Hier wird das metastabile Zustandsdiagramm realisiert. Bei geringer Unterkühlung liegt ein Gleichgewichtsdiagramm vor. Aus der unterkühlten Schmelze werden mit großer Geschwindigkeit Kristalle der chem. Verb. ausgeschieden. Der Vgl. der Thermogramme von *Resol* im Zwischenstadium u. *Resit* im Endstadium bei der Kondensation von Phenol–Formaldehyd-Harzen ergibt, daß mit der Erwärmung der Resolstrukturen, unabhängig von der Art des Katalysators, ein ausgesprochener exothermer Effekt einhergeht. Es reagieren die in den Resolen vorliegenden akt. Gruppen (Radikale) miteinander, die im hochviscosen indifferenten Medium eingefroren waren. (Успехи Химии [Fortschr. Chem.] **21.** 1117—35. Sept. 1952.) LEBTAG. D 221

Georg Wittig und **Paul Raff**, *Über Komplexbildung mit Triphenylbor.* 3. Mitt. (2. vgl. C. **1951.** I. 1134.) Eine vereinfachte Darst. von *Tetraphenylborlithium* (I) wurde in der Einw. von C_6H_5Li auf BF_3-Ätherat gefunden. I gibt mit K-, Pb-, Cs- u. NH_4-Ionen schwerlösl. Ndd., die sich zum qualitativen u. quantitativen Nachw. dieser Ionen eignen. Das leichtlösl. *$[(C_6H_5)_4B]Na$* kann aus dem NH_4-Salz mit $NaOCH_3$ in sd. Methanol oder durch Zers. von $[(C_6H_5)_4B]MgBr$ mit Na_2CO_3 in W. gewonnen werden. *$[(C_6H_5)_4B]MgBr$* entsteht glatt aus C_6H_5MgBr u. BF_3-Ätherat in Äther. Die leichtlösl. $[(C_6H_5)_4B]^-$-Salze liefern auch mit Alkylammoniumsalzen schwerlösl. Komplexsalze. Während *$[(C_6H_5)_4B]\cdot N(CH_3)_4$* sich auch bei Erhitzen auf 340° nicht zers., spaltet *$[(C_6H_5)_4B]NH(CH_3)_3$* schon bei 200° in $(C_6H_5)_3B$ (III), C_6H_6 u. $N(CH_3)_3$, wobei bis zu 90% III leicht rein erhältlich sind. *$[(C_6H_5)_4B][P(C_6H_5)_4]$* entsteht sofort beim Zusammengehen von I u. $[(C_6H_5)_4P]J$ in W. oder A., während die Bldg. aus III u. $P(C_6H_5)_5$ eine langdauernde Zeit-Rk. darstellt. Aus I u. Benzoldiazoniumchlorid wurde das beim Erhitzen verpuffende *$[(C_6H_5)_4B][N_2C_6H_5]$* erhalten. Die beim Umsetzen von I mit $HgCl_2$ u. $CuCl_2$ entstehenden Schwermetallkomplexe sind instabil u. zerfallen leicht, während mit Cu^+, Ag^+ u. Tl^+ die Komplexe *$[(C_6H_5)_4B]Me$* isoliert werden konnten. Die entsprechenden Salze des zweiwertigen Fe, Co, Ni u. Mn konnten nicht erhalten werden, da in W. Zers. unter Abscheidung von Metallhydroxyd u. $C_6H_5B(OH)_2$ eintrat u. in Ae. das betreffende Metall neben III u. $(C_6H_5)_2$ entstand. Phenylacetylen-Li addiert sich an III zu *Triphenylphenyläthinylbor-Li*, $[(C_6H_5)_3B(C\equiv C\cdot C_6H_5)]Li$. Beim Zusammenschm. von III mit NaOH entsteht das labile *$[(C_6H_5)_3B(OH)]Na$*, das bei Einw. von NH_3 *Triphenylborammoniak*, $(C_6H_5)_3B \leftarrow NH_3$, liefert. Zusammenschm. von $(C_6H_5)_3B$ mit NaCN liefert *$[(C_6H_5)_3B(CN)]Na$*. Dieses Komplexsalz ist deutlich stabiler als das analog gebaute I. Die stabilisierende Wrkg. der Cyangruppe läßt sich auch bei einem Vgl. von $Li[BH_4]$ mit dem daraus durch Einw. von HCN erhaltenen *$Li[(CN)BH_3]$* erkennen u. hängt mit deren mesomerem Charakter zusammen.

Versuche: *Tetraphenylborlithium* (I), durch Eintropfen von Phenyl-Li in Ae. in eine äther. Lsg. von BF_3-Ätherat unter N_2, 2 std. Kochen, Abdest. des Ae. u. Extraktion des Rückstandes mit Wasser. Diese wss. Lsg. von I wurde zur gravimetr. Best. von Rb- u. Cs-Ionen sowie von NH_4-Ionen benutzt. Der Nd. hat die Zus. *$[(C_6H_5)_4B]NH_4$*. — *Tetraphenylbornatrium* (II), $[(C_6H_5)_4B]Na$, a) aus $[(C_6H_5)_4B]NH_4$ durch Erhitzen mit $NaOCH_3$ in absol. Methanol unter N_2 (2 Std.). Das Rohprod. wird bei −80° in Ae. gelöst u. durch Erwärmen auf 30° krist. abgeschieden (die Löslichkeit nimmt mit sinkender Temp. zu); 59% (Ausbeute); b) durch Eintropfen von äther. BF_3-Ätherat in eine Lsg. von C_6H_5MgBr in Ae., Abdest. des Ae., Fällen von Mg als Carbonat u. Einrühren von NaCl in das Filtrat vom $MgCO_3$ bis zur Sättigung u. Extraktion mit Methylal; 60%. — *Tetraphenylbortrimethylammonium*, $[(C_6H_5)_4B][NH(CH_3)_3]$, aus äquimol. Mengen von I u. $N(CH_3)_3\cdot HCl$ in Wasser. Bei therm. Zers. bei 200° entstehen $N(CH_3)_3$, Bzl. u. *Triphenylbor* (III) ($Kp._{12}$ 240—260°, F. 140—141°; 89%). — *Tetraphenylbortetraphenylphosphonium*, $[(C_6H_5)_4B][P(C_6H_5)_4]$, F. 309—311°, aus I u. Tetraphenylphosphoniumjodid in Methanol oder durch 14tägiges Stehenlassen von $B(C_6H_5)_3$ u. $P(C_6H_5)_5$ in Ae. unter N_2, Pulver. — *Tetraphenylborbenzoldiazonium*, $[(C_6H_5)_4B][N_2\cdot C_6H_5]$, durch Vermischen von Benzoldiazoniumchlorid u. I in Methanol, gelber Niederschlag. Bei Zers. durch Erwärmen mit 2n Na-Acetatlsg. auf 55° entstehen neben nicht identifizierten Prodd. *Diphenyl* (F. 70°), *Azobenzol* (*N.N'-Diacetylhydrazobenzol*, F. 96,5—98°) u. *Terphenyl* (F. 208—208,5°). — *Tetraphenylborkupfer-(I)*, $[(C_6H_5)_4B]Cu$, durch mehrwöchentliches Schütteln von $CuBr_2$ u. I in Ae. als stahlblauer Bodenkörper, der zur Reinigung mehrfach mit Ae. extrahiert wird. Daneben konnten aus den äther. Schichten III u. Diphenyl isoliert werden. — *Tetraphenylborsilber*, $[(C_6H_5)_4B]Ag$, durch Vereinigen äquimol. Mengen von I u. $AgNO_3$ in Methanol bei Rotlicht als feinkörniger Nd., der sich schon im diffusen Licht braun färbt. — *Triphenyl-[phenyläthinyl]-borlithium*, $[(C_6H_5)_3(C_6H_5-C{\equiv}C)B]Li$, aus III u. Phenyläthinyl-Li in Ae. unter N_2. Die durch Abkühlen auf — 80° abgeschiedenen Kristalle werden bei mehrfachem Umkristallisieren hellgelb. Bei Rk. mit J_2 in W. entsteht *Jodphenylacetylen* ($Kp._{12}$ 112—114°; *Anilid*, F. 42—44°). — *Triphenylhydroxobornatrium*, $[(C_6H_5)_3(OH)B]Na$, durch Verschmelzen von III mit NaOH bei 180° unter N_2, rautenförmige Kristalle aus Ae., die in W. lösl. sind. Bei Zusatz von NH_3 oder NH_4Cl zu der wss. Lsg. fällt *Triphenylborammoniak* (F. 209—210,5°) aus. — *Triphenylcyanobornatrium*, $[(C_6H_5)_3(CN)B]Na$, rautenförmige Kristalle aus Ae., aus III u. NaCN durch Erhitzen auf 150° unter N_2 im SCHLENK-Rohr oder durch Verschm. von $[(C_6H_5)_4B][N(CH_3)_3H]$ u. NaCN bei 300° unter N_2; 50 bzw. 47%. — *Triphenylcyanoborcaesium*, $[(C_6H_5)_3(CN)B]Cs$, als Nd. durch Vermischen der wss. Lsgg. von CsCl u. vorst. Verbindung. — *Lithiumcyanoborhydrid*, $[BH_3(CN)]Li \cdot C_4H_8O_2$, Kristalle auf Zusatz von Dioxan durch Eintropfen von äther. $LiBH_4$ in HCN in absol. Ae. unter N_2; 90—95%. Bei Zusatz von viel Dioxan werden Kristalle mit 2 Mol Kristalldioxan erhalten, die leicht verwittern. Das Salz wird in wss. Lsg. erst durch 2n Mineralsäure unter H_2-Entw. zersetzt. (Liebigs Ann. Chem. **578.** 195—209. 1951. Tübingen, Univ., Chem. Inst.) K. FABER. D 223

G. J. Rotariu, D. W. Fraga und **J. H. Hildebrand,** *Die Löslichkeit von Wasser in n-Perfluorheptan.* 100 g *n-Perfluorheptan* ($Kp._{755,7}$ 82,0°, D. 1,7186) lösen bei 25,06° 2,2 mg u. bei 50,00° 5,4 mg Wasser. Durch Einsetzen des Wertes bei 25° in die allg. Löslichkeitsgleichung für Lsgg. ohne Wasserstoffbindungen (vgl. ROTARIU, HAYCOCK u. HILDEBRAND, J. Amer. chem. Soc. **74.** [1952.] 3165) wird der Löslichkeitsparameter für W. zu $\delta_2 = 23,8$ berechnet u. mit den entsprechenden Werten in anderen Lösungsmitteln verglichen. (J. Amer. chem. Soc. **74.** 5783. 20/11. 1952. Berkeley, Calif., Univ. of California, Dep. of Chem.) FORCHE. D 224

W. Ja. Stern und **Ss. Ss. Poljak,** *Der Mechanismus der Oxydation von Propylen.* Für die Oxydation des C_3H_6 mit O_2 nehmen Vff. einen aus folgenden Teil-Rkk. bestehenden Mechanismus an: 0. $C_3H_6 + O_2 \rightarrow \dot{C}_3H_5 + HO\dot{O}$; 1. $\dot{C}_3H_5 + O_2 \rightarrow C_3H_5O\dot{O}$; 2. $C_3H_5 \cdot O\dot{O} \rightarrow HCHO + \dot{C}H_2CHO$; 3. $\dot{C}H_2CHO + C_3H_6 \rightarrow \dot{C}_3H_5 + CH_3CHO$; 4. $C_3H_5O\dot{O} \rightarrow H_2\dot{O} + CO + \dot{C}H{=}CH_2$; 5. $\dot{C}H{=}CH_2 + O_2 \rightarrow HCHO + H\dot{C}O$; 6. $H\dot{C}O + C_3H_6 \rightarrow HCHO + C_3H_5$; 7. $\dot{C}H{=}CH_2 + C_3H_6 \rightarrow C_2H_4 + \dot{C}_3H_5$; 8. $CH_3CHO + O_2 \rightarrow \dot{C}H_2CHO + HO\dot{O}$; 9. $2\,HCHO + O_2 \rightarrow$ Endprodd.; 10. $2\,CH_3CHO + O_2 \rightarrow$ Endprodd.; 11. $C_3H_5O\dot{O} \rightarrow$ Kettenabbruch. Hierbei sind unter den Endprodd. CO, CO_2 u. H_2O zu verstehen, die nach den Gleichungen $HCHO + \frac{1}{2}\,O_2 \rightarrow CO + H_2O$; $HCHO + O_2 \rightarrow CO_2 + H_2O$ u. $CH_3 \cdot CHO + 1\frac{1}{2}\,O_2 \rightarrow 2\,CO + 2\,H_2O$; $CH_3CHO + 2\frac{1}{2}\,O_2 \rightarrow 2\,CO_2 + 2\,H_2O$ gebildet werden. Wenn die Geschwindigkeit der Rk. 1 = 1 ist, dann ist die der Rk. 2 = α, die der Rk. 4 = $1 - \alpha$, die der Rk. 5 = $(1 - \alpha)\beta$, die der Rk. 7 = $(1 - \alpha)(1 - \beta)$, wobei α u. β < 1 sind. Es ergibt sich hieraus die Menge der sich bildenden Prodd. (ohne Berücksichtigung dessen, daß sie weiter oxydiert werden) für CH_3CHO zu α, für HCHO zu $\alpha + 2(1 - \alpha)\beta$, für C_2H_4 zu $(1 - \alpha)(1 - \beta)$. Im Anfangsstadium ist annähernd $HCHO/CH_3 \cdot CHO = 2$; ebenso $C_2H_4/HCHO = 1/5$, daraus annähernd $\alpha = 0,525$, $\beta = 0,55$. Da α das Geschwindigkeitsverhältnis von 2 monomol. Prozessen mit dem gleichen Radikal $C_3H_5O\dot{O}$ (Rk. 2 u. 4) bestimmt, so bleibt es bei der ganzen Reaktionsdauer konstant. β hängt von dem Verhältnis $[C_3H_6]/[O_2]$ ab, das im Gebiet der kalten Flamme (300°) 1,1—6,6, bei höherer Temp. (370°) 1,02—4,57 beträgt. In einer Tabelle wird die nach dem Schema berechnete Menge ($CO + CO_2$) mit den analyt. Befunden verglichen, wobei sich gute Übereinstimmung ergibt. (Доклады Академии Наук СССР [Ber. Akad. Wiss. UdSSR] [N. S.] **85.** 161—64. 1/7. 1952. Inst. für chem. Physik der Akad. der Wiss. der UdSSR.) R. K. MÜLLER. D 225

J. B. Th. Aten und **A. H. W. Aten jr.,** *Der Mechanismus der Bildung des Diphenyljodoniumions.* Vff. untersuchten die Rk. von gefälltem AgOH mit einer Mischung von *Jodobenzol* (I) u. *Jodosobenzol* (II), von denen II mit radioakt. ^{131}J markiert war. Auf Grund der gemessenen Aktivitäten stellten sie in Übereinstimmung mit MASSON, RACE u. POUNDER (J. chem. Soc. [London] **1935.** 1669) fest, daß das J im gebildeten *Diphenyljodoniumion* aus II stammt, während das J aus I in $AgJO_3$ übergeht. Die geringe in $AgJO_3$

gefundene Aktivität wird auf die während der Rk. erfolgende geringe Umwandlung II → I zurückgeführt. (J. Amer. chem. Soc. **74.** 2411—12. 5/5. 1952. Amsterdam, Niederlande, Inst. für Kernforsch.) GNAUCK. D 225

J. C. McGowan, *Der Mechanismus der Meerwein-Ponndorf-Oppenauer-Reaktion.* (Vgl. JOHNSON u. SKRIMSHIRE, C. **1952.** 7313.) Die vom Vf. ausgearbeitete Meth. (J. Soc. chem. Ind. **68.** [1949.] 253) erlaubt eine Prüfung des Mechanismus, der für die MEERWEIN-PONNDORF-OPPENAUER-Rk. vorgeschlagen worden ist. Danach sollte bei substituierten Phenylverbb. RT · log K $(\pm)$ Q eine Konstante sein, falls das zum Phenyl α-ständige C-Atom im Verlauf der Rk. positiviert (negativiert) wird. Q ist dabei nur vom Kernsubstituenten abhängig. Für die Rk. von substituierten Acetophenonen mit $AlOC(CH_3)_3$ (vgl. ADKINS u. Mitarbeiter, J. Amer. chem. Soc. **71.** [1949.] 3622) findet Vf. nur Übereinstimmung mit der Theorie, falls Positivierung des α-C-Atoms angenommen wird, wie es auch der vorgeschlagene Mechanismus fordert. (Chem. and Ind. **1951.** 601—02. 7/7. Northwich, Cheshire, Imp. Chem. Ind., Res. Dep.) KRESZE. D 225

Wm. J. Klapproth und **F. H. Westheimer,** *Der Mechanismus der aromatischen Mercurierung.* 1. Mitt. *Orientierungseffekte.* Die Mercurierung von *Nitrobenzol* (I) durch ion. Reagentien bei niedrigen Tempp. verläuft nach einem elektrophilen Substitutionsmechanismus. So wird I mittels $Hg(ClO_4)_2$ in 60%ig. $HClO_4$ bei 23° zu 89% (bezogen auf das Isomerengemisch) in die m- u. zu 11% in die o + p-Verb. übergeführt. Bei höheren Tempp. ist die Orientierung nicht mehr so ausgeprägt. Dagegen fehlen bei der „klass." Meth. der Mercurierung (mittels Hg-Acetat) orientierende Effekte: bei 95° entstehen 52% o- + p-, neben 48% m-Verb. u. bei 150° 58% o- + p-, neben 43% m-Verbindung. — Ebenso verläuft die Mercurierung von *Toluol* (II) als elektrophile Substitution. Bei 25° entstehen in 40%ig. $HClO_4$ mit $Hg(ClO_4)_2$ 19% o-, 7% m- u. 74% p-Verb., u. bei 85° in 20%ig. $HClO_4$ 27% o-, 13% m- u. 60% p-Verbindung. Die Mercurierung von II mittels Hg-Acetat bei 110° zeigt nicht so ausgeprägte Orientierung (41% o-, 21% m- u. 37% p-Verb.). — Zur Analyse der Hg-Verbb. von I werden diese in die Bromnitrobenzole übergeführt u. letztere mit Piperidin behandelt, wobei nur die o- u. p-Derivv. Br abspalten, nicht aber die m-Verbindung. Die Hg-Verbb. von II werden mittels radioakt. Br_2 (^{82}Br) in die Bromtoluole verwandelt. Zu jeder von 3 Proben des Gemisches wird eine bestimmte Menge von nicht radioakt. Bromtoluol gegeben. Sodann werden die einzelnen Gemische mit alkal. Permanganat zu Brombenzoesäure oxydiert, u. danach wird bis zur radioakt. Reinheit umkristallisiert. Das Verhältnis der Radioaktivitäten liefert das Verhältnis der gebildeten Isomeren. — Bei der Mercurierung von II müssen besondere Bedingungen (nur 1—2%ig. Rk.) eingehalten werden, um die Polymercurierung zu unterdrücken. (J. Amer. chem. Soc. **72.** 4461—65. Okt. 1950. Chicago, Ill., Univ., George Herbert Jones Labor.) PETTERS. D 225

Nathan Kornblum und **Charles Teitelbaum,** *Die Grundlage für den Bericht über das Auftreten von Umlagerungen bei Reaktionen zwischen Cyclopentyljodid oder Cyclohexyljodid mit Silbernitrit.* (Vgl. KORNBLUM u. GRAHAM, J. Amer. chem. Soc. **73.** [1951.] 4041.) Es wurde die Rk. von *Cyclopentyl-* (I) u. *Cyclohexyljodid* (II) mit $AgNO_2$ untersucht. Im Gegensatz zu ROSANOW (1915) fanden Vff. keine durch Umlagerung entstandenen tert. Nitroverbindungen. Aus I u. $AgNO_2$ entstand *Cyclopentylnitrit* (III), *Cyclopentylnitrat* (IV), das durch seine Unlöslichkeit in Alkali u. 85%ig. H_3PO_4 isoliert werden konnte, u. *Nitrocyclopentan.* Aus II wurde *Cyclohexylnitrat* (V) u. *Nitrocyclohexan* erhalten.

V e r s u c h e : *Cyclopentylnitrit* (III), $C_5H_9O_2N$, Kp. 100—102°, n_D^{20} 1,4221, $D.^{20}_4$ 0,9948, aus Cyclopentanol (Kp. 138°, n_D^{20} 1,4530) nach KORNBLUM u. OLIVETO (J. Amer. chem. Soc. **69.** [1947.] 465); oder aus I u. $AgNO_2$ u. Seesand im Eisbad. — *Cyclopentylnitrat* (IV), $C_5H_9O_3N$, Kp. 161°, $Kp._{30}$ 74°, n_D^{20} 1,4455, $D.^{20}_4$ 1,1259—1,1261, a) aus 96%ig. H_2SO_4, 69%ig. HNO_3 u. etwas Harnstoff unter —20° u. Zugabe von Cyclopentanol während 30 Min.; b) aus Cyclopentylbromid u. $AgNO_3$ bei n. Temp. über Nacht rühren u. 5 Std. auf dem Dampfbad unter Lichtschutz erwärmen; c) aus den höhersd. Fraktionen der Darst. von III, Schütteln mit 20%ig. NaOH u. W., nichtwss. Phase mit 85%ig. H_3PO_4 extrahieren. — *Cyclopentyljodid* (I), C_5H_9J, $Kp._{45}$ 77°, Kp. 160—164° (Zers.), n_D^{20} 1,5482, $D.^{20}_4$ 1,7229—1,7235, a) aus Cyclopentanol analog CLARK (1908), 75—80%; b) aus rauchender HJ u. Cyclopentanol, im Eisbad durch Sättigen mit HJ-Gas; 59%. — *Nitrocyclopentan* (VI), $C_5H_9O_2N$, $Kp._{21}$ 76°, Kp. 180°, n_D^{20} 1,4540, aus den höchsten Fraktionen der Darst. von III; 3,4%. — *Cyclopentanon-2.4-dinitrophenylhydrazon,* F. 143—144°, aus VI mittels NEF-Reaktion. — *Cyclohexylnitrat* (V), $C_6H_{11}O_3N$, $Kp._{11}$ 68°, Kp. 181°, n_D^{20} 1,4562, $D.^{20}_4$ 1,1043, a) analog IV a); 69%, b) aus II u. $AgNO_2$ 22 Std. bei n. Temp.; 4%. — *Cyclohexyljodid* (II), $Kp._{11}$ 65°, n_D^{20} 1,5488, analog I a); 83%. — *Nitrocyclohexan* (VII), n_D^{20} 1,4611, durch Rektifizieren des lösl. Teils der NaOH-$NH_2OH \cdot HCl$-Behandlung von V. — *1-[p-Nitrophenylazo]-nitrocyclohexan* (VIII), $C_{12}H_{14}$-

O_4N_4, F. 94—95°, durch Kuppeln von **VII** in alkal. Lsg. mit diazotiertem p-Nitranilin, Chromatographieren aus Benzollösung. — *1-[β-Naphthylazo]-nitrocyclohexan*, $C_{16}H_{17}O_2N_3$, F. 62—63°, orange, analog **VIII**. (J. Amer. chem. Soc. **74**. 3076—78. 20/6. 1952. West Lafayette, Ind., Purdue Univ., Dep. of Chem.) GNAUCK. D 225

Corrado Fuortes und **Sirio Montagnani**, *Katalytische Methylierung und Äthylierung von Anilin*. Für folgende Rkk., die als Teil-Rkk. bei der Methylierung des *Anilins* (I) in Betracht kommen, werden nach der üblichen thermodynam. Meth. die Gleichgewichtskonstanten K_p im dampfförmigen Zustand berechnet: 1. $C_6H_5NH_2 + 2\ CH_3OH \rightleftarrows C_6H_5N \cdot (CH_3)_2 + 2\ H_2O$; 2. $C_6H_5NH_2 + CH_3OH \rightleftarrows C_6H_5NH \cdot CH_3 + H_2O$; 3. $C_6H_5NH \cdot CH_3 + CH_3OH \rightleftarrows C_6H_5N(CH_3)_2 + H_2O$; 4. $2\ CH_3OH \rightleftarrows (CH_3)_2O + H_2O$; 5. $C_6H_5NH_2 + (CH_3)_2O \rightleftarrows C_6H_5N(CH_3)_2 + H_2O$; 6. $C_6H_5NH_2 + (CH_3)_2O \rightleftarrows C_6H_5NH \cdot CH_3 + CH_3OH$. Zur experimentellen Prüfung werden die Ausgangsstoffe durch einen mit akt. Al_2O_3 beschickten Kontaktofen geleitet. Im Reaktionsgemisch wird unverändertes I durch Behandeln mit Pikrylchlorid, I + Monomethylanilin durch Behandeln mit Essigsäureanhydrid bestimmt; der Geh. an Dimethylanilin ergibt sich dann aus der Differenz. Analog wird in einigen Verss. die Umsetzung von I mit *Ae.* untersucht. Der Alkohol bzw. Äther wird stets im Überschuß angewandt, meist im Molverhältnis 6 : 1. Es ergibt sich aus den Unterss., daß Dimethyläther schon bei 230—235° mit I lebhaft reagiert, während die Umsetzung mit Methylalkohol erst bei 270—280° in guter Ausbeute erfolgt. Die Bldg. von Dimethylanilin ist gegenüber derjenigen von Monomethylanilin stark bevorzugt. (Ann. Chimica **41**. 515—33. Juli 1951. Cesano Maderno, A. C. N. A., Forschungslabor.) HENTSCHEL. D 227

D_2. Präparative organische Chemie. Naturstoffe.

G. M. Badger, R. T. Howard und **A. Simons**, *Die Schmidt-Reaktion mit asymmetrischen Ketonen*. Um die ster. Verhältnisse der SCHMIDT-Rk. aufzuklären, wurde diese an folgenden asymm. Ketonen, die verschied. Reaktionsprodd. ergeben können, durchgeführt: *o-Benzoylbenzoesäure* (I), *o-1-Naphthoylbenzoesäure* (II), *1-Benzoylnaphthalin* (III), *2-Benzoylthiophen* (IV) u. *3-Benzoyl-2.5-dimethylthiophen* (V). Mit 9-Benzoylanthracen u. Benzoylmesitylen konnte mit beiden Varianten der SCHMIDT-Rk.: A) Keton mit $CHCl_3$ u. konz. H_2SO_4 auf 50° erwärmen u. NaN_3 zufügen; B) Keton in Trichloressigsäure auf 50° erwärmen, NaN_3 u. konz. H_2SO_4 gleichzeitig zufügen, keine Rk. erzielt werden. Aus I wurde nach A) *N-Benzoylanthranilsäure* (VI) u. *Anhydro-N-benzoylanthranilsäure* erhalten, nach B) nur **VI**. Mit **II** entstand nach A) reine *Anhydro-N-1-naphthoylanthranilsäure* (VII), während nach B) freie *N-1-Naphthoylanthranilsäure* entstand. **III** setzt sich nur nach B) zu *α-Naphthanilid* um; **IV** u. **V** ergaben nach B) *Thiophen-2-carboxyanilid* bzw. *3-Benzamido-2.5-dimethylthiophen*. Die Annahme der Vff., daß bei Ablauf des Reaktionsmechanismus nach SMITH (C. **1948**. II. 28; C. **1951**. I. 585 u. II. 658) u. NEWMAN u. GILDENHORN (C. **1948**. II. 28) die räumlich größere Gruppe R an der Zwischenstufe R—C—R (mit $\overset{\cdot\cdot}{N}{}^{+}$ doppelt am C gebunden) an den N wandert, scheint normalerweise zuzutreffen. Die Annahmen lassen den Schluß zu, daß die ster. Umgebung der C=O-Gruppe nicht allein den Ablauf der Rk. bestimmt.

Versuche: *Anhydro-N-benzoylanthranilsäure*, $C_{14}H_9O_2N$, F. 123° (Bzl.), aus I nach A); 67 % (Ausbeute). — *N-Benzoylanthranilsäure* (VI), F. 179° (A.), aus I nach A) 31 %, nach B) 90,5 %. — *Anhydro-N-1-naphthoylanthranilsäure* (VII), $C_{18}H_{11}O_2N$, fahlgelbe Nadeln, F. 134° (A.), aus **II** nach A) 30 %. — *N-1-Naphthoylanthranilsäure*, $C_{18}H_{13}O_3N$, F. 235° (A.), aus **II** nach B) 45 %, oder aus **VII** durch Kochen mit Na_2CO_3-Lösung. — *α-Naphthanilid*, F. 162—163°, aus **III** nach B) 64 %, oder aus 1-Naphthoylchlorid u. Anilin. — *Thiophen-2-carboxyanilid*, $C_{11}H_9ONS$, F. 144—145° (nach Sublimation bei 150/0,2 mm u. Umkrist. aus A.), aus **IV** nach B) 49 %, oder aus Thiophen-2-carboxychlorid u. Anilin. — *3-Benzamido-2.5-dimethylthiophen*, $C_{13}H_{13}ONS$, F. 164—165°, aus **V** nach B) bei 35—40° 58 %, oder aus 2.5-Dimethylthiophen-3-carbonsäure (**VIII**) in Trichloressigsäure u. etwas H_2SO_4 u. NaN_3 u. nachfolgende Benzoylierung. — *2.5-Dimethylthiophen-3-carboxyanilid*, $C_{13}H_{13}ONS$, F. 139,5—140° (PAe.), aus **VIII** u. $SOCl_2$, dann Einw. von Anilin. (J. chem. Soc. [London] **1952**. 2849—52. Juli. Adelaide, Australien, Univ.) GNAUCK. 450

R. N. Haszeldine, *Fluorolefine*. 1. Mitt. *Die Synthese von Hexafluorbutadien-(1.3)*. Als Ausgangsmaterial für die Darst. von *Hexafluorbutadien-(1.3)* (IX) dient $CF_2{=}CFCl$, das zunächst durch Anlagerung von JCl oder JBr in *1.2-Dichlor-1.1.2-trifluorjodäthan* (I) bzw. *1-Brom-2-chlor-1.1.2-trifluorjodäthan* (II) übergeführt wird. I setzt sich mit Hg im UV-Licht über *1.2-Dichlor-1.2.2-trifluoräthylquecksilberjodid* zu *1.2.3.4-Tetrachlorhexafluorbutan* (VII) um. In analoger Weise dimerisiert **II** zu *1.4-Dibrom-2.3-dichlorhexafluorbutan* (VIII). Aus **VII** u. **VIII** erhält man durch Halogenabspaltung mit Zn u. A. leicht **IX** mit 80%ig. Gesamtausbeute. Unter peinlicher Einhaltung bestimmter Reaktionsbedingungen gelingt es auch, I in einem Ansatz direkt in **IX** überzuführen. — Die Anlagerung von JCl u. JBr an $CF_2{=}CFCl$ verläuft ebenso wie die Addition von Alkoholen u. Aminen derart, daß der negative Substituent an die $=CF_2$-Gruppe tritt. Dieser Reaktionsverlauf wird auf die Resonanzformen $\bar{\bar{F}}{-}\overset{+}{C}F{=}CFCl \longleftrightarrow CF_2{=}CFCl \longleftrightarrow \overset{+}{F}{=}CF{-}\bar{C}FCl$ u. die damit verbundene Polarisation gemäß $\overset{\delta+}{C}F_2{=}\overset{\delta-}{C}FCl$ zurückgeführt. Die Anlagerung erfolgt leicht unter geringem Druck ohne Lösungsm., etwas langsamer beim Durchleiten von $CF_2{=}CFCl$ durch eine Suspension von JCl oder JBr in einem Lösungsm. mit geeignetem Kp., z. B. CCl_4, 1.1.2-Trichlortrifluoräthan (**III**), 1.2-Dibrom-1-chlortrifluoräthan (**IV**), **I** oder **II**. Als Nebenprodd. treten **III** u. **IV** auf, aus denen durch Halogenabspaltung $CF_2{=}CFCl$ zurückgewonnen werden kann. Als Strukturbeweis für **I** u. **II** dienen die folgenden Umsetzungen. Die Fluorierung von **I** mit CoF_3 liefert *1.2-Dichlortetrafluoräthan*, welches bei der Behandlung mit Zn u. A. im Einschlußrohr bei 90° mit 96%ig. Ausbeute in $CF_2{=}CF_2$ übergeht. **II** wird von CoF_3 zu *1-Brom-2-chlortetrafluoräthan* fluoriert, welches beim Schütteln mit Zn u. A. im Einschmelzrohr bei 80° ebenfalls $CF_2{=}CF_2$ liefert. Durch Belichtung von **I** bzw. **II** in einem H-abgebenden Lösungsm. in Ggw. von Hg erhält man *1.2-Dichlor-1.1.2-trifluoräthan* bzw. *1-Brom-2-chlor-1.1.2-trifluoräthan*; beide Verbb. ergeben bei der Halogenabspaltung mit Zn u. A. *Trifluoräthylen* (**V**). Die photochem. Chlorierung von **I** liefert **III**, die Bromierung *1-Brom-1.2-dichlortrifluoräthan*. Aus **II** entsteht durch Chlorierung *1-Brom-2.2-dichlortrifluoräthan* u. durch Bromierung *1.2-Dibrom-1-chlortrifluoräthan*. — Die Cl_2-Abspaltung aus **VII** mit Zn in A. zu **IX** verläuft prakt. quantitativ. Ohne **VII** zu isolieren, erhält man **IX** aus **I**, wenn man eine konz. **I**-Lsg. in Dioxan bei niedriger Temp. mit Zn behandelt, wobei Kupplung zweier **I**-Moll. durch intermol. Jodabspaltung eintritt. Dabei läßt sich die unerwünschte intramol. Halogenabspaltung zu $CF_2{=}CFCl$ durch geeignete Wahl des Lösungsm. u. der Temp. weitgehend vermeiden. Dioxan, Bzl. u. höhere Alkohole begünstigen die intermol. Kupplung, während in alkoh. Lsg. $CF_2{=}CFCl$ entsteht. Zu hohe Reaktionstemppp. führen ausschließlich zur $CF_2{=}CFCl$-Bildung. Wenn die Temp. zu niedrig oder die **I**-Lsg. zu verd. ist, erfolgt nur eine sehr schwache Anfangs-Rk., u. bei Erhöhung der Temp. setzt eine heftige Umsetzung ein, die fast nur $CF_2{=}CFCl$ liefert. Am günstigsten ist eine Anfangstemp. von 25—30°, die man später auf 50° steigert. Das so gebildete **VII** wird dann in situ durch Erhöhung der Temp. in **IX** umgewandelt. — Unter milderen Reaktionsbedingungen lassen sich aus **VII** zwei Cl-Atome abspalten, u. man erhält *1.4-Dichlorhexafluorbuten-(2)* (**X**), welches bei der Oxydation mit alkal. $KMnO_4$ Chlordifluoressigsäure liefert. Cl_2 u. Br_2 werden von **X** unter Bldg. der Tetrahalogenhexafluorbutane angelagert. Die Cl-Atome von **X** lassen sich leicht mit SbF_3 unter Bldg. von *Oktafluorbuten-(2)* (**XI**) fluorieren. **XI** wird von alkal. $KMnO_4$ zur Trifluoressigsäure oxydiert. Die sehr ähnlich sd. Verbb. Oktafluorbuten-(1), **XI** u. Oktafluorisobuten lassen sich auf Grund ihrer Ultrarotspektren leicht voneinander u. von Perfluor-n-butan, Hexafluorcyclobuten u. **IX** unterscheiden. — Die photochem. Bromierung von **IX** führt bei 120° zu *1.2.3.4-Tetrabromhexafluorbutan* (**XII**). Bei Zimmertemp. lagert sich ein Mol Br_2 quantitativ an u. es entsteht ein Gemisch aus *1.4-Dibromhexafluorbuten-(2)* u. *3.4-Dibromhexafluorbuten-(1)*. In ähnlicher Weise bildet sich bei der Chlorierung von **IX** ein Gemisch aus **X** u. *3.4-Dichlorhexafluorbuten-(1)* neben **VII** u. nicht umgesetztem **IX**. Diese vier Dihalogenhexafluorbutane sind auf Grund ihrer Ultrarotspektren leicht zu unterscheiden. Die Behandlung des Gemisches der beiden Dibromverbb. mit Zn u. A. führt die 3.4-Dibromverb. in **IX** über. Die zurückbleibende 1.4-Dibromverb. läßt sich dann mit SbF_3Cl_2 zu **XI** fluorieren. Auf Grund der anfallenden **IX**- u. **XI**-Mengen beträgt das Verhältnis 1.4- zu 3.4-Dibromverb. in dem Bromierungsgemisch 3:2. Wenn umgekehrt erst fluoriert u. dann debromiert wird, findet man ein Verhältnis von 1:1. Demnach scheint bei der Umsetzung Isomerisation stattzufinden. Auch in dem Gemisch der beiden Dichlorhexafluorbutene wird die 3.4-Dichlorverb. durch Zn u. A. in **XI** u. die 1.4-Dichlorverb. **X** von SbF_3Cl_2 in **XI** übergeführt; hier beträgt das Verhältnis von 1.4- zu 3.4-Dichlorverb. 2:1.

Versuche: *1.2-Dichlor-1.1.2-trifluorjodäthan* (**I**), $C_2Cl_2JF_3$, Kp. 99—99,5°, n_D^{20} 1,449; durch 2std. Erwärmen von 11,65 g $CF_2{=}CFCl$ u. 20 g JCl in einer Stahlbombe auf 35—40°, Waschen des fl. Prod. mit $Na_2S_2O_3$-Lsg., Trocknen mit P_2O_5 u. Dest., 97% neben 1% **III**, n_D^{25} 1,355; oder durch Einleiten von $CF_2{=}CFCl$ in eine Bombe mit JCl bei 30—40°, 96%; oder durch Einleiten von $CF_2{=}CFCl$ in eine gerührte Suspension von 16,2 g JCl in 80 cm³ **I** bei 45—50° unter Rückführung des nicht umgesetzten Olefins in den Kreislauf, 87% neben 6% **III**. — Wenn 4,0 g **I** im Laufe einer Std. auf CoF_3 bei 190° getropft werden, entstehen 72% *1.2-Dichlortetrafluoräthan*, $C_2Cl_2F_4$, Kp. 4°, u. 7% *Chlorpentafluoräthan* (**VI**), C_2ClF_5, Kp. —37°. — Bei 7tägiger Belichtung einer geschüttelten alkoh. Lsg. von 0,3 g Pyrogallol u. 6,1 g **I** im Quarzrohr in Ggw. von 10 cm³ Hg bei 120° bilden sich 47% *1.2-Dichlor-1.1.2-trifluoräthan*, $C_2HCl_2F_3$, Kp. 28,5°. Letzteres liefert bei der Behandlung mit Zn u. A. im Einschmelzrohr bei 80° *Trifluoräthylen* (V), C_2HF_3, Kp. —55°. — *1.1.2-Trichlortrifluoräthan* (III), $C_2Cl_3F_3$, Kp. 47—48°; durch 3tägige UV-Belichtung von 2,1 g I u. überschüssigem Cl_2 im Quarzgefäß; 77%. — *1-Brom-1.2-dichlortrifluoräthan*, $C_2Cl_2BrF_3$, Kp. 71,5—72,0°; aus I u. Br_2; 80%. — *1.2.3.4-Tetrachlorhexafluorbutan* (VII), $C_4Cl_4F_6$, Kp. 134,0—134,5°, $Kp._{106}$ 75°, n_D^{23} 1,382; durch 48std. UV-Bestrahlung von 12,0 g I u. 10 cm³ Hg im Quarzeinschmelzrohr unter Schütteln; 82% neben 5% nicht umgesetztem I u. ca. 7% einer nicht identifizierten Verb. vom $Kp._{30}$ ~95°, n_D^{23} 1,394. Ohne Schütteln entstehen 71% VII u. 12% *1.2-Dichlor-1.2.2-trifluoräthylquecksilberjodid*, $C_2Cl_2JF_3Hg$, aus Chlf. Tafeln, F. 92—94°. Letzteres geht bei UV-Belichtung in Perfluormethylcyclohexan-Suspension in VII über. — *1-Brom-2-chlor-1.1.2-trifluorjodäthan* (II), $C_2ClBrJF_3$, $Kp._{195}$ 82°, n_D^{25} 1,482; durch 2std. Erhitzen von 11,65 g CF_2=CFCl mit 23 g JBr in einer Stahlbombe auf 30 → 100°; 84% neben 4% *1.2-Dibrom-1-chlortrifluoräthan* (IV), $C_2ClBr_2F_3$, Kp. 92—92,5°, n_D^{25} 1,425. — *1-Brom-2-chlortetrafluoräthan*, C_2ClBrF_4, Kp. 25,5°; durch Überleiten von II über CoF_3 bei 200°; 68% neben 12% VI. — Bei 48std. Belichtung von 5,1 g II, 3 cm³ A., 2 cm³ PAe., 0,2 g Pyrogallol u. 10 cm³ Hg im Quarzrohr unter Schütteln bei 120—150° bilden sich 53% *1-Brom-2-chlor-1.1.2-trifluoräthan*, $C_2HClBrF_3$, Kp. 52,8°, n_D^{25} 1,368. Letzteres liefert bei der Behandlung mit Zn u. A. unter Br- u. Cl-Abspaltung V. — *1-Brom-2.2-dichlortrifluoräthan*, $C_2Cl_2BrF_3$, Kp. 70—71°; durch 8std. UV-Belichtung von II u. überschüssigem Cl_2 im Quarzrohr; 83%. — *1.2-Dibrom-1-chlortrifluoräthan*, Kp. 92°; aus II u. Br_2; 76%. — *1.4-Dibrom-2.3-dichlorhexafluorbutan* (VIII), $C_4Cl_2Br_2F_6$, $Kp._{20}$ 75°, n_D^{20} 1,427; durch 3tägige UV-Bestrahlung von 16,2 g II u. 10 cm³ Hg im Quarzeinschmelzrohr unter kräftigem Schütteln; 75%. — *Hexafluorbutadien-(1.3)* (IX), C_4F_6, Kp. 5,8°; durch Zutropfen von 30,4 g VII in 10 cm³ A. im Laufe von 5 Std. zu einer gerührten Suspension von 100 g Zn-Staub in 100 cm³ A. unter Erwärmen, 98%; oder durch langsame Zugabe eines Viertels einer Lsg. von 17,0 g I in 10 cm³ Dioxan zu einer kräftig gerührten Suspension von 30 g Zn in 35 cm³ Dioxan bei 25—30°, nach 20 Min. langsame Erhöhung der Temp. auf 50°, Kühlung auf 25°, Zugabe einer weiteren Portion der I-Lsg. usw., u. Überführung des so entstandenen VII durch Kochen am Rückflußkühler in IX, 60% neben 40% CF_2=CFCl; oder durch möglichst schnelle Zugabe einer Lsg. von 7,9 g VIII in 10 cm³ A. zu 20 g Zn-Pulver in 50 cm³ sd. A.; 92%. Wird IX mit Cl_2 (5% Überschuß) in einem Quarzgefäß unter UV-Belichtung auf 40° erwärmt, geht es quantitativ in VII über. Wenn man 4,4 g IX mit der halben theoret. Menge Cl_2 im Quarzeinschmelzrohr unter Schütteln bei Zimmertemp. mit UV belichtet, erhält man in 2 Min. neben 17% VII u. 15% nicht umgesetztem IX 61% eines Gemisches (Kp. 64,5—65,5°, n_D^{20} 1,341) aus X u. *3.4-Dichlorhexafluorbuten-(1)*, welches bei Behandlung mit Zn in sd. A. 31% IX u. bei Behandlung mit SbF_3Cl_2 61% XI liefert; bei der Chlorierung geht es quantitativ in VII über. — Werden 6,10 g VII mit 20 g Zn-Pulver u. 50 cm³ Dioxan auf 55—70° erhitzt, erhält man 15% IX u. 40% *1.4-Dichlorhexafluorbuten-(2)* (X), $C_4Cl_2F_6$, Kp. 65,0—65,5°, n_D^{25} 1,339, neben 35% nicht umgesetztem VII. — *2.3-Dibrom-1.4-dichlorhexafluorbutan*, $C_4Cl_2Br_2F_6$, $Kp._{760}$ 172—173°, $Kp._{21}$ 78°, n_D^{25} 1,425; aus X mit Br_2-Überschuß unter UV-Belichtung; 95%. — *Oktafluorbuten-(2)* (XI), C_4H_8, Kp. 0,9°; durch ½std. Erwärmen von 3,1 g X mit 18 g SbF_3 u. 0,5 g Cl_2 im CARIUS-Rohr unter Schütteln auf 40°; 85%. — *1.2.3.4-Tetrabromhexafluorbutan* (XII), $C_4Br_4F_6$, $Kp._{760}$ ~210°, $Kp._{70}$ 130°, $Kp._{40}$ 105°, n_D^{25} 1,464; aus IX mit Br_2 (5% Überschuß) bei 120° unter UV-Belichtung; 100%. Bei Zimmertemp. entsteht ein Dibromhexafluorbuten-Gemisch, Kp. 99—100°, n_D^{25} 1,394, welches bei weiterer Bromierung XII u. bei der Chlorierung ein Gemisch von Dibromdichlorhexafluorbutanen liefert. Die Dehalogenierung des Dibromhexafluorbuten-Gemisches mit Zn in sd. Dioxan liefert 37% IX; die anschließende Fluorierung mit SbF_3Cl_2 bei 40° ergibt 49% XI. Bei der umgekehrten Behandlung entstehen 41% XI u. 44% IX. (J. chem. Soc. [London] **1952**. 4423—31. Nov. Cambridge, Univ., Chem. Labor.)

FORCHE. 520

Gene A. Silvey und **George H. Cady**, *Fluorierung von Schwefelkohlenstoff und Carbonylsulfid*. Das von Vff. bereits durch Fluorierung von Methylmercaptan mit CoF_3 oder F_2 u. durch Fluorierung von CS_2 mit CoF_3 dargestellte (vgl. C. **1951**. I. 1856) *Trifluormethylschwefelpentafluorid*, CF_3SF_5 (I), wurde jetzt auf elektrolyt. Wege aus CS_2 gewonnen. In einer eisernen Elektrolysierzelle mit Ni-Elektroden wurden HF, 150 cm³ CS_2 u. 1 cm³ W. (zur Erhöhung der Leitfähigkeit) unter Eiswasserkühlung mit einer Stromstärke von 5 A u. einer Potentialdifferenz zwischen den Elektroden von 6—7 V elektrolysiert. Die Kathodengase wurden mit fl. O_2 kondensiert, das feste SF_6 bei —123° abfiltriert u. das Filtrat fraktioniert. Erhalten wurden 1,75 Liter (0°, 760 mm) I, 4,5 Liter SF_6, 1 Liter CF_4 u. ein oder mehrere andere unter —40° sd., nicht identifizierte Prodd., die von 6n NaOH schnell hydrolysiert werden. — Wenn mit N_2 verd. CS_2-Dampf in F_2 geleitet wird, erfolgt Verbrennung mit blauer Flamme. Verss., durch starke N_2-Verdünnung die

Wärmeentw. u. Flammenbldg. zu verhindern u. die Spaltung der C—S-Bindungen zu vermeiden, waren erfolglos; es entstand kein I. — Die Fluorierung von *COS* in N_2-Verdünnung mit CoF_3 bei ca. 200° liefert *SF_6* u. *COF_2* u. verläuft demnach gemäß der Gleichung $COS + 8 CoF_3 = 8 CoF_2 + COF_2 + SF_6$. (J. Amer. chem. Soc. **74**. 5792—93. 20/11. 1952. Seattle, Wash., Univ. of Washington, Dep. of Chem.) Forche. 600

Marvin H. Gold, Leonard J. Druker, Ronald Yotter, C. J. B. Thor und **Gerhard Lang,** *Darstellung aliphatischer Nitrosulfonate.* 1. Mitt. Es wurde beobachtet, daß zur Darst. von β-Nitrosulfonaten durch Zugabe von Bisulfit zu Nitroolefin ein p_H von mindestens 5,4 erforderlich ist. Wurde Nitroolefin zu Bisulfit bei $p_H < 5,4$ zugefügt, so wurde der p_H der Reaktionsmischung niedriger; bei p_H 5,4 stieg der p_H des Gemisches an. Diese Begrenzung ist wahrscheinlich durch eine Oxydationswrkg. bedingt. Beim Arbeiten über p_H 7,5 krist. das Nitrosulfonat nicht mehr vollständig aus, da es zum Teil in der Enolform vorliegt. Diese kann durch schwache Säuren wieder in die ursprüngliche Form übergeführt werden. — Als bessere Darstellungsmethoden erwiesen sich die Rk. von β-Nitroalkylacetaten mit alkal. Sulfitlsg. bei mindestens p_H 8, die Rk. der β-Nitroalkohole mit Bisulfit bei p_H 5,4 u. die Umsetzung eines prim. Nitroparaffins mit einem Aldehyd in Ggw. von Sulfit bei p_H 6,0 („Sulfonalkylierung"). Bei der Rk. mit CH_2O mußten Ammoniumsalze vermieden werden, um Nebenwirkungen zu verhindern.

V e r s u c h e (FF. unter Zers.): Zu einer Anzahl von $KHSO_3$-Lsgg. von wechselndem p_H, die durch Einleiten von SO_2 in KOH-Lsg. erhalten wurden, wurden je 100 g 2-Nitrobuten-(1) unterhalb 40° zugegeben. Nach Abtrennen des nicht umgesetzten Olefins wurde die wss. Lsg. im Vakuum eingeengt u. gekühlt. Unter p_H 5,35 wurde kein K-2-Nitrobutan-1-sulfonat erhalten, sondern ein leicht wasserlösl. Material. Die Ergebnisse werden in einer Tabelle aufgeführt. — Die Darst. der Nitrosulfonate erfolgte im allg. durch Zugabe von Nitroolefin zu Ammonium- oder Alkalibisulfit bei p_H 6,2—6,8 bei Tempp. von 10 bis 60°, wenn nötig Einengen der Lsg. u. Kristallisation aus W. oder A.-Wasser. Andere Kationen wurden durch Eindampfen des Ammoniumsalzes mit dem Hydroxyd, lösl. Oxyd oder Carbonat eingeführt. Die freien Säuren konnten durch Ionenaustausch über Zeo-Karb erhalten werden. — *2-Nitrobutan-1-sulfonsäure, Na-Salz–Na-Enolat,* $C_4H_7 \cdot O_5NSNa_2$, F. 190°, durch Zugabe von 2-Nitrobuten-(1) zu $NaHSO_3$-Lsg. (p_H 9,79; Glaselektrode) bei 40° u. Einengen der Lsg. im Vakuum; kann mit verd. Säuren in das n. *Na-Salz* (F. 225°) übergeführt werden. *K-Salz,* F. 232°, a) durch Zutropfen von 2-Nitrobutanol-(1) zu $KHSO_3$ (p_H 6,5) bei 45°, 5 std. Rühren bei gleicher Temp. u. Ansäuern mit SO_2; 92% (Ausbeute); b) durch Zugabe von 1-Nitropropan zu K_2SO_3 (p_H 6,5), Zutropfen von 37%ig. CH_2O bei 60° u. Einstellen mit SO_2 auf p_H 7; 73,3%. *NH_4-Salz,* F. 203—206°. *Ba-Salz,* F. 260°. *Ca-Salz,* F. >300°. *Co-Salz,* F. 210—211°. *Tl-Salz,* F. 191—192°. *Brucinsalz,* F. 187—190°. — *2-Nitroäthan-1-sulfonsäure, K-Salz,* F. 196—198°, durch Zutropfen von 2-Nitroäthyl-(1)-acetat zu $KHSO_3$ (p_H 9) bei 30° u. Einstellen des Gemisches mit SO_2 auf p_H 6; 76,2%. *NH_4-Salz,* F. 191,5—192,5°. — *K-5-Nitroheptan-4-sulfonat,* F. 229—230°, durch Zugabe von 1-Nitropropan u. Butyraldehyd zu K_2SO_3 (p_H 8), 2 std. Rühren bei 80—90° u. Einstellen auf p_H 7. — *NH_4-1-Nitropropan-2-sulfonat,* F. 141—143°. — *2-Nitropropan-1-sulfonsäure, NH_4-Salz,* F. 190—191°. *K-Salz,* F. 199—200°. — *NH_4-1-Nitro-2-phenyläthan-2-sulfonat,* F. 130—131° u. 170—171°. — *K-1-Nitropentan-2-sulfonat.* (J. org. Chemistry **16**. 1495—99. Okt. 1951. Chicago, Ill., Visking Corp., Res. Labors.) Hildegard Baganz. 600

Marvin H. Gold, Milton Skebelsky und **Gerhard Lang,** *Chemie der aliphatischen Nitrosulfonate.* 2. Mitt. *β-Aminosulfonsäuren.* (1. vgl. vorst. Ref.) β-Aminosulfonsäuren wurden durch katalyt. Red. von Ammoniumnitrosulfonaten in Ggw. von Raney-Ni, durch elektrolyt. Red. an Pb-Elektroden u. durch Red. mit Fe erhalten.

V e r s u c h e (FF. unter Zers.): Die Hydrierung der β-nitrosulfonsauren Salze erfolgte in W. bei 500—1500 lbs/sq.in. in Ggw. von Raney-Ni nach Mozingo (Org. Syntheses **21**. [1941.] 15) bei 75—90° oder nach Pavlic u. Adkins (J. Amer. chem. Soc. **68**. [1946.] 1741) bei 30°; 85—90% bzw. über 90% (Ausbeute). — *2-Aminobutan-1-sulfonsäure,* a) durch 15 std. Elektrolyse einer wss. Lsg. von Ammonium-2-nitrobutan-1-sulfonat (I) als Kathoden-Fl. u. 15 %ig. H_2SO_4 als Anoden-Fl. mit Pb-Blechen bei 50—65°, 6,3 A u. 13 V u. Einengen der Kathoden-Fl.; F. 298—301° (W.); 57,5%; b) durch Zutropfen von I u. W. zu Fe u. konz. HCl, Erwärmen bis zum Kp., Zugabe von konz. HCl, 1 std. Kochen, heißes Filtrieren, Zugabe von 15%ig. H_2O_2, kurzes Kochen u. Einengen des Filtrats; 81,5%. —*Taurin* (*2-Aminoäthan-1-sulfonsäure*), F. 310°. — *2-Aminopropan-1-sulfonsäure,* F. 318—320°. — *1-Aminopropan-2-sulfonsäure,* F. 283—286°. — *1-Amino-2-phenyläthan-2-sulfonsäure,* F. 379°. — *3-Aminoheptan-4-sulfonsäure,* F. 318°. (J. org. Chemistry **16**. 1500—02. Okt. 1951.) Hildegard Baganz. 600

Marvin H. Gold, Harold H. Levine und **Percy B. Polen,** *Chemie der aliphatischen Nitrosulfonate.* 3. Mitt. *Halogenierte Nitrosulfonate.* (2. vgl. vorst. Ref.) Durch Anlagerung von Cl_2, Br_2 u. J_2 an verschied. aci-Nitrosulfonate gelang die Darst. von halogenierten Nitrosulfonaten. Durch Umsetzung des aci-Nitro-K-Salzes des 2-Nitrobutansulfonats mit BrCN wurde unter Abspaltung der Nitrogruppe *K-2-Cyanbuten-(1)-1-sulfonat* erhalten.

Versuche: *K-2-Nitro-2-brombutan-1-sulfonat*, $C_4H_7O_5NBrSK$, F. 199,5—200° (Zers.) (wss. A.), durch Zugabe von 85%ig. KOH zu K-2-Nitrobutan-1-sulfonat bei 0—5° unter Rühren, allmähliche Zugabe von Br_2 bei p_H 7,5, Entfernung des überschüssigen Br_2 mit SO_2 u. Isolierung des Nd.; 89% (Ausbeute). — *K-2-Nitro-2-jodbutan-1-sulfonat*, $C_4H_7O_5NJSK$, F. 156° (Zers.) (wss. A.), durch Zugabe der berechneten Menge J_2 in CCl_4 zu dem aci-Nitrosalz; 70%. — *K-2-Nitro-2-chlorbutan-1-sulfonat*, $C_4H_7O_5NClSK$, F. 208° (Zers.), aus W.; 73,6%. — *K-1-Nitro-1-brom-2-phenyläthan-2-sulfonat*, $C_8H_7O_5$·NBrSK, F. 226—227° (Zers.) (W.), durch Zugabe von Br_2 zu dem K-aci-Nitrosalz des K-1-Nitro-2-phenyläthan-2-sulfonats (p_H 7,3) bei 3°; 54,8%. — *K-1-Nitro-1.1-dibrom-2-phenyläthan-2-sulfonat*, $C_8H_6O_5NBr_2SK$, F. 195—195,2° (Zers.) (W.), durch Aufnehmen der vorst. Verb. in n KOH, Rühren bei 3—5° bis p_H 7,5 erreicht war u. Zutropfen von Br_2. — *K-2-Nitro-2-brompropan-1-sulfonat*, $C_3H_5O_5NBrSK$, F. 211—211,5° (Zers.) (wss. A.); 72%. — *K-1-Nitro-1.1-dibromäthan-2-sulfonat*, $C_2H_2O_5NBr_2SK$, F. 209—209,5° (Zers.) (W.), durch Zugabe von Br_2 zu dem aci-Nitrosalz des K-1-Nitroäthan-2-sulfonats bei 3—5° u. Einengen im Vakuum. — *K-2-Cyanbuten-(1)-1-sulfonat*, $C_5H_6O_3NSK$, F. 186 bis 191° (Zers.) (A.-W.), durch Rühren von K-2-Nitrobutan-1-sulfonat, 85%ig. KOH u. W., Kühlen auf 0—5°, Zugabe von BrCN (aus 95%ig. KCN u. Br_2), Einengen des Filtrats, Abtrennen von KBr u. Eingießen in Alkohol. (J. org. Chemistry **16**. 1503—06. Okt. 1951.)

Hildegard Baganz. 600

Marvin H. Gold und **Harold H. Levine**, *Chemie der aliphatischen Nitrosulfonate.* 4. Mitt. *Kupplung mit Diazoniumsalzen.* (3. vgl. vorst. Ref.) Durch Kupplung von Nitrosulfonaten mit Diazoniumsalzen wurden meist wasserlösl. gelbe Farbstoffe erhalten, die auf Wolle u. Seide direkt aufziehen. Es konnte gezeigt werden, daß nur die Kupplung des aci-Nitrosalzes schnell u. glatt verlief. Wurden nicht enolisierte Nitrosulfonate umgesetzt, so traten Ndd. durch Selbstkupplung des Diazoniumsalzes auf. Bei Anwendung höherer Tempp. wurden dagegen geringe Mengen Farbstoff isoliert. Diese Verbb. waren jedoch wenig stabil. Tetrazotiertes Benzidin lieferte mit Ammonium-2-nitropropan-1-sulfonat *Di-Na-2-[p'-(2-Nitropropyl-(2)-1-sulfonat)-p-diphenylazo]-2-nitropropan-1-sulfonat* u. *Na-2-[p-(p'-Oxydiphenyl)-azo]-2-nitropropan-1-sulfonat.*

Versuche: Diazotierung von aromat. Amin, Zerstörung der überschüssigen HNO_2 mit Sulfaminsäure u. Zugabe des aci-Salzes des K-2-Nitrobutan-1-sulfonats bei p_H 7—9 führte zu nachst. Farbstoffen: *K-2-Nitro-2-[p-nitrophenylazo]-butan-1-sulfonat*, $C_{10}H_{11}O_7N_4SK$, explodiert bei 148°; aus p-Nitranilin; 51,4% (Ausbeute). — *K-2-Nitro-2-[p-benzolazophenylazo]-butan-1-sulfonat*, $C_{16}H_{16}O_5N_5SK$, F. 123—126° (Zers.), aus p-Aminoazobenzol; 56%. — *p.p'-Bis-[K-2-nitrobutyl-1-sulfonat-2-azo]-m.m'-dimethoxybiphenyl*, $C_{22}H_{26}O_{12}N_6S_2K_2$, F. 114—116° (Zers.), aus tetrazotiertem Dianisidin; 77%. — Benzidin wurde tetrazotiert, die überschüssige HNO_2 entfernt, das Filtrat bei 50° zu der wss. Lsg. von Ammonium-2-nitropropan-1-sulfonat zugegeben, das ausgeschiedene Prod. abgetrennt, mit CH_3OH ausgezogen u. die organ. Lsg. eingeengt. Dabei wurden erhalten: *Di-Na-2-[p'-(2-Nitropropyl-(2)-1-sulfonat)-p-diphenylazo]-2-nitropropan-1-sulfonat*, $C_{18}H_{18}$·$O_{10}N_4S_2Na_2$, u. *Na-2-[p-(p'-Oxydiphenyl)-azo]-2-nitropropan-1-sulfonat*, $C_{15}H_{14}O_6N_3SNa$. (J. org. Chemistry **16**. 1507—09. Okt. 1951.) Hildegard Baganz. 600

Marvin H. Gold und **Leonard J. Druker**, *Chemie der aliphatischen Nitrosulfonate.* 5. Mitt. *Nitrosulfonylchloride.* (4. vgl. vorst. Ref.) Nitrosulfonate mit einer prim. Sulfonatgruppe konnten in stabile *Sulfonylchloride* übergeführt werden. Sek. u. tert. Sulfonatgruppen führten zu niederen Abbauprodukten. Die besten Ergebnisse wurden durch Aufnehmen des Nitro- oder halogenierten Nitrosulfonats in PCl_3-haltigem $POCl_3$ u. Einleiten von Cl_2 erzielt.

Versuche: Die Darst. der β-Nitrosulfonylchloride erfolgte durch Einleiten von Cl_2 in eine Lsg. des Nitrosulfonats u. der äquimol. Menge PCl_3 in $POCl_3$ unter Rühren, so daß die Lsg. im Sieden blieb. Nach beendeter Cl_2-Aufnahme wurde noch ½—1 Std. gekocht u. filtriert, die P-Halogenide wurden im Vakuum abdestilliert. Die Reinigung der Verbb. erfolgte durch Vakuumdest. u. anschließende Kristallisation; Ausbeute 25 bis 75%. Rkk. ohne Lösungsm. oder mit CCl_4 bzw. Chlorbenzol führten nicht zu dem gewünschten Ergebnis. $NO_2CR_1R_2CH_2SO_2Cl$: $R_1=R_2=H$, Kp.$_2$ 120—125°, F. 9—10°, n_D^{24} 1,4980, D.$^{24}_4$ 1,618. — $R_1=CH_3$, $R_2=H$, Kp.$_3$ 105—106°, F. 5—6°, n_D^{24} 1,4840, D.$^{24}_4$ 1,618. — $R_1=C_2H_5$, $R_2=H$, Kp.$_2$ 105—106°, F. 9—11°, n_D^{24} 1,4800, D.$^{24}_4$ 1,418. — $R_1=C_2H_5$, $R_2=Cl$, Kp.$_1$ 108—109°, n_D^{24} 1,4955, D.$^{24}_4$ 1,511. — $R_1=C_2H_5$, $R_2=Br$, Kp.$_2$ 120—125°, F. 24—25°, n_D^{24} 1,5157, D.$^{24}_4$ 1,744. (J. org. Chemistry **16**. 1510—12. Okt. 1951.) Hildegard Baganz. 600

W. P. Ssumarokow und **S. M. Wolodutzkaja**, *Gewinnung reiner Propionsäure aus den Nebenprodukten der Fabrikation von Holzessig.* Aus den Rückständen, die bei der Anreicherung von Essigsäure (I) aus Buchenholzessig als azeotropes Gemisch erhalten werden, kann Propionsäure (II) neben konz. I gewonnen werden. Kolonnenrektifikation bei 100 mm ist ausreichend, um I u. II mit genügender Schärfe zu trennen. Die Ausbeute an I beträgt 52%, an techn. II 15%. Im Nachlauf befindet sich Buttersäure. Die weitere Reinigung der techn. II erfolgt mit einer wss. Lsg. von $KMnO_4$ (1:3) oder besser durch Behandeln mit wenig konz. H_2SO_4 u. erneute Rektifikation. Diese Meth. liefert II in größerer Ausbeute (12,5% der Rückstände) u. höherer Reinheit, als früher bekannte Verfahren. (Журнал Прикладной Химии [J. angew. Chem.] **25.** 860—66. Aug. 1952. Zentr. Wiss. Holzchem. Forschungsinst.) WÜRFFEL. 810

James Buzard und **Charles Bishop**, *Explosion bei der Synthese von mit ^{15}N markiertem Harnstoff.* Vff. beobachten, daß bei der Darst. von mit ^{15}N markiertem Harnstoff nach CAVALIERI, BLAIR u. BROWN (C. **1949.** II. 70) das Bombenrohr häufig durch Explosion zerstört wird. Die Explosionen lassen sich erklären entweder durch Kondensation geringer Mengen des als Transportgas verwendeten N_2 u. durch den nach Verschließen u. Erwärmen des Rohres infolge seiner Verdampfung verursachten starken Druckanstieg, oder durch das Entstehen geringer Mengen einer instabilen, bei Temperaturanstieg detonierenden Verb., die sich aus dem Tank-N_2 u. dem NH_3 in Ggw. von Cu-Pulver u. einer organ. Verb. möglicherweise bildet. Nach Ersatz des Tank-N_2 durch Tank-He erfolgte bei 30 aufeinanderfolgenden Verss. keine Explosion. CAVALIERI u. BROWN vermuten, in einer persönlichen Mitt. an die Vff., daß gegebenenfalls im Bombenrohr kondensierter Sauerstoff diese heftigen Explosionen verursacht. Tank-N_2 enthält stets geringe Mengen O_2, bei He ist dies seltener der Fall. (J. Amer. chem. Soc. **74.** 2925—26. 5/6. 1952. Buffalo, N. Y., Univ. of Buffalo, Med. School, Chronic Disease Res. Inst.) GEDSCHOLD. 880

M. Lora Tamayo und **Gonzalo Fernández**, *Über die Diazotierung des Neopentylamins.* Einw. von Nitrit auf Neopentylamin·HCl (II) in Ggw. von Phenolen oder aromat. Aminen liefert gefärbte Prodd. mit den charakterist. Eigg. von Kupplungsprodd. von Diazoverbindungen. Vff. stellen *Diazoneopentan* (I; *Diazo-tert.-butylmethan*) direkt her durch Rk. von II mit $ClCOOC_2H_5$, Nitrosierung des Methans u. Zers. des letzteren mit Na-Äthylat. Man erhält I in äther. Lsg.; beim Eindampfen tritt Zers. ein zu 2 miteinander nicht mischbaren Fll., wahrscheinlich *Trimethyläthylen* u. *Trimethylacetaldazin.*

V e r s u c h e: *Pinakolin,* Kp. 103—107°, aus 300 g Pinakon mit 6nH_2SO_4; 100 g (Ausbeute). — *Trimethylessigsäure,* Kp.$_6$ 51°, aus 100 g vorst. Verb. mit Br_2 in NaOH; 65 g. *Amid,* F. 154°. Hieraus mit P_2O_5 *Nitril,* Kp. 105°; 35 g. — *Neopentylaminhydrochlorid* (II), F. 275°, durch Red. von 10 g vorst. Nitrils mit Na in A., Wasserdampfdest. u. Zugabe von 5nHCl; 13 g. — *Neopentylurethan,* $C_8H_{17}O_2N$, Kp. 198—200°, aus II in W. mit Chlorkohlensäureäthylester; 94,4%. — *Nitrosoneopentylurethan,* $C_8H_{16}O_3N_2$, durch Einleiten von HNO_2 in die Lsg. vorst. Urethans in absol. Ae. unter Kühlung; zers. sich beim Vers. der Destillation. — *Diazoneopentan* (I), durch Zers. der vorst. Verb. in Ae. mit alkoh. $NaOC_2H_5$-Lsg. bei —10 bis —15°; beim Eindampfen der Lsg. trennen sich zwei Fll., von denen die eine Br_2 addiert u. die andere mit 2.4-Dinitrophenylhydrazin in A. + konz. HCl das *2.4-Dinitrophenylhydrazon des Trimethylacetaldehyds,* $C_{11}H_{14}O_4N_4$, F. 212°, liefert. Wird das Gemisch mit konz. HCl aufgenommen u. sogleich mit alkal. Lsg. von α-Naphthol (III) oder m-Phenylendiamin in HCl gemischt, so erhält man Grünfärbung bzw. einen rötlichen Niederschlag. — Aus I u. $NaNO_2$ u. III gelbgrüner Nd., $C_{15}H_{18}ON_2$, F. 140—144°; mit β-Naphthol gelber Nd., $C_{15}H_{17}O_2N_3$ (Nitrosoderiv.), F. 90—92°; mit Dimethylanilin gelbgrüne *Verb.* $C_{13}H_{21}N_3$, mit m-Phenylendiamin eine stark karminrote *Verb.* $C_{11}H_{18}N_4$, F. 113° (An. Real Soc. españ. Física Quím., Ser. B **48.** 415—20. Mai 1952. Madrid, Inst. „Alonso Barba" de Quím., Dep. de Quím. Orgán.) ALTPETER. 910

I. P. Zukerwanik und **Ch. Tawejewa**, *Alkylierung aromatischer Verbindungen durch Alkohole in Gegenwart von Aluminiumchlorid.* 15. Mitt. *Alkylierung von Benzol in einem für ununterbrochene Arbeitsweise geeigneten Gerät.* (14. vgl. TATARENKO u. ZUKERWANIK, Журнал Общей Химии [J. allg. Chem.] **18.** (**80.**) [1948.] 106.) In einem von TOPTSCHIJEW u. Mitarbeitern (vgl. C. **1950.** I. 1959) beschriebenen, etwas modifizierten Gerät wurde die Alkylierung von Bzl. mit Isopropylalkohol (I), n-Butylalkohol (II) u. A. in Ggw. von $AlCl_3$ durchgeführt. Dabei wurden die *Monoalkylbenzole,* mit Ausnahme von Äthylbenzol in besserer Ausbeute als bei der üblichen Arbeitsweise (vgl. Журнал Общей Химии [J. allg. Chem.] **5.** (**67.**) [1935.] 764; **7.** (**69.**) [1937.] 632; **17.** (**79.**) [1947.] 2240) erhalten. Die Bldg. von Polyalkylderivv. u. anderen Nebenprodd. war verringert.

V e r s u c h e: *Cumol,* Kp.$_{730}$ 148—152°; aus 30 g I u. 150 cm³ Bzl. bei allmählicher Zugabe von 43 g $AlCl_3$; man erhitzt 2 Std. auf 75°, hält 12 Std. bei Zimmertemp. u. dest. 200 cm³ Bzl. aus einem Destillationskolben in das Reaktionsgefäß, wobei gleichzeitig die obere, das n. Reaktionsprod. enthaltende Schicht durch einen kontinuierlich arbeitenden Syphon von der öligen unteren Schicht, welche die Nebenprodd. als $AlCl_3$-Komplexe enthält, getrennt u. in den Destillationskolben zurückgeführt wird; man arbeitet wie üblich auf; $D.^{20}_4$ 0,8731; n_D^{20} 1,4942; 37 g (Ausbeute). — *sek.-Butylbenzol*, $Kp._{730}$ 168 bis 170°; aus 300 cm³ Bzl., 25 g **II** u. 55 g $AlCl_3$ bei 3std. Erhitzen auf 75°; $D.^{20}_4$ 0,8603; n_D^{20} 1,4912; ca. 60%, in bezug auf in Rk. getretenes **II**. Enthält wahrscheinlich etwas *n-Butylbenzol*. — *Äthylbenzol*, $Kp._{730}$ 134—136°; $D.^{20}_4$ 0,8675; n_D^{20} 1,4959. Ausbeute nicht angegeben. (Журнал Общей Химии [J. allg. Chem.] **22.** (**84.**) 966—69. Juni 1952.) WÖRFFEL. 1010

Joseph Corse und **Lloyd L. Ingraham,** *Die Monofluorbrenzcatechine.* Durch Entmethylierung des aus 3-Aminoveratrol (**I**) nach dem Diazoniumborfluoridverf. erhaltenen *3-Fluorveratrols* mittels HJ oder $AlCl_3$ wurde *3-Fluorbrenzcatechin* dargestellt. Von 4-Aminoveratrol ausgehend erhält man auf gleiche Weise *4-Fluorbrenzcatechin* (**VII**). Diese Verb. läßt sich auch durch Methylierung von 4-Fluor-2-nitrophenol (**III**) mit Methylsulfat in Na_2CO_3-Lsg. zu *4-Fluor-2-nitroanisol* (**IV**), katalyt. Red. zu *5-Fluor-2-methoxyanilin*, Diazotierung u. Hydrolyse zu *5-Fluorguajacol* (**V**) u. dessen Entmethylierung mittels HBr darstellen. Eine dritte Möglichkeit zur Darst. von **VII** besteht in der alkal. Oxydation des aus p-Fluorphenylacetat durch FRIESsche Verschiebung erhältlichen *5-Fluor-2-oxyacetophenons* (**VI**) mit H_2O_2.

Versuche (FF. korr.): *3-Fluorveratrol*, $C_8H_9O_2F$, $Kp._{20}$ 96—97°, $n_D^{22,5}$ 1,4958; durch Diazotierung von 47 g **I**-Hydrochlorid in 25 cm³ konz. HCl mit 18 g $NaNO_2$ in 18 cm³ W., Eingießen in 80 cm³ 42%ig. HBF_4, therm. Zers. des im Vakuum über P_2O_5 u. KOH getrockneten Diazoniumborfluorids (31,5 g; 50%) u. Wasserdampfdest.; 58% (Ausbeute). — *3-Fluorbrenzcatechin*, $C_6H_5O_2F$, F. 71—71,5° (aus Ae.–PAe. krist.), durch 3std. Kochen von 22 g der vorst. Verb. mit 200 cm³ Chlorbenzol u. 35 g wasserfreiem $AlCl_3$ am Rückflußkühler u. Eingießen in Eis–HCl; 77%. — *4-Fluorveratrol* (**II**), durch Zers. von 3.4-Dimethoxybenzoldiazoniumborfluorid; 40—50%. — *4-Fluor-5-nitroveratrol*, $C_8H_8O_4NF$, F. 144—144,5° (aus Bzl.–PAe.), durch Nitrierung von 3,25 g **II** mit 2,3 cm³ konz. HNO_3 + 2,3 cm³ W. u. chromatograph. Isolierung; 1,32 g. — *2-Fluor-4.5-dimethoxyanilinhydrochlorid*, $C_8H_{11}O_2NClF$, durch Red. der vorst. Nitroverb. in alkoh. Lsg. mit H_2 u. Pt-Oxyd bei 4,2 at, Einleiten von überschüssigem HCl u. Umkristallisation aus A.–Ae.; zers. sich im Einschmelzrohr bei 240—245°. — *5-Fluor-2-methoxyanilinhydrochlorid*, C_7H_9ONClF, F. 141—142° (aus A.–Ae.), durch Red. von **IV** in A. mit H_2 u. Pt-Oxyd bei 4,2 at mit prakt. quantitativer Ausbeute. — *5-Fluorguajacol* (**V**), $C_7H_7O_2F$, $Kp._{16}$ 94 bis 95°, n_D^{27} 1,5082; durch Diazotierung des aus vorst. Hydrochlorid dargestellten Sulfats, Eingießen der Diazoniumsalzlsg. in sd. schwefelsaure $CuSO_4$-Lsg. u. Wasserdampfdest.; 67%. — *2-Amino-4-fluorphenol*, C_6H_6ONF, F. 145—146° (aus Methanol–PAe.), durch katalyt. Red. von **III** in A. bei 4,2 at mit quantitativer Ausbeute. — *p-Fluorphenylacetat*, $C_8H_7O_2F$, $Kp._2$ 61°, durch Zugabe einiger Tropfen konz. H_2SO_4 zu einer Lsg. von p-Fluorphenol in Essigsäureanhydrid; 81%. — *5-Fluor-2-oxyacetophenon* (**VI**), $C_8H_7O_2F$, F. 56,5 bis 57° (aus Ae.–PAe.), durch Erhitzen der vorst. Verb. mit $AlCl_3$; 89%. — *4-Fluorbrenzcatechin* (**VII**), $C_6H_5O_2F$, F. 90—91° (aus Ae.–PAe.), aus **II** durch 2std. Kochen mit HJ (D. 1,7); oder aus **V** mit HBr; oder durch Zugabe von 140 cm³ 3%ig. H_2O_2 zu einer auf 40° erwärmten Lsg. von 15,4 g **VI** in 100 cm³ n NaOH u. 50 cm³ A., Zusatz von 16 cm³ 6n NaOH im Laufe einer Std., Stehenlassen über Nacht, Einstellen auf p_H 6 mit Essigsäure, Abfiltrieren des nichtumgesetzten Ausgangsmaterials, Eindampfen des Filtrats im Vakuum u. Auskochen der M. mit Toluol; 63%. (J. org. Chemistry **16.** 1345—48. Sept. 1951. Albany, Calif., Western Reg. Res. Labor.) FORCHE. 1060

Hans von Euler und **Hans Hasselquist,** *Über Salicylsäureester des Cholins.* Vff. erhielten beim Erhitzen von Acetylsalicylsäure-β-chloräthylester mit Trimethylamin in Bzl. im Rohr *Acetylsalicylcholinchlorid* (**I**) [$C_{14}H_{20}O_4NCl$, F. 192° (Aceton); 25% Ausbeute] u. analog *Salicylsäurecholinesterchlorid* (**II**) [$C_{12}H_{18}O_3NCl \cdot H_2O$, F. 76°, aus Amylalkohol–Äthylacetat Nadeln]. Die bakteriostat. Wirkungen des **I** auf Proteus vulg. u. Staphylococcus aureus sind etwa doppelt so groß wie diejenigen der Acetylsalicylsäure. Die Blutdrucksteigerung durch **II** war gering, mit 2 mg **I** wurde eine reine Senkung des Blutdruckes, mit 5 mg eine kurze Steigerung u. nachfolgende kräftigere Senkung mit ausgesprochener Bradycardie festgestellt. Ferner wird die Darst. von *Acetyl-p-aminobenzoesäurecholinester* u. *Acetylsalicyloyl-p-aminobenzoesäurecholinchlorid*, $C_{21}H_{25}O_5N_2Cl$, F. 227,5°, erwähnt. (Hoppe-Seyler's Z. physiol. Chem. **288.** 250—51. Nov. 1951. Stockholm, Univ., Vitamin-Inst. u. Inst. für organ.-chem. Forsch.) SEIDE. 1250

F. G. Mann und **J. T. Braunholtz,** *Dicyanäthylierung von primären aromatischen Aminen.* Wie Anilin u. Acrylnitril im Überschuß in Essigsäure bei 150° Phenyl-2-cyanäthylamin u. Phenyl-bis-[2-cyanäthyl]-amin bilden, fanden Vff. auch entsprechendes Verh. bei anderen prim. aromat. Aminen. m-Toluidin lieferte unter diesen Bedingungen das *Monocyanamin*, F. 48°, u. das *Bis-cyanamin*, F. 86°, p-Toluidin das entsprechende *Monoderiv.*, F. 104°, u. das *Bis-deriv.*, F. 62°, p-Anisidin das *Bis-cyanamin*, F. 101°, u. p-Chloranilin das *Bis-cyanamin*, F. 91°. (Chem. and Ind. **1951**. 1066. 1/12. Cambridge, Univ. Chem. Labor.) NEZEL. 1350

Charles R. Hauser und **Charles R. Hance**, *Spaltung von Benzyl-, Diphenylmethyl- und Triphenylmethyltrimethylsilan durch Kaliumamid und verschiedene andere Basen.* Die Verbb. $(CH_3)_3SiR$ mit R = $CH_2C_6H_5$ (**I**), $CH(C_6H_5)_2$ (**II**) u. $C(C_6H_5)_3$ (**III**) spalten mit KNH_2 im fl. NH_3 Toluol (**IV**) bzw. Diphenylmethan (**V**) oder Triphenylmethan (**VI**) ab. 1 Mol KNH_2 liefert ca. 2 Mol des KW-stoffs. Die Spaltung wird durch Austausch von R gegen NH_2 über koordinativ 5-wertiges Si u. weiteren Austausch von R gegen das bei der Rk. entstehende $(CH_3)_3SiNH^-$ erklärt. **II** u. **III** bilden mit KHN_2 in fl. NH_3 rotgefärbte Lsgg., u. die Carbonierung des Reaktionsgemisches liefert Diphenylessigsäure neben **V** bzw. Triphenylessigsäure neben **VI**, woraus auf die Bldg. von Diphenyl- bzw. Triphenylmethylanionen geschlossen wird. — $NaOC_2H_5$ oder KOH in sd. A. spalten **III** vollständig, **I** unvollständig. Die Wrkg. verschied. Basen in verschied. Medien wird an **III** geprüft. Ausbleibende Spaltung wird auf ungenügende Dissoziation der Si-Verb. oder Unlöslichkeit der Base in dem Reaktionsmedium zurückgeführt.

V e r s u c h e: *Benzyltrimethylsilan* (**I**), Kp.$_{25}$ 190°, Kp.$_{34}$ 95°, aus $C_6H_5CH_2MgCl$ u. $(CH_3)_3SiCl$ (**VII**) in Ae.; n_D^{25} 1,4909; 91% (Ausbeute). — *Diphenylmethyltrimethylsilan* (**II**), $C_{16}H_{20}Si$, Kp.$_4$ 135°, F. 74,5—75,5°, aus $(C_6H_5)_2CHK$ u. **VII** in Ae.; aus Ae.; 60%. — *Triphenylmethyltrimethylsilan* (**III**), $C_{22}H_{24}Si$, F. 169,5—170,5°, aus $(C_6H_5)_3CK$ u. **VII**; aus Bzl.; 28%. — Spaltungsverss.: 0,308 Mol **I** in Ae. u. 0,38 Mol KNH_2 in fl. NH_3 1 Std. gerührt, Ersatz des NH_3 durch Ae. u. Hydrolyse mit W. gaben 43% Azeotrop von *Trimethylsilanol* u. *Hexamethyldisiloxan*, 77% **IV**, 14% *Hexamethyldisilazan*, Kp. 126 bis 130°, $n_D^{20,5}$ 1,4096. — 0,203 Mol **I** u. 0,022 Mol KNH_2 wie vorst. gaben 21% vorst. Azeotrops, 22% **IV**, 69% unverändertes **I**. — 0,019 Mol **II** in Ae. u. 0,06 Mol KNH_2 in fl. NH_3 1 Std. gerührt, mit festem NH_4Cl angesäuert, NH_3 durch Ae. ersetzt gaben 90% **V**. — 0,06 Mol **II** mit 0,06 Mol KNH_2 1 Std. in fl. NH_3 gerührt, NH_3 durch Ae. ersetzt u. mit Trockeneis carboniert gaben 30% **V** u. 61% *Diphenylessigsäure*, F. 144—146°. — 0,022 Mol **II** u. 0,008 Mol KNH_2 wie vorst. gespalten u. carboniert gab 62% **V** u. 38% **II**, F. 72—75°, keine Diphenylessigsäure. — 0,01 Mol **III** mit 0,27 Mol KNH_2 in fl. NH_3 gespalten gab 91% **VI**. — 0,025 Mol **III** mit 0,1 Mol KNH_2 gespalten u. carboniert gaben 20% *Triphenylessigsäure* u. 72% **VI**. — **III** mit überschüssigem KNH_2 in Ae. gab Rotfärbung u. NH_3-Entw., Carbonierung gab 31% *Triphenylessigsäure* u. ein Gemisch von **III** u. **VI**. — **III** mit überschüssigem $NaNH_2$ in fl. NH_3 gab 92% **VI**. — **I** mit $NaOC_2H_5$ 5 Std. in absol. A. am Rückfluß gab Azeotrop von *Trimethyläthoxysilan* u. A. u. 58% unverändertes **I**. — **I** mit KOH in A. gab vorst. Azeotrop u. 39% **I**. — **II** mit $NaOC_2H_5$ in A. gab 87% **V**. — **III** mit $NaOC_2H_5$ oder $LiOC_2H_5$ oder KOH in A. gab 97% **VI**. — Nicht gespalten wurde **III** durch überschüssiges $NaNH_2$, $LiNH_2$, Diäthylamino-MgBr, C_2H_5MgBr u. C_4H_9Li in Ae. gefolgt durch Zers. mit verd. HCl; sowie durch C_4H_9Li in Ae. oder C_6H_5Na in Bzl. gefolgt durch Carbonierung mit Trockeneis. (J. Amer. chem. Soc. **73**. 5846—48. Dez. 1951. Durham, N. C., Duke Univ., Dep. of Chem.) GROSSE-RUYKEN. 1380

M. M. Koton, *Reaktionen metallorganischer Verbindungen mit Thiosalicylsäure und Thiophenol.* Bei der Einw. von Diphenyl-, Ditolyl-, Dibenzyl- u. Dinaphthyl-Hg (ohne Stellungsbezeichnung; der Referent) auf Thiosalicylsäure (**I**) entsteht neben den entsprechenden *aromat. KW-stoffen* (Bzl. usw.; bei Dibenzyl-Hg nicht Toluol, sondern *Dibenzyl*) *S.S'-Mercuri-bis-thiosalicylsäure* (**II**). Prodd. einer Neben-Rk. sind *Hg* u. *Diphenyldisulfid-o.o'-dicarbonsäure.* Die Ausbeuten hängen sehr von den Reaktionsbedingungen ab u. betragen im besten Fall 74% **II**; Lösungsm. war hier Xylol statt des gewöhnlich angewendeten Alkohols. Die unter analogen Bedingungen durchgeführte Rk. von $(C_6H_5)_3Bi$, $(C_6H_5)_4Pb$ u. $(C_6H_5)_4Sn$ mit **I** lieferte neben *Bzl.* die *bas. Bi-, Pb-* u. *Sn-Salze* $C_6H_4{<}{}^{CO_2}_{S}{>}Bi(OH)$ (**III**), $C_6H_4{<}{}^{CO_2}_{S}{>}PbO$ (**IV**) u. $C_6H_4{<}{}^{CO_2}_{S}{>}SnO$ (**V**). **II** entsteht auch aus **I** u. RHgHlg (R = C_6H_5, $C_6H_4CH_3$, $C_{10}H_7$, C_6H_{11} u. C_2H_5; Hlg = Cl, Br) neben den *KW-stoffen* u. Hg_2Hlg_2. Analog liefert Thiophenol mit RHgHlg *Mercuri-bis-thiophenolat*, während aus Thioglykolsäure mit $(C_6H_5)_2Hg$ keine definierten Verbb. gewonnen wurden.

V e r s u c h e: Die Rkk. wurden durch 3—6std. Erhitzen der alkoh. Lsg. der Reaktionsteilnehmer in zugeschmolzener Ampulle auf 100—130° durchgeführt. — *S.S'-Mercuri-bis-thiosalicylsäure* (**II**), $Hg(SC_6H_4COOH)_2$, F. 250—251°; wird durch Lösen in wss.-alkoh. Lauge u. Fällen mit Säure, dann Kristallisation aus A., gereinigt. Geht erst bei längerem Kochen mit alkoh. HCl in **I** u. $HgCl_2$ über. — *Bas. Bi-Salz* **III**, $C_7H_5O_3SBi$; aus 1 g $(C_6H_5)_3Bi$ u. 1,05 g **I** in 6 cm³ A.; gelbe Plättchen; ist bei 300° nicht geschmolzen; unlösl. in organ. Lösungsmitteln; sofort lösl. in Mineralsäuren; 0,63 g. — *Bas. Pb-Salz* **IV**,

$C_7H_4O_3SPb$; ist bei 315° nicht geschmolzen; Plättchen. — *Bas. Sn-Salz* **V**, $C_7H_4O_3SSn$; ist bei 320° nicht geschmolzen; citronengelb. (Журнал Общей Химии [J. allg. Chem.] **22**. (**84**.) 643—47. April 1952. Leningrad, Physikal.-Techn. Inst. der Akad. der Wiss. der UdSSR.) H. FRÖHLICH. 1380

Sj. Kaarsemaker und **J. Coops**, *Thermische Eigenschaften einiger Cycloparaffine.* 1. Mitt. *Synthesen.* Vff. berichten über die Darst. folgender hochreiner *Cycloalkane*: *Cyclobutan* (**I**), *Cycloheptan* (**II**), *Cyclooctan* (**III**) u. *Cyclononan* (**IV**). Die Synth. von I erfolgte durch Einw. von CH_2N_2 auf Keten u. WOLFF-KISHNER-Red. des dabei entstandenen *Cyclobutanons.* **II—IV** wurden durch Ringerweiterung von Cyclohexanon zu den entsprechenden Cyclanonen, Hydrierung zu den Cyclanolen, Überführung in die Cycloalkyljodide u. deren Red. dargestellt. Das für die Rkk. benötigte CH_2N_2 wurde aus *N-Nitroso-β-methylaminoisobutylmethylketon* (**V**) erzeugt, das im Gegensatz zu Nitrosomethylurethan nicht hautreizend wirkt.

Versuche: *N-Nitroso-β-methylaminoisobutylmethylketon* (**V**), F. 19—21°, nach ADAMSON u. KENNER (J. chem. Soc. [London] **1937**. 1551). — *CH_2N_2*, aus **V** nach REDEMANN u. Mitarbeitern (C. **1946**. I. 1210) u. Einleiten in Ae. unter Kühlung mit festem CO_2; 69% (Ausbeute). — *Cyclobutanon*, Kp. 98—99°, durch Einleiten von Keten (Abb. der benutzten Ketenlampe) in eine auf —70° abgekühlte Lsg. von CH_2N_2 in absol. Ae. bis zur Entfärbung, Durchleiten von N_2 unter Erwärmung auf Raumtemp., Filtration u. Fraktionierung in PODBIELNIAK-Kolonne; 75% (bezogen auf CH_2N_2). *Semicarbazon*, F. 211° (Zers.); 84%. — *Cyclobutan* (**I**), durch Zers. vorst. Semicarbazons in Diäthylenglykol mit NaOH u. metall. Na bei 120—140°; I wird bei —70° kondensiert; 77%. — *Cycloheptanon* (**VI**), aus 2 Mol Cyclohexanon in absol. CH_3OH + 25 g K_2CO_3 oder 20 g $Ba(OH)_2$ durch Zugabe von 316 g **V** bei 30° innerhalb 8 Std., Entfernung des Kontaktes [K_2CO_3 durch Dekantieren, $Ba(OH)_2$ durch Ausfällen als $BaCO_3$ u. Filtration], mehrfache Dest. u. weitere Reinigung über die *Bisulfitverb.*; 60%. — *Cyclooctanon*, F. 43°, aus **VI** wie vorst. (20 Std. bei 10—20°); 30%. *Semicarbazon*, F. 170° (Dioxan u. absol. CH_3OH). — *Cyclononanon*, F. 34°, aus vorst. Verb. analog **VI** (60 Std. bei 10—20°); 15%. *Semicarbazon*, F. 183° (Dioxan u. absol. CH_3OH). — *Cycloheptanol* (**VII**), durch ca. 8std. Hydrierung von **VI** in absol. CH_3OH an W-7-RANEY-Ni bei 1 at u. Zimmertemp.; F. 3°; 90—95%. — *Cyclooctanol*, analog. — *Cyclononanol*, F. 9°, analog. — *Cycloheptyljodid* (**VIII**), durch Einleiten von HJ in **VII** unter CO_2 bis zur Sättigung, dann 1 Std. auf dem Wasserbad erhitzen, auf Eis gießen u. mit n-Pentan extrahieren; der Extrakt wird unter CO_2 von HJ u. J_2 befreit u. das n-Pentan abgedampft; **VIII** wird nicht weitergereinigt, sondern schnellstens weiterverarbeitet. — *Cyclooctyljodid*, analog. — *Cyclononyljodid*, analog. — *Cycloheptan* (**II**), durch 8std. Red. von **VIII** an W-7-RANEY-Ni bei 20° u. Extraktion mit n-Pentan; 80—85%. — *Cyclooctan* (**III**), analog. — *Cyclononan* (**IV**), analog. (Recueil Trav. chim. Pays-Bas **70**. 1033—41. Dez. 1951. Amsterdam, Vrije Univ., Chem. Labor.) KLASSKE. 1810

Sj. Kaarsemaker und **J. Coops**, *Thermische Eigenschaften einiger Cycloparaffine.* 2. Mitt. *Reinigung der Proben.* (1. vgl. vorst. Ref.) Vff. berichten über die Reinigung folgender synthet. dargestellter Cycloalkane: *Cyclobutan, Cyclopentan, Cyclohexan, Cyclononan.* Diese geschieht durch mehrfache Raffination mit konz. H_2SO_4, mehrfache Feinfraktionierung in PODBIELNIAK-Kolonnen verschied. theoret. Bödenzahl u. sofort nachfolgende fraktionierte Kristallisation, schließlich durch Feinfraktionierung der innerhalb 0,01° sd. Fraktionen in einer Drehbandkolonne (App. beschrieben). Die dann abgenommenen, innerhalb 0,01° sd. Fraktionen werden auf ihren Reinheitsgrad geprüft durch Aufnahme ihrer Zeit–Temp.-Schmelzkurven. Hierfür sowie für die exakte Best. von F. u. Umwandlungspunkt wurde ein bes. gebautes, näher beschriebenes Calorimeter (Zeichnung) benutzt, das in einem Temperaturbereich von —180 bis +70° zu arbeiten gestattet. (Recueil Trav. chim. Pays-Bas **71**. 125—36. Jan. 1952.) KLASSKE. 1810

Sj. Kaarsemaker und **J. Coops**, *Thermisches Verhalten einiger Cycloparaffine.* 3. Mitt. *Meßergebnisse.* (2. vgl. vorst. Ref.) Vff. untersuchen folgende synthet. dargestellte Cyclane mit 4—9 C-Atomen im Ring: *Cyclobutan* (**I**), *Cyclopentan* (**II**), *Cyclohexan* (**III**), *Cycloheptan* (**IV**), *Cyclooctan* (**V**) u. *Cyclononan* (**VI**) u. bestimmen von ihnen die nachst. physikal. Daten: Umwandlungstemp. im festen Zustand (T_u), F., $Kp._{760}$, krit. Temp. (T_K), Umwandlungswärme in absol. Joule/g (UW.), Schmelzwärme in J/g (SW.), Verdampfungswärme bei 25° ($VW._{25}$) u. beim Kp. in absol. kJ/Mol. ($VW_{Kp.}$), $D.^{20}{}_4$, $n_D{}^{20}$, Mol.-Refr., krit. Druck in at (p_k), Verbrennungswärme (Heizwert) in absol. J./g (Hw.), Verbrennungswärme für 25° u. 1 at in kJ/Mol. (ΔU_B), dabei auftretende Enthalpie in kJ/Mol. bei fl. ($\Delta H_{B_{Fl}}$) u. bei gasförmigem Zustand (ΔH_{B_G}), sowie die Extraenthalpie der KW-stoffe gegenüber **III** in kJ ($n \cdot \Delta_n$). Die Messung von T_u u. F. erfolgt durch Aufnahme der Zeit–Temp.-Umwandlungs- bzw. Schmelzkurven, wobei gleichzeitig UW. u. SW. bestimmt werden. Die für die Best. des Hw. benötigten Proben werden in einer besonderen App. vorbereitet;

die Best. selbst wird in dem in der 2. Mitt. geschilderten Calorimeter durchgeführt. Es wurden im Einzelnen die folgenden Werte gemessen bzw. berechnet: **I**: T_u $-126{,}79^0$, F. $-90{,}2^0$, Kp.$_{760}$ $+12{,}58^0$; UW. 103, SW. 18,6, VW.$_{25}$ 23,3, VW.$_{Kp.}$ 23,9; D.$^{20}{}_4$ 0,69433, P_k 51,1, T_k 191^0; Hw. 48413; ΔU_B 2715,5, $\Delta H_{B_{FI}}$ 2720,4, ΔH_{B_G} 2744,1; n$\cdot\Delta_n$ 109,6. — **II**: T_u $-150{,}77^0$ (Eichpunkt), F. $-93{,}6^0$, Kp.$_{760}$ $+49{,}33^0$; UW. 70, SW. 8,2, VW.$_{25}$ 28,9, VW.$_{Kp.}$ 27,7; D.$^{20}{}_4$ 0,75438, n_D^{20} 1,40641, p_k 45,0, T_k 245^0, Hw. 46857; ΔU_B 3285,2, $\Delta H_{B_{FI}}$ 3291,4, ΔH_{B_G} 3320,1; n$\cdot\Delta_n$ 27,0. — **III**: T_u $-87{,}08^0$ (Eichpunkt), F. $+6{,}7^0$ Kp.$_{760}$ 80,66^0; UW. 83, SW. 31,2, VW.$_{25}$ 33,5, VW.$_{Kp.}$ 30,5; D.$^{20}{}_4$ 0,77855, n_D^{20} 1,42629, p_k 40,4, T_k 278^0, Hw. 46487; ΔU_B 3911,1, $\Delta H_{B_{FI}}$ 3918,6, ΔH_{B_G} 3951,7. — **IV**: F. $-8{,}1^0$, Kp.$_{760}$ 118,48^0; SW. 19,3, VW.$_{25}$ 39,4, VW$_{Kp.}$ 34,2; D.$^{20}{}_4$ 0,8109, n_D^{20} 1,44487, p_k 37,7, T_k 326, Hw. 46751; ΔU_B 4588,9, $\Delta H_{B_{FI}}$ 4597,6, ΔH_{B_G} 4636,9; n$\cdot\Delta_n$ 26,6. — **V**: T_u $-105{,}98^0$, F. $+14{,}8^0$, Kp.$_{760}$ 150,70^0, UW. 51, SW. 22,4, VW.$_{25}$ 44,7, VW.$_{Kp.}$ 37,5; D.$^{20}{}_4$ 0,8362, n_D^{20} 1,45851, p_k 35,1, T_k 364^0, Hw. 46852; ΔU_B 5255,8, $\Delta H_{B_{FI}}$ 5265,7, ΔH_{B_G} 5310,4; n$\cdot\Delta_n$ 41,6. — **VI**: F. $+10{,}7^0$, Kp.$_{760}$ 178,44^0; SW. 15,3, VW.$_{25}$ 49,7, VW.$_{Kp.}$ 40,5; D.$^{20}{}_4$ 0,8502, n_D^{20} 1,46663, p_k 32,6, T_k 394^0, Hw. 46911; ΔU_B 5920,2, $\Delta H_{B_{FI}}$ 5931,4, ΔH_{B_G} 5981,1; n$\cdot\Delta_n$ 54,0. — Zum Vgl. werden noch für *Cyclopropan* n$\cdot\Delta_n$ 115,5 u. für *Äthylen* n$\cdot\Delta_n$ 93,8, angegeben. Die erhaltenen Werte u. die daraus zu ziehenden Schlußfolgerungen werden von Vff. eingehend diskutiert. **III** in der Sesselform ist danach spannungsfrei, in Cyclanen mit $n > 6$ tritt durch Torsion Ringspannung auf, in Cyclanen mit $n < 6$ infolge von Valenzwinkeländerungen. (Recueil Trav. chim. Pays-Bas **71**. 261—76. Febr. 1952.) Klasske. 1810

Ja. M. Slobodin und **I. N. Schochor**, *Synthese von Methylcyclopropylcarbinol.* Durch Red. von Methylcyclopropylketon (**I**) mit Al-Isopropylat wurde in 87%ig. Ausbeute *Methylcyclopropylcarbinol* (**II**) gewonnen. Die Raman-Spektren von **I** u. **II** werden mit denen von Cyclopropan, Äthylcyclopropylketon u. Cyclopropylcarbinol verglichen. Hierbei zeigte sich, daß **II** frei von Nebenprodd. erhalten wird, im Gegensatz zu anderen Herstellungsverfahren.

Versuche: *γ-Acetopropylbromid*, Kp.$_{16}$ 83—85^0, Kp.$_{60}$ 105—107^0; aus γ-Acetopropylalkohol durch Einw. des 4fachen Vol. 50—55%ig. HBr; 55—58% (Ausbeute). — *Methylcyclopropylketon* (**I**), Kp. 112—112,5^0; aus vorst. Verb. (25 g) durch Schütteln mit gepulvertem KOH (12 g u. 3—4 cm^3 W.); D.$^{20}{}_4$ 0,9887; n_D^{20} 1,4246; 92—95%. — *Methylcyclopropylcarbinol* (**II**), $C_5H_{10}O$, Kp.$_{759}$ 122,4—122,6^0; aus 14 g **I** in 250 cm^3 Isopropylalkohol (**III**) + Al-Isopropylat (14 g Al u. 150 cm^3 **III** unter Zusatz von 0,5 g $HgCl_2$ u. 4 cm^3 CCl_4) durch Erhitzen auf 110—115^0 bis kein Aceton mehr abdestilliert. Nach Zugabe von 35 cm^3 W. + 100—150 cm^3 **III** unter Kühlung wird filtriert u. das Filtrat, das fast alles **II** enthält, fraktioniert; D.$^{20}{}_4$ 0,8885; n_D^{20} 1,4314; γ^{20} (Oberflächenspannung) 23,35 dyn/cm; Mol.-Refr. 25,16; 86 g. (Журнал Общей Химии [J. allg. Chem.] **21**. (**83**.) 2001—05. Nov. 1951.) Queck. 1870

M. R. Pettit und **J. C. Tatlow**, *Synthese gewisser Trifluormethyldiphenylderivate.* Verschied. Nitro- u. Aminodiphenylderivv. mit einer u. zwei CF_3-Gruppen wurden dargestellt. Aus m-Acetamidobenzotrifluorid (**I**) erhält man über die N-Nitrosoverb. u. deren Umsetzung mit Bzl. *3-Trifluormethyldiphenyl* (**II**). Beim Erhitzen mit konz. H_2SO_4 geht die CF_3-Gruppe von **II** in die Carboxylgruppe über u. es entsteht *Diphenyl-3-carbonsäure* neben einem S-haltigen Prod., vermutlich einer Sulfonsäure. Die Nitrierung von **II** führt je nach den Versuchsbedingungen zu der Mono-, Di- oder Trinitroverbindung. Die 4-Stellung der Nitrogruppe in der Mononitroverb. **V** folgt aus der Umsetzung mit konz. H_2SO_4 zur *4-Nitrodiphenyl-3'-carbonsäure* u. deren Decarboxylierung zu *4-Nitrodiphenyl*, sowie aus der Red. von **V** mit Sn + HCl zur Aminoverb. (**VIII**) u. deren Oxydation mit $KMnO_4$ zu *3-Trifluormethylbenzoesäure*. Die Dinitroverb. **VI** entsteht auch bei der Weiternitrierung von **V** u. bei der Mononitrierung des aus 5-Amino-2-nitrobenzotrifluorid (**III**) durch Diazotierung u. anschließende Umsetzung mit Bzl. erhältlichen *4-Nitro-3-trifluormethyldiphenyls* (**IV**) u. muß daher *4.4'-Dinitro-3-trifluormethyldiphenyl* sein. Die Trinitroverb. **VII** bildet sich auch bei der Weiternitrierung von **VI**, so daß die zwei Nitrogruppen in 4- u. 4'-Stellung festgelegt sind, während die Stellung der dritten noch unbekannt ist. — Aus den Nitroverbb. **IV**, **V** u. **VI** erhält man durch Red. mit Sn u. HCl die entsprechenden Aminoverbindungen. — Die Darst. von symm. Diphenylderivv. erfolgte nach der Ullmannschen Reaktion. Durch Behandlung von 5-Jod-2-nitrobenzotrifluorid (**IX**) mit Kupferbronze entsteht *4.4'-Dinitro-3.3'-bis-trifluormethyldiphenyl*, welches sich mit Sn u. HCl zu *4.4'-Diamino-3.3'-bis-trifluormethyldiphenyl* red. läßt. Das durch Nitrieren von o-Acetamidobenzotrifluorid (**X**) zur 5-Nitroverb., deren Hydrolyse zu *2-Amino-5-nitrobenzotrifluorid* u. Umsetzung der Diazoniumverb. des letzteren mit KJ erhältliche *2-Jod-5-nitrobenzotrifluorid* (**XI**) liefert bei der Behandlung mit Kupferbronze *4.4'-Dinitro-*

2.2'-bis-trifluormethyldiphenyl. Die Red. dieser Verb. mit Sn + HCl führt zu *4.4'-Diamino-2.2'-bis-trifluormethyldiphenyl*.

Versuche: *3-Trifluormethyldiphenyl* (**II**), $C_{13}H_9F_3$, F. 26—27°, $Kp._{13}$ 117—120°, n_D^{30} 1,5304; durch Einleiten von N_2O_3 in eine Lsg. von **I** in Eisessig bei 10°, Einrühren der grünen Lsg. in Eiswasser, Lösen der ausgefallenen u. getrockneten N-Nitrosoverb. in Bzl. u. 20std. Rühren bei Zimmertemp.; 35% (Ausbeute). — *Diphenyl-3-carbonsäure*, $C_{13}H_{10}O_2$, F. 164° (aus wss. A. krist.); durch 2std. Erhitzen von **II** mit konz. H_2SO_4 auf 130°; 23%. — *4-Nitro-3-trifluormethyldiphenyl* (**IV**), $C_{13}H_8O_2NF_3$, F. 30,5—31,5°, $Kp._{0,3}$ 123—128°; durch Diazotieren von **III** u. Verrühren der Diazoniumsalzlsg. mit Bzl. u. Na-Acetatlsg.; 22%. — *4-Nitro-3'-trifluormethyldiphenyl* (**V**), $C_{13}H_8O_2NF_3$, F. 86° (aus wss. A.); durch 30 Min. langes Kochen von 2,43 g **II** mit 3 cm³ Eisessig, 0,9 cm³ rauchender HNO_3 (D. 1,5) u. 0,6 cm³ konz. H_2SO_4 am Rückflußkühler; 60%. — *4-Nitrodiphenyl-3'-carbonsäure*, $C_{13}H_9O_4N$, F. 229—231°; aus **V** mit 100%ig. H_2SO_4 bei 110 → 150°; 67%. — *4-Nitrodiphenyl*, $C_{12}H_9O_2N$, F. 114°; aus vorst. Carbonsäure durch Kochen mit Chinolin u. Kupferbronze; 62%. — *4.4'-Dinitro-3-trifluormethyldiphenyl* (**VI**), $C_{13}H_7O_4N_2F_3$, F. 180 bis 181° (aus wss. A.); durch 30 Min. langes Kochen von 0,275 g **V** mit 0,30 cm³ Eisessig, 0,10 cm³ rauchender HNO_3 u. 0,07 cm³ konz. H_2SO_4 unter Rückfluß; 59%; oder aus 1,12 g **IV** mit 1,50 cm³ Eisessig, 0,35 cm³ rauchender HNO_3 u. 0,40 cm³ konz. H_2SO_4; 86%; oder aus **II** unter ähnlichen Bedingungen. — *Trinitro-3-trifluormethyldiphenyl* (**VII**), $C_{13}H_6O_6N_3F_3$, F. 153,5—154,5°; durch 40 Min. langes Kochen von 5,79 g **II** mit 15,0 cm³ konz. HNO_3 u. 20,0 cm³ konz. H_2SO_4 am Rückflußkühler; 60%; oder aus 0,235 g **VI** durch 2std. Kochen mit 1,0 cm³ konz. HNO_3 u. 1,0 cm³ konz. H_2SO_4; 89%. — *4-Amino-3'-trifluormethyldiphenyl* (**VIII**), $C_{13}H_{10}NF_3$, F. 65° (aus wss. A.); durch Red. von **V** mit Sn + konz. HCl in A.; 86%. *Benzoylderiv.*, $C_{20}H_{14}ONF_3$, F. 195—196° (aus A.). — *3-Trifluormethylbenzoesäure*, $C_8H_5O_2F_3$, F. 104° (aus CCl_4); durch Oxydation von **VIII** mit $KMnO_4$ u. H_2SO_4 bei 50 → 100°; 38%. — *4.4'-Diamino-3-trifluormethyldiphenyl*, $C_{13}H_{11}N_2F_3$, F. 86°; aus **VI** durch Red. mit Sn + HCl in A.; 89%. *Diacetylverb.*, $C_{17}H_{15}O_2N_2F_3$, F. 285 bis 286° (aus A.). *Dibenzoylverb.*, $C_{27}H_{19}O_2N_2F_3$, F. 286—287° (aus A.). — *4-Amino-3-trifluormethyldiphenyl*, $C_{13}H_{10}NF_3$, F. 61,5° (aus wss. A.); durch Red. von **IV**; 84%. *Hydrochlorid*, $C_{13}H_{11}NClF_3$, F. 134—135°. *Acetylverb.*, $C_{15}H_{12}ONF_3$, F. 160—161°. *Benzoylverb.*, $C_{20}H_{14}ONF_3$, F. 168,5—169,5°. — *4.4'-Dinitro-3.3'-bis-trifluormethyldiphenyl*, $C_{14}H_6O_4N_2F_6$, F. 181—182° (aus wss. A. u. Aceton krist.); durch ½std. Erhitzen von 3,12 g **IX** mit 0,60 g Kupferbronze auf 265 → 300°; 35%. — *4.4'-Diamino-3.3'-bis-trifluormethyldiphenyl*, $C_{14}H_{10}N_2F_6$, F. 115—116,5° (aus wss. A.); durch Red. vorst. Dinitroverb.; 88%. *Bis-trifluoracetylderiv.*, $C_{18}H_8O_2N_2F_{12}$, F. 202°. — *2-Acetamido-5-nitrobenzotrifluorid*, $C_9H_7O_3N_2F_3$, F. 148° (aus A.); durch Nitrieren einer Lsg. von 2,98 g **X** in 16,5 cm³ konz. H_2SO_4 mit einem Gemisch aus 0,80 cm³ rauchender HNO_3 (D. 1,5) u. 1,5 cm³ konz. H_2SO_4 bei 0° (15 Min.) → 15° (30 Min.) → 40° (15 Min.); 77%. — *2-Amino-5-nitrobenzotrifluorid*, $C_7H_5 \cdot O_2N_2F_3$, F. 94° (aus Bzl.–PAe.); durch Hydrolyse der vorst. Acetamidoverb. mit alkoh. NaOH; 84%. — *2-Jod-5-nitrobenzotrifluorid* (**XI**), $C_7H_3O_2NJF_3$, F. 82° (aus wss. A.); durch Diazotierung der vorst. Verb. in Eisessig–H_2SO_4-Lsg. mit wss. $NaNO_2$-Lsg. u. Eingießen in wss. KJ-Lsg.; 82%. — *2-Jod-5-nitrobenzoesäure*, $C_7H_4O_4NJ$, F. 193—195° (aus W.); aus **XI** mit 100%ig. H_2SO_4 bei 120—130°; 33%. — *4.4'-Dinitro-2.2'-bis-trifluormethyldiphenyl*, $C_{14}H_6O_4N_2F_6$, F. 137,5°; aus **XI** mit Kupferbronze bei 250—300°; 17%. — *4.4'-Diamino-2.2'-bis-trifluormethyldiphenyl*, $C_{14}H_{10}N_2F_6$, F. 182° (aus wss. A.); durch Red. der vorst. Dinitroverb.; 86%. (J. chem. Soc. [London] **1951**. 3459—64. Dez. Birmingham, Univ., Chem. Dep.) FORCHE. 2210

Cyrus O. Guss, Homer R. Williams und **Leonard H. Jules**, *Die säurekatalysierte Reaktion von Styroloxyd mit Phenol und mit 2-Naphthol*. Die Umsetzungen von Styroloxyd (**I**) mit Phenol (**II**) bzw. mit β-Naphthol (**III**) in Ggw. von Toluolsulfonsäure (**IV**) werden im Hinblick auf ihren Reaktionsmechanismus genau untersucht. Aus **I** + **II** werden nicht nur die auf Grund einfacher Addition zu erwartenden *Ätheralkohole* **V** u. **VI** gebildet, sondern auch weitere Prodd., die ihr Entstehen zum Teil einer prim. Isomerisierung **I** → *Phenylacetaldehyd* (**VII**), zum Teil einer Rk. des aus **I** + H^+ entstehenden Additionsprod. **VIII** in seiner offenkettigen mesomeren Form **VIIIb** verdanken. Die Bldg. von *2-[4'-Oxyphenyl]-2-phenyläthanol* (**IX**) u. *2-[2'-Oxyphenyl]-2-phenyläthanol* (**X**) ist durch Eintritt von **VIIIb** in den Kern von **II** zu erklären. — Für die Rk. **I** + **III** gelten analoge Erwägungen. Nach dem Übergang **I** → **VII** wird mit 2 Moll. **III** das *1.2;7.8-Dibenzo-9-benzylxanthen* (**XI**) gebildet, während der **X** entsprechende Phenolalkohol unter den Reaktionsbedingungen Wasserabspaltung u. Cyclisierung zum *1-Phenyl-1.2-dihydronaphtho-[2.1:b]-furan* (**XII**) erleidet.

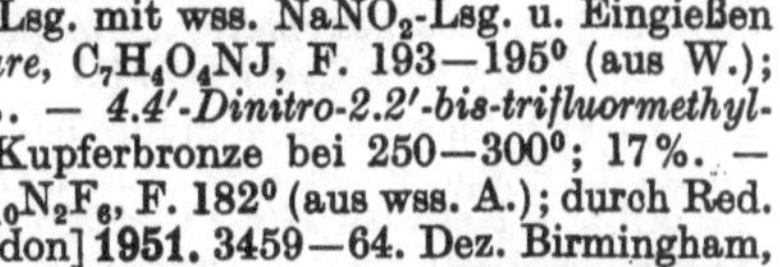

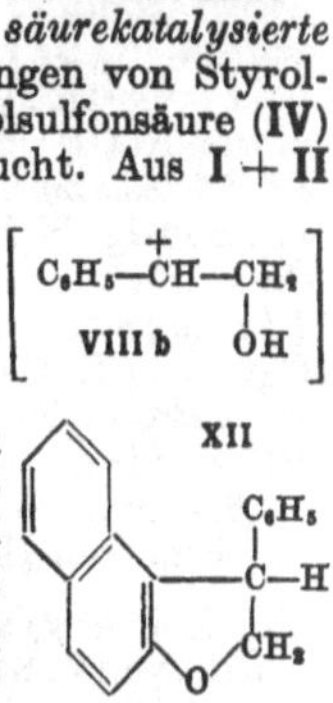

Versuche: Die Umsetzung von I (n_D^{20} 1,5353) mit überschüssigem II in Ggw. von IV-Monohydrat bei 70° (7 Min.) ergab als alkaliunlösl. Prodd. ein Gemisch aus *2-Phenoxy-2-phenyläthanol* (V) u. wenig *2-Phenoxy-1-phenyläthanol* (VI) sowie *1.2-Bis-[phenoxy]-1-phenyläthan* (XIII) ($C_{20}H_{18}O_2$, Nadeln, F. 127—127,5°). Im alkalilösl. Teil des Reaktions-Gemisches wurden IX (F. 87—89,5°) u. X (F. 70—73°) sowie *1-[4'-Oxyphenyl]-2-phenyläthylen* (XIV) (F. 186—187,5°) nachgewiesen. — Bei Durchführung der Rk. in Toluol beträgt die Ausbeute an einem aus 94% V u. 6% VI bestehenden Gemisch 51%, gegenüber 16% bei Abwesenheit des Lösungsmittels. — *2-[4'-Oxyphenyl]-2-phenyläthanol* (IX), $C_{14}H_{14}O_2$. Darst. zum Vgl. aus α-[4-Oxyphenyl]-phenylessigsäure mit $LiAlH_4$ in Ae., aus Toluol Nadeln, F. 93—94°; 44% (Ausbeute). — *2-[2'-Oxyphenyl]-2-phenyläthanol* (X), $C_{14}H_{14}O_2$. Darst. analog IX aus dem Lacton der α-[2-Oxyphenyl]-phenylessigsäure, aus Toluol Kristalle, F. 76,5—77,5°; 93%. — Bei der Umsetzung von VII mit II in Ggw. von IV (70°, 1 Std.) wurden in 21%ig. Ausbeute *1.1-Bis-[4'-oxyphenyl]-2-phenyläthan* (XV) (F. 139—140°) u. in 6%ig. Ausbeute XIV isoliert. — Aus V u. II erhält man unter analogen Bedingungen 18,5% IX, 14,6% X, 4,2% XIV u. 0,74% XV. — Die Rk. zwischen I u. III in Ggw. von IV-Monohydrat (Badtemp. 140—145°; 20 Min.) ergab 21,5% *1.2;7.8-Dibenzo-9-benzylxanthen* (XI) ($C_{28}H_{20}O$, aus Eisessig Kristalle, F. 178—178,5°), ferner 43% *1-Phenyl-1.2-dihydronaphtho-[2.1:b]-furan* (XII; $C_{18}H_{14}O$, F. 95—96°), neben einem *Isomeren* von XII (F. 81—82°). — Die Umsetzung von I u. III in Ggw. von IV in sd. Bzl. lieferte 1,5% IX u. 48,8% XII. — (Einzelheiten über die Aufarbeitung der Reaktionsgemische vgl. Original). (J. Amer. chem. Soc. **73**. 1257—60. März 1951. Denver, Colo., Univ. of Southern California, Dep. of Chem.) HENKEL. 2270

D. K. Datta und **P. Bagchi**, *Studien zur Cyclisierung*. Cyclohexenylaceton liefert mit Äthylbromacetat in Ggw. von Zn in Bzl. *Äthyl-γ-[Δ^1-cyclohexenyl]-β-methyl-β-oxybutyrat*, $Kp._3$ 139—142°; n_D^{32} 1,4846; 53% (Ausbeute). Durch Dehydratation mit P_2O_5 wird ein *Dienester*, $Kp._3$ 125—132°; n_D^{32} 1,4903; 87%, erhalten, der bei der Hydrolyse mit alkoh. Alkali eine *Diensäure* als dicke Fl. lieferte. Die Stellung der Doppelbindungen kann nicht mit Sicherheit angegeben werden. Aus der Säure wird nach Erhitzen mit P_2O_5 in Bzl., Behandlung mit alkoh. KOH, Ansäuern, Waschen mit Bicarbonat u. Dest. *3-Methyl-5.6.7.8-tetrahydronaphthol-(1)*, F. 89,5°, gewonnen, hieraus nach Dehydrierung über Pd-Kohle bei 250° *3-Methyl-1-naphthol*, F. 91—92°. (Sci. and Cult. **17**. 525. Juni 1952. Calcutta, Indian Assoc. for the Cultivation of Sci., Dep. of Organ. Chem.) FIEDLER. 2700

R. H. Thomson, *Reduktion von Juglon*. Bei der Hydrogenolyse von 3-Carboxymethylmercaptojuglon mit RANEY-Ni war die Bldg. einer gelben Verb. (F. 184°) beobachtet worden (vgl. C. **1952**. 375), die jetzt als *5.8-Dioxytetralon-(1)* (I) erkannt wurde. Sie entsteht in guter Ausbeute beim Hydrieren von Juglon in Ggw. von RANEY-Ni bei Zimmertemp. u. n. Druck. Die Konst. ergab sich aus der Entmethylierung von *5.8-Dimethoxytetralon-(1)* (II). I läßt sich mit Diazomethan nicht methylieren, obwohl das Infrarotspektr. in krist. Zustand oder in Chloroformlsg. nur eine CO-Gruppe erkennen läßt. Die analog aus 2-Methyl-3-carboxymethylmercaptojuglon entstehende gelbe Verb. (F. 164°) ist demnach *5.8-Dioxy-6-methyltetralon-(1)*.

Versuche: *5.8-Dioxytetralon-(1)* (I), $C_{10}H_{10}O_3$, F. 184°, durch Hydrieren von Juglon in Essigester in Ggw. von RANEY-Ni (2—3 Tage) oder aus II durch Schmelzen mit $AlCl_3$ + NaCl bei 180° (3—4 Min.) u. Zers. mit Eis u. HCl; aus Bzn. gelbe Nadeln; 35 bzw. 50% (Ausbeute). *Diacetat*, $C_{14}H_{14}O_5$, F. 177—178°, aus wss. A. Tafeln. *p-Nitrophenylhydrazon*, $C_{16}H_{15}O_4N_3$, F. 272° (Zers.), aus wss. A. orangebraune Kristalle. *Phenylurethan*, $C_{17}H_{15}O_4N$, F. 181°, aus Bzn. Tafeln, mit violettbrauner $FeCl_3$-Reaktion. — *8-Oxy-5-methoxytetralon-(1)*, $C_{11}H_{12}O_3$, F. 98°, durch Methylieren von I mit Dimethylsulfat in wss. NaOH oder in sd. Aceton in Ggw. von K_2CO_3, aus wss. Aceton hellgelbe Nadeln. — *5.8-Dimethoxytetralon-(1)* (II), $C_{12}H_{14}O_3$, F. 63°, aus γ-[2.5-Dimethoxyphenyl]-buttersäure mit 85%ig. H_2SO_4 auf dem Wasserbad, weniger gut mit H_2F_2, aus PAe. Nadeln; 25%. *Semicarbazon*, $C_{13}H_{17}O_3N_3$, F. 190°, aus wss. A. Nädelchen. — *1.2.3.4-Tetrahydro-1.5-dioxy-4-ketonaphthalin*, $C_{10}H_{10}O_3$, F. 100°, durch Hydrieren von β-Hydrojuglon in Essigester in Ggw. von RANEY-Ni mit 1 Mol H_2 (4,5 Std.), aus Hexan Nadeln; 68%. *p-Nitrophenylhydrazon*, $C_{16}H_{15}O_4N_3$, F. 222—223° (Zers.), aus wss. A. gelbe Kristalle. Liefert mit konz. HCl in sd. A. *1.8-Dioxynaphthalin*, aus W., F. 140°; *Diacetat*, F. 148°. — *5.8-Diacetoxy-1.2.3.4-tetrahydro-1-keto-6-methylnaphthalin*, $C_{15}H_{16}O_5$, F. 130°, aus W. prismat. Nadeln. (J. chem. Soc. [London] **1952**. 1822—25. Mai. Aberdeen, Marischal Coll.) GOLD. 2700

S. J. Angyal, G. B. Barlin und **P. C. Wailes**, *Fluoren-2-aldehyd*. Es wird bewiesen, daß die von VON BRAUN u. ENGEL (Ber. dtsch. chem. Ges. **57**. [1924.] 191) durch Erwärmen von *2-Brommethylfluoren* mit Hexamin (I) in wss. Lsg. gewonnene u. als *Fluoren-2-aldehyd* (III) bezeichnete Verb. in Wirklichkeit *2-Methylenaminomethylfluoren* ist. Dieselbe

Verb. entsteht nämlich, wenn man *2-Aminomethylfluorenhydrochlorid* (**II**) mit **I** in wss. Lsg. kocht, u. liefert bei der Hydrolyse mit HCl in A. **II** u. Formaldehyd. Wenn man die Rk. in 50%ig. Essigsäure ausführt, erhält man den von HINKEL, AYLING u. BEYNON (C. **1936.** II. 65) aus Fluoren, HCN, HCl u. $AlCl_3$ dargestellten **III** mit 77%ig. Ausbeute.

Versuche: *2-Aminomethylfluorenhydrochlorid* (**II**), F. 274°, durch Hydrierung von 2-Cyanfluoren in Ggw. von RANEY-Ni bei Zimmertemp. u. gewöhnlichem Druck; 81% (Ausbeute). — *2-Methylenaminomethylfluoren*, $C_{15}H_{13}N$, F. 181°, durch einstd. Kochen von 0,5 g **II** mit 0,3 g **I**, 0,2 cm³ 40%ig. Formaldehydlsg. u. 7 cm³ W.; 0,45 g; oder reiner durch Zugabe von 1 cm³ 10%ig. NaOH u. 1 cm³ 40%ig. Formaldehydlsg. zu einer Lsg. von 0,3 g **II** in 15 cm³ 65%ig. A. u. Umkristallisation des Nd. aus viel A. oder Pyridin-Wasser. — *Fluoren-2-aldehyd* (**III**), F. 85,5—86,0°, durch ½ std. Kochen von 0,6 g **II** mit 0,5 g **I** u. 6 cm³ 50%ig. Essigsäure, Zugabe von 0,5 cm³ konz. HCl u. Umkristallisation des beim Erkalten u. Verdünnen mit W. ausgefallenen Nd. aus verd. A.; 0,39 g. *Anil*, F. 159°. *Anilhydrochlorid*, $C_{20}H_{16}NCl$, gelbe Kristalle, F. 226—227°. (J. chem. Soc. [London] **1951.** 3512—13. Dez. Sydney, Univ.) FORCHE. 2750

William S. Johnson, Clifford A. Erickson und **James Ackerman**, *2.8-Dioxy-5.6.11.12-tetrahydrochrysen.* Die Synth. des ringgeschlossenen Analogons des *trans*-Diäthylstilböstrols, *2.8-Dioxy-5.6.11.12-tetrahydrochrysen* (**I**), in 5 Stufen, ausgehend vom m-Oxypropiophenon (**II**), wird beschrieben (vgl. auch SALZER, Hoppe-Seyler's Z. physiol. Chem. **274.** [1942.] 39). — m-Methoxypropiophenon (**III**) ergab bei der WILLGERODT-Rk. u. anschließenden Veresterung *β-[m-Methoxyphenyl]-propionsäureäthylester* (**IV**), der mit einem aus m-Nitrozimtsäure auf dem Wege über m-Oxyzimtsäure u. m-Oxyhydrozimtsäure erhaltenen Ester ident. war. Die Kondensation von **IV** mit Na führte zu dem Acyloin **V**, das ohne Reinigung bei der Cyclodehydratisierung mit HF eine Mischung der Dimethoxyverb. **VI** mit der Dihydroverb. **VII** ergab; die Bldg. von **VII** ist auf eine Disproportionierung von **VI** oder auf einen gewissen Geh. an α-Diketon im Acyloin **V** zurückzuführen (vgl. auch BIRCH u. SMITH, C. **1952.** **2006**). Die Konst. von **VI** u. **VII**, sowie die des durch Entmethylieren mit Methyl-MgJ erhaltenen **I** u. dessen Acetylverb. **VIII**, konnte durch UV-Absorptionsmessung bestätigt werden. Die Dehydrierung von **VIII** lieferte 2 Mol H_2 u. *2.8-Diacetoxychrysen* (**IX**). — Die östrogene Wirksamkeit von **VIII** ist geringer, als von SALZER (l. c.) angegeben wurde; *trans*-Diäthylstilböstrol u. sein Diacetat wurden von **VII** u. **VIII** nicht erreicht.

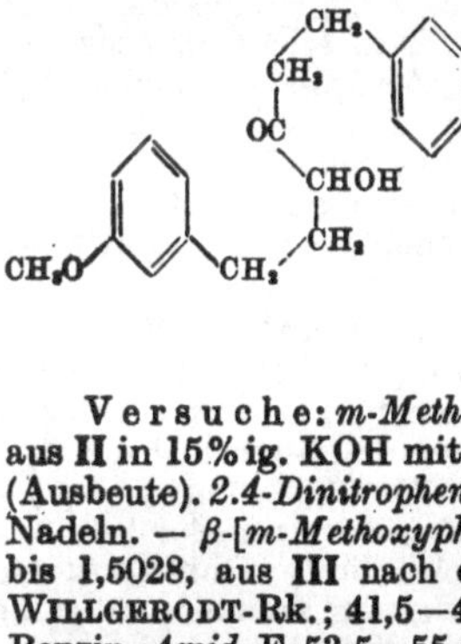

V

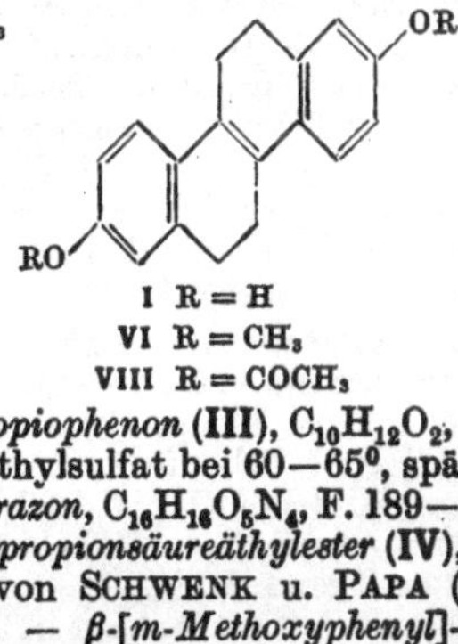

I R = H
VI R = CH₃
VIII R = COCH₃

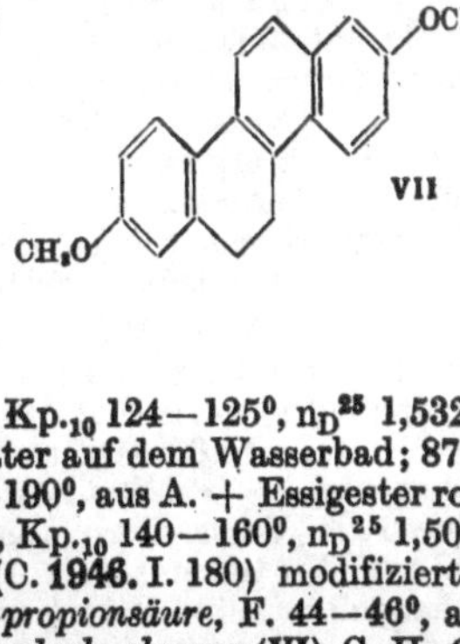

VII

Versuche: *m-Methoxypropiophenon* (**III**), $C_{10}H_{12}O_2$, Kp.$_{10}$ 124—125°, n_D^{25} 1,5325, aus **II** in 15%ig. KOH mit Dimethylsulfat bei 60—65°, später auf dem Wasserbad; 87% (Ausbeute). *2.4-Dinitrophenylhydrazon*, $C_{16}H_{16}O_5N_4$, F. 189—190°, aus A. + Essigester rote Nadeln. — *β-[m-Methoxyphenyl]-propionsäureäthylester* (**IV**), Kp.$_{10}$ 140—160°, n_D^{25} 1,5023 bis 1,5028, aus **III** nach einer von SCHWENK u. PAPA (C. **1946.** I. 180) modifizierten WILLGERODT-Rk.; 41,5—46,5%. — *β-[m-Methoxyphenyl]-propionsäure*, F. 44—46°, aus Benzin. *Amid*, F. 53,5—55,5°. — *2.8-Dimethoxy-5.6.11.12-tetrahydrochrysen* (**VI**), $C_{20}H_{20}O_2$, F. 165,1—166,4°, aus 4 g **IV** nach HANSLEY (J. Amer. chem. Soc. **57.** [1935.] 2303) in Xylol mit Na bei 105—110° (1 Std.) unter N_2 u. Dehydrocyclisieren des rohen **V** (gelbes Öl) mit wasserfreier HF, nach dem Chromatographieren des erhaltenen roten Harzes in CCl_4 an Al_2O_3 aus Bzl. Rhomboeder; 0,281 g. λ_{max} 237, 271, 318, 332 u. 348 mμ (log E = 4,13, 3,59, 4,41, 4,89 u. 4,33). — *2.8-Dimethoxy-5.6-dihydrochrysen* (**VII**), $C_{20}H_{18}O_2$, F. 202,1 bis 203,4° (klare Schmelze bei 216°), neben **VI** bei der weiteren Elution, aus Methyläthylketon Nadeln; 0,207 g. — *2.8-Diacetoxy-5.6.11.12-tetrahydrochrysen* (**VIII**), $C_{22}H_{20}O_4$, F. 205,5 bis 210°, durch Entmethylieren von 0,187 g **VI** vom F. 164—169° nach SALZER (l. c.) mit Methyl-MgJ bei 160—180° u. Acetylieren des rohen Phenols (**I**) mit Essigsäureanhydrid u. Pyridin, aus Essigsäure Tafeln; 0,173 g. λ_{max} 236,5, 257,5, 266,5, 313 u. 341,5 mμ (log E 4,27, 3,87, 4,01, 4,39 u. 4,29). — *2.8-Dioxy-5.6.11.12-tetrahydrochrysen* (**I**), $C_{18}H_{16}O_2$, F. 255—257° (Zers.), durch Verseifen von **VIII** mit alkoh. HCl, aus Essigsäure hellgelbe Kristalle. — *2.8-Dimethoxychrysen*, F. 270—276°, durch Dehydrieren von **VII** mit Pd-Kohle bei 210° (40 Min.), nach der Sublimation bei 290° aus Bzl. Tafeln. — *2.8-Diacetoxychrysen* (**IX**),

F. 279—280° (im Vakuum), analog aus **VIII** bei 230—250° (1 Std.), aus Essigsäure Kristalle. — *4.4'-Diacetoxystilben*, F. 215—218°, aus *4.4'-Dimethoxystilben* (F. 214,5—215°, λ_{max} 227,5, 299, 302,5 u. 324 mμ [log E 4,16, 4,3, 4,43 u. 4,39]), wie **VIII** aus **VI**, aus Essigsäureanhydrid Kristalle, λ_{max} 226,5—228, 298 u. 311 mμ (log E 4,23, 4,46 u. 4,44). (J. Amer. chem. Soc. **74.** 2251—53. 5/5. 1952. Madison, Wis., Labor. of organ. Chem.) GOLD. 2950

Giancarlo Berti, *Umwandlung von o-[1-Phenylvinyl]-benzoesäurederivaten in substituierte Phthalide durch Einwirkung von Halogenen.* Bei der Chlorierung oder Bromierung von o-[1-Phenylvinyl]-benzoesäurederivv. entstehen in anomaler Rk. halogenierte Lactone, die als *substituierte Phthalide* erkannt wurden. Der Mechanismus dieser Rk. wird diskutiert.

Versuche: *o-[1-Phenylpropenyl]-benzoesäure* (**I**), nach DE FAZI u. BERTI (C. **1952.** 5728) durch Umsetzen von C_2H_5MgJ mit o-Benzoylbenzoesäure zu *3-Äthyl-3-phenylphthalid* (**II**) u. Isomerisieren dieser Verb. mit KCN bei 250—300°. — *o-[1-Phenyl-2-chlorpropenyl]-benzoesäure* (**III**), 2 stereoisomere Formen, F. 148—150° u. F. 194—195°, aus 2.3-Dichlor-2-methyl-3-phenylhydrindon mit alkoh. KOH (l. c.) oder durch Einw. von PCl_5 auf **I** oder **II**. — *o-[1.2-Diphenyl-2-chlorvinyl]-benzoesäure* (**IV**), Gemisch stereoisomerer Formen, F. 150—190°, aus 2.3-Dichlor-2.3-diphenylhydrindon mit KOH nach MOUREAU, DUFRAISSE u. BADOCHE [1928]. — *2.3-Dibrom-2-methyl-3-phenylhydrindon,* $C_{16}H_{12}OBr_2$, F. 116—118°, aus 2-Methyl-3-phenylhydrindon mit Br_2 in Chlf.; Kristalle aus Ligroin. — *o-[1-Phenyl-2-brompropenyl]-benzoesäure* (**V**), $C_{16}H_{13}O_2Br$, Isomerengemisch, F. 194—205°, aus vorst. Verb. durch Erhitzen mit 4%ig. KOH-Lsg. (30 Min.); Kristalle aus Benzol. — *3-Phenyl-3-[1-chloräthyl]-phthalid* (**VI**), $C_{16}H_{13}O_2Cl$, F. 156—157°, aus **I** (Isomeres, F. 145—147°) durch Chlorieren in CCl_4 bei 20° (30 Min.); Nadeln aus Bzl. + Benzin. — *3-Phenyl-3-[1.1-dichloräthyl]-phthalid* (**VII**), $C_{16}H_{12}O_2Cl_2$, F. 105—107°, aus **III** (beide Isomeren) oder **III**-Methylester (F. 48—50°) durch Chlorieren in CCl_4 (30 bzw. 20 Min.); Prismen aus Benzin. — *3-Phenyl-3-[1-bromäthyl]-phthalid,* $C_{16}H_{13}O_2Br$, F. 94 bis 95°, aus **I** (F. 194—195°) mit Br_2 in Chlf. durch kurzes Erwärmen oder aus **V** mit Cl_2 in Chlf.; aus wss. A. Prismen. — *3-Phenyl-3-[α.α-dichlorbenzyl]-phthalid* (**VIII**), $C_{21}H_{14}O_2Cl_2$, F. 104—105°, aus **IV** mit Cl_2 in Chlf. bei 20° (40 Min.) oder in n/10 NaOH; aus PAe. u. dann aus A. prismat. Kristalle. — **VI, VII** u. **VIII** geben beim Erhitzen mit 4%ig. alkoh. KOH (30 Min.) *3-Phenylphthalid* (F. 115°, Nadeln). UV-Absorptionsspektren vgl. Original. (Gazz. chim. ital. **81.** 305—14. April/Mai 1951. Pisa, Univ., Ist. di Chim. farmac. e tossicol.)
K. FABER. 3061

W. M. Subarowski, *Nitrierung von α-Thiophenaldehyd.* α-Thiophenaldehyd (**I**) wurde mit konz. HNO_3 in Eisessig + Acetanhydrid nitriert. Man erhält zunächst das *Diacetylderiv.* der *Hydratform* von *α'-Nitro-α-thiophenaldehyd* (*α'-Nitro-α-diacetoxymethylthiophen*), das bei der Hydrolyse *α'-Nitro-α-thiophenaldehyd* (**II**) liefert. Die Stellung der NO_2-Gruppe ergibt sich aus der Oxydation zu *5-Nitrothiophencarbonsäure-(2)* u. deren Decarboxylierung zu *α-Nitrothiophen.* Der Vgl. des Phenyl-, p-Nitrophenyl- u. 2.4-Dinitrophenylhydrazons von *p-Nitrobenzaldehyd* mit den entsprechenden Derivv. von **II** zeigt, daß cycl. gebundener S bathochrome Wrkg. hat.

Versuche: *α'-Nitro-α-diacetoxymethylthiophen,* $C_9H_9O_6NS$, F. 74°. 1,2 Mol HNO_3 (D. 1,51) in 140 cm³ Eisessig werden unter Rühren mit einer Lsg. von **I** (1 Mol) in 85 cm³ Acetanhydrid gemischt; dabei soll die Temp. 30° nicht übersteigen; anschließend wird ½ Std. auf 50—60° erwärmt. Nach 1 Std. wird auf Eis gegossen; Kristalle aus A.; 50% (Ausbeute). — *α'-Nitro-α-thiophenaldehyd* (**II**), $C_5H_3O_3NS$, F. 77—77,5° (korr.); $Kp._{3-4}$ 118—120°. Vorst. Verb. (nicht getrocknetes Rohprod.) wird mit einem Gemisch aus 140 cm³ W., 140 cm³ A. u. 14 cm³ konz. H_2SO_4 ½ Std. gekocht, die Lsg. mit Tierkohle behandelt u. heiß filtriert; man nimmt mit Ae. auf u. fraktioniert im Vakuum; hellgelbe Nadeln aus Ligroin; hat schwachen, angenehmen Geruch; 33% (auf **I** bezogen). *Phenylhydrazon,* $C_{11}H_9O_2N_3S$, aus A. fast schwarze Kristalle mit grünlichem Metallglanz; die Lsg. in A. ist orangerot; Absorptionsmaximum (Max.) bei 478 mμ. *p-Nitrophenylhydrazon,* $C_{11}H_8O_4N_4S$, F. 254—255° (Zers.); rote Kristalle aus Xylol; die Lsg. in A. ist orange; Max. bei 456 mμ. *2.4-Dinitrophenylhydrazon,* $C_{11}H_7O_6N_5S$, F. 325° (Zers.); orange Nadeln aus Acetophenon; die Lsg. in A. ist gelb; Max. bei 427 mμ. — *5-Nitrothiophencarbonsäure-(2),* $C_5H_3O_4NS$, F. 157—158°; aus **II** mit CrO_3 in verd. H_2SO_4; aus W. gelbliche Nadeln. — *α-Nitrothiophen,* F. 43°; aus vorst. Verb. beim Erhitzen mit Chinolin u. wenig red. Cu auf 150—210°; aus PAe. Nadeln. (Доклады Академии Наук СССР [Ber. Akad. Wiss. UdSSR] [N. S.] **83.** 85—88. 1/3. 1952.) MAHLER. 3071

Viktor Weinmayr, *o-[Thenoyl-(2)]-benzoesäuren und Thiophanthrachinone.* Während sich Phthalsäureanhydrid (**III**) mit Thiophen (**I**), 2-Chlorthiophen sowie 2- u. 3-Methylthiophen gut nach FRIEDEL-CRAFTS (F.-C.) umsetzen läßt, verläuft die Rk. von **I** mit Chlor- oder Nitrophthalsäureanhydriden nicht zufriedenstellend, dagegen eignet sich die GRIGNARD (G.)-Rk. von Thienyl-(2)-MgBr mit den Anhydriden. Bei der Verwendung asymm. substituierter Phthalsäureanhydride entstehen dabei die beiden möglichen *isomeren* *o-[Thenoyl-(2)]-benzoesäuren* nebeneinander. Es zeigte sich bei den *Mononitro-2-[thenoyl-(2)]-benzoesäuren* auf Grund der Decarboxylierung zu den entsprechenden *Nitrophenyl-[thienyl-(2)]-ketonen*, daß in Übereinstimmung mit GONCALVES u. Mitarbeitern (C. **1953**. 527) die früher (A. P. 2 513 573, C. **1951**. **I**. 1074) gemachten Angaben über die Isomeren vertauscht werden müssen. Bei der früheren Darst. war die Konst. der erhaltenen Verbb. aus dem Vgl. der durch G.-Rk. aus 2-Bromthiophen (**IV**) u. Nitrophthalsäureanhydriden einerseits u. durch F.-C.-Rk. aus Carbomethoxynitrobenzoylchloriden u. **I** andererseits dargestellten Prodd. abgeleitet worden. Vf. nimmt jetzt an, daß unter dem Einfl. des F.-C.-Katalysators eine Umlagerung des symm.- zum asymm.-Phthalsäureesterchlorid erfolgt. — Die im Benzolkern unsubstituierten *o-[Thenoyl-(2)]-benzoesäuren* ließen sich leicht zu den entsprechenden *Thiophanthrachinonen* (die Bezeichnung ist in Analogie zum Anthrachinon gebildet) cyclisieren. Der Grundkörper dieser Reihe, das *Thiophanthrachinon* (**II**), hat ein niedrigeres Redoxpotential als Anthrachinon, es unterscheidet sich von letzterem ferner dadurch, daß es durch $KMnO_4$ oder CrO_3 in Essigsäure zerstört wird u. bei katalyt. Hydrierung zu *Leukothiophanthrachinon* (u. nicht zum Anthron) red. wird. Mit CCl_4 reagiert **II** unter Druck in Ggw. von Katalysatoren bei nachfolgender Hydrolyse zu *Thiophanthrachinoncarbonsäure-(2)*.

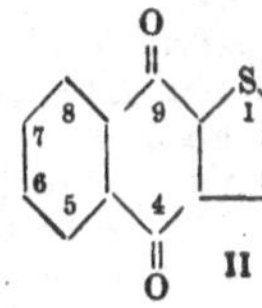

II

V e r s u c h e: *o-[Thenoyl-(2)]-benzoesäure* (**V**), $C_{12}H_8O_3S$, F. 145° (Toluol), a) durch Zutropfen der G.-Lsg. aus **IV** in Ae. zu **III** in Bzl. bei 40°, 1½ std. Kochen, Zugabe von MgO u. W., Rühren über Nacht u. Ansäuern der wss. Schicht mit CH_3COOH; 60% (Ausbeute); b) durch Zutropfen von **I** zu **III** u. $AlCl_3$ in Nitrobenzol bei 40—45°, 1 std. Erwärmen auf 50—55°, Eingießen in W., Abtreiben des $C_6H_5NO_2$ mit Wasserdampf, Aufnehmen in W. von 90° + Na_2CO_3 u. Ausfällen mit HCl; 62,2%; aus dem Kristallisationsrückstand wurde durch Lösen in verd. NaOH u. Ausfällen mit CH_3COOH ein dunkelbraunes Prod., F. ~250°, erhalten, das vermutlich ein Kondensationsprod. von **III** mit polymerisiertem **I** darstellte. **V**-*Methylester*, $C_{13}H_{10}O_3S$, F. 63—64° (Bzl.–PAe.). — *o-[5-Chlorthenoyl-(2)]-benzoesäure*, $C_{12}H_7O_3ClS$, F. 130° (Bzn.), wie **V** nach b) bei 75—80°; 61%. — *o-[4-Methylthenoyl-(2)]-benzoesäure*, $C_{13}H_{10}O_3S$, F. 135° (Bzl.), analog bei 79—85°; 78%. — *o-[5-Methylthenoyl-(2)]-benzoesäure*, F. 133° (Bzl.), wie vorst.; 86%. — *Tris-[acetoxymercuri]-2-[thenoyl-(2)]-benzoesäure* (**Va**), $C_{18}H_{14}O_9SHg_3$, durch 12 std. Kochen von **V** u. Hg(II)-Acetat in CH_3COOH, Filtration u. Verdünnen mit H_2O. — *Thiophanthrachinon* (**II**), $C_{12}H_6O_2S$, F. 229—230° (Chlorbenzol), a) durch 18 std. Erwärmen von **V** u. $AlCl_3$ in Nitrobenzol auf 120°, Abblasen des Lösungsm. mit Wasserdampf u. Dest. unter n. Druck; 91,6%; b) direkt aus **I** u. **III** wie bei der Darst. von **V** nach b), dann Erwärmen während 4 Std. auf 120° u. während 18 Std. auf 120—125°, Eingießen in W. + Eis + H_2SO_4 u. Reinigung durch Verküpen mit $Na_2S_2O_4$ oder Na_2S u. NaOH u. Rückoxydation mit Luft; 66%. — *2-Chlorthiophanthrachinon*, $C_{12}H_5O_2ClS$, F. 179° (Bzn.), analog **II** nach a) während 24 Std. bei 130°; 86%. — *3-Methylthiophanthrachinon*, $C_{13}H_8O_2S$, F. 180° (Bzn.), ebenso während 18 Std. bei 120°; 35%. — *2-Methylthiophanthrachinon* (**VI**), F. 250° (Bzl.–PAe.), analog während 20 Std. bei 135° u. Verküpen mit alkal. $Na_2S_2O_4$; 38%. — *Thiophanthrachinoncarbonsäure-(2)*, $C_{13}H_6O_4S$, F. 293—294°, a) durch 10 std. Erhitzen von **II**, Cu-Bronze u. CCl_4 im Autoklaven auf 200°, Abdest. des überschüssigen CCl_4, 24 std. Kochen mit 4%ig. NaOH, Filtration u. Ansäuern; aus Chlorbenzol blaßgelbe Nadeln; b) durch Oxydation von **VI** in sd. CH_3COOH mit CrO_3 während 4 Std.; gibt mit alkal. $Na_2S_2O_4$-Lsg. eine tiefrote Küpe. — *Tris-[acetoxymercuri]-thiophanthrachinon*, $C_{18}H_{12}O_8SHg_3$, aus **II** analog **Va**. — *3-Nitro-2-[thenoyl-(2)]-benzoesäure* (**VII**), $C_{12}H_7O_5NS$, F. 216—217° (Nitrobenzol), u. *6-Nitro-2-[thenoyl-(2)]-benzoesäure* (**VIII**), F. 170° (Chlorbenzol), durch Zufügen der G.-Lsg. aus **IV** in Ae. zu 3-Nitrophthalsäureanhydrid (**IX**) in Bzl. bei 40—50° u. 2 std. Rühren bei 50°; durch Ansäuern mit CH_3COOH wurde **VII** (30,6%) erhalten, während **VIII** (19,5%) bei Zugabe von HCl zum essigsauren Filtrat ausfiel. Fraktionierte Kristallisation des mit HCl ausgefällten Gemisches von **VII** u. **VIII** ist durchführbar, aber umständlicher als die fraktionierte Ausfällung. — Analog wurden erhalten: Aus 4-Nitrophthalsäureanhydrid *5-Nitro-2-[thenoyl-(2)]-benzoesäure* (**X**), F. 190° (Nitrobenzol), mit CH_3COOH ausgefällt; 22% (auch nach F.-C. dargestellt); u. *4-Nitro-2-[thenoyl-(2)]-benzoesäure* (**XI**), F. 147° (Chlorbenzol), mit HCl ausgefällt; 33%. — Aus 3-Chlorphthalsäureanhydrid *3-Chlor-2-[thenoyl-(2)]-benzoesäure* (**XII**), $C_{12}H_7O_3ClS$, F. 239° (Chlorbenzol), mit CH_3COOH; 30%; u. *6-Chlor-2-[thenoyl-(2)]-benzoesäure*, F. 129° (Chlorbenzol), mit HCl; 35%. — Aus 4-Chlorphthalsäureanhydrid *4-Chlor-2-[thenoyl-(2)]-benzoesäure* (**XIII**), F. 226° (Nitrobenzol), mit CH_3COOH; 47%; u. *5-Chlor-2-[thenoyl-(2)]-benzoesäure*, F. 155° (Chlorbenzol), mit HCl; 14%. — Aus 4-Bromphthalsäureanhydrid *x-Brom-2-[thenoyl-(2)]-benzoesäure*, $C_{12}H_7O_3BrS$, F. 226° (Chlorbenzol), mit CH_3COOH; 42%; u. *y-Brom-2-[thenoyl-(2)]-benzoesäure*, F. 146° (Toluol–Bzn.), mit HCl; 8%. — Aus 3.4-Dichlorphthalsäureanhydrid *x.x-Dichlor-2-[the-*

noyl-(2)]-benzoesäure, $C_{12}H_6O_3Cl_2S$, F. 203° (Chlorbenzol), Mg-Salz ist in W. schwerlösl.; 17%; u. *γ.γ-Dichlor-2-[thenoyl-(2)]-benzoesäure*, F. 167° (Chlorbenzol), mit HCl; 41%. — Aus 3.6-Dichlorphthalsäureanhydrid *3.6-Dichlor-2-[thenoyl-(2)]-benzoesäure*, F. 146° (Bzl.), mit HCl; 75%; gibt durch Cyclisierung wie bei **II** während 6 Std. bei 100° *5.8-Dichlorthiophanthrachinon*, $C_{12}H_4O_2Cl_2S$, F. 228°, nach Chromatographie an Al_2O_3 aus CH_3COOH; 20%. — Aus 3.4.5.6-Tetrachlorphthalsäureanhydrid *3.4.5.6-Tetrachlor-2-[thenoyl-(2)]-benzoesäure*, $C_{12}H_4O_3Cl_4S$, F. 207° (Chlorbenzol); 86%; daraus während 20 Std. bei 130° *5.6.7.8-Tetrachlorthiophanthrachinon*, $C_{12}H_2O_2Cl_4S$, F. 203° (CH_3COOH); 75%. — *o-Nitrophenyl-[thienyl-(2)]-keton*, $C_{11}H_7O_3NS$, F. 99—99,5° (CH_3OH), durch Erhitzen von **VII**, CuO u. Cu-Chromit in Chinolin während 20 Min. zum Sieden, Filtration u. Eingießen in 15%ig. HCl; Decarboxylierung durch trockene Dest. mit $CaCO_3$ u. Cu-Pulver gab geringere Ausbeuten. — *m-Nitrophenyl-[thienyl-(2)]-keton*, F. 123°, analog aus **VIII** oder **XI**. — *p-Nitrophenyl-[thienyl-(2)]-keton*, F. 171°, aus **X**. — *2-Carbomethoxy-3-nitrobenzoesäure*, F. 152—156°, durch 16std. Kochen von **IX** mit absol. CH_3OH u. Abdest. des CH_3OH unter gleichzeitiger Zugabe von W.; 83%. — *2-Carbomethoxy-3-nitrobenzoylchlorid*, aus vorst. Verb. mit PCl_5 in Bzl. bei 50—65°; gibt durch F.-C.-Rk. mit **I** in Ggw. von $SnCl_4$ u. nachfolgende alkal. Hydrolyse des zunächst erhaltenen Methylesters **VII**; 83%; G.-Rk. mit **IV** u. alkal. Hydrolyse lieferte dagegen **VIII**. — *3-Amino-2-[thenoyl-(2)]-benzoesäure*, $C_{12}H_9O_3NS$, F. 179—180°, durch Red. von **VII** a) durch Hydrierung in Bzl. in Ggw. von Ni bei 100°/500—600 lb.; 8,18 g aus 14 g **VII**; b) mit $FeSO_4$ in NH_3; 46,6%; c) mit Fe-Spänen in W. bei 75°. Liefert durch Diazotierung in konz. HCl u. Eingießen in CuCl in konz. HCl bei 25—29° **XII**; 80%. — **X** wurde auch aus 2-Carbomethoxy-5-nitrobenzoesäure durch Überführung mit $SOCl_2$ in *2-Carbomethoxy-5-nitrobenzoylchlorid* u. dessen Rk. mit **I** nach F.-C. in Ggw. von $SnCl_4$ u. nachfolgende alkal. Hydrolyse dargestellt; 61,3%. — *4-Amino-2-[thenoyl-(2)]-benzoesäure*, F. 218—219°, durch Hydrierung von 14 g **XI** in Bzl. bei 100°/600 lb. in Ggw. von Ni; 2,5 g; gibt durch Diazotierung **XIII**; 93%. (J. Amer. chem. Soc. **74**. 4353—57. 5/9. 1952. Wilmington, Del., E. I. du Pont de Nemours & Co., Jackson Labors.) SPAETH. 3071

H. E. Schroeder und **V. Weinmayr**, *Synthese von Thiophanthrachinonen aus Thenoyl- und Thenylbenzoesäuren*. (Vgl. vorst. Ref.) Bei der Cyclisierung der im Benzolkern substituierten 2-[Thenoyl-(2)]-benzoesäuren zu den *Thiophanthrachinonen* wurde festgestellt, daß die Verbb. mit Cl- oder NO_2-Gruppen in m-Stellung zur Thenoylgruppe sich n., d. h. ohne Umlagerung, cyclisieren lassen, während die Verbb. mit Cl- oder NO_2-Gruppen in o- oder p-Stellung Umlagerung erleiden; bei den Verbb. mit NH_2-Gruppe liegen die Verhältnisse genau umgekehrt. So wurde aus 3- (**VII**) u. 6-Chlor-2-[thenoyl-(2)]-benzoesäure (**X**) nur *5-Chlorthiophanthrachinon* (**I**) erhalten, ebenso ergaben 4- (**XI**) u. 5-Chlor-2-[thenoyl-(2)]-benzoesäure (**XII**) beide *7-Chlorthiophanthrachinon* (**XVI**). Die Verhältnisse konnten durch Anwendung der Meth. von FIESER u. HERSHBERG (J. Amer. chem. Soc. **60**. [1939.] 1893 u. früher) — Red. zu den *Chlor-2-[thenyl-(2)]-benzoesäuren*, Ringschluß zu den *Chloracetoxythiophanthrenen* u. Oxydation — geklärt werden; 6- (**VI**) u. *8-Chlorthiophanthrachinon* (**II**) sind nur mittels dieser Meth. zugänglich. **I** u. **II** lassen sich durch Aminierung mit p-Toluolsulfonamid (**III**) u. nachfolgende Hydrolyse in 5- (**IV**) bzw. *8-Aminothiophanthrachinon* (**V**) überführen; **V** entsteht auch beim direkten Ringschluß von 3- (**XIII**) u. 6-Amino-2-[thenoyl-(2)]-benzoesäure, **IV** beim Ringschluß von 3- (**XIV**) oder 6-Nitro-2-[thenoyl-(2)]-benzoesäure (**XV**) u. nachfolgender Reduktion. 4- u. 5-Amino-2-[thenoyl-(2)]-benzoesäure gaben beim Ringschluß hauptsächlich *6-Aminothiophantrachinon*, das durch SANDMEYER-Rk. in **VI** übergeführt wurde; 4- u. 5-Nitro-2-[thenoyl-(2)]-benzoesäure lieferten dagegen *7-Nitrothiophanthrachinon* u. daraus durch Red. *7-Aminothiophanthrachinon*. Es wird angenommen, daß im Falle der Nitroverbb. eine Wanderung der ganzen Nitrophthaloylgruppe von der 2- in die 3-Stellung am Thiophenkern erfolgt.

Versuche: *3-Chlor-2-[thenyl-(2)]-benzoesäure* (**VIII**), $C_{12}H_9O_2ClS$, F. 113—114°, durch 36std. Kochen von **VII** mit 28%ig. NH_4OH, $CuSO_4$ u. Zn-Staub u. Ansäuern nach Filtration; 19 g (Ausbeute). — Analog: *4-Chlor-2-[thenyl-(2)]-benzoesäure*, F. 134°; 92%. — *5-Chlor-2-[thenyl-(2)]-benzoesäure*, F. 155°; 89%. — *6-Chlor-2-[thenyl-(2)]-benzoesäure*, F. 117°; 95%. — *o-[Thenyl-(2)]-benzoesäure*, $C_{12}H_{10}O_2S$, F. 109°; 94%. — *4-Acetoxy-8-chlorthiophanthren* (**IX**), $C_{14}H_9O_2ClS$, F. 87—88° (CH_3OH), durch 1½ std. Kochen von 19 g **VIII** mit $ZnCl_2$ in Eisessig u. Acetanhydrid u. Verdünnen mit W.; 15 g; daneben entstand eine Verb. vom F. 211—212°, wahrscheinlich *2-Acetyl-4-acetoxy-8-chlorthiophanthren*, die bei der Oxydation ein *Acetylchlorthiophanthrachinon* (?), $C_{14}H_7O_3ClS$, F. 328 bis 329° (A.), lieferte. — Analog: *4-Acetoxy-5-chlorthiophanthren*, F. 188° (A.); 85%. — *4-Acetoxy-6-chlorthiophanthren*, F. 156° (A.); 83%. — *4-Acetoxy-7-chlorthiophanthren*, F. 155° (A.); 78%. — *4-Acetoxythiophanthren*, $C_{14}H_{10}O_2S$, F. 122° (A.); 93%. — *8-Chlorthiophanthrachinon* (**II**), $C_{12}H_5O_2ClS$, F. 171,5—172,5° (CH_3OH), durch Eintragen von CrO_3 in die Suspension von **IX** in Eisessig bei 80°, Zugabe von 35%ig. HCl zur sd. Mischung u.

Verdünnen mit W.; 85%. — *5-Chlorthiophanthrachinon* (I), F. 226° (CH_3COOH), a) analog II; b) durch Ringschluß von **X** mit 96% ig. H_2SO_4 während 1 Min. bei 170—175° oder in Nitrobenzol mit P_2O_5 oder $AlCl_3$ bei 130°; 61,8%; c) wie b) aus **VII**. — *6-Chlorthiophanthrachinon* (**VI**), F. 214° (CH_3COOH), wie **II**. — *7-Chlorthiophanthrachinon* (**XVI**), F. 190° (Chlorbenzol), a) wie **II**; b) durch Cyclisierung von **XI** oder **XII** mit $AlCl_3$ in Nitrobenzol bei 130° (20 Std.). — *8-p-Toluolsulfonamidothiophanthrachinon*, F. 220° (A.), durch 5std. Erhitzen von 2,1 g **II**, **III**, Na_2CO_3 u. CuCl in Nitrobenzol auf 200—205° u. Verdünnen mit CH_3OH; 1,5 g. — *8-Aminothiophanthrachinon* (**V**), $C_{12}H_7O_2NS$, F. 231—232° (Chlorbenzol), a) durch Hydrolyse vorst. Verb. mit 96% ig. H_2SO_4 bei 5—7° u. dann 1 Std. bei 25°; b) durch Cyclisierung von **XIII** in 96% ig. H_2SO_4 mit Borsäure bei 135° (5 Min.) u. Eingießen in H_2O. *8-[Thenoyl-(2)-amino]-thiophanthrachinon*, F. 275° (Dichlorbenzol). — *5-Nitrothiophanthrachinon*, $C_{12}H_5O_4NS$, F. 235—236° (Chlorbenzol), durch Cyclisierung von **XIV** oder **XV** durch Erwärmen mit 96% ig. H_2SO_4 auf 140—145° (1 Min.) u. Eingießen in H_2O. — *5-Aminothiophanthrachinon* (**IV**), F. 237° (Sublimation), a) durch Red. vorst. Verb. mit $Na_2S_2O_4$; b) aus **I** über *5-Toluolsulfonamidothiophanthrachinon* [F. 256—257° (A.)]. *5-[Thenoyl-(2)-amino]-thiophanthrachinon*, F. 258—259° (o-Dichlorbenzol). — Die Überführung der beiden *β-Aminothiophanthrachinone*, für die keine Daten angegeben werden, in **VI** bzw. **XVI** wird beschrieben, ebenso die Umlagerung von **XIV** in 100% ig. H_2SO_4 bei 70—72°, bei der sich wahrscheinlich *3-Nitro-2-[thenoyl-(3)]-benzoesäure* bildet. (J. Amer. chem. Soc. **74**. 4357—61. 5/9. 1952.) SPAETH. 3071

V. Weinmayr, F. S. Palmer und **A. A. Ebert jr.**, *4.5- und 8.9-Benzthiophanthron*. Von den beiden möglichen Benzthiophanthronen, *4.5-* (**II**) u. *8.9-Benzthiophanthron* (**III**), ist das eine von SCHOLL u. SEER [1912] u. das andere von LEE u. WEINMAYR (A. P. 2 480 746) beschrieben worden. Auf Grund der Darst. aus 1-[Thenoyl-(2)]-naphthalin (**I**) wurde dem ersten die Konst. **II**, dem zweiten daher die Konst. **III** zugeschrieben; Oxydation des letzteren liefert aber *Thiophanthrachinoncarbonsäure-(5)*, so daß es sich um **II** u. damit bei der Verb. von SCHOLL u. SEER um **III** handeln muß. Die Bldg. von **III** aus **I** wird mit einer Umlagerung von **I** zu *1-[Thenoyl-(3)]-naphthalin* analog dem im vorst. Ref. beschriebenen Verh. der Chlor- u. Nitro-2-[thenoyl-(2)]-benzoesäuren erklärt.

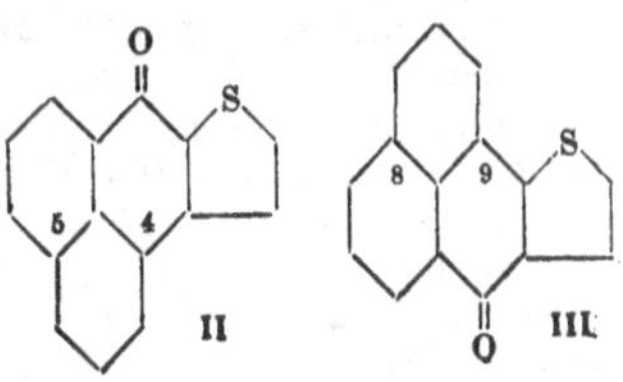

V e r s u c h e: *8.9-Benzthiophanthron* (**III**), $C_{15}H_8OS$, F. 215—217°, durch Zugabe von 36 g **I** zur Schmelze von $AlCl_3$, NaCl u. KCl bei 118—123°, 15 Min. Rühren, Eingießen in W., Extraktion des Nd. mit Chlorbenzol, Chromatographie an Al_2O_3 u. Elution mit A.; aus Eisessig 2 g gelbe Kristalle; orangerot lösl. in 96% ig. H_2SO_4, unlösl. in 36% ig. HCl. — *4.5-Benzthiophanthron* (**II**), F. 140°. Thiophanthrachinon (**IV**) in 96% ig. H_2SO_4 wurde mit $CuSO_4$ in W. bei 110° versetzt, dann wurden Glycerin u. Fe-Späne während 3 Std. bei 110—117° zugegeben, die Mischung wurde in W. gegossen, das Prod. in NaOH aufgenommen u. mit HCl ausgefällt; aus Ligroin gelbe Nadeln; 63,5% Rohausbeute; lösl. in 96% ig. H_2SO_4 u. in 36% ig. HCl. — *Thiophanthrachinoncarbonsäure-(5)*, $C_{13}H_6O_4S$, F. 283—284° (Nitrobenzol oder o-Dichlorbenzol), a) durch Oxydation von **II** in sd. Eisessig mit CrO_3 u. Verdünnen mit W.; b) durch Diazotierung von 5-Aminothiophanthrachinon in 96% ig. H_2SO_4 bei 10°, Ausfällung des Diazoniumsalzes durch Zugabe von Eis bei 10—15°, Eintragen des Salzes in eine Lsg. von $CuSO_4$, $NaHCO_3$ u. KCN in W., Stehenlassen über Nacht bei Raumtemp., Erwärmen auf 60°, Abtrennen des *5-Cyanthiophanthrachinons* (F. 200—215°) u. Verseifung mit 90% ig. H_2SO_4 bei 70—80°. — *Thiophanthrachinoncarbonsäure-(8)*, F. 273—274° (Chlorbenzol, A.), wie vorst. b) aus 8-Aminothiophanthrachinon. — Die Infrarotspektren von **IV** u. von den beiden Carbonsäuren werden graph. dargestellt. (J. Amer. chem. Soc. **74**. 4361—63. 5/9. 1952.) SPAETH. 3071

A. Sykes und **J. C. Tatlow**, *Trifluormethylbenzimidazole*. Die durch Nitrierung von m-Acetamidobenzotrifluorid mit HNO_3 + Essigsäureanhydrid u. Entacetylierung des Reaktionsprod. gewonnenen Verbb. *3-Amino-2-nitrobenzotrifluorid* (**I**) u. *3-Amino-4-nitrobenzotrifluorid* (**II**) geben bei der Red. mit $SnCl_2$ in HCl die Phenylendiaminderivv. *2.3-* (**III**) bzw. *3.4-Diaminobenzotrifluorid* (**IV**). Die Behandlung von **III** u. **IV** mit HCOOH nach PHILLIPS (J. chem. Soc. [London] **1928**. 2393) liefert *4-* bzw. *5-Trifluormethylbenzimidazol*. Die Umsetzung von **III** mit Benzil in Methanol zu *2.3-Diphenyl-5-trifluormethylchinoxalin* bestätigt die Konst. von **I**.

V e r s u c h e: *2.3-Diaminobenzotrifluorid* (**III**), $C_7H_7N_2F_3$, Kp.$_{14}$ 125°, F. 41°; durch langsames Eintragen einer Lsg. von 30 g $SnCl_2 \cdot 2\,H_2O$ in 60 cm³ konz. HCl in eine warme Lsg. von 5,0 g **I** in 40 cm³ A., ½ std. Kochen am Rückflußkühler, Eingießen in W., Alkalischmachen mit wss. NaOH u. Ausäthern; 66% (Ausbeute). *Diacetylverb.*, $C_{11}H_{11}O_2N_2F_3$,

F. 228—229° (aus A. krist.). — *2.3-Diphenyl-5-trifluormethylchinoxalin*, $C_{21}H_{13}N_2F_3$, F. 139° (Methanol); durch ½ std. Kochen von 0,35 g **III** mit 0,40 g Benzil in 10 cm³ Methanol; 57%. — *3.4-Diaminobenzotrifluorid* (**IV**), F. 58°; aus **II** mit $SnCl_2$ u. HCl; 86%. — *4-Trifluormethylbenzimidazol*, $C_8H_5N_2F_3$, F. 192,5° (W.); durch ³/₄ std. Kochen von 4,40 g **III** mit 1,85 cm³ 90%ig. HCOOH u. 25 cm³ 4n HCl am Rückflußkühler u. Neutralisation mit NH_4OH; 44%. — *5-Trifluormethylbenzimidazol*, F. 119°; ebenso aus **IV**; 35%. (J. chem. Soc. [London] **1952**. 4078—79. Okt. Birmingham, Univ., Chem. Dep.) FORCHE. 3122

Edgar A. Steck und **Lynn T. Fletcher**, *β.β'-Bis-[thiazolyl-(2)]-diäthylsulfide*. Bei Verss. zur Darst. von 2-[β-Diäthylaminoäthyl]-4-phenylthiazol wurde festgestellt, daß β-Diäthylaminopropionitril (**I**) mit H_2S nicht zum erwarteten β-Diäthylaminothiopropionamid, sondern zu *β.β'-Thio-di-[propionthioamid]* (**II**) reagiert, das weiter mit Phenacylbromid bzw. Chloracteon umgesetzt wurde.

Versuche: *β.β'-Thio-di-[propionthioamid]* (**II**), durch 10 std. Schütteln von **I** u. H_2S in A. bei 60° u. Eindampfen als viscoser Rückstand, der nicht krist. erhalten werden konnte; 50,5% (Ausbeute). — *β.β'-Bis-[4-phenylthiazolyl-(2)]-diäthylsulfid*, $C_{22}H_{20}N_2S_3$, F. 68,2—69,2° (korr.; Hexan), durch 3 std. Kochen von rohem **II** u. Phenacylbromid in A., Abtrennen des rohen *Dihydrobromids* (F. 192—193°) u. Alkalisieren mit NH_4OH; 43%. — *β.β'-Bis-[4-methylthiazolyl-(2)]-diäthylsulfiddihydrochlorid*, $C_{12}H_{16}N_2S_3 \cdot 2\,HCl$, F. 215—216°, wie vorst. mit Chloraceton; aus A.–Hexan, feine Nadeln; 42%; die freie Base ist ölig. (J. Amer. chem. Soc. **74**. 4461. 5/9. 1952. Rensselaer, N. Y., Sterling-Winthrop Res. Inst.) SPAETH. 3142

José Sistaré und **José Pascual** (unter Mitarbeit von **Antonio Escala**), *Kondensation zwischen Benzoylphenylacetylen und p-Toluylessigsäureäthylester sowie zwischen p-Toluylphenylacetylen und Benzoylessigsäureäthylester*. Vff. untersuchen die MICHAEL-Kondensation bei den genannten Acetylenketonen in Ggw. von Na-Methylat zu *Pyronen*.

Versuche: *ω-Bromstyrol*, $Kp._{16}$ 105°, aus *α.β-Dibrom-β-phenylpropionsäure* in 10%ig. heißer Na_2CO_3-Lsg.; 56% (Ausbeute). — *Phenylacetylen*, $Kp._{17}$ 48°, durch Zugabe vorst. Verb. zu $NaNH_2$ in Ligroin bei 150—160° unter Rühren; 76%. — *Benzoylphenylacetylen* (**I**), $Kp._{15}$ 195—200°, F. 50° (PAe.), durch Zugabe vorst. Verb. zu gepulvertem Na in sd. Ae., 2 std. Kochen, Zugabe von Benzoylchlorid u. 1 std. Kochen; 45%. *Phenylhydrazon*, F. 154—155°. *1.3.5-Triphenylpyrazol*, F. 139—139,5°. *Dibenzoylmethan*, F. 78°. — *p-Toluylphenylacetylen* (**II**), $Kp._{0,3}$ 158°, F. 72° (A.), analog **I**; 45%. *Phenylhydrazon*, $C_{22}H_{18}N_2$, gelbe Prismen aus CH_3OH, F. 144—145°. *Benzoyl-p-toluylmethan*, F. 84—85°. *1.3-Diphenyl-5-p-tolylpyrazol*, $C_{22}H_{18}N_2$, F. 119—120°. — *4.6-Diphenyl-3-p-toluyl-2-pyron*, $C_{25}H_{18}O_3$, F. 218—219°, aus **I** u. Toluylessigsäureäthylester mittels Na-Methylats in absol. A.; aus A. gelbe Prismen. Daraus in absol. CH_3OH mit Na-Methylat *4.6-Diphenyl-2-pyron*, F. 137—138,5°; 42%. — *3-Benzoyl-4-phenyl-6-p-tolyl-2-pyron*, $C_{25}H_{18}O_3$, F. 159—160°, aus **II** u. Benzoylessigsäureäthylester; gelbgrünliche Nadeln. Hieraus *4-Phenyl-6-p-tolyl-2-pyron*, $C_{18}H_{14}O_2$, F. 122—122,5°, aus A. hellgelbe Blättchen. (An. Real Soc. españ. Física Quím., Ser. B **48**. 593—96. Juli/Aug. 1952. Barcelona, Univ., Inst. „Alonso Barba", Dep. de Quím. Orgán.) ALTPETER. 3211

Ng. Ph. Buu-Hoi und **René Royer**, *Carcinogene Stickstoffverbindungen*. 6. Mitt. *Derivate von 1.2- und 3.4-Benzophenarsazin*. (5. vgl. C. **1952**. 1648.) Zur Prüfung auf carcinogene, fungicide u. chemotherapeut. Wrkg. werden zahlreiche *Derivv. von 5.10-Dihydro-3.4-* (**I**) u. *-1.2-benzophenarsazin* (**II**) dargestellt, die eine strukturelle Ähnlichkeit mit 1.2- u. 3.4-Benzacridinen u. 1.2- u. 3.4-Benzocarbazolen aufweisen, von denen einige Derivv. carcinogene Eigg. haben. Die *substituierten 10-Chlorverbb.* von **I** u. **II** werden nach dem Verf. von WIELAND u. RHEINHEIMER (C. **1921**. III. 725) aus $AlCl_3$ u. sek. Diarylaminen dargestellt; soweit letztere noch nicht bekannt waren, wurden sie mit der KNOEVENAGEL-Rk. [1914] gewonnen; *N-[p-Bromphenyl]-α-naphthylamin* konnte auf diesem Wege nicht erhalten werden, da p-Bromanilin bei Rk. mit α-Naphthylamin schon bei relativ niedriger Temp. das Halogen abspaltet. Die substituierten 10-Chlorverbb. von **I** u. **II** geben kein Nitrosamin; das Cl-Atom wird bei Rk. mit GRIGNARD-Verbb. gegen Alkyl- bzw. Arylreste ausgetauscht. — Einige 10-Chlorverbb. scheinen carcinogen zu sein, die 10-Alkylverbb. sind es nicht. Ebenso zeigen nur die 10-Chlorverbb. fungicide Eigg. gegenüber *Fusarium graminearum*, während einige 10-Alkylverbb. das Wachstum von *Staphylococcus aureus* bei einer Konz. von ca. 10^{-5} hemmen.

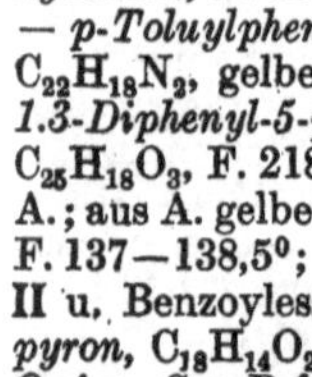
I

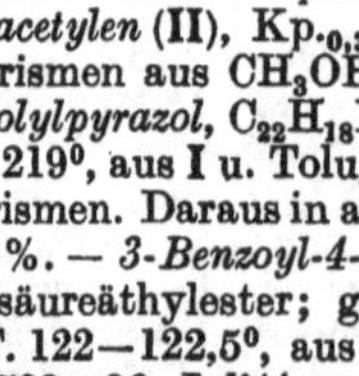
II

Versuche (mit **J. F. Miquel** u. **M. Hubert-Habart**): *N-[3.5-Dimethylphenyl]-α-naphthylamin*, $C_{18}H_{17}N$, F. 52°, aus 10 g symm. m-Xylidin, 12 g α-Naphthol (**I**) u. 0,2 g J_2

durch 20std. Kochen, Lösen in Toluol u. Waschen; Kp.$_{16}$ 255—257°; aus Ligroin Nadeln; 8 g (Ausbeute). Wird statt I α-Naphthylamin verwendet, entsteht ein viel *Bis-α-naphthylamin* enthaltendes Produkt. — *N-[2-Methyl-5-isopropylphenyl]-α-naphthylamin*, $C_{20}H_{21}N$, Kp.$_{20}$ 258—260°, ebenso aus 8 g 2-Aminocymol u. 12 g I; viscoses blaßgelbes Öl; 8 g. — *N-[p-(1-Methylbutyl)-phenyl]-α-naphthylamin*, $C_{21}H_{23}N$, Kp.$_{20}$ 270—275°, aus 10 g p-[1-Methylbutyl]-anilin u. 10 g I; blaßgelbes viscoses Öl; 10 g. — *N-[2-Diphenylyl]-α-naphthylamin*, $C_{22}H_{17}N$, F. 127°, aus 20 g 2-Aminodiphenyl u. 23 g I; Kp.$_{28}$ 295—298°; aus A. seidige Nadeln; 8 g. — *N-[o-Äthoxyphenyl]-α-naphthylamin*, $C_{18}H_{17}ON$, Kp.$_{21}$ 257—260°, aus o-Phenetidin u. I; blaßgelbes viscoses Öl. — *N-[o-Äthoxyphenyl]-β-naphthylamin*, $C_{18}H_{17}ON$, F. 82—83°, ebenso aus β-Naphthol; aus Ligroin oder Methanol feine Nadeln. — *N-[p-Tolyl]-6-tert.-butyl-2-naphthylamin*, $C_{21}H_{23}N$, F. 99°, aus p-Toluidin u. 6-tert.-Butyl-2-naphthol; aus Methanol Prismen. — Durch 6—8std. Kochen von 1 Mol Diarylamin u. 1 Mol $AsCl_3$ in o-Dichlorbenzol (5—6fache Menge des Amins), Waschen des Chlorarsins mit Bzl. u. Kristallisation aus Chlorbenzol oder o-Dichlorbenzol wurden die folgenden *10-Chlor-5.10-dihydro-3.4-benzophenarsazine* in Form von grünlichen bis orangegelben Nadeln erhalten; sie geben mit H_2SO_4 orangefarbene bis rote Lsgg. (in Klammern die für alle Vertreter charakterist. Temp. der beginnenden Zers.): *7.9-Dimethyl-*, $C_{18}H_{15}NClAs$, F. 312—314° (275°). — *6.9-Dimethyl-*, $C_{18}H_{15}NClAs$, F. 217° (206°). — *6.8-Dimethyl-*, $C_{18}H_{15}NClAs$, F. 244° (215°). — *7.8-Dimethyl-*, $C_{18}H_{15}NClAs$, F. 280° (253°). — *6.7-Dimethyl-*, $C_{18}H_{15}NClAs$, F. 260° (230—235°). — *6-Methyl-9-isopropyl-*, $C_{20}H_{19}NClAs$, F. 230° (208°). — *7-Chlor-6-methyl-*, $C_{17}H_{12}NCl_2As$, F. 275—280° (240°). — *8-Chlor-*, $C_{16}H_{10}NCl_2As$, F. 221—222° (206°). — *8-[1'-Methyl-n-butyl]-*, $C_{21}H_{21}NClAs$, F. 165° (160°). — *8-[1.1-Dimethyl-n-propyl]-*, $C_{21}H_{21}NClAs$, F. 199° (190°). — *8-Phenyl-*, $C_{22}H_{15}\cdot NClAs$, F. 275° (255°). — *6-Phenyl-*, $C_{22}H_{15}NClAs$, F. 195° (181°). — *8-Methoxy-*, $C_{17}H_{13}\cdot ONClAs$, F. 242° (220°). — *6-Methoxy-*, $C_{17}H_{13}ONClAs$, F. 239° (215°). — *6-Äthoxy-*, $C_{18}H_{15}ONClAs$, F. 204° (190°). — Ebenso wurden die folgenden *10-Chlor-5.10-dihydro-1.2-benzophenarsazine* gewonnen: *7.9-Dimethyl-*, $C_{18}H_{15}NClAs$, F. 314° (275°). — *6.9-Dimethyl-*, $C_{18}H_{15}NClAs$, F. 250° (220°). — *6.7-Dimethyl-*, $C_{18}H_{15}NClAs$, F. 249° (235°). — *7.8-Dimethyl-*, $C_{18}H_{15}NClAs$, F. 285° (250°). — *6-Methyl-9-isopropyl-*, $C_{20}H_{19}NClAs$, F. 265° (220°). — *8-Chlor-*, $C_{16}H_{10}NCl_2As$, F. 262° (240°). — *7-Chlor-6-methyl-*, $C_{17}H_{12}\cdot NCl_2As$, F. 290° (270°). — *8-[1'-Methyl-n-butyl]-*, $C_{21}H_{21}NClAs$, F. 174° (165°). — *8-[1.1-Dimethyl-n-propyl]-*, $C_{21}H_{21}NClAs$, F. 228° (210°). — *8-Phenyl-*, $C_{22}H_{15}NClAs$, F. 260—265° (245°). — *6-Phenyl-*, $C_{22}H_{15}NClAs$, F. 242° (215°). — *8-Methoxy-*, $C_{17}H_{13}ONClAs$, F. 245° (233—235°). — *6-Äthoxy-*, $C_{18}H_{15}ONClAs$, F. 192° (170°). — *3'-tert.-Butyl-8-methyl-*, $C_{21}H_{21}NClAs$, F. 271° (268°). — Durch langsame Zugabe von 1 Mol 10-Chlorverb. zu der äther. Lsg. von 2,5 Mol Alkyl- bzw. Arylmagnesiumverb., ¼std. Kochen, Zers. mit NH_4Cl-Lsg., Abdest. von Ae. u. Kristallisation aus A., Ligroin oder Aceton wurden folgende *5.10-Dihydro-3.4-benzophenarsazine* dargestellt, die alle in Nadeln krist. u. mit H_2SO_4 gelbe, orangefarbene oder braunrote Halochromie geben: *7.9.10-Trimethyl-*, $C_{19}H_{18}NAs$, F. 121°. — *6.9.10-Trimethyl-*, $C_{19}H_{18}NAs$, F. 110°. — *6.7.10-Trimethyl-*, $C_{19}H_{18}NAs$, F. 130°. — *6.8.10-Trimethyl-*, $C_{19}H_{18}NAs$, F. 92°. — *7.8.10-Trimethyl-*, $C_{19}H_{18}NAs$, F. 171°. — *8-Chlor-10-methyl-*, $C_{17}H_{13}NClAs$, F. 123°. — *8-Chlor-10-äthyl-*, $C_{18}H_{15}NClAs$, F. 81°. — *10-Äthyl-6.9-dimethyl-*, $C_{20}H_{20}NAs$, F. 109°. — *10-Benzyl-6.9-dimethyl-*, $C_{25}H_{22}NAs$, F. 174°. — Ebenso wurden die folgenden *5.10-Dihydro-1.2-benzophenarsazine* erhalten: *7.8.10-Trimethyl-*, $C_{19}H_{18}NAs$, F. 142°. — *6.9.10-Trimethyl-*, $C_{19}H_{18}NAs$, F. 138°. — *6.7.10-Trimethyl-*, $C_{19}H_{18}NAs$, F. 137°. — *10-Äthyl-7.9-dimethyl-*, $C_{20}H_{20}NAs$, F. 104°. — *10-Äthyl-6.7-dimethyl-*, $C_{20}H_{20}NAs$, F. 128°. — *7.8-Dimethyl-10-isopropyl-*, $C_{21}H_{22}NAs$, Zers. >180°. — *7-Chlor-6.10-dimethyl-*, $C_{18}H_{15}NClAs$, F. 143°. — *7-Chlor-10-äthyl-6-methyl-*, $C_{19}H_{17}NClAs$, F. 110°. — *10-n-Butyl-7-chlor-6-methyl-*, $C_{21}H_{21}NClAs$, F. 105°. — *10-Methyl-8-[1'-methyl-n-butyl]-*, $C_{22}H_{24}NAs$, F. 101°. — *10-Methyl-8-[1.1-dimethyl-n-propyl]-*, $C_{22}H_{24}NAs$, F. 151°. — *8-Methoxy-10-methyl-*, $C_{18}H_{16}ONAs$, F. 158°. — *10-Methyl-8-phenyl-*, $C_{23}H_{18}NAs$, F. 189°. — *10-Methyl-6-phenyl-*, $C_{23}H_{18}NAs$, F. 135°. — *10-Äthyl-6-phenyl-*, $C_{24}H_{20}NAs$, F. 116°. — *6.10-Diphenyl-*, $C_{28}H_{20}NAs$, F. 162°. (J. chem. Soc. [London] **1951**. 795—98. März. Paris, Univ., Radium Inst., Dep. of Organ. Chem.)

Nitzschke. 3231

Ng. Ph. Buu-Hoi und **Ng. Hoán**, *Carcinogene Stickstoffverbindungen.* 7. Mitt. *6-Methyl-7-methylmercaptotetralon-(1) und seine Verwendung zu Synthesen von stickstoffhaltigen heterocyclischen Verbindungen.* (6. vgl. vorst. Ref.) Aus Methyl-o-tolylsulfid u. Bernsteinsäureanhydrid entsteht in glatter Rk. *β-[3-Methyl-4-methylmercaptobenzoyl]-propionsäure*, die zu *γ-[3-Methyl-4-methylmercaptophenyl]-buttersäure* red. wurde, aus der bei Cyclisierung mit $AlCl_3$ *6-Methyl-7-methylmercaptotetralon-(1)* (I) erhalten wird. Die Cyclisierung verläuft wegen der in p-Stellung dirigierenden Wrkg. der Methylgruppe wesentlich glatter als bei *γ-[p-Methylmercaptophenyl]-butyrylchlorid.* I wurde mit Isatin u. 5-Bromisatin zu *3.4-Dihydro-3'-methyl-2'-methylmercapto-1.2-benzacridin-5-carbonsäure* (II)

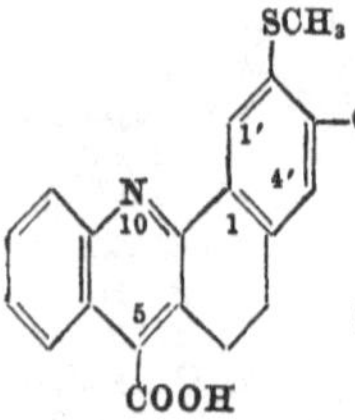

II

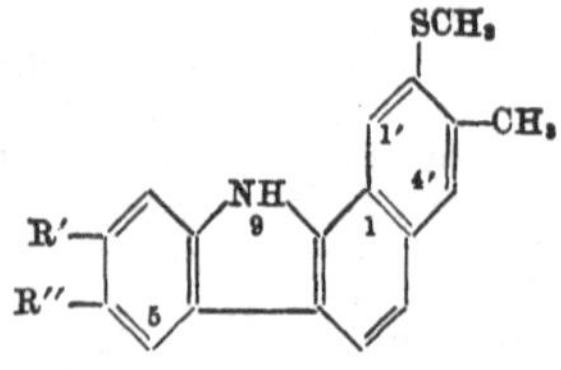

III

bzw. ihrer *7-Bromverb.* umgesetzt; die I-Arylhydrazone führen mit HCl in Essigsäure zu *3.4-Dihydro-1.2-benzocarbazolen,* die mit Chloranil zu *1.2-Benzocarbazolen* vom Typ III dehydriert wurden. Das aus dem I-Diphenylylhydrazon erhaltene Prod. ist wahrscheinlich *3'-Methyl-2'-methylmercapto-8-phenyl-1.2-benzocarbazol.*

Versuche: *Methyl-o-tolylsulfid,* Kp. 207°, aus o-Thiokresol, Dimethylsulfat u. KOH; >96% (Ausbeute). — *β-[3-Methyl-4-methylmercaptobenzoyl]-propionsäure,* $C_{12}H_{14}O_3S$, F. 136°, aus vorst. Verb. u. Bernsteinsäureanhydrid in Nitrobenzol durch langsame Zugabe von $AlCl_3$, Gießen auf Eis nach mehrstd. Stehen bei n. Temp., Dampfdest., Ausziehen des Rückstandes mit sd. Sodalsg. u. Ansäuern des Filtrats; aus Bzl. feine Nadeln; 98%. — *γ-[3-Methyl-4-methylmercaptophenyl]-buttersäure,* $C_{12}H_{16}O_2S$, F. 52°, aus 110 g vorst. Verb., 90 g 85%ig. Hydrazinhydrat, KOH u. Diäthylenglykol durch Erhitzen bis auf 195° unter Entfernung des W., 2std. Kochen, Verdünnen mit W., Ansäuern u. Aufnehmen in Chlf.; aus Ligroin Blättchen; 103 g. — *6-Methyl-7-methylmercaptotetralon-(1)* (I), $C_{12}H_{14}OS$, F. 65°, aus 100 g vorst. Verb. durch vorsichtige Zugabe von 60 g $SOCl_2$, mehrstd. Stehen, Abdest. von $SOCl_2$, Lösen in CS_2, langsame Addition von $AlCl_3$, Gießen auf Eis nach 5 Std. u. Dest. der gewaschenen organ. Lsg.; $Kp._{15}$ 210—218°; aus CH_3OH feine Prismen; mit H_2SO_4 orangefarben; 76 g. *Semicarbazon,* F. 251°, aus A. Nadeln. *Thiosemicarbazon,* F. 201°, aus Essigsäure mikrokrist. Pulver. — *3.4-Dihydro-3'-methyl-2'-methylmercapto-1.2-benzacridin-5-carbonsäure* (II), $C_{20}H_{17}O_2NS$, aus 2 g I u. 1,7 g Isatin durch 12std. Kochen in wss.-alkoh. KOH, Verdünnen mit W., Waschen mit Ae. u. Ansäuern der wss. Schicht; aus CH_3OH lange gelbe Nadeln, die bis 288° nicht vollständig schm.; 2 g. — *7-Brom-3.4-dihydro-3'-methyl-2'-methylmercapto-1.2-benzacridin-5-carbonsäure,* $C_{20}H_{16}O_2NBrS$, F. >300°, ebenso aus 2 g I u. 2,5 g 5-Bromisatin; aus A. feine gelbe Nadeln; 1,7 g. Decarboxylierung durch Erhitzen führt zu *7-Brom-3.4-dihydro-3'-methyl-2'-methylmercapto-1.2-benzacridin; Pikrat,* $C_{25}H_{19}O_7N_4BrS$, F. 248° (Zers.), aus Xylol feine orangefarbene Prismen, die oberhalb 210° sublimieren. — *3.4-Dihydro-3'-methyl-2'-methylmercapto-1.2-benzocarbazol,* $C_{18}H_{17}NS$, F. 157°, aus I durch 1std. Kochen mit Phenylhydrazin in A., Zugabe von W., kurzes Erhitzen des rohen I-Phenylhydrazons mit HCl in Eisessig u. Eingießen in W.; aus Ligroin feine Nadeln; 92%; mit H_2SO_4 orangegelb. Das *Pikrat* ist violett gefärbt. — *3'-Methyl-2'-methylmercapto-1.2-benzocarbazol,* $C_{18}H_{15}NS$, F. 218°, durch 6std. Kochen vorst. Verb. mit Chloranil in Xylol, Waschen des Filtrats u. Abdest. von Xylol; aus Bzl. Blättchen; 90%; mit H_2SO_4 orangerot. *Pikrat,* aus A. feine violette Nadeln, F. 220°. — *3.4-Dihydro-3'.6-dimethyl-2'-methylmercapto-1.2-benzocarbazol,* $C_{19}H_{19}NS$, F. 167°, aus Ligroin Blättchen; mit H_2SO_4 orangefarben. — *3'.6-Dimethyl-2'-methylmercapto-1.2-benzocarbazol,* $C_{19}H_{17}NS$, F. 223°, aus Ligroin mkr. Nadeln; mit H_2SO_4 orangerot. — *3.4-Dihydro-3'.7-dimethyl-2'-methylmercapto-1.2-benzocarbazol,* F. 155°, entsteht als einziges Prod. aus dem I-m-Tolylhydrazon; aus Ligroin Nadeln; 85%. — *3'.7-Dimethyl-2'-methylmercapto-1.2-benzocarbazol,* F. 199°, aus Bzl.-Ligroin Prismen; mit H_2SO_4 orangerot. — *3'.8-Dimethyl-2'-methylmercapto-1.2-benzocarbazol,* F. 189°, aus der nicht in reiner Form isolierten 3.4-Dihydroverb.; aus Ligroin Nadeln. — *3'-Methyl-2'-methylmercapto-8-phenyl-1.2-benzocarbazol* (?), $C_{24}H_{19}NS$, F. 177°, aus Ligroin Nadeln. — *3.4-Dihydro-3'-methyl-2'-methylmercapto-1.2; 5.6-dibenzocarbazol,* $C_{22}H_{19}NS$, F. 183°, aus Ligroin feine gelbe Nadeln; 87%; mit H_2SO_4 orangerot. — *3'-Methyl-2'-methylmercapto-1.2; 5.6-dibenzocarbazol,* $C_{22}H_{17}NS$, F. 232°, aus Bzl. mkr. Nadeln; mit H_2SO_4 braunrote Färbung. Das *Pikrat* ist bräunlichviolett. — *3.4-Dihydro-3'-methyl-2'-methylmercapto-1.2; 7.8-dibenzocarbazol,* F. 148°, aus Bzl.-Ligroin feine Blättchen; 90%; mit H_2SO_4 orangerot. — *3'-Methyl-2'-methylmercapto-1.2; 7.8-dibenzocarbazol,* $C_{22}H_{17}NS$, F. 204°, aus Bzl. feine Nadeln; mit H_2SO_4 braunrote Färbung. Das *Pikrat* ist braunviolett gefärbt. — Die folgenden *2-Aryliden-6-methyl-7-methylmercaptotetralone-(1)* wurden aus I u. dem entsprechenden Aldehyd in möglichst wenig A. durch Schütteln mit einigen Tropfen 40%ig. NaOH oder KOH gewonnen: *2-Furfuryliden-,* $C_{17}H_{16}O_2S$, F. 95°, lange Nadeln aus CH_3OH; mit H_2SO_4 scharlachfarben. — *2-[p-Chlorbenzyliden]-,* $C_{19}H_{17}OClS$, F. 156°, aus A. lange Nadeln; mit H_2SO_4 orangerot. — *2-[o-Chlorbenzyliden]-,* $C_{19}H_{17}OClS$, F. 149°, aus A. lange Nadeln; mit H_2SO_4 braunrot. — *2-[2.4-Dichlorbenzyliden]-,* $C_{19}H_{16}OCl_2S$, F. 135°, aus A. lange Nadeln; mit H_2SO_4 orangebraun. — *2-[3.4-Dichlorbenzyliden]-,* $C_{19}H_{16}OCl_2S$, F. 145°, aus A. lange Nadeln; mit H_2SO_4 dunkelrot. — *2-[m-Nitrobenzyliden]-,* $C_{19}H_{17}O_3NS$, F. 178°, aus A. lange gelbe Nadeln; mit H_2SO_4 braun. — *2-[p-Methoxybenzyliden]-,* $C_{20}H_{20}O_2S$, F. 146°, aus A. lange gelbe Nadeln; mit H_2SO_4 blutrot. — *2-[3.4-Di-*

methoxybenzyliden]-, $C_{21}H_{22}O_3S$, F. 148°, aus A. lange gelbe Nadeln; mit H_2SO_4 carminfarben. — *2-[3.4-Methylendioxybenzyliden]-*, $C_{20}H_{18}O_3S$, F. 137°, aus A. lange gelbe Nadeln; mit H_2SO_4 violettrot. — *2-[Pyrenyl-(3)-methylen]-*, $C_{29}H_{22}OS$, F. 214°, aus A. leuchtend gelbe Prismen; mit H_2SO_4 blau. (J. chem. Soc. [London] **1951**. 2868—70. Nov.)
NITZSCHKE. 3231

Ng. Ph. Buu-Hoi, *Carcinogene Stickstoffverbindungen.* 8. Mitt. *Weitere Synthesen von Oxybenzacridinen und Oxydibenzacridinen.* (7. vgl. vorst. Ref.) *1'-* (**I**) u. *9-Oxy-3.4-benzacridin* (**II**) werden synthetisiert. Letzteres schm. bei tieferer Temp. u. zeigt bessere Löslichkeitseigg. als die anderen bisher bekannten Oxy-3.4-benzacridine, was Vf. mit der Möglichkeit der Ausbldg. einer intramol. Wasserstoffbindung zwischen der OH-Gruppe u. dem N-Atom erklärt. Wie 8-Oxychinolin u. 1-Oxyacridin gibt **II** Chelatverbb. mit den Kationen vieler Metalle, ferner zeigt **II** gegenüber *Staphylococcus aureus* wesentlich stärkere antibakterielle Wirksamkeit als die Isomeren, die keine Wasserstoffbindung ausbilden können. — **I** wurde aus *5-Methoxy-2-naphthol* dargestellt; dieses entsteht ausschließlich (ohne daß dabei gleichzeitig 6-Methoxy-1-naphthol gebildet wird) bei der Monomethylierung von 1.6-Dioxynaphthalin (**VII**) mit Dimethylsulfat, wie aus der Überführung in ein scharf schm. Pikrat u. aus der glatten Rk. mit 2.3-Dichlor-1.4-naphthochinon (**VI**) zu der Verb. **IV** hervorgeht. Letztere Rk. ist charakterist. für 2-Naphthole mit freier 1-Stellung u. wird von 1-Naphtholen nicht gegeben. — Die ULLMANN-FETVADJIAN-Rk. von 2.6-Dimethoxyanilin, β-Naphthol (**VIII**) u. Paraformaldehyd führt zu *6.9-Dimethoxy-3.4-benzacridin*, dessen entmethyliertes Deriv. instabil ist. — Es werden ferner nach bekanntem Verf. 4 *Monooxyverbb.* des *1.2; 6.7-Dibenzacridins* (**III**) u. 3 *Monooxyderivv.* des *3.4; 6.7-Dibenzacridins* (**V**) dargestellt.

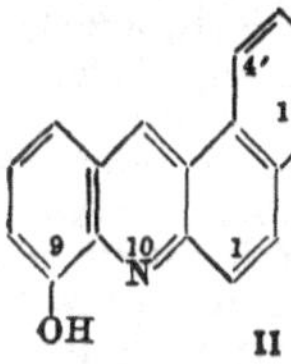
II
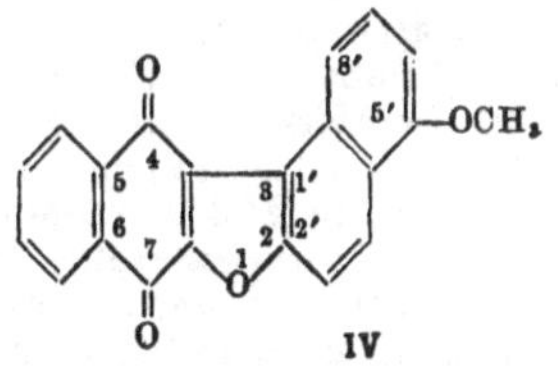
IV
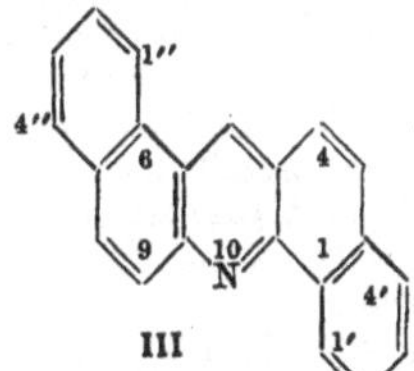
III
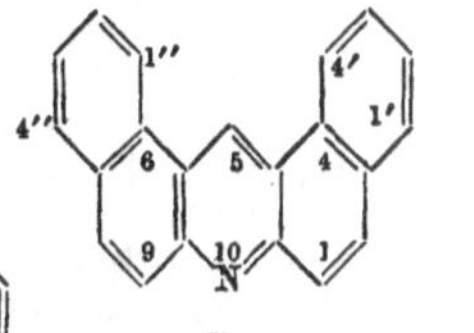
V

Versuche: *9-Methoxy-3.4-benzacridin*, $C_{18}H_{13}ON$, Kp.$_{15}$ 280—285°, aus dem sd. Gemisch von 20 g β-Naphthol (**VIII**) u. 15 g o-Anisidin durch langsame Zugabe von 3 g Paraformaldehyd u. 5minütiges Kochen an der Luft als Rohprod.; 15 g (Ausbeute). — *9-Oxy-3.4-benzacridin* (**II**), $C_{17}H_{11}ON$, F. 159—160°, aus vorst. Rohprod. u. 50 g Pyridinhydrochlorid durch 10minütiges Erhitzen, Zugabe von W. u. Zers. des **II**-Hydrochlorids mit verd. NH_4OH; aus Bzl. grünlichgelbe seidige Nadeln, die sich leicht in NaOH mit gelber Farbe lösen; 8 g. *9-Oxy-1.2-benzacridin* konnte auf demselben Wege aus α-Naphthol nicht erhalten werden. — *5-Methoxy-2-naphthol*, $C_{11}H_{10}O_2$, Kp.$_{20}$ 208—210°, aus 32 g 1.6-Dioxynaphthalin (**VII**) u. Dimethylsulfat in W. durch langsame Zugabe von konz. KOH, Ausäthern, Ansäuern der wss. Lsg. u. Ausäthern; blaßgelbes viscoses Öl, das sich an der Luft schnell dunkel färbt; 23 g. *Pikrat*, aus A. seidige orangerote Nadeln, F. 172°. — *5'-Methoxy-5.6-benzonaphtho-[2'.1' : 2.3]-cumaron-4.7-chinon* (**IV**), $C_{21}H_{12}O_4$, F. 261—262°, aus 2 g 2.3-Dichlor-1.4-naphthochinon (**VI**) u. 2 g vorst. Verb. durch ½ std. Kochen mit Pyridin u. Zugabe von CH_3OH; aus Toluol feine orangerote, sublimierbare Nadeln; 2,5 g; mit H_2SO_4 intensive Grünlichblaufärbung. — *5'-Oxy-5.6-benzonaphtho-[2'.1' : 2.3]-cumaron-4.7-chinon*, $C_{20}H_{10}O_4$, F. 303—304°, aus **IV** durch 5minütiges Erhitzen mit Pyridinhydrochlorid u. Zugabe von W.; aus Chlorbenzol feine braunrote Nadeln, die mit tiefblauer Farbe in H_2SO_4, mit tiefviolettblauer Farbe in NaOH löslich sind. Die Verb. entsteht auch durch 2std. Erhitzen von **VII**, **VI** u. Pyridin. — *6.9-Dimethoxy-3.4-benzacridin*, $C_{19}H_{15}O_2N$, F. 168°, aus 20 g **VIII** u. 15 g 2.6-Dimethoxyanilin wie **II**; Kp.$_{15}$ 302—306°; aus CH_3OH lange gelbe seidige Nadeln; 12 g; mit H_2SO_4 braunrot. *Pikrat*, aus Nitrobenzol orangerote Nadeln, F. ca. 267—269° (Zers.). Kurzes Erhitzen der Dimethoxyverb. mit Pyridinhydrochlorid liefert ein Hydrochlorid, das mit verd. NH_4OH zu einem grünlichen Prod. führt, welches in Alkali mit tiefgelber Farbe lösl. ist u. wahrscheinlich *6.9-Dioxy-3.4-benzacridin* ist. — *1'-Oxy-3.4-benzacridin* (**I**), $C_{17}H_{11}ON$, F. 275°, aus Nitrobenzol feine blaßgelbe, sublimierbare Nadeln. *Methyläther*, $C_{18}H_{13}ON$, F. 172°, aus A. lange seidige blaßgelbe Nadeln, die ein orangefarbenes *Pikrat* geben; F. 289—290°; seidige Nadeln aus Nitrobenzol. — *4''-Methoxy-1.2; 6.7-dibenzacridin*, $C_{22}H_{15}ON$, F. 214°, aus 5 g 5-Methoxy-2-naphthol, 4,5 g α-Naphthylamin u. Paraformaldehyd; Kp.$_{12}$ 300°; aus Bzl. blaßgelbe seidige Nadeln; 4 g; mit H_2SO_4 tiefgelb. — *4''-Oxy-1.2; 6.7-dibenzacridin*, $C_{21}H_{13}ON$, F. 304—305°, aus Nitrobenzol gelbliche seidige, sublimierbare Nadeln, deren alkal. Lsgg. tiefgelb sind. —

6-Methoxy-2-naphthol, durch Monomethylierung von 2.6-Dioxynaphthalin. — *3''-Oxy-1.2; 6.7-dibenzacridin,* F. >330°, aus Nitrobenzol feine grünlichgelbe Nadeln. Das *Hydrochlorid* ist orangerot u. in W. nicht löslich. *Methyläther,* $C_{22}H_{15}ON$, aus Bzl. blaßgelbe Nadeln, F. 181—182°. — *2''-Oxy-1.2; 6.7-dibenzacridin,* F. 271—272°, aus 7-Methoxy-2-naphthol (dieses aus 2.7-Dioxynaphthalin); aus Nitrobenzol gelbe Nadeln, die sich in wss. NaOH mit gelber, in alkoh. NaOH mit rotbrauner Farbe lösen. Das *Hydrochlorid,* orangegelbe Nadeln, ist in W. unlöslich. *Methyläther,* F. 209—210°, aus Bzl. blaßgelbe Nadeln. — *5-Methoxy-1-naphthylamin,* aus 16 g 5-Amino-1-naphthol, Dimethylsulfat u. Alkali; 12 g. — *4'-Oxy-1.2; 6.7-dibenzacridin,* F. 295—296°, aus Nitrobenzol feine grünlichgelbe Nadeln; in NaOH intensiv gelb. Das *Hydrochlorid* ist rot. — *4'-Methoxy-1.2; 6.7-dibenzacridin,* F. 210°, aus Bzl. seidige blaßgelbe Nadeln. *Pikrat,* aus Nitrobenzol orangefarbene Prismen, F. 268—269°. — *4'-Allyloxy-1.2; 6.7-dibenzacridin,* $C_{24}H_{17}ON$, F. 195 bis 196°, aus Bzl. blaßgelbe seidige Nadeln. — *7-Methoxy-1-naphthylamin,* aus 8-Amino-2-naphthol; $Kp._{14}$ 192—193°. — *2'-Oxy-1.2; 6.7-dibenzacridin,* F. 258°, aus Nitrobenzol feine blaßgelbe Nadeln. *Methyläther,* F. 181—182°, aus A. blaßgelbe Nadeln. — *1'-Methoxy-3.4; 6.7-dibenzacridin,* F. 239—240°, aus 5-Methoxy-2-naphthol, β-Naphthylamin u. Paraformaldehyd; aus A.–Bzl. seidige gelbliche Nadeln; 40%. — *1'-Oxy-3.4; 6.7-dibenzacridin,* F. 285°, aus Nitrobenzol feine gelbe Nadeln. — *2'-Oxy-3.4; 6.7-dibenzacridin,* F. >340°, aus Nitrobenzol grünlichgelbe Prismen. — *3'-Oxy-3.4; 6.7-dibenzacridin,* F. 332 bis 333° (Zers.), aus Nitrobenzol gelbe Nadeln. (J. chem. Soc. [London] **1951.** 2871—73. Nov.) NITZSCHKE. 3231

Ng. Ph. Buu-Hoï und **Pierre Jacquignon,** *Carcinogene Stickstoffverbindungen.* 9. Mitt. *Die Verwendung von Aminotetralinen für die Synthese von Dibenzacridinen und verwandten Verbindungen.* (8. vgl. vorst. Ref.) Vff. stellen *Derivv. des 1.2; 7.8-* (**I**) u. des *2.3; 6.7-Dibenzacridins* (**II**) dar, weil diese angularen Dibenzacridine noch nicht auf ihre carcinogene Wrkg. untersucht worden sind. — Die aus *5.6.7.8-Tetrahydro-2-naphthylamin* (**III**) durch ULLMANN-FETVADJIAN-Rk. mit Paraformaldehyd (**XII**) u. α- (**X**) bzw. β-Naphthol (**XI**) gewinnbaren Tetrahydroderivv. von **I** bzw. **II** (eine angulare Ringschluß-Rk. findet bei **III** nicht statt) lassen sich mit Se zu **I** bzw. **II** dehydrieren, wobei die Stabilität des Acridinringes im Gegensatz zu anderen N-Heterocyclen bemerkenswert ist. *5-Alkylverbb.* der erwähnten **I**- bzw. **II**-Tetrahydroverbb. lassen sich aus **III** durch KNOEVENAGEL-Rk. mit **X** bzw. **XI** u. anschließende Umsetzung mit Essigsäure- bzw. Propionsäureanhydrid gewinnen, mit $AsCl_3$ entstehen dabei *10-Chlor-5.10.1''.2''.3''.4''-hexahydro-1.2; 7.8-* bzw. *-5.10.1'.2'.3'.4'-hexahydro-2.3; 6.7-dibenzophenarsazin,* die sich mit Alkylmagnesiumjodiden zu den entsprechenden *10-Alkylverbb.* umsetzen lassen. — **III** wurde aus Tetralin durch FRIEDEL-CRAFTS-Rk. mit CH_3COCl u. anschließende BECKMANN-Umlagerung des *6-Acetyltetralin* (**IX**)*-Oxims* dargestellt. Bei der FRIEDEL-CRAFTS-Acetylierung von 6-Äthyltetralin entsteht die 7-Acetylverb., nicht die 5-Acetylverbindung. Aus

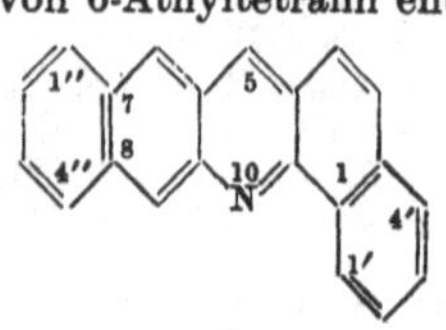

I

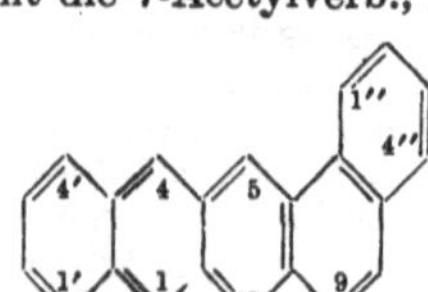

II

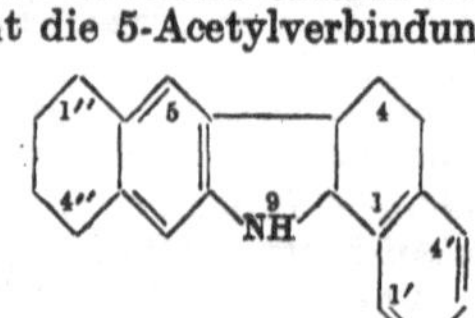

VII

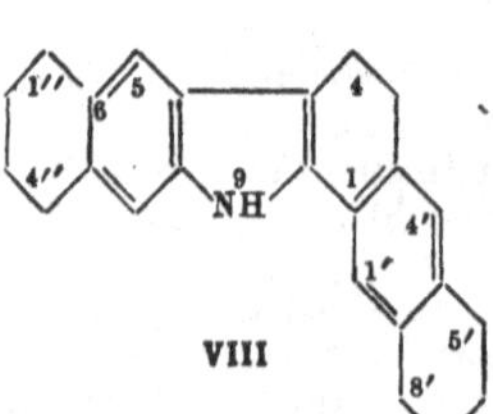

VIII

6-Acetyl-7-äthyltetralin wurde durch Umlagerung des Oxims *3-Äthyl-5.6.7.8-tetrahydro-2-naphthylamin* (**IV**) erhalten, aus dem *1.2; 6.7-* u. *3.4; 6.7-Dibenzacridinhomologe* gewonnen wurden; die Äthylgruppe der intermediären Tetrahydroverbb. wird bei der Se-Dehydrierung nicht entfernt. — Zur biol. Prüfung werden aus **III** u. **IV** weitere heterocycl. Verbb. dargestellt: Die KNORR-PAAL-Kondensation mit Acetonylaceton liefert *2.5-Dimethyl-1-[tetralyl-(2')]-pyrrole,* Acetylaceton führt mit **IV** zur Verb. **V**, während mit **III** nur ein fl. Prod., wahrscheinlich das Gemisch der beiden möglichen Isomeren, entsteht; schließlich wurden die 5.6.7.8-Tetrahydronaphthyl-(2)-hydrazone verschied. cycl. Ketone nach FISCHER-BORSCHE cyclisiert u. auf diesem Wege die Verbb. **VI, VII** u. **VIII** erhalten.

V e r s u c h e: *6-Acetyltetralin* (**IX**), $Kp._{19}$ 180°, aus 270 g Tetralin, 165 g Acetylchlorid u. 325 g $AlCl_3$ in CS_2 durch 6std. Rk. bei Zimmertemp.; 220 g (Ausbeute). *Oxim,* F. 106°. — *Aceto-5.6.7.8-tetrahydro-2-naphthalid,* F. 106°, $Kp._{19}$ 244°, durch BECKMANN-Umlagerung vorst. Oxims mit PCl_5 in absol. Ae.; 98%. *5.6.7.8-Tetrahydro-2-naphthylamin* (**III**)*-Toluol-p-sulfonylverb.,* $C_{17}H_{19}O_2NS$, F. 137°, aus A. große Blätter. **III**-*N-Acetylsulfanilylderiv.,* $C_{18}H_{20}O_3N_2S$, F. 216°, aus A. Nadeln. — *6-Äthyltetralin,* Kp. 239°, aus 100g

IX; 70 g. — *6-Acetyl-7-äthyltetralin*, $C_{14}H_{18}O$, Kp.$_{17}$ 188°, aus vorst. Verb. wie **IX**; blaßgelbes Öl. *Semicarbazon*, $C_{15}H_{21}ON_3$, F. 134—135°, aus A. seidige Nadeln. *Thiosemicarbazon*, $C_{15}H_{21}N_3S$, F. 123°, mkr. Nadeln aus CH_3OH. *Oxim*, $C_{14}H_{19}ON$, F. 128°, aus CH_3OH feine Nadeln. — *Acet-3-äthyl-5.6.7.8-tetrahydro-2-naphthalid*, $C_{14}H_{19}ON$, F. 166°, aus 33 g des vorst. Oxims mit PCl_5 in Ae.; aus A. feine Nadeln; 32,5 g. — *3-Äthyl-5.6.7.8-tetrahydro-2-naphthylamin* (**IV**), $C_{12}H_{17}N$, Kp.$_{16}$ 175°, aus 32 g des vorst. Amids durch ½ std. Kochen in HCl über das *Hydrochlorid* (F. 147° aus W.); blaßgelbes viscoses Öl; 20 g. *Toluol-p-sulfonylderiv.*, $C_{19}H_{23}O_2NS$, F. 130°, aus A. Blättchen. *N-Acetylsulfanilylderiv.*, F. 201°, Nadeln. — *1″.2″.3″.4″-Tetrahydro-1.2; 7.8-dibenzacridin*, $C_{21}H_{17}N$, F. 118°, aus der sd. Mischung von 5 g **III** u. 5 g α-Naphthol (**X**) durch langsame Zugabe von Paraformaldehyd (**XII**) u. Fraktionierung im Vakuum; Kp.$_{18}$ 340—345°; aus A. + Bzl. feine blaßgelbe Nadeln; 2 g roh. *Pikrat*, F. 257°, Zers. ab 232°, aus Nitrobenzol orangerote Prismen. — *1.2; 7.8-Dibenzacridin* (**I**), $C_{21}H_{13}N$, F. 129°, aus 0,5 g vorst. Verb. durch 3std. Erhitzen mit 0,3 g Se auf 350°, Ausziehen mit A. u. Kristallisation des Rückstandes aus A.; feine blaßgelbe Nadeln; 0,4 g roh. — *1′.2′.3′.4′-Tetrahydro-2.3; 6.7-dibenzacridin*, $C_{21}H_{17}N$, F. 145°, aus β-Naphthol (**XI**); Kp.$_{17}$ 340—345°; aus A. + Bzl. feine blaßgelbe Prismen; mit H_2SO_4 tiefgelb. — *2.3; 6.7-Dibenzacridin* (**II**), $C_{21}H_{13}N$, F. 209°, aus A. feine gelbe Prismen; mit H_2SO_4 zinnoberfarben. *Pikrat*, aus Nitrobenzol orangerote Nadeln, F. 295°, Zers. ab 266°. — *3′-tert.-Butyl-1′.2′.3′.4′-tetrahydro-2.3; 6.7-dibenzacridin*, $C_{25}H_{25}N$, F. 128°, aus 2 g **III**, 2,2 g 6-tert.-Butyl-2-naphthol (**XV**) u. **XII**; Kp.$_{17}$ 350—355°. 3 g roh. Reinigung über das *Pikrat* (Zers. bei ca. 231—232°, aus Bzl. feine orangefarbene Nadeln), das mit NH_4OH zers. wurde; aus A. blaßgelbe Nadeln. — *N-[5.6.7.8-Tetrahydronaphthyl-(2)]-α-naphthylamin* (**XIII**), $C_{20}H_{19}N$, Kp.$_{16}$ 285—290°, aus 12,5 g **X**, 7,5 g **III** u. 0,1 g J_2 durch 5std. Erhitzen auf 240—245°; gelbes, viscoses Öl; 12 g. — *N-[5.6.7.8-Tetrahydronaphthyl-(2)]-β-naphthylamin* (**XIV**), F. 96°, Kp.$_{16}$ 304—305°, aus A. Nadeln. — *1″.2″.3″.4″-tetrahydro-5-methyl-1.2; 7.8-dibenzacridin*, $C_{22}H_{19}N$, F. 130°, aus 2 g **XIII**, 2 g Acetanhydrid u. 2 g $ZnCl_2$ durch 6std. Erhitzen auf 180—190°, Behandeln mit heißer NaOH, Aufnehmen in Toluol, Abdest., Vakuumdest. des Rückstandes u. Überführung der bei 340—350°/16 mm dest. Fraktion (1,5 g) in das *Pikrat*, das aus Toluol in orangegelben Nadeln krist. (F. 251°) u. anschließend mit NH_4OH zers. wurde; aus A. blaßgelbe Prismen. — *5-Äthyl-1″.2″.3″.4″-tetrahydro-1.2; 7.8-dibenzacridin*, $C_{23}H_{21}N$, F. 114°, ebenso aus Propionsäureanhydrid; aus A. gelbliche seidige Nadeln. *Pikrat*, aus A. orangegelbe Kristalle, F. 223° (Zers. ab 200°). — *1′.2′.3′.4′-Tetrahydro-5-methyl-2.3; 6.7-dibenzacridin*, F. 166°, aus je 5 g **XIV**, $ZnCl_2$ u. Acetanhydrid; Kp.$_{16}$ 335—360° (3 g); Reinigung über das *Pikrat* (aus Nitrobenzol feine bräunlichrote Prismen, F. 272—273°, Zers. ab 240°); aus A. blaßgelbe Prismen. — *5-Äthyl-1′.2′.3′.4′-tetrahydro-2.3; 6.7-dibenzacridin*, F. 171°, aus A. blaßgelbe Nadeln. *Pikrat*, aus Nitrobenzol ziegelrote Blättchen, F. 253°, Zers. ab 236°. — *10-Chlor-5.10.1′.2′.3′.4′-hexahydro-2.3; 6.7-dibenzophenarsazin*, $C_{20}H_{17}NClAs$, F. 264° (Zers. ab 256°), aus 4 g **XIII** u. 2 g $AsCl_3$ in o-Dichlorbenzol durch 2std. Kochen; aus Toluol orangegelbe Nadeln; mit H_2SO_4 blutrot; 3,7 g. — *5.10.1′.2′.3′.4′-Hexahydro-10-methyl-2.3; 6.7-dibenzophenarsazin*, $C_{21}H_{20}NAs$, F. 226°, aus 0,5 g vorst. Verb. durch langsame Zugabe zu CH_3MgJ in Ae., ¼std. Kochen u. Zers. mit NH_4Cl-Lsg.; aus CH_3OH feine Prismen; 0,3 g. — *5.10.1′.2′.3′.4′-Hexahydro-10-äthyl-2.3; 6.7-dibenzophenarsazin*, $C_{22}H_{22}NAs$, F. 157°, ebenso aus C_2H_5MgJ; aus CH_3OH Nadeln; mit H_2SO_4 orangefarben. — *10-Chlor-5.10.1″.2″.3″.4″-hexahydro-1.2; 7.8-dibenzophenarsazin*, F. 260° (Zers. ab 252°), aus 4 g **XIV**; aus Toluol orangegelbe Nadeln; 3,7 g; mit H_2SO_4 braunrot. — *5.10.1″.2″.3″.4″-Hexahydro-10-methyl-1.2; 7.8-dibenzophenarsazin*, F. 200°, aus CH_3OH Prismen; mit H_2SO_4 orangefarben. — *5.10.1″.2″.3″.4″-Hexahydro-10-äthyl-1.2; 7.8-dibenzophenarsazin*, aus Ligroin feine Nadeln, F. 146°. — *9-Äthyl-1″.2″.3″.4″-tetrahydro-1.2; 6.7-dibenzacridin*, $C_{23}H_{21}N$, F. 132°, aus **X**, **IV** u. **XII**; Kp.$_{17}$ 340—345°; aus A. grünlichgelbe Nadeln. *Pikrat*, aus Toluol orangerote Nadeln, F. 173°. — *9-Äthyl-1.2; 6.7-dibenzacridin*, $C_{23}H_{17}N$, F. 110°, aus vorst. Verb. durch Se-Dehydrierung; aus A. blaßgelbe feine Nadeln; mit H_2SO_4 gelb. *Pikrat*, aus Nitrobenzol orangefarbene Nadeln, F. 256°, Zers. ab 232°. — *1-Äthyl-1′.2′.3′.4′-tetrahydro-3.4; 6.7-dibenzacridin*, F. 140°, aus **IV**, **XI** u. **XII**; aus A. feine gelbliche Nadeln, mit H_2SO_4 orangegelb. — *1-Äthyl-3″-tert.-butyl-1′.2′.3′.4′-tetrahydro-3.4; 6.7-dibenzacridin*, $C_{27}H_{29}N$, F. 154°, aus **XV**, **IV** u. **XII** über das Pikrat; aus A. feine gelbliche Nadeln. *Pikrat*, aus A. orangegelbe Blättchen, F. 257—258°, Zers. ab 232°. — *1-Äthyl-3.4; 6.7-dibenzacridin*, F. 158°, aus 0,5 g der Tetrahydroverb. durch Se-Dehydrierung; aus A. feine blaßgelbe Nadeln; 0,3 g. *Pikrat*, aus A. gelbe Blättchen, F. 276°. — *2.5-Dimethyl-1-[5.6.7.8-tetrahydronaphthyl-(2)]-pyrrol*, $C_{16}H_{19}N$, Kp.$_{16}$ 200—202°, aus 5 g **III**, 5 g Acetonylaceton u. einigen Tropfen Essigsäure durch 16std. Erhitzen auf 170—180°; blaßgelbliches Öl; $n^{21,5}$ 1,5790; 5 g. — *2.5-Dimethyl-1-[3-äthyl-5.6.7.8-tetrahydronaphthyl-(2)]-pyrrol*, $C_{18}H_{23}N$, viscoses blaßgelbes Öl, Kp.$_{17}$ 215—216°. — *8-Äthyl-1′.2′.3′.4′-tetrahydro-2.4-dimethyl-5.6-benzochinolin* (**V**), $C_{17}H_{21}N$, F. 50°, aus 2 g **IV** u.

2 g Acetylaceton durch 2std. Kochen, 1std. Erhitzen mit H_2SO_4 auf dem Wasserbad, Gießen auf Eis, Alkalisieren mit NH_4OH u. Ausäthern; 1,8 g Öl; $Kp._{18}$ 210—212°; aus Leichtbenzin Prismen. *Pikrat*, aus A. gelbe Nadeln, F. 97°. — *1'.2'.3'.4'-Tetrahydro-2.4-dimethyl-5.6-benzochinolin*, $C_{15}H_{17}N$, $Kp._{17}$ 214—26°, $n^{21,5}$ 1,6215. *Pikrat*, F. 223—224°, gelb. — *1''.2''.3''.4''-Tetrahydro-5.6-benzoindeno-[3'.2' : 2.3]-indol* (**VI**), $C_{19}H_{17}N$, F. 297°, aus 1 g 5.6.7.8-Tetrahydronaphthyl-(2)-hydrazinhydrochlorid (**XVI**) (dieses aus der Diazoverb. mit $SnCl_2$ + HCl), 1 g Indanon-(1) u. 1 g CH_3COONa in A. durch 1std. Kochen, kurzes Erhitzen des durch W. gefällten rohen Hydrazons mit HCl in Essigsäure u. Verdünnen mit W.; Nadeln aus A.; 1 g. — *3.4.1''.2''.3''.4''-Hexahydro-1.2; 6.7-dibenzocarbazol* (**VII**), $C_{20}H_{19}N$, F. 190°, ebenso aus je 1 g **XVI** u. Tetralon-(1); aus A. Prismen; 1,2 g. *Pikrat*, aus A. braunviolette Blättchen, F. 175°. — *3.4.5'.6'.7'.8'.1''.2''.3''.4''-Dekahydro-6.7-benzonaphtho-[2'.3' : 1.2]-carbazol* (**VIII**), $C_{24}H_{25}N$, F. 208°, aus je 1 g **XVI** u. 1-Keto-1.2.3.4.5.6.7.8-oktahydroanthracen; aus Ligroin feine Prismen; 1,5 g. *Pikrat*, aus A. tiefviolette Nadeln, F. 203°. (J. chem. Soc. [London] **1951**. 2964—68. Nov.) NITZSCHKE. 3231

Ng. Ph. Buu-Hoï, Ng. Hoán und **Ng. D. Xuong**, *Die Chemie carcinogener Stickstoffverbindungen.* 10. Mitt. *Die Pfitzinger-Reaktion bei der Synthese von 1.2-Benzacridinen.* (9. vgl. vorst. Ref.) Vff. stellen durch PFITZINGER-BORSCHE-Rk. [1897, 1910] *Derivv. des 1.2-Benzacridins* (I) dar; die zunächst entstehenden *3.4-Dihydrobenzacridine* werden jedoch nicht mit Bleioxyd bei höherer Temp. (VON BRAUN [C. **1927**. I. 1312 u. früher]) dehydriert, sondern mit Chloranil in Xylol, wobei die vorhandenen Substituenten (Halogenatome u. Methoxygruppen) nicht entfernt werden. Im Fall der Darst. von *Methoxybenzacridinen* ist diese Synth. ebenso gut anzuwenden wie die ULLMANN-FETVADJIAN-Reaktion. Der von VON BRAUN angegebene F. für das Kondensationsprod. aus 7-Methoxytetralon-(1) u. Isatin („*7-Methoxytetrophan*" = *2'-Methoxy-3.4-dihydro-1.2-benzacridin-5-carbonsäure*) ist unrichtig. — Die 1.2-Benzacridine sind nicht carcinogen.

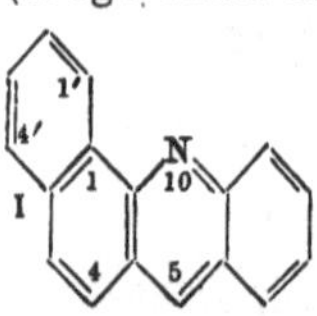

I

Versuche: *2'-Chlor-3.4-dihydro-7-methyl-1.2-benzacridin-5-carbonsäure*, $C_{19}H_{14}O_2$·NCl, F. 269°, aus 2 g 7-Chlortetralon-(1) (F. 96°, dargestellt aus Chlorbenzol u. Bernsteinsäureanhydrid), 2 g 5-Methylisatin u. wss.-alkoh. KOH durch 24std. Kochen, Verdünnen mit W., Auswaschen mit Ae. u. Ansäuern mit Essigsäure; feine blaßgelbe Nadeln aus Toluol; 3,5 g (Ausbeute). — Ebenso werden folgende *3.4-Dihydro-1.2-benzacridin-5-carbonsäuren* dargestellt: *2'-Chlor-7.9-dimethyl-*, $C_{20}H_{16}O_2NCl$, F. 246°, blaßgelbe Nadeln aus Toluol; 70%. — *2'-Chlor-7-brom-*, $C_{18}H_{11}O_2NClBr$, F. 319°, blaßgelbe Prismen aus A.; 90%. — *2'-Methoxy-*, $C_{19}H_{15}O_3N$, F. 229°, aus CH_3OH blaßgelbe Prismen; 90%. — *2'-Methoxy-3'.7-dimethyl-*, $C_{21}H_{19}O_3N$, F. 256°, aus A. Nadeln. — *2'.3'-Dimethoxy-*, $C_{20}H_{17}O_4N$, F. 263—264° (A.). — *3'-Methoxy-*, $C_{19}H_{15}O_3N$, F. 329°, Nadeln aus Xylol; 95%. — *3'-Methoxy-7-methyl-*, $C_{20}H_{17}O_3N$, F. 319°; 90%. — *3'-Methoxy-7-brom-*, $C_{19}H_{14}O_3NBr$, F. 308°, aus Essigsäure Prismen; 80%. — *2'-Chlor-3.4-dihydro-7-methyl-1.2-benzacridin*, $C_{18}H_{14}NCl$, F. 129°, aus der 5-Carboxyverb. durch Erhitzen über den F. im Vakuum u. Dest. des Rückstandes; aus A. Nadeln. *Pikrat*, F. 233°, aus A. feine gelbe Prismen. — Ebenso wurden mit ca. 60%ig. Ausbeute die folgenden *3.4-Dihydro-1.2-benzacridine* gewonnen: *2'-Chlor-7.9-dimethyl-*, $C_{19}H_{16}NCl$, F. 99°, Prismen aus A.–Benzol. *Pikrat*, F. 143°. — *2'-Chlor-7-brom-*, $C_{17}H_{11}NClBr$, F. 122°, aus A. Nadeln. *Pikrat*, F. 236°. — *2'-Methoxy-*, $C_{18}H_{15}ON$, F. 82°, aus A. Blättchen. *Pikrat*, F. 231°. — *2'-Methoxy-3'.7-dimethyl-*, $C_{20}H_{19}ON$, F. 129°, aus A. blaßgelbe Nadeln. *Pikrat*, F. 254°. — *2'-Methoxy-3'-methyl-*, $C_{19}H_{17}ON$, F. 109°, aus A. gelbe Nadeln. *Pikrat*, $C_{25}H_{20}O_8N_4$, F. 242°, aus A. Prismen. — *2'.3'-Dimethoxy-*, $C_{19}H_{17}O_2N$, F. 114—115°, aus A. blaßgelbe Nadeln. *Pikrat*, F. 227°. — *3'-Methoxy-*, $C_{18}H_{15}ON$, F. 90°, aus A. Nadeln. *Pikrat*, F. 211°. — *3'-Methoxy-7-methyl-*, $C_{19}H_{17}ON$, F. 107°, aus A. Nadeln. *Pikrat*, F. 216°. — *3'-Methoxy-7-brom-*, $C_{18}H_{14}ONBr$, F. 151°, aus A. gelbe Prismen. — *2'-Methoxy-7-brom-*, $C_{18}H_{14}ONBr$, F. 158°, aus A. Nadeln. — *2'-Chlor-7-methyl-1.2-benzacridin*, $C_{18}H_{12}NCl$, F. 141°, aus 0,5 g der Dihydroverb. durch 48std. Kochen mit Chloranil in Xylol, Waschen des Filtrats mit NaOH u. W. u. Abdest. des Xylols; aus A. seidige blaßgelbe Nadeln; 0,3 g. *Pikrat*, $C_{24}H_{15}$·O_7N_4Cl, F. 247°, aus A. feine tiefgelbe Nadeln. — Ebenso wurden in 70—90%ig. Ausbeute die folgenden Verbb. erhalten: *2'-Chlor-7.9-dimethyl-1.2-benzacridin*, $C_{19}H_{14}NCl$, aus Bzl. blaßgelbe Blättchen, F. 162°. — *7-Brom-2'-chlor-1.2-benzacridin*, $C_{17}H_9NClBr$, aus Bzl. Nadeln, F. 192°. *Pikrat*, orangegelb, F. 235°. — *2'-Methoxy-1.2-benzacridin*, $C_{18}H_{13}ON$, F. 128°, blaßgelbe Prismen aus Alkohol. — *2'-Methoxy-3'.7-dimethyl-1.2-benzacridin*, $C_{20}H_{17}ON$, F. 159°, aus A. seidige Nadeln. (J. chem. Soc. [London] **1952**. 279—81. Febr.) NITZSCHKE. 3231

Ng. Ph. Buu-Hoi und **Ng. D. Xuong**, *Carcinogene Stickstoffverbindungen.* 11. Mitt. *Indeno-[3'.2' : 2.3]-indole. Benzindeno-[3'.2' : 2.3]-indole und verwandte Verbindungen.* (10. vgl. vorst. Ref.) Das Verf. zur Darst. von Indeno-[3'.2' : 2.3]-indol (I) nach HAUSMANN

[1889] wird zur Synth. von *substituierten Indenoindolen*, ferner von einem *Thianaphthenoindol*, von *Benzindenoindolen*, *Benzocycloheptadienoindolen*, *Dibenzocycloheptadienoindolen* u. *Benzindolen* benutzt. Das gewonnene *6'.7'-Benzocycloheptadieno-[1'.2' : 2.3]-indol* (II) hat einen im Vgl. zu I bes. niedrigen F., gleiches gilt von der 5-Bromverb. von II im Gegensatz zu der 5-Bromverb. von I; wahrscheinlich ist der saure Charakter der CH_2-Gruppe in den Indenderivv. für den hohen F. verantwortlich zu machen. — Keine der dargestellten Verbb. ist carcinogen bei der Maus. — Die neu gewonnenen *Arylidenverbb.* zeigen mit Ausnahme der Derivv. von Nitro- u. Halogenbenzaldehyden u. von p-Dimethylaminobenzaldehyd tieffarbige Halochromie mit H_2SO_4; bei den Nitro- u. Halogenverbb. ist der hypsochrome Effekt der Substituenten u. bei der Dimethylaminoverb. die Salzbldg. die Ursache für die schwache Halochromie.

Versuche: Die *substituierten Indanone-(1)* wurden aus den entsprechenden ringsubstituierten β-Phenylpropionsäuren gewonnen, diese aus den entsprechenden Benzylchloriden. — *6-Äthylindanon-(1)-semicarbazon*, $C_{12}H_{15}ON_3$, F. 249°, aus A. feine Prismen. — *4.6-Dimethylindanon-(1)-semicarbazon*, $C_{12}H_{15}ON_3$, F. 233°, aus A. feine Nadeln. — *6-Isopropylindanon-(1)-semicarbazon*, $C_{13}H_{17}ON_3$, aus A. feine Prismen, F. 232°. — Folgende *2-Arylidenindanone-(1)* u. *-benzosuberone* wurden dargestellt (in Klammern die Halochromie mit H_2SO_4): 1. 2-Arylidenindanone-(1): *Thenyliden-(2)-*, $C_{14}H_{10}OS$, F. 157°; (blutrot). — *2.5-Dimethylthenyliden-(3)-*, $C_{16}H_{14}OS$, F. 172°; (carminrot). — *2-Chlorbenzyliden-*, $C_{16}H_{11}OCl$, F. 158°; (gelb). — *4-Chlorbenzyliden-*, $C_{16}H_{11}OCl$, F. 179°; (gelb). — *2.4-Dichlorbenzyliden-*, $C_{16}H_{10}OCl_2$, F. 210°; (gelb). — *3.4-Dichlorbenzyliden-*, $C_{16}H_{10}OCl_2$, F. 193°; (gelb). — *3.4-Dimethoxybenzyliden-*, $C_{18}H_{16}O_3$, F. 177°; (violettrot). — *Naphthyl-(1)-methylen-*, $C_{20}H_{14}O$, F. 130°; (violettrot). — *Acenaphthyliden-(5)-*, $C_{22}H_{16}O$, F. 227°; (dunkelviolett). — *Pyrenyliden-(3)-*, $C_{26}H_{16}O$, F. 229°; (dunkelviolett). — 2. 2-Aryliden-6-methylindanone-(1): *Furfuryliden-(2)-*, $C_{15}H_{12}O_2$, F. 133°; (rot). — *Thenyliden-(2)-*, $C_{15}H_{12}OS$, F. 179°; (blutrot). — *2-Chlorbenzyliden-*, $C_{17}H_{13}OCl$, F. 160°; (tiefgelb). — *4-Chlorbenzyliden-*, $C_{17}H_{13}OCl$, F. 212°; (gelb). — *2.4-Dichlorbenzyliden-*, $C_{17}H_{12}OCl_2$, F. 210°; (kanariengelb). — *3.4-Dichlorbenzyliden-*, $C_{17}H_{12}OCl_2$, F. 181°; (kanariengelb). — *4-Dimethylaminobenzyliden-*, $C_{19}H_{19}ON$, F. 154°; (gelb). — *3-Nitrobenzyliden-*, $C_{17}H_{13}O_3N$, F. 142°; (tiefgelb). — *2-Methoxybenzyliden-*, $C_{18}H_{16}O_2$, F. 134°; (blutrot). — *4-Methoxybenzyliden-*, $C_{18}H_{16}O_2$, F. 111°; (blutrot). — *3.4-Dimethoxybenzyliden-*, $C_{19}H_{18}O_3$, F. 170°; (purpurrot). — *Piperonyliden-*, $C_{18}H_{14}O_3$, F. 168°; (blutrot). — *Naphthyl-(1)-methylen-*, $C_{21}H_{16}O$, F. 150°; (tiefrot). — *Naphthyl-(2)-methylen-*, $C_{21}H_{16}O$, F. 206°; (tiefrot). — *2-Methoxynaphthyl-(1)-methylen-*, $C_{22}H_{18}O_2$, F. 133°; (tiefviolett). — *Acenaphthyliden-(5)-*, $C_{23}H_{18}O$, F. 194°; (tiefviolett). — *Pyrenyliden-(3)-*, $C_{27}H_{18}O$, F. 201°; (tiefviolett). — 3. 2-Aryliden-6-äthylindanone-(1): *3.4-Dimethoxybenzyliden-*, $C_{20}H_{20}O_3$, F. 150°; (blutrot). — *4-Chlorbenzyliden-*, $C_{18}H_{15}OCl$, F. 175°; (orangegelb). — *2.4-Dichlorbenzyliden-*, $C_{18}H_{14}OCl_2$, F. 178°; (gelb). — *3.4-Dichlorbenzyliden-*, $C_{18}H_{14}OCl_2$, F. 166°; (gelb). — *3-Nitrobenzyliden-*, $C_{18}H_{15}O_3N$, F. 182°; (kanariengelb). — *4-Dimethylaminobenzyliden-*, $C_{20}H_{21}ON$, F. 146°; (kanariengelb). — *Acenaphthyliden-(5)-*, $C_{24}H_{20}O$, F. 196°; (tiefviolett). — 4. 2-Aryliden-6-isopropylindanone-(1): *4-Chlorbenzyliden-*, $C_{19}H_{17}OCl$, F. 142°; (orangegelb). — *3.4-Dichlorbenzyliden-*, $C_{19}H_{16}OCl_2$, F. 196°; (gelb). — *3-Nitrobenzyliden-*, $C_{19}H_{17}O_3N$, F. 199°; (kanariengelb). — *4-Dimethylaminobenzyliden-*, $C_{21}H_{23}ON$, F. 157°; (kanariengelb). — *Acenaphthyliden-(5)-*, $C_{25}H_{22}O$, F. 213°; (tiefviolett). — 5. 2-Aryliden-6-chlorindanone-(1): *4-Dimethylaminobenzyliden-*, $C_{18}H_{16}ONCl$, F. 202°; (gelb). — *2-Methoxybenzyliden-*, $C_{17}H_{13}O_2Cl$, F. 177°; (blutrot). — *4-Methoxybenzyliden-*, $C_{17}H_{13}O_2Cl$, F. 202°; (blutrot). — *2-Chlorbenzyliden-*, $C_{16}H_{10}OCl_2$, F. 227°; (tiefgelb). — *4-Chlorbenzyliden-*, $C_{16}H_{10}OCl_2$, F. 260°; (gelb). — *2.4-Dichlorbenzyliden-*, $C_{16}H_9OCl_3$, F. 255°; (gelb). — *3.4-Dichlorbenzyliden-*, $C_{16}H_9OCl_3$, F. 215°; (gelb). — *3.4-Dimethoxybenzyliden-*, $C_{18}H_{15}O_3Cl$, F. 195°; (blutrot). — *Piperonyliden-*, $C_{17}H_{11}O_3Cl$, F. 235°; (violettrot). — *Naphthyl-(1)-methylen-*, $C_{20}H_{13}OCl$, F. 168°; (zinnoberrot). — *Naphthyl-(2)-methylen-*, $C_{20}H_{13}OCl$, F. 203°; (zinnoberrot). — *Acenaphthyliden-(5)-*, $C_{22}H_{15}OCl$, F. 235°; (tiefviolett). — *Pyrenyliden-(3)-*, $C_{26}H_{15}OCl$, F. 281°; (tiefviolett.) — 6. 2-Aryliden-4.6-dimethylindanone-(1): *4-Dimethylaminobenzyliden-*, $C_{20}H_{21}ON$, F. 208°; (gelb). — *3.4-Dimethoxybenzyliden-*, $C_{20}H_{20}O_3$, F. 176°; (blutrot). — *Piperonyliden-*, $C_{19}H_{16}O_3$, F. 214° (violettrot). — *2-Chlorbenzyliden-*, $C_{18}H_{15}OCl$, F. 202°; (tiefgelb). — *4-Chlorbenzyliden-*, $C_{18}H_{15}OCl$, F. 192°; (gelb). — *2.4-Dichlorbenzyliden-*, $C_{18}H_{14}OCl_2$, F. 195°; (blaßgelb). — *3.4-Dichlorbenzyliden-*, $C_{18}H_{14}OCl_2$, F. 215°; (blaßgelb). — *4-Methoxybenzyliden-*, $C_{19}H_{18}O_2$, F. 157°; (blutrot). — *Naphthyl-(2)-methylen-*, $C_{22}H_{18}O$, F. 199°; (blutrot). — *Acenaphthyliden-(5)-*, $C_{24}H_{20}O$, F. 214°; (tiefviolett). — *Pyrenyliden-(3)-*, $C_{28}H_{20}O$, F. 228°; (tiefviolett). — 7. 2-Arylidenbenzosuberone: *4-Dimethylaminobenzyliden-*, $C_{20}H_{21}ON$, F. 176°; (gelb). — *4-Chlorbenzyliden-*, $C_{18}H_{15}OCl$, F. 88°; (orangegelb). — *2.4-Dichlorbenzyliden-*, $C_{18}H_{14}OCl_2$, F. 136°; (orangegelb). — *3-Nitro-*

benzyliden-, $C_{18}H_{15}O_3N$, F. 116°; (gelb). — *4-Methoxybenzyliden-*, $C_{19}H_{18}O_2$, F. 111°; (blutrot). — *Piperonyliden-*, $C_{19}H_{16}O_3$, F. 138°; (blutrot). — *Naphthyl-(1)-methylen-*, $C_{22}H_{18}O$, F. 96°; (zinnoberrot). — *2-Methoxynaphthyl-(1)-methylen-*, $C_{23}H_{20}O_2$, F. 129°; (tiefviolett). — *Pyrenyliden-(3)-*, $C_{28}H_{20}O$, F. 160°; (violettblau). — *3.4-Dichlorbenzyliden-*, $C_{18}H_{14}OCl_2$, F. 110°; (orangegelb). — *5.5'-Dimethylindeno-[3'.2':2.3]-indol*, $C_{17}H_{15}N$, F. 231°, aus p-Tolylhydrazinhydrochlorid, 6-Methylindanon-(1) u. CH_3COONa durch ½ std. Erhitzen in A., Zugabe von W., kurzes Kochen des isolierten rohen p-Tolylhydrazons in mit HCl gesätt. Essigsäure u. Gießen in W.; aus Toluol sublimierbare Nadeln; 80% (Ausbeute); mit H_2SO_4 gelb. Das *Pikrat* ist violett. — *5-Brom-5'-methylindeno-[3'.2':2.3]-indol*, $C_{16}H_{12}NBr$, F. 199—200°, aus 6-Methylindanon-(1)-p-bromphenylhydrazon; aus Bzl. feine Prismen; (gelb). Das Pikrat ist violett. — *5'-Isopropylindeno-[3'.2':2.3]-indol*, $C_{18}H_{17}N$, F. 170°; Reinigung durch Vakuumdest., $Kp._{15}$ 265°; aus Essigsäure feine Prismen. — *5'-Chlorindeno-[3'.2':2.3]-indol*, $C_{15}H_{10}NCl$, F. 215°, aus 6-Chlorindanon-(1); aus Toluol sublimierbare Blättchen. — *5-Methyl-5'-chlorindeno-[3'.2':2.3]-indol*, $C_{16}H_{12}NCl$, aus Xylol Blättchen, F. 278°. — *5-Brom-5'-chlorindeno-[3'.2':2.3]-indol*, $C_{15}H_9NClBr$, F. 256°, aus Bzl. Blättchen. — *5'-Methylthianaphtheno-[3'.2':2.3]-indol*, $C_{15}H_{11}NS$, F. 208°, aus 2.3-Dihydro-3-keto-5-methylthianaphthenphenylhydrazon; aus Bzl. gelbliche Nadeln; (violett). — *6.7-Benzindanon-(1)*, F. 102°, durch $AlCl_3$-Ringschluß von β-[Naphthyl-(2)]-propionylchlorid. — *4'.5'-Benzindeno-[3'.2':2.3]-indol*, $C_{19}H_{13}N$, F. 210°, aus dem Phenylhydrazon vorst. Verb.; aus A. blaßgelbe Prismen; (blutrot); 90%. — *5'-Methyl-6.7-benzindeno-[3'.2':2.3]-indol*, $C_{20}H_{15}N$, F. 227—228°, aus 6-Methylindanon-(1)-α-naphthylhydrazon; aus Bzl. Nadeln; 70%; (tiefgelb). — *5'-Chlor-6.7-benzindeno-[3'.2':2.3]-indol*, $C_{19}H_{12}NCl$, F. 208°, aus 6-Chlorindanon-(1)-α-naphthylhydrazon; aus Xylol Nadeln; 60%. — *5'-Methyl-4.5-benzindeno-[3'.2':2.3]-indol*, $C_{20}H_{15}N$, F. 238°, aus 6-Methylindanon-(1)-β-naphthylhydrazon; aus Bzl. Nadeln; 80%; (gelb). — *5'-Chlor-4.5-benzindeno-[3'.2':2.3]-indol*, $C_{19}H_{12}NCl$, F. 205°, aus 6-Chlorindanon-(1)-β-naphthylhydrazon; aus Toluol Nadeln. — *6'.7'-Benzocycloheptadieno-[1'.2':2.3]-indol* (**II**), $C_{17}H_{15}N$, F. 98°, aus Benzosuberonphenylhydrazon; Blättchen, die in Bzl. gut lösl. sind; (gelb). *Pikrat*, aus Bzl. dunkelviolette Nadeln, F. 143°. — *5-Brom-6'.7'-benzocycloheptadieno-[1'.2':2.3]-indol*, $C_{17}H_{14}NBr$, F. 130°, aus Bzl. Blättchen. *Pikrat*, F. 143°, dunkelviolett. — *6.7;6'.7'-Dibenzocycloheptadieno-[1'.2':2.3]-indol*, $C_{21}H_{17}N$, F. 103°, aus CH_3OH Prismen. *Pikrat*, dunkelviolett, F. 171° (Bzl.). — *4.5;6'.7'-Dibenzocycloheptadieno-[1'.2':2.3]-indol*, $C_{21}H_{17}N$, F. 156°, aus Bzl. Nadeln. — *3-Methyl-2-phenyl-4.5-benzindol*, $C_{19}H_{15}N$, F. 147°, aus Propiophenon-β-naphthylhydrazon; aus CH_3OH feine Nadeln. *Pikrat*, F. 161° (Bzl.), violett. — *3-Methyl-2-phenyl-6.7-benzindol*, $C_{19}H_{15}N$, F. 117°, aus Propiophenon-α-naphthylhydrazon; aus Ligroin feine Nadeln. Das *Pikrat*, F. 166°, ist violett. — *3-Äthyl-2-phenyl-4.5-benzindol*, $C_{20}H_{17}N$, F. 126°, aus n-Butyrophenon-β-naphthylhydrazon; seidige Nadeln aus CH_3OH. — *2-Phenyl-3-n-propyl-4.5-benzindol*, $C_{21}H_{19}N$, F. 85—86° (PAe.), aus n-Valerophenon-β-naphthylhydrazon; bes. gut lösl. in allen Lösungsmitteln. (J. chem. Soc. [London] **1952**. 2225—28. Juni.) NITZSCHKE. 3231

Gerhard Hesse und **Irmgard Jörder**, *Mercaptoacetaldehyd und Dioxy-1.4-dithian.* Bei Verss. zur Darst. von *Mercaptoacetaldehyd* (**I**) wurde festgestellt, daß bei der Umsetzung von Chlor- oder Bromacetal (**II**) mit NaHS in wss. Medium außer vermeintlichem Ausgangsmaterial nur *Diacetalylsulfid*, $(C_2H_5O)_2CH \cdot CH_2 \cdot S \cdot CH_2 \cdot CH(OC_2H_5)_2$, entsteht, das schon FISCHER [1909] erhielt. Verss. in Pyridin oder in absol. A. ergaben keine Umsetzung bzw. Bldg. von *3.5-Dioxy-1.4-thioxan*. — Das aus **II** u. Benzylmercaptan erhältliche *Benzylmercaptoacetaldehyddiäthylacetal* (**III**) läßt sich mit Na in fl. NH_3 zu *Toluol* u. *Mercaptoacetal* (**IV**) aufspalten; in Übereinstimmung mit GROB u. v. SPRECHER (Helv. chim. Acta **35**. [1952.] 885) wurde festgestellt, daß sich **IV** tatsächlich auch aus **II** u. NaHS bildet, dann aber mit **II** verunreinigt ist, von dem es sich wegen der sehr ähnlichen Kpp. kaum trennen läßt, wie sich überhaupt eine auffallende Ähnlichkeit zwischen den Kpp. von Thiolverbb. u. von den entsprechenden Br-Verbb. beobachten läßt. — Nach 6—8wöchigem Stehen von **IV** unter CO_2 hatten sich große Kristalle von *2.5-Diäthoxy-1.4-dithian* (**V**) abgeschieden. Die Hydrolyse von **IV** bzw. **V** machte Schwierigkeiten, da beim Kochen mit sehr verd. Säuren oder sogar schon mit CO_2-haltigem W. Verharzung eintrat; sie gelingt mit n/100 HCl bei Zimmertemp. u. führt zum Dimeren von **I**, dem *2.5-Dioxy-1.4-dithian* (**VI**), das seinem Verh. nach mit **I** im Gleichgewicht steht, denn es gibt schwache Aldehyd- u. Mercaptan-Rk.; als Nachw. für SH-Gruppen ist dabei die Rk. von LECHER u. SIEFKEN (Ber. dtsch. chem. Ges. **59**. [1926.] 2594) mit Estern der salpetrigen Säure zu den roten *Nitrosylmercaptiden* RSNO brauchbar, die durch Zugabe von wenig verd. HCl beschleunigt werden kann; H_2S u. seine Salze geben keine Farb-Rk., Thioäther u. tert. Mercaptane eine grüne Färbung. **VI** kommt in 2 stereoisomeren Formen vor, die als α- u. β-Form bezeichnet werden u. zueinander im Verhältnis von cis- u. trans-Chinit stehen. Beide **VI** geben 2 isomere *Diacetate* u. *Dibenzoate* (die Zuordnung ist noch nicht geklärt). Die Konst. der **VI**

ergibt sich aus dem Pyrolyseverh. dieser Diacetate, die bei 170—180° ein Mol CH_3COOH unter Bldg. von *2-Acetoxy-1.4-dithien-(5)* u. unter schärferen Bedingungen ein zweites Mol CH_3COOH abspalten, wobei sich das 2. Prod., *Dithiin*, vollständig zersetzt. Die Bldg. von 2 Mol CH_3COOH beweist, daß beide Acetylreste an O gebunden waren. — Aus **VI** entsteht mit Semicarbazidacetat in langsamer Rk. ein krist. Deriv., für das die Struktur **VII** angenommen wird. α-**VI** gibt mit C_2H_5HgBr eine krist. Fällung, deren Zerlegung bisher nicht in einfacher Weise gelang. Mit Hg-Acetat reagiert **VI** nicht; das mit $HgCl_2$ in Ggw. von $CaCO_3$ erhaltene Prod. läßt sich mit H_2S zerlegen, wobei zunächst vorwiegend β-**VI** entsteht, das sich beim Umkristallisieren teilweise in α-**VI** umwandelt.

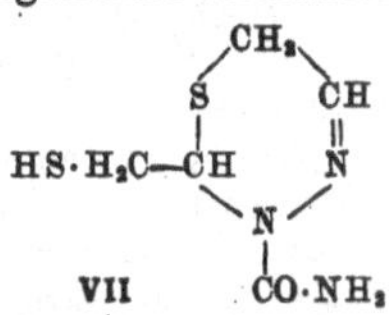

VII

Versuche: *Benzylmercaptoacetaldehyddiäthylacetal* (**III**), $C_{13}H_{20}O_2S$, Kp.$_{0,5}$ 114 bis 120°, durch Zugabe von Na zu Benzylmercaptan in Bzl., Auflösen des Na mit absol. A., Erwärmen auf dem Wasserbad, Zugabe von **II** u. 3std. Kochen; 78% (Ausbeute). — *Mercaptoacetal* (**IV**), $C_6H_{14}O_2S$, Kp.$_{30}$ 81°, Kp.$_{12}$ 59—60°, durch Zufügen von **III** u. dann von Na zu fl. NH_3, Zugabe von NH_4Cl nach 1 Std., Abdunsten des NH_3, Aufnehmen in W., Neutralisieren mit verd. HCl gegen Phenolphthalein u. Aufnehmen in Chlf.; 55%. **IV** gibt mit alkoh. $HgCl_2$-Lsg. ein *chlorhaltiges Hg-Salz*, Zers. bei 136°. — *[β.β-Diäthoxyäthyl]-dinitrophenylthioäther*, $C_{12}H_{16}O_6N_2S$, F. 56°, aus **IV** u. 2.4-Dinitrochlorbenzol in A. u. verd. NaOH. — *2.5-Diäthoxy-1.4-dithian* (**V**), $C_8H_{16}O_2S_2$, F. 91° (A.), beim Stehen von **IV** bei Raumtemp. unter CO_2; aus dem Filtrat wurde *A.* abdest. u. als *p-Nitrobenzoesäureäthylester* (F. 57°) identifiziert. — *2.5-Dioxy-1.4-dithian* (**VI**), $C_4H_8O_2S_2$, durch Verseifung von **V** mit 0,01n HCl unter Durchleiten von CO_2 u. kräftigem Durchmischen; zunächst scheidet sich die *α-Form* aus, F. 138—143°, aus A. derbe Prismen, prakt. unlösl. in CCl_4, Bzl., Cyclohexan, Chlf., Ae., Dioxan, Eisessig u. CS_2, mäßig lösl. in W. (0,3 mg/cm³), Aceton (2 mg/cm³), CH_3OH (6 mg/cm³) u. A. (8 mg/cm³), gut lösl. in Pyridin u. Phenol. Aus dem Filtrat durch Eindampfen im Vakuum u. Digerieren mit heißem A. die *β-Form*, F. ebenfalls 138—143°, kugelige Drusen, Löslichkeit in Aceton 6 mg/cm³, in A. 13 mg/cm³. — *Verb.* **VII**, $C_5H_9ON_3S_2$, Zers. bei 200°. — Mit Äthylquecksilberbromid liefert α-**VI** eine krist. *Verb.* $C_4H_8O_2S_2 \cdot 2C_2H_5HgBr$, F. 111° (A.); mit $HgCl_2$ in wss. CH_3OH unter Durchleiten von N_2 eine Verb. $\sim C_2H_3OClSHg$, Zers. bei 105°, in wss. Aceton in Ggw. von $CaCO_3$ eine Verb., die durch Zerlegung mit H_2S vorwiegend β-**VI** lieferte. — *2.5-Diacetoxy-1.4-dithian*, $C_8H_{12}O_4S_2$, *hochschm. Form*, F. 173° (A.), *niedrigschm. Form*, F. 109° (A.), aus α-**VI** mit Acetanhydrid in Pyridin während 72 Std. bei Zimmertemp.; die hochschm. Form ist in Ae. unlösl.; Gesamtausbeute 68%, davon ²/₃ niedrigschm. Form. Aus β-**VI** wurden ebenfalls beide Formen erhalten, Verhältnis hoch- zu niedrigschm. Form 2:3. — *2-Acetoxy-1.4-dithien-(5)*, $C_6H_8O_2S_2$, Kp.$_{0,3}$ 85—87°, Kp.$_{13}$ 135—141°, aus den vorst. Diacetaten durch 5std. Erwärmen in Xylol im Rohr auf 170—200°; 38 bzw. 80%; die dabei gebildete *Essigsäure* wurde als *p-Nitrobenzylacetat* (F. 78°) identifiziert. — *2.5-Dibenzoxy-1.4-dithian*, $C_{18}H_{16}O_4S_2$, *hochschm. Form*, F. 205° (A.), aus A. Rhomben, *niedrigschm. Form*, F. 130°, aus A. Nadeln, aus α-**VI** mit Benzoylchlorid in Pyridin in etwa gleicher Menge, zusammen 85%. (Chem. Ber. **85**. 924—32. 14/10. 1952. Freiburg/Br., Univ., Chem. Labor.)

SPAETH. 3262

K. Schofield, T. Swain und **R. S. Theobald**, *Die Darstellung einiger α.ω-Dichinazolinyl-(2)-alkane.* Vff. untersuchen *α.ω-Dichinazolinyl-(2)-alkane* wegen ihrer konstitutiven Beziehung zu therapeut. wirksamen Diamidinen. Unter Verwendung der Meth. von BISCHLER [1891] kondensieren sie entsprechend substituiertes o-Aminoacetophenon (**I**) mit Adipoyldichlorid (**II**) oder Sebacoyldichlorid (**III**). Die Leichtigkeit der Kondensation hängt von der Natur des Substituenten (R) in **I** ab: R = H kondensiert in heftiger Rk., R = Cl weniger heftig, aber dennoch vollständig, R = NO_2 gab in kochendem Pyridin nur 30% Kondensat mit **I**, mit **II** in kochendem Toluol hingegen gute Ausbeute, R = CN reagierte leicht, aber die Kondensate sind im Gegensatz zu den vorst. Verbb. beträchtlich Ae.-löslich. Die Cyclisierung der gebildeten Anilide mit wss.-alkoh. NH_3 unter Druck war fast stets quantitativ außer beim Adipoylnitroanilid **VII**, was auf die ungewöhnlich geringe Löslichkeit desselben im Reaktionsmedium zurückgeführt wird. Um die Anwendung der Druckapp. zu umgehen, wurde die Cyclisierung auch durch Einleiten von NH_3 in die Lsg. oder Suspension des Anilids in geschmolzenem Ammoniumacetat durchgeführt, was in allen Fällen quantitative Ausbeuten ergab. Auch *4-Methylchinazolin* ließ sich auf diesem Weg in guter Ausbeute aus o-Formamidoacetophenon u. NH_3 erhalten.

Versuche: *N.N'-Bis-[o-acetylphenyl]-adipodiamid* (**IV**), $C_{22}H_{24}O_4N_2$, F. 151—152° (A.), seidige weiße Nadeln; aus **II** u. **I** in Ae. unter Abscheidung der Verb. nach heftiger Reaktion. — *1.4-Bis-[4-methylchinazolinyl-(2)]-butan* (**V**), $C_{22}H_{22}N_4$, F. 116—117° (wss. A.); durch 6std. Erhitzen von **IV** mit wss. NH_3 u. A. im Rohr auf 140° u. nachfolgendes Eindampfen. — *N.N'-Bis-[o-acetylphenyl]-sebacodiamid* (**VI**), $C_{26}H_{32}O_4N_2$, F. 89—90° (A.),

Nadeln; analog **IV** aus **III**. — *1.8-Bis-[4-methylchinazolinyl-(2)]-octan*, $C_{26}H_{30}N_4$, F. 101—102° (wss. A.), fahlgelbe Nadeln; analog **V** aus **VI**. — *N.N'-Bis-[2-acetyl-4-chlorphenyl]-adipodiamid* (**VIII**), $C_{22}H_{22}O_4N_2Cl_2$, F. 220—221° (Chlf.), kleine weiße Kristalle; aus **II** in Ae. u. 2-Amino-5-chloracetophenon in Ae., Schütteln u. Isolieren des flockigen Niederschlages. — *1.4-Bis-[6-chlor-4-methylchinazolinyl-(2)]-butan*, $C_{22}H_{20}N_4Cl_2$, F. 166 bis 167° (A.), feine weiße Nadeln; analog **V** aus **VIII**. — *N.N'-Bis-[2-acetyl-4-chlorphenyl]-sebacodiamid*, $C_{26}H_{30}O_4N_2Cl_2$, F. 137—138° (A.), weiße Kristalle; analog **VIII** aus **III**. — *1.8-Bis-[6-chlor-4-methylchinazolinyl-(2)]-octan*, $C_{26}H_{28}N_4Cl_2$, F. 147—148° (A.), fahlgelbe Nadeln, Darst. analog. — *N.N'-Bis-[2-acetyl-4-nitrophenyl]-adipodiamid* (**VII**), $C_{22}H_{22}O_8N_4$, F. 287—288° (Pyridin); aus **II** u. 2-Amino-5-nitroacetophenon, 1 Std. in Pyridin erhitzen. — *1.4-Bis-[4-methyl-6-nitrochinazolinyl-(2)]-butan*, F. 219—220° (A.), weiß krist.; die Suspension von **VII** in geschmolzenem Ammoniumacetat wird 4 Std. auf 160° erhitzt u. trockneS NH_3 eingeleitet. Abscheidung nach Verdünnen mit Wasser. — *N.N'-Bis-[2-acetyl-4-nitrophenyl]-sebacodiamid*, $C_{26}H_{30}O_8N_4$, F. 183—184°; Darst. analog **VII** durch 1std. Erhitzen in trockenem Toluol. — *N.N'-Bis-[2-acetyl-4-cyanphenyl]-adipodiamid*, $C_{24}H_{22}O_4N_4$, F. 246—247° (Chlf.), fahlgelb; aus **II** in Ae. u. 2-Amino-5-cyanacetophenon in Ae., nach 12 Std. Entfernen des Aminhydrochlorids. Eindampfen der Lsg. ergibt Rohprodukt. — *1.4-Bis-[6-cyan-4-methylchinazolinyl-(2)]-butan*, $C_{24}H_{20}N_6$, F. 238—239° (A.), aus vorst. Verbindung. — *N.N'-Bis-[2-acetyl-4-cyanphenyl]-sebacodiamid*, $C_{28}H_{30}O_4N_4$, F. 179—180°, gelb. — *1.8-Bis-[6-cyan-4-methylchinazolinyl-(2)]-octan*, $C_{28}H_{28}N_6$, F. 197—198° (wss. A.), cremefarben. — *4-Methylchinazolin*, Kp.$_{20}$ 140—142°, fahlgelbes Öl; aus o-Formamidoacetophenon, suspendiert in geschmolzenem Ammoniumacetat bei 155 bis 160°, 3 Std. heftigen NH_3-Strom einleiten, mit W. verd., mit Ae. extrahieren. (J. chem. Soc. [London] **1952**. 1924—26. Mai. Exeter, Washington Singer Labors.) RUSKE. 3272

K. Schofield, *4-Phenylchinazolin*. Vf. stellt *4-Phenylchinazolin* (**I**) nach 4 verschied. Methoden dar: 1. Aus o-Formamidobenzophenon (**VII**) durch Einleiten von NH_3 in die Lsg. dieser Verb. in geschmolzenem Ammoniumacetat (vgl. vorst. Ref.). Es resultierte nur wenig, durch schwer abtrennbares o-Aminobenzophenon (**VI**) verunreinigtes **I**. Oder durch Cyclisierung von o-Acetamidobenzophenon mittels NH_3 unter Druck, Oxydation des gebildeten 2-Methyl-4-phenylchinazolins u. Decarboxylierung der Carbonsäure, **I** war hierbei nur als *Pikrat* isolierbar. 2. Über das aus (**VI**) u. Harnstoff zugängliche *2-Oxy-4-phenylchinazolin*, Überführung desselben in *2-Chlor-4-phenylchinazolin* (**II**), Red. desselben zu *3.4-Dihydro-4-phenylchinazolin* (**III**) u. Oxydation mittels Kaliumferricyanids zu **I**. 3. Da die katalyt. Red. von **II** zu **III** unbefriedigende Ausbeuten lieferte, wurde **II** in das *[4-Phenylchinazolinyl-(2)]-hydrazin* (**IV**) übergeführt, das mit Kupfersulfat in geringer Ausbeute zu **I** oxydiert werden kann. 4. **IV** läßt sich in sein *p-Toluolsulfonylderiv.* (**V**) überführen, das in alkal. Lsg. zu **I** zers. wird. Die versuchte Kondensation von Formamid mit **VI** war erfolglos.

Versuche: *o-Formamidobenzophenon* (**VII**), $C_{14}H_{11}O_2N$, F. 54—55° (Ae.–PAe.), weiße Prismen; aus 10 g **VI** u. Ameisensäure durch 1std. Kochen u. Entfernen der überschüssigen Säure unter vermindertem Druck. Das zurückbleibende Öl (11,2 g) krist. langsam. — *2-Oxy-4-phenylchinazolin*, F. 250—252°; durch Erhitzen von 50 g **VI** mit Harnstoff auf 190—200° unter Rühren. Das fest gewordene Reaktionsprod. mit A. verreiben; 50,8 g. — *2-Chlor-4-phenylchinazolin* (**II**), F. 114—115°; aus 20 g vorst. Verb. durch ½std. Erhitzen mit $POCl_3$, Abdest. des $POCl_3$, die Lsg. auf Eis gießen, mit NaOH alkal. machen u. mit Ae. extrahieren; 20 g. — *2-Äthoxy-4-phenylchinazolin*, $C_{16}H_{14}ON_2$, F. 106—107° (PAe.), fahlgelbe Tafeln; aus 0,5 g **II** durch 2std. Kochen mit einer Lsg. von Na in A., Eingießen der Lsg. in W.; 0,48 g. — *[4-Phenylchinazolinyl-(2)]-hydrazin* (**IV**), $C_{14}H_{12}N_4$, F. 155—156° (A.), gelbe Nadeln; aus 3 g **II** durch 7std. Kochen mit Hydrazin u. A., nach Abkühlen Abscheidung; 2,8 g. — *N-[4-Phenylchinazolinyl-(2)]-N'-[p-toluolsulfonyl]-hydrazin* (**V**), $C_{21}H_{18}O_2N_4S$, F. 203—205° (Zers.) (A.); aus 2,5 g **IV** in Pyridin mit p-Toluolsulfonylchlorid durch 12std. Stehen bei Zimmertemp. u. anschließendes ½std. Erhitzen auf 95°. Dann Verdünnen mit W.; 2,5 g. — *3.4-Dihydro-4-phenylchinazolin* (**III**), F. 165 bis 167° (Äthylacetat); durch Kochen von 1 g **II** mit rotem P u. HJ für 2½ Stunden. Nach Abkühlen mit NH_3 alkal. machen, Ausäthern; 0,27 g (bei größerem Ansatz, z. B. 20 g, schlechtere Ausbeuten [6,7 g]); oder durch Lösen von 8 g **II** in warmem Methanol u. Hydrieren mit Pd–$CaCO_3$-Katalysator. Nach Entfernen des Kontakts u. Abdest. des Methanols öligen Rückstand mit NaOH-Lsg. u. Äthylacetat schütteln. Äthylacetatextrakt eindampfen; 4,8 g. — *4-Phenylchinazolin* (**I**), $C_{14}H_{10}N_2$, F. 99—100° (PAe.); aus 5,1 g **VII** u. frisch geschmolzenem Ammoniumacetat durch 8std. Erhitzen auf 175—180° u. Einleiten eines starken Stromes von NH_3. Abkühlen, mit W. verd., mit Ae. extrahieren. Extrakt mit NaOH-Lsg. u. W. waschen, mit HCl extrahieren. Extrakt mit NaOH alkal. machen, mit Ae. extrahieren u. konzentrieren, noch heiß mit PAe. bis zur bleibenden Trübung versetzen. Nach

Abkühlen gelben Nd. (3,2 g) in HCl lösen, mit Ae. waschen, bei 0° mit wss. $NaNO_2$ diazotieren u. 1 Std. auf 95° erhitzen. Nach Waschen mit Ae. alkal. machen, mit Ae. extrahieren u. Ae. abdampfen; 0,23 g. Oder aus 5 g **III** durch Lösen in W.–Dioxan (1:1), Zufügen von KOH-Lsg., Erwärmen auf dem Wasserbad u. schnelles Hinzufügen wss. Kaliumferricyanids. 5 Min. erhitzen, mit W. verd., mit NaOH alkal. machen u. mit Ae. extrahieren; 4,8 g. Oder aus 0,2 g **IV** in W., Erhitzen auf 95° u. 5 Min. mit wss. $CuSO_4$ behandeln. 15 Min. erhitzen, mit NaOH alkal. machen, mit Ae. extrahieren; 35 mg. Oder aus 0,4 g **V** durch Zufügen zu einer warmen Lsg. von Dioxan, W. u. Na_2CO_3, Kochen, Verdünnen mit W. u. Extrahieren mit Ae.; 0,14 g. *Pikrat*, $C_{14}H_{10}N_2 \cdot C_6H_3O_7N_3$, F. 176—178° (A.), gelbe Nadeln. (J. chem. Soc. [London] **1952**. 1927—29. Mai. Exeter, Washington Singer Labors.)

RUSKE. 3272

M. L. Wolfrom, J. M. Berkebile und **A. Thompson,** *Die Synthese von Sedoheptulose (D-Altroheptulose). Sedoheptulose* in ihrer 2.7-Anhydropyranoseform konnte aus D-Altronsäure gewonnen werden, ein weiterer Beweis für ihre Struktur als D-Altroheptulose. Alle Zwischenprodd. sind nicht kristallisiert.

Versuche: Das krist. Cd-Salz von D-Altronsäure wird unter Rühren zu Essigsäureanhydrid gegeben u. bei 10° HCl eingeleitet; nach 15—20 Min. steigt die Temp. plötzlich an u. sinkt dann langsam wieder; noch 1 Std. bei 50° HCl einleiten, dann 12 std. Stehen des Reaktionsgemisches bei Raumtemp., eindicken, Rückstand mit Eiswasser behandeln, mit Chlf. ausschütteln, Sirup von *D-Altronsäurepentaacetat*, das durch 2 std. Erhitzen mit SO_2Cl_2 in Toluol in *D-Altronylchloridpentaacetat* verwandelt wird. Dieses wird mit Diazomethan in Ae. einige Std. bei Raumtemp. u. 24 Std. bei 0° behandelt, *1-Diazo-1-desoxy-keto-D-altroheptulosepentaacetat*, das auch nach chromatograph. Reinigung nicht kristallisiert. Daraus durch 20 Min. Erhitzen mit Eisessig u. Cu-Acetat eine Lsg. von rohem *Keto-D-altroheptulosehexaacetat*, das durch 3 std. Hydrolyse mit n-HCl in *Sedoheptulosan* verwandelt wird, *Monohydrat*, F. u. Misch.-F. 100—102°, aus 80%ig. heißen A.; die *wasserfreie Form*, F. 155°, durch Umkristallisieren aus absol. CH_3OH, $[\alpha]_D^{26}$ —145° (c = 4 in W.); die Röntgendiagramme des synthet. Prod. sind mit denen des natürlichen Prod. identisch. (J. Amer. chem. Soc. **74**. 2197—98. 5/5. 1952. Columbus, O., State Univ., Dep. of Chem.)

ROSSOW. 3400

W. T. Haskins, Raymond M. Hann und **C. S. Hudson,** *Einige Reaktionen und Derivate von Sedoheptulosan. Sedoheptulosan* (I) wird mit HJO_4, die Spaltstücke werden anschließend mit Br_2 oxydiert. Dabei wird eine *zweibas. Säure* gewonnen, deren krist. Ca-Salz die Formel $C_6H_6O_7Ca \cdot 3H_2O$ besitzt, aber nicht näher identifiziert werden konnte. *Tetramethylsedoheptulosan* reagiert nicht beim 6 tägigen Stehen mit HJO_4 bei 25°. Das macht die früher von HUDSON (J. Amer. chem. Soc. **60**. [1938.] 1241) zur Diskussion gestellte Struktur **A** gegenüber der von **B** unwahrscheinlich. — Die Mol.-Gew.-Best. zeigt, daß **I** monomol. ist. Die Best. des Gleichgewichts zwischen Sedoheptulose u. **I** bestätigt die Zahlen anderer Autoren (vgl. LA FORGE u. HUDSON, J. biol. Chemistry **30**. [1917.] 61). Krist. *Isopropyliden-, Dimethylen-, Tetratosyl-* u. *Tetrabenzoylderivv.* von **I** werden beschrieben.

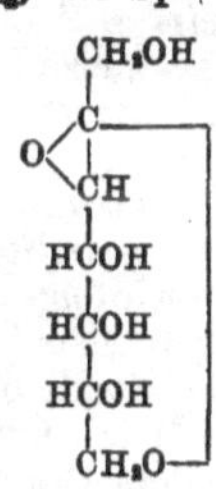

A

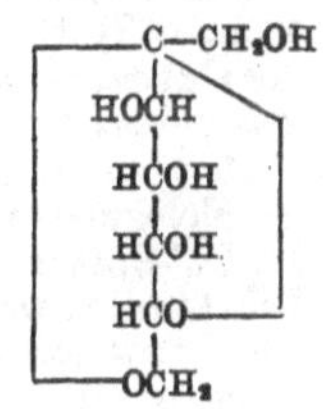

B

Versuche: **I** wird mit 2 Äquivalenten HJO_4 oxydiert, die Reaktionsprodd. werden isoliert u. mit Br_2 u. $CaCO_3$ in W. behandelt; nach Entfernung des überschüssigen Br_2 u. Aufarbeiten $C_6H_6O_7Ca \cdot 3H_2O$, Nadeln aus wss. A., $[\alpha]_D^{20}$ + 43,5° (c = 0,88 in W.); 79% (Ausbeute). Die *freie Säure* durch Behandlung der wss. Lsg. des Ca-Salzes mit H_2SO_4 u. Ausfällen des $CaSO_4$ mit A., $[\alpha]_D^{20}$ —24° (c = 5,4 in n-H_2SO_4). — *Tetramethylsedoheptulosan*, $C_{11}H_{20}O_6$, F. 52—53°, aus **I** mit CH_3J u. Ag_2O, $[\alpha]_D^{20}$ —145° (c = 0,84 in W.). — Mol.-Gew.-Best. von **I** durch Gefrierpunktserniedrigung: 190. — *Isopropylidensedoheptulosan*, $C_{10}H_{16}O_6$, F. 226—227°, durch Schütteln von **I** mit Aceton u. konz. H_2SO_4, lange Prismen aus CH_3OH, $[\alpha]_D^{20}$ —124° (c = 0,88 in W.); 100%; lösl. in W., Pyridin, Dioxan, heißem CH_3OH u. A.; schwerlösl. in Ae., PAe. u. Aceton. — *Dimethylensedoheptulosan*, $C_9H_{12}O_6$, F. 183—184°, durch Konzentrieren einer Lsg. von **I** in konz. HCl u. 37%ig. wss. HCHO im Vakuumexsiccator über $CaCl_2$, NaOH u. konz. H_2SO_4; nach 7 Tagen mit CH_3OH verreiben, kühlen u. filtrieren, lange Nadeln aus CH_3OH, $[\alpha]_D^{20}$ —131° (c = 0,86 in W.); 36%; Löslichkeit wie Isopropylidenverbindung. — *Tetratosylsedoheptulosan*, $C_{35}H_{36}O_{14}S_4$, F. 96—97°, durch 5 tägiges Stehen von **I** in Pyridin mit Tosylchlorid, Eingießen in W., Filtrieren, Nadeln aus Aceton u. Ae., $[\alpha]_D^{20}$ —73° (c = 0,84 in Chlf.); 87%; lösl. in Aceton, Chlf., Pyridin, Dioxan, Methylcellosolve; wenig lösl. in heißem CH_3OH u. A.; fast unlösl. in Ae., PAe.; Verb. reagiert nicht beim 65 std. Erhitzen mit NaJ in Aceton auf 100° oder in Acetonylacetat auf 80°; beim Erhitzen auf 130° wird die Mischung dunkel, u. 1 Äquivalent

Na-Tosylat kann nach 96 Std. isoliert werden; 60% der unveränderten Verb. werden zurückgewonnen. — *Tetrabenzoylsedoheptulosan*, $C_{35}H_{28}O_{10}$, F. 165—166°, durch 24std. Stehen von I in Pyridin mit Benzoylchlorid, Plättchen aus 95%ig. A., $[\alpha]_D^{20}$ —188° (c = 0,84 in Chlf.); 100%; lösl. in Chlf., Ae., Aceton u. Pyridin; fast unlösl. in PAe. u. H_2O. — Gleichgewicht von Sedoheptulose u. I durch Lösen von I in 10% H_2SO_4, $[\alpha]_D^{20}$ —146° (Anfangswert in W.) → —134° (nach 260 Std., unverändert nach weiteren 740 Std.), Best. von I in der Lsg. als Tetrabenzoat wie oben; 80%. (J. Amer. chem. Soc. **74.** 2198 bis 2200. 5/5.. 1951. Bethesda, Md., Nat. Inst. of Arthritis and Metabolic Diseases, Nat. Inst. of Health, Pulblic Health Service, Fed. Sec. Agency.) ROSSOW. 3400

C. Nieman, *Die Struktur der Glycyrrhizinsäure.* Literaturübersicht über die bisherigen Arbeiten zur Strukturaufklärung des süßen u. pharmakol.-akt. Prinzips des Süßholzes (Glycyrrhiza glabra L.), der *Glycyrrhizinsäure* (I), $C_{42}H_{62}O_{16}$, u. ihres Aglykons, der *Glycyrrhetinsäure*, $C_{30}H_{46}O_4$, eines β-Amyrinderivates. Weiterhin werden die Forschungsergebnisse über die den Nebennierenrindenhormonen ähnliche pharmakol. Wrkg. des Süßholzextraktes (succus liquiritiae) referiert. Die Best. der I ist durch ihre charakterist. UV-Absorption bei 250 mμ u. durch polarograph. Best. der $\alpha.\beta$-ungesätt. Ketogruppe möglich. — 64 Literaturangaben. (Chem. Weekbl. **48.** 213—19. 12/4. 1951. Amsterdam, Nederl. Inst. voor Volksvoeding, Labor. voor Physiol. Chem.) IPPEN. 3450

Ch. Tamm und **O. Wintersteiner**, *Die Struktur von Veratramin.* Abweichend von den beiden von JACOBS u. SATO (C. **1950.** II. 2319 u. **1952.** 682) für *Veratramin* (I) vorgeschlagenen Strukturen stellen Vff. auf Grund ihrer Ergebnisse die Formel **Ia** für I auf.

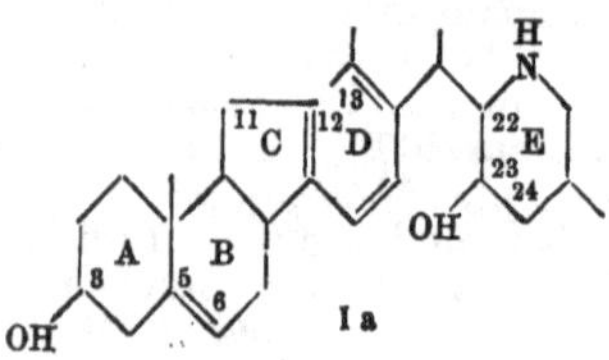

Ia

Das in I angenommene benzoide Ringsyst. ist bisher nur durch das UV-Spektr. nachgewiesen worden. Vff. nitrieren das bisher nicht beschriebene *Triacetyldihydroveratramin* (**II**) u. erhalten ein *Mononitroderiv.* (UV- + Infrarotspektren), dessen katalyt. Hydrierung eine Base liefert, die nach Diazotierung mit β-Naphthol zu einem tiefroten Farbstoff gekuppelt werden kann. Da das UV-Spektr. charakterist. für ein aromat. Amin ist, kann an dem Vorhandensein eines benzoiden Syst. in I nicht mehr gezweifelt werden. Das N-Acetylderiv. von I (**IV**) liefert durch OPPENAUER-Oxydation ein *Monoketon* (*Oxim* u. *2.4-Dinitrophenylhydrazon*). Im UV-Spektr. des Ketons u. des Oxims ist die für das steroidale Δ^4-3-Ketosyst. charakterist. Bande infolge des Einfl. des aromat. Syst. nach kürzeren Wellenlängen verschoben. Die $C_{(23)}$–OH-Gruppe widersteht der Oxydation sowohl in I als auch in **IV**. Acetylierung dieser OH-Gruppe in **IV** liefert kein kristallines Produkt. Oxydation von N-Acetyldihydroveratramin (**III**) mit CrO_3 ergibt *N-Acetyldihydroveratramindion-(3.23)* u. *N-Acetyldihydroveratraminon-(3)*. Die Änderung der Molekularrotation infolge der Oxydation entspricht derjenigen in der Jervin(**VI**)-Reihe. Im UV-Spektr. zeigen die beiden Ketone eine Bande bei 268 mμ (Benzolchromophor), das Diketon eine weitere Bande bei 304 mμ, die der $C_{(23)}$-Ketogruppe zugeschrieben wird. Bei der Oxydation von **II** mit CrO_3 entsteht u. a. eine Verb. **V** mit einer neuen Ketogruppe (Infrarot [IR]), die dem Ring C angehört (UV-Spektr. ähnelt dem des α-Tetralons, α-Indanons sowie dem Acetolyseprod. von **VI** mit Indanonsyst.). Diese Ketogruppe ist reaktionsträge. Für **V** nehmen Vff. daher die Struktur des *Triacetyldihydroveratraminons-(11)* an. Tosylierung von **III** in Pyridin liefert das *3-Monotosylat* (**VIII**), das zum *3-Tosylat-N.23-diacetat* acylierbar ist u. durch Kochen in Acetanhydrid unter Abspaltung der Tosyloxygruppe wahrscheinlich in das *Δ^2-N.23-Diacetat* (**IX**) verwandelt wird. Hydrolyse hiervon in Alkali liefert das ungesätt. *N-Monoacetat* (**IXa**), während katalyt. Hydrierung mit Pd in Dioxan das gesätt. *N.23-Diacetat* ergibt. Bei Behandlung von **III** mit $POCl_3$ in Pyridin wird nur eine OH-Gruppe unter Bldg. einer Doppelbindung abgespalten, die andere aber gegen Cl ausgetauscht. Aus Analogie zur gleichen Rk. bei 7α-Benzoxycholestan-3β-ol schließen Vff., daß hier ein *3α-Chlorid* (**VII**) gebildet wird mit der Doppelbindung bei $C_{(22)}$ oder $C_{(23)}$. Bei katalyt. Red. wird die Doppelbindung zu **VIIa** hydriert. Hydroxylierung von **VII** mit OsO_4 liefert ein amorphes *Glykol*, dessen kristallines Acetylierungsprod. ein *O-Diacetat* zu sein scheint (möglicherweise *$C_{(23)}\cdot C_{(24)}$-cis-Glykol*), da das amorphe Glykol 1 Mol Perjodsäure verbraucht. Weiter wird durch Hydroxylierung von Triacetylveratramin u. anschließende Acetylierung *5α.6α-Dioxydihydroveratramin-3.6-23.N-tetraacetat* dargestellt.

V e r s u c h e (FF. korr.; Rotationen in Chlf.; IR-Spektren in Nujol): *Veratramin* (I), F. 206—207°, $[\alpha]_D^{25}$ —71° (c = 1,21), λ_{max} 268 mμ (575; A.). — *Dihydroveratramin*, F. 192,5—194°, $[\alpha]_D^{25}$ +26° (c = 1,26). — *Triacetyldihydroveratramin* (**II**), $C_{33}H_{47}O_5N$, F. 189,5—190°, aus vorst. Verb. durch Kochen in Acetanhydrid; Nadeln aus Ae. + Pentan, $[\alpha]_D^{24}$ +84° (c = 0,87), λ_{max} 269 mμ (600; A.). — *N-Acetyldihydroveratramin* (**III**),

$C_{29}H_{43}O_3N$, F. 220—223°, a) aus **II** durch 2std. Kochen in 2n alkoh. KOH; Blättchen aus A.; b) aus **IV** durch Hydrierung mit PtO_2 in Eisessig; $[\alpha]_D^{26}$ +81° (c = 1,39). — *Mononitrotriacetyldihydroveratramin*, $C_{33}H_{46}O_7N_2$, F. 238—239° (A.), durch langsames Zufügen von 1 g **II** zu einer auf —10° gekühlten Lsg. von HNO_3 (D. 1,5) in Acetanhydrid, Gießen in Eis + Soda, Extrahieren mit Bzl. u. Abdampfen; gelbliche Nadeln; 300 mg; läßt sich nach katalyt. Hydrierung mit PtO_2 in CH_3COOH zur amorphen *Aminoverb.* in konz. HCl + Eisessig diazotieren u. mit β-Naphthol zu tiefrotem Azofarbstoff kuppeln. — *N-Acetyl-Δ⁴-veratraminon-(3)*, $C_{29}H_{39}O_3N$, F. 249—251° (Zers.), durch Zufügen von Al-tert.-Butylat in Bzl. zu 1 g **IV** in Aceton, nach 23std. Kochen Auflösen des Nd. durch Zufügen von n-H_2SO_4, Extrahieren mit Bzl. u. Reinigen über die Verb. mit GIRARD-Reagens T; Kristalle aus Aceton, $[\alpha]_D^{26}$ +124° (c = 0,796); 551 mg. *Oxim*, $C_{29}H_{40}O_3N_2$, F. 262—264°, aus A. Blättchen. *Semicarbazon*, $C_{30}H_{42}O_3N_4$, amorph. *2.4-Dinitrophenylhydrazon*, $C_{35}H_{43}O_6N_5$, F. 252—255°, rote Nadeln, λ_{max} 260 (20500; Chlf.), 390 (35000), λ_{min} 317 mμ (3400). — *N-Acetyldihydroveratramindion-(3.23)*, $C_{29}H_{39}O_3N$, F. 264—267° (Chlf. + Methanol), aus 226 mg **III** durch Oxydation mit CrO_3 in Eisessig, Abdampfen, Aufnehmen in Chlf., Abtrennen der sauren Bestandteile u. Kristallisation aus CH_3OH; $[\alpha]_D^{25}$ —13° (c = 0,73), λ_{max} 268 (590; A.–Chlf.) u. 305 mμ (230); IR-Bande bei 5,87 u. 6,18 μ; 27 mg. Aus der Mutterlauge durch Chromatographie an Al_2O_3 aus Bzl. u. Elution mit Chlf. + Methanol *N-Acetyldihydroveratraminon-(3)*, $C_{29}H_{41}O_3N$, F. 186—188° (Aceton + Ae.), $[\alpha]_D^{25}$ +100° (c = 0,668), λ_{max} 270 mμ (550; A.); IR wie vorst.; 20,5 mg. — Oxydation von 811 mg **II** mit 3 Äquivalenten CrO_3 in Eisessig (2½ Std.) u. 48std. Stehen liefert nach Chromatographie aus Bzl.–Hexan an Al_2O_3 aus dem Benzoleluat *Verb.* **V**, $C_{33}H_{45}O_6N$, F. 241—245° (bei 238° verfärbend), $[\alpha]_D^{21}$ +59° (c = 0,92), λ_{max} 251 u. 300 mμ (10700 u. 2100; A.); 86 mg. Aus dem Bzl. + Ae. -Eluat eine weitere Verb., F. 219—222°, Nadeln aus Aceton + Ae., $[\alpha]_D$ +31° (c = 0,766); 16 mg. — *3-Tosyl-N-acetyldihydroveratramin* (**VIII**), $C_{36}H_{49}O_5NS$, F. 167,5—168,5°, aus 305 mg **III** durch 48std. Stehen mit 2,5 Äquivalenten Toluolsulfonylchlorid in Pyridin, Zers. mit W. u. Extraktion mit Ae.–Chlf., $[\alpha]_D^{25}$ +53° (c = 1,03); 267 mg (roh). — *3-Tosyl-N.23-diacetyldihydroveratramin*, $C_{38}H_{51}O_6NS \cdot \frac{1}{2} H_2O$, F. 168—169°, aus 170 mg **VIII** durch 40std. Stehen in Acetanhydrid + Pyridin u. Chromatographie; $[\alpha]_D^{22}$ +74° (c = 1,27); 109 mg. — **IX**, $C_{31}H_{43}O_3N$, F. 208 bis 210°, aus 490 mg **VIII** durch 1½std. Kochen in Acetanhydrid u. Chromatographie; aus dem Benzoleluat Nadeln, $[\alpha]_D^{25}$ +109° (c = 1,01); 175 mg. — **IXa**, $C_{29}H_{41}O_2N$, F. 224 bis 226° (Zers.; Chlf.–Ae.–Hexan), durch Verseifen von 83 mg **IX** in 2n alkoh. NaOH, $[\alpha]_D^{24}$ +108° (c = 1,46); 63 mg. — *3-Desoxydihydroveratramin-23.N-diacetat*, $C_{31}H_{45}O_3N$, F. 204—205°, durch Hydrieren von **IX** in Dioxan mit Pd-Kohle (½ Std.); lange Nadeln aus Ae. + Hexan, $[\alpha]_D^{24}$ +99° (c = 1,03). — **VII**, $C_{29}H_{40}ONCl$, F. 205—206° (Zers.), aus 3 g **III** durch 48std. Stehen einer Pyridinlsg. mit $POCl_3$ (H_2O-Ausschluß), Zers. mit Eis, Extrahieren u. Chromatographieren; Nadeln aus Aceton + Ae., $[\alpha]_D^{25}$ +178° (c = 0,997), λ_{max} 269 mμ (510; A.); 1,44 g. — **VIIa**, $C_{29}H_{42}ONCl$, F. 178,5—180° (Ae.), durch Hydrieren von 113 mg vorst. Verb. in Eisessig mit PtO_2, $[\alpha]_D^{26}$ +65° (c = 1,145); 40 mg. — *Triacetat* $C_{33}H_{46}O_5NCl$, F. 210—211°, durch 44std. Stehen von 454 mg **VII** in Pyridin u. Bzl. mit 328 mg OsO_4 u. Acetylieren des amorphen Prod.; Blättchen aus Ae. + Hexan, $[\alpha]_D^{23}$ +74° (c = 1,008); 318 mg. — *5α.6α-Dioxydihydroveratramin-3.6.23.N-tetraacetat*, $C_{35}H_{49}O_8N$, F. 156—157°, durch Oxydation von 3,2 g Triacetylveratramin in Chlf. + Ae. mit OsO_4 u. Acetylierung wie vorst., $[\alpha]_D^{23}$ +81° (c = 1,033), λ_{max} 268 mμ (520; A.), IR-Banden bei 3,08, 5,78 u. 6,16 μ; 170 mg. — *N-Nitrosoveratramin*, $C_{27}H_{38}O_3N_2 \cdot \frac{1}{2} H_2O$, F. 212—214° (bei 207° erweichend; Methanol), aus I u. $NaNO_2$ in Essigsäure u. Extrahieren mit Chlf., $[\alpha]_D^{24}$ —27° (c = 1,126), λ_{max} 350 mμ (105; A.); IR-Banden bei 2,85, 3,04 (OH), 7,31, 7,46 u. 11,11 μ (NO); LIEBERMANN-Rk. positiv (gelb → rot → blau). (J. Amer. chem. Soc. **74**. 3842—49. 5/8. 1952. New Brunswick, N. J., Squibb Inst. for Med. Res.)

LEHWALD. 3500

R. Mirza, *Reduktion von Kryptopin mit Lithiumaluminiumhydrid.* Kryptopin wird durch $LiAlH_4$ in Ae. + Bzl. mit 95% Ausbeute zu *Dihydrokryptopin* (F. 188—189°; vgl. PERKIN, J. chem. Soc. [London] **109**. [1916.] 837) reduziert. (Experientia [Basel] **8**. 258—59. 15/7. 1952. Hyderabad, Indien, Central Labors.) BOIT. 3500

P. van Duijn, *Arenicochrom, ein neues Pigment aus Arenicola Marina L. — Gewinnung und Zusammensetzung.* *Arenicochrom* (**I**) ist ein in den Epithelzellen (**II**) des Wurmes *Arenicola marina* L. enthaltenes grünes, körniges Pigment. I ist an eine Plasmakomponente gebunden (I-Körnchen grün, I-Lsg. blau). I u. die Melanine haben vergleichbare Korngröße u. Lage in **II**; **I** enthält aber im Gegensatz zu den Melaninen keinen N_2.

Versuche: *Arenicochrom* (**I**), *K-Salz*, $(C_{21}H_{15}O_{14}S_2K_3)_n$ (n = 1 oder 2). I wird mit ammoniakal. cyanidhaltigem A. aus den Würmern extrahiert (Cyanid verhindert durch Komplexbldg. mit Schwermetallen deren Einw. auf I); Chromatographie an Al_2O_3 unter N_2; Versetzen des Eluates mit gesätt. KCl-Lsg., Auflösen des Nd. in sehr verd. KOH; bei

100° wird zu dieser Lsg. eine KCl-Cyanidlsg. gegeben; es fällt das *K-Salz* von I aus, violette Nadeln. Ausbeute aus 1000 Würmern 50—100 mg. I verhält sich wie ein Indicator (alkal.: blau, sauer: orange). 3 Säuregruppen, p_H 5,7 u. 2 stärker saure. Bei p_H unter 4,5 irreversibler Farbwechsel. Sonnenlicht, Bromwasser, $KMnO_4$-Lsg. u. H_2O_2 entfärben I-Lösung. I-K-Salz gibt Halochromie mit konz. H_2SO_4. Mg-, Fe- u. Cu-Salze lassen I-Lsg. bei p_H 7—8 in Grün umschlagen. Absorptionsspektren bei verschied. p_H vgl. Original. *K-Ca-Salz* von I, $C_{21}H_{15}O_{14}S_2CaK \cdot 3H_2O$, aus dem K-Salz durch Zufügen einer verd. $CaCl_2$-Lsg.; rutenähnliche Kristalle. (Recueil Trav. chim. Pays-Bas **71.** 585—94. Mai 1952. Leiden, Univ., Pathol. Labor., Biochem. Dep.) BRATFISCH. 3550

P. van Duijn, *Arenicochrom. Abbau zu Arenicochromin, einem schwefelfreien Pigment.* (Vgl. vorst. Ref.) *Arenicochrom* (I) ist im sauren Milieu (unter p_H 4,5) instabil. Hierbei wird durch Abspaltung des gesamten Schwefels aus I als H_2SO_4 ein schwefelfreies I-Deriv., *Arenicochromin* (II), erhalten. Von den 3 Säuregruppen in I sind 2 mit Schwefelsäure veresterte OH-Gruppen. Diese spalten H_2SO_4 ab. Durch Oxydation verbinden sich 2 dieser Moll. zu II.

Versuche: *Arenicochromin* (II), $C_{42}H_{34}O_{16}$ oder $C_{40}H_{32}O_{15}$, Zers. bei 300°, durch Hydrolyse des K-Salzes von I mit konz. HCl; dunkelrote Kristalle. II ist unlösl. in W., A., Methanol, Amylalkohol, Ae., Cyclohexanol, Chlf. u. PAe., lösl. in alkal. A.-W.-Gemischen, Aceton, Pyridin, Eisessig, Ameisensäure. Indicatoreigg. (p_H 5,0 rotbraun, p_H 7,0 grün, p_H 9,16 rot). Halochromie mit konz. H_2SO_4, Absorptionsspektren vgl. Original. (Recueil Trav. chim. Pays-Bas **71.** 595—600. Mai 1952.) BRATFISCH. 3550

David H. Gould, Heinz Staeudle und E. B. Hershberg, *Katalytische Isomerisierung von Spirostanen zu Furostenolen.* Bei der Überführung von Diosgeninacetat (I; 22-Iso-Δ^5-spirosten-3β-ol-acetat) in $\Delta^{5,16}$-*Pregnadien-3β-ol-20-on-acetat* (IV) wird zunächst in sd. Acetanhydrid $\Delta^{5,20,22}$-*Furostadien-3β.26-dioldiacetat* (II) gebildet. Da bei dem vorgeschlagenen Reaktionsmechanismus die Bldg. eines Acetyloniumions gefordert wird, sind folgende Katalysatoren, die dessen Bldg. begünstigen, wirksam: HCl, Acetylchlorid, $AlCl_3$ u. p-Toluolsulfonsäure. IV wird dargestellt durch Oxydation von II zum Δ^5-*Pregnen-3β.16-diol-20-on-3-acetat-16-[δ-acetoxy-γ-methylvalerat]* (III), das teilweise schon unter den Reaktionsbedingungen verseift wird; vollständige Hydrolyse zu IV am besten sauer oder alkal. in einem Zweiphasensystem.

Versuche (opt. Drehungen für 1%ig. Lsgg. in Chlf.; $E = E_{1cm}^{1\%}$ in Isooctan): $\Delta^{5,20,22}$-*Furostadien-3β.26-dioldiacetat* (II), F. 98,5—100,5° (Ae.-Methanol), aus I in Acetanhydrid mit $AlCl_3$, 4 Std. am Rückfluß; $[\alpha]_D^{25}$ —47,0°. — *22-Iso-Δ^5-spirosten-3β-ol,* F. 206—208° (Äthylacetat), aus 5 g II u. alkoh. KOH, 1 Std. am Rückfluß (gibt rohes $\Delta^{5,20,22}$-*Furostadien-3β.26-diol,* F. 165—171°) u. anschließende Behandlung mit absol. alkoh. HCl; 0,62 g. — $\Delta^{5,16}$-*Pregnadien-3β-ol-20-on-acetat* (IV), F. 170—173°, aus I in Acetanhydrid, a) mit $AlCl_3$, 3 Std. am Rückfluß, Oxydation des rohen II mit CrO_3, Hydrolyse des rohen Esters III in Bzl. mit wss. K_2CO_3 oder methanol. HCl u. Acetylierung; $[\alpha]_D^{25}$ —40,6°; Reinheit (R) 90%; 37,3% (Ausbeute); b) mit konz. HCl, 2 Std. am Rückfluß u. weiter wie unter a); R 96%; 5,2 g aus 50 g I; c) mit Acetylchlorid, 4 Std. am Rückfluß; R 94,3%; 4,4 g aus 50 g I; d) mit p-Toluolsulfonsäure, 8 Std. am Rückfluß; E = 275 (233 mμ); R 100%; 0,9 g u. 2,3 g in der Mutterlauge (nach UV-Spektr.) aus 50 g I; e) wegen unerwünschter Neben-Rkk. kann kein IV isoliert werden bei folgenden Katalysatoren: $SnCl_4$, BF_3, $ZnCl_2$, $HClO_4$, Oxalsäure u. Trichloressigsäure; geringe Rk. mit Spuren von Säuren, z. B. H_2SO_4. Ferner IV durch therm. Zers. von III (Rohprod. mit 33% IV) durch Kochen in Xylol. (J. Amer. chem. Soc. **74.** 3685—88. 20/7. 1952. Bloomfield, N. J., Schering Corp., Chem. Res. Div.) H.-J. KOCH. 3700

G. Stoeck, H. Voigt und H. Stein, *Steroide mit verzweigter Seitenkette am Kohlenstoffatom 17.* Durch Behandlung von Dehydroisoandrosteronacetat (I) mit Cyanessigsäureäthylester in Bzl.-Eisessig in Ggw. von CH_3COONH_4 ergibt sich mit 90% (Ausbeute) das Prod. **IIa** (F. 182°), das sich zur freien Säure **IIb** [F. 238° (Zers.)] verseifen läßt. **IIb** gibt im Schmelzfluß bei 200° mit ca. 80% das *Nitril* **IIc** (F. 146°). Zum Konstitutionsbeweis wird **IIa** zum *5.6-Dibromid* (F. 163°; 70%) bromiert. Es gibt nach Oxydation mit $KMnO_4$ in Aceton u. anschließender Entbromung mit NaJ mit 65% I. — 3β-Acetoxyätiocholensäurechlorid (III) gibt mit Äthoxy-Mg-Malonsäurediäthylester in Bzl. in quantitativer Ausbeute *3β-Acetoxyätiocholenylmalonester* (wachsartiges Prod. ohne definierten F.), der bei der Ketonspaltung (im Gegensatz zu den üblichen Ketonspaltungen mit verd. alkoh. Alkali) *Pregnenolon* (F. 186—189°; 75—80% bezogen auf III) gibt. Diese Rkk. werden auch für die $\Delta^{4,5}$-ungesätt. 3-Keto-Verb. durchgeführt: IV (aus der 3-Ketosäure u. Oxalylchlorid) → V → *Progesteron,* allerdings in schlechter Ausbeute. — 3-Ketoätiocholensäurechlorid (IV) gibt mit Äthoxy-Mg-Malonsäureäthyl-tert.-butylester das Prod. **VI**, das beim Kochen in 1%ig. benzol. p-Toluolsulfonsäure unter Abspaltung von Isobutylen u. CO_2 60% **VII**

gibt. — Von **VIII** (wie **II**, R_1 = H, Seitenkette = $-C(OH)(CH_3)_2$; F. 192—194°), **IX** (F. 214—216°) u. **X** (F. 169—171°) (Darst. der 3 Verbb. durch Umsatz von Pregnenolonacetat mit der entsprechenden GRIGNARD-Verb. u. anschließende OPPENAUER-Oxydation)

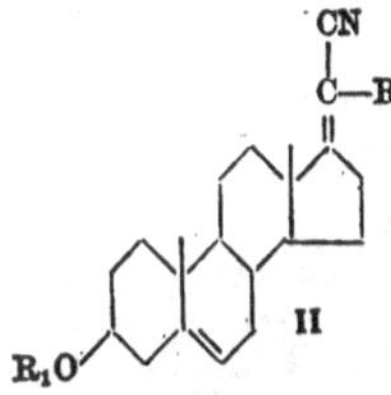

II

a $R_1 = CH_3CO$; $R_2 = COOC_2H_5$
b $R_1 = CH_3CO$; $R_2 = COOH$
c $R_1 = R_2 = H$

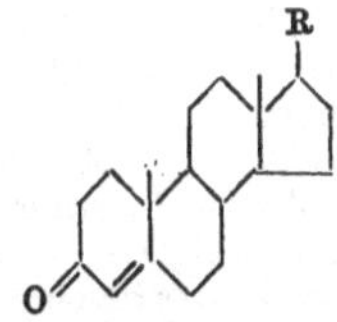

IV R = COCl
V R = $COCH(COOC_2H_5)_2$
VI R = $COCH(COOC_2H_5)\cdot COOC(CH_3)_3$
VII R = $COCH_2COOC_2H_5$
IX R = $C(OH)(CH_3)_2$
X R = $C(OH)(CH_3)\cdot CH_2—CH=CH_2$

werden die physiol. Teste mitgeteilt: Sie zeigen östrogene Wrkg., u. zwar beträgt die Ratteneinheit für **VIII** 5—10 mg, für **X** 20—30 mg, für **IX** trat mit 50 mg Proöstrus ein. Eine gestagene u. androgene Wrkg. wurde auch bei höherer Dosierung nicht beobachtet. (Naturwissenschaften **39**. 327—28. 1952. Mannheim-Waldhof, C. F. Boehringer & Soehne, Hormon-Abt.) H.-J. KOCH. 3750

Hans von Euler und **Hans Hasselquist**, *Zur Kenntnis der Ascorbinsäure und Dehydroascorbinsäure.* Beim Erwärmen der *Ascorbinsäure* (I) in alkal. Lsg. (0,2%ig. Lsg.; 100°, unter N_2) erfolgt eine Aufspaltung des γ-Lactonringes unter Bldg. des Alkalisalzes der entsprechenden Hexuronsäure; bei weiterer Alkalieinw. muß dann die Spaltung an der Doppelbindung eintreten. In stark saurer Lsg. bei 100° scheint noch keine Spaltung des Lactonringes der I aufzutreten. — Die Befunde von SZENT-GYÖRGYI sowie von KARRER u. Mitarbeitern, daß I in *saurer* Lsg. 2 Atome J unter Bldg. von *Dehydroascorbinsäure* (II) verbraucht, werden bestätigt; in alkal. Lsg. werden nach KARRER u. Verss. der Vff. 4 Atome J pro 1 Mol. I verbraucht. I gibt mit Ferrisalzen in neutraler oder alkoh. Lsg. keine Farb-Rk.; in wss., mit wenig NH_3 versetzt, gibt I eine schwach braune Färbung. II gibt mit NH_3 eine schwache Eigenfärbung, auch ohne Fe^{3+}-Zusatz; mit $FeCl_3$ gibt II keine Farbreaktion. II gibt in CH_3OH mit $TiCl_3$ eine dunkelbraune Färbung u. nach einiger Zeit eine braunrote Fällung; in CH_3OH–Pyridin gibt II eine braunrote Färbung u. nach einiger Zeit eine orangerote Fällung. II reagiert in 1%ig. wss. Lsg. sauer (p_H 3,83). Durch Einw. von Alkali wird der Lactonring von II aufgesprengt (leichter als der von I) unter Bldg. der entsprechenden Diketosäure. II verbraucht in alkal. Lsg. 1 Mol TILMAN-Reagens, wodurch bestätigt ist, daß der Verbrauch von 2 Mol dieses Reagenses durch I auf einer Oxydation von I zu II beruht. Die intramuskuläre Injektion von 30 mg II verursacht bei der Ratte keine Hyperaktivität; vermutlich tritt eine Red. zu I ein, bevor die II wirksam wird. Die papierchromatograph. Unters. (mit Butanol–Essigsäure–W. [80 : 20 : 20] als Lösungsm.; Sichtbarmachung mit Dichlorphenolindophenol) von mit HCl oder Alkali bei 100° behandelter I u. II ergab, daß man durch Behandlung von II mit HCl 3 Substanzen erhält, die bzgl. der Entfärbung von TILMAN-Reagens mit I gleichwertig sind (Endiole). (Ark. Kemi **4**. Nr. 7. 169—74. 1952. Stockholm, Univ., Vitamin-Inst., u. Inst. für organ.-chem. Forschung.) K. F. MÜLLER. 3800

Otto Dann, Hans Ulrich und **Ernst Friedrich Möller**, *Über die wachstumshemmenden Eigenschaften von Nitroverbindungen und über die Bedeutung der Nitrogruppe im Chloramphenicol.* Chloramphenicolähnliche Thiophen- u. p-Chlorphenylverbb. wurden nach grundsätzlich bereits bekannten Methoden dargestellt. Zur Dichloracetylierung der alkaliempfindlichen Aminoketone *p-Chlor-ω-aminoacetophenonhydrochlorid* (**III**) u. *5-Nitroaminoacetylthiophen* (**VII**) erwies sich die Verwendung von Dichloressigsäureanhydrid (**IV**) als vorteilhaft. Die Angaben von CARRARA u. WEITNAUER (C. **1952**. 2678) zur Darst. chloramphenicolähnlicher Thiophenverbb. sind in folgenden Punkten zu ergänzen: Die Anlagerung von CH_2O an *Acetaminoacetylthiophen* ergibt mit $NaHCO_3$ als Kondensationsmittel *dl-2-[α-Acetamino-β-oxypropionyl]-thiophen* (**XI**) vom F. 167, während CARRARA u. WEITNAUER für eine mit K_2CO_3 als Kondensationsmittel erhaltene Verb. den F. 113° angeben. **XI** ließ sich zur *O-Acetylverb.* (**XII**) acetylieren u. zum *Hydrochlorid* des *dl-2-[α-Amino-β-oxypropionyl]-thiophens* (**XIII**) entacetylieren. Nach MEERWEIN-PONNDORF-Red. von **XI** konnten durch fraktioniertes Umlösen aus Essigester die beiden möglichen, diastereomeren Racemate *dl-threo-* u. *dl-erythro-1-[Thienyl-(2')]-2-acetaminopropandiol-(1.3)* (**XIVa** bzw. **XIVb**) in etwa gleichen Anteilen erhalten werden; auf Grund der besseren Wachstumshemmung im Kulturvers. wird das bei 143° schm., schwerer lösl. Racemat der *threo*-Reihe u. das leichter lösl. Racemat (F. 130—132°) der *erythro*-Reihe zugeordnet. Die Acetylierungsprodd. **XVa** u. **XVb** ließen sich mit HNO_3-Acetanhydrid zu dem *threo*-Racemat (**XVIa**) vom F. 117—119° u. zu dem öligen *erythro*-Racemat (**XVIb**) nitrieren. — Das Hexamethylentetraminsalz des *5-Nitro-2-bromacetylfurans* (**XVII**) ließ sich nicht spalten; *2-[Acetaminoacetyl]-furan* (**XIX**) konnte bisher nicht nitriert werden. — Die dargestellten Verbb. wurden zu Kulturhemmungsverss. mit einer phenylalaninbedürftigen *E. coli*-Mutante u. der chloramphenicolunempfindlichen, für Nitrothiophene empfindlichen „Hefe M" (DANN u. MÖLLER, C. **1947.** 475; Chem. Ber. **82.** [1949.] 76) verwendet. Die Beziehungen zwischen Konst. u. biol. Wrkg. werden diskutiert.

Versuche (FF. im BERL-Block, korr.): *1-[p-Chlorphenyl]-2-nitroäthanol* (**I**), $C_8H_8O_3NCl$, aus CH_3NO_2 u. p-Chlorbenzaldehyd in absol. A. in Ggw. von CH_3ONa bei 5—8° u. Zugabe des ausgeschiedenen Na-Salzes zu wss. Essigsäure + Eis, gelbes Öl, n_D^{20} 1,5560; 85% (Ausbeute). — *p-Chlor-ω-nitroacetophenon* (**II**), $C_8H_6O_3NCl$, durch Eingießen von **I** in ein Gemisch von $K_2Cr_2O_7$, Eisessig, W. u. konz. H_2SO_4 bei Raumtemp. u. 2 Tage Stehenlassen, Blättchen aus CH_3OH, F. 167°; 90%. — *p-Chlor-ω-aminoacetophenonhydrochlorid* (**III**), durch 2 Std. Kochen einer Lsg. von 0,5 Mol **II** in einer Lsg. von 1,5 Mol $SnCl_2$ in konz. HCl + A., Ausfällung des Sn durch Einleiten von H_2S in eine auf 90° erhitzte Aufschlämmung des erhaltenen *Hexachlorostannats* [$(C_8H_8ONCl)_2 \cdot H_2SnCl_6$, F. 263° (Zers.); 78%] u. Versetzen des Filtrats mit konz. HCl, Blättchen, F. 275° (Zers.); 70%. — *Dichloressigsäureanhydrid* (**IV**), durch 8 Std. Erhitzen von 1 Mol Dichloressigsäure u. 0,5 Mol P_2O_5 in einem Ölbad von 180° u. Vakuumdest. über eine VIGREUX-Kolonne, $Kp._{14}$ 113—114°, F. 17—18°; 53%. — *p-Chlor-ω-dichloracetaminoacetophenon* (**V**), $C_{10}H_8O_2NCl_3$, aus 0,02 Mol **III** in W. von 0° u. 0,04 Mol **IV** u. 0,1 Mol Na-Acetat in W., Blättchen aus CH_3OH, F. 137—138°; 50%. — *dl-p-Chlor-α-dichloracetamino-β-oxypropiophenon* (**VI**), $C_{11}H_{10}O_3NCl_3$, durch Anlagerung von 35%ig. wss. CH_2O an **V** in CH_3OH in Ggw. von $NaHCO_3$ bei 38° (2 Std.), prismat. Nadeln aus CH_3OH, F. 119—121°; 54%. — *dl-threo-1-[p-Chlorphenyl]-2-dichloracetaminopropandiol-(1.3)*, durch Kochen von 3,9 mMol **VI** u. 8 mMol Al-Isopropylat in Isopropanol, Abdest. des Isopropanol–Aceton-Gemisches (6 Std.) u. 15 Min. Kochen der mit W. versetzten Reaktionslsg., Prismen aus Essigester + PAe., F. u. Misch-F. 120°. — *dl-p-Chlor-α-acetamino-β-acetoxypropiophenon*, $C_{13}H_{14}O_4NCl$, aus dl-p-Chlor-α-acetamino-β-acetoxypropiophenon in Pyridin u. Acetanhydrid (2 Tage bei Raumtemp.), Nadeln aus Essigester, F. 115—116°. — *dl-threo-N.O.O-Triacetyl-1-[p-chlorphenyl]-2-aminopropandiol-(1.3)*, $C_{15}H_{18}O_5NCl$, aus der freien Base u. Acetanhydrid (10 Min. bei 70°) u. 1 Tag Stehenlassen nach Zugabe von Pyridin, Prismen aus Essigester, F. 142—143°; 79%. — *5-Nitro-2-dichloracetaminoacetylthiophen* (**VIII**), $C_8H_6O_4 \cdot N_2Cl_2S$, aus **VII**-Hydrochlorid u. **IV** analog **V**, Blättchen aus wss. A., F. 122—124°; 27%. — *dl-5-Nitro-2-[α-dichloracetamino-β-oxypropionyl]-thiophen*, $C_9H_8O_5N_2Cl_2S$, aus **VIII** u. CH_2O in Ggw. von $NaHCO_3$, gelbbraune Prismen, F. 151—153°; 43%. — *4-Nitro-2-bromacetylthiophen* (**IX**), $C_6H_4O_3NBrS$, durch Bromierung von 4-Nitro-2-acetylthiophen (durch Nitrierung von 2-Acetylthiophen u. Trennung des Isomerengemisches über die Oxime) in Eisessig mit Br_2 in Eisessig, Prismen aus A., F. 99—101°; 89%. — *4-Nitro-2-acetaminoacetylthiophen* (**X**), $C_8H_8O_4N_2S$, aus **IX** u. Hexamethylentetramin in Chlf., Behandlung des *Hexamethylentetraminsalzes* (F. 178—182° [Zers.]; 77%) mit konz. HCl–A. (2 Tage bei Raumtemp.) u. Acetylierung der bei 0° ausfallenden Kristalle mit Acetanhydrid + Na-Acetat, Blättchen aus A., F. 202—204° (Zers.); 81%. — *dl-4-Nitro-2-[α-acetamino-β-oxypropionyl]-thiophen*, $C_9H_{10}O_5N_2S$, aus **X** u. 35%ig. CH_2O in Ggw. von $NaHCO_3$ bei 40° (2 Std.), prismat. Nadeln aus A.–Essigester, F. 162—164°; 48%. — *dl-2-[α-Acetamino-β-oxypropionyl]-thiophen* (**XI**), $C_9H_{11}O_3NS$, aus *Acetaminoacetylthiophen* (nach CARRARA u. WEITNAUER, l. c., F. 122—124°) u. 35%ig. wss. CH_2O in Ggw. von $NaHCO_3$ bei 38°, Nadeln aus A. u. W., F. 167° (Gasentw.); 60%. *dl-2-[α-Acetamino-β-acetoxypropionyl]-thiophen* (**XII**), $C_{11}H_{13}O_4NS$, aus **XI** in Pyridin + Acetanhydrid, Blättchen aus 80%ig. A., F. 156—157°. — *dl-2-[α-Amino-β-oxypropionyl]-thiophenhydrochlorid* (**XIII**), $C_7H_{10}O_2NClS$, durch Einengen eines wss. Lsg. von **XI** mit konz. HCl auf dem Wasserbad, lange Nadeln, F. 199—200° (Zers.). — *dl-threo-* u. *dl-erythro-1-[Thienyl-(2')]-2-acetaminopropandiol-(1.3)* (**XIVa** bzw. **XIVb**), $C_9H_{13}O_3NS$, durch Kochen von **XI** mit Lsg. von Al-Isopropylat in Isopropanol unter gleichzeitiger Abdest. von Isopropanol–Aceton (12 Std.), Zers. des Rückstands durch Kochen mit W., Extraktion des Filterrückstands mit 80%ig. heißem Isopropanol; Kristallisation des öligen Extrakts aus Essigester gibt Kristalle von F. 120 bis 140°; **XIVb** durch Erhitzen dieser Kristalle mit 10facher Menge Essigester, Abdekantieren u. Abkühlung, Prismen, F. 130—132°; Rückstand (= **XIVa**) gibt Prismen aus Essigester-A., F. 142,5—144°. Misch-F. (**XIVa** + **b**) 120°. — *dl-threo-* u. *dl-erythro-N.O.O-Triacetyl-1-[thienyl-(2')]-2-aminopropandiol-(1.3)* (**XVa** bzw. **XVb**), $C_{13}H_{17}O_5NS$, aus **XIVa** bzw. **b** in Acetanhydrid + Pyridin bei 0° u. 2 Tage Stehenlassen. — *dl-threo-* u. *dl-erythro-N.O.O-Triacetyl-1-[5'-nitrothienyl-(2')]-2-aminopropandiol-(1.3)* (**XVIa** bzw. **XVIb**), $C_{13}H_{16} \cdot O_7N_2S$, aus **XVa** bzw. **b** in Acetanhydrid u. HNO_3 (D. 1,51) + Acetanhydrid bei —15 bis —20° (2 Std.); **XVIa**, strohfarbene Kristalle aus Essigester, F. 117—119°; 62%. **XVIb**, gelbes Öl. — *5-Nitro-2-bromacetylfuran* (**XVII**), $C_6H_4O_4NBr$, durch Bromierung von 5-Nitro-2-acetylfuran in Eisessig, $Kp._{1,5}$ 144—145°, F. 78,5—80°. *Hexamethylentetramin-*

salz, $C_{12}H_{16}O_4N_5Br$, aus **XVII** u. Hexamethylentetramin in Chlf., aus CH_3OH + Ae., F. 186° (Zers.); ist mit alkoh. HCl, H_2SO_4 oder $HClO_4$ nicht spaltbar. — *2-Aminoacetylfuranhydrochlorid* (**XVIII**), $C_6H_8O_2NCl$, durch Hydrolyse des *Hexamethylentetraminsalzes von 2-Bromacetylfuran* ($C_{12}H_{17}O_2N_4Br$, F. 165° [Zers.]; 83%) mit konz. HCl–A. u. Acetylierung des Rohprod., Blättchen durch Umfällung mit HCl aus W., F. 250° (unscharf). Bei schwachem Glühen im Reagensglas setzt sich ein geringer, in wss. Aceton blau fluorescierender Beschlag an. — *2-Acetaminoacetylfuran* (**XIX**), $C_8H_9O_3N$, aus **XVIII** in W. + kalt gesätt. Na-Acetatlsg. + Acetanhydrid bei 0°, Dest. des Rohprod. bei 190°/0,7 mm, Prismen aus Essigester, F. 116—118°; 53%. *Monohydrat*, Prismen aus W., F. 80—95°. Es konnten keine Nitrierungsbedingungen für **XIX** gefunden werden. — *2-[Dichloracetaminoacetyl]-furan*, $C_8H_7O_3NCl_2$, aus **XIX** u. **IV**, Blättchen aus Essigester, F. 114—116°. — *dl-2-[α-Acetamino-β-oxypropionyl]-furan*, $C_9H_{11}O_4N$, aus **XIX** u. CH_2O, Prismen aus Essigester-A., F. 165—169° (Gasentw.). (Z. Naturforsch. 7b. 344—52. Juni 1952. Erlangen, Univ., Inst. für angewandte Chem., u. Heidelberg, Max-Planck-Inst. für Med. Forsch., Inst. für Chem.) K. F. MÜLLER. 3900

Elisa Ghigi, *Über die Konstitution von Marrubin.* (Vgl. Gazz. chim. ital. **78.** [1948.] 856.) Verss. zur Klärung der Anordnung der beiden Doppelbindungen in *Marrubin* (I) brachten kein eindeutiges Ergebnis, ob es sich um konjugierte oder isolierte Doppelbindungen handelt. Die an der Lactonbldg. beteiligte OH-Gruppe ist tertiär. Beim oxydativen Abbau von Marrubinsäure (**II**) mit $KMnO_4$ in alkal. Lsg. entsteht die *Säure* $C_{17}H_{28}O_5$ (**III**), die im Gleichgewicht mit dem *Lacton* **IV** steht. Weitere Oxydation von **III** gibt die *neutrale Verb.* $C_{14}H_{20}O_4$ (**V**), aus der durch alkal. Hydrolyse die ebenfalls *neutrale Verb.* $C_{13}H_{22}O_3$ (**VI**) entsteht. Bei Se-Dehydrierung von **I** u. **III** entsteht *1.2.5-Trimethylnaphthalin* (**VII**).

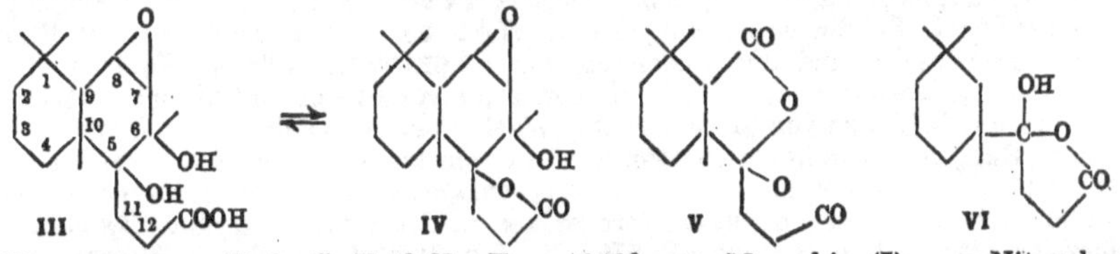

Versuche: *Verb.* $C_{26}H_{31}O_6N_3$, F. ca. 140°, aus Marrubin (I) u. p-Nitrophenyldiazoniumchlorid bei 0—5° in verd. CH_3COOH; gelbe Kristalle. — Bei Einw. von α-Naphthochinon auf **I** in sd. A. (4 Std.) konnte kein Reaktionsprod. gefaßt werden. — Bei Oxydation von **I** mit $Na_2Cr_2O_7$ in verd. H_2SO_4 wurde durch Dest. eine Fraktion erhalten, die mit Nitroprussid-Na, Phenylhydrazin u. NaOH eine schwache Rk. auf *Aceton* gibt. — Bei Dest. von **I** mit P_2O_5 wird ein fluorescierendes Öl erhalten, das mit Se bei 280° (5 Std.) *1.2.5-Trimethylnaphthalin* (**VII**, isoliert als *Pikrat*, F. 139—140°) u. eine vielleicht als *1.2.7.8-Tetramethylphenanthren* (*Pikrat*, F. 171—172°) anzusprechende Verb. liefert. — Einw. von sd. Acetanhydrid in Ggw. von Na-Acetat (10 Std.) verändert **I** nicht. — Bei Einw. von PCl_3 auf Marrubinsäure (**II**) in Bzl. (einige Std.) u. Oxydation des so erhaltenen Öles mit CrO_3 in verd. CH_3COOH entsteht eine in Nadeln (aus W.) krist. Verb., F. 200°, welche auch direkt aus **I**-Dihydrat mit CrO_3 erhalten wird. — *Säure* $C_{17}H_{28}O_5$ (**III**), F. 222—223°, aus **II** mit CrO_3 in verd. CH_3COOH bei 50° (48 Std.) oder aus **I** mit $KMnO_4$ in alkal. Lsg.; aus W. Nadeln. — *Lacton* $C_{17}H_{26}O_4$ (**IV**), F. 162°, durch Erhitzen von **III** über 223° oder beim Erhitzen mit S auf 280—300°; aus W. Kristalle. Wird durch Erhitzen mit Acetanhydrid + Na-Acetat (10 Std.) oder mit PCl_3 in Bzl. (einige Std.) nicht verändert. — Rkk. von **III**: Beim Erhitzen mit Se auf 280—300° (10 Std.) entsteht **VII**. Beim Erhitzen mit Naturkupfer auf 280—300° (10 Std.) entsteht ein nicht näher untersuchtes Prod., F. 140—152°. Einw. von alkoh. KOH liefert keine definierten Produkte. Beim Erhitzen mit H_2O_2 in NaOH bleibt **III** unverändert. Bei Einw. von Br_2 + P konnten keine identifizierbaren Prodd. erhalten werden. Einw. von 48%ig. HBr + H_2SO_4 gibt ein bei 108° schm. Prod., das sich nicht umkristallisieren läßt. Mit konz. H_2SO_4 entsteht unter SO_2-Entw. ein bei 63° schm. Prod., das sich nicht reinigen läßt. Durch Erhitzen mit HNO_3 (D. 1,1, 1,4, 1,52) wurden Spuren von sodalösl. Prodd. erhalten. Bei Oxydation von **III**-*Methylester* (F. 154°) mit $KMnO_4$ in wss. Aceton entsteht **IV**. Decarboxylierung von **III**-Methylester durch Erhitzen mit HCl + CH_3COOH (4½ Std.) gibt verunreinigte Ausgangssubstanz. — *Lacton* $C_{14}H_{20}O_4$ (**V**), F. 214°, aus **III** mit $KMnO_4$ in 10%ig. NaOH in 14 Std.; nebenher entsteht *Acetaldehyd* (identifiziert als *p-Nitrophenylhydrazon*, F. 128°). — Rkk. von **V**: Bleibt beim Erhitzen mit S oder Se auf 280—300° (20 bzw. 10 Std.) unverändert. Bei Dest. über Kalk u. Erhitzen des erhaltenen Öles mit Se auf 280—300° (5 Std.) entsteht eine in Blättchen krist. Verb. (**VIII**, F. 45—46°). Verschmelzen mit 88%ig. KOH bei 200° (15 Min.) gibt eine bei 130° schm. Substanz. Einw.

von H_2SO_4 oder HNO_3 liefert keine definierten Produkte. — *Lacton* $C_{13}H_{22}O_3$ (VI), F. 163°, aus **V** durch Erhitzen mit alkoh. KOH auf 150—160° (9—10 Std.), aus 70%ig. Äthanol. Bei Dest. über Se bei 330° (12 Std.) entsteht **VIII** (gefunden C 84,73, 84,58%, H 15,04, 14,36%). (Gazz. chim. ital. **81**. 336—50. April/Mai 1951. Bologna, Univ., Ist. chim. „G. Ciamician".) K. Faber. 3950

D3. Makromolekulare Chemie.

Roger Cerf, *Variation der spezifischen Viscosität einer Lösung starrer Makromoleküle mit der Frequenz.* Die komplexe Viscosität einer Lsg. starrer Teilchen in laminarer Strömung hoher Frequenz, erzeugt durch den Torsionskristall von Mason (Transversalwellen mit Ultraschallfrequenz), wird berechnet. Als Molekülmodell benutzt Vf. ein starres Rotationsellipsoid, u. er erhält durch sehr einfache Berechnungen vollständigere Ergebnisse als Kirkwood für stäbchenförmige Teilchen. Es wird gezeigt, daß die Grundviscosität einer monodispersen Lsg. die Summe des klass. hydrodynam. Terms (Frequenz Null) u. des Brownschen Terms ist. Letztgenannter ist dabei gleich dem klass. Ausdruck, multipliziert mit einem komplexen Faktor als Funktion der Frequenz. Die Messung der komplexen Viscosität in Abhängigkeit von der Frequenz erlaubt es, alle geometr. Charakteristika des suspendierten Mol. zu bestimmen. — Im Falle einer polydispersen Lsg. kann das Vorgehen des Vf. eine bes. interessante analyt. Meth. liefern. Es werden einigeBeispiele für Mischungen aus zwei Komponenten gegeben u. gezeigt, daß man alle geometr. Charakteristika u. die Konz. jeder der beiden Komponenten auf sehr einfache Weise erhalten kann. (J. Physique Radium **13**. 458—64. Okt. 1952. Strasbourg, Fac. des Sci., Centre D'Études de Phys. macromol.) G. Heinrich. 4000

M. F. Vaughan, *Durch Diffusion geregelte Reaktionen während der Blockpolymerisation von Styrol.* Bei der Erörterung des Geleffekts bei Polymerisationen zeigt Vf. durch Berechnungen auf Grund der Gleichung von Rabinowich (Trans. Faraday Soc. **33**. [1937.] 1225), daß während der Blockpolymerisation von Styrol bei 125° das Syst. so viscos wird, daß die Diffusion für die Abbruch-, Wachstums- u. vielleicht auch für die Übertragungs-Rkk. geschwindigkeitsbestimmend werden kann. Mittels einer von Spencer u. Williams (J. Colloid Sci. **2**. [1947.] 117) vorgeschlagenen Gleichung wird eine annähernde Übereinstimmung zwischen diesen Voraussagen u. den experimentellen Beobachtungen aufgezeigt. (Trans. Faraday Soc. **48**. 576—79. Juni 1952. Great Burgh, Epsom, Distillers Co., Ltd., Plastics Div., Res. & Development Dep.) Schäff. 4010

Samuel L. Madorsky, *Geschwindigkeit des thermischen Abbaus von Polystyrol und Polyäthylen im Vakuum.* Frühere Unterss. des Vf. (J. Res. Nat. Bur. Standards **42**. [1949.] 499) ergaben, daß die aus dem therm. Abbau von *Polystyrol* (**I**), *Polyisopren* (**II**) u. *Polyäthylen* (**III**) bei 300—400° im Vakuum resultierenden flüchtigen Prodd. aus Bruchstücken bestehen, die in der Größe zwischen einem Monomeren u. Fragmenten vom Mol.-Gew. ~1000 schwanken. Das gleiche Verf., auf *Polymethylmethacrylat* (**IV**) u. *Poly-α-methylstyrol* (**V**) bei 250—350° angewandt, ergibt an flüchtigen Prodd. fast ausschließlich Monomere. Beide Ergebnisse sind unabhängig von der Abbautemp. u. dem Ausmaß der Verflüchtigung. Vf. erhielt bei der Pyrolyse folgender Polymerer im flüchtigen Anteil Monomere in folgenden Gew.-%: Bei **IV** 100, **V** 100, *Polyisobuten* (**VI**) 32, **I** 42, *Polybutadien* 14, *GRS* 12, **II** 11, **III** 3. Daraus folgt, daß der Kettenbruch bei **IV** u. **V** ausschließlich an den Kettenenden, bei **III** an wahllosen Stellen der Kette (unter Bldg. von Fragmenten vom mittleren Mol.-Gew. 700) erfolgt. **I** u. **VI** nehmen eine Mittelstellung zwischen diesen Extremen ein. Vf. beschreibt dann die für die Verss. an **I** u. **III** verwandte App., eine sehr empfindliche, im Vakuum eingeschlossene Wolframfederwaage. Es wird bei Klebevakuum mit Proben von 5—6 mg gearbeitet, um ein Verspritzen während des Abbaus zu verhindern. Die graph. Darst. von Geschwindigkeitskurven gegen % Gewichtsverlust durch Verflüchtigung ergibt, daß der Prozeß bei **I** bei 335—365° zwischen einer Rk. nullter u. einer Rk. 1. Ordnung, aber näher der nullten Ordnung, liegt. Das Mol.-Gew. des Rückstandes nimmt zuerst schnell bis zu ~10% Verflüchtigung ab, dann langsamer. Die Abbaugeschwindigkeit von unfraktioniertem **I** (Mol.-Gew. 230000) ist höher als die von zwei daraus hergestellten Fraktionen (Mol.-Gew. 106000 u. 584000), wobei die mit dem geringeren Mol.-Gew. sich schneller zersetzt. Sowohl Muttersubstanz als auch beide Fraktionen haben jedoch die gleiche Aktivierungsenergie von 58 kcal. Bei **III** (mittleres Mol.-Gew. 20000) ergaben die Verss. bei 385—405° eine Aktivierungsenergie von 48 kcal zu Beginn des Abbaus u. von 68 kcal für den weiteren Abbau. Der gesamte Prozeß nähert sich einer Rk. 1. Ordnung. (J. Polymer Sci. **9**. 133—56. Aug. 1952. Washington, D. C., Nat. Bur. of Standards.) Ruske. 4010

Nguyen Quang Trinh und **Simone Vuccino,** *Untersuchung der Löslichkeit einiger Vinylpolymerisate.* Vff. erörtern die Entw. der thermodynam. Theorie der Lsgg. bis zur thermodynam. Theorie der Polymerisatlsgg. u. zeigen, daß — trotz der eingeführten Verbesserungen — eine Abhängigkeit der Löslichkeit von den „Löslichkeitsparametern" (HILDEBRAND u. SCOTT) besteht. Vff. geben eine Zusammenstellung von Lösungsverss. (von HILDEBRAND u. SCOTT) an *Polyvinylformal* (I), *Polyvinylchloracetat* (II) u. *Polyvinylchlorid* (III) mit einer Reihe von polaren u. unpolaren Lösungsmitteln u. ergänzen diese mit eigenen Berechnungen auf Grund der Verdampfungswärmen. Danach beträgt der experimentell bestimmte Löslichkeitsparameter für I: 9,95, für II: 9,85 bzw. für III: 9,9. Es wird gezeigt, wie sich aus diesen Daten bin. Mischungen ermitteln lassen, welche sich als gute Lösungsmittel eignen. Die Löslichkeitskurven weisen ein deutliches Maximum auf, das mit dem Maximum des Dampfdrucks der bin. Mischung zusammenfällt. Am Beispiel des III (in einer Aceton–CS_2-Mischung) u. des I (in Mischungen aus Bzl., Toluol, Chlf. bzw. Chlorbenzol mit A. bzw. Butylalkohol) zeigen Vff., daß die Löslichkeitsparameter der Komponenten einer sich als Lösungsm. eignenden bin. Mischung möglichst nahe beim Löslichkeitsparameter des Polymeren liegen müssen. Diese Unterss. über die Thermodynamik der Lsgg. beweisen, daß die Einordnung der Lösungsmittel u. der Polymeren nach ihren Kohäsionsenergiedichten zumindest qualitativ ihr wechselseitiges Verh. voraussagen läßt. (J. Chim. physique Physico-Chim. biol. **49.** 331—36. Mai 1952. Paris, Fac. des Sci., Labor. Chim. Gén. et Inst. du Radium.) SCHÄFF. 4010

F. Ecochard und **N. Deveau,** *Gewichtsbestimmung der Bestandteile eines Interpolyamids.* Für die quantitative Best. der Bestandteile von Interpolyamiden, den Polykondensaten aus mehreren Isopolyamiden wie dem *Polyamid 66/6,* d. h. dem Mischpolymerisat aus *Hexamethylendiamin* (I) u. *Adipinsäure* (II) mit *ε-Aminocapronsäure* (III), lassen sich die für Isopolyamide gebräuchlichen Bestimmungsmethoden nur schwer anwenden. Vff. beschreiben eine Meth. der potentiometr. Titration des Hydrolysats von bin. Interpolyamiden, die lediglich für die Diamin–Dicarbonsäure-Interpolyamide des Typs $-[-CO-(CH_2)_{b-2}-CO-NH-(CH_2)_a-NH-]_x$ keine mengenmäßige Best. zuläßt, wenn a + b = a′ + b′ ist, also z. B. bei den *Polyamiden 46/64, 610/88* usw. Ebenfalls ist die Best. bei Interpolyamiden aus Diaminen u. Dicarbonsäuren mit ω-Aminosäuren $-[-CO-(CH_2)_{c-1}-NH-]_x$ nicht möglich, wenn a + b = 2c ist, z. B. bei dem *Polyamid 66/6.* Hier konnten Vff. durch die Anwendung eines die sauren Bestandteile zurückhaltenden Ionenaustauschers zum Erfolg gelangen: Das Hydrolysat, das HCl, II, III-Hydrochlorid u. I-Hydrochlorid enthält, wird bei 0° filtriert, wodurch II abgetrennt wird, u. wird dann über den Ionenaustauscher gegeben, der HCl völlig fixiert. Im Filtrat befindet sich freie III u. I bzw. Zersetzungsprodd. aus I. Da I die Titration von III stören würde, wird mit HCl u. $NaNO_2$ aufgekocht, überschüssige HNO_2 durch H_2O_2 zu HNO_3 oxydiert u. III darauf titriert. Das Verf. wäre sinngemäß auch auf tern. Interpolyamide anwendbar. (Makromolekulare Chem. **7.** 148—62. Okt. 1951. Lyon; Soc. Rhodiaceta, Labor. de Rech. Phys. du Dép. Nylon.) RUSKE. 4010

A. Ss. Kusminski und **L. G. Angert,** *Wirkungsmechanismus von Inhibitoren der Kautschukoxydation.* Es wird der Zusammenhang zwischen Struktur des Inhibitors u. seiner Aktivität untersucht, wobei als Kriterium die Dauer der Induktionsperiode diente. Die Verss. wurden mit Phenyl-β-naphthylamin (I), dessen Derivv. u. ähnlichen Verbb. an *Naturkautschuk* u. *Natriumbutadienkautschuk* durchgeführt. Zur Feststellung des aktivsten H-Atoms im I-Mol. wurden Phenyl-1-methylnaphthyl-(2)-amin u. Methylphenyl-β-naphthylamin geprüft. Die Substitution des α- oder des Amino-H verminderte die inhibierende Wrkg. stark, woraus auf Wrkg. beider H-Atome in I geschlossen wird. Ein Vgl. von Diphenylamin mit I u. β.β-Dinaphthylamin zeigte, daß die Aktivität in dieser Reihenfolge ansteigt. An den Beispielen von p-Oxyphenyl-β-naphthylamin, p-Chlorphenyl-β-naphthylamin u. p-Tolyl-β-naphthylamin wurde festgestellt, daß CH_3 Herabsetzung, OH oder Cl Erhöhung der Inhibitorwrkg. zur Folge hat. Es wurde noch der Einfl. der Inhibitoren auf die stabilen Kautschukperoxyde untersucht. Die Zerfallsgeschwindigkeit der Peroxyde von Natriumbutadienkautschuk bei 80° in N_2-Atmosphäre änderte sich durch I-Zusatz nicht; I reagiert also nicht mit diesen. p-Oxydiphenylamin, p-Oxyphenyl-β-naphthylamin oder „Tri-oxybenzol" ergaben dagegen in peroxydhaltiger Kautschuklsg. Gelbfärbung, was in nicht oxydierter Kautschuklsg. nicht der Fall war; demnach tritt Rk. ein. Man kann also schließen, daß Aminoverbb. u. Oxyverbb. (Oxyaminoverbb.) sich zu den stabilen Kautschukperoxyden verschieden verhalten. Wenn erstere mit den Peroxydradikalen reagieren, so zerstören die letzteren die stabilen Peroxyde. Da bei der Oxydation der Kautschuke sowohl stabile Peroxyde als auch Peroxydradikale entstehen, so muß eine Kombination von Inhibitoren der 2 Klassen zur vollständigeren Unterdrückung des Oxydationsprozesses führen. (Доклады Академии Наук СССР [Ber. Akad. Wiss. UdSSR] [N. S.] **82.** 747—50. 11/2. 1952.) ZELLENTIN. 4030

J. K. N. Jones, *Arabopyranosereste in Lärchen-ε-galaktan.* In *Lärchen-ε-galaktan* wurde die Pyranoseform der *Arabinose* festgestellt. Bei der Hydrolyse mit n HCl während 1½ Std. bei 100° entsteht ein Gemisch von *Arabinose, Galaktose* u. *Oligosacchariden.* Fraktionierung auf Cellulose führte zur Isolierung eines nur aus L-Arabinoseresten zusammengesetzten Disaccharids, [α] +220° (c = 3,4 in W.), ein Zeichen für Pyranosezuckerreste. Methylierung u. nachfolgende Hydrolyse ergaben *2.3.4-Trimethyl-L-arabinose*, als *2.3.4-Trimethyl-L-arabonsäurephenylhydrazid*, F. 157°, charakterisiert, u. ein *Dimethyl-(2.4- oder 3.4)-L-arabinosederivat.* (Chem. and Ind. **1952.** 954. 27/9. Bristol, Univ., Chem. Dep.) AMELUNG. 4050

H. Zahn, *Über den Feinbau einiger Proteine.* Übersicht (149 Literaturangaben) über Definitionen u. Methoden der Proteinmorphologie, Denaturierung, Polypeptidkettentheorie der Faserproteine, Langperiodenröntgenographie, Korpuskulartheorie der Faserproteine, Hämoglobin u. Myoglobin, Keratinfasern, Fibrin, Tropomyosin, Actin, Insulin, Seidenfibroin u. Kollagen. (Angew. Chem. **64.** 295. 7/6. 1952. Heidelberg, Univ., Chem. Inst.) ZAHN. 4070

Michel Robert und Henriette Rabussier, *Die Fällung von Proteinen durch aliphatische Alkohole in wässerigem oder organischem Medium. Casein, Ovalbumin* (I), *Hämoglobin, Gelatine* u. *Fibrin* werden aus ihrer Lsg. in wasserfreier HCOOH durch Methanol, A. oder Propanol nicht gefällt, sondern erst durch höhere Alkohole als Butanol. *Pepsin* u. rohes *Pankreatin* werden dagegen aus ihrer Lsg. in HCOOH durch niedere u. höhere aliphat. Alkohole gefällt; aus wss. Lsg. werden die beiden Proteine erst durch hohe Konzz. höherer Alkohole gefällt, während sie schon durch wesentlich geringere Konzz. an niederen Alkoholen gefällt werden. Die Schutzwrkg. der HCOOH beruht zum Teil auf ihrer hohen H^+-Konzentration. I wird aus wss. Lsg. bei niedrigem p_H (1,62) durch niedere Alkohole nicht gefällt. Eine Lsg. von Cetylalkohol in Pyridin bildet mit den in HCOOH gelösten Proteinen Gele; seine Lsg. in A. fällt die in HCOOH gelösten Proteine aus. (Bull. Soc. Chim. biol. **33.** 1911—14. 1951. Paris, Fac. de Méd., Serv. de Biochim.) K. F. MÜLLER. 4070

Richard S. Bear, *Die Struktur von Kollagenfibrillen.* Übersicht über die durch Röntgenbeugungsunterss., Elektronenmikroskopie u. chem. Unterss. gewonnenen grundlegenden Kenntnisse, über die Identifizierung u. Verteilung der Kollagene, die koll. Struktur der Kollagenfibrillen, die Kollagenprotofibrille u. das Kollagenmolekül. — 219 Literaturangaben. (Advances Protein Chem. **7.** 69—160. 1952. Cambridge, Mass., Massachusetts Inst. of Technol., Dep. of Biol.) K. F. MÜLLER. 4070

J. T. Randall, R. D. B. Fraser, S. Jackson, A. V. W. Martin und **A. C. T. North**, *Über die Kollagenstruktur.* Summar. Überblick über mittels Röntgenaufnahmen, Polarisations- u. Elektronenmikroskopie u. Analyse des Infrarotdichroismus gewonnene Ergebnisse betreffend stammesmäßiger Verteilung von *Kollagen* (-fasern) (I), Vork. in Skelettgewebe (Knorpel, calcifizierte Gewebe), Nachw. in Fossilien, Vork. in embryonalem u. in der Entw. befindlichem Bindegewebe (Nabelschnur der Ratte, embryonale u. junge Rattenschwanzsehnen), Wechselwrkg. von lösl. I mit anderen Moll. u. Peptidkettenkonfiguration des I. Soweit überhaupt I-Fibrillen vorliegen, wird stets eine Periode von ca. 640 Å beobachtet, außerdem an lichtmkr. nicht mehr sichtbaren Fibrillen eine solche um ca. 200 Å. Die erstere Periode wird als von den I-Moll. stammend angesehen, die letztere von deren regelmäßigen Faltungen. Im Knorpelgewebe erscheinen elektronenmkr. die Fibrillen in einem Untergrund von *Chondroitinsulfat* eingebettet. Die Unters. von Fossilien auf I-Strukturen scheint in gewissem Maße eine Altersbest. oder Einordnung zu ermöglichen. Es wird auf die mögliche Bedeutung z. B. der *Hyaluronsäure* für die Ausbldg. von I-Fibrillen in der Entw. befindlicher Gewebe (z. B. Nabelschnur) hingewiesen. Aus I-Lsgg. (in verd. Mineralsäure) können durch zahlreiche hochmol. Reagentien (z. B. komplexe Polysaccharide, Glucoproteine oder Nucleinsäurederivv.) p_H-abhängig n. Fibrillen oder solche mit anderen (1000—2000 Å) oder auch ohne Periodizitäten erhalten werden. Hierfür dürften ster. Faktoren eine wesentliche Rolle spielen; andererseits scheint ein allg. Prinzip wechselseitiger, auf Grund elektrostat. Kräfte unter Faserbldg. erfolgender Koagulation vorzuliegen. (Nature [London] **169.** 1029—33. 21/6. 1952. London, Univ., King's Coll., Wheatstone Phys. Labor., u. Med. Res. Council Biophys. Res. Unit.) GIBIAN. 4070

Richard T. Arnold and others, (eds.) Organic syntheses; an annual publication of satisfactory methods for the preparation of organic chemicals. V. 32. New York: Wiley. 1952. (125 S. m. Diagr.) $ 3,50.

Ludwig Gattermann, Laboratory methods of organic chemistry; completely rev. by HEINRICH WIELAND; tr. form the 24th German ed. by W. McCartney. New York: St. Martin's Press. 1952. (451 S. m. Abb. u. Diagr.) $ 5,—.

E. Biologische Chemie. Physiologie. Medizin.

E_1. Allgemeine Biologie und Biochemie.

F. Bergel, *Die biologische und therapeutische Bedeutung von organischen Phosphaten, welche in der Natur vorkommen.* In der ausführlichen Übersichtsarbeit werden die Chemie u. biol. Bedeutung organ. Phosphate dargestellt. Nach Besprechung der *Nucleotide*, bes. der *Adenosin-P-Verbb.*, werden *Riboflavinphosphat*, *Nicotinamidribosephosphat*, *Vitamin B_{12}*, welches ein phosphoryliertes Benzimidazolribosid enthält, u. *Pantothensäure*, deren Konst. noch nicht ganz feststeht, erwähnt. Die beim Kohlenhydratabbau beteiligten Phosphorsäureester werden ausführlich beschrieben u. die energet. Bedingungen bei den dabei auftretenden Rkk. dargestellt (LOHMANN-Rk.). Die Rolle von *Adenosintriphosphat* (ATP) bei der Acetylierung von *Cholin* wird zur Diskussion gestellt. Im 2. Teil der Arbeit werden pharmakol. u. therapeut. Probleme besprochen. Die Wrkg. von ATP auf Herz u. Kreislauf, Stimulierung der Ganglienzellen durch Einw. auf Ca-Ionen, Erniedrigung der Temp. u. endlich die Beeinflussung des Blutzuckers (Hypoglykämie bei intravenöser Applikation, Hyperglykämie bei intraperitonealer Verabreichung), Stimulation der Nebennierenrinde mit erhöhter *ACTH*-Ausschüttung u. die antidiuret. Wrkg. werden besprochen. Die therapeut. Möglichkeiten sind noch nicht geklärt. Dagegen steht die therapeut. Wrkg. von *Cocarboxylase* beim Coma diabeticum in Verbindung mit *Vitamin B_1, B_2*, dem *Insulin* u. vielleicht ATP fest, wie eine Beziehung zwischen den Vitaminen der B-Gruppe u. den energiereichen Adenosinphosphatverbb. besteht. — Ausführliche Literaturangaben. (J. appl. Chem. **2.** 110—20. März 1952. Welwyn Garden City, Herts, Roche Prod. Ltd.) WOLFGANG ALBRECHT. 4100

Hironobu Yoshimatsu, *Koazervation und biologische Phänomene.* 1. u. 2. Mitt. Übersicht auf Grund von 73 Literaturzitaten. 6 Abbildungen. (Science [Japan] **21.** 11—15. Jan. 69—74. Febr. 1951. Yamaguchi Univ. [Orig.: jap.]) SCHULER. 4102

Alberto Pirovano, *Elektrogenetik und mutationistische Evolution.* Durch magnet. Drehwechselfelder lassen sich in Pflanzen gewisse histolog.-chem. Abänderungen in den Geschlechtszellen erzeugen, welche zu Gattungsmutationen führen können. (Ricerca sci. **22.** 377—92. März 1952. Rom.) GRIMME. 4130

Marie Théodoresco, *Über die Anwendung einiger spektrographischer Methoden.* Unters. fl. Sera von n. Menschen u. solchen mit malignen Tumoren (Männer u. Frauen) durch DEBYE-SCHERRER-Diagramme, UV- u. Infrarotabsorption. Charakterist. Unterschiede konnten mit diesen Methoden nicht festgestellt werden. Die Diagramme zeigen, daß die mol. Anordnung des W. im Serum von n. Menschen u. Krebskranken erhalten bleibt. Die infraroten Absorptionsbanden im Bereich von 2—15 μ haben die gleiche Lage u. versprechen auch bei quantitativer Auswertung keine Möglichkeit zur Unterscheidung. (C. R. hebd. Séances Acad. Sci. **235.** 472—73. 18/8. 1952.) EICHHOFF. 4160

H. Aurel Müller, *Hormone und ihre Bedeutung für das Wachstum und die Behandlung der Carcinome.* Übersicht mit 66 Literaturangaben. (Strahlentherapie **86.** 425—39. 1952. Marburg, Univ., Frauenklinik.) SCHLOTTMANN. 4160

C. Gardikas und John F. Wilkinson, *Alkylamine bei der Behandlung der Leukämie.* 102 Patienten wurden mit intravenösen Gaben von 2-Chloralkylaminen (*Stickstofflost*) (I) behandelt. Bei akuter Leukämie (20 Fälle) blieb ein Behandlungserfolg völlig aus. Teilerfolge bei chron. myeloischer Leukämie. Tiefenbestrahlung oder Behandlnng mit radioakt. P scheint keine besseren Resultate als I-Behandlung zu ergeben. (Lancet **263.** 161—65. 26/7. 1952. Manchester, Royal Infirmary, Dep. of Hämatol.) W. BRANDT. 4160

W. A. Dietz, W. H. King jr., W. Priestley jr. und John Rehner jr., *Über krebserregende Eigenschaften von hochsiedenden Erdölprodukten.* Eingehende Tierverss. zeigen, daß bestimmte hochsd. Prodd. aus Raffinationsverff. krebserregend sind u. daher auch von Menschen mit Vorsicht gehandhabt werden sollen. Die Beziehungen zwischen den tumorerregenden Eigg., den physikal. u. chem. Eigg., sowie den Verff., nach denen die Prodd. erhalten sind, werden eingehend untersucht u. die Verss. beschrieben. Bes. Spaltprodd. mit hohem Kp., die der katalyt. Spaltung entstammen, haben eine starke krebserregende Wirkung. Fraktionen mit einem Kp. über 380° sind erregend, Prodd. unterhalb dieses Kp. unwirksam. Ähnlich verhalten sich Teere aus der Dampfphasenspaltung. Die krebserregende Wrkg. ist abhängig vom Aromatengehalt. Angeführte Werte zeigen, wie die Wrkg. der Fraktionen mit dem Siedebereich schwankt. Auch werden Werte genannt für unwirksame oder kaum wirksame, nicht katalyt. erhaltene Prodd. einschließlich Gasöl, Schmieröl, therm. Spaltteere, Paraffine u. Rohölrückstände, sowie für Extrakte von Aromaten, Raffinaten u. Mischungen solcher Stoffe. Zur Sicherung kann man die katalyt. Spaltprodd. in eine katalyt. oder therm. Spaltung zurückführen, um die Menge der über 380° sd. Anteile zu vermindern. Auch durch Mischung der krebserregenden Fraktionen in Mengen unterhalb 60% mit solchen, die diese Eigg. nicht besitzen, kann die Gefahr gebannt werden. — 13 Literaturhinweise. (Ind. Engng. Chem. **44**. 1818—33. Aug. 1952. Linden, N. J., Esso Labors., Standard Oil Development Co.) K. O. MÜLLER. 4160

George S. Avery jr., Survey of biological progress. V. 2. New York: Academic Press. 1952. (343 S. m. Abb.) $ 7,—.

E_2. Enzymologie. Gärung.

Fujio Egami, Atsuko Yamamoto und **Shozo Doi,** *Ein Phthalocyaninazoprotein als Katalasemodell.* Ferri- bzw. Cupriphthalocyanindiazoniumsulfat wurde mit Eialbumin gekuppelt. Das erhaltene *Ferriphthalocyaninazoprotein* (I) hatte eine *Katalasewrkg.* von 100 (krist. Pferdeleberkatalase 62000, hitzedenaturiertes I 0,5, Ferriphthalocyanin 2,6. Optimales p_H ca. 7,0. Der Cu-Komplex war ohne Wirkung. — 5 Literaturangaben. (Science [Japan] **21**. 94. 3/8. 1950/Febr. 1951. Nagoya Univ. [Orig.: japan.]) SCHULER. 4210

Ss. E. Schnol, *Über den Charakter der Wirkung und die Gewinnung der wasserlöslichen Adenosintriphosphatase der Nieren.* Nach einem eingehend beschriebenen Verf. wurde aus dem wss. Nierenextrakt von Kaninchen die wasserlösl. *Adenosintriphosphatase* (I) abgeschieden u. I von den unspezif. Phosphatasen u. Phosphomutasen der Adenosindiphosphorsäure getrennt. Es zeigte sich, daß wasserlösl. I von der Adenosintriphosphorsäure nur eine labile Phosphatgruppe abtrennt. Durch Mg^{2+} wird I viel stärker aktiviert als durch Ca^{2+}. Optimal für die I-Aktivität sind p_H 8,0—8,5 u. die Mg^{2+}-Konz. $1\cdot10^{-3}$ bis $5\cdot10^{-4}$ molar. Zur Gewinnung der wasserlösl. I wird der Nierenbrei mit Sand verrieben, 2mal mit je 50 ml W. 20 Min. extrahiert, zentrifugiert u. 100 ml des Zentrifugats mit 33 ml in der Kälte gesätt. $(NH_4)_2SO_4$ (II) (mit NH_4OH auf p_H 8,4—8,5 gebracht) versetzt, der Nd. mit II ($^1/_4$ gesätt.) vom p_H 8,0, dann 2mal mit II vom p_H 7,0—7,2 gewaschen, mit 30—50 ml W. vom p_H 7,0—7,2 extrahiert u. durch Zentrifugieren der Nd. abgetrennt. Die 1. wss. Lsg. erhält die wasserlösl. I. (Биохимия [Biochemie] **17**. 420—26. Juli/Aug. 1952. Moskau, Labor. für physiol. Chem. der Akad. der Wiss. der UdSSR.) LEBTAG. 4210

Francesco Zini, *Mitteilung über die fibrinolytischen Enzyme des Pankreas.* Vf. untersuchte die Wirksamkeit der *fibrinolyt. Enzyme* aus Pankreas, der *Desoxyribonucleas-Hyaluronidase,* von Stierhodenextrakt, Blutegelextrakt u. der *β-Glucuronidase* aus Bakterien u. fand, daß die fibrinolyt. Enzyme aus Pankreas die stärkste u. schnellste Wrkg., vor allem bei p_H 7,3, zeigen. (Sperimentale **102**. 36—39. 15/2. 1952. Firenze, Ist. Sanatoriale di Pratolino.) H. SCHEURLEN. 4210

Lester J. Reed und **Betty G. DeBusk,** *Lipothiamidpyrophosphat, das Coenzym der oxydativen Decarboxylierung von α-Ketosäuren.* Suspensionen ruhender Zellen einer *Escherichia coli*-Mutante benötigen zur Oxydation von *Pyruvat* (I) u. *α-Ketoglutarat* (II) *Lipothiamid* (III), das Amid von *α-Liposäure* (IV), u. *Thiamin* (V), da dieser Organismus III nicht aus IV u. der Pyrimidinhälfte von V zu synthetisieren vermag. Lösl. Enzympräpp. aus der Mutante katalysieren die I-Dismutation nur in Ggw. von **III**-*Pyrophosphat* (VI), das Amid aus IV u. V-*Pyrophosphat.* Ebenso ist VI zur Oxydation von II durch zellfreie Extrakte, gemessen an der Succinylierung von Sulfanilamid, erforderlich. Vff. nehmen an, daß die 1. Stufe der oxydativen Decarboxylierung von I u. II nach Gl. 1 erfolgt. Die Übertragung der Acylgruppe auf **VIII** nach Gl. 2 würde Acyl-**VIII** geben, das für verschied. bekannte enzymat. Rkk. erforderlich ist.

1. I (bzw. II) + VI + Diphosphopyridinucleotid (VII) → Acetyl-VI (bzw. Succinyl-VI) + CO_2 + VII-H_2.

2. Acetyl-VI (bzw. Succinyl-VI) + Coenzym A (VIII) → Acetyl-VIII (bzw. Succinyl-VIII) + VI. (J. Amer. chem. Soc. **74**. 3964—65. 5/8. 1952. Austin, Texas, Univ. of Texas, Biochem. Inst. and Dep. of Chem., u. Clayton Found. for Res.) K. MAIER. 4210

Pierre Houssa und **Albert Tricot,** *Über die Diagnose gestörter exokriner Pankreasfunktion.* Vff. bestimmten stalagmometr. die *Sero-* u. *Urolipase* bei Hunden, bei abgebundenem u. bei exstirpiertem Pankreas, u. beim Menschen in Abhängigkeit von Alter, Geschlecht u. bei verschied. Krankheitsbildern. Der Lipasespiegel im Blut nimmt mit dem Alter, bei gewissen patholog. Zuständen u. vor allem bei der Kachexie ab. (Ann. Soc. roy. Sci. méd. natur. Bruxelles **5**. 21—44. 1952. Bruxelles, Univ., Labor. de Pharmacodynamie et de Thérap.) H. SCHEURLEN. 4230

W. W. Maximowa, *Zur Frage der Änderungen der Aktivität der Carboanhydrase des Blutes.* Bei Kranken mit Vitium cordis u. arteriosklerot. Cardiosklerose erwies sich die colorimetr. bestimmte Aktivität der Carboanhydrase des Blutes (I) im 1. u. 2. Stadium der Kreislaufinsuffizienz als annähernd n. (Anhydraseindex 0,98—1,07), im 3. Stadium jedoch als erhöht (1,16—1,33). Die stärkste Erhöhung zeigte sich bei Kranken mit Cardiosklerose u. Lungenemphysem (1,25—1,49), selbst im 1. u. 2. Stadium, was auf die Hypoxie zurückgeführt wird. Bei Hypertonikern war I vor allem im funktionellen, seltener im sklerot. Stadium erhöht. Bei Patienten mit orthopäd. Erkrankungen war I in Abhängigkeit von verschied. emotionellen Momenten erhöht oder herabgesetzt, jedoch verschwanden die Schwankungen während der Äthernarkose, was für einen regulierenden Einfl. des Nervensyst. auf I spricht. (Клиническая Медицина [Klin. Med.] **30.** (**33.**) Nr. 3. 84. März 1952. Kuibyschew, Med. Inst., Hospit.-Therapeut. Klinik.) RENTZ. 4230

M. G. Kritzman, A. Ss. Konikowa und **Z. D. Ossipenko**, *Der Einbau von* ^{35}*S-Methionin und* ^{14}*C-Glycin in die Eiweißstoffe der Fermente und des Plasmas.* Am Blutplasma von Mensch, Rind, Hund, Kaninchen, Ratte u. Huhn sowie an Albumin, Fibrin, Plasmin, Trypsin u. Papain wurde der Einbau von markiertem (^{35}S) *Methionin* (I) u. markiertem (^{14}C) *Glycin* (II) in das zellfreie Eiweiß untersucht. Der Einbau von I u. II erwies sich als abhängig von Temp. u. p_H. Mit Ausnahme von Phenylhydrazin bewirkten die untersuchten Fermentgifte (KCN, NaN_3, 2.4-Dinitrophenol, p-Oxychinolin, α-Nitroso-β-naphthol, Monojodessigsäure u. Na_3AsO_3) eine Hemmung des Einbaus von I u. II in die Plasmaeiweißstoffe u. Trypsin. Ihre Wrkg. war graduell verschieden. Die Ergebnisse werden als Beweis dafür angesehen, daß der Aminosäureeinbau in das zellfreie Eiweiß ein weitverbreiteter Fermentprozeß ist, der schon durch die Blockierung einer funktionalen Gruppe verhindert wird. (Биохимия [Biochemie] **17.** 488—94. Juli/Aug. 1952.) LEBTAG. 4230

Mary Gregg, *Untersuchungen zur Physiologie des Parasitismus.* 17. Mitt. *Die Enzymausscheidung von Bacterium carotovorum-Stämmen und anderen Pathogenen in Beziehung zur parasitischen Aktivität.* (16. vgl. FERNANDO u. STEVENSON, C. **1953.** 232.) *Bacterium arodideae, B. carotovorum* u. *Phytomonas carotae* zeigen in der genannten Reihenfolge gegenüber Kartoffelknollen sowie Karotten u. Rüben (Wurzel) abnehmende Pathogenität. Die Wrkg. auf Kartoffeln ist bei 25—35° am größten, fällt bei 20—10° allmählich ab u. hört darunter auf. Die Empfänglichkeit der Kartoffeln nimmt mit deren Wachstum zu u. fällt während der Ruheperiode ab. Gegenüber *B. arodideae* steigt die Anfälligkeit von Kartoffeln mit dem Erreichen des Keimstadiums beträchtlich an. Die Empfänglichkeit von Kartoffeln wird durch eine Lagerung bei erhöhter Temp. (35°) oder Steigerung des Wassergeh., z. B. durch Injektion, erhöht. Mit Bakterienenzympräpp. (I) werden ähnliche Rkk. auf die genannten Behandlungen erzielt. I wurden durch Züchtung der Bakterien auf sterilisiertem Koch- oder Preßsaft (Kartoffeln, Rüben oder Karotten) bei 25° erhalten u. in roher oder teilweise gereinigter Form (Fällung mit 4 Voll. 95%ig. A.) verwendet. Die Messung der enzymat. Aktivität erfolgte meist durch Best. der zur Maceration von Gewebsscheibchen (Dicke 0,5 mm) erforderlichen Zeit. Die größere Pathogenität von *B. arodideae* gegenüber der der *B. carotovorum*-Stämme ist mit einer erhöhten Vermehrungsgeschwindigkeit des ersteren u. mit einer größeren Tendenz der letzteren, einen säurebildenden Stoffwechseltyp zu geben, der der Vermehrung des Organismus u. seiner Enzymaktivität ungünstig ist, verknüpft. (Ann. Botany [N. S.] **16.** 235—50. April 1952. London, Imp. Coll. of Sci. and Technol., Plant Pathol. Labor.) K. MAIER. 4230

G. Ss. Kitawin, *Zur Frage der Bedeutung des Eisens für die Katalasebildung durch den Pilz Aspergillus niger.* In einem von Fe-Salzen freien Nährmedium mit 10 (%) Saccharose, 0,3 NH_4NO_3, 0,1 KH_2PO_4, 0,1 $MgSO_4 \cdot 7\,H_2O$ u. 0,02 $ZnSO_4 \cdot 7\,H_2O$ entwickelt Aspergillus niger bei 32° unter reicher Bldg. von Citronensäure Mycelien mit erheblich herabgesetztem Geh. an *Katalase* (I). Dieser steigt aber nach Zufuhr von $FeSO_4 \cdot 7\,H_2O$ (II) binnen 1—3 Std. stark an, wobei die Sklerotien wesentlich mehr I enthalten als die Mycelien. Schon 0,5—5 mg-% II bewirken eine Steigerung der I-Bldg. auf das 2—3fache; 0,1 mg-% genügen nicht, 10—100 mg-% II bringen keine weitere Steigerung. Statt II kann auch $Fe_2(SO_4)_3$ oder Fe-Oxalat verwendet werden, dagegen wirken $K_4[Fe(CN)_6]$ u. $K_3[Fe(CN)_6]$ nicht. $HgCl_2$ bewirkt auch ohne II-Zusatz eine erhöhte I-Bldg., die aber durch II-Zugabe noch weiter verstärkt wird. (Доклады Академии Наук СССР [Ber. Akad. Wiss. UdSSR] [N. S.] **82.** 435—38. 21/1. 1952. Kischinew, Univ.) R. K. MÜLLER. 4230

Godber Godbersen, *Der Einfluß des ultravioletten Lichtes auf das Wachstum von Hefen und Schimmelpilzen.* UV-Bestrahlungsverss. von Kulturen ergaben geringste Widerstandskraft der Mikroorganismen im Stadium größter Vermehrungsgeschwindigkeit. Geringe Mengen nicht tödlich wirkender Strahlung üben einen stimulierenden Einfl. auf das Wachstum der Mikroorganismen aus. Während der Bestrahlung werden in Kohlenhydraten u. Agar-Agar der Nährböden Stoffe sauren Charakters gebildet. Alle nichtreduzierenden Zucker u. auch das Agargel zeigten eine je nach der Dauer der Bestrahlung sich ändernde reduzierende Wrkg. gegenüber FEHLINGscher Lösung. Für die Keimzählung in Luft wurde eine neue quantitative Meth. ausgearbeitet. (Milchwissenschaft **7.** 53—59. Febr. 1952.) HAEVECKER. 4270

Jean Ribéreau-Gayon, Émile Peynaud und **Madeleine Lafon**, *Wirkung eines durch Aspergillus niger erzeugten Aktivators der alkoholischen Gärung auf die Bilanz der Sekundärprodukte.* Unterwirft man Hefebouillon (200 g Saccharose/Liter) oder Traubensaft

(190 g Zucker/Liter) durch Beimpfen mit der gleichen Hefeart (isoliert aus einem Wein von St. Emilion) der alkoh. Gärung bei 25° u. setzt 1 g/Liter eines getrockneten Mycelpräp. von *Aspergillus niger* hinzu, so wird die Bldg. der Sekundärprodd. dahingehend abgewandelt, daß, im Gegensatz zu schon bekannten Aktivatoren, die *Glycerin* (I)-Bldg. (von 15,4 auf 20,8 mMol) vermehrt u. die *Glycerobrenztraubensäure*-Gärung begünstigt wird. Die *Essigsäure* wird auf $^1/_3$ vermindert, die *Bernsteinsäure* im Mittel um 1 mMol vermehrt, das *2.3-Butandiol* (II) bleibt als am wenigsten gegen die jeweiligen Versuchsbedingungen empfindlicher Stoff prakt. unverändert. Demzufolge wird das Verhältnis 1000 II/I deutlich vermindert. — Auf Grund acidimetr. Bilanzbestimmungen kann eine erhöhte Säurebldg. ausgeschlossen werden. Lediglich die *Milchsäure* ist im Mittel um 2 mMol/Liter erhöht, während der *Citronensäure*-Anteil derselbe bleibt. (C. R. hebd. Séances Acad. Sci. **234**. 757—59. 11/2. 1952.) LIPPOLD. 4270

Hans Klenow, The enzymatic oxidation of 2-amino-4-hydroxy-6-formylpteridine. København: Munksgaard. 1951. (16 S. m. Abb.) Kr. 2,—.

E_3. Mikrobiologie. Bakteriologie. Immunologie.

D. E. Hughes, *6-Oxynicotinsäure als Zwischenprodukt bei der Nicotinsäureoxydation durch Pseudomonas fluorescens.* 5 aus Boden isolierte *Pseudomonas fluorescens*-Stämme wurden auf einem Hefeextrakt u. *Nicotinsäure* (I) enthaltenden Medium gezogen; die gewaschenen Zellen oxydierten I u. *5-Fluornicotinsäure*, dagegen nicht *6-Fluornicotinsäure*; bei *2-Fluornicotinsäure* waren die Ergebnisse schwankend. — Nichtadaptierte, in einem Asparagin (an Stelle von I) enthaltenden Medium gezogene Zellen nahmen 3,8—4,0 μMol O_2/μMol I auf. Während der anfänglichen vermehrten O_2-Aufnahme tritt ein papierchromatograph. nachgewiesenes Zwischenprod. auf, das nicht mit CNBr u. p-Aminobenzoesäure reagiert u. zwischen 215 u. 300 mμ absorbiert. *6-Oxynicotinsäure* (II) u. das Zwischenprod. geben ident. Chromatogramme. In einem Großansatz wurde das Prod. mit n-Butanol extrahiert u. in reinem Zustand gewonnen. Es war mit II (F. 304° [Zers.]; ε_{max} bei 260 mμ in n-HCl: 12000 $\pm$ 3%) identisch. (Biochim. biophysica Acta [Amsterdam] **9**. 226—27. Aug. 1952. Sheffield, Univ., Med. Res. Council Unit for Res. in Cell Metabolism, Dep. of Biochem.) K. F. MÜLLER. 4320

Anne R. Bourke, Mary Louise Robbins und **Paul K. Smith**, *Untersuchungen über die Hemmung des T 2 r+ Bakteriophagen durch chemische Verbindungen.* 28 von 180 getesteten Verbb. verhüteten die Lysis von Escherichia coli B durch T 2 r+ Bakteriophagen. Der Mechanismus der Phagenhemmung wird mit der chem. Konst. der einzelnen Verbb. in Zusammenhang gebracht. Als bes. wirksame Verbb. wurden einige *Acridine, Streptomycin* u. *Dihydrostreptomycin, Mercurochrom* u. *Janusgrün* erkannt. Die Hemmungswrkg. dieser Verbb. wurde zum Teil aufgehoben durch Stoffe, bes. solche, die im oxydativen Enzymsyst. Bedeutung haben (z. B. *Riboflavin, Nicotinsäure, Thiamin* u. a.). (J. Immunology **69**. 75—88. Juli 1952. Washington, D. C., George Washington Univ., School of Med., Dep. of Bact., Hyg. and Preventive Med. and the Dep. of Pharmacol.) ZELLER. 4331

J. D. Gray, *Die antibakterielle Wirkung von Chloramphenicol auf Bacterium coli.* Es besteht ein Unterschied, ob man *Chloramphenicol* (I) zu einer 16 Std. alten Coli-Kultur zusetzt oder ob ein Inokulat derselben oder einer älteren Kultur in I gebracht wird. Im ersten Fall zeigt sich nur eine geringe Abnahme der Zahl der Colibakterien nach 6 Tagen, während im zweiten Fall nahezu alle Organismen abgetötet werden. Es zeigt sich, daß der antibakterielle Effekt abhängig vom Stoffwechselgeschehen der Zelle ist. Ferner besteht eine Beziehung zwischen optimaler antibakterieller Wrkg. u. Anzahl der bakteriellen Erreger. (J. Pathol. Bacteriol. **64**. 447—52. Juli 1952. London, Belgrave Hosp.) REICHLE. 4340

M. A. Birnstingl, R. A. Shooter und **M. F. Hunt**, *Empfindlichkeit von Staphylococcus pyogenes-Stämmen nach Isolierung bei ambulanten Patienten gegenüber 5 Antibioticis.* 200 aus Hautinfektionen ambulanter Patienten stammende *Staphylococcus pyogenes*-Stämme wurden auf ihre Empfindlichkeit gegenüber *Penicillin* (I), *Streptomycin, Aureomycin, Chloramphenicol* u. *Terramycin* getestet. Während gegenüber I 16% der untersuchten Stämme resistent waren, wurde gegenüber den anderen Antibioticis keine Resistenz festgestellt. (Brit. med. J. **1952**. II. 253—54. 2/8. London, St. Bartholomew's Hosp.) DOSSMANN. 4340

G. B. Mackaness, *Die Wirkung von Therapeuticis auf die intracellulär gelegenen Tuberkelbacillen.* Mit Hilfe einer besonderen Meth. konnten Makrophagen aus dem Bauchraum von Ratten über 10—21 Tage am Leben erhalten werden u. die Wrkg. verschied. Stoffe auf die intracellulär gelegenen Tuberkelbacillen beobachtet werden. Der Zusatz von 10 μg/cm³ *Streptomycin hydrochlor.* in das Kulturmedium verhinderte das Wachstum eines bovinen Tuberkelstammes, 25 γ/cm³ das Wachstum eines humanen Stammes.

Terramycin zeigte Bakteriostase bei 12,5, *Neomycin B* bei 25 u. *Viomycin* bei 100 γ/cm^3. Mit *PAS* konnte selbst bei Zusatz von 100 γ/cm^3 keine bakteriostat. Wrkg. einem bovinen Stamm gegenüber erreicht werden. *Nisin* zeigte keinen Effekt. *Penicillin* zeigte eher einen wachstumsfördernden Effekt auf das Tuberkelwachstum in Konz. bis zu 1000 γ/cm^3. Die in ihrem Wachstum gehemmten Tuberkelbacillen zeigten meist erst nach 6 Tagen eine sichtbare Veränderung, die Auflsg. war nach ca. 11 Tagen noch nicht vollständig. (J. Pathol. Bacteriol. **64.** 429—46. Juli 1952. Oxford, School of Pathol.) REICHLE. 4340

L. E. Sacks, *Die Subtilinempfindlichkeit von Bakterien als Funktion des Alters der Kulturen.* Bericht über Unterss. der baktericiden Wrkg. von *Subtilin* (I) u. a. auf Micrococcus pyogenes var. aureus bei verschied. Wachstumsstufen. Es ergab sich ausgeprägte Empfindlichkeit der jungen Kulturen bei ungewaschenen u. gewaschenen Zellsuspensionen. In der frühen logarithm. Phase sind die Zellen bes. empfindlich auf Lysis durch I, u. zwar in der Nährlsg. mehr als in gepufferter Lsg., der Unterschied in der inhibierenden Wrkg. von I auf den Metabolismus — O_2-Aufnahme — war bei jungen u. alten Kulturen nicht bes. ausgeprägt. Mycobacterium phlei u. Micrococcus conglomeratus zeigten ähnliches Verhalten. (Antibiotics and Chemotherapy **2.** 411—16. Aug. 1952. Albany, Calif., Western Reg. Res. Labor.) DOSSMANN. 4340

—, *Actinomyceten, antibiotisch wirksame Mikroorganismen.* Die Actinomyceten sind weitverbreitete Bodenbewohner u. stellen viele antibiot. wirksame Vertreter, von denen aber nur wenige Arten bestimmt u. ihre Wirkstoffe näher untersucht sind. So liefert Actinomyces Venezuelae das *Chloromycetin,* Nocardia Gardneri das *Proactinomycetin.* Auch die zur Ordnung Actinomycetales gehörenden Streptomyceten liefern wirksame Antibiotica, so *Aureomycin* (Str. aureofaciens), *Streptomycin* (Str. griseus), *Streptothricin* (Str. lavandulae), *Actinomycetin* (Str. albus), *Mycetin* (Str. violaceus), *Terramycin* (Str. rimosus). (Österr. Apotheker-Ztg. **6.** 798. 6/12. 1952.) K. BÖHM. 4340

Hermann Vonderbank, *Die Antibiotica außer Penicillin. 4. Fortschrittsbericht (Ende 1950 bis Ende 1951).* 1. Mitt. *Methodisches und Allgemeines.* Übersicht über eine Auswahl von Arbeiten mit 147 Literaturangaben, besprochen werden u. a. Wirkungssteigerung der *Antibiotica* (I) durch Vermischen mit *Thiouracil*-Derivv., Versprayen einer Kombination von *Plasma, Thrombin, Protaminsulfat* mit I zur Erzeugung eines I-Films auf Wunden, Steigerung der I-Eigg. im koll. Zustand. Warnung vor ungezielter I-Therapie u. Betonung der Notwendigkeit einer labormäßigen Sicherung der bakteriellen Ätiologie durch Schnellteste, wie *Radiophosphor*-, Paper-disc-Meth., Röhrchenteste u. andere. Summar. wird eine große Anzahl von I verschied. Ursprungs zum Teil stichwortartig abgehandelt, auch Hinweise auf Pflanzen mit antibakteriellen Eigg. wie die Familien der *Puriaceae, Passifloraceae, Euphorbiaceae, Myrtaceae,* die Wrkg. von *Eriodictyon californicum,* beruhend auf dem Geh. an *Eriodin,* ferner *Coniferenöl, Chlorophyll, Torf, Baumwollextrakte, Flechtenstoffe,* wie *Usninsäure* u. die als *Parmycin* bezeichneten Inhaltsstoffe von *Parmeliaflechten,* die schon klin. erprobt wurden; von I tier. Ursprungs wird die Wrkg. der *Coelom*-Fl. von Askariden gegenüber grampositiven Keimen erwähnt, ferner Schlangengifte, Bakterien, Luftmikrokokken, Sporenbildner mit Hinweis auf die Rolle von H_2O_2 bei der Hemmwrkg., Actinomyceten, Hymenomyceten u. Basidiomyceten. (Vgl. auch C. **1953. 2481.**) (Arzneimittel-Forsch. **2.** 197—200. April 1952. Frankfurt/M., Chemotherapeut. Forschungs-Inst. „Georg-Speyer-Haus".) DOSSMANN. 4340

Francois Jacob, Louis Siminovitch und Elie Wollman, *Über die Biosynthese eines Colicins und seinen Wirkungsmechanismus.* Escherichia coli ML erzeugt ein *Colicin* (I) mit Aktivität gegenüber anderen E. coli-Stämmen. I-Synth. gelingt durch Bakterien einer E. coli-Kultur bei schwacher UV-Bestrahlung. I erscheint zuerst in den Bakterien u. wird dann durch die Lyse der Mikroben an die Kultur-Fl. abgegeben, auch gewisse mutagene u. cancerogene Gemische bedingen I-Entstehung durch B. coli-Kulturen. Diese colicinogenen Bakterien behalten ihre Fähigkeit zu wachsen, *Enzyme* sowie *Nucleinsäuren* zu synthetisieren u. *Bakteriophagen* (II) wieder hervorzubringen, diese Synthesen vollziehen sich bis zur Lysis. I scheint Proteincharakter zu haben u. wird von empfindlichen Bakterien resorbiert. Ein I-„Partikel" genügt, um ein Bakterium zu töten. I ist titrierbar, die I-Ausbeute ist in Nährbouillon 10 mal größer als in synthet. Milieu. Werden empfindliche Bakterien mit I behandelt, dann sind sie unfähig, ihre Synth. zu vollziehen. Die Analogien zwischen der Bldg. von I durch colicinogene Bakterien u. von II durch lysogene Organismen sowie die Wirkungsweise von I u. II auf empfindliche Bakterien werden diskutiert. Eigg. von I: Nicht dialysierbar, kann bei 20000 g nicht sedimentiert werden, wird von Kohle bei p_H 4—9 adsorbiert u. verträgt 30 Min. langes Erhitzen auf 70° ohne Aktivitätsverlust. (Ann. Inst. Pasteur **83.** 295—315. Sept. 1952. Paris, Inst. Pasteur.) DOSSMANN. 4340

P. Frédéricq und M. Betz-Bareau, *Genetische Wiedervereinigung von durch Resistenz gegenüber Colicinen und Bakteriophagen gekennzeichneten Stämmen.* Beschreibung von

Verss. mit 2 durch aufeinanderfolgende Mutationen unter dem Einfl. von UV-Bestrahlung aus einem Stamm Escherichia coli isolierten Stämmen, die bestätigen, daß die Empfindlichkeit gegenüber *Colicinen* (vgl. GRATIA u. FRÉDÉRICQ, C. R. Séances Soc. Biol. **1946**. 140. 1032) u. *Bakteriophagen* von der Anwesenheit spezif. mutationsempfindlicher Receptoren abhängt. (Ann. Inst. Pasteur **83**. 283—94. Sept. 1952. Liège, Univ., Inst. de Bactériol.) DOSSMANN. 4340

Mario Pavan, *Über Antibiotica tierischen Ursprungs*. 2. Mitt. *Eigene Untersuchungen*. (1. vgl. C. **1952**. 7355.) Vf. untersuchte Gesamt- oder Organextrakte von 55 Tierarten (38 Arthropoden, davon 33 Insekten, 5 Mollusken, 2 Fische, 5 Amphibien, 1 Reptil, 2 Würmer u. 2 Crustaceen) auf ihre antibiot. Wirkung. Von den untersuchten Tierarten lieferten 26 Extrakte mit antibakterieller Wrkg., zum Teil mit breitem, auch gramnegative Keime umfassenden Wirkungsspektrum. Zu den tier. Giften, die antibakterielle Wrkg. entfalten, gehören das Bienengift, dessen Wrkg. nicht auf seinem Ameisensäuregeh. beruht, u. das Gift des Salamanders. Unter den übrigen vom Vf. antibakteriell wirksam gefundenen Extrakten erwiesen sich ameisensäurefreie Extrakte aus Iridomyrmex humilis MAYR als bes. wirksam, u. zwar gegen Staphylococcus aureus, Bacillus anthracis, Vibrio comma, Brucella melitensis, Brucella abortus BANG, B. suis, Escherichia coli, Salmonella paratyphi B, Eberthella typhosa, Shigella paradysenteriae, Proteus vulgaris, Mycobacterium phlei u. M. avium. Das wirksame Prinzip dieser Iridomyrmex-Extrakte, das *Iridomyrmecin* (I) wurde in reiner Form krist. erhalten. Es stellt ein Lacton, $C_{10}H_{16}O_2$, vom F. 60 bis 61° dar, ist lösl. in organ. Lösungsmitteln u. zu 2‰ in W., beständig gegen 30 Min. Erhitzen auf 120°, es besitzt aromat. Geruch u. leicht salzigen Geschmack. Außer gegen Mikroorganismen wirkt I auch ausgesprochen insekticid, auch gegen DDT-resistente Stämme. (Boll. Ist. sieroterap. milanese **31**. 232—45. Mai/Juni 1952. Pavia, Univ., Ist. di Anatomia comparata.) IPPEN. 4340

David Gottlieb und **Paul Siminoff**, *Bildung und Bedeutung der Antibiotica im Boden*. 2. Mitt. *Chloromycetin*. (1. vgl. C. **1952**. 1184.) Die *Chloromycetin*-Bldg. durch Streptomyces venezuelae auf sterilem Rohboden kann durch Beigaben von Trypton erheblich gesteigert werden. Weniger gut wirkte Luzerneheu, Haferstroh u. Stärke waren ohne Wirkung. Str. venezuelae vermag das Wachstum von Bacillus subtilis nicht zu unterdrücken. Chloromycetin wird auf nichtsterilem Boden durch andere Mikroorganismen schnell abgebaut. (Phytopathology **42**. 91—97. Febr. 1952. Urbana, Ill.) GRIMME. 4340

G. Nétien, J. Viallier, M. Carraz und **J.-C. Kalb**, *Vergleichende Wirkung von Streptomycin und Dihydrostreptomycin auf das Gewebswachstum der Karotte in vitro und auf einen streptomycinabhängigen Bacillus Koch*. Die Sulfate von *Streptomycin* (I) u. *Dihydrostreptomycin* (II) verhalten sich verschieden. Die Ursache sieht Vf. im unterschiedlichen chem. Verh. von I u. II bei der partiellen Hydrierung, bei der die Aldehydgruppe der Streptose in eine prim. Alkoholgruppe übergeführt wird.

V e r s u c h e : a) Das Wachstum von Karotten wird durch 10 γ/ml I gefördert, in höheren Konzz. gehemmt. II hemmt schon bei 10 γ/ml das Wachstum. b) Von einem mit I behandelten Patienten wurden Tuberkelbacillen isoliert. Kulturen davon blieben durch I unbeeinflußt, während II das Wachstum stimulierte. (Ann. Inst. Pasteur **83**. 400—01. Sept. 1952. Lyon, Inst. bacteriol.) DOSSMANN. 4340

H. Seneca, J. H. Kane und **J. Rockenbach**, *Protozoenbeeinflussung durch Rimocidin. Rimocidin* (I) entsteht aus Streptomyces rimosus, Darst. durch Extraktion des Myceliums mit *n-Butanol*. Das Sulfat krist. aus wss. Methanol mit 7% Hydratwasser aus, F. 151°; I enthält bas. u. saure Gruppen, es hat geringe baktericide, aber große fungicide Wrkg. gegenüber den meisten pathogenen Pilzarten, die durch I in Konzz. von 1—5 γ/ml gehemmt werden. Von Entamoeba histolytica reagiert der DKB-Stamm am empfindlichsten auf I, Leishmania u. Trypanosoma werden durch I gleichfalls, aber nicht sehr erheblich, in vitro beeinflußt. (Antibiotics and Chemotherapy **2**. 435—37. Aug. 1952. New York, N. Y., Columbia Univ., Coll. of Phys. and Surg., u. Brooklyn, N. Y., Charles Pfizer & Co.) DOSSMANN. 4340

Samuel Eiduson und **Max S. Dunn**, *Das Ansprechen von Milchsäurebakterien auf Aminosäurederivate*. 3. Mitt. *Die Wirkung der Lyophilisierung auf die Verwertung von Phenylalanin, Phenylmilchsäure und Phenylbrenztraubensäure*. (1. vgl. C. **1951**. II. 997.) Die Unters. des *L-Phenylalanin* (I)-, *LD-Phenylmilchsäure* (II)- u. *Phenylbrenztraubensäure* (III)-Bedarfs von Agar- sowie lyophil getrockneten Kulturen von 7 I benötigenden Milchsäurebakterienstämmen ergab deutliche Unterschiede, die wahrscheinlich auf Bldg. mutationsähnlicher Varianten während der Gefriertrocknung zurückzuführen sind. Die beiden entsprechenden Kulturen von *Lactobacillus gayonii* reagierten vollkommen verschiedenartig auf I, II u. III; lyophil getrocknete u. Agarkulturen von *Leuconostoc mesenteroides P-60* u. *L. casei* gleichartig, die beiden Kulturen von *L. pentoaceticus* (*L. brevis*

ATCC 367, L. brevis ATCC 4006) u. *L. lycopersici* gleichartig gegenüber **I**, jedoch nicht auf **II** u. **III**. (Arch. Biochem. Biophysics **35**. 146—51. Jan. 1952. Los Angeles, Univ. of California, Chem. Labor.) K. MAIER. 4350

G. Salvioli, D. Gotti und **G. Sternini**, *Verschiedenartige Wirkungen der Überimpfung von poliomyelitischem Material bei der Katze.* Nach 5—15 Tagen Latenzzeit zeigten 54 von 65 Katzen, denen Fäces, Hirnsubstanz oder Liquor von Poliomyelitis-kranken Kindern auf verschied. Art überimpft worden war, die Anzeichen einer Nervenerkrankung. Bei 30% ging dem eine Erkrankung des Verdauungstraktes voraus. Weitere Tierpassagen zeigten die gleiche Wrkg., die autopt. entsprechend bestätigt werden konnte. Bakterioskop. oder kulturell konnten keine Erreger nachgewiesen werden, auch nicht solche unspezif. Katzenkrankheiten. Kontrollen verliefen negativ. (Riv. Ist. sieroterap. ital. **27**. 225—45. Juli/Aug. 1952. Bologna, Univ., Ist. di Clinica Pediatrica.)
P. G. SCHEURLEN. 4374

Betty Jane Gardner und **Herbert R. Morgan**, *Wirkung verschiedener Enzyminhibitoren auf die hämolytische und hämagglutinierende Aktivität des Mumps-Virus.* An einem an Hühnerembryo adaptierten Stamm des Mumps-Virus wurde der Einfl. verschied. Verbb. auf die hämolyt. u. auf die hämagglutinierende Aktivität untersucht. Das *Hämolysin* (**I**) wird durch Hydroxylamin u. durch Urethan inhibiert, die das *Hämagglutinin* (**II**) nicht beeinflussen. **I** wird ferner durch Glutathion etwas gehemmt, durch Cystein leicht verstärkt. Beide Reduktionsmittel verstärken **II**, ebenso Hydrochinon u. Natriumsulfit. **I** bleibt bei Oxydation mit Sauerstoff unverändert. NaF, KCN, 2.4-Dinitrophenol, $Na_4P_2O_7$, Cystin u. Jodessigsäure wirken weder auf **I** noch auf **II**. Vff. nehmen an, daß **I** u. **II** zwei getrennte Einheiten sind. **I** ähnelt einer Lecithinase. (Proc. Soc. exp. Biol. Med. **79**. 133—35. Jan. 1952. Rochester, Univ., School of Med. and Dent., Dep. of Bact.)
WIEDEMANN. 4374

Barbara K. Watson, *Verteilung des Mumps-Virus in Gewebekulturen, bestimmt mit durch Fluorescein markiertem Antiserum.* Aus Affen wurde Antiserum gegen Mumps gewonnen u. mit Fluorescein markiert. Es gelang damit, die Lokalisation des Virus in Kulturen verschied. Hühnerembryonalgewebe nachzuweisen. Virus fand sich nur im Cytoplasma u. in allen Zellen, die mit der Viruslösung in Berührung gekommen waren. (Proc. Soc. exp. Biol. Med. **79**. 222—24. Febr. 1952. Harvard Med. School, Dep. of Bact. and Immunology.) WIEDEMANN. 4374

Herbert A. Wenner, Marian H. Jenson und **Anne Monley**, *Untersuchungen über die Infektionen mit Mumps- und Newcastle-Virus.* 1. Mitt. *Spezifische und unspezifische serologische Beziehungen.* Mit den Methoden der Hämagglutinationshemmung u. der Komplementbindung wurden spezif. Antikörper im Serum von Affen nach experimenteller Infektion mit Mumps- u. Newcastle-Virus nachgewiesen. Es konnte gezeigt werden, daß diese Viren kein gemeinsames Antigen besitzen. (J. Immunology **68**. 343—56. April 1952. Kansas City, Kans., Univ. of Kansas, School of Med., Dep. of Ped. and Bact., and Hixon Memorial Labor.) ZELLER. 4374

Herbert A. Wenner, Anne Monley und **Marian H. Jenson**, *Untersuchungen über die Infektionen mit Mumps- und Newcastle-Virus.* 2. Mitt. *Einige Eigenschaften der spezifischen und unspezifischen Hämagglutinations-Hemmungskomponenten.* (1. vgl. vorst. Ref.) Während der spezif. Hemmstoff im Serum von Mumps-Rekonvalescenten, der die Hämagglutination von Küken-Erythrocyten durch Mumps (**I**)- u. Newcastle (**II**)-Virus hemmt, stabil ist, wird der gefundene unspezif. Hemmstoff bei 62° (30 Min.) u. durch Aceton, Chlf., Trypsin, Papain u. Na-Perjodat inaktiviert. Zusammen mit früheren Beobachtungen erlauben die serolog. Unterss. nicht die Annahme, daß **I**- u. **II**-Virus gemeinsame Antigene besitzen. (J. Immunology **68**. 357—68. April 1952. Kansas City, Kans., Univ. of Kansas, School of Med., Dep. of Ped. and Bact., and Hixon Memorial Labor.)
ZELLER. 4374

Edward A. Beeman und **Robert J. Huebner**, *Bewertung serologischer Methoden zum Nachweis von Antikörpern gegen Coxsackie (herpangina)-Viren, Gruppe A.* Eine Reihe von Personen (Krankheitsfälle, Leute mit Kontakt zu Kranken u. n. Versuchspersonen) wurde mittels des Neutralisations- u. des Komplementbindungstestes auf Antikörper gegen die Coxsackie-Viren, Gruppe A, untersucht. Die Antigene wurden aus Mäusen gewonnen. Der Neutralisationstest erwies sich als überlegen. Neutralisierende Antikörper werden nur gegen den homologen Virustyp entwickelt, komplementbindende dagegen auch gegen heterologe, die letztere Rk. ist also eher gruppen- als typenspezifisch. Der Titer der komplementbindenden Antikörper fällt rasch, innerhalb einiger Monate, ab. Bei den Kontrollpersonen besteht kaum eine Beziehung zwischen der Anwesenheit der beiden Arten von Antikörpern. Die Anwesenheit der komplementbindenden Antikörper ist kein unbedingter Schutz gegen eine Infektion mit dem entsprechenden Virustyp.

(J. Immunology **68.** 663—72. Juni 1952. Bethesda, Md., National Inst. of Health Service, Federal Security Agency, National Microbiol. Inst.) WIEDEMANN. 4374

Harry M. Rose, *Unterschiede in der Fähigkeit menschlicher Seren zur Neutralisation des Herpes simplex-Virus.* Die Seren von 27 Personen wurden auf die Anwesenheit von Antikörpern gegen das Herpes simplex-Virus geprüft. Das Virus wurde aus der Dottersackpassage gewonnen. Bei 26 der Personen wurde das Antigen intracutan injiziert u. die Rk. geprüft. Der Neutralisationstest wurde entweder mit unverd. Serum u. verschied Viruskonzz. oder mit verschied. Serumkonzz. gegen dieselbe Virusmenge ausgefühet. Nur im Falle der Serumverdünnung wurden zwischen den einzelnen Seren beträchtliche Unterschiede gefunden. Die Haut-Rk. auf das Antigen war in 5 Fällen negativ, in denen auch die niedersten Antikörpertiter gefunden wurden. Der Nachw. des Virus geschah durch die positive oder negative Rk. der Chorioallantoismembran mit Bldg. von Läsionen. (J. Immunology **68.** 687—91. Juni 1952. New York, Columbia Univ. and Presbyterian Hosp., Coll. of Phys. and Surg., Dep. of Bact.) WIEDEMANN. 4374

Elio Baldacci, *Interpretation der dysgenetischen Vorgänge phytopathogener Viren.* Krit. Sichtung des neuesten Schrifttums. (Ricerca sci. **22.** 471—73. März 1952. Mailand.) GRIMME. 4374

A. M. Adams und **J. J. Miller**, *Die Feststellung von Radiophosphor in Zellen und Sporen von Pilzen durch Radioautographie.* Vff. berichten über radioautograph. Aufnahmen von verschied. Pilzen, die auf ^{32}P-markiertem Nährboden gewachsen sind. Untersucht wurden *Aspergillus sp., Hormodendrum sp.* u. *Penicillium sp.* Die Expositionszeit bei KODAK- NTB-Platten bewegte sich zwischen 14 u. 30 Tagen bei einem Geh. des Nährbodens von 13,8 μC bzw. 250 μC ^{32}P. (Nature [London] **170.** 239. 9/8. 1952. Vineland Station, Ont., Horticult. Exper. Station, u. Hamilton, Ont., McMaster Univ., Dep. of Bot.) REUSSE. 4380

Georg Kreitmaier, *Über die Beeinflussung der Vermehrungsrate von Paramaecium caudatum Ehrbg. durch B-Vitamine und Aminosäuren. B-Vitamine* u. *Aminosäuren* beschleunigen bei ausreichender Nahrung u. Anwesenheit wichtiger physiol., anorgan. Salze das Wachstum u. damit die Teilungsgeschwindigkeit von *Paramaecium caudatum Ehrbg.*, jedoch ohne, daß Konjugationen beobachtet wurden. Aminosäuren wirken nicht nur als Wuchsstoffe, sondern beeinflussen auch fördernd oder hemmend das durch Vitamine gesteigerte Wachstum. Die Wuchsstoffkonz. wie Menge der Nahrung sind für die optimale Vermehrung wichtige Faktoren, wobei höhere Wuchsstoffdosen Wachstumsminderung u. sogar Tod herbeiführen können. Die optimale Wrkg. liegt innerhalb eines Bereiches von 0,1—10 γ/cm^3 Lösung. Die Wirkungsbereiche der einzelnen Substanzen sind bei konstanten Versuchsbedingungen keinen großen Schwankungen unterworfen. Extrakte von Hefe, Gerstenkeimlingen, Torulopsis u. Herz u. Leber wurden auf Wuchsstoffwrkg. geprüft u. die gefundenen Resultate zu erklären versucht. (Z. Vitamin-, Hormon- u. Fermentforsch. [Wien] **4.** 542—54. 2/5. 1952. München, Zool. Inst., Abt. Paul Buchner, Inst. für exper. Symbioseforschung.) ITZEROTT. 4380

E$_4$. Pflanzenchemie. Pflanzenphysiologie. Pflanzenpathologie.

M. Ja. Schkolnik, N. A. Makarowa und **Ju. Je. Plankewitsch**, *Über die Abhärtung von Pflanzen vor der Aussaat gegenüber Trockenheit mittels Borsäurelösungen.* HENKEL hat gezeigt, daß Einweichen u. Wiedertrocknen von Samen zu dürreresistenteren Pflanzen führt. SCHKOLNIK hat gefunden, daß eine Samenbehandlung mit Spurenelementen (B, Mn, Al) eine Ertragssteigerung ergibt. Verss. unter Zusatz von H_3BO_3 (1 g in 9 Liter W.), $MnSO_4$ oder $ZnSO_4$ (3 g in 10 Liter W.) zum Einweichwasser bestätigen, daß bes. mit H_3BO_3-Lsg. (24 Std.) eine wesentliche Zunahme (z. B. 42% bei Gerste) des Ernteertrages erzielt wird. Dieser Effekt ließ sich durch Bestäuben der Samen oder Einführung entsprechender Düngemittel in den Boden nicht erzielen. Auch bei Sonnenblume u. Luzerne zeigte sich ein günstiger Einfl. einer H_3BO_3-Behandlung der Samen. Eine B-Behandlung der Samen empfiehlt sich nicht nur in Trockengebieten, sondern auch in nördlicheren Gebieten zur Erzielung wesentlicher Ertragssteigerungen. (Доклады Академии Наук СССР [Ber. Akad. Wiss. UdSSR] [N. S.] **84.** 841—44. 1/6. 1952. Botan. Komarow-Inst. der Akad. der Wiss. der UdSSR.) ULMANN. 4404

F. E. Huelin und **R. A. Gallop**, *Untersuchungen an der natürlichen Deckschicht des Apfels.* 1. Mitt. *Herstellung und Eigenschaften der Fraktionen.* Ablösung der Apfelschale (Sorte GRANNY SMITH) mit einer Lsg. von 1,6% Ammoniumoxalat + 0,4% Oxalsäure (48 Std. bei 37° bzw. 16 Std. bei 50°). Durch Extraktion mit verschied. Lösungsmitteln wurden gewonnen: 1. Fett: VZ. 110—150, SZ. 10—30, Hydroxylzahl 50—70, JZ. 80 bis 140. Verseifung ergab 15—30% Unverseifbares (Hydroxylzahl 148, JZ. 86) u. 70—85% Fettsäuren (SZ. 173, Hydroxylzahl 122, JZ. 109). Beide Fraktionen waren hoch ungesättigt. 2. Wachs: VZ. 20—40, SZ. 5—7, Hydroxylzahl 33, JZ. 10—15; Verseifung ergab 10% Säuren. 3. *Ursolsäure* (aus 99%ig. A.; getrocknet bei 120° im Vakuum 20 Std.). F. 286—288° (Literatur 284—291°); [daraus gewonnene Derivv: *Monoacetylursolsäure*, F. 287—288° (Literatur 285—296°); *Diacetylursolsäure*, F. 197—199° (Literatur 198 bis 200°)]. 4. „*Cutin*": SZ. 150—180, Hydroxylzahl 208, JZ. 50. — Zur Best. der Fettfraktion ist die isolierte Schale nicht geeignet; sie wurde am Gesamtapfel vorgenommen. Aufarbeitungsmeth. wird beschrieben. Bzgl. der Cuticula wurde gefunden, daß ein erheblicher Anteil der Cellulose an das Lipoidmaterial („Cutin") gebunden ist, denn erst nach Verseifung löst sich der größte Teil in Cuprammoniumlösung. (Austral. J. sci. Res., Ser. B **4.** 526—32. Nov. 1951. Homebush, N. S. W., C. S. I. R. O., Div. of Food Preserv. and Transport.) SCHLOTTMANN. 4420

F. E. Huelin und **R. A. Gallop**, *Untersuchung an der natürlichen Deckschicht des Apfels.* 2. Mitt. *Verschiebungen in den Fraktionen während der Lagerung.* (1. vgl. vorst. Ref.) Zusammenstellung von Unterss. an GRANNY SMITH-Äpfeln, gelagert bei 1° u. 18 bis 20° bis zu 30 Wochen, aus den Jahren 1945—1951. Hauptergebnisse: 1. Die Fettfraktion steigt auf das 3—4fache des Ausgangswertes (0,106 mg/cm²) an bei 1°, schneller bei 18—20°. Bringt man die Äpfel nach Erreichung des Maximums bei 1° in die höhere Temp., so erfolgt Abfall; Gesamtfettsäuren verändern sich parallel dem Fettgeh.; JZ. steigt mit Fettanreicherung, d. h. nach der Ernte entstehen relativ mehr ungesätt. Verbindungen. 2. Während der Lagerung bei 20° bildet sich ca. 1 Mol Oxysäure auf 10 Mol lösl. Säuren. 3. Die Resistenz der Schale gegen O_2-Diffusion ändert sich bei 0° während der ersten 10 Wochen nicht wesentlich u. steigt dann laufend an; zwischen Fettgeh. u. Resistenz der Schale besteht keine direkte Beziehung. 4. „Gas"-Lagerung (5% CO_2 + 16% O_2) drückt die Fettzunahme herab (z. B. 30 Wochen bei 0°: 0,14 mg/cm² unter „Gas" (Luft + CO_2), 0,21 mg/cm² an der Luft bei Ausgangswert von 0,07 mg/cm²). 5. Die Werte der Wachs-, Ursolsäure- u. „Cutin"-Fraktionen steigen während der Lagerung ebenfalls an, jedoch in wesentlich geringerem Maße. 6. Die Bldg. nichtflüchtiger Fettsäureester nimmt während der Lagerung ab, die der flüchtigen zu. (Austral. J. sci. Res., Ser. B **4.** 533—43. Nov. 1951.) SCHLOTTMANN. 4420

W. P. Nowikow, *Die Wirkung von Wassermangel im Boden auf die verschiedenen Entwicklungsstadien des Hafers.* Die Widerstandsfähigkeit gegen Wassermangel ändert sich im Laufe der Entw. der einzelnen Pflanze; sie ist am niedrigsten in der Zeit vom Beginn der Rispenbldg. bis zur Blüte. Die ungenügende Wasserversorgung in dieser Periode beeinträchtigt zwar nicht das Wachstum, wirkt sich aber schädlich auf die Pollenbldg. aus, so daß die Narbe steril bleibt. (Доклады Академии Наук СССР [Ber. Akad. Wiss. UdSSR] [N. S.] **82.** 641—43. 1/2. 1952. Leningrad, Pädagog. Herzen-Inst.) A. JACOB. 4450

W. P. Nogtew, *Geschwindigkeit des osmotischen Eintrittes von Wasser und wässerigen Lösungen in die Pflanzenzelle und die sie bestimmenden Größen.* Das FICKsche Gesetz über die Geschwindigkeit der freien Diffusion wss. Lsgg. gilt nicht für die Geschwindigkeit des Eintritts von W. u. gelösten Stoffen in die turgierende Zelle, da es die Beziehung zwischen der Transdiffusionsoberfläche u. dem Vol. jenes Innenraumes nicht berücksichtigt, wohin das Konzentrationsgefälle gerichtet ist. Außerdem berücksichtigt es nicht die Ggw. der elast. Membran, durch welche die Endosmose erfolgt u. wo gegen die Endosmose gerichtete Kräfte entstehen, die schließlich die Geschwindigkeit der Endosmose auf Null herabdrücken können. Es gilt: $dm/dt = -K(s/v)(1/Q)(dc/dx)$, wenn K = Koeff. der Osmose bei Turgor, s/v = spezif. Osmoseoberfläche, Q = Quotient des Turgorgegendruckes seitens der Zellwand, durch welche die Endosmose der wss. Lsg. erfolgt, s = Osmoseoberfläche, v = Vol. der Zelle, dc/dx = Konzentrationsgefälle von W. oder gelöstem Stoff. Die experimentelle Nachprüfung bestätigt, daß bei gegebenem Konzentrationsgefälle beiderseits der osmotierenden Membran die Geschwindigkeit der Endosmose einer wss. Lsg. in die Pflanzenzelle mit abnehmender Zellgröße, zunehmender Osmoseoberfläche, abnehmendem Turgorgegendruck zunimmt. (Доклады Академии Наук СССР [Ber. Akad. Wiss. UdSSR] [N. S.] **79.** 345—48. 11/7. 1951. Gorki, Landw. Inst.) LEBTAG. 4450

W. P. Nogtew, *Über die Geschwindigkeit des osmotischen Eintrittes von Lösungen in die Pflanzenzelle und den Einfluß der Zellform auf diese Geschwindigkeit.* (Vgl. vorst. Ref.) Die abgeleitete Formel gilt nur für Einzeller, bei denen die gesamte Zelloberfläche osmot. wirksam ist. Im Zellverband ist die Dialyse durch einzelne Membranabschnitte verschieden. Für diesen Fall hat Vf. die folgende Formel aufgestellt: $dm/dt = -K(s/v\beta)\cdot(1/Q)\,dc/dx$ (K = Koeff. für die verschied. Stoffe, β = osmot. Ausnützungskoeff. der spezif. Zelloberfläche). Die Veränderlichkeit der einzelnen Größen, z. B. durch die ster. Form der Zelle, wird besprochen. (Доклады Академии Наук СССР [Ber. Akad. Wiss. UdSSR] [N. S.] **82.** 1009—12. 21/2. 1952. Gorki, Landw. Inst.) LINDNER. 4450

A. F. Marintschik, *Änderungen der physiologischen und biochemischen Eigenschaften in den Blättern der vegetativen Hybriden der Rübe.* Die Blätter verschiedenaltriger vegetativer Rübenhybriden aus dem im Entfalten begriffenen Jungsproß der Sorte WJ 591 (= a), der Ultrazuckersorte KWP 98 (= b) aus jarowisiertem Samen (= c), dem Sproß der Sorte WJ 591 mit 2—3 Blattpaaren (= d), Mangold (= e) u. der Sorte J. 1305 (= f) wurden auf die Atmungsintensität, die Katalase- (**I**) u. Peroxydaseaktivität (**II**) u. die Gehh. an Monosen (**III**) u. Saccharose (**IV**) untersucht. Untersucht wurden die Hybriden: a/a, a/c, a/b, e/e, e/a, e/b u. e/c (d. h. jeweils Pfropfreis/Unterlage). Die CO_2-Abscheidung lag in cm^3/100 g Trockenmasse zwischen 286 u. 535 (12. Juli) mit dem Höchstwert für a/b im Sommer. **I** lag am 12. Juli bei a/b 30% über dem niedrigsten Wert (e/b); Höchstwert am 7. Oktober, der an diesem Zeitpunkt von den meisten Hybriden erreicht wurde. **II**: Höchstwert wurde am 12. Juli von den meisten Hybriden erreicht, bis zum 7. Oktober Absinken um ±20%, bei a/a leicht ansteigend. **III** am 12. Juli (an Blatthälften in % des Trockengewichtes) 0,69—2,20 (Höchstwert bei a/b), am 7. Oktober 1,01—1,91 (Höchstwert bei a/c). **IV** am 12. Juli 0,30—1,02 (Höchstwert bei a/b), am 7. Oktober 0,15—0,48 (Höchstwert bei e/b). (Доклады Академии Наук СССР [Ber. Akad. Wiss. UdSSR] [N. S.] **82.** 317—20. 11/1. 1952. Allunions Wiss. Forschungsinst. für Zuckerrüben.) LINDNER. 4450

M. A. Filimonow, *Besonderheiten der Quellung lebender und toter Samen von Leguminosen.* Tote Samen von Leguminosen quellen in W. viel schneller als lebende. Lebensfähige Samen von mehrjährigem Klee u. Luzerne begannen erst nach 45 Min. zu quellen, Samen von einjähriger Wicke, Bohne u. Erbse erst nach 2 Stunden. Auf Grund dieser Beobachtungen schlägt Vf. ein Prüfverf. für die Keimfähigkeit von Leguminosensamen vor. (Доклады Академии Наук СССР [Ber. Akad. Wiss. UdSSR] [N. S.] **84.** 377—79. 11/5. 1952. Allunions Wiss. Wiljams-Forschungsinst. für Futtermittel.) ULMANN. 4455

Meirion Thomas, *Die Anatomie des Stoffwechsels bei höheren Pflanzen: Gesamtstoffwechsel, Stoffwechselprozesse und Teilreaktionen.* Übersichtsvortrag unter Darlegung früherer eigener u. fremder Forschungsergebnisse mit Literaturhinweisen. (Advancement of Sci. **9.** 219—35. Sept. 1952.) RANG. 4460

Ss. N. Drosdow, *Einweichen der Samen vor der Aussaat in Lösungen von Kupfersulfat als Quelle des notwendigen Bedarfs der Pflanzen an Kupfer.* Samen von Buchweizen, Mais u. Klee wurden 6 bzw. 12 Std. in Lsgg. mit 80, 160 u. 240 mg $CuSO_4$ (**I**)/Liter eingeweicht u. das Ernteergebnis auf Podsolboden ausgewertet. Klee zeigte nur bei 80 mg **I** u. 6 Std. Einweichzeit einen höheren Ertrag gegenüber der Kontrolle, während bei den beiden anderen Pflanzen in allen Fällen eine Ernteerhöhung, teilweise Verdoppelung, festzustellen war. (Доклады Академии Наук СССР [Ber. Akad. Wiss. UdSSR] [N. S.] **83.** 929—30. 21/4. 1952. Leningrad, Landwirtschaftl. Inst.) ULMANN. 4470

G. B. Sanford und **T. R. Davidson,** *Einwirkung von 2.4-Dichlorphenoxyessigsäuredampf auf Tomatenpflanzen im Gewächshause.* Durch aus einem Nebenraum eingedrungene Dämpfe von 2.4-Dichlorphenoxyessigsäure waren an Tomaten starke Schädigungen aufgetreten. (Sci. Agric. **31.** 368—71. Aug. 1951. Edmonton, Alberta.) GRIMME. 4486

K. Hassebrauk, *Untersuchungen über die Einwirkung von Sulfonamiden und Sulfonen auf Getreideroste.* 2. Mitt. *Weitere Untersuchungen über die rosthemmende Wirkung.* (1. vgl. C. **1952.** 1723.) Eine Gabe von 1500 mg/100 m^2 Bodenoberfläche *Ladogal* unterbindet die Fruktifikation von *Puccinia graminis* u. *P. glumarum*, ein Befall mit *P. antirrhini* wird völlig unterdrückt. Die rosthemmende Wrkg. dauert mindestens 4 Wochen. Hoher Humusgeh. des Bodens setzt die Ladogalwrkg. herab. Im Spritzvers. bei *P. triticina* muß die Ladogalkonz. mindestens 3% betragen. (Phytopathol. Z. **18.** 453—60. Febr. 1952. Braunschweig, Biol. Bundesanstalt für Land- u. Forstwirtschaft, Inst. für physiol. Botanik.) GRIMME. 4490

A. B. Wiles und **J. C. Walker,** *Krankheitsbild und Bekämpfung der Gurkenblattfleckenkrankheit.* Beizen der Saat mit $HgCl_2$ u. organ. Hg-Verbb. führte zu gesunden Pflanzen u. hohen Ernteerträgen. (Phytopathology **42.** 105—08. Febr. 1952. Madison, Wis.) GRIMME. 4490

I. A. Dobrowolski, *Gasfestigkeit von Baum- und Strauchgewächsen.* Beobachtungen in verschied. Industriegebieten zeigten, daß die größte Widerstandsfähigkeit gegen Rauch u. Gase der metallurg. u. chem. Werke Weide, Früheiche, Waldbirne, Kirschbaum, Apfelbaum, Aprikose, Populus canadensis, Wacholder u. ähnliche Arten aufweisen, während Ahorn, Esche, Linde, Roßkastanie, Birke u. Tanne gegen die Gase empfindlich sind. (Лесное Хозяйство [Forst-Wirtsch.] **5.** Nr. 4. 90—91. April 1952.) M. GORDIENKO. 4495

E_5. Tierchemie. Tierphysiologie. Tierpathologie.

J. R. Guix Melcior, R. Campos Martin und **J. Fernandez Ferrer,** *Spektrographische Analyse in der Dermatologie.* Vf. geben eine Einführung zur Anwendung der Spektralanalyse in der Dermatologie. Sie untersuchten mit guten reproduzierbaren Ergebnissen Haut von Meerschweinchen, denen vorher entsprechende Verbb. injiziert worden waren, auf Bi, Cu, Ag u. Au. In menschlichen Epitheliomen der Haut wurde stets Fehlen von Ag u. Cu beobachtet. Im Hinblick auf Berufs- u. Arzneimitteldermatosen wird die Meth. empfohlen. (Med. clin. [Barcelona] **19. (10.)** 167—70. Sept. 1952. Barcelona, Fac. de Med., Serv. de Terapéutica Fis.) P. G. SCHEURLEN. 4500

J. K. Merlis und **John Degelman,** *Verbesserter künstlicher Respirator für Tierversuche.* (Science [Washington] **114.** 692—93. 28/12. 1951. Framingham, Mass., Cushing V. A. Hosp.) DOSSMANN. 4500

Vince Varró, Imre Faredin und **Ferenc Novaszel,** *Vergleichende Untersuchung des Pepsingehaltes des Magensaftes und der Menge des Uropepsins.* Mit der Meth. nach MIRSKY u. Mitarbeitern (J. clin. Invest. **27.** [1948.] 818) durchgeführte Unterss. über die *Uropepsin* (I)-Ausscheidung ergaben, daß Ulcuskranke im Durchschnitt mehr I ausscheiden als n. Personen. Der sogenannte „Pepsinsekretionsquotient", d. h. das Verhältnis Magenpepsin/I, hat bei Ulcuskranken einen höheren Wert als bei Gesunden. Das Aufhören der ulcusbedingten Beschwerden wird nicht von charakterist. Änderungen der I-Ausscheidung begleitet. (Klin. Wschr. **30.** 108—10. 1/2. 1952. Szeged, Ungarn, Univ., I. Med. Klinik.) KRUSEN. 4555

K. O. Herrmann, *Die funktionsfördernde Einwirkung des Bieres auf den Leberstoffwechsel.* Die Gallenproduktion wird durch Biertherapie auf eine ungewöhnliche Höhe gebracht. (Brauwissenschaft **1952.** 88. Mai. Beilage zu: Brauwelt, Ausg. B.) SCHLOTTMANN. 4555

C. Serono und **R. Montezemolo,** *Über die Isolierung und Anwendung eines menschlichen gonadotropen Hormons mit follikelstimulierender Wirkung.* Vff. weisen auf die Gefahren einer Therapie mit gonadotropen Hormonen verschied. Ursprungs hin; es sollte beim Menschen nur follikelstimulierendes Hormon (**FSH**) menschlichen Ursprungs verwandt werden. In diesem Zusammenhang wird das einzige bisher im Handel befindliche Präp. (*Pergonal,* SERONO) mit FSH-Wrkg. besprochen, das aus Urin in der Menopause isoliert wurde. (Rass. Clin., Terap. Sci. affini **51.** 141—47. Juli/Sept. 1952.) H. SCHEURLEN. 4559

H. Hagedorn, *Ist die Behandlung von Fertilitätsstörungen beim Manne erfolgversprechend?* In Fortführung bereits mitgeteilter Verss. (vgl. C. **1952.** 3353) hat Vf. bei der Behandlung von Oligospermien mit Dosen von 2×25 mg *Testosteronpropionat*/Woche gute Erfolge erzielt. Einen wesentlichen Fortschritt bedeutete jedoch ein *Testoviron* (**I**)-Depot, das Testosteron in Form des Önanthsäureesters in öliger Lsg. enthält u. in Dosen von 250 mg alle 4—6 Wochen intramuskulär injiziert wird. Verss. an 2 Patienten mit insgesamt 12000 Δ^5-*Pregnenolon* (sämtliche Präpp.: SCHERING A. G., Berlin) verliefen negativ. Gut bewährt hat sich die buccale Anwendung von **I** bei der Nachbehandlung von Oligospermien u. bei Störungen des Involutionsalters. (Die Medizinische **1952.** 1422—24. 8/11. Detmold, Landeskrankenhaus, chirurg. Abt.) R. KÖNIG. 4559

Lass M. Sonne und **Michael Schwartz,** *Lupus erythematosus disseminatus. Vier mit ACTH behandelte Fälle.* Behandlung von 4 Fällen von Lupus erythematosus disseminatus mit *ACTH.* Bei 3 Fällen verschwanden die Erscheinungen zwar binnen wenigen Tagen, aber die Behandlung mußte wieder aufgenommen werden, da alle 3 Patienten Rückfälle bekamen. Bei dem 4. moribunden Patienten zeigte sich kein deutlicher Effekt, aber im Blut wurden Absinken der Globulinfraktion u. der Senkungsgeschwindigkeit sowie Eosinophilie beobachtet. Die gesteigerte Hormonausscheidung war hier weniger ausgeprägt als bei den anderen Kranken. In 3 Fällen wurde die Behandlung von einer Verminderung der Haut-Hyaluronsäure sowie von einer Verringerung der Wrkg. des Blutes auf aus Stierhoden gewonnene Antihyaluronidase begleitet. Bei allen **4** Kranken bestand ein deutlicher Rückgang des erhöhten Serumglobulins. (Acta dermato-venereol. [Stockholm] **32.** 333—51. 1952. Kopenhagen, Finsen Inst., Dermatol. Dep. u. Univ., Clinic of Dermatol.) W. BRANDT. 4560

E. M. Brown jr., F. C. Dohan, L. R. Freedman, P. de Moor und **F. D. W. Lukens,** *Wirkungen prolongierter Glucoseinfusion auf das Pankreas des Hundes.* Vff. studierten den Einfl. arterieller Infusionen durch die Art. hepatica auf Teile des Pankreas n. Hunde bis zu 18 Tage Dauer. Beschreibung der Technik. Die Glucoseinfusionen bewirken keine periphere Hyperglykämie, wohl aber peripher-venöse Hypoglykämie u. stimulierenden Einfl. auf die Insulingabe. Infusionen über die Vena portae haben keinen Einfl. auf die Blutzuckerwerte (BZ). Es fand sich weiter lokale Hyperplasie der LANGERHANSschen

Inseln (LI), in anderen Gebieten Degranulation u. Glykogeninfiltration. Beide Lokalveränderungen werden mit der Blutinsulinerhöhung in Verbindung gebracht. Die Aktivität der LI wird durch Insulin, BZ u. ohne Zweifel noch andere Faktoren beeinflußt. (Endocrinology **50.** 644—55. Juni 1952. Philadelphia, Pa., Univ. of Pennsylvania, George S. Cox Mes. Res. Inst.) K. BÖHM. 4564

D. Krause, *Über „Sympathine".* Ausführlicher Überblick über die Bedeutung u. den Chemismus der *Sympathine* genannten „Überträgerstoffe" im Organismus (*Acetylcholin, Arterenol* u. *Adrenalin*) sowie über Pharmakologie, Kreislauf- u. Stoffwechselwirkungen u. therapeut. Verwendung von Adrenalin u. Arterenol. (Dtsch. dentist. Z. **6.** 46—52. 23/1. 1952. Hannover, Dentist. Inst.) KLESSE. 4569

Ch. Dulong de Rosnay und **P. Labadie,** *Untersuchungen über die Bestimmung des Plasmavolumens durch Polyvinylpyrrolidon.* Es wurde die Plasmavolumenmessung durch *Polyvinylpyrrolidon 25* mit Methoden, die sich der Isotopen bedienen (^{32}P u. Markierung von Plasmaproteinen durch ^{131}J) verglichen. Die Polyvinylpyrrolidon-Meth. ergab mit der ^{131}J-Meth. übereinstimmende Werte. Nach 3—4 Min. hatte eine völlige Durchmischung der Indicatorsubstanz mit dem zirkulierenden Plasma stattgefunden. (J. Méd. Bordeaux Sud-Ouest **129.** 557—59. Juli 1952. Bordeaux, Service de Clin. des Maladies infect. et Labor. de controle de la Caisse régionale de Sécurité sociale.) W. BRANDT. 4572

Alphonse Nizet, *Antagonistische Wirkung von Uracil, Thiouracil und Thioharnstoff auf die Reticulocytenentwicklung.* Blutproben von chron. hämorrhag. Hunden wurden *Uracil* (I), *Thiouracil* (II) oder *Thioharnstoff* (III) zugesetzt. II u. III verlangsamten oder blockierten in Konzz. von 350—2000 γ/cm^3 Blut die Reticulocyten-Entw., wenn die Blutproben 6—8 Std. bei 37° aufbewahrt wurden. I wirkte schon in Konzz. unter 5 γ/cm^3 gegenüber II u. III antagonist. u. hielt die Entwicklungshemmung auf. (Science [Washington] **115.** 290—91. 14/3. 1952. Liège, Belgien, Univ., Clin. et Polyclin. méd.) W. BRANDT. 4573

Werner Ries, *Blutkörperchensenkung und Fibrin.* Zwischen dem Fibringeh. eines Blutes u. der Blutkörperchensenkung bestehen bestimmte Wechselbeziehungen, die bei einzelnen Krankheitsgruppen, vor allem bei akuter Pneumonie, in typ. Weise hervortreten. In anderen Fällen muß die Bedeutung der anderen grobdispersen Eiweißfraktionen für die Senkungsgeschwindigkeit anerkannt werden, z. B. bei chron. Entzündungen u. degenerativen Erkrankungen. Bei n. Eiweißbild kann eine Beschleunigung durch eine Anämie bedingt sein. (Z. ges. inn. Med. Grenzgebiete **7.** 415—23. 1/5. 1952. Leipzig, Univ., Med. Klinik.) FISCHOEDER. 4574

K. Spang, C. Keller und **H. Hartert,** *Digitalis und Blutgerinnung.* Bei einer krit. Prüfung der Ergebnisse anderer Autoren hinsichtlich einer „thromboplast." Digitalis (I)-Wrkg. ergibt sich die Möglichkeit einer einheitlichen Interpretation der verschied., sich zum Teil widersprechenden Befunde. In vitro- u. in vivo-Unterss. der Vff. ergeben keinerlei Anhaltspunkte für die Annahme einer fördernden Wrkg. der I-Glykoside auf die Gerinnbarkeit des menschlichen Blutes. Die Beseitigung der „cardialen" Gerinnungsstörung, d. h. die Normalisierung der prim. verlängerten Gerinnungswerte während der Behandlung hydrop. Herzkranker, kann nicht als I-Wrkg. im eigentlichen Sinne aufgefaßt werden; es handelt sich vielmehr offensichtlich um ganz „unspezif." Vorgänge, die mit der Rekompensation des Kreislaufes im Zusammenhang stehen. Eine „thromboplast." Wrkg. der I-Glykoside kann endgültig abgelehnt werden. (Dtsch. med. Wschr. **77.** 448—53. 11/4. 1952. Heidelberg, Med. Univ.-Klinik [Ludolf-Kerehl-Klinik].) KÖNIGSDORF. 4574

Wolfgang Schöner, *Über die Eisenmangelanämie im Säuglingsalter und ihre parenterale Behandlung mit Ferrisaccharat.* Rationelle Therapie ist nur mit Fe möglich. Perorale Fe-Behandlung ist bei Säuglingen oft nicht durchführbar. Bericht über parenterale Behandlung von 22 Säuglingen mit dem Fe^{III}-Präp. *Ferrocid-Aesca* ohne jeden Zwischenfall. Einzeldosis 0,2—1,0 cm^3. (Wiener med. Wschr. **102.** 718—20. 30/8. 1952. Glanzing, Kinderklinik der Stadt Wien.) K. BÖHM. 4575

Worthington G. Schenk jr., Charles E. Wiles jr. und **John Lindenberg,** *Transfusion von hämolysiertem Blut.* Hunden wurden 10—20% ihres Blutvol. entnommen. Das Blut wurde in einem Kältebad (—70°) sofort gefroren, was völlige Hämolyse verursachte. Dieses hämolysierte, unfiltrierte Blut wurde dem Spendertier sofort wieder infundiert. Die Blutneubldg. oder das Blutbild des anäm. gemachten Tieres wurden durch diese Infusion nicht beeinflußt. Nichteiweißartige, N-haltige Substanzen (als Ausdruck einer Nierenschädigung) traten nach der Infusion im Plasma nicht auf. Die meisten N-haltigen Substanzen wurden schnell mit dem Harn wieder ausgeschieden. Es wird aus diesen Verss. geschlossen, daß die leichte oder mäßige Hämolyse, die in für Transfusionszwecke bestimmten Konserven menschlichen Blutes auftritt, keine Bedenken gegen die Verwendung dieses Blutes begründet. (Surgery **31.** 870—76. Juni 1952. Buffalo, N. Y., Edward J. Meyer Memorial Hosp., u. Univ., Med. School.) W. Brandt. 4576

Robert L. Squibb und **Miriam K. Wyld**, *Die Wirkung des Korozopalmkernmehls im Futter junger Küken.* Ölkuchenmehl der Korozopalme (Orbignya cohune), das 20% Eiweiß enthält, wurde mit Fischmehl, Baumwollsaat- u. Sesammehl als Kükenfutter verglichen. Das Nußmehl, bis zu 10% des Rohproteins im Futter gegeben, übertraf die beiden anderen pflanzlichen Eiweißträger. Im Gemisch summierten sich die Wirkungen aller drei rein quantitativ. Bei Anwendung von 50% u. mehr im Futter senkt das Nußmehl das Wachstum u. die Futterausnutzung u. steigert die Sterblichkeit. (Poultry Sci. **31.** 118—22. Jan. 1952. Guatemala, Inst. Agropecuario Nacional.) Nehring. 4584

Eino Kulonen, *Die Wirkung von Hyaluronsäure auf das Wachstum von Kaulquappen.* Es wurde der Einfl. von *Hyaluronsäure* (I), *chondroitinschwefelsaurem Ca, Glucose, Glucosamin, Galaktose* (II) u. *Glucuronsäure* (III) als Zusatz zur Standardnahrung auf das Wachstum von Kaulquappen untersucht. Gelegentlich scheint **I** u. in der frühen Phase auch **III** fördernd zu wirken, **II** dagegen relativ hemmend. (Acta pathol. microbiol. scand. **31.** 225—30. 1952. Helsinki, Univ., Dep. of Med. Chem.) Gibian. 4584

D. E. Becker, S. W. Terrill, R. J. Meade und **R. M. Edwards,** *Die Wirkung verschiedener antibakterieller Mittel zur Anreizung der Gewichtszunahme bei Schweinen.* Fütterungsverss. an frisch entwöhnten Schweinen mit einer Kraftnahrung unter Zusatz von *Aureomycin* (I), *Streptomycin* (II), *Terramycin* (III), *3-Nitro-4-oxyphenylarsonsäure* (IV) u. **IV** + **I**. **I** u. **III**, 5 mg auf 1 engl. Pfund der Nahrung, riefen die gleiche u. beste Wrkg. hervor. 5 mg **II** oder 0,00375% **IV** hatten keinen Einfl. bei gesunden Tieren. Der günstige Einfl. auf die Gewichtszunahme war von gesteigerter Nahrungsaufnahme u. anderen günstigen Symptomen begleitet. Der Erfolg wird zum Teil indirekt auf die prophylakt. Wrkg. der Mittel gegenüber Krankheiten zurückgeführt. Obwohl **IV** unter Umständen allein sich günstig auswirken kann, bleibt es in Kombination mit **I** unwirksam. (Antibiotics and Chemotherapy **2.** 421—26. Aug. 1952. Urbana, Ill., Univ. of Illinois, Dep. of Animal Sci.) Dossmann. 4584

Gaetano di Maggio, *Biochemische und pharmakologische Spezifität bei den Vitaminen des B-Komplexes.* Zusammenfassender Überblick über die Bedingungen u. die Art der biochem. u. pharmakol. Wrkg. der *B-Vitamine* mit besonderer Betonung der Zusammenhänge mit verschied. Enzymsystemen. (Rass. Clin., Terap. Sci. affini **51.** 157—88. Juli/Sept. 1952. Catania, Univ., Ist. di Farmacol. e Terapia Speriment.) H. Scheurlen. 4587

Heinz Langhof, *Beitrag zur Pathogenese der multiplen neurotischen Hautgangrän.* Bericht über einen Fall mit Grippe, bei dem das vermehrt nachgewiesene *Koproporphyrin* für die Pathogenese einer Gangraena verantwortlich gemacht wird. Normalisierung des Urins mit *Vitamin-B-Komplex* u. *Lactoflavin,* Abklingen der Erscheinungen im Laufe von 2 Monaten. Diskussion des Krankheitsbildes als Folge einer Porphyrie. (Dermatol. Wschr. **126.** 976—78. 1952. Greifswald, Univ., Hautklinik.) Dossmann. 4587

Milton Silverman, Rita C. Gardiner und **Howard A. Bakerman,** *Die Natur der bei Folsäuremangel ausgeschiedenen Glutaminsäure.* In früheren Unterss. (Bakerman u. Mitarbeiter, C. **1951.** II. 1007) war bei Mangel an *Folsäure* (I), durch Zufuhr von Succinylsulfathiazol erzeugt, eine erhöhte Ausscheidung von *Glutaminsäure* (II) im Harn festgestellt worden. Weitere Unterss. ergaben, daß die Hauptmenge der mikrobiol. verwertbaren **II** während der Hitzesterilisierung auftritt. Die maximale Erhöhung durch Hitzebehandlung beträgt im allg. das 2—4fache. Bei höheren p_H-Werten (bis 12,0) tritt auch nach Stehenlassen (17 Std.) bei Zimmertemp. eine solche **II**-Freisetzung ein. Die Menge der gebundenen **II** nimmt mit der Entw. der Granulocytopenie bei **I**-Mangel zu. Durch den Harzaustauscher *Dowex 50* werden **II** u. der **II**-Komplex gebunden, bei Elution mit 1%ig. H_2SO_4 wird zunächst **II**, dann **II**-Komplex erhalten. Ba-Salz des **II**-Komplexes enthält ca. 50% **II**; davon wird die Hälfte durch Erhitzen auf 100° bei p_H 6—7 freigesetzt. (J. biol. Chemistry **194.** 815—21. Febr. 1952. Bethesda, Md., U. S. Publ. Health Serv., Nat. Inst. of Health, Nat. Inst. of Arthrit. and Metabol. Diseases.) Schwaibold. 4587

R. B. Thompson, *Beobachtung über die Wirkungen von Vitamin B_{12}, Leberextrakten, Folsäure und Thymin auf die Reifung von Megaloblasten in Kulturen.* Zusatz von *Folsäure* (I; 10—50 mg/ml) zu Megaloblastenkulturen von Patienten mit perniciöser Anämie bewirkt Reifung der Makrocyten (z. B.: vor **I** 31,25%, nach **I** 8,75% Megaloblasten). Bei Herabsetzung der **I**-Konz. auf 1 mg/ml wird bei Plasma von Patienten mit perniciöser Anämie kein Einfl. mehr festgestellt, dagegen wirkt diese Konz. auf Rinderplasma noch positiv. *Vitamin B_{12}* (10—100 γ/ml), Leberextrakte (entsprechend 50 γ Vitamin B_{12}/ml) bzw. Thymin (10—100 mg/ml) sind in vitro ohne Wirkung. (Blood **7.** 522—25. Mai 1952. Newcastle-on-Tyne, Royal Victoria Infirmary.) Reiss. 4587

M. O. Schultze, I. E. Liener und **R. L. Glass,** *Der Nährwert von pflanzlichen Stoffen.* 7. Mitt. *Nahrungsfaktoren, die die Sterblichkeit der Ratten vor oder nach dem Absetzen beeinflussen.* Bei Rationen, bestehend aus Sojabohnenfuttermehl, Luzerneblattmehl u. gelbem Mais, treten durch akute Urämie Todesfälle von 40—58% bei neugeborenen Ratten ein. Zufuhr von 40 γ Vitamin B_{12} je kg zum Futter der Mutter verhinderte die Erkrankung. Auch bei Rationen bestehend aus 48—72% Sojabohnenmehl oder Sojabohnenmehl + Luzerneheumehl war das Auftreten der Krankheit gering. Bei diesen Rationen trat jedoch nach dem Absetzen eine Sterblichkeit von 35—45% ein, die gleichfalls durch Zufuhr von 40 γ Vitamin B_{12} je kg Futter verhindert werden konnte. (J. Nutrit. **46.** 171—79. 11/2. 1952. St. Paul, Minn., Univ. of Minnesota, Div. of Agricult. Biochem.)

NEHRING. 4587

A. Pihl, *Cholesterinuntersuchungen.* 1. Mitt. *Der Cholesteringehalt von Lebensmitteln.* Hinweise an Hand des Schrifttums auf den Geh. der Lebensmittel an *Cholesterin* (I); die Ergebnisse sind untereinander nur bedingt vergleichbar, weil verschied. Bestimmungsmethoden angewendet worden sind. Proben von Milch u. Milchprodd., Eiern, Fleisch, Innereien, Fischen u. Fischprodd., Fetten der Schlacht- u. Meertiere (aus dem Handel bezogen) werden im homogenisierten Zustand alkal. hydrolysiert; das Unverseifbare wird mit Ae. abgetrennt u. darin der I-Geh. spektrometr. mittels der LIEBERMANN-BURCHARD-Rk. bestimmt; bei Seetierölen wird ferner die Arbeitsweise nach SPERRY u. WEBB herangezogen (C. **1951.** II. 1185). Die Ergebnisse lehren, daß Gehirn, Eigelb, Leberöl, Fischrogen u. Seetieröle bes. reich an I sind; auch Butter, Margarine u. zellreiche Organe (Leber, Lunge, Nieren u. Thymus) gehören hierher; die verschied. Käsesorten enthalten 33—157 mg I/100 g, mageres Fleisch 60—85 mg/100 g; Angabe des I-Geh. für eine Reihe von Mahlzeiten, mit denen dem Körper im Minimum 0,55 g I zugeführt werden. Es wird hervorgehoben, daß mageres Fleisch, Fisch u. Fischprodd. ergiebige Quellen für I darstellen, weniger Milch u. tier. Fette. Wenn der I-Geh. auf calor. Vergleichsbasis betrachtet wird, stellen sich Milch u. tier. Fette als Lebensmittel relativ geringen Geh. an I dar. Fettreiche Diät ist nicht gleichbedeutend mit I-reicher Diät u. umgekehrt. Eine wirklich I-arme Ernährung muß tier. Prodd. ausschließen. Hinweis auf die Bedeutung des Nahrungs-I für die menschliche Atherosklerosis. (Scand. J. clin. Lab. Invest. **4.** 115—21. 1952. Oslo, Univ., Nutrit. Res. Inst.)

TÄUFEL. 4589

A. Pihl, *Cholesterinuntersuchungen.* 2. Mitt. *Nahrungscholesterin und Atherosklerosis.* (1. vgl. vorst. Ref.) Schrifttumsüberblick über die zur Zeit diskutierten Zusammenhänge zwischen dem exogenen Nahrungs-*Cholesterin* (I) u. der menschlichen Atherosklerosis; Hinweis auf das Zurückgehen dieser Erkrankung in Norwegen während des 2. Weltkrieges mit seiner tiefgehenden Veränderung in der Ernährungsweise, die eine Beschränkung in der Zufuhr von I mit sich brachte. Die Auswertung von Kostsätzen lehrt, daß 1942—45 in Oslo in Arbeiterfamilien die tägliche I-Aufnahme von früher 580 mg auf rund 350 mg absank; Diskussion der einflußnehmenden Faktoren. Die Betrachtungen über die I-Zufuhr im Vgl. mit der Fett- sowie der Calorienaufnahme lehren, daß trotz deutlichen Absinkens der Sterblichkeit an Atherosklerosis gegenüber dem Vorkriegsstand die I-Aufnahme nur relativ wenig zurückgegangen ist (vermehrter Verzehr an I-reichen Fischen u. Fischprodd. sowie Margarine). Hinweis, daß die endogene I-Synth. wesentlich größere Mengen an I liefert als die Nahrung. Daraus wird abgeleitet, daß der Rückgang in der Sterblichkeit nicht mit dem Absinken der exogenen I-Zufuhr in Verbindung stehen kann; hierfür werden vielmehr vor allem die endogene Regulierung des I-Stoffwechsels, der Fettspiegel sowie die Gesamtcalorienzufuhr verantwortlich gemacht. (Scand. J. clin. Lab. Invest. **4.** 122—33. 1952.)

TÄUFEL. 4589

Charlotte M. Young, *Gewichtsabnahme durch Anwendung einer mittelmäßigen Fettdiät.* 2. Mitt. *Biochemische Erörterungen.* (1. vgl. C. **1953.** 245.) Ergänzende Unterss. über Stickstoff-, Calcium- u. Phosphorgleichgewicht sowie über Veränderungen im Blutspiegel hinsichtlich Hämoglobin-, Carotin-, Vitamin-A-, Ascorbinsäure-, Riboflavin-, Cholesterin- u. Lipoidgeh. vor u. während der Versuchsperiode. Mit zunehmendem Gewichtsverlust sinkt die Stickstoff-, Calcium- u. Phosphorretention unter den Durchschnitt, während die Zus. des Blutspiegels unverändert hoch bleibt. Die Cholesterin- u. Lipoidwerte aller Versuchspersonen nehmen bis zum Ende der Reduktionsperiode innerhalb n. Grenzen ab. Ausführliche Diskussion der Calciumretention an Hand der Literatur. (J. Amer. dietet. Assoc. **28.** 529—33. Juni 1952. Ithaca, N. Y., Cornell Univ., School of Nutrit.)

C. VOGEL. 4596

W. C. Meyer und **A. Winkler,** *Über das Verhalten der Brenztraubensäure bei verschiedenen endokrinen Regulationskrankheiten.* In 38 Fällen, die eine endokrine Regulationskrankheit hatten (Magersucht, Fettsucht, rudimentärer CUSHING, Hypo- u. Hyperthyreoidismus, Diabetes), haben Vff. das Verh. der *Brenztraubensäure* (I) durch quantitative Best. im Blut nüchtern u. nach einer alimentären u. Arbeitsbelastung geprüft.

Während die an nüchternen, ruhenden gesunden Versuchspersonen ermittelten I-Werte zwischen 0,5 u. 1,0 mg-% schwanken u. auch bei alimentärer oder Arbeitsbelastung nach einem Anstieg innerhalb von ca. 1½ Std. zum Ausgangswert zurückkehren (Normkurve), entsprechen von den 38 beobachteten Fällen nur 9 der Normkurve. In einem Fall lag die I an der unteren Grenze der Norm u. blieb auch durch den Belastungsvers. unbeeinflußt. Bei den übrigen 28 Fällen ergab sich ein patholog. abweichendes Verh. von den ermittelten Normalwerten, u. zwar ausschließlich im Sinne einer Verwertungsverzögerung. (Dtsch. Arch. klin. Med. **199**. 359—68. 1952. München, Nymphenburger Krankenhaus.)

POHLOUDEK-FABINI. 4596

Frank Eisenberg jr. und **Samuel Gurin**, *Biosynthese von Glucuronsäure aus* $^{14}C_{(1)}$*-Glucose*. (Vgl. C. **1952**. **4436**.) Einem Kaninchen wurde Menthol verabreicht u. C_1-markierte Glucose (I) injiziert. Die aus dem Harn isolierte *Glucuronsäure* wies für die einzelnen C-Atome folgende Aktivitäten auf: C_1 2326, C_2 443, C_3 354, C_4 354, C_5 443, C_6 684; daraus wird geschlossen, daß als Vorstufe für die Glucuronsäure nur ein C_6-Körper in Frage kommt. Als verschied. Möglichkeiten des Einbaus von ^{14}C aus $^{14}C_{(1)}$-Glucose ($^{14}C_{(1)}$-I) werden erwähnt: $^{14}C_{(1,6)}$-I, $^{14}C_{(3)}$-Brenztraubensäure (II), $^{14}C_{(1,6)}$-Glucuronsäure (III), ferner: $^{14}C_{(2,3)}$-Fumarsäure, $^{14}C_{(2,3)}$-II, $^{14}C_{(1,2,5,6)}$-I, $^{14}C_{(1,2,5,6)}$-III u. $^{14}CO_2$, $^{14}C_{(1)}$-II, $^{14}C_{(3,4)}$-I u. $^{14}C_{(3,4)}$-III. (J. biol. Chemistry **195**. 317—325. März 1952. Philadelphia, Pa., Univ. of Pennsylvania, School of Med., Dep. of Biochem.) SCHWEIGER. 4596

Albert P. Doerschuk, *Radiomarkierungsuntersuchungen über die Biosynthese von konjugierter* D*-Glucuronsäure*. 40 Min. nach einer oralen Gabe von dl-Borneol wurden Meerschweinchen 12,2 u. 25,1 mg aus Weinsäure hergestellter, am ersten C-Atom markierter *Glycerinsäure* (vgl. DOERSCHUK, J. Amer. chem. Soc. **73**. [1951.] 821) intraperitoneal verabreicht. Im Harn der darauffolgenden 24 Std. fanden sich 12 bzw. 14% der Radioaktivität im *Bornylglucuronid*. Die Ergebnisse sprechen für die Synth. der konjugierten D*-Glucuronsäure* aus C_3-Körpern, die im Stoffwechsel zu Glycerin u. Glucose in Beziehung stehen. Das Bornylglucuronid wurde als Zinksalz krist. (vgl. MOSBACH u. KING, C. **1951**. I. 1626). (J. biol. Chemistry **195**. 855—59. April 1952. New York, N. Y., Columbia Univ., Dep. of Chem.) SCHWEIGER. 4596

Heinrich Südhof, *Ein Beitrag zur Glucuronsäureentgiftung*. Vf. konnte an Kaninchen zeigen, daß die durch Injektion von 40 mg *Menthol* (I) hervorgerufene erhöhte Exkretion an *Menthylglucuronsäure* (II) durch Zufuhr von 500 mg synthet. *Glucuronsäurelacton* nicht beeinflußt wird. Durch Verabreichung von 500 mg *Glucose* (III) wird jedoch die II-Ausscheidung um durchschnittlich 50% gesteigert. Die Steigerung tritt bes. in der 1. Stunde nach I-Injektion auf. Die physiol. Bedeutung dieses Befundes wird erörtert u. III als wesentliche Quelle für die II-Bldg. angesehen. (Hoppe-Seyler's Z. physiol. Chem. **290**. 72—78. Juli 1952. Göttingen, Univ., Med. Klinik.) KRUSEN. 4596

Francesco Zini, *Über die Bindung von o-Aminophenol an Glucuronsäure in Organschnitten der Ratte*. Vf. bestimmte photometr. in Schnitten verschied. Organe der Ratte den Geh. an dem Glucuronid von *o-Aminophenol* nach oraler Gabe des Phenols u. fand den höchsten Geh. in der Leber. Vf. ist der Ansicht, daß bei vielen Pharmaca ein Zusammenhang besteht zwischen ihrer Wrkg. u. der Fähigkeit, Glucuronide zu bilden. (Sperimentale **102**. 40—42. 15/2. 1952. Firenze, Ist. Sanatoriale di Pratolino.)

H. SCHEURLEN. 4596

Patrick W. Witten und **Ralph T. Holman**, *Der Stoffwechsel von polyolefinischen Fettsäuren*. 5. Mitt. *Prooxygener-antioxygener Effekt*. Krit. (4. vgl. HOLMAN, C. **1951**. II. 3195) Überblick an Hand des neueren Schrifttums über das Verh. der polyolefin. Fettsäuren (*Linol-* u. *Linolensäure*) in vitro u. in vivo in Ggw. von α-*Tocopherol* (I) als Antioxygen bzw. von *Benzoylperoxyd* (II) als Prooxygen. Da die genannten beiden Fettsäuren im Tierkörper in höher ungesätt. Vertreter (*Arachidon-* bzw. *Hexaensäure*) umgewandelt werden, erscheint es möglich, die Auswirkungen eines „oxydativen bzw. reduktiven Zustandes" (HICKMAN, Trans. 4. Conf. biol. Antioxidants 1949. S. 114, Josiah Macy jr. Foundation New York) auf den Körper durch vergleichende Best. des Geh. der Fettdepots an hoch ungesätt. Fettsäuren zu ermitteln. Versuchstiere sind ♂ Ratten, die nach der Entwöhnung mittels bekannter Diät vitaminkomplett, aber fettfrei (3 Monate) ernährt werden u. Fettmangelsymptome aufweisen. Im Versuchsstadium erhalten die Tiere jeweils in Gruppen täglich 100 mg Äthyllinolat, 1% I enthaltend, bzw. 100 mg Linolat allein, bzw. 100 mg Linolat u. 100 mg Äthylmyristinat, enthaltend 2 mg II, bzw. 100 mg Myristinat mit 2 mg II, bzw. keinen ergänzenden Zusatz; Versuchsdauer 4 Wochen; Tötung der Tiere; Hydrolyse des Gesamtkörpers in 30%ig. wss. KOH; Entfernung des Unverseifbaren durch Extraktion der Seifen mit PAe.; Ansäuerung u. Extraktion zur Gewinnung der Gesamtfettsäuren; Prüfung auf die 4-, 5- u. 6fach ungesätt. Vertreter auf spektrophotometr. Wege. Entsprechende Verss. mit Äthyllinolenat; die Ratten sind 6 Monate nach der Entwöhnung fettfrei ernährt worden. Aus den Resultaten ergibt sich, daß die Umformung von Linolat in Arachidon- bzw. von Linolenat in Hexaensäure weder durch II noch durch I beeinflußt wird; die Umformung von Linolat in Hexaensäure aber wird beim Verabfolgen von II stark gesteigert. Beim Verfüttern von Linolat + II wird das Wachstum gegenüber Linolat nicht gehemmt; II aber allein hält das Wachstum zurück; daraus geht hervor, daß der tox. Effekt des II durch das Linolat aufgehoben wird. Der höchste Geh. des Körpers an Gesamtfettsäuren wird beim Verabfolgen der ungesätt. Ester mit II erreicht; er ist am niedrigsten beim Darreichen des II allein. Krit. Betrachtungen über die Versuchsanstellung; weitere Verss. erforderlich, wenn die Ergebnisse verallgemeinernd ausgewertet werden sollen. (Arch. Biochem. Biophysics **37.** 90—98. Mai 1952. Texas, Coll. Stat., Agricult. and Mechan. Coll. Syst. Agricult. Exp. Stat., Dep. of Biochem. and Nutrit.) TÄUFEL. 4596

Barbara Kidman, Barbara Rayner, Margaret L. Tutt und **Janet M. Vaughan,** *Autoradiographische Untersuchungen über die Ablagerung von ^{89}Sr in Knochen von Kaninchen.* Autoradiograph. Unterss. an Kaninchen, denen eine Lsg. von ^{89}Sr intravenös verabreicht wurde u. die sofort nach der Injektion getötet wurden, zeigten bei jungen Tieren streng lokalisierte Rkk. an den Stellen des stärksten Wachstums: an der Epiphysenplatte, am Endosteum u. Periosteum. Diese Rkk. verändern sich im Laufe der Zeit, die Geschwindigkeit der Veränderung war vom Alter der Tiere abhängig. Bei jungen Tieren traten sie schneller ein. Bei älteren Tieren zeigten sich infolge des nicht so konstanten Knochenbaues keine lokalisierten Rkk.; die hier beobachteten diffusen Rkk. scheinen durch den n. Prozeß der Apposition u. Resorption bedingt zu sein. (J. Pathol. Bacteriol. **64.** 453—59. Juli 1952. Oxford, Dep. of Pharm. and Dep. of Med.) REICHLE. 4596

Pierre Paysant, L'Acide adénosinetriphosphorique du globule rouge, son rôle dans la glycolyse et son importance pour la conservation du sang. Nancy: G. Thomas. 1952. (173 S. m. Taf.) gr. 8°. fr. 1000,—.

E_6. Pharmakologie. Therapie. Toxikologie. Hygiene.

—, *Medizin und Atomenergie in Oak Ridge.* Überblick über die Arbeiten der MEDICAL DIVISION auf therapeut. Gebiet mit radioakt. Isotopen. (Atomics **3.** 43—47. Febr. 1952.) GERHARD SCHMIDT. 4601

H. J. Fiebelkorn und **E. Mökesch,** *Zur subcutanen Ausscheidungspyelographie bei Erwachsenen unter Hyaluronidasezusatz.* In Fällen, bei denen eine intravenöse Verabreichung des Röntgenkontrastmittels *Uroselectan B* (I) nicht möglich ist, können durch subcutane I-Verabfolgung in Kombination mit dem *Hyaluronidase*-Präp. *Kinetin* (SCHERING A. G.) verwertbare Urogramme erzielt werden. (Med. Mschr. **6.** 516—17. Aug. 1952. Marburg/Lahn, Univ., Strahleninst.) DOSSMANN. 4601

W. Möbius, *Über die Hysterosalpingographie (Erfahrungen und Ergebnisse).* Zusammenfassender Bericht über die *Hysterosalpingographie* unter Anwendung von 30%ig. *Jodipin* als Kontrastmittel, das sich als gut verträglich u. kontrastbildend erwiesen hat. Medizin. Erfahrungen über ca. 10 Jahre werden eingehend dargestellt. (Zbl. Gynäkol. **74.** 1295—1305. 1952. Leipzig, Univ., Frauenklinik.) REUSSE. 4601

George H. Paff und **M. John Boyd,** *Die Wirkung von Fluorid auf die Entwicklung von Knochen in Gewebskulturen.* In Gewebskulturen gezüchtete Fußwurzelknochen u. Wadenbeine von 9—10 Tage alten Hühnerembryonen dienten Vff. als Test für den Einfl. von *NaF* auf das Knochenwachstum. In Konzz. von 1 : 20000, 1 : 10000, 1 : 5000 u. 1 : 1000 zeigte sich kein Einfl. auf das Längenwachstum u. den Grad der Verkalkung. Jedoch besteht eine schärfere Abgrenzung der Verkalkungszone. Bei der Konz. von 1 : 500 wird eine verminderte Verkalkung beobachtet, während bei 1 : 200 eine deutliche Störung des Längenwachstums hinzukommt. Vff. nehmen an, daß die beobachtete Hemmung auf eine Störung des enzymat. Geschehens im Ca–P-Stoffwechsel zurückzuführen ist, was sie eingehend begründen. (Proc. Soc. exp. Biol. Med. **79.** 518—20. März 1952. Philadelphia, Pa., Hahnemann Med. Coll.) BERGER. 4606

A. Loeser und **E. Stürmer,** *Studien zur Pharmakologie und Toxikologie der Polyäthylenglykole.* Der Körper verträgt *Polyäthylenglykole* (I) um so besser, je höher ihr Mol.-Gew. ist. Verglichen wurden 2 I mit den Mol.-Geww. 200 (*P 200*) u. 600 (*P 600*). Die mittlere tödliche Dosis für akute Vergiftung der Maus war 38,3 ml P 200/kg u. 47,0 ml P 600/kg; die resorptive Wrkg. (Narkose) bei Aufnahme im Blut war wesentlich geringer als bei den einfachen Glykolen, etwa dem *Glycerin* (II). Bei parenteraler Verabreichung bewirkt P 200 ebenso wie II Hämoglobinausscheidung im Harn, P 600 tut das nicht. Beide I haben weder örtliche Reizerscheinungen an Haut u. Schleimhäuten zur Folge noch sonst sichtbare Reizwirkungen nach intracutaner, subcutaner, intramuskulärer u. intravenöser Verabreichung. (Fette Seifen einschl. Anstrichmittel **54.** 87. Febr. 1952. Münster/Westf., Univ., Pharmakol. Inst.) METZENER. 4607

Charles C. Scott, Robert L. Kroc und Neil R. Stasilli, *Untersuchungen über Stoffwechselbeeinflussung und Toxizität von p-Oxypropiophenon.* Vff. verfütterten an Ratten über 5 Monate lang *p-Oxypropiophenon* (I) ca. 500—1000 mg/kg täglich. I zeigt keinen Einfl. auf Wachstum, Blutbild, Stoffwechselrate oder Fruchtbarkeit der Ratten u. ist als relativ ungiftig anzusehen. Die Ergebnisse stützen nicht die Annahme, daß I das gonadotrope u. thyreotrope Hypophysenhormon hemmt. (Endocrinology **50.** 607—11. Juni 1952. Morris Plains, N. J., Chilcott Labor., Inc.) BÖHM. 4607

S. Eser und Ü. Sipahioğlu. *p-Aminosalicylsäure und Blutzuckerspiegel.* PAS in einer Menge von 1,2 g/kg verabreicht, hat bei n. Kaninchen keinen Einfl. auf den Blutzuckerspiegel. In gleicher Menge alloxandiabet. Kaninchen verabreicht, führt es hingegen (vielleicht auf dem Wege über eine Reizung der Nebennierenrinde) zu einer Hyperglykämie. (Arch. Turc. Acad. Med. **2.** 103—07. 1952. Istanbul, Univ., Physiopathol. Inst.) ARNAKI. 4607

H. Davis, C. H. Hine, M. W. Neal, H. E. Christensen und **F. J. Murphy,** *Vergleichende pharmakologische Untersuchungen über 1-Äthoxy-3-isopropoxypropanol-(2) und 3-(2'-Methylphenoxy)-propandiol-(1.2) (Myanesin).* Für *1-Äthoxy-3-isopropoxypropanol-(2)* (I) u. *Myanesin* (II) beträgt die LD_{50} an der Maus intraperitoneal 3,2 bzw. 0,60 g/kg u. die ED_{50} (Lähmung von 50% der Tiere) 1,1 bzw. 0,2 g/kg. Die oralen Dosen sind nur wenig größer. Die Dosen für die Ratte liegen ähnlich. Während II am Nerv–Muskel-Präp. des Frosches leichte *Curare*-Wirkungen besitzt, ist I wirkungslos. Die PD_{50} von II schützt Mäuse gegen die letale Wrkg. von *Strychnin* (III) nicht, die LD_{50} von II hat leichte Schutzwirkungen. Die Dauer der Krämpfe war bei den behandelten Mäusen größer. I besaß in der LD_{50} gute Schutzwirkungen. Die tetan. III-Krämpfe traten nur bei wenigen Tieren auf, dafür war eine klon. Komponente deutlich. I besitzt anders als II in 1%ig. Lsgg. keine lokalanästhet. Wrkg. (Infiltration der Meerschweinchenhaut, Kaninchencornea, Leitungsunterbrechung der Spinalnerven am Kaninchen). I u. II beeinflussen die Bulbocapnin-Katatonie nicht. (Arch. int. Pharmacodynam. Thérap. **89.** 145—59. 1/3. 1952. San Francisco, Calif., Univ. of California, School of Med., Div. of Pharmacol. and exp. Therap., u. Subdiv. of Anaesthesiol.) JUNG. 4607

Sydney Mathes, Harry Gold, Raymond Marsh, Theodore Greiner, Frank Palumbo, Charles Messeloff und **Morris Pearlmutter,** *Vergleich der Digitoxintoleranz bei Erwachsenen und Kindern.* Besprechung von Verss. mit dem Ziel, diejenige Dosis *Digitoxin* (I) festzustellen, die im Elektrokardiogramm (EKG) nachweisbare Änderungen hervorruft. Beobachtet wurden 71 Erwachsene u. 54 Kinder mit 217 bzw. 170 Dosen I. Von krist. I wurde in 95%ig. A. eine Lsg. 1: 1000 hergestellt, Verabreichung oral, in Dosen, die um 25% voneinander abwichen: 2,5; 3,2; 4,0 µg/lb. Körpergewicht usw. Zur Beurteilung der Wrkg. wurden die Änderungen der RT–T-Zacken herangezogen. Aus dem EKG wurde für Erwachsene ein Schwellenwert von 4,65, für Kinder von 6,59 µg/lb. abgelesen. Zur Erzielung des gleichen Effekts im EKG benötigten Kinder bei oraler I-Verabreichung eine um ca. 50% höhere Dosis. (J. Amer. med. Assoc. **150.** Nr. 3. 191—94. 20/9. 1952. New York City, N. Y., Cornell Univ., Med. Coll., Dep. of Pharmacol., Beth Israel Hosp., u. Hosp. for Joint Diseases.) DOSSMANN. 4608

J. S. Kiser, G. G. deMello, M. K. Waters, J. Clemente und **J. H. Williams,** *Vergleich der chemotherapeutischen Wirksamkeit von Sulfamethazine und Sulfisoxazole bei experimentellen Infektionen. Sulfisoxazole* (I) = *3.4-Dimethyl-5-sulfanilamidoisoxazol* = *Gantrisin* (HOFFMANN-LA ROCHE) = *Soxisol* (FORT DODGE LABORS.) wird verglichen mit *Sulfamethazine* (II) = *4.6-Dimethyl-2-sulfanilamidopyrimidin* = *Sulmet* (AMERICAN CYANAMID COMP.) bei Infektionen mit a) Pasteurella bei Mäusen u. mit Salmonella b) bei Küken. Eine subcutane I-Dosis von 100 mg/kg war zur Erzielung einer signifikanten Verlängerung der Lebenszeit bei Tieren mit a) notwendig, während 25 mg/kg II mindestens gleich wirksam waren. Bei b) verfehlte eine Dosis von 150 mg/kg I die Wrkg., 300 mg/kg I waren toxisch. Beim analogen Vers. wurde mit 300 mg/kg II eine deutliche Verlängerung der Lebenszeit erzielt. (Antibiotics and Chemotherapy **2.** 427—31. Aug. 1952. Pearl River, N. Y., American Cyanamid Co., Lederle Labor. Div.) DOSSMANN. 4610

John Grieve (unter Mitwirkung von **D. F. Allan**), *Phthalylsulfathiazol zur Behandlung von Ratten mit experimenteller Peritonitis.* Vf. red. die Löslichkeit von *Phthalylsulfathiazol* (I) durch 4std. Erhitzen auf 140° auf die Hälfte, ohne daß dabei Beeinträchtigung der antibakteriellen Eigg. auftrat. Das so vorbehandelte I wird in der Bauchhöhle der Ratte schnell resorbiert u. kann innerhalb von 2 Std. im Blut nachgewiesen werden. Vergleichsreihen, bei denen den Tieren 0,3 ml einer Escherichia coli-Kultur allein bzw. zusätzlich mit 100 mg I infundiert wurden, ergaben, daß im ersten Fall die Sterblichkeitsziffer niedriger lag als bei I-Zusatz. Daher wird bei Peritonitis vor der lokalen I-Anwendung beim Menschen gewarnt. (J. int. Coll. Surgeons **18.** 210—15. Aug. 1952. Edinburgh, Univ. of St. Andrews, Dep. of Surg.) DOSSMANN. 4610

Franz Herrmann und **Otis B. Miller**, *Pharmakologische und pathogenetische Wirkungen des Mepacrinchlorids (Atebrin) auf die Haut des Menschen.* 1. Mitt. *Klinische und experimentelle Beobachtungen.* Nach peroraler Einnahme von *Atebrin* (I) beobachtet man unter filtrierter UV-Strahlung eine diffuse, gelblich-grüne Fluorescenz der ganzen Hautoberfläche u. der Schleimhäute. Außerdem fallen hell aufleuchtende, fluorescierende Punkte über dem Sternum u. an den Extremitäten ins Auge. Die Fluorescenz verstärkt sich nicht nur während der Einnahme, sondern auch weiterhin während einer beträchtlichen Zeitspanne nach der Einnahme. Die stärkste u. am längsten währende Fluorescenz zeigte sich in den hornigen Gebilden (Fußsohlen, Nagelplatten) u. deren Ae.-lösl. Extrakten. Nur ausnahmsweise trat eine ganz schwache Fluorescenz des Schweißes in Erscheinung. I-Einnahme verursachte Verzögerung u. Verminderung der Schweißabgabe. Die Bedrohlichkeit dieses Schweißverhaltungssyndroms zeigte sich in einigen Fällen mit Degeneration u. Atrophie der Schweißorgane. (Acta dermato-venereol. [Helsingfors] **32.** 304—16. 1952. New York, N. Y., Univ.-Post Graduate Med. School, u. Skin and Cancer Unit of Univ.-Hosp.) W. BRANDT. 4610

Franz Herrmann und **Otis B. Miller**, *Pharmakologische und pathogenetische Wirkungen des Mepacrinchlorids (Atebrin) auf die Haut des Menschen.* 2. Mitt. *Mikroskopische Untersuchungen der Vitalfärbungseffekte an der Haut.* (1. vgl. vorst. Ref.) Die Haut von 9 Personen wurde während u. nach peroraler *Atebrin* (I)-Verabreichung, nach intravenöser Injektion von Fluorescein-Natrium u. nach örtlicher Auftragung einer Lsg. von 0,5 g I in 100 cm^3 H_2O mit Hilfe des „Weitfeld-Mikroskopes" im filtrierten UV-Licht untersucht. Es wurde eine leuchtende, kanariengelbe Färbung des spiraligen Anteils der Schweißgänge gefunden. Dasselbe wurde 6 Jahre nach der I-Medikation bei einem Patienten gefunden, der seinerzeit ein schweres Schweißverhaltungssyndrom aufgewiesen hatte. Auch an den Haarwurzeln u. allen Horngebilden der Haut zeigte sich deutliche Fluorescenz. Da diese Gebilde gleichsinnig durch elektropositive Farbstoffe färbbar sind, ist das aus diesen Strukturen zusammengesetzte funktionelle Syst. vermutlich für die Aufspeicherung u. allmähliche Abgabe vieler anderer elektropositiver Substanzen (As-haltige Verbb. Bi, Pb u. andere Metalle) verantwortlich. (Acta dermato-venereol. [Helsingfors] **32.** 317—32. 1952. New York, N. Y., Univ.-Post Graduate Med. School, Dep. of Dermatol. and Syphilol., u. Univ.-Hosp., Skin and Cancer Unit.) W. BRANDT. 4610

W. Schaich, *Die Chemotherapie der Schwangerschaftstuberkulose.* Es werden Indikation u. Dosierung von *PAS, Conteben* u. *Streptomycin* bei der Schwangerschaftstuberkulose angegeben. (Geburtshilfe u. Frauenheilkunde **12.** 481—95. Juni 1952. Baden, Heilstätte Luisenheim der LVA.) W. BRANDT. 4610

H. Nölle, *Operative Behandlung der Genitaltuberkulose der Frau unter Verwendung moderner Bakteriostatica.* (Geburtshilfe u. Frauenheilkunde **12.** 496—505. Juni 1952. Bielefeld, Städt. Krankenhaus.) W. BRANDT. 4610

K. W. Jötten und **C. van Marwyck**, *Chemotherapieversuche mit neuen Tuberkulostatica aus der Reihe der p-Aminosalicylsäure und des Thiosemicarbazons.* 11 Derivv. der *PAS*, ein wasserlösl. Thiosemicarbazon u. eine Thiosemicarbazidverb. wurden an Hand von in vivo- u. in vitro-Verss. ausgetestet. Die Präpp. waren den bewährten Vergleichspräpp. (Tb I, Tb IV u. Streptomycin) überlegen. (Z. Immunitätsforsch. exp. Therap. **109.** 415—24. 24/6. 1952. Münster, Univ., Hygieneinst.) W. BRANDT. 4610

Ehrhard Böhlke und **Hans-Georg Henkel**, *Funktionelle und morphologische Leberuntersuchungen bei Thiosemicarbazonbehandlung von Lungentuberkulosen.* Auf Grund von 124 Leberpunktionsergebnissen an 86 Kranken kommen Vff. zu dem Schluß, daß *Tebethion* (I)-Medikation die tuberkulotox. veränderte Leber bei längerer Dosierung nur zusätzlich schädigt. Auf eine hinzukommende Virusinfektion wird dann die geschädigte Leber um so empfindlicher reagieren. Mit der Schwere der Leberveränderungen nimmt die I-Unverträglichkeit zu. Als besondere Erscheinungsform wird vermehrte periphere fettige Läppchendegeneration u. Zunahme periportaler Rundzellinfiltrate unter I festgestellt. (Klin. Wschr. **30.** 449—56. 15/5. 1952. Jena, Univ., Tuberkuloseklinik u. Pathol. Inst.) DOSSMANN. 4610

Th. Wacker und **E. C. Bonard**, *Bemerkungen über Isonicotinylhydrazin.* Verss. an ca. 100 Patienten über 3 Monate mit den chem. ident. *Isonicotinylhydrazin* (I)-Präpp. *Rimifon* (ROCHE) u. *Nicotibine* (LEPETIT). Besprochen wird I-Einfl. auf Gewicht, Temp., Auswurf, Röntgenbefund u. Blutbild. Dosierung zuerst 5 mg/kg in 3täglichen Gaben, später Steigerung der Dosis bis ca. 10 mg/kg, was gut vertragen wurde; bei eingetretener Besserung Reduzierung auf 4—8 mg/kg u. Kombination mit *PAS.* Erwähnt werden Verss. an 10 gesunden Personen, die I in therapeut. Dosis 2—4 Wochen einnahmen; keine spezif. Wrkg. von I auf den Appetit; Nebenerscheinungen waren hier ausgeprägter als bei Kranken. Eine günstige Wrkg. von I auf die menschliche Tuberkulose wird nicht bestritten. I trägt nach Vff. zweifellos zur Verbesserung der medikamentösen u. chirurg. Ergebnisse bei. Es wird aber Kombinationstherapie für notwendig erachtet, z. B. Infusion von *PAS* u. I oral, wobei *Streptomycin* für schwere Fälle in Reserve zu halten ist; dadurch soll die Ausbldg. der Resistenz gegen jedes einzelne Mittel verzögert werden. (Semaine méd. **28.** 583—87. 18/9. 1952. Montana, Suisse Sanatorium Genevois de Clairmont.) DOSSMANN. 4610

Fritz Lasch, *Vorläufige Ergebnisse der Tbc-Behandlung mit Isonicotinylhydrazin (Rimifon).* Vf. berichtet über 10 Fälle u. stellt fest, daß frische exsudative Prozesse der Lungen u. Pleuren für die *Rimifon* (I)-Behandlung anscheinend am geeignetsten sind. Besserung der klin. u. röntgenolog. Befunde ist nicht vor Ablauf von 4—6 Wochen zu erwarten. Als Dosierung erscheint 5 mg/kg am günstigsten zu sein, da ohne Nebenwirkung. Gewichtszunahmen waren beträchtlich. BKS fällt nur langsam ab, kann aber als echter Gradmesser der Besserung gewertet werden. Blutbild u. Bluteiweißbild werden nicht ungünstig beeinflußt. Gleichlaufend mit der klin. u. röntgenolog. Besserung u. dem Senkungsabfall normalisiert sich die Dysproteinämie. Die Wrkg. des I entspricht bei der Behandlung der frischen exsudativen Tbc. ungefähr der Wrkg. der Kombination von täglich 0,5—1,0 Streptomycin u. 10—12 g PAS. Über Dauererfolge, genaue Indikationen, Bacillenresistenz kann erst nach langjähriger Erfahrung geurteilt werden. (Wiener med. Wschr. **102.** 703—05. 30/8. 1952. Villach, Landeskrankenhaus.) BÖHM. 4610

M. Sirsi und **N. N. De,** *Cepharanthin bei der experimentellen Tuberkulose.* Es wurde die chemotherapeut. Wirksamkeit von *Cepharanthin* (I), einem Alkaloid aus *Stephania cepharantha,* das in Japan während der letzten 10 Jahre weite Verbreitung als Antituberkulosemittel gefunden hat, untersucht. In vitro betrug die minimale Hemmkonz. $2\,\gamma/\text{cm}^3$. In vivo (Maus) war I unwirksam. (Indian med. Gaz. **87.** 91—94. März 1952. Bangalore, Indian Inst. of Sci.) W. BRANDT. 4610

C. Xalabarder, *Primärkomplex und tuberkulöse Lymphknotenerkrankung unter der Behandlung mit Tri-Om.* Bekanntlich ist die Wirksamkeit des Streptomycins aus bisher unbekannten Gründen bei tuberkulösen Erkrankungen in Form des Primärkomplexes sehr eingeschränkt, obwohl gerade bei diesen exsudativ verlaufenden Formen die mechan. Bedingungen für eine Wrkg. des Medikaments äußerst günstig sind. Wahrscheinlich muß hier die Therapie zuerst auf eine positive Beeinflussung der Reaktionslage u. der körperlichen Abwehrkräfte abzielen, was Vf. mit *Tri-Om* erreichte. Dieses Präp. wird nicht näher charakterisiert, es besitzt, wie an Hand von 12 Fällen mitgeteilt wird, eine sehr gute Wrkg. nicht nur auf die Primärherde, sondern auch auf den Heilungsprozeß an den zugehörigen Lymphknoten. Es wurde ebenfalls günstig bei anderen tuberkulösen Lymphknotenerkrankungen angewandt. (Med. clin. [Barcelona] **19.** (**10.**) 154—61. Sept. 1952. Barcelona, Inst. Antituberculoso.) P. G. SCHEURLEN. 4610

William E. Escovitz, *Störung des Kohlenhydratstoffwechsels in Verbindung mit Amithiozontherapie.* Während der Behandlung einer Lungentuberkulose mit *Amithiozon* (I) entwickelte sich ein Diabetes. In einem zweiten Fall wurde bestehender, gut kontrollierter Diabetes durch I verschlimmert. Es konnte nachgewiesen werden, daß Auftreten u. Verschlimmerung des Diabetes in ursächlichem Zusammenhang mit der I-Therapie standen. (Amer. Rev. Tubercul. **66.** 373—77. Sept. 1952. Long Beach, Calif., Veterans Admin. Hosp.) DOSSMANN. 4610

H. Riess, *Die therapeutische Anwendung von Bradosol in der Gynäkologie und Geburtshilfe. Bradosol* (= *Phenoxyäthyldimethyldodecylammoniumbromid*) bildet farblose Kristalle, ist über 8⁰ in W. u. A. lösl. u. wird durch Licht u. Hitze nicht verändert. Es wird als Desinfiziens für Wunden, Wäsche u. Instrumente sowie als Spül-Fl. (Körperhöhlen, Nieren) in 0,05—0,1%ig. Lsgg., die neutral reagieren, angewendet. Fast keine Toxizität. (Wiener med. Wschr. **102.** 795. 27/9. 1952. Wien, Univ., II. Frauenklinik.) LIEBNER. 4610

Carlos Carceller Blay, *Ergebnisse der Viozolbehandlung von Trichomonadenleukorrhoen und durch andere Mikroorganismen bedingtem Fluor während der Schwangerschaft oder bei gynäkologischen Erkrankungen. Erste Eindrücke. Viozol* (CIBA) wurde 2mal täglich 8 bis 10 Tage lang angewandt, nachdem vorher ein Vaginalabstrich auf seine Keimzus. untersucht worden war. Bei 17 fortlaufend untersuchten Schwangeren wurden Trichomonaden festgestellt; die Fluorsymptome besserten sich unter der Behandlung, vor allem wenn die Kur wiederholt wurde. Bei den gynäkolog. Erkrankungen verschied. Art war die Keimbesiedlung wechselnd u. die Wrkg. des Viozols weniger deutlich. (Med. clin. [Barcelona] **19.** (**10.**) 175—179. Sept. 1952. Barcelona, Casa Provincial de Maternidad, Servicio de Obstetricia y de Gynecología.) P. G. SCHEURLEN. 4610

Vahan H. Kalbian und **Vicken V. Kalbian,** *Klinische Versuche mit Camoquine bei Malaria. Camoquine* (I) wurde bei Malariakranken (11 Fälle mit Plasmodium vivax u.

11 Fälle mit P. falciparum) erprobt. Es wurden 3 Tabletten zu je 0,2 g I = insgesamt 0,6 g I peroral, unabhängig von Alter, Geschlecht u. Körpergewicht der Patienten, verabreicht, sobald die asexuellen Formen im Blutausstrich auftraten. Bei 78% der Fälle sank die Körpertemp. nach I, u. die asexuellen Formen verschwanden innerhalb 24 Std. aus dem Blut. Tox. Nebenerscheinungen traten nicht auf. (J. trop. Med. Hyg. **55**. 218—20. Okt. 1952. Jerusalem, Augusta Victoria Hosp., Dep. of Intern. Med.) W. BRANDT. 4610

S. P. Ramakrishnan, M. D. Young, G. M. Jeffery, R. W. Burgess und **S. B. Mclendon,** *Die Wirkung einzelner und wiederholter Paludrindosen auf Plasmodium falciparum.* Es wurde die *Paludrin* (I)-Wrkg. gegenüber Plasmodium falciparum (Panama-Stamm Pf-6 u. South Carolina-Stamm Pf-2) erprobt. Eine einzelne, während der klin. Malaria-Attacke verabreichte Dosis von 300 mg I machte die Patienten mehrere Wochen lang symptomfrei. Alsdann traten Symptome, die von den asexuellen Formen herrührten, wieder auf. Die Gametocytenbldg. wurde durch I nicht verringert. 2—6 Tage nach der I-Verabreichung waren die Gametocyten für Moskitos nicht infektiös, nach dieser Zeit konnten sie in den Moskitos ihren Entwicklungscyclus vollenden. Mit I behandelte Patienten konnten mehrere Wochen, bevor die Malariasymptome wieder auftraten, Moskitos infizieren. Auch wenn nach der ersten 300 mg I-Gabe wöchentlich Dosen von 100 mg I verabreicht wurden, erreichte man damit nicht, daß die Gametocyten während der ersten Wochen nicht infektiös wurden. Die Moskitos konnten dann immer noch die Infektion erwerben u. weiter übertragen. (Amer. J. Hyg. **55**. 239—45. März 1952. Columbia, S. C. Federal Security Agency, United States Public Health Service, Nat. Inst. of Health, Microbiolog. Inst., Labor. of Tropical Diseases.) W. BRANDT. 4610

H. N. Hadders und **C. Th. B. Wakkerman,** *Generalisierte Dermatitis und akute letal verlaufende „syphilitische" Pneumonie infolge allergischer Reaktion auf Arsphenamin.* 23jährige Frau mit sek. Syphilis kam ad exitum. Anfänglich als akute exsudative syphilit. Pneumonie angesehene ausgedehnte Lungenveränderungen, die die eigentliche Todesursache bildeten, wurden später als die Folge einer allerg. Rk. auf I erkannt. Sie war vorher mit *Arsphenamin* (I) behandelt worden, wobei sich eine Dermatitis entwickelte, die schon während der ersten Kur mit Neo-I u. Bi entstanden war. (Acta dermato-venereol. [Helsingfors] **32**. 289—303. 1952. Groningen, Holland, Univ., Pathol.-Anatom. Labor., u. Dermatol.-Venereol. Dep.) W. BRANDT. 4610

W. zur Linden, *Sind wir wirklich machtlos bei Poliomyelitis? (Zugleich Darstellung einer bewährten Heilmethode.)* Vf. bespricht eine Behandlungsmeth. der Poliomyelitis u. erläutert sie an verschied. Krankengeschichten. Verabreicht wird eine Kombination von mineral. u. pflanzlichen Medikamenten, die durch ein Organpräp. aus tier. Nervensubstanz ihre Richtung auf das zentrale Nervensyst. erhalten. Wesentlicher Therapiebestandteil ist das *Skorodit* (I), dessen Verabreichung im Stadium der akuten Lähmung indiziert ist, Dosierung täglich oder jeden 2. Tag I D 30 0,1—1,0 cm^3 subcutan oder intravenös. I kommt natürlich als $FeAsO_4 \cdot 2 H_2O$ vor u. wird in homöopath. Verdünnung verabreicht. Die anderen Bestandteile der Kombination sind *P* u. das Organpräp. *Cerebellum* aus tier. Kleinhirnsubstanz. (Hippokrates **23**. 529—34. 1952. Bad Godesberg.) DOSSMANN. 4610

Wilfred E. Wooldridge, *Wirkung von oralem Glucuronolacton auf die Darmflora.* Die tägliche orale Verabreichung von 8 g *Glucuronolacton* (I) in 4 Gaben zu je 4 Tabletten über 2 Wochen an 10 Patienten verursachte eine allg. Unterdrückung der Darmflora. Da das Ansprechen auf I nicht einheitlich u. nicht groß genug war, bezweifelt Vf. den prakt. Wert von I. Orales I besitzt nicht die antibakterielle Wrkg. der äquivalenten I-Dosis kombiniert mit täglich 2 g *Streptomycin*. (Antibiotics and Chemotherapy **2**. 417—20. Aug. 1952. Springfield, Mo., St. John's Hosp.) DOSSMANN. 4610

Marc Oltramare, *Die Vorbeugung gegen Rückfälle bei der Behandlung von Brucellosen.* Im Anschluß an die vorige Mitt. (vgl. C. **1953**. 91) berichtet Vf. über eigene Beobachtungen an 10 Fällen, die mit Antibioticis + Sulfonamiden behandelt wurden u. eingehend geschildert u. kommentiert werden. (Rev. méd. Suisse romande **72**. 526—42. Aug. 1952. Génève, Univ., Clin. thérapeut.) R. KÖNIG. 4611

Marco Giovannini, *Vergleichende Penicillin-Blutspiegel-Untersuchungen im Tierversuch bei den verschiedenen Penicillin-Anwendungsformen.* Beschreibung einer Blutspiegelbestimmungsmeth., die mit kleinsten Blutmengen eine exakte Best. der *Penicillin* (I)-Konz. sowohl im Tiervers. als auch beim Menschen gestattet. Zu einer Verdünnungsreihe des zu untersuchenden Blutes wird Streptococcus hämolyticus enthaltendes Testblut zugefügt. Die Verdünnung mit eben erkennbarer Hämolyse wird mit einer Standardreihe verglichen. Im Tiervers. wurden die I-Blutspiegelwerte von Alkali-I G u. Procain-I G in öliger Suspension, Procain-I G für wss. Suspension, Procain-I G in wss. Suspension, Kombination von Procain-I G mit Alkali-I G u. Kombination von I mit anderen Antibioticis untersucht. Bei Präpp. verschied. Herkunft konnten auffallende Unterschiede

innerhalb der einzelnen I-Formen nicht festgestellt werden. (Wiener med. Wschr. **102.** 691—95. 30/8. 1952. Innsbruck/Kundl, Biochemie GmbH., Pharmakol. Labor.)
K. BÖHM. 4611

R. E. Rhodes, E. T. Parmelee und **R. J. Ferlauto,** *β-Diäthylaminoäthylester von Benzylpenicillin.* 1. Mitt. *Vorläufiger Bericht über Gewebskonzentrationen.* Bericht über die Wrkg. des *β-Diäthylaminoäthylesters von Benzylpenicillin* = SKF 1714 J (I), einem Bestandteil von *Neo-Penil* (SMITH, KLINE & FRENCH), im Vgl. zu *Procain-Penicillin* (*Procain*-II) bei intramuskulärer Verabreichung an Meerschweinchen. Obwohl beide Substanzen die *Diäthylaminoäthanol*-Gruppe enthalten, reagieren sie verschieden, **I** ist nicht hydrolysiert, bevor es das Gewebe erreicht, während *Procain*-II vollständig dissoziiert ist. Der II-Ester ist mikrobiol. inakt., akt. II wird durch Hydrolyse erhalten. Die Verss. ergaben, daß kurze Zeit nach Verabreichung die Esterkonzz. im Gewebe höher sind als die von akt. II, nach längerer Zeit ist es umgekehrt. I kann höhere II-Konzz. in der Lunge u. im lymphat. Gewebe im Tierexperiment bedingen. Die Konzz. in der Lunge sind bei subcutaner oder intramuskulärer Verabreichung gleich. I ist für Depotverabreichung geeignet, bes. bei II-empfindlichen Lungeninfektionen. Bzgl. der Löslichkeit ist I mit *Procain*-II vergleichbar bei etwas größerer Toxizität. (Antibiotics and Chemotherapy **2.** 389—93. Aug. 1952. Philadelphia, Pa., Smith, Kline & French Labor.) DOSSMANN. 4611

Gerhard Franck, *Zur Behandlung akuter Mittelohrentzündungen mit Oralpenicillin.* Verss. an 80 Kindern; alle erhielten n. Behandlung, 40 davon zusätzlich *Oralpenicillin* (I; MADAUS). Dosierung im allg. 3stündlich 10^5 E. I über 2—3 Tage. Die Dauer der Eiterung betrug im Durchschnitt ohne I 13, mit I 7,5 Tage; das n. Hörvermögen wurde erreicht ohne I in 19, mit I in 11 Tagen. Eiterung trat bei I-behandelten Fällen nur in 10% der Fälle auf, bei der anderen Gruppe zu 73%. (Dtsch. Gesundheitswes. **7.** 1463—65. 13/11. 1952. Chemnitz, Hals-, Nasen-, Ohrenklinik.) DOSSMANN. 4611

Frank W. Reynolds und **Thorstein Guthe,** *Kontrolle von Treponemaerkrankungen in unterentwickelten Ländern: Versuche mit Massentherapie.* Massenunterss. u. Behandlungen ganzer Bevölkerungsgruppen mit Himbeerpocken, endem. Syphilis u. Bejel in Haiti, Irak, Indonesien, Thailand u. Jugoslawien mit einer einmaligen Injektion von *Procain-Penicillin G* in Öl mit 2% *Al-Monostearat* (I) von 0,3—1,2·10^6 E. je nach Alter ergaben große Wirksamkeit dieser Maßnahme. Es wurde eine signifikante Reduzierung in der Häufigkeit des Auftretens der Infektion festgestellt, sofern große Teile der Bevölkerung geschlossen durch die I-Therapie erfaßt wurden. Überwachung der behandelten Personen in 6monatigen Abständen ist zur Vermeidung des Wiederaufflackerns der Infektion notwendig. (Amer. J. Syphilis, Gonorrhea, vener. Diseases **36.** 424—32. Sept. 1952. Geneva, Switzerland, World Health Organisation.) DOSSMANN. 4611

John F. O'Brien, Jack Rodriquez, Clarence Smith und **George X. Schwemlein,** *Therapie der frühen Syphilis mit künstlichem Fieber in Kombination mit Mapharsen, Wismut und Penicillin.* 163 frühe Syphilisfälle mit positivem Ergebnis bei Dunkelfeldkontrolle wurden mit *Fieber, Mapharsen* (I), *Bi* u. *Na-Penicillin G* (II) in einer 30std. Kur behandelt. Dosierung: I 1,76 mg/kg, *Bi* als *Bi-Subsalicylat* in Öl 2 cm^3 u. II 2,4 bzw. 9,6·10^6 Einheiten. Die Verss. ergaben, daß die kurze Behandlungszeit zur Behandlung der Infektion ausreicht. In der Kombination I + *Bi* + II ergab sich mit der höheren Dosis keine Steigerung des Effekts. Keine ernsten Zwischenfälle, auch keine ungünstige Beeinflussung während der Schwangerschaft. Da mit alleiniger Verabreichung von 2,4·10^6 E. *Procain-Penicillin in Öl* + 2% *Al-Monostearat* in 2 Gaben der gleiche günstige Effekt erreicht wird wie mit der kombinierten Therapie, wird diese als veraltet bezeichnet. (Amer. J. Syphilis, Gonorrhea, vener. Diseases **36.** 451—56. Sept. 1952. Chicago, Ill., Board of Health, u. U. S. Publ. Health Serv.) DOSSMANN. 4611

John M. Butterly und **Louis Fishman,** *Jarisch-Herxheimer-Reaktion nach Penicillintherapie in einem Fall von Aortitis syphilitica.* Bericht über eine tödlich verlaufene JARISCH-HERXHEIMER-Rk. bei einer Patientin mit syphilit. Aortitis nach Verabfolgung von 3·10^6 E. *Penicillin* wegen einer Infektion im oberen Respirationstrakt. Es wird vermutet, daß dadurch eine Fokalinfektion ausgelöst wurde, die zu einem Myocardinfarct führte. (J. Amer. med. Assoc. **148.** 370—72. 2/2. 1952. Jamaica, N. Y., u. Hightstown, N. J., Queen's General Hosp.) DOSSMANN. 4611

I. Ståhle, *Streptomycin und Dihydrostreptomycin in der Behandlung tuberkulöser Empyeme.* 1. Mitt. *Experimentelle Untersuchungen der Konzentrationen dieser Mittel bei der Verwendung verschiedener Vehikel. Streptomycin* (I) u. *Dihydrostreptomycin* (II) wurden intrapleural verabreicht u. die Konzz. in 44 Versuchsserien an 7 Fällen mit tuberkulösem Empyem untersucht. Vehikel: 0,9%ig. *NaCl-Lsg.* (III) u. *Cellugel I* (IV), eine 1%ig. Lsg. von *Na-Carboxymethylcellulose.* In beiden Fällen betrug das p_H in der Pleura-Fl. 6,9—7,0. Konzz. von I in III lagen im Durchschnitt nach 48—72 Std. bei 50—100 γ/ml,

dieser I-Spiegel ist für therapeut. Effekt unzureichend. Mit **IV** betrug die I-Konz. 500 bis 600 γ/ml. Mit **II** in **III** u. **IV** waren höhere Konzz. zu erzielen als mit **I**. Die erzielte Konz. betrug mit 1 g **II** in 300 ml **IV** pro Tag 900—1500 γ/ml, mit 0,5 g 400—600 γ/ml, mit 1 g alle 2 Tage 200—300 γ/ml. Diese Konzz. werden als therapeut. wirksam angesehen. Mit **III** als Vehikel ist nur mit **II** der gewünschte Effekt zu erzielen. *Cellugel II* (**V**) = **IV** + *zweibas. Na-Phosphat* ist nur für **II** anwendbar, p_H 7,8—8. In bezug auf die **II**-Konz. ist der p_H-Wert ohne Einfluß. Optimaler therapeut. Effekt mit **II** in **V**, 1 g jeden 2. Tag. (Amer. Rev. Tubercul. **66.** 271—84. Sept. 1952. Sweden, Kolmården Sanatorium.)
DOSSMANN. 4611

I. Ståhle, *Streptomycin und Dihydrostreptomycin in der Behandlung tuberkulöser Empyeme. 2. Mitt. Untersuchungen mit Cellugel als Vehikel.* (1. vgl. vorst. Ref.) 4 Fälle mit Empyemen wurden mit *Streptomycin* (I) oder *Dihydrostreptomycin* (II) in nicht alkal. *Cellugel I*-Lsg., p_H 7, behandelt; 2 Heilungen. 5 Fälle erhielten **II** in *Cellugel II*, p_H 7,8, 5 Heilungen. Keine Nebenwirkungen. Vf. hält die fortlaufende Alkalisierung der Empyem-Fl. für die Heilung mit **I** oder **II** für wesentlich, die mit dieser Maßnahme sogar bei älteren Empyemen erreicht werden konnte. (Amer. Rev. Tubercul. **66.** 285—91. Sept. 1952. Sweden, Kolmården Sanatorium.) DOSSMANN. 4611

Herbert Esser und **Heinz Ferenbach,** *Über Herzmuskelstörungen bei der tuberkulösen Meningitis und Miliartuberkulose unter Streptomycinbehandlung.* Bericht über Beobachtung der Herztätigkeit von 33 Fällen mit Meningitis u. Miliartuberkulose, 19 Patienten a), meist frische Fälle, hatten zu Beginn der *Streptomycin* (I)-Behandlung ein n. Elektrokardiogramm (EKG), bei 14 b) lagen Veränderungen der Herzstromkurve vor. Bei a) trat im Verlauf der Therapie Verschlechterung des EKG in 13 Fällen auf, bei b) in 11 Fällen. Beobachtung über Monate. Die Veränderungen sind reversibel, sie werden als vorübergehende infektiöse Schädigungen des Herzmuskels gedeutet. Es handelt sich nicht um eine I-Nebenwirkung. (Med. Mschr. **6.** 514—16. Aug. 1952. Düsseldorf, Med. Akad., I. Med. Klinik.) DOSSMANN. 4611

Phillip Sturgeon, *Tödlich verlaufene aplastische Anämie bei Kindern nach Chloramphenicol (Chloromycetin)-Therapie.* Vf. beschreibt 4 Fälle, die den Verdacht bestätigen, daß *Chloromycetin* (I) wegen der Anwesenheit des Nitrobenzolradikals unter Umständen als Blutgift wirken kann. I-Verabreichung erfolgte wegen Tonsillitis in kleinen Mengen. Vf. nimmt I-Idiosynkrasie als die Ursache der Krankheit an. Er beschreibt 3 weitere, länger beobachtete Fälle, von denen auch 2 tödlich verliefen, ohne **I** erhalten zu haben. Hinweis auf die Arbeit von KRACKE (J. Lab. clin. Med. **19.** [1934.] 799), der angibt, daß Präpp. auf der Basis der *Benzamine*, zu denen **I** gerechnet werden kann, Agranulocytose hervorrufen können. (J. Amer. med. Assoc. **149.** 918—22. 5/7. 1952. Los Angeles, Calif., Children's Hosp.) DOSSMANN. 4611

Klaus Seelemann, *Die Behandlung des Keuchhustens mit Terramycin.* Vf. berichtet über 50 keuchhustenkranke Kinder (davon 31 Säuglinge), die mit *Terramycin* (I) behandelt wurden. Dosierung 50 mg/kg pro die in 4 Portionen oral über 1—2 Wochen. Bei insgesamt 18 Kindern sehr gute u. gute, bei 15 mäßige Erfolge, bei 17 Versager. Damit ergeben sich bei der I-Behandlung etwa gleiche Ergebnisse wie bei der Aureomycinbehandlung. (Mschr. Kinderheilkunde **100.** 359—60. Aug. 1952. Hamburg-Eppendorf, Univ.-Kinderklinik.)
BÖHM. 4611

L. F. Hewitt, *Orale Behandlung experimenteller Diphtherieinfektionen.* Unters. der Wrkg. von *Terramycin* (I) auf verschied. Diphtheriebakterienstämme in vitro u. an experimentell infizierten Meerschweinchen. Der Bacillus ist I-empfindlich, Resistenzentw. wurde weder in vitro noch im Tiervers. beobachtet. Durch die orale I-Verabreichung von 50 mg wurde das Leben der mit virulenten Bacillen infizierten Tiere auf ca. 6 Tage verlängert, während die infizierten Kontrollen ohne I-Verabreichung schon nach 24 Std. starben. Es gelang, post mortem aus der Haut der Tiere, die 6 Tage **I** erhalten hatten, virulente Diphtheriebacillen zu isolieren; in den verschied. Organen konnten sie nicht nachgewiesen werden. (Brit. J. exp. Pathol. **33.** 217—22. Juni 1952. Carshalton, Surrey, Serum Res. Inst.) DOSSMANN. 4611

H. D. Ritchie und **A. B. Wallace,** *Terramycintherapie bei Verbrennungen.* Erprobung von *Terramycin* (I) an 50 Kindern mit verschied. Verbrennungen. Sie erhielten oral 5 Tage lang je nach Alter 250—500 mg **I** 6stündlich. Nebenwirkungen auf Magen u. Darm in 22% der Fälle. Nach den Verss. scheint **I** wegen der oralen Verabreichungsmöglichkeit u. des breiteren bakteriellen Spektr. wirksamer zu sein als *Penicillin.* Der notwendige bakteriostat. Spiegel wird in fast allen Fällen erreicht, **I** scheint von Kindern besser vertragen zu werden als von Erwachsenen. (Antibiotics and Chemotherapy **2.** 394—98. Aug. 1952. Edinburgh, Scotland, Univ., Royal Hosp. for Sick Children.)
DOSSMANN. 4611

John W. Parker jr. und **Louis T. Wright**, *Die Wirkung von Terramycin und Aureomycin auf die Blutgerinnung.* Bei sorgfältigen, an Kaninchen u. Menschen durchgeführten Verss. zeigte es sich, daß durch *Terramycin-* u. *Aureomycin*-Gaben die *Blutgerinnung* nicht nachweisbar beeinflußt wird. (Science [Washington] **116**. 282—84. 12/9. 1952. New York, N. Y., Harlem Hosp., Surg. Serv.) Zopff. 4611

Peter Paul, *Aureomycin bei der Behandlung von Frühgeborenendyspepsien.* Vf. berichtet über 57 Frühgeborenendyspepsien, die ohne quantitative oder qualitative Nahrungsänderung mit *Aureomycin* (I) behandelt wurden. Dosierung: 6mal 25 mg täglich bei insgesamt 600 mg. Unerwünschte Nebenerscheinungen wurden bei der kurzen Behandlungsdauer nicht beobachtet. Keines der Kinder starb, in 38 Fällen normalisierten sich die Stühle bereits nach 24 Std., bei 13 weiteren innerhalb 48 Std., 2 Kinder erkrankten 3mal; diese Fälle wurden als I-Versager angesehen. Die I-Behandlung ergibt damit bessere Ergebnisse als die bei Frühgeborenen bes. schwierige diätet. Therapie. (Mschr. Kinderheilkunde **100**. 353—56. Aug. 1952. Braunschweig, Städt. Kinderklinik.) Böhm. 4611

H. Meuser, *Aureomycin in der Urologie.* Einleitend wird die Notwendigkeit von bakteriolog. Unterss. vor Therapiebeginn besprochen. Testverss. an 500 Bakterienstämmen aus dem Harn mit verschied. Antibioticis werden angegeben, ferner durchschnittliche Serum- u. Harnspiegel nach Verabreichung von *Aureomycin* (I) in Dosen von 0,5 u. 1,0 g 6stündlich sowie Verteilung von I in Lunge, Leber, Niere nach Verabreichung von 0,5 g/kg bei Kaninchen. Anschließend Besprechung von 38 Fällen, die gezielte I-Therapie erhielten, davon a) 13 akute u. b) 25 chron. Fälle. Bei a) konnte nur in 2 Fällen die Infektion des Harntraktes nicht völlig beseitigt werden, Behandlungszeit 4—6 Tage, I-Gesamtmenge 8—12 g. Fast alle b)-Fälle hatten vorher erfolglos *Sulfonamide* u. a. erhalten, Behandlungszeit 4—15 Tage, I-Gesamtmenge 6—25 g, in 6 Fällen blieb ein Dauererfolg aus. Nur in einem Fall Absetzen von I wegen Unverträglichkeit. In allen Fällen werden die festgestellten Keime u. das Verh. der Kulturen nach Abschluß der I-Therapie angegeben. (Wiener med. Wschr. **102**. 658—62. 23/8. 1952. Wien, Städt. Poliklinik.) Dossmann. 4611

Clarence S. Livingood, Samchai Nilasena, William C. King, Rufus A. Stevenson und **J. Fred Mullins**, *Behandlung pyogener Infektionen mit Neomycin.* 264 Fälle mit verschied. Erscheinungsformen eitriger Hautinfektionen. Als bevorzugte Behandlungsmeth. erwies sich die Verabreichung einer *Neomycin* (I)-Salbe auf der Grundlage *Petrolatum–Lanolin* mit 5 mg I/g = *Myciguent* (Upjohn Co., Kalamazoo, Mich.) u. einer wss. Lsg. von I-Sulfat mit 1—5 mg/cm^3. Die Empfindlichkeitsverss. mit I in vitro ergaben ein ungewöhnlich breites antibakterielles Wirkungsspektr., das fast alle Organismen einschloß, die bei Hautaffektionen vorkommen. I ist *Bacitracin, Aureomycin, Terramycin* u. *Chloramphenicol* überlegen mit Ausnahme bzgl. hämolyt. Streptokokken. In 7 Fällen trat nach langer I-Behandlung eine Moniliasis der Haut auf, die nach Absetzen von I wieder verschwand. Nach Vff. scheint die lokale I-Behandlung bei eitrigen Hauterkrankungen das Mittel der Wahl zu werden. (J. Amer. med. Assoc. **148**. 334—39. 2/2. 1952. Texas, Univ. of Texas, School of Med., Dep. of Dermatol. and Syphililogy.) Dossmann. 4611

Roy L. Kile, Evelyn M. Rockwell und **Jan Schwarz**, *Anwendung von Neomycin in der Dermatologie.* Bericht über Erfolge mit *Neomycin* (I)-Behandlung von 675 Patienten mit verschied. Hautaffektionen. Im allg. wurden mit der I-Salbe = *Myciguent* schneller günstige Ergebnisse erhalten als mit dem wasserlösl. Präp.; deutliche Besserung trat nach 2—5 Tagen ein. Eine Gruppe von Patienten erhielt I intramuskulär, 0,5 g 1—2mal täglich über 7 Tage. I erwies sich fast allen anderen lokalen Mitteln überlegen. Ungenügendes Ansprechen auf I wurde nur beim Nachw. hämolyt. Streptokokken beobachtet. I-Empfindlichkeit der Patienten ist äußerst gering, sie trat nur in einigen Fällen trotz negativen I-Testes auf. (J. Amer. med. Assoc. **148**. 339—43. 2/2. 1952. Cincinnati, O., Univ. of Cincinnati, Coll. of Med., Dep. of Dermatol.) Dossmann. 4611

J. N. Porter, R. J. Hewitt, C. W. Hesseltine, G. Krupka, J. A. Lowery, W. S. Wallace, N. Bohonos und **J. H. Williams**, *Achromycin: ein neues Antibioticum mit trypanociden Eigenschaften.* Bericht über die Bldg. eines neuen Antibioticums: *Achromycin* (I) durch Streptomyces albo-niger. I hemmt grampositive u. -negative Bakterien. Werden Mäuse mit Trypanosoma equiperdum oral oder parenteral infiziert u. mit I behandelt, so bleiben 50% der Tiere mindestens 30 Tage am Leben, während unbehandelte Mäuse innerhalb 3—5 Tagen nach der Infektion starben. I wird in Form verschied. saurer Salze krist. erhalten, es ist frei von Basen. F. ca. 175,5—177°, I enthält 56,55% C, 6,35% H, 20,88% N u. weder Halogene noch S, P oder metall. Elemente. Die letale I-Dosis (LD_{50}) für Mäuse liegt bei 350/675 mg/kg je nach der Art der Verabreichung. (Antibiotics and Chemotherapy **2**. 409—10. Aug. 1952. Pearl River, N. Y., American Cyanamid Co., Lederle Labor. Div.) Dossmann. 4611

Isabella De Gennaro und **Ezio Minetto,** *Die Wahl des Antibioticums. Das Verfahren des Filterscheibchentestes in der Pneumophthisiologie.* (*Bakteriologische Untersuchungen und klinischer Beitrag.*) An 3 Krankheitsfällen zeigen Vff., daß bei der Vielzahl der Antibiotica zu den klin., serumimmunolog. Prüfungen ein bakteriolog. Test auf Empfindlichkeit treten muß, um die Wahl des geeigneten Antibioticums in der Behandlung eines Falles treffen zu können. Als einfache, bequeme u. keine großen Kosten verursachende Meth. empfehlen sie den Scheibchentest, dessen Technik beschrieben wird. (Minerva med. [Torino] **43.** I. 625—32. 26/3. 1952. Ist. Climatico Femminile „Eremo di Lanzo".) ENDRASS. 4611

V. Calabi, *Die pyrogene Wirkung größerer Mengen von wässerigen Lösungen bei parenteraler Anwendung.* Ausführliche Literaturübersicht über die in Frage kommenden pyrogenen Substanzen (I), ihren Wirkungsmechanismus, ihre Entfernung aus Injektionslsgg., Prüfung von Injektionslsgg. auf I u. Verhinderung der Fieber-Rkk. durch geeignete Injektionstechnik. Pyrogene Substanzen können je nach den Erfordernissen durch Adsorption (Cellulose, Asbest, Kohle oder Decalso), durch Ultrafiltration, Elektroosmose oder, wenn es sich um Polysaccharide handelt (bei Proteinhydrolysaten), durch Einw. von Diastase entfernt werden. — 63 Literaturangaben. (Farmaco [Pavia] **6.** 495—508. Juli/Aug. 1951. Milano, Univ., Clinica Chirurgica Generale.) IPPEN. 4616

Sheppard M. Walker, *Durch Ätherinhalation verursachtes Herzkammerflimmern bei der Ratte.* An 19 Tieren wurden 60 Verss. durchgeführt. Die Ae.-Inhalation erfolgte bis zum Atemstillstand in 15 min. Intervallen. Wenn nach 4 solchen Behandlungen kein Flimmern (elektrokardiograph. gemessen) auftrat, wurde der Vers. abgebrochen. Nach jedem Atemstillstand erfolgte Wiederbelebung. Die Effekte waren bei trächtigen Ratten ausgeprägter als bei nichtträchtigen. (Amer. J. Physiol. **169.** 50—55. 1/4. 1952. Louisville, Ky., Univ., School of Med.) DUCHO. 4621

E. B. Brown jr. und **Fletcher Miller,** *Kammerflimmern nach rapidem Abfall der Alveolar-Kohlendioxydspannung.* 15 Hunde mußten 4 Std. lang O_2 mit 30—40% CO_2 einatmen. Bei 11 trat nach schneller Zurückführung der CO_2-Spannung Herzkammerflimmern u. Tod ein. 4 Hunde überlebten, zeigten aber Herzarrythmien. 2 weitere Hunde blieben unter denselben Versuchsbedingungen, aber langsamer Zurückführung der CO_2-Spannung ohne Erscheinungen. Vff. weisen auf ähnliche Vorgänge bei der Narkose u. die entsprechenden postnarkot. Zwischenfälle beim Menschen hin. (Amer. J. Physiol. **169.** 56—60. 1/4. 1952. Minnesota, Mich., Univ., Dep. of Physiol. and Surg.) DUCHO. 4621

Karl Heinz Hackethal, *Beitrag zur intravenösen Novocaintherapie in der Chirurgie.* Bericht über günstige Behandlungserfolge bei Gelenk-, Muskel- u. Nervenerkrankungen mit dem *Novocain–Bienenhonig*-Präp. *Melcain* in 120 Fällen bei intravenöser Verabreichung. 66 Fälle wurden beschwerdefrei, 38 wesentlich gebessert. (Med. Mschr. **6.** 505—07. Aug. 1952. Eschwege, Kreiskrankenhaus.) DOSSMANN. 4621

Joachim Wendler, *Klinische Erfahrungen über die Äthylcrotylbarbitursäure* (*Kalypnon*). Bericht über erste klin. Erfahrungen an ca. 50 Patienten mit dem Hypnoticum *Kalypnon* (I; VVB HEYDEN, Radebeul) = *Äthylcrotylbarbitursäure,* 1 Tablette = 0,25 g. Die Einschlafdauer lag zwischen ½—3 Std., im Mittel bei 1 Std., mit Einzelgaben von 0,125 g I wurden zum Teil auch ausreichende hypnot. Effekte erzielt. Die Verträglichkeit war gleichbleibend, eine Abschwächung der schlaffördernden Wrkg. trat nicht ein. In einer geringen Zahl der Fälle Nebenwirkungen, wie Übelkeit, Benommenheit, Kopfschmerzen u. Schwindel. (Dtsch. Gesundheitswes. **7.** 1401—02. 30/10. 1952. Berlin, Univ., II. Med. Klinik.) DOSSMANN. 4621

G. Rube und **E. Loogen,** *Behandlung typischer Migräne.* (Vgl. C. **1952.** 4969.) Hinweis, daß *Ergosanol* (I; Dr. SCHWARZ K. G., Monheim b. Düsseldorf) neuerdings auch als Suppositorium hergestellt wird. Die rektale I-Anwendung hat sich bei Migräne sehr bewährt. (Die Medizinische **1952.** 1368. 25/10. Korbach, Stadtkrankenhaus der Rüdiger-u. Bangert-Stiftung.) DOSSMANN. 4621

Philip A. Cox und **Daniel J. Abramson,** *Lidocain. Ein neues Anästheticum.* An Hand von 8 Literaturzitaten werden die pharmakol. Eigg. u. die medizin. Verwendbarkeit von *Lidocain* (I; *Diäthylamino-2.6-acetoxylidid*) beschrieben. Vff. berichten über die Anwendung von I in 300 Fällen, bei denen sich nur 4 leichte bis mittelschwere Zwischenfälle ereigneten, die sofort auf Behandlung ansprachen. I wird als schneller, stärker u. länger als Procain wirkendes sicheres Anästheticum geschildert. — 1 Tabelle. (U. S. Armed Forces med. J. **3.** 1561—63. Okt. 1952. Washington, D. C., Walter Reed Army Hosp., u. Georgetown, Univ., School of Med.) WILLENBERG. 4621

J. D. N. Nabarro und **M. L. Rosenheim,** *Nephrotisches Syndrom als Komplikation der Tridione* (*Troxidone*)-*Therapie.* Längere *Tridione* (I)-Verabreichung kann zu aplast. Anämie u. Agranulocytose führen. Nephrot. Syndrom wurde bisher bei einigen Fällen beschrieben. Vff. berichten über einen eigenen Fall, wo nach 2jähriger I-Medikation (insgesamt 850 g) typ. nephrot. Syndrom auftrat u. nach Absetzen von I zum Rückgang kam. (Lancet **262.** 1091. 31/5. 1952. London, Univ., Coll. Hosp. Med. School.) BÖHM. 4628

E. G. McQueen (unter techn. Mitarbeit von **Elinor Trewin**), *Hexamethoniumbromid und Nierenfunktion.* An 8 ♀ Versuchspersonen wurden 15—100 mg *Hexamethoniumbromid* (I) verabreicht u. gleichzeitig der Blutdruck (B), die Glomerularfiltrationsrate (G) (Inulinclearance) u. der renale Plasmafluß (P; Diodrastclearance) verfolgt. Nach I-Applikation erfolgt eine Abnahme von G u. P, die bei n. Nierenfunktion bald wieder zurückgeht, während B länger erniedrigt bleibt. Bei ausgeprägter Nierenschwäche ist die Abnahme von G u. P andauernder. Die B-Abnahme ist von einer Abnahme des Harnflusses begleitet, die von größerem Ausmaß u. längerer Dauer als die G-Abnahme ist. (Med. J. Australia **39. I.** 769—71. 7/6. 1952. Univ. of Queensland, Dep. of Med.) KRUSEN. 4628

Peter E. Dresel und **Irwin H. Slater**, *Beobachtungen über die Pharmakologie von Mephenesincarbamat. MC 2303 = Mephenesincarbamat = 3-o-Toloxy-2-oxypropylcarbamat* (I) wurde pharmakol. an Mäusen, Katzen u. Kaninchen im Vgl. zu *Mephenesin* (II) geprüft. Es wirkt ähnlich wie **II**, doch ist seine Wrkg. von längerer Dauer. Die Wrkg. hängt wahrscheinlich nicht mit dem Abbau von I zu II zusammen. (Proc. Soc. exp. Biol. Med. **79.** 286—87. Febr. 1952. Rochester, N. Y., Univ. of Rochester, School of Med. and Dent., Div. of Orthopedic and Pharmacol.) BÖHM. 4628

Heinrich Tewes, *Zur Therapie der paroxysmalen Tachycardie.* Besprechung einer Behandlungsmeth. für Tachycardieanfälle. Verabreicht wird je nach Schwere des Anfalls 1 mg *l-Noradrenalin* (*Actamin*) subcutan, ferner intravenös einige cm^3 einer Lsg., die in 5 cm^3 einer 40%ig. Traubenzucker- oder Haniglsg. 0,05 mg *k-Strophanthin* (*Kombetin*) u. zusätzlich 1 cm^3 einer 25%ig. bas. *Chinin*-Lsg. (*Solvochin*) enthält. (Med. Mschr. **6.** 517—18. Aug. 1952. Passau.) DOSSMANN. 4630

P. Kartun, E. Azerad und **Ch. Grupper**, *Die Behandlung des Vorhofflimmerns mit Chinidin. Nutzen, Schwierigkeiten, Indikation, Dosen.* Besprechung an Hand eines zahlenmäßig großen Krankengutes. (Ann. Méd. **53.** 45—94. 1952. Paris, Hôpital Beaujon.) W. BRANDT. 4630

H. Villinger-Kwerch, *Gallensäurebehandlung bei coronaren Durchblutungsstörungen.* Beobachtungen, daß stenokard. Beschwerden bei Auftreten eines Ikterus verschwinden, veranlaßten Vf., *Gallensäuren* bei coronaren Durchblutungsstörungen anzuwenden. Orale Verabfolgung von *Felocardin* (I; SANABO, Wien) in 20 Fällen mit leichter bis mittelschwerer Stenokardie, 6—10 Dragées über 20—40 Tage ergab 16 Besserungen. Bei 10 Fällen mit Angina pectoris wurde *Cholistol* (II; SANABO, Wien) intravenös verabreicht; nach 3—4 Tagen blieben bei 5 Patienten die Anfälle aus, bei den anderen traten sie in weit größeren Intervallen auf. Der Prothrombinindex wird durch **I** u. **II** mäßig abgesenkt. (Wiener klin. Wschr. **64.** [N. F. 7.] 852—83. 31/10. 1952. Innsbruck, Univ., Med. Klinik.) DOSSMANN. 4630

O. Just, *Die Verminderung des operativen Blutverlustes durch künstliche Hypotension.* Die neuen Operationsverff. mit einem Muskelrelaxans erlauben eine geringe Narkosetiefe. Damit ist aber ein höherer Blutdruck verbunden, der zu stärkerer Blutung im Operationsgebiet führt. Um diesen Nachteil auszuschalten. wird vom Vf. *Pendiomid* (*N.N.N'.N'.3-Pentamethyl-N.N'-diäthyl-3-azapentylen-(1.5)-diammoniumdibromid*) zur Erzielung eines steuerbaren niederen Blutdrucks angewandt. Bericht über die Erfahrungen mit dieser Methode. (Aerztl. Wschr. **7.** 433—36. 9/5. 1952. Berlin-Dahlem, Chirurg. Univ. Klinik.) MATTHIES. 4630

G. Schettler, *Zur Wirkung der lipotropen Substanzen.* Eingehende klin.-physiol.-chem. Erörterungen über die Ätiologie der Leberverfettung mit der sich anschließenden Cirrhose; Hinweis auf die Therapie mit lipotropen Stoffen (Cholin, Methionin) u. auf das Vork. von therapieresistenten Fettlebern. Sie sind reich an Neutralfett u. freiem sowie verestertem Cholesterin, aber arm an Phospholipoiden. Verss. in vitro u. in vivo lehren, daß Cholesterin mit seiner antilipotropen Wrkg. im Phospholipoid (*Lecithin*) einen Antagonisten findet; dieser Effekt wird auf den Geh. an *Cholin* u. an *Inosit* (Sojalecithin) zurückgeführt; außerdem stabilisiert Lecithin das Serumfett (Aufhebung der Trübung in fett- u. cholesterinreichen, aber phospholipoidarmen Seren). Da intravenös verabfolgte Phospholipoide der Leber direkt zugeführt werden u. auf diese Weise die degenerative Fettleber (phosphatidarm) mit Phospholipoiden unmittelbar versorgt wird, wird eine Therapie mit Lecithin in Invertzuckerzubereitung klin. (44 Fälle) durchgeführt u. in vielen Fällen als erfolgreich erkannt. Lecithin fördert nicht nur den Antransport des vermehrten Leberfettes oder dessen Verwertung, sondern greift auch in die Fettzufuhr zur Leber ein. (Klin. Wschr. **30.** 627—33. 15/7. 1952. Marburg, Univ., Med. Klinik.) TÄUFEL. 4640

G. Volkheimer, *Neuere Möglichkeiten der ambulanten Ulcusbehandlung.* Übersichtsreferat. Besprochen wird die bei Ulcuskranken einzuhaltende Diät u. die bei ambulanter

Behandlung einzuschlagende Therapie mit: *Cyren A*, *Mg-Silicat*, *Al-Hydroxyd-Gel* = *Aludrux*, Schmerzbeseitigung mit *Atropin*, *Papaverin*, *Banthin* = *β-Diäthylaminoäthylxanthen-9-carboxylatmethobromid*, ferner Angabe verschied. Arten der *Novocain*-Verabreichung gegebenenfalls in Kombination mit *Honig*, Hinweis auf enteiweißte Extrakte der Magen- u. Duodenalschleimhaut von Schlachttieren u. die Präpp. auf ähnlicher Basis, wie *Enterogastron*, *Urogastron*, *Robadin*, dann *Ulcumel* (MACK), *Natrium benzoicum*, *Luminaletten* u. *Bellargal*; Kur mit *Succus liquiritiae* wird wegen Nebenwirkungen abgelehnt. (Z. ges. inn. Med. Grenzgebiete **7.** 43—45. 1/9. 1952.) DOSSMANN. 4645

J. Schuck, *Die Behandlung des Schwangerschaftserbrechens mit Methionin.* Da experimentelle Unterss. des *Methionin* (I)-Geh. vom Serumeiweiß bei Patientinnen mit Schwangerschaftserbrechen in den meisten Fällen ein I-Defizit ergaben, wurden 40 solche Fälle mit I behandelt, sie erhielten 3mal 0,5 als Tabletten oder 2mal 2 g intravenös über 5 Tage. 31 Heilungen bzw. wesentliche Besserungen. Fälle, die nicht auf I ansprachen, wiesen auch kein I-Defizit auf; bei diesen war die Neigung zu Erbrechen auf andere Faktoren zurückzuführen. Nach Heilung war Normalisierung des I-Spiegels festzustellen. (Med. Mschr. **6.** 497—501. Aug. 1952. München.) DOSSMANN. 4646

Erwin Hellstern, *Obstipationsbehandlung mit „Maffee" bei chirurgischen Patienten.* Bericht über Behandlung von ca. 40 Fällen mit Obstipation nach chirurg. Eingriffen mit dem Stuhlregulierungsmittel *Maffee* (I; TOGAL-WERK, GERHARD F. SCHMIDT, München) in Dragéeform. I enthält u. a. als wirksame Bestandteile Extr. Aloes, Extr. Frangulae u. Phenolphthalein. Die Wrkg. der einzelnen Bestandteile u. 6 charakterist. Fälle werden besprochen. Dosierung täglich 2—3 I-Dragées, Wrkg. nach 6—10 Stunden. Darmtätigkeit wird durch I so reguliert, daß die Verordnung sich nach einer gewissen Zeit erübrigt. (Med. Mschr. **6.** 518—20. Aug. 1952. Tübingen, Versorgungskrankenhaus.) DOSSMANN. 4647

H. M. Jettmar und **Hilde Exner**, *Beiträge zum Studium der Chemoresistenz von Ascaris-Eiern.* Ungefurchte Wurmeier von Ascariden wurden in den Lsgg. zahlreicher organ. u. anorgan. Verbb. bei 30° bebrütet, um ihren Einfl. auf die Entw. der Wurmeier zu studieren. Bes. schädlich erwiesen sich: KCN, $SnCl_2$, LUGOLsche Lsg., CS_2, Phenole, Anilinwasser. (Arch. Hyg. Bakteriol. **136.** 85—96. 1952. Graz, Univ., Hygien. Inst.) W. BRANDT. 4649

Kuo-Yeng Ngeh Hsieh, *Die Chemotherapie der Infektion der Maus mit Aspiculuris tetraptera.* Vergleichende Therapie mit 6 Verbb. gegenüber der Infektion mit *Aspiculuris tetraptera* bei der Maus zeigte *Phenothiazin* u. *Gentianaviolett* als am stärksten wirksam. Dann folgen *Tetrachloräthylen* u. *Egressin*; *Diphenan* ist wenig wirksam. *Hexylresorcin* zeigt, nur oral gegeben, keine Wrkg., dagegen eine sehr gute bei Verwendung als Klistier u. in Kombination mit oraler Gabe. Die Verbb. erweisen sich auch als wirksam gegen *Enterobius vermicularis*-Infektion. (Amer. J. Hyg. **56.** 287—93. Nov. 1952.) REICHLE. 4649

M. A. Haseeb, *„Nilodin" bei der Behandlung von Schistosoma haematobium. Nilodin* (= *Miracil D* = *1-β-Diäthylaminoäthylamino-4-methylthioxanthonhydrochlorid*), welches einen festen Platz bei der Behandlung der Bilharziosis innehat, zeigte keinen Effekt bei der Behandlung von 7 Fällen von S. haematobium. Ein großer Teil der Patienten vertrug das Präp. nicht. (Brit. med. J. **1952. I.** 1331—32. 21/6. Khartoum, Stack Med. Res. Labor.) W. BRANDT. 4649

J. W. R. Sarkies, *Antrypol bei der Behandlung von Onchocerciasis.* Heilung von 13 Fällen milder Onchocerciasis der Augen durch *Antrypol* (37—170 mg/kg Körpergewicht als wöchentliche intravenöse Injektion von 0,5—1,0 g). (Trans. Roy. Soc. trop. Med. Hyg. **46.** 435—36. Juli 1952.) W. BRANDT. 4649

F. J. Flórez Tascón, D. Castejón Paz und **A. Castillo Ojugas**, *Aleudrin* (*N-Isopropylnoradrenalin*). *Seine klinische Anwendung als Aerosol.* Vff. untersuchten die Wrkg. einer 1%ig. *Aleudrin* (I)-Lsg. in der Anwendung als Aerosol bei verschied. einfachen u. komplizierten Formen des Asthma bronchiale bzw. der Bronchitis. Schon nach der ersten Sitzung konnte eine Zunahme der Vitalkapazität um 250—2000 cm³ festgestellt werden. Gewöhnlich wurden elektrokardiograph. registrierte Herzveränderungen während der Behandlung positiv beeinflußt. Die Bronchialsekretion nahm ab. Der Blutdruck wurde nicht erhöht. Diese Art der Behandlung wird durch perorale Gaben von I noch unterstützt. Bei 2%ig. Aerosollsgg. wurden tox. Erscheinungen wie Tachykardie u. Gefäßstörungen (Schwindel, anginöse Beschwerden u. a.) beobachtet. I kann jederzeit mit Antibioticis kombiniert werden, bes. bei Bronchiektasen. (Med. clin. [Barcelona] **19.** (**10.**) 180—187. Sept. 1952. Madrid, Fac. de Med., Cátedra de Patol. y Clín. Méd.) P. G. SCHEURLEN. 4650

Albert Lütje, *Physikalisch-chemische Vorgänge und Grenzflächenprobleme bei der Iontophorese.* (Dtsch. dentist. Z. **5.** 815—18. 12/12. 1951. Bremen.) KLESSE. 4655

H. Götz, K. W. Kalkoff, J. Kimmig, A. M. Memmesheimer, R. Richter, H. Th. Schreus und **R. Schuppli**, *Welches sind heute die zweckmäßigsten Behandlungsverfahren für Pilzerkrankungen?* Je nach Art der Pilzerkrankung wird orale bzw. parenterale sowie lokale Therapie angewendet. Am günstigsten sind oberflächliche Erkrankungen zu beeinflussen, wobei aber Rückfälle nicht zu vermeiden sind. Nur bei Aktinomykose entfalten *Sulfonamide* u. *Penicillin* eine sichere Wrkg.; von *Antibioticis* werden außerdem besprochen: *Terramycin, Streptothricin, Gliotoxin, Tyrothricin, Actinomycin, Bacillomycin.* Der Wert der älteren Behandlungsmethoden wird von fast allen Vff. betont; dazu gehören Mittel, wie *J, Chlorisept, Sublimat, Chrysarobin-* u. S–Zn-Pasten, S-Schüttelmixturen, Farbmischungen, wie *Tinct. Arning, Castellani, Greifswalder Mischung.* Als neuere Präpp. werden u. a. herausgestellt: *D 25* mit Wirkstoff *2.2'-Dioxy-5.5'-dichlordiphenylsulfid*, analog *Novex*; dann die Präpp. auf der Basis *Hexylresorcin* = *Dioxyphenylhexan*, wie *Phebrocon-Serol*; *Myxal*, Wirkstoff *Alkyltriphenylphosphoniumbromid*; *Mykotin* u. *Mykosan*, Basis *Undecylensäure*; die den *Thiosemicarbazonen* nahestehenden Präpp. *V 741* u. *V 741x*; außerdem *3.5-Dichlorsalicyl-2.4-dichloranilid*; *Phenylbenzimidazol*; *Furylbenzimidazol*; *2-Methylbutadienbenzimidazol*; *Gentisinsäure-p-chloranilid*; *N-Äthylquecksilberalbucid.* Bei Nagelmykosen unterstützende Therapie mit *Vitamin A.* Bei Kopfpilzerkrankungen ist neuerdings Depilation zu vermeiden. (Dermatol. Wschr. **126.** 1092—1105. 1952. München, Marburg, Hamburg, Essen, Erlangen, Düsseldorf, Basel.) DOSSMANN. 4661

O. Saipt, *Erfahrungen mit Eurax.* Zur Behandlung von juckenden Hauterkrankungen wird *Eurax* empfohlen, eine 10% *Crotonyl-N-äthyl-o-toluidin* enthaltende, reizlose, nichtfettende Salbe (J. R. GEIGY AKT.-GES., Basel). Es besitzt juckreizstillende u. bakteriostat. Wrkg. u. ist für die ambulante Behandlung besser geeignet als Teerpräparate. Gute Erfolge bei Pilzinfektionen, jedoch nur bei abklingenden Prozessen, ferner bei seborrhoischen Ekzemen, bei Anal- u. Genitalpruritus zur symptomat. Behandlung u. zum Schutz vor Sekundärinfektionen. Bei Skabies Heilung nach 2maliger Applikation; Rückfälle nur in seltenen Fällen. Keine Wrkg. bei Lichen ruber planus sowie bei ausgedehnter Psoriasis. (Wiener med. Wschr. **102.** 413. 24/5. 1952. St. Pölten, Allg. Krankenhaus.) WALLIS. 4661

Horst Brembach, *Die Behandlung der Psoriasis und anderer Dermatosen mit Rutin und Calcium.* Vf. behandelte Psoriasis u. nässende, juckende Ekzeme nichtparasitärer Art mit *Rutin* per os u. Calcium rectal. Bei frischen Fällen trat rasche, bei älteren verzögerte Abheilung bzw. objektive Besserung auf. Es wird erörtert, ob bei den beschriebenen Hautveränderungen die Krankheitserscheinungen mit einem etwaigen Mangel an einem Vitamin-P-wirksamen Stoff zusammenhängen. (Münchener med. Wschr. **94.** 1475—78 18/7. 1952. Gelsenkirchen-Buer, Dermatol. Klinik der berufsgenossenschaftl. Krankenanstalten Bergmannsheil.) K. BÖHM. 4661

Jochen Köhn, *Erfahrungsberichte über Arzneimittel. Die reizbare Form der Psoriasis. Erfahrungen mit dem milden Therapeuticum „Dermaethyl".* Es wird über gute Erfahrungen mit *„Dermaethyl"* (Teerabkömmling gelöst in Äthylchlorid) bei der Behandlung akut reizbarer Psoriasis im Spray-Verf. berichtet. Vf. empfiehlt die Anwendung der Präpp. in Verbindung mit der UV-Bestrahlung auch bei der Behandlung der nichtreizbaren Psoriasis. (Hippokrates **23.** 518—19. 30/9. 1952.) GOHR. 4661

Victor Urban, *Zur Behandlung von Hauterkrankungen mit Remiseptan.* Es wird über therapeut. Erfahrungen bei der Behandlung von Hautkrankheiten mit *Remiseptan*-Tabletten (Zus.: 5,0 CaO—5,6 P_2O_5—8,3 Acid. citr.—0,02 S_2J_2—Vitamin A, B_1, B_2, C sowie Fe u. Cu in Spuren) berichtet. Vf. beobachtete bei den von ihm behandelten Fällen in 80% eine Heilung u. in 20% eine deutliche Besserung. In hartnäckigen Fällen erwies sich neben der Behandlung mit Remiseptan die Einspritzung von Eigenblut oder *Staphar* als zweckmäßig. (Hippokrates **23.** 519—20. 30/9. 1952.) GOHR. 4661

Arturo Sergiacomi und **Franco Chierici**, *Kritische Untersuchung über die Behandlung rheumatischer Erkrankungen mit Pyrazolonderivaten.* In einem Bericht über 102 Fälle von Arthrosen geben Vff. eine Gegenüberstellung der therapeut. Eigg. u. der Toxizität von *Pyrazolon*-Derivaten. Sie untersuchen bei verschied. Geweben, vor allem beim cardiovasculären Syst., die Wirksamkeit u. die Verträglichkeit von Pyrazolonen. Sie halten vor allem bei rheumat. Herzerkrankungen die Anwendung von Pyrazolonen zur Therapie für angezeigt. (Arch. Patol. Clin. med. **30.** 195—208. 1952. Bologna, Univ., Ist. di Clin. Med. Generale e Terapia Med.) H. SCHEURLEN. 4670

James A. Wallace, *Ein Vergleich zwischen Disulfiram- und Routinetherapie beim Alkoholismus.* Unterss. an 2 Gruppen von je 26 Alkoholikern, von denen eine mit *Disulfiram* (*Tetraäthylthiuramdisulfid;* **I**), die andere ohne dieses Entwöhnungsmittel behandelt wurde. Während alle Alkoholiker, die kein **I** bekommen hatten, innerhalb von 6 Monaten rückfällig wurden, wurden bei den mit **I** behandelten Patienten Heilungen bzw. längere

Perioden der Abstinenz beobachtet, bes. bei solchen, die von sich aus bestrebt waren, ihren Alkoholismus zu überwinden. (Quart. J. Stud. Alcohol **13.** 397—400. Sept. 1952. Memphis, Tenn., Wallace Sanatorium.) ZELLER. 4670

J. P. Smith, *Die Pathologie der Vergiftung mit Eisensulfat.* Vf. berichtet über einen Fall einer tödlichen Vergiftung mit *Eisensulfat.* Vf. sieht die Ursache darin, daß die massive Zufuhr von Eisen die vorhandene mucöse Schranke durchbricht u. ein Übermaß von Eisen in die Mucosazellen eindringt. Die hohe Produktion von Ferritin, mit seinen vasodepressor. Eigg., in diesen Zellen u. die Abgabe in die Blutbahn dürfte die Ursache des Schocks u. des nachfolgenden Todes gewesen sein. (J. Pathol. Bacteriol. **64.** 467—72. Juli 1952. Manchester, Univ., Dep. of Pathol.) REICHLE. 4675

László Matkó und **Antal Haraszti,** *Die Wirkung chronischer Colchicinvergiftung auf Blut und Knochenmark.* Vff. untersuchten an Ratten die Wrkg. der *Colchicin*-Vergiftung (CV) auf Blut u. Knochenmark. Bei der akuten CV gaben sie 200 γ/100 g Körpergewicht subcutan, im chron. Vers. 130—100 γ/100 g Körpergewicht alle 3 Tage. Es entwickelt sich bei der akuten CV nach einer geringen Leukopenie u. anschließender merklicher Leukocytose eine tox. Panmyelophthise. Bei chron. CV entsteht progressive sek. aplast. Markdestruktion, die schließlich sowohl zu vollständiger Einschränkung der Myelopoese als auch zur fibrösen Umwandlung des Knochenmarkes führt. Die Entw. der sek. Knochenmarkdestruktion kann für längere Zeit durch zeitweise Unterbrechung der Behandlung aufgehalten werden. (Acta morphol. Acad. Sci. hung. **2.** 219—29. 1952. Debrecen, Univ., Dep. of Pathol. Anatomy.) BÖHM. 4675

A. Amorati, C. Cacciari und **F. M. Troisi,** *Untersuchungen zur chronischen Toxizität von Benzindämpfen bei langer Exposition.* 39 Frauen, die in einem Betrieb mit der Herst. sanitärer Gummiartikel beschäftigt u. reinen Benzindämpfen, die nicht zu akuten Erscheinungen führten, ausgesetzt waren, zeigten bei genauer ärztlicher Unters. zu $^1/_3$ eine hypochrome Anämie u. bei allen tox. granulierte Granulocyten des MONSEN-Typs, welche zum Teil sehr reichlich nachgewiesen werden konnten. Die Unters. des Urins, der Alkalireserven, des Blutglutathions, des Bluteiweißspiegels u. des Kolloidzustandes des Plasmas zeigten keine typ. Veränderungen. Hautschädigungen wurden nicht beobachtet. (Ind. Med. Surgery **21.** 466—68. Okt. 1952. Bologna, Univ. of Bologna, Ist. di Patol. Med.) ZELLER. 4681

Louis Schwartz, *Mögliche Hautschäden in Eisenbahn- und Maschinenschuppen.* Die Noxen, die für Hautschäden in diesem Arbeitsbereich verantwortlich gemacht werden können, sind Petroleum, chlorhaltige organ. Lösungsmittel u. Alkali; hinzu kommen Dieselöl, Maschinenöl u. chromathaltige Kühlflüssigkeiten. Die zur Vermeidung von Hautschäden notwendigen Vorsichtsmaßnahmen werden beschrieben. (Ind. Med. Surgery **21.** 482—84. Okt. 1952. Washington.) ZELLER. 4681

Selman Abraham Waksman, The literature on streptomycin, 1944—1952. 2nd ed. New Brunswick, N. J.: Rutgers Univ. Press. 1952. (565 S.) $ 5,—.

F. Pharmazie. Desinfektion.

Th. Boehm und **G. Horsch,** *Die Sulfonamide im Nachtrag zum DAB 6.* Vff. beschreiben qualitative u. quantitative Untersuchungsmethoden folgender Sulfonamide: Prontosilum rubrum, Sulfanilamid, Sulfanilacetamid, Sulfanilthioharnstoff, Sulfanilguanidin, Sulfadimethylpyrimidin, Sulfathiazol u. Sulfaäthylthiodiazol. (Pharmaz. Zentralhalle Deutschland **91.** 219—25. Juli 1952. Leipzig, Univ., Pharmazeut. Inst.) RANGNICK. 4750

—, *Neue biologische Standards.* Der 5. Bericht der Weltgesundheitsorganisation umfaßt Einzelheiten neuer internationaler Standards für Diphtherieserum, Tetanusserum, Tuberkulin, organ. Arsenverbb., Dimercaprol, Vitamine, Hormone, Antibiotica, Enzyme, u. befaßt sich mit Fragen des Internationalen Arzneibuches. (Pharmac. J. **16.** [4] 115. 119. 16/8. 1952.) ULEX. 4750

—, *Zur polnischen Pharmakopoe III.* Vorschläge für Acrichinum, Ae., Ae. pro narcosi, Benzhydraminum hydrochloricum, Glyoxaminum hydrochloricum, Methylium paraoxybenzoicum, PAS, Strophanthinum-G, Meta-dinitrobenzolum, Sulfamethazinum natrium, Sulfamethazinum, Flos Ulmariae u. Rhizoma Bistortae. (Farmacja polska **8.** 88—105. März 1952.) FISCHOEDER. 4750

E. Bütikofer und **R. Ammann,** *Entmineralisiertes Wasser durch Ionenaustausch.* Aus Züricher Leitungswasser werden mit Hilfe der Kunstharz-Ionenaustauscher *Jonac* u. *Amberlite* in 4-, 2- u. 1-Kleinsäulenapp. (250 cm³ Austauscher je Säule) alle Ionen, deren Abwesenheit das Schweizer Arzneibuch (Ph.H.) verlangt, entfernt; Cl^- wird am schwersten zurückgehalten u. erscheint zuerst nach Überschreitung der Leistungsgrenze im entsalzten Wasser. Das entsalzte W. entspricht nicht immer der $KMnO_4$-Probe der Ph.H.; es weist stets einen widerlichen Fischgeschmack u. manchmal einen widerwärtigen Geruch auf. Die Abdampfrückstände liegen über der nach der Ph. H. zulässigen Grenze von 1 mg/ Liter. Aus den Ergebnissen wird geschlossen, daß bes. die Anionenaustauscher unbeständig u. nicht völlig wasserunlösl. sind u. daß man vorläufig in Klein-Entsalzungsanlagen ein den Anforderungen der Ph.H. entsprechendes dest. W. nicht erzeugen kann. (Pharmac. Acta Helvetiae **27.** 77—91. 30/4. 1952. Beilage zu: Schweiz. Apotheker-Ztg. Zürich, ETH, Pharmazeut. Inst.) Wesly. 4758

Olivier Reinach, *Über die Kultur von Strophantus in Afrika.* Seit der Entdeckung des *Cortisons* u. seiner Halbsynth. aus Sarmentocymarin (I) hat die Kultur von Strophanthus (II) großes Interesse. Vf. berichtet über die aus dem sehr verschied. Geh. an I folgenden botan. Schwierigkeiten u. über einen von ihm angelegten Versuchsgarten, in dem alle bekannten II-Arten gezogen u. geprüft werden sollen. (Rev. int. Bot. appl. Agric. trop. **32.** 163—68. März/April 1952. Tiassalé.) v. Gizycki. 4782

D. De Visser Smits, *Strophanthus gratus (Wall. & Hook) Franch.* Vf. gibt eine Übersicht über das botan., chem., pharmakol., toxikol., pharmazeut., pharmakodynam., therapeut. u. klin. Verh. von Strophanthus gratus, zum Teil durch Vgl. mit Digitalis, u. empfiehlt den Anbau der Pflanze in Indonesien zur Gewinnung des Samens u. Herst. von biol. Heilmitteln (310 Literaturangaben). (Madjalah Ilmu Alam Untuk Indonesia [Indones. J. natur. Sci.] **107.** 140—61. Nov./Dez. 1951. Oegsgeest.) Wesly. 4782

Jean Cattefossé, *Ammi visnaga und Khellin.* Überblick über die Geschichte des *Ammi visnaga* (I) in der Medizin, seine Anwendung u. die Pharmakologie seiner von Späth u. Mitarbeitern aufgeklärten Inhaltsstoffe *Khellin* (I) (2-Methyl-5.8-dimethoxy-6.7-furanochromon), *Khellinin* (II) (I-Glucosid), *Khellol* (Aglucon des II) u. des weniger wirksamen *Visnagins.* — **56** Literaturangaben. (Rev. int. Bot. appl. Agric. trop. **32.** 116—23. März/April 1952.) v. Gizycki. 4782

Jørgen Mørch, *Khelline.* Die in Ammi visnaga vorkommenden Stoffe sind Khellin (I), Visnagin u. Khellolglucosid. Darst., Best., Eigg. sowie klin. Anwendung von I werden behandelt. — 52 Literaturhinweise. (Dansk Tidsskr. Farmaci **26.** 133—39. Juli 1952.) Geitz. 4782

R. Adamski, *Vergleichende Untersuchungen von Tinkturen, alkoholischen Extrakten und sogenannten Intrakten aus einigen pflanzlichen Rohstoffen der Familie der Solanaceen.* Aus Fol. Belladonnae, Hyoscyami u. Stramonii wurden nach Vorschrift der Poln. Pharmakopoe II bzw. des DAB. VI (Erg.) Tinkturen u. alkoh. Extrakte hergestellt. Intrakte waren alkoh. Macerationspräpp. aus frischen Pflanzen, die 20 Min. in A. am Rückflußkühler zur Stabilisierung der Wirkstoffe gekocht waren. Es wurden geprüft: D., Trockenrückstand, Aschenrückstand, p_H, A.-Geh., Alkaloidgehalt. Die Präpp. wurden ferner capillar- u. fluorescenzanalyt. sowie biol. am Katzenauge untersucht. Es ergaben sich an den frisch hergestellten Präpp. gleicher Art keine Unterschiede. Intrakte bleiben, wie die Prüfung älterer Erzeugnisse der pharmazeut. Industrie erwies, 12 Jahre unverändert. (Farmacja polska **8.** 105—10. März 1952. Posen, Med. Akad., Inst. für angewandte Pharmazie.) Fischoeder. 4790

Raymond E. Hopponen und **Ole Gisvold**, *Untersuchungen über die Extraktion von Digitalis.* 3. Mitt. In Fortführung früherer Arbeiten (vgl. King u. Gisvold, C. **1952.** 2717) wurden aus frischen Blättern von *Digitalis lanata* krist. Glykoside isoliert u. in zwei Fraktionen zerlegt (Beschreibung der Meth. vgl. Original). Im Hydrolysat der Fraktion mit höherem F. konnten *Digoxigenin, Digitoxose* u. *Essigsäure* nachgewiesen werden; auch eine *Gitoxigenin* enthaltende Komponente scheint vorhanden zu sein. Als Hauptbestandteil wird *Acetyldigoxin* angenommen. — Die niedriger schm. Fraktion wird für eine Mischung von *β-Acetyldigoxin* u. geringen Mengen eines Gitoxigenin enthaltenden Bestandteils gehalten. (J. Amer. pharmac. Assoc., sci. Edit. **41.** 146—51. März 1952. Minneapolis, Univ. of Minnesota, Coll. of Pharm.) Spitaler. 4790

G. G. Krishnamurty und **Ole Gisvold**, *Untersuchungen über die Extraktion von Digitalis.* 4. Mitt. (3. vgl. vorst. Ref.) Unter Anwendung einer die Wirksamkeit der Enzyme hindernden Extraktionstechnik konnte aus *Digitalis lanata*-Pflanzen (aus schweizer. Samen gezogene u. aus Minnesota stammende) krist. glykosid. Material gewonnen werden, das in der Hauptsache aus *Acetyldigoxin* bestand. Der Einfl. des Alters der Blätter u. der Aufbereitungsbedingungen wurde untersucht. (J. Amer. pharmac. Assoc., sci. Edit. **41.** 152—55. März 1952.) Spitaler. 4790

Albert Lütje, *Gelöste Probleme bei den Spezialabdruckpasten.* Hinweis auf die Abdruckmasse *WAS-X-Abdruckpaste* (bestehend aus einer weißen Komponente mit p_H 7,3 bis 7,4 u. einem schwach sauren roten Anteil), die bzgl. Viscosität, Dispersionsgrad,

Oberflächenspannung u. leichter Verarbeitbarkeit allen Ansprüchen genügt. Die Abbindezeit im Mund beträgt 3 Minuten. (Dtsch. dentist. Z. **6.** 679—81. 8/10. 1952. Bremen.) KLESSE. 4798

Gunnar Hansen, *Kommentar zur Herstellungsvorschrift für A–C–D-Vitaminpillen.* Nach der Einführung des Pillenapp. „Piluterm" ist es möglich, Pillen sowohl mit fettlösl. als auch wasserlösl. Vitaminen herzustellen. Vf. behandelt bes. die Dosierungsgenauigkeit (Dragees von Adetaminpillen mit Ascorbinsäure). Die Haltbarkeit der Ascorbinsäure in den Pillen ist gut. (Arch. Pharmac. og Chem. **59.** (**109**). 653—54. 9/8. 1952. Kopenhagen, Danmarks Apotekerforenings Kontrollabor.) GEITZ. 4808

Henning Koefoed, *Eine Methode zum raschen Abkühlen von Infusionsflaschen nach dem Erhitzen im Autoklaven.* Vf. u. **H. Nissen** haben folgende Meth. ausgearbeitet: Nach beendigtem Erhitzen (120°) wird der Dampf aus dem Autoklaven abgelassen, bis der Druck in ca. 5 Min. auf 0 atü gefallen ist. Man gibt dann Kühlwasser auf die Haube u. Vakuum auf den inneren Raum, wodurch in weiteren 15 Min. die Temp. des Flascheninhaltes auf 50° sinkt. Die Meth. spart Zeit ($^2/_3$ bis $^3/_4$ gegenüber sonst) u. Ausgaben. (Farmac. Tid. **62.** 431—33. 19/7. 1952. Bispebjerg Hosp. Apotek.) GEITZ. 4836

Maria Brandstätter, *Kofler-Heizinstrumente im Laboratorium und in der Apotheke.* Heizmikroskop u. Heizbank zur Mikroschmelzpunktbest. u. Reinheitsprüfung von Substanzen, zur Best. eutekt. Tempp. von Stoffen mit ähnlichem oder gleichem F. unter Verwendung bestimmter Testsubstanzen, zur Best. der Lichtbrechung von Schmelzen, für Mol.-Gew.- u. Kp.-Bestimmungen mit Beschreibung der Methoden werden ausführlich besprochen. (Österr. Apotheker-Ztg. **6.** 527—29. 30/8. 1952. Innsbruck, Univ., Pharmakognost. Inst.) FALENSKI. 4880

Henryk Bukowiecki und **Zdzisław Gałecki,** *Mikroskopisch-statistische Methode zur Analyse von Viscum album L. und Viscum angustifolium Wiesb.* Aus einer statist. Auswertung der mkr. Befunde über die Verteilung der Spalten in den Blättern ergibt sich ein Verf. zur Unterscheidung von Viscum album u. Viscum angustifolium. (Farmacja polska **8.** 243—47. Juli 1952. Warschau, Akad. Med., Zakł. Botan. farmaceut.) R. K. MÜLLER. 4880

Morton Schmall, Ernest G. Wollish und **Julius Galender,** *Gravimetrische Bestimmung von Histaminen.* Die vorgeschlagene gravimetr. Best. von *Histamin* (I)*-phophat* u. *-dihydrochlorid* beruht auf der quantitativen Fällung des I als *Nitranilat.* Die Meth. kann auch zur Best. von I-Salzen in pharmazeut. Präpp. verwendet werden. Bei Verwendung reiner Salze beträgt die Genauigkeit der Meth. ±1%, bei pharmazeut. Präpp. ±2%. — Ausführung: ca. 100 mg I-Dihydrochlorid oder 150 mg I-Phosphat werden in 10 cm^3 W. gelöst u. langsam, unter Rühren mit 10 cm^3 einer 3,5%ig. Lsg. von Nitranilsäure in 95%ig. A. versetzt, nach 15 Min. Stehen werden 10 cm^3 95%ig A. zugegeben. Nach 3 Std. Stehen im Eisschrank wird der Nd. in einem Glasfiltertiegel abgesaugt, 4 mal mit je 5 cm^3 A. von 10° u. einmal mit 10 cm^3 Ae. gewaschen u. bei 120° getrocknet. 1 mg Nd. entspricht 0,5394 mg I-Dihydrochlorid bzw. 0,9009 mg I-Phosphat. — Zur Best. von wasserlösl. I-Salzen in Salben wird ein Extraktionsverf. (Extraktion der Fettbestandteile mit Chlf.–PAe.) beschrieben. Die Identifizierung von I erfolgt durch das *Monopikrat,* F. 233—234° (korr.). (J. Amer. pharmac. Assoc., sci. Edit. **41.** 138—40. März 1952. Nutley, N. J., Hoffmann-La Roche, Inc.) K. F. MÜLLER. 4880

Józef Jeske, *Die Bestimmung des Histamingehalts in Leberpräparaten. „Antistintest".* (Vorl. Mitt.) Für die Histaminbest. in Extrakten aus tier. Organen ist keine Vorbereitung erforderlich. Die antagonist. Wrkg. von Antistin (2-N-Phenyl-N-benzylaminomethylimidazolin, I) gegenüber Histamin (II) kann biol. am isolierten Meerschweinchendarm durch Best. des freien II ermittelt werden: Größe u. Geschwindigkeit der Darmperistaltik hängen vom II-Geh. ab, der hierdurch mit einer Genauigkeit von 2 γ% bestimmt werden kann. 0,0001 g I entsprechen 1 γ II. Für den „I-Test" läßt man I-Lsg. nicht länger als 1 Min. einwirken; die Inaktivierung des II ist irreversibel. Wenn man auf den Darm ein Präp. einwirken läßt, dessen II-Geh. durch Zusatz von I inaktiviert ist, dann ist die Peristaltik minimal u. momentan oder völlig unterdrückt. (Farmacja polska **8.** 300—02. Aug. 1952.) R. K. MÜLLER. 4880

Richter & Cie. G. m. b. H., Chemische Fabrik, Eltville/Rh., *Herstellung von Tabletten* unter Verwendung von Fettsäuremonoglyceriden als Tablettierungshilfsstoff. Dieser kann auch im Gemisch mit Fettsäuren u./oder Fetten, Fettsäurediglyceriden, Wachsen, höheren Alkoholen angewendet werden. Z. B. mischt man Al-Subacetat, Benzoesäure, Weizenstärke u. gibt eine Lsg. von Stearinsäuremonoglycerid in Isopropylalkohol unter Mischen dazu. Nach Verdunsten des Lösungsm. wird tablettiert. (**D. B. P. 863 986** Kl. 30h vom 5/10. 1951, ausg. 22/1. 1953.) SCHINDLER. 4767

Joh. A. Benckiser G. m. b. H. Chemische Fabrik, Ludwigshafen/Rh., *Tablettierung von Cholinsalzen,* wie Chlorid oder Citrat, dad. gek., daß man das Salz mit untergeordneten Mengen von wasserfreiem oder -armem Ca-Citrat u. einem Gleitmittel mischt u. dann tablettiert. Die Salze können zuvor durch gelindes Erwärmen getrocknet worden sein. Zus. nach dem Beispiel: 100 (kg) Cholincitrat, 20 Ca-Citrat u. 5 Talkum. (**D. B. P. 862 483** Kl. 30h vom 15/11. 1951, ausg. 12/1. 1953.) Schindler. 4767

Adefo-Chemie G. m. b. H. (Erfinder: **Harry Bäumler**), Nürnberg, *Herstellung von Brausetabletten mit antineuralgischen Wirkstoffen,* dad. gek., daß Bicarbonate u. gegebenenfalls Coffein einerseits sowie Citronen- oder Weinsäure andererseits getrennt mit einer aus Salicyl- oder Acetylsalicylsäure oder deren Salzen bestehenden Schutzschicht versehen, granuliert u. getrocknet werden, bevor die Stoffe homogen vermischt u. zu Tabletten verpreßt werden. Als Lösungsm. für die Wirkstoffe dient A., die Trocknungstemp. soll 70° nicht überschreiten. (**D. B. P. 859 519** Kl. 30h vom 21/6. 1951, ausg. 15/12. 1952.) Schindler. 4767

Ernst Bischoff Co., Ivoryton, übert. von: **Edward K. Harvill,** Essex, Conn., V. St. A., *Suppositorien,* bestehend aus Aminophyllin, 40—70 (%) eines festen Fettalkohols (I), z. B. Cetyl- u. Stearylalkohol, u. 60—30 eines fl. I, z. B. Laurylalkohol. (**A. P. 2 586 329** vom 26/10. 1948, ausg. 19/2. 1952.) E. Petersen. 4767

Redies & Co. G. m. b. H., Leverkusen (Erfinder: **Franz Redies,** Bergisch-Neukirchen, und **Heinrich Medick,** Wuppertal), *Herstellung von leicht abwaschbaren Präparaten* in Form von Salben, Emulsionen, Lsgg. usw. aus wasserunlösl. Thianthrenen (I), dad. gek., daß ein Gemisch von I u. einer lösl. I-Sulfosäure hergestellt u. die Präpp. auf der Grundlage dieses Gemisches aufgebaut wurden, wobei die Reihenfolge des Komponentenzusatzes beliebig ist. Als Emulgiermittel kann Na-Oleat zugesetzt werden. (**D. B. P. 863 250** Kl. 30h vom 25/5. 1950, ausg. 15/1. 1953.) Schindler. 4793

Soc. des Usines Chimiques Rhône-Poulenc, Paris, Frankreich, *Herstellung eines Therapeuticums* durch Kondensation von Bis-(3-diäthylaminopropyl-1)-amin (I) mit Äthansulfochlorid (II). — Z. B. werden 25 (g) I in 200 cm³ Ae. gelöst, u. zwischen —5 u. —10° wird eine Lsg. von 13 II in 100 Ae. zugegeben. Aufarbeitung ergibt *N.N-Bis-(3-diäthylaminopropyl-1)-äthylsulfamid,* Kp.$_{0,5}$ 169°, Dipikrat, F. 148°. (**Schwz. P. 279 463** vom 29/10. 1948, ausg. 1/3. 1952. F. Prior. 4/11. 1947.) K. Heinze. 4807

Farbenfabriken Bayer, Leverkusen (Erfinder: **Robert Behnisch, Fritz Mietzsch** und **Hans Schmidt,** Wuppertal-Elberfeld), *4-Acetoacetylaminobenzaldehydthiosemicarbazon* erhält man durch Rk. von 4-Aminobenzaldehydthiosemicarbazon mit Diketen; F. 190° (Zers.). — Hochwirksam *gegen Tuberkulose.* (**D. B. P. 859 155** Kl. 12o vom 28/8. 1949, ausg. 11/12. 1952.) Brösamle. 4807

Chemie Grünenthal G. m. b. H. (Erfinder: **Erich Jansen** und **Heinrich Mückter**), Stolberg/Rhld., *Herstellung von symm. Di-[2-oxy-1-carboxyphenyl-(4)]-thioharnstoff,* dad. gek., daß man aromat. Amine der Formel H_2N— 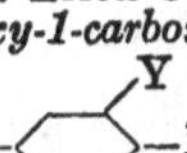 —X, worin X einen in eine Carboxyl- u. Y einen in eine OH-Gruppe überführbaren Substituenten bedeuten, mit CS_2 umsetzt. Nach dem Beispiel werden 2-Oxy-4-aminobenzoesäure oder deren Ester bzw. deren an der OH-Gruppe substituierten Derivv. mit CS_2 in Ggw. von Halogen, bes. J, in Pyridin, das die H_2S-Abspaltung begünstigt, umgesetzt. Das Reaktionsprod. wird als kreidiges Pulver, in Methanol, A. u. bes. in Alkalien lösl., erhalten. *Hemmwirkung auf Mycobacterium tuberculosis, typus humanus.* (**D. B. P. 859 151** Kl. 12o vom 9/3. 1951, ausg. 11/12. 1952.) Schindler. 4807

N. V. Philips' Gloeilampenfabrieken (Erfinder: **Meier Asscher**), Eindhoven, Holland, *Herstellung von Aminoalkoholen und deren Salzen,* dad. gek., daß eine Verb. ROC_6H_5, in der R für H, Acyl, Alkyl oder Aralkyl steht, mit einer Verb. $CN—CH_2—N\langle^{R_1}_{R_2}$, in der R_1 u. R_2 H, Alkyl oder Aralkyl bezeichnen oder gemeinsam mit dem N einen Ring bilden, bzw. mit einem mittels einer starken anorgan. Säure gebildeten Salz derselben in Ggw. von $AlCl_3$, gegebenenfalls unter Einleiten von HCl-Gas, in einem geeigneten Lösungsm. umgesetzt, das Prod. mit W. versetzt u. das Aminoketon red. wird. Als Ausgangsstoffe sind bes. genannt Phenol einerseits u. Amino-, Methylamino- u. Isopropylaminoacetonitril genannt. Es wurden z. B. erhalten: *4'-Oxyphenyl-1-methylamino-2-äthanon,* F. 143 bis 145° (Zers.), red. zu: *4'-Oxyphenyl-1-methylamino-2-äthanol,* F. 187—188° (Zers.); *4'-Oxyphenyl-1-amino-2-äthanon,* Blättchen, red. zu: *4'-Oxyphenyl-1-amino-2-äthanol,* F. 177—179° (Zers.). Aus *N-Methyl-N-benzylaminoacetonitril,* Kp.$_2$ 108—112°, das *4'-Oxyphenyl-1-(N-methylbenzylamino)-2-äthanon,* red. zu: *4'-Oxyphenyl-1-(N-methylbenzylamino)-2-äthanol,* F. 183—185° (Zers.). — *Therapeutica.* (**D. B. P. 854 526** Kl. 12q vom 24/12. 1948, ausg. 4/9. 1952. Holl. Prior. 28/1. 1948.) Schindler. 4807

Nordmark-Werke G. m. b. H., Hamburg (Erfinder: **Theodor Reetz**, Uetersen, Holst.), *Piperidinoessigsäureester.* Durch Rk. von Piperidin mit Phenylchloressigsäure-β-diäthylaminoäthylester in Chlf. erhält man *Phenylpiperidinoessigsäure-β-diäthylaminoäthylester*, Kp.₁ 180°; durch Rk. von Phenylchloressigsäurechlorid mit β-Dibenzylaminoäthanol in Chlf. den *Phenylpiperidinoessigsäure-β-dibenzylaminoäthylester*; *Hydrochlorid*, F. 206°. — *Spasmolytica.* (**D. B. P. 859 892** Kl. 12p vom 16/12. 1950, ausg. 18/12. 1952.) BRÖSAMLE. 4807

Chemische Werke Albert (Erfinder: **Emil Eidebenz** und **Heinz Georg von Schuh**), Wiesbaden, *1-Hexyl-3.7-dimethylxanthin* erhält man durch Einw. von Hexylbromid oder -chlorid auf Theobromin in bekannter Weise. F. 82—83°. Die Verb. wirkt ausgesprochen *sedativ* bei gleichzeitiger Verstärkung der Gefäßspasmolyse. (**D. B. P. 860 217** Kl. 12p vom 28/10. 1950, ausg. 18/12. 1952.) BRÖSAMLE. 4807

Western Condensing Co., San Francisco, übert. von: **David P. Peebles**, Hillsborough, **Paul D. Clary jr.**, Petaluma, und **Richard K. Meade**, Santa Rosa, Calif., V. St. A., *Carotin* (I)-*Gewinnung* aus frischem, grünem Pflanzenmaterial, z. B. Alfa-Alfa (**II**). **II** wird sofort nach der Ernte mit 2%ig. NH_3-Lsg. befeuchtet. Dann wird mit H_2SO_4 (verd.) auf p_H 5,5—6,5 gebracht, zur Koagulierung von Eiweiß 76—100° erhitzt u. unter hohem Druck ausgepreßt. Der Preßsaft wird nach Ansäuern nochmals erhitzt, das ausfallende Eiweiß enthält **I**. Der Nd. wird gemeinsam mit dem Preßkuchen getrocknet u. gemahlen. (**A. P. 2 552 343** vom 2/3. 1949, ausg. 8/5. 1951.) K. HEINZE. 4809

Eastman Kodak Co., übert. von: **Charles D. Robeson**, Rochester, N. Y., V. St. A., *Gewinnung einer oxydationsbeständigen Vitamin-A* (**I**)-*Form* durch Verseifen von Leberöl, Kristallisieren des n. **I** aus einer Lsg. des Unverseiften u. Gewinnung des Neo-**I** durch Chromatographie. — Z. B. wird der unverseifbare Rückstand eines Hochvakuumdestillates von Fischleberöl in Äthylformiat gelöst u. erst auf —35° u. dann auf —80° gekühlt. **I** krist. in der üblichen trans-Form aus. Filtrat wird im Vakuum getrocknet, in PAe. gelöst u. an Na–Al-Silicat mehrfach chromatographiert u. mit Ae. eluiert, der 5% Methanol enthält. Neo-**I**, F. 59—60°, **I**, F. 62—64°, Misch-F. 54°. (**A. P. 2 552 908** vom 12/12. 1947, ausg. 15/5. 1951.) K. HEINZE. 4809

Distillers Co. Ltd., Edinburgh, **Harold Tozer** und **John Douglas Speedie**, New Ferry, England, *Riboflavin durch Gärung.* Auf einem Nährsubstrat wird ein Riboflavin erzeugender Stamm von Eremothecium ashbyii submers unter Belüftung in Ggw. eines antibiot. Stoffes, z. B. Penicillin oder eines Salzes davon, gezüchtet. — Beispiele. (**E. P. 650 600** vom 27/9. 1949, ausg. 28/2. 1951.) KETTNER. 4809

American Cyanamid Co., New York, N. Y., übert. von: **Doris R. Seeger**, Bound Brook, N. J., V. St. A., *Herstellung halogensubstituierter Pteridine* der allg. Zus. **I** (R u. R' = OH-, NH_2-, Alkylamino- u. Dialkylaminogruppen, R_2 = OH oder Aminosäureester, R_3 u. R_4 = H, niedermol. Alkylreste, Hal = 1 oder 2 Halogenatome). Man behandelt z. B. 26,6 (g) 4-Aminobenzoylglutaminsäure in 250 cm³ W. bei Raumtemp. mit 32 Br_2, das unter Rühren innerhalb 10 Min. zugegeben wird, rührt weiter 10 Min., filtriert, wäscht mit W., krist. aus 3.5 Liter W. um u. erhält 31,4 *4-Amino-3.5-dibrombenzoylglutaminsäure*, F. 202—203° (**I**). — 32,9 2.4.5.6-Tetraminopyrimidinsulfat u. 21,2 **I** in 700 W. werden auf 80° erwärmt u. mit 40 1.1.3-Tribromaceton behandelt, mit NaOH für 1 Std. auf p_H 2,0—2,5 eingestellt, dann steigt das p_H auf 3, worauf abgekühlt u. filtriert wird. Man erhält 39 *3'.5'-Dibrom-4-aminopteroylglutaminsäure.* — *Therapeutica.* (**A. P. 2 570 391** vom 23/3. 1950, ausg. 9/10. 1951.) MÜLLER-MEININGEN. 4809

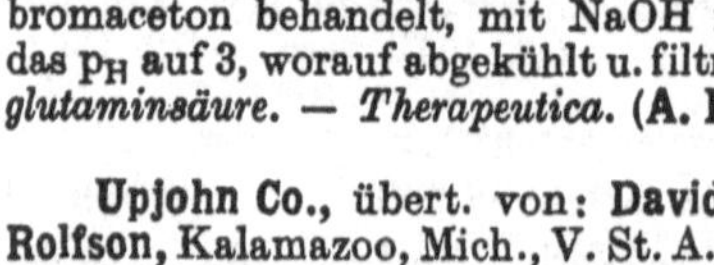

I

Upjohn Co., übert. von: **David I. Weisblat**, **Barney J. Magerlein** und **Stanley T. Rolfson**, Kalamazoo, Mich., V. St. A., *Pteroylglutaminsäurederivate* erhält man durch Rk. von 2.4.5-Triamino-6-oxypyrimidin (**I**) mit N-(2-Ketopropyl)-p-aminobenzoaten der allg. Zus. **II** in CH_3COOH-Lsg. bei Raumtemp. (R = Halogen, OH, Alkoxy-, Aryloxy-, Aralkoxy- u. Aryloxygruppen, R' = H u. Alkyl, n = 0 oder 1, Z = H oder Arylsulfonylgruppen). — Beispiel: Man gibt 400 (mg) Diäthyl-N'-[N-(3-Chlor-2-ketopropyl)-p-toluylsulfonyl-p-aminobenzoyl]-*l*-glutamat zur Mischung von 100 **I**, 120 Na-Acetat, 50 KJ u. 15 Eisessig, läßt ca. 1 Std. bei Raumtemp. stehen, erwärmt dann 25 Min. am Wasserbad, läßt über Nacht bei Raumtemp. stehen, dest. CH_3COOH bei 50° im Vakuum ab u. erhält nach Auswaschen der anorgan. Salze *Diäthyl-N'-[N-(C₂-Amino-4-oxy-6-pteridyl)-methyl)-p-toluolsulfonyl-p-aminobenzoyl]-l-glutamat.* — *Therapeutica.* (**A. P. 2 558 711** vom 31/7. 1948, ausg. 26/6. 1951.) MÜLLER-MEININGEN. 4809

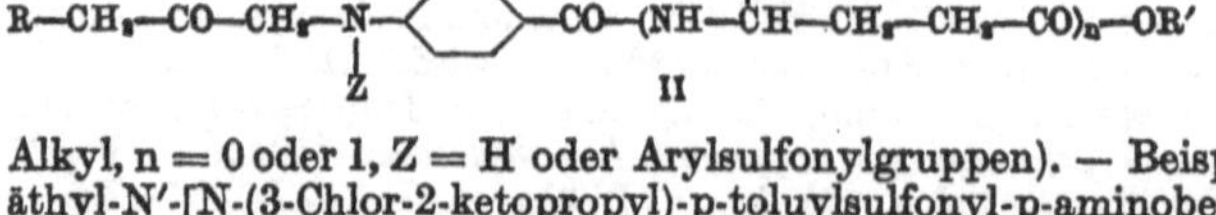

II

Merck & Co., Inc., Rahway, übert. von: **Edward L. Rickes**, Union, und **Thomas R. Wood**, Murray Hill, N. J., V. St. A., *Gewinnung von Vitamin B_{12}* (I) aus Gärungs-Fll. von Streptomyces griseus durch Adsorption an Aktivkohle oder aktiviertes Al_2O_3 u. nachfolgende Eluierung mit wss. Lsg. von Pyridin oder Alkylpyridin. Das Eluat wird schonend getrocknet, mit Methanol aufgenommen u. I durch Zugabe von Aceton gefällt. Gegebenenfalls Wiederholung der Chromatographie. Rote Kristalle, die sich bei 210—220° verfärben. Absorptionsspektr. hat Maxima bei 2780, 3610 u. 5500 Å. — *Gegen Anämien von verschied. Ursprung.* (**A. P. 2 563 794** vom 4/8. 1949, ausg. 7/8. 1951.) K. Heinze. 4809

United States of America, übert. von: **Harlow H. Hall** und **Henry M. Tsuchiya**, Peoria, Ill., V. St. A., *Gewinnung von Vitamin B_{12}* durch Züchten von Flavobacterium devorans in einem geeigneten Nährboden (I) u. Aufarbeiten der Fermentations-Fl. (II); der I enthält 2 (%) Glucose, 2 Sojamehl, 0,3 $(NH_4)_2SO_4$, 0,3 $KHSO_4$, 0,2 $MgSO_4 \cdot 7 H_2O$, 1 Weizenkeime (III) u. 1 $CoCl_2$. An Stelle der III können Hefehydrolysate als Vitaminträger zugesetzt werden. Wachstumsdauer beträgt bis zu 5 Tagen bei p_H 5—8,5, bes. 5,5—7,5. Die II wird eingedampft u. zu Nährmitteln zugesetzt. (**A. P. 2 561 364** vom 1/6. 1950, ausg. 24/7. 1951.) K. Heinze. 4809

Abbott Laboratories, übert. von: **Anthony De Rose**, Chicago, Ill., V. St. A., *Stabilisierte Lösung von Vitamin B_{12}*, gek. durch einen Geh. von 0,001—1,0% Alkalibitartrat bei p_H 3—8, bes. 4,5—7. Erdalkalibitartrate haben die gleiche Wirkung. Sterilisierbare Lsg. in W. oder organ. Lösungsmitteln. (**A. P. 2 566 123** vom 22/9. 1949, ausg. 28/8. 1951.) K. Heinze. 4809

Løvens Kemiske Fabrik Ved. A. Køngsted, Kopenhagen, Dänemark, *7-Oxysterine* erhält man durch Red. der entsprechenden 7-Ketosterine mit $LiAlH_4$, zweckmäßig in Ae.; z. B. erhält man aus 7-Ketocholesterinacetat *7-Oxycholesterin*, F. 163—165°. — Zwischenprod. zur Herst. von Vitamin D_3. (**E. P. 656 388** vom 11/1. 1949, ausg. 22/8. 1951. Dän. Prior. 12/1. 1948.) Krauss. 4809

E. R. Squibb & Sons, New York, N. Y., übert. von: **Robert W. Bates**, Bound Brook, und **Herman Cohen**, New Brunswick, N. J., V. St. A., *Gewinnung von Sexualhormonen* aus dem Harn (I) schwangerer Stuten durch mehrmalige Aceton (II)-Extraktion des mit W. angerührten, durch Sprühtrocknung erhaltenen Pulvers aus I. — Z. B. wird 1 kg I-Trockenpulver mit 400 g W. u. 1600 II extrahiert u. die II-Schicht abgetrennt. Dann wird zweimal mit 1 (Liter) II u. schließlich mit 1 80%ig. wss. II extrahiert. Die gesammelten II-Mengen werden im Vakuum zur Trockne gebracht, Rückstand in 1 W aufgelöst u. auf p_H 2,5 eingestellt. Dann wird zweimal mit 0,5 Ae. extrahiert. Die wss. Lsg. wird auf p_H 9,2 gebracht u. fünfmal mit n-Butanol (III) extrahiert. Trockenrückstand von III beträgt 37 g u. enthält 90% Hormone. (**A. P. 2 565 115** vom 28/10. 1948, ausg. 21/8. 1951.) K. Heinze. 4809

Upjohn Co., übert. von: **John W. Nelson**, Kalamazoo, Mich., V. St. A., *Gewinnung östrogener Substanzen* aus dem Harn (I) schwangerer Stuten durch Säurehydrolyse des I, Adsorption an Kieselgur (II),/Eluieren mit Dibutyläther (III), n-Butylalkohol oder Dichloräthylen (IV) u. weitere Aufarbeitung. — Z. B. werden 145 Gallonen I auf p_H 3 gebracht, 2 Std. auf 90—100° erwärmt u. mit 4 lbs. II versetzt. II wird abgetrennt u. mit 18 Gallonen III eluiert. III wird dreimal mit wss. Na_2CO_3-Lsg. gewaschen u. dann mit n-NaOH-Lsg., die $NaHCO_3$ enthält u. ein p_H von 10,5 aufweist, extrahiert. Die wss. Alkalilsg. wird mit IV extrahiert. Trockenrückstand von IV enthält 19,5 g Hormone. — Weitere Beispiele. (**A. P. 2 578 729** vom 21/9. 1948, ausg. 18/12. 1951.) K. Heinze. 4809

Upjohn Co., übert. von: **Arnold C. Ott**, Kalamazoo, Mich., V. St. A., *Injizierbares Hormonpräparat* mit protrahierter Wrkg. mit Pflanzenöl, z. B. Erdnußöl (I), als Lösungsm. unter Zusatz von Al-Monostearat (II) mit Testosteron-β-cyclopentylpropionat (III) als Wirkstoff. — Z. B. werden 3 (g) III in 95 I gelöst, 1,9 II zugesetzt u. 10 Min. auf 120° erhitzt. — Thixotropes Gel, welches nach Umschütteln injizierbar ist. (**A. P. 2 566 358** vom 6/6. 1949, ausg. 4/9. 1951.) K. Heinze. 4809

Wm. S. Merrell Co., Cincinnati, übert. von: **Robert S. Shelton**, Mariemont, und **Marcus G. van Campen**, Wyoming, O., V. St. A., *Tris-phenyläthylenverbindungen* der allg. Formel I, wobei R = OH, Alkoxy-, Acyloxy-, z. B. Benzoyloxygruppen, jedoch mindestens 1 R eine OH-Gruppe, erhält man durch verschied. bekannte Additions- oder Kondensations-Rkk.; z. B. wird *Tris-p-oxyphenyläthylen* aus der Trimethoxyverb. durch Alkalihydrolyse erhalten. Durch Verestern der Oxyverb. mittels Säureanhydriden oder Säurechloriden erhält man Ester, mit Benzoylhalogeniden erhält man die Benzoylverbindungen. Tris-p-alkoxyderivv. erhält man aus 4.4'-Dialkoxybenzophenon mit Alkoxybenzyl-Mg-halogenid u. Dehydratisieren des erhaltenen Äthanols zur Äthylenverbindung. — 4.4'-Dibenzyloxybenzophenon

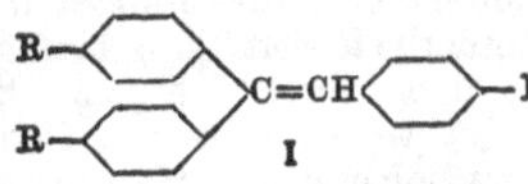

I

erhitzt man mit wasserfreiem Bzl u. p-Methoxybenzyl-Mg-chlorid am Rückfluß, versetzt nach 2 Std. mit 5%ig. NH_4Cl-Lsg., trennt von der wss. Schicht, macht mit NH_3 alkal. u. dampft auf dem Wasserbad auf $^2/_3$ der Lsg. ein. Man erhält *1.1-Bis-(p-benzyloxyphenyl)-2-(p-anisyl)-äthanol*, farblose Nadeln, F. 120—123°. Mit H_3PO_4 daraus die *Äthylenverb.*, farblose Nadeln, F. 80—82°. Hieraus in äther. Suspension mit CH_3MgJ nach Abtreiben des Ae. u. Erhitzen am Dampfbad Zugabe von verd. NH_4Cl-Lsg., Extraktion mit Ae., Ausziehen der phenol. Verbb. mittels verd. NaOH u. Behandlung des Extraktes mit überschüssigem CO_2, farblose Nadeln von *1.1-Bis-p-oxyphenyl-2-(p-anisyl)-äthylen*, F. 184 bis 185° (Bzl.). Es werden ferner hergestellt: *1.2-Bis-(p-oxyphenyl)-1-(p-anisyl)-äthylen* über *1.2-Bis-(p-benzyloxyphenyl)-1-(p-anisyl)-äthanol* u. *1.2-Bis-(p-benzyloxyphenyl)-1-(p-anisyl)-äthylen*. — *1.1.2-Tris-(p-acetoxyphenyl)-äthylen*, farblose Nadeln, F. 135—137°, über *Tris-p-methoxyphenyläthanol*, F. 130—131°, u. *Tris-p-methoxyphenyläthylen*, F. 100 bis 101°. — *1.1.2-Tris-(p-oxyphenyl)-äthylen*, gelbliche Nadeln, F. 189—191°. — *1.1-Di-p-anisyl-2-(p-oxyphenyl)-äthylen* über *1.1-Di-p-anisyl-2-(p-benzyloxyphenyl)-äthanol*, F. 120 bis 124°, u. *1.1-Di-p-anisyl-2-(p-benzyloxyphenyl)-äthylen*, farblose Nadeln, F. 139—141°. I sind neue Verbb. u. wertvoll durch östrogene Wrkg.; Anwendung bei atroph. Rhinitis; Amenorrhoea; atroph. Vulvovaginitis; Unterbrechung der Lactation u. in der Behandlung der Menopause. (**A. P. 2 571 954** vom 25/10. 1947, ausg. 16/10. 1951.) G. König. 4809

Chicago Medical School, übert. von: **Richard G. Roberts**, Chicago, Ill., V. St. A., *Insulinpräparat* mit protrahierter Wrkg. durch Einw. von Häminchlorid (I) u. Cholinchlorid (II) auf Kristallinsulin (III) in fl. wasserfreiem NH_3 (**IV**). — Z. B. werden 20 (mg) III, 20 I u. 40 **II** in 100 **IV** gelöst. Das ausfallende rotbraune amorphe Pulver ist in W., Glycerin, Äthylenglykol oder Propylenglykol lösl. u. kann injiziert werden. (**A. P. 2 563 070** vom 19/12. 1947, ausg. 7/8. 1951.) K. Heinze. 4809

G. Analyse. Laboratorium.

James M. Kendall, *Ein Präzisionsmikromanometer.* (Sitzungsbericht.) Es wird ein Mikromanometer hoher Genauigkeit für einen Druckbereich von 0,1—50 mm Hg beschrieben, das hauptsächlich in einem Überschallkanal Verwendung finden soll. Mit dem Manometer kann man Drucke mit einem Fehler von 3 μ Hg oder weniger ablesen. (Physic. Rev. [2] **87**. 230. 1/7. 1952. U. S. Naval Ordnance Labor.) Gottfried. 5016

J. H. Leck, *Das Hochtemperaturmeßgerät von Pirani.* Es wurden die Arbeitsbedingungen für die Verwendung eines Piranischen Meßgeräts in dem Druckbereich von 0—5 mm Hg untersucht. Bei einem Vgl. der Verwendungsmöglichkeiten von Pt- oder W-Draht in dem Meßgerät wurde festgestellt, daß bei beiden Drähten Nachteile auftreten, wenn die Arbeitstemp. oberhalb 450° K liegt. (J. sci. Instruments **29**. 258—63. Aug. 1952. Liverpool, Univ., Dep. of Electrical Engng.) Gottfried. 5026

Oltmann, *Neue Laborzentrifugen.* Besprechung der kühlbaren Winkelzentrifugen der Physon A. G. vom Typ „Pirouette" u. „Eispirouette". (Chem. Rdsch. [Solothurn] **5**. 293. 15/9. 1952.) Eichhoff. 5036

V. K. Zworykin, **L. E. Flory** und **R. E. Shrader**, *Fernsehmikroskopie mit Ultraviolettlicht.* Vff. beschreiben eine Kombination zwischen einem Fernsehmikroskop u. einem UV-sensibilisierten Vidicon. Letzteres zeigt bis zu kürzesten Wellenlängen von 2500 Å eine solche Empfindlichkeit, daß diese für die Aufnahme von mkr. vergrößerten biol. Objekten ausreicht. Die Beleuchtungsvorr. besteht aus einer Hg-Dampflampe mit Quarzoptik. Um im Bild eine Farbwrkg. im übertragenen Sinne zu erzielen, arbeitet die Anlage mit einem aus 3 Segmenten bestehenden rotierenden Beleuchtungsspiegel im Kondensor; das Licht der Hg-Lampe wird spektral zerlegt u. durch die Quarzoptik so geführt, daß die 3 Spiegel das Objekt in zeitlicher Aufeinanderfolge mit drei unterschiedlichen Wellenlängen beleuchten. Die Bildwidergabe erfolgt in einem Tricolorkineskop, auf dem ein farbiges UV-Bild erscheint. (Electronics **25**. Nr. 9. 150—52. Sept. 1952. Princeton, N. J., RCA Labor. Div.) Reusse. 5056

R. Barer, *Interferenzmikrospektroskopie.* Das Prinzip der Meth. ist folgendes: Betrachtet man von einem Interferometersyst. kommendes Licht durch ein Spektroskop, so treten eine Reihe dunkler Banden auf, die das Spektr. kreuzen, wenn als Lichtquelle kontinuierliche Strahlung benutzt wird. Ist die Phasendifferenz zwischen den interferierenden Strahlen durch das ganze Blickfeld gleichförmig, dann sind die dunklen Banden geradlinig; wenn zusätzliche Phasendifferenzen eingeführt werden, dann werden die Banden verschoben u. gestört, u. zwar in einer Art, die in Zusammenhang mit der durch das Objekt erzeugten Phasenänderung steht. Wenn man das Bild eines durchsichtigen Objekts, z. B. eine Zelle, durch ein Interferenzmikroskop auf den Eintrittsschlitz eines Spektrographen projiziert, dann kann man aus der Verschiebung der dunklen Banden die Phasenänderung

bestimmen, die an jedem Punkt des Objekts erzeugt wird. Gegenüber der Phasenkontrastmikroskopie besteht der Vorteil darin, daß der Kontrast der Banden in dem Spektrographen sehr viel größer als der der Interferenzstreifen im Blickfeld ist. Man kann mit dieser Meth. die Ggw. von Interferenzeffekten nachweisen, die zwar vermutet, aber mit den anderen Methoden nicht festgestellt werden konnten. Enthält das Objekt noch absorbierendes Material, dann tritt anomale Dispersion in dem Gebiet der Absorptionsbanden auf, so daß man gleichzeitig brechende u. absorbierende Eigg. beobachten kann. (Nature [London] **170.** 29. 5/7. 1952. Oxford, Univ. Museum., Dep. of Human Anatomy.)
GOTTFRIED. 5063

R. L. Drew, *Ein vereinfachtes Scherwirkungsinterferometer.* Es wird ein neu konstruiertes Scherwirkungsinterferometer (shearing interferometer) beschrieben, dessen Arbeitsweise auf dem Prinzip der Wellenfronttrennung beruht. Die Arbeitsweise wird genau beschrieben. (Proc. physic. Soc., Sect. B **64.** 1005—10. 1/11. 1951. Bristol, H. H. Wills Phys. Labor.)
GOTTFRIED. 5063

W. I. Malyschew, M. N. Markow und **A. A. Schubin**, *Automatisches Infrarotspektralphotometer.* Vff. beschreiben ein selbstregistrierendes Infrarotspektralphotometer zur unmittelbaren Messung von I/I_0 u. zum Anschluß an das 50 Hz-Wechselstromnetz. Arbeitsproben: *Nitrobenzol* u. *Polystyrol.* (Доклады Академии Наук СССР [Ber. Akad. Wiss. UdSSR] [N. S.] **86.** 273—76. 11/9. 1952.)
AMBERGER. 5063

Rudi Schall und **Gustav Thomer**, *Röntgenblitzaufnahmen von Stoßwellen in festen, flüssigen und gasförmigen Medien.* An Hand von Röntgenblitzaufnahmen der durch Detonation hervorgerufenen Druckwellen in festen, fl. u. gasförmigen Medien, bes. auch der Detonationswellen selbst, in Sprengstoffen wird dargelegt, daß gegen eine quantitative Auswertung von Röntgenblitzaufnahmen generell keine Bedenken bestehen. (Z. angew. Physik **3.** 41—44. Febr. 1951. Weil/Rh.)
PIEPLOW. 5063

E. W. Price, *Primärjustierung des Mach-Zehnder-Interferometers.* Beschreibung einer einfachen Meth. zur Justierung eines MACH-ZEHNDER-Interferometers auf parallele Bildebenen u. Interferenzen mit weißem Licht. (Rev. sci. Instruments **23.** 162. April 1952. China Lake, Calif., Michelson Labor., U. S. Naval Ordnance Test Stat., Ingokern.)
EICHHOFF. 5064

T. S. West, *Analysen für die Industrie.* (Vgl. C. **1953. 1534.**) Nach einigen allg. gehaltenen Ausführungen über die Titration in nichtwss. Medien wird auf die Acidimetrie unter Verwendung verschied. Lösungsmittel, beispielsweise von Dioxan u. Eisessig, eingegangen. In analoger Weise wird die Alkalimetrie behandelt. — 19 Literaturzitate. (Ind. Chemist **28.** 368—70. Aug. 1952.)
P. ECKERT. 5066

T. S. West, *Analysen für die Industrie.* (Vgl. vorst. Ref.) Die Ausführungen beschäftigen sich mit bes. für betriebliche Zwecke geeigneten, aus der Literatur zusammengestellten Titrationsmethoden in nichtwss. Medium. Nach einem Hinweis auf die Mannigfaltigkeit der Bestimmungsmöglichkeiten anorgan. Substanzen unter den gegebenen Bedingungen geht Vf. auf die Verwendung von $TiCl_2$ als Reduktionsmittel ein u. spricht dann über Redoxtitrationen organ. Verbindungen. (Ind. Chemist **28.** 415—17. Sept. 1952.)
P. ECKERT. 5066

D. C. Spanner, *Herstellung von sehr verdünnten Gasmischungen.* Es wird eine Vorr. zur Herst. von sehr verd. Gasmischungen beschrieben, z. B. von Gemischen von *CO_2* u. *Luft* von der Größenordnung 0,005—0,15 Vol.-%. (J. sci. Instruments **28.** 322. Okt. 1951. London, Imperial Coll. of Sci. and Technol., Botany Dep.)
GOTTFRIED. 5086

I. G. Lessochin, B. A. Kopylew und **A. Ja. Awerbuch**, *Apparat zur Stickstoffbestimmung in Gasgemischen.* Der App. besteht aus einer Meßbürette (in einem Thermostaten), einem mit Mg-Pulver (gesiebt: 40 Maschen/cm^2) gefüllten Quarz-U-Rohr in einem für 800—900° berechneten elektr. Heizofen, einem Kontroll- u. einem Hg-Niveaugefäß; ein einfacher, tragbarer App. vom ORSAT-Typ. Die Best. des N_2 erfolgt nach der Absorption von CO_2, ungesätt. KW-stoffen, O_2, CO, H_2O durch Leiten über glühendes (800°) Mg bis zur Volumkonstanz. Bestimmungsfehler 0,5—1%. (Журнал Аналитической Химии [J. analyt. Chem.] **7.** 316—19. Sept./Okt. 1952. Leningrad, Lensowjet-Inst.)
v. WILPERT. 5086

A. Je. Romanuschkina, Ss. L. Kiperman und **M. I. Temkin**, *Bestimmung geringer Stickstoffmengen in Gasen.* Die abgebildete App. ermöglicht die Best. von N_2 in H_2: 1 bis 10 Liter H_2 zirkulieren durch einen Katalysator, der die Synth. des NH_3 aus N_2 mit H_2 bei 475° bewirkt; das gebildete NH_3 wird in einem mit fl. Luft gekühlten Auffanggefäß eingefroren u. in titrierte H_2SO_4 hineingeblasen; durch Rücktitration mit NaOH wird die N_2-Menge ermittelt. Der App. kann zur Best. des N_2 in Edelgasen verwendet werden; zu diesem Zweck wird zur Edelgasprobe ein wenig H_2 zugesetzt, der N_2 zu NH_3 synthetisiert u. der Überschuß an H_2 durch Überleiten über erhitztes CuO wieder entfernt. Zum

Schutz des Katalysators ist jedoch Luft fernzuhalten. (Журнал Аналитической Химии [J. analyt. Chem.] 7. 314—15. Sept./Okt. 1952. Moskau, Physikochem. Karpow-Inst.) v. Wilpert. 5086

a) Elemente und anorganische Verbindungen.

K. P. Stoljarow, *Anwendung von ultravioletten Strahlen in der analytischen Chemie.* 2. Mitt. *Qualitative mikrochemische Analyse mit ultravioletten Strahlen.* (1. vgl. Brumberg u. Mitarbeiter, C. **1951.** II. 276.) Durch Anwendung der UV-Mikroskopie werden neue empfindliche qualitative mikrochem. Rkk. auf *NH₄*, *K*, *Fe*, *Cd* sowie eine Luminescenz-Rk. auf *Na* vorgeschlagen. Nach Ausführung der Mikro-Rk. werden die gegebenenfalls ausgefallenen Kristalle unter dem Mikroskop von einer Hg-Lampe (PRK-4) durch ein Lichtfilter beleuchtet, welches nur das äußerste Rot u. UV-Strahlen 400—250 mμ durchläßt. Ein fluorescierender Schirm erscheint unter dem Mikroskop weiß (er enthält 2 Schichten u. fluoresciert blau beim Auftreffen von 365 mμ-Strahlen, grün bei 313 mμ-Strahlen; die dritte Farbkomponente zu Weiß bildet das hindurchgelassene schwache Rot der Lampe). Auf diesem weißen Untergrunde erscheinen fluorescierende Kristalle purpurrot (Absorption der 365 mμ-Strahlen), purpurfarben (313 mμ) oder rot (254 mμ). Bekannte Rkk. werden in ihrer Empfindlichkeit gesteigert, falls die Kristalle fluorescenzfähig sind. — So kann NH_4^+ als $(NH_4)_2PtCl_6$ (kleinste Menge 0,042 μg: maximale Verdünnung 1:24000), ferner als $(NH_4)_3[Co(NO_2)_6]$ (0,34 μg, bei 1:3000) nachgewiesen werden. Zum N a c h w. v o n K wird Carnots Reagens $Na_3(BiS_2O_3)_3$ verwendet u. die Empfindlichkeit auf 0,7 μg (1:1500) gesteigert. Zum N a c h w. von N a wird Zinkuranylacetat verwendet, da Na–Zn–UO_2-Acetat luminesciert (nicht jedoch das Reagens). Bei dieser Rk. werden die fluorescierenden Schirme entfernt u. ein UFSs-2-Lichtfilter (bei λ 313 mμ maximal durchlässig) vorgelegt. Empfindlichkeitsgrenze 0,03 μg (Verdünnung 1:330000), K u. NH_4 stören nicht. N a c h w. v o n F e: Die Hydroxyde des Fe u. $Sn(OH)_2$ sind die einzigen fluorescierenden unter den häufigeren Elementen; das störende Sn wird durch NaOH in Stannit verwandelt; nachweisbar sind 0,04 μg Fe (1:25000). Fe ist auch als $FeAsO_4$ bis abwärts zu 0,02 μg (1:70000), beim Eindampfen des Prüftropfens sogar noch bis zu 0,005 μg (1:300000) nachweisbar; endlich als bas. Acetat bis zu 0,04 μg (1:24000) sowie als gelöst bleibendes $FeCl_3$ (Rotfärbung des Tropfens bei Zugabe von HCl): 0,006 μg Fe (1:500000). Die Empfindlichkeit dieser Rk. wird nur durch Bi gestört. Die Beeinträchtigung der Rkk. auf Fe durch die Ggw. weiterer fremder Ionen wird zahlenmäßig belegt. N a c h w. d e s C d: Als Sulfid sind 0,02 μg (1:44000), als Phosphat 0,18 μg (1:6000), mit Na-Nitroprussid sogar 0,01 μg (1:100000) Cd nachweisbar. Die Ausführung aller mikrochem. Rkk. ist die übliche. (Журнал Аналитической Химии [J. analyt. Chem.] 7. 195—200. Juli/Aug. 1952. Leningrad, Shdanow-Univ.) v. Wilpert. 5100

Adriana Casini, *Wichtige Hinweise hinsichtlich der letzten Gruppe der qualitativen Analyse.* Abhilfen bei Anomalien im Analysengang: 1. Zum N a c h w. d e s N H ₃ wird empfohlen, die im W. zergangene oder gelöste Probe statt mit starken Basen gelinde mit MgO zu erwärmen, da hierbei in Ggw. von NO_3^- u. metall. Al oder Zn Red., von Cyaniden Hydrolyse unter NH_3-Bldg. vermieden wird. 2. Die V e r t r e i b u n g v o n N H₄-S a l z e n durch Abrauchen führt auch bei Anwesenheit von Alkalien zu einem Rückstand, wenn *NH₄-Phosphate* oder *B(OH)₃* zugegen sind, der dann aus einer Schmelze von HPO_3 u. B_2O_3 besteht, die glasartig erstarrt. Zum Nachw. dienen Auflösung in W. u. Hydratisierung durch Erwärmen mit 2—3-Tropfen HCl, dann die Molybdat-Rk. bzw. Grünfärbung der $B(OCH_3)_3$-Flamme. Sind außerdem *Alkalien* zugegen, so werden sie nachgewiesen, da andere übliche Rkk. stören, indem man die Lsg. ammoniakal. macht, wodurch beim Erwärmen Li_3PO_4 ausfällt, das nach Lsg. in HCl durch Flammenfärbung nachgewiesen wird, während im Filtrat *Na* als saures Pyroantimonat gefunden wird. In einem anderen Teil der Lsg. fällt man das *K* mit $HClO_4$ u. identifiziert durch Flammenfärbung. 3. Die oft auftretende Unsicherheit des M g - N a c h w. als $MgNH_4PO_4$, bes. in Ggw. von Li, führt zur Bevorzugung anderer Reagentien, von denen als einfachstes NaJO empfohlen wird, das mit MgO eine rotbraune Jodadsorptionsverb. gibt. Die mehrfach beschriebene Rk. wird durch Erdalkalien kaum beeinflußt, aber durch NH_3 gestört u. am besten derart ausgeführt, daß man 5 ml ca. 0,1n J_2-Lsg. (1,5 g J_2 + 3 g KJ in 100 ml W.) tropfenweise mit ca. 0,1n NaOH bis zur Entfärbung (schwach strohfarben) versetzt u. das gleiche Vol. Probelsg. zugibt. 4. R k k. d e r A l k a l i e n: Als Reagens für den K-Nachw. wird saures Na-Tartrat in 10%ig. Lsg. statt Weinsäure + Na-Acetat empfohlen. Die Rk. wird durch $B(OH)_3$ infolge Bldg. des leichtlösl. K-Borotartrats gestört. Die sehr empfindliche Kobaltnitrit-Rk. des K wird durch H_3PO_4 oder Jodide gestört. Die Perchlorat-Rk. des K ist die einzige, die durch NH_4-Salze (auch durch H_3PO_4) nicht behindert u. deshalb am besten mit konz. NH_4ClO_4-Lsg. ausgeführt wird. Der mit frisch bereitetem Reagens auszuführende Nachw. des Na als saures Pyroantimonat wird durch Li^+ gestört, das einen krist. Nd. gibt. Viel empfindlicher ist der Nachw. als Na-Mg-Uranylacetat, der durch H_3PO_4 gestört wird, so daß beide Rkk. einander ergänzen. Liegen K, Na u. Li zugleich vor, so verfahre man nach 2. (Ann. Chimica **42**. 317—27. Juni 1952. Siena, Univ., Ist. Chim. gener.) METZENER. 5106

J. A. Adam, E. Booth und **J. D. H. Strickland,** *Die Bestimmung von Mikrogrammmengen Beryllium unter Verwendung von Acetylaceton.* Nach Entfernen der störenden Ionen mit Komplexon (Äthylendiamintetraessigsäure) wird das Be in einer Lsg. seines Acetyl-Aceton-Komplexes in Chlf. absorptiometr. bei 2950 Å bestimmt. So lassen sich Mengen bis herab zu 0,25 μg Be mit einer Genauigkeit von $\pm 5\%$ erfassen. (Analytica chim. Acta [Amsterdam] **6**. 462—71. Mai 1952. London, Ministry of Supply, Chem. Insp., Royal Arsenal.) PLOUM. G 281

Helmut Hartmann, Wilhelm Hofmann und **Karl-Heinz Schulte-Schrepping,** *Sauerstoffbestimmung in metallischem Zink.* Eine O-Best. in Zn nach der Gleichung $2ZnO + {}^3/_8 S_8 = 2ZnS + SO_2$ war nicht möglich, da sich bei der Rk. stöchiometr. nicht definierte Prodd. bilden, welche eine Umrechnung auf den vorliegenden O nicht zulassen. Die Berechnung der Rk. $ZnO + H_2S = ZnS + H_2O$ nach dem zweiten ULICHschen Näherungsverf. zeigte, daß die Umsetzung vom thermodynam. Gesichtspunkt aus durchführbar ist. Das entstehende W. erlaubt eine direkte Best. des O-Geh. im ZnO. Das entstehende W. wurde an P_2O_5 gebunden u. so zur Wägung gebracht. Es wurden Bestimmungen des O-Geh. verschied. Zn-Sorten durchgeführt, bei denen die O-Werte in der Größenordnung von 0,0005% lagen. Der Vgl. der O-Gehh. von Zn-Blech u. kompakten Zn-Blöcken gleichen Gewichtes zeigte, daß die Hauptmengen des O bei letzteren im Inneren des Metalles gebunden ist. (Z. Metallkunde **43**. 350—53. Okt. 1952. Braunschweig, TH.) HOCHSTEIN. G 288

W. I. Kumow, *Neue volumetrische und gravimetrische Methode zur Cadmiumbestimmung.* Als Reagens auf Cd wird *Diantipyryl-o-oxyphenylmethan* (I) vorgeschlagen: 0,25 g I werden bei geringem Erwärmen in 25 ml A. gelöst u. je 25 ml n-H_2SO_4 u. 5%ig. KBr-Lsg. zugegeben. Je 5 mg Cd erfordern 20—25 ml dieser Lsg.: es entsteht ein blaßrosa Nd. von I-$H_2[CdBr_4]$. Wegen Neigung zur Übersättigung ist Umrühren erforderlich. Nach 1½ Std. Filtrieren, 3—4mal mit 10 ml (1:4) verd. Reagens waschen, sodann mit A.-Ae.-Gemisch (1:7) nachwaschen, bei 110—120° trocknen; Cd-Koeff. 0,08057 gewichtsanalyt.; Titration: Ausspülen des Glasfiltertiegels (Nr. 4) mit 30—35 ml A., Zusatz von 150 ml dest. W., 4—6 Tropfen Methylorange u. Titrieren mit 0,1nNaOH (1 ml = 5,62 mg Cd). Ggw. von Cu, Fe, Al, Mn, Zn, Mg (Elektronmetall) stören nicht; befriedigende Beleganalysen. (Журнал Аналитической Химии [J. analyt. Chem.] **7**. 301—04. Sept./Okt. 1952. Molotow, Med. Inst.) v. WILPERT. G 289

M. W. Rodina, *Über die Anwendung von Morpholin in der analytischen Chemie.* Vf. berechnet zwei Anwendungsmöglichkeiten von *Morpholin* (I) zum Nachw. von Bi^{3+} u. Cd^{2+}. I gibt mit Bi-Salzen in Ggw. von KJ in salpetersaurem Medium einen orangeroten Nd.; unter dem Mikroskop sind Rhomben, Vierecke u. Sechsecke zu sehen. Der Nd. löst sich nicht in A. u. zers. sich beim Behandeln mit W. oder Basen. Beim tropfenweisen Zufügen von 10%ig. KJ-Lsg. zur salpetersauren Lsg. von Bi u. I entspricht die Empfindlichkeit der Rk. einer Grenzkonz. des Bi von 1:4400. Die Empfindlichkeit steigt außerordentlich, wenn man wie folgt verfährt: In ein Reagensglas gibt man 2—3 cm³ $Bi(NO_3)_3$-Lsg., fügt I hinzu, das einen bei kleinen Bi-Konzz. unmerklichen weißen Nd. von $Bi(OH)_3$ hervorruft. Der Nd. wird durch ein gewöhnliches Filter filtriert. In die Mitte des auseinandergefalteten Filters bringt man einen Tropfen HNO_3 (1:10) u. berührt ihn mit einer Capillare mit 10%ig. KJ-Lsg.; es bildet sich ein orangeroter Niederschlag. Diese Meth. gibt gute Resultate bei Bi-Konzz. 1:50000. Bei einer Konz. von 1:100000 bildet sich eine undeutliche rote Färbung. Beim Zufügen einer I-Lsg. u. KCNS oder NH_4CNS zur Cd-Lsg. fällt nach einigen Min., schneller beim Kratzen der Reagensglaswand mit einem Glasstab, ein grobkristalliner farbloser Nd. von Cd-Morpholinorhodanid aus. Der Nd. löst sich im Überschuß des NH_4CNS, nicht aber im Überschuß von KCNS. Der Nd. löst sich leicht in CH_3COOH u. in Mineralsäuren. Beim Schütteln mit viel W. wird er unter Bldg. weißer Flocken von $Cd(OH)_2$ hydrolysiert. Aus sehr schwachen Lsgg. fällt der Nd. nur beim längeren Stehen aus. Zur Mikrobest. des Cd bringt man auf ein Objektglas einen Tropfen der zu untersuchenden Lsg., fügt einen Tropfen 20—30%ig. I-Lsg. u. ein Kriställchen KCNS hinzu. Beim Stehen oder Kratzen mit dem Glasstab bildet sich ein krist. Niederschlag. Reines I oder seine konz. Lsg. sind für die Rk. nicht verwendbar, da das I mit KCNS ein Salz bildet, das beim Reiben mit dem Glasstab in Form farbloser Kristalle als Trapeze, Rechtecke, Sechsecke, Nadeln usw. ausfällt. Man verwendet 20—30%ig. Lsgg. von I. Man kann so bis zu 0,1 μg Cd nachweisen; Grenzkonz. 1:10000. (Журнал Аналитической Химии [J. analyt. Chem.] **7**. 312—13. Sept./Okt. 1952.) STEINBERG. G 334

J. Govaerts und **Carlos Barcia-Goyanes,** *Bestimmung von Chrom, Vanadin und Molybdän mit der Methode der radioaktiven Indicatoren.* Um Spuren von Cr, V u. Mo in Stahl, Legierungen u. anderen Substanzen bestimmen zu können, untersuchen Vff. die Fällung der unlösl. Verb. Ag_2CrO_4 (nach GOOCH u. WEED), $AgVO_3$ (nach MCCAY) u. Ag_2MoO_4 (nach CARRIÈRE u. GUITER) mit einer $AgNO_3$-Lsg., die als Indicator das radioakt. Isotop ^{110}Ag enthält. $AgVO_3$ allerdings eignet sich nicht unmittelbar zur Aktivitätsmessung, sondern muß nach dem Lösen in 50%ig. HNO_3 zunächst in AgCl umgewandelt werden. Durch Messen der Aktivitäten werden für 75—1,5 mg Cr, 20—1,8 mg V u. 16 bis 1,6 mg Mo Eichkurven aufgestellt, die eine lineare Abhängigkeit der Aktivität vom Geh. aufweisen, so daß unter gleichen experimentellen u. geometr. Bedingungen unbekannte Konzz. bestimmt werden können. Die Meth. ist einfach u. in ihrer Empfindlichkeit nur durch das Löslichkeitsprod. der Ndd. begrenzt. Bei Anwendung von Ag-Lsgg. höherer Aktivität steigt die Genauigkeit u. erlaubt noch die Best. kleinerer Konzz. an Cr, V u. Mo. (Analytica chim. Acta [Amsterdam] **6.** 121—25. Febr. 1952. Liège, Univ., Centre de Phys. Nucléaire.) WEITBRECHT. G 354

Lydia Jane Uhlig und **Henry Freiser,** *Reaktion von Nickel(II) mit β-Isothioureidopropionsäure. β-Isothioureidopropionsäure* (I) bildet mit Ni(II) in NH_3-alkal. Lsg. stark gefärbte Komplexe, wahrscheinlich durch Koordination oder Chelation mit dem Ni. Hierauf läßt sich eine colorimetr. Best. sehr kleiner Mengen Ni (0,3—1 mg/50 cm^3), die sehr genau ist, (±0,005 mg) aufbauen. Al, Zn sowie die meisten Anionen (Cl^-, Br^-, NO_3^-, SO_4^{2-}) stören nicht, ebensowenig Cu, wenn es in nicht mehr als fünffacher Menge gegenüber Ni(II) vorhanden ist. Co(II) u. Fe(III) stören. — Nach 3 Min. ist die Färbung entwickelt, sie bleibt mehr als 6 Std. unverändert. (Analytic. Chem. **23.** 1014—16. Juli 1951. Pittsburgh, Pa., Univ.) FREE. G 356

Philip W. West, Thomas G. Lyons und **Jack K. Carlton,** *Ein Extraktionsverfahren für die Isolierung von Kupfer.* In Fll., aus denen das als Ion darin enthaltene Cu als Hydroxyd oder Carbonat gefällt wird, läßt sich dieses bei einem bestimmten p_H durch Hinzufügen einer aliphat. Säure in deren Cu-Salz überführen. Mittels eines geeigneten Lösungsm. (Butyraldehyd, Bzl.-Buttersäure, Essigsäure-Capronsäure) kann das Cu-Salz extrahiert werden; das günstigste p_H hierfür liegt zwischen 6,3 u. 10,3. Die extrahierte Lsg. eignet sich zur photometr. Bestimmung. (Analytica chim. Acta [Amsterdam] **6.** 400—05. Mai 1952. Baton Rouge, La., Univ., Coates Chem. Labor.) PLOUM. G 358

b) Organische Verbindungen.

Walter Otting, *Apparatur zur Bestimmung primärer Aminogruppen nach D. D. van Slyke.* Die App. von VAN SLYKE zur Best. prim. NH_2-Gruppen wird verbessert. Durch Einführung einer hahnlosen Bürette, deren Niveaugefäß einen Absperrhahn besitzt, u. eines zusätzlichen Auffanggefäßes wird vermieden, daß Gasblasen am Absperrhahn hängen bleiben, das Eindringen von $KMnO_4$-Lsg. u. MnO_2 in der Bürette wird vermieden u. somit das Ablesen des Gasvol. erleichtert. Eine teilweise Erneuerung der $KMnO_4$-Lsg. nach jeder Best. ist möglich, ohne daß diese mit dem Hahnfett in Berührung kommt. Genaue Arbeitsvorschrift. (Chemie-Ing.-Techn. **24.** 452—54. Aug. 1952. Heidelberg, Max-Planck-Inst. für medizin. Forsch., Inst. für Chem.) K. F. MÜLLER. 5364

—, *Bestimmung des Rochellesalzgehaltes im Cyanidkupferbad.* Beschrieben wird ein Titrationsverf. mit n/10 $KMnO_4$- u. n/10 Oxalsäure als Titrierlösung. Vor der Titration wird zunächst der Cyanidgeh. der Elektrolyten durch Zusatz von HCl u. Erhitzen entfernt. Dann wird das Cu ausgefällt u. das Filtrat mit $MnSO_4$ u. H_2SO_4 versetzt u. auf 90° erhitzt. (Metalloberfläche Ausg. B **4.** 108. Juli 1952.) MARKHOFF. G 850

Bronisław Czerwiecki, *Über die Bestimmung von Chloramin T in der analytischen Chemie.* Überblick über die Eigg. des Chloramins T u. die in der Literatur vorliegenden Nachweis- u. Bestimmungsverfahren. (Farmacja polska **8.** 219—21. Juni 1952.) R. K. MÜLLER. G 1090

H. G. Scholten und **K. G. Stone,** *Bestimmung primärer aromatischer Amine durch Diazotierung unter Verwendung des „dead stop"-Endpunktes.* Zur Best. prim. aromat. Amine durch Diazotierung wird die „dead stop"-Technik vorgeschlagen. Die von WERNIMONT u. HOPKINSON (Ind. Engng. Chem., analyt. Edit. **15.** [1943.] 272) beschriebene App. wird verwendet; notwendig ist ein Galvanometer mit einer Empfindlichkeit von 0,01 μA/mm Skala. Die verwendete 0,1 mol. $NaNO_2$-Lsg. wurde durch Einstellung gegen Sulfanilsäure überprüft, die wiederum mit gegen K-Hydrogenphthalat eingestellter NaOH gegen Phenolphthalin titriert wurde. A u s f ü h r u n g : Die ca. 30—40 ml 0,1 mol. $NaNO_2$-Lsg. verbrauchende Probe wird in 250 ml W. + 20 ml 12 nHCl gelöst u. mit 1 g KBr versetzt. In die gerührte Lsg. taucht man die Pt-Elektroden, stellt das Galvanometer auf eine Empfindlichkeit von 0,01 μA/mm ein u. verwendet ein Potential von 0,4 V. Nun gibt man 0,1 mol. $NaNO_2$-Lsg., die durch diese Meth. gegen Sulfanilsäure eingestellt ist, in kleinen Portionen aus einer Bürette zu, deren Spitze in die Lsg. eintaucht. Der Endpunkt wird angezeigt, wenn das Galvanometer einen bleibenden Ausschlag von ca. 0,1 μA gegenüber dem vorher ermittelten Bezugspunkt anzeigt. Vom $NaNO_2$-Verbrauch sind 0,05 ml als Korrektur zu subtrahieren. Die Titration erfolgt bei Raumtemperatur. Die so erhaltenen Werte von Beleganalysen stimmen prakt. mit acidimetr. bestimmten Werten überein. (Analytic. Chem. **24.** 749—50. April 1952. Fort Lansing, Mich., Michigan State Coll., Kedzie Chem. Labor.) K. F. MÜLLER. G 1310

Augusto Banchetti, *Bestimmung des Pregnenolons.* Zur Best. des *Δ^5-Pregnen-3β-ol-20-ons* (I) u. seines Acetats, die beide therapeut. Verwendung finden, entwickelte Vf. ein Verf., das auf der verhältnismäßig spezif. Rk. von ZIMMERMANN (Hoppe-Seyler's Z. physiol. Chem. **245.** [1936.] 47 u. früher) beruht. Dazu wird I in A. gelöst (Tabletten werden vorher mit Ae. extrahiert u. der Rückstand nach Abdampfen des Ae. in A. aufgenommen) u. mit einer 2%ig. Lsg. von m-Dinitrobenzol in A. u. 2n KOH in A. versetzt. Nach 1 std. Aufbewahren bei 40° wird die Extinktion bei 500 mμ bestimmt. Bei der Best. des I-Acetats wird ebenso verfahren, nur wird es vorher mit 2n alkoh. KOH verseift. (Ann. Chimica **42.** 293—97. April/Mai 1952. Pisa, Univ., Ist. di Chim. farmaceut.) IPPEN. G 3750

H. Wachsmuth, *Einige qualitative und quantitative chemische Reaktionen von Penicillin.* Beschreibung einiger neuer Reduktions-, Fällungs- u. Farb-Rkk. von *Penicillin* (I), die sich zum Teil für die quantitative Best. eignen. Ammoniakal. *$AgNO_3$*-Lsg. wird bereits in der Kälte von I reduziert. *Quecksilberjodid*-Reagens (II) (1 g HgJ_2, 7,5 g KJ, 18 g NaOH, W. ad 100) wird in der Kälte unter Bldg. eines schwarzen Hg-Nd. leicht red.; nephelometr. Best. mit 1—5 mg I in 6 cm^3 Fl. + 2 cm^3 Reagens. Setzt man *Phosphowolframmolybdänsäure* zu, so erfolgt Red. der Säure durch Hg unter Blaufärbung, die colorimetr. ausgewertet wird. **II** wird durch *Kreatinin* beeinflußt. I red. *Jodsäure* (III) unter Gelbfärbung, die nach 15—30 Min. ein Maximum erreicht. Die Jodabscheidung hängt hierbei anscheinend vom Grad des Abbaues oder der Hydrolyse, die I bereits erfahren hat, ab. Die Rk. ist empfindlich; I-Lsg. (ca. 50 γ I) wird mit III behandelt u. nach Zusatz von etwas $CHCl_3$ zentrifugiert. Mit n-NaOH behandeltes I gibt bei Zusatz einer salzsauren Lsg. von *Ferricyanid-$FeCl_3$* eine Blaufärbung. Mit n-NaOH behandeltes I gibt bei Zusatz von *Phosphowolframsäure-*Reagens (IV) (z. B. nach FOLIN) eine Blaufärbung, deren Intensität durch verlängerte Hydrolysen- u. Entwicklungsdauer begünstigt wird. Quantitative Best.: 2 cm^3 0,4%ig. I-Lsgg., 2 cm^3 n-NaOH 15 Min., 1 cm^3 **IV**, dann 2 cm^3 n-NaOH. Die Rk. mit *Phosphowolframmolybdänsäure* (V) ist empfindlicher: 0,5—2 mg I in 5 cm^3 Fl. mit 2 cm^3 n-NaOH behandeln, nach Zusatz von 0,5—0,7 cm^3 **V**-Reagens sofort colorimetrieren. Die Intensität der Farb-Rk. wird durch die Dauer der NaOH-Einw. begünstigt (ca. 1 Std.). *Jod–Jodid*-Lsg. (VI) fällt I aus genügend konz. Lsgg., wobei alkal. Rk. die Empfindlichkeit erhöht. I-Lsg. gibt beim Erhitzen mit *saurem Hg-Sulfat* einen krist. Niederschlag. Bei Behandlung von I mit verd. $CuSO_4$-Lsg. u. anschließend verd. Pyridin schlägt die Blaufärbung plötzlich nach gelb, dann nach braun um, u. schließlich fällt ein gelbbrauner Nd. aus. Bei Zusatz von 2 cm^3 H_2SO_4 u. 0,1 cm^3 *Resorcin* (VII)-Lsg. (konz. **VII**-Lsg. + einige KBr-Kristalle) zu trockenem I entsteht beim Erwärmen eine Grünfärbung, die mit der Temp. u. Erhitzungszeit zunimmt. I-Lsg. u. **VI** (1—2 cm^3) geben nach Verjagen von J_2 durch Erwärmen eine rosarote Färbung. Saure Lsgg. werden vorher u. nach **VI**-Zugabe mit NH_3 neutralisiert. Einige *Aminosäuren* (VIII), wie *Tryptophan,* geben mit **VI** eine Braunfärbung, die im Gegensatz zur Rosafärbung durch I mit verschied. organ. Solventien, wie Amylalkohol, Isobutanol usw., extrahierbar ist. Die Rosafärbung zeigt im UV-Licht eine lebhafte, wenig p_H-abhängige Fluorescenz u. zeigt breite, diffuse Absorption bei 470—530 μm. *m-Dinitrobenzol* gibt mit I bei alkal. Rk. eine wenig charakterist. Braunfärbung. *β-Naphthochinonsulfonsäure* liefert mit I in alkal. Milieu eine braungelbe Färbung, die auch von **VIII** gegeben wird. Die Rk. von I nimmt mit fortschreitender Hydrolyse zu, während sie bei mit NaOH-behandeltem I sofort eintritt. Erhitzen einer I-Lsg. mit salzsaurer (2n) 1%ig. *p-Dimethylaminobenzaldehyd*-Lsg. gibt nach einiger Zeit eine Rosafärbung, die bei Pyridinzugabe nach rot umschlägt (λ_{max} 470—520 μm). Pyridin ist durch alkoh. Lsgg. von *Codein* oder *β-Pyridincarbonsäurediäthylamid*-Lsgg. ersetzbar. Zusatz einiger Tropfen alkoh. *Zimtaldehyd*-Lsg. zu einer salzsauren (2n) I-Lsg. u. Erhitzen gibt noch mit 0,2 mg I/cm^3 eine deutliche Gelbfärbung. Erhitzen einiger Tropfen alkoh. *Naphthoresorcin*-Lsg. mit einer salzsauren (2n) I-Lsg. eine Rosafärbung, später rosafarbenen Nd. u. nach gewisser Zeit eine grüne Fluorescenz, im UV-Licht blaue Fluorescenz. (Analytica chim. Acta [Amsterdam] **7.** 255—60. Sept. 1952. Anvers, Belgien, Hôpital Stuyvernberg, Labor. de Chim et de Biochim.) K. MAIER. G 3900

d) Medizinische und toxikologische Analyse.

H. Süllmann, *Über die Bestimmung von Dextran in biologischem Material.* Vf. modifiziert die von Hint u. Thorsén (Acta chem. scand. **1.** [1947.] 808) angegebene Cu-Meth. zur *Dextran* (I)-Best. dadurch, daß er die überschüssigen Cu-Ionen jodometr. titriert u. zur Fällung ein konzentrierteres Reagens verwendet (6 g $CuSO_4$ krist. + 30 g tert. Na-Citrat krist. auf 1 Liter). Mit wss. Lsgg. von partiell hydrolysiertem I wird eine annähernd lineare Abhängigkeit zwischen I-Menge u. gebundenem Cu erhalten. Nach Verss. des Vf. ist die Meth. zur I-Best. in Plasma, Blut, Urin u. Fäces geeignet. Für die I-Best. in Organen ist die Anwendbarkeit noch zu prüfen. Glykogen stört die I-Best. nach dieser Methode. (Helv. med. Acta **19.** 19—28. März 1952. Basel, Univ., Chirurg. Klinik.)
Nehring. 5725

Abraham Saifer und **Michael C. Zymaris,** *Photometrische Mikrobestimmung von menschlichem γ-Globulin.* 1. Mitt. *Entwicklung einer quantitativen Ninhydrinausflockungsmethode.* Vff. beschreiben eine Meth. zur quantitativen Best. von γ-Globulin (**G**) in Mengen von 1—100 γ, die auf einer quantitativen Ausfällung von **G** mit Cephalin–Cholesterin-Emulsion in Ggw. von Hayemscher Lsg. u. photometr. Best. des Proteingeh. des mit Ae. gewaschenen Nd. beruht. Einfl. von p_H, Temp., Zeit, Reagenskonz. usw. werden untersucht. Von den anderen Proteinfraktionen stören nur solche, die reich an Fibrinogen, β-Globulin u. β-Lipoprotein sind. (J. clin. Invest. **31.** 1—11. Jan. 1952. Brooklyn, N. Y., Jewish Sanitarium and Hosp. for Chronic Diseases, Biochem. Dep. of the Div. Labor.)
Nehring. 5728

Abraham Saifer, Michael C. Zymaris und **Henry Berger,** *Photometrische Mikrobestimmung von menschlichem γ-Globulin.* 2. Mitt. *Vergleich der quantitativen Ninhydrinausflockungsmethode mit der Elektrophoresemethode.* (1. vgl. vorst. Ref.) Durch Fällung des γ-Globulins (I) mit 20%ig. Natriumsulfitlsg. u. anschließende Dialyse vor Anwendung der eigentlichen Ninhydrinausflockungsmeth. werden Werte für I erhalten, die mit den elektrophoret. erhaltenen gut übereinstimmen u. geringere Schwankungen als diese zeigen. Bei direkter Anwendung der Meth. auf das Serum ergeben sich gewöhnlich um 50% höhere Werte. Die Reproduzierbarkeit weist einen Fehler von ca. ±5% auf. Das Verhältnis der Werte von direkter I-Best. u. Best. nach Fällung mit Natriumsulfit ist in n. Sera ziemlich konstant; es steigt bei Lipoidnephrosis u. fällt bei multiplem Myelom u. Lebererkrankungen. (J. clin. Invest. **31.** 12—22. Jan. 1952. Brooklyn, N. Y., Jewish Sanitarium and Hosp. for Chronic Diseases, Biochem. Dep. of the Div. of Labor.) Nehring. 5728

B. Levin und **V. G. Oberholzer,** *Papierelektrophorese von Serumproteinen.* Durch Papierelektrophorese getrennte *Albumin-*, α_1-, α_2-, β- u. *γ-Globulin*-Fraktionen von Serumproteinen werden nach Anfärbung mit Bromphenolblau aus 30—40 Filterbögen als Bänder ausgeschnitten u. die Proteine auf dem Filterpapier nach der Kjeldahl-Meth. bestimmt. Gute Übereinstimmung mit den durch Tiselius-Elektrophorese erhaltenen Werten wird erzielt. (Nature [London] **170.** 123. 19/7. 1952. London, Queen Elizabeth Hosp.)
Brinckmann. 5728

R. Caspani, *Anwendungsmöglichkeit und Ergebnisse der Elektrophorese in der Untersuchung des normalen Liquor cerebrospinalis.* Vf. führt die Papierelektrophorese von Liquor cerebrospinalis auf die übliche Weise durch, jedoch nimmt er die vorher erforderliche Anreicherung der Liquorproteide so vor, daß er den zentrifugierten Liquor in einer Petrischale mit einem kalten Luftstrom (Föhn) in einigen Std. zunächst weitgehend eingengt u. dann mittels Dialyse durch Cellophan gegen eine Lsg. aus 6 (g) Dextran, 0,9 NaCl u. 93,1 W., dann gegen die gleiche Lsg., aber ohne NaCl in 24 bzw. 12 Std. bei 2° weiter konzentriert. Mit dem auf diese Weise innerhalb einer kürzeren Zeit, als für Dialyse ohne Vorkonz. erforderlich, auf das 50—100fache konz. Liquor erhält Vf. Elektropherogramme, die denen von Blutserum weitgehend entsprechen. Im Gegensatz zu anderen Autoren beobachtet Vf. weder das Auftreten der V- noch der τ-Fraktion. Klin. Ergebnisse werden nicht mitgeteilt. (Minerva med. [Torino] **43.** I. 1346—48. 21/6. 1952. Como, Ospedale Sant' Anna.)
Ippen. 5730

R. J. Bayly, E. J. Bourne und **M. Stacey,** *Nachweis von Zuckern durch Papierchromatographie: die Glykosylamine. Glykosylamin* (I) u. *Diglykosylamin* (**II**) wurden bei der papierchromatograph. Analyse der Glucose aus diabet. *Harn* gefunden. Vff. zeigen, daß I u. II durch Umsatz mit den im diabet. Harn enthaltenen NH_4-Salzen von Carbonsäuren bei der Trocknung der aufgebrachten Lsg. gebildet werden, u. weisen auf Notwendigkeit einer vorsichtigen Auswertung von Zuckerchromatogrammen, erhalten aus biol. N-haltigen Fll., hin. Die bei Chromatographie reiner Handelsglucose erhaltenen I u. II sind dagegen nicht von der Art der Trocknung abhängig. Die R_F-Werte nehmen in der Reihenfolge Glucose — I — II ab (vgl. C. **1952.** 4353). I u. II lassen sich mit Naphthoresorcin anfärben. I gibt mit Ninhydrin, wenn wie bei Nachw. der Aminosäuren stark erhitzt wird, kräftigen

Farbfleck im Gegensatz zu schwacher Färbung bei **II**. (Nature [London] **169.** 876—77. 24/5. 1952. Birmingham, Univ., Dep. of Chem.) BRINCKMANN. 5732

R. Burthiault, R. Béthoux und **F. Charvet,** *Klinische Versuche mit einer neuen Methode der Gehaltsbestimmung von Pregnandiol im Harn.* Vff. berichten über die Vorteile eines neuen Verf. der Gehaltsbest. von *Pregnandiol* im Harn, dessen Technik im einzelnen beschrieben (BÉTHOUX, J. de Méd. de Lyon [20/1. 1952]) ist. Es wird betont, daß die Rk. für die Steroidfraktion, nicht für den Glucuronsäureanteil spezif. ist, so daß auch nach Behandlung mit Diäthylstilböstrol keine falschen Resultate erhalten werden. (Gynécol. et Obstétr. **51.** 294—97. 1952. Lyon.) GÜNZEL. 5732

Clément Duval, Inorganic thermogravimetric analysis. Amsterdam: Elsevier Publishing Cy. (XV + 531 S. m. Abb.) fl. 32,—.

Henri Renault, Guide de travaux pratiques de chimie analytique générale. Paris: Sedes. (350 S.) Fr. 1500,—.

H. Angewandte Chemie.

I. Allgemeine chemische Technologie.

Lincoln T. Work, *Zerkleinern.* Literaturübersicht, bes. aus dem Jahre 1951 im Anschluß an die C. **1951.** II. **3644** referierte Arbeit des Verfassers. Das Hauptinteresse beanspruchten die Gebiete der Messung von Korngrößen sowie die apparative Gestaltung der Mühlen u. der Sortierung (Siebe, Sedimentation usw.). — 73 Zitate. (Ind. Engng. Chem. **44.** 91—94. Jan. 1952. New York, N. Y.) GERHARD GÜNTHER. 5820

K. Honda, *Ionenaustauschharze.* Einführende Übersicht über den gegenwärtigen Stand der *Ionenaustauschharze,* ihre gemeinsamen Eigg., die grundlegenden Rkk. des Ionenaustausches u. deren Messung, die Verwendung u. Beurteilung der gebräuchlichen Austauscher, ihre chem. Zus. sowie über die Grundlagenforschung. — 14 Diagramme; 64 Literaturangaben. (Kagaku [Science] **22.** 285—94. Juni 1952. [Orig.: japan.]) SCHULER. 5826

Robert L. Pigford, *Absorption und Befeuchtung.* Literaturübersicht, bes. aus dem Jahre 1951, im Anschluß an die C. **1952.** 1884 referierte Arbeit des Verfassers. Theorie, App. u. Anwendungen. Veröffentlichungen auf dem Gebiet der Wiedergewinnung schwefelhaltiger Gase nehmen einen breiten Raum ein. — 97 Zitate. (Ind. Engng. Chem. **44.** 25—30. Jan. 1952. Newark, Del., Univ.) GERHARD GÜNTHER. 5848

P. Noss, *Meßverfahren und Meßgeräte zur Staubgehaltbestimmung in strömenden Gasen.* Die Staubmessung in strömenden Gasen bezweckt entweder den spezif. Staubgeh. in g/cm^3 oder die mit dem Gas in der Zeiteinheit ausgetragene Staubmenge. Zusätzlich wird eine Kornanalyse u. stoffliche u. chem. Zus. des Staubes verlangt. Es werden verschied. Staubmeßverff. verglichen, Teilergebnisse begonnener Unterss. mitgeteilt u. prakt. Hinweise gegeben. Ein Normgerät für Staubgehaltsmessungen in strömenden Gasen soll eingeführt werden. (Brennstoff. Wärme. Kraft **4.** 227—33. Juli 1952.) STEINER. 5888

Badische Anilin- & Soda-Fabrik (Erfinder: **Gustav Schwen** und **Jens Sattler†**), Ludwigshafen/Rh., *Dispergiermittel* für fl. oder feste, in W. schwer oder nicht lösl. oder damit nicht mischbare Stoffe, enthaltend Sulfonsäuren von höhermol. organ. Verbb. mit hohem Dispergiervermögen oder ihre Salze u. Polyvinylpyrrolidon. (**D. B. P. 852 697** Kl. 12s vom 7/7. 1944, ausg. 16/10. 1952.) DERSIN. 5825

Fram Corp., East Providence (Erfinder: **John Warren Robinson,** Barrington), Rhode Island, N. Y., V. St. A., *Trennung von Emulsionen,* z. B. aus einem KW-stoff (**I**) u. W., wobei **I** die zusammenhängende Hauptphase u. W. die in feiner Verteilung vorliegende Phase (**II**) bildet. Die Emulsion wird durch eine Anlagerungsmembran geführt (wodurch die feinen Tröpfchen der **II** aneinandergelagert u. größere Tropfen [**III**] gebildet werden) u. anschließend über eine gegen die Horizontale geneigte Trennungsmembran (**IV**). Diese ist durch bekannte Vorbehandlung für **I** durchlässig, für W. abstoßend; die **III** rollen auf **IV** hinab. Die Trennung kann mit einer anschließenden **IV** vervollständigt werden, um die von den **III** mitgerissenen **I** zu gewinnen; die zweite **IV** ist für W. durchlässig. — Vorrichtung. (**D. B. P. 855 695** Kl. 12d vom 26/3. 1949, ausg. 17/11. 1952. A. Prior. 30/9. 1947 u. **E. P. 657 715** vom 8/2. 1949, ausg. 26/9. 1951.) REICHELT. 5829

Gesellschaft für Linde's Eismaschinen Akt.-Ges. (Erfinder: **Rudolf Becker**), Höllriegelskreuth, *Regenerierung beladener Waschflüssigkeiten* (**I**) durch Erwärmen (**II**) u. Rückkühlung (**III**) der regenerierten **I**, wobei **II** bzw. **III** unter Verwendung von Speichermassen erfolgt, die abwechselnd von zu erwärmender **I** u. den dabei frei werdenden Gasen bzw. im andern Fall in entgegengesetzter Richtung von abzukühlender **I** durchströmt werden. — Vorrichtung. (**D. B. P. 854 199** Kl. 12e vom 20/1. 1951, ausg. 30/10. 1952.) HEINSEN. 5849

Gesellschaft für Linde's Eismaschinen Akt.-Ges. (Erfinder: **Walter Ruckdeschel**), Höllriegelskreuth, *Zerlegen von Gasen durch Verdichtung und Adsorption.* Zur Desorption wird die bei der Verdichtung des Gases frei werdende Wärme verwendet, indem dieselbe auf das Spülgas (I) übertragen wird, wobei I ein Zerlegungsprod. sein kann. (**D. B. P. 853160** Kl. 12e vom 11/3. 1943, ausg. 23/10. 1952.) HEINSEN. 5857

Lothar Lorenz, Ludwigshafen/Rh., *Lösen von Acetylen* aus Gasgemischen zum Lagern in Flaschen u. dgl. mit N-Alkylpyrrolidonen, z. B. N-Methyl- oder N-Isopropylpyrrolidon. In ersterem löst sich das 39fache des Acetylens bei 20° u. n. Druck. (**A. P. 2599649** vom 9/8. 1951, ausg. 10/6. 1952. D. Prior. 31/8. 1950.) SCHINDLER. 5857

Sv. Aa. Andersen, Køleteknik. Kuldens frembringelse, overføring og anvendelse. Hf. 1. Termodynamik. København: Gjellerups tekniske Boghandel. 1951. (64 S. m. 7 Taf.) 4°. Kr. 7,50.

IV. Wasser. Abwasser.

James V. Harvey, *Beziehung zwischen Wasserpilzen und Wasserverschmutzung.* Nach den Befunden in über 500 Boden- u. Wasserproben aus begrenzten Einzugsgebieten im südwestlichen Ohio waren *Saprolegnialen* (*Saprolegnia, Achlya*), ferner *Dictyuchus sp.* u. *Brevilegnia diclina*, sowie *Pythiaceen* (*Pythium debaryanum, Brevilegnia subclavata, Geolegnia inflata* u. *G. septisporangia*) in stärker verschmutztem W. nicht, in mäßig verschmutztem selten vorhanden. Von den eigentlichen aquat. Pilzen bevorzugt nur Aphanomyces verschmutztes Wasser. (Sewage ind. Wastes **24**. 1159—64. Sept. 1952. Cincinnati, O., U. S. Publ. Health Serv., Environmental Health Center.) MANZ. 6010

Heinr. Kruse, *Zur Auslegung und Bedeutung der chemischen bzw. bakteriologischen Untersuchungsergebnisse von Trinkwasserversorgungsanlagen.* Es wird die Auswertung der chem. u. bakteriolog. Befunde für die Beurteilung von Trinkwasserproben ausführlich erläutert. (Prakt. Desinfektor [N. F.] **1**. (**44**.) 25—31. Juni/Juli 1952. Berlin-Dahlem, Robert-Koch-Inst.) MANZ. 6014

T. C. Buck jr., C. E. Keefer und **Hester Hatch**, *Lebensfähigkeit coliartiger Keime in Hafenwasser. E. coli* u. *A. aerogenes* blieben im Hafenwasser der Chesapeake-Bucht u. in dest. W. 166—293 Tage lebensfähig, Belüftung hatte auf das Überleben keinen Einfluß. Vor dem Absterben der Keime wird ein meist zweimaliger Anstieg u. Abfall der Keimzahl beobachtet. (Sewage ind. Wastes **24**. 777—84. Juni 1952. Baltimore, Md., City Health Dep.; Bur. of Sewers.) MANZ. 6038

H. Heukelekian, C. B. McMenamin und **M. C. Rand**, *Wirkungsgrad von Hochleistungstropfkörpern bei Reihen- und Parallelbetrieb.* 2 Versuchstropfkörper von 4,57 m Durchmesser, 1,5 m Höhe wurden 3 Sommer mit häuslichem, Fruchtkonservenfabrikabwasser enthaltendem Abwasser in verschied. Schaltungen betrieben. Bei Reihenschaltung war die Wrkg. 2,5—3mal besser als bei Parallelschaltung. Parallelbetrieb ergab bei 593 g BSB je m^3 je Tag einen Ablauf mit 50 mg/Liter, Doppelfilterung bei bis zu 1482 g/m^3/Tag Belastung einen Ablauf mit 20 mg/Liter BSB. (Sewage ind. Wastes **24**. 723—30. Juni 1952. New Brunswick, N. J., Agricult. Exp. Stat., Rutgers Univ.; Bound Brook, N. J., Middlesex Borough Sewage Treatment Plant.) MANZ. 6040

Lisi Johansson, *Über Trink- und Speisewasser und dessen Untersuchung.* Übersicht über die wesentlichsten Gesichtspunkte bei der chem. u. bakteriolog. Unters. von W., bes. Brunnenwasser. (Suomen Kemistilehti **25**. A137—42. 1952.) BECKMANN. 6060

J. Kruse und **M. G. Mellon**, *Colorimetrische Bestimmung von freiem Ammoniak mit Pyridin–Pyrazolon-Reagens.* Man stellt 50 cm^3 der filtrierten oder durch Absetzen geklärten Probe mit Acetatpufferlsg. auf p_H 3,7 ein, setzt im Schütteltrichter weitere 10 cm^3 Acetatpufferlsg., 0,9 cm^3 3%ig. Chloramin-T-Lsg. zu, schüttelt, setzt nach 90 Sek. 30 cm^3 Pyridin–Pyrazolon-Reagens zu, schüttelt, extrahiert nach 2 Min. mit 25 oder 50 cm^3 CCl_4, filtert den CCl_4-Auszug über Baumwolle, füllt auf u. mißt die Absorption in 1 cm-Küvette im Spektrophotometer bei 450 mμ. Daneben Blindprobe mit 50 cm^3 NH_3-freiem Wasser. Ag, Cu, Zn, mehr als 50 mg/Liter Fe stören; Cyanat, mehr als 0,25 mg/Liter CN u. Thiocyanat müssen durch Filterung über ein Anionenaustauschfilter entfernt werden. Genauigkeit im Bereich 0,025—2,5 mg/Liter $\pm$3,5%. Das Verf. ist gegenüber dem NESSLERschen Verf. gegen Färbung, Trübung, Härteausscheidung unempfindlich. Die Färbung ist beständig. (Sewage ind. Wastes **24**. 1098—1100. Sept. 1952. Lafayette, Ind., Purdue Univ.) MANZ. 6060

Egbert Möhlau, *Beitrag zur Bestimmung des Chlorbindungsvermögens und der Chlorzehrung in Trink-, Brauch- und Abwässern.* Es wird die jodometr. Best. des Chlorbindungsvermögens u. der Chlorzehrung im Hinblick auf die Verwendung von Rohchloramin Fahlberg List als Entkeimungsmittel erläutert. (Pharmaz. Zentralhalle Deutschland **91**. 148—52. Mai 1952. Dresden, Hygien. Unters.-Anstalten.) MANZ. 6060

Otto Thomann, *Zur Keimzahlbestimmung in Trinkwasser.* Durch zahlreiche Unterss. von Trinkwasserproben wurde der Vorrang von Nährgelatine gegenüber Nähragar festgestellt; denn gelatinewüchsige Keime entwickelten sich rascher u. zahlreicher. (Mitt. Gebiete Lebensmittelunters. Hyg. **42.** 106—13. 1951. Zürich, Kant. Chem. Labor).
Liebner. 6064

Nandor Porges, Lenore Jasewicz und **Sam R. Hoover,** *Messung der Kohlendioxydentwicklung aus belüftetem Schlamm.* Nach Beobachtungen an Molkereiabwasser entspricht die aus belüftetem Schlamm-Abwasser-Gemischen entwickelte CO_2-Menge mengenmäßig der aufgenommenen O_2-Menge, so daß an Stelle der mittels manometr. Methoden relativ umständlich zu erfassenden O_2-Aufnahme die einfacher u. schnell ausführbare Best. der CO_2 verwendet werden kann. Man treibt aus 140 cm^3 Schlamm in der beschriebenen App. durch 15 Min. langes Durchleiten von CO_2-freier Luft alle Rest-CO_2 aus, setzt 360 cm^3 Abwasser zu, leitet 1 Std. CO_2-freie Luft (0,5 Liter je Min.) durch u. saugt die entwickelte CO_2 in eine vorgelegte $Ba(OH)_2$-Lsg. ab. (Sewage ind. Wastes **24.** 1091—97. Sept. 1952. Philadelphia, Pa., U. S. Dep. of Agricult., Agric. Res. Admin., Eastern Reg. Labor.)
Manz. 6068

Paul Schafroth, Neuchâtel, Schweiz, *Sättigung von Wasser mit* CO_2. Das W. wird durch ein Ventil in den Oberteil eines Druckkessels eingespritzt, während im unteren Teil im angesammelten W. ein Flügelrad rotiert, das durch mindestens eine CO_2-Düse beaufschlagt ist. (**Schwz. P. 279 917** vom 8/3. 1950, ausg. 1/4. 1952.) Reichelt. 6013

Permutit Co. Ltd., London, England, *Genießbarmachen von Meerwasser* mit einem Gemisch von Ag-Kationenaustauschern in Brikettform. Das Gemisch besteht aus einem Ag–Al-Silicat u. 0,5—70 Gew.-% eines Ag-Kationenaustauscherharzes. Dieses ist ein Mischpolymerisat einer Monovinyl- u. einer Divinylverb., z. B. von Styrol u. Divinylbenzol. (**E. P. 672 626** vom 29/11. 1950, ausg. 21/5. 1952. A. Prior. 6/12. 1949.) Reichelt. 6025

Chemola G. m. b. H. (Erfinder: **Rudolf Hoppe**), München, *Reinigung des Wassers von freiem Chlor* durch Thiosulfate. Die im W. vorhandenen Spuren von Säure werden durch gleichzeitigen Zusatz von z. B. $NaHCO_3$ gebunden bzw. durch schwächere Säuren, z. B. CO_2, ersetzt. (**D. B. P. 854 180** Kl. 85b vom 16/6. 1949, ausg. 30/10. 1952.) Reichelt. 6025

Albert Henry Brake, Ilford, und **Stanley Claude Osborne,** London, England, *Verhinderung der durch die Härte des Wassers hervorgerufenen Wirkungen.* Die Bldg. von festem Kesselstein wird durch Behandlung des W. mit Elektronen verhindert. Das W. wird der Einw. eines Hochfrequenzstromes, bei einer Spannung von 500 V u. mehr, unterworfen. — Zeichnung. (**Schwz. P. 279 916** vom 24/11. 1948, ausg. 1/4. 1952.) Reichelt. 6029

P. S. Jovén, Bromma, und **Å. H. Wallentin,** Göteborg, Schweden, *Oligodynamische Sterilisierung von Brunnenwasser.* Man hängt in den zu sterilisierenden Brunnen ein Messingrohr ein, das unten isoliert eine stabförmige Ag-Anode enthält. Das Messingrohr ist mit dem negativen Pol eines Batterieelementes u. das Ag mit dem positiven Pol verbunden. — Vorr., Zeichnung. (**Schwed. P. 133 399** vom 26/11. 1949, ausg. 23/10. 1951.)
Jürgen Schmidt. 6029

Louis Stalder, Genf, Schweiz, *Behandlung von Abwässern.* Die von den Abwässern mitgeführten Farbstoffe werden abgesiebt u. zerkleinert, der anfallende Schlamm wird von dem W. fortgespült oder in Schlammkammern angesammelt u. in bekannter Weise verarbeitet u. als Dünger verwertet. Die geklärten Abwässer werden auch belüftet oder mit Cl_2 behandelt. — Zeichnung. (**Schwz. P. 281 143** vom 26/9. 1949, ausg. 3/6. 1952.)
Reichelt. 6041

V. Anorganische Industrie.

J. P. Baxter, *Fluortechnologie.* Zusammenfassende Literaturübersicht (17 Hinweise). (Rev. pure appl. Chem. **2.** 203—11. Dez. 1952. New South Wales, Univ. of Technol.)
Winiker. H 246

W. M. Gallak, *Verfahren zur getrennten katalytischen Gewinnung von Sauerstoff und Chlor aus* $Ca(ClO)_2$. Es wird experimentell die Möglichkeit der wahlweisen Gewinnung von O_2 oder Cl_2 aus $Ca(ClO)_2$ mittels Katalysatoren nachgewiesen. In wss. Lsg. wird die Zerlegung von $Ca(ClO)_2$ in Ggw. von Co-, Fe-, Cu-, Ni- u. Mn-haltigen Katalysatoren stark beschleunigt, wobei als Reaktionsprod. stets O_2 erhalten wird. Ein bes. günstig wirkender Katalysator enthält Co u. Fe im Verhältnis 3: 2 u. wird in Mengen von 1—2 g auf je 25 g $Ca(ClO)_2$ zugesetzt. Bei Tempp. zwischen 70 u. 100° ist der Reaktionsablauf gegenüber Raumtemp. stark beschleunigt. Die gleichen Katalysatoren geben mit trockenem $Ca(ClO)_2$ bei der Erwärmung auf ca. 60° Cl_2 ab, das mit geringen Mengen O_2 verunreinigt ist. (Журнал Прикладной Химии [J. angew. Chem.] **24.** 798—806. Aug. 1951.)
Reinbach. H 247

Bergwerksverband zur Verwertung von Schutzrechten der Kohlentechnik G. m. b.H., Dortmund, *Aufarbeitung von rohem Ammoniakwasser.* Man läßt in einem Autoklaven (I) H_2S-haltiges NH_3-W. unter Zusatz einer geringen Menge Schwermetallsalz mit Luft bei erhöhter Temp. unter Überdruck eine Füllkörperschicht (Aktivkohle oder Raschigringe) passieren, wobei sich am Boden des **I** $(NH_4)_2SO_4$ u. reines NH_4OH ansammeln. (**E. P. 670 847** vom 2/5. 1950, ausg. 23/5. 1952.) NEBELSIEK. H 243

M. W. Kellogg Co., Jersey City, übert. von: **Ernest Solomon**, Nutley, N. J., V. St. A., *Herstellung von Hydrazin.* Ein substituiertes Keton (I), z. B. Diisopropylketon, Methylisopropylketon oder 1.1-Diphenylaceton, wird durch Behandlung mit z. B. HNO_2, Äthylnitrit u. Säure, NOCl oder N-Oxyden in ein bimol. Nitrosoketon (II) übergeführt, bes. in Ggw. eines inerten Lösungsm., wie Chlf., Bzl., CCl_4. **II** wird z. B. durch Kühlen ausgeschieden, abgetrennt u. durch Red., bes. in Ggw. eines Katalysators u. eines niedrig-sd. Alkohols, in Hydrazin u. **I** übergeführt. Man gießt das Reaktionsgemisch in W., dest. **I** u. W. ab u. gewinnt Hydrazin aus dem Rückstand. (**A. P. 2 591 735** vom 29/12. 1950, ausg. 8/4. 1952.) ZÜRN. H 243

M. W. Kellogg Co., Jersey City, übert. von: **Walton H. Marshall jr.**, New York, N. Y., V. St. A., *Herstellung von Hydrazinhydrat.* Ein Gemisch von NH_3 u. O_2, in dem das Molverhältnis $NH_3:O_2 > 5:1$, bes. 15: 1 bis 25: 1, ist, leitet man bei 100—400° u. bei Drucken > 7 kg/cm² durch eine Zone, in der sich als Katalysatoren Metalle der Gruppe Ag, Sn, Zn, Pb u. Cd befinden, bes. mit BaO_2 aktiviertes Ag. Die Verweilzeit soll dort so kurz sein, daß weniger als 20% NH_3 bei einem Durchgang umgesetzt werden. Die Katalysatoren können sich als Körner in Rohren befinden oder in feiner Form im Gas suspendiert werden. (**A. P. 2 583 584** vom 6/8. 1946, ausg. 29/1. 1952.) ZÜRN. H 243

Moranda Mines Ltd., Toronto, Can., *Gewinnung von Schwefel aus Schwefelkies.* Feinkörniger Pyrit, z. B. Flotationskonzentrat, wird zu kleinen Körpern geformt, die einen Durchmesser von ca. 3—6 mm aufweisen. Diese bringt man in einem Ofen auf ein Sieb mit einer Schichthöhe, die noch gut gasdurchlässig ist, leitet wenig Luft ein u. entzündet an der Oberfläche, in die die Luft eintritt, bes. oben. Aus den Abgasen entfernt man den S u. leitet einen Teil der Gase zurück, wodurch die Rk. so geregelt wird, daß die Verbrennung zu SO_2 möglichst gering ist. Aus dem andern Teil der Abgase kann man SO_2 gewinnen. Die kleinen Körper sollen sich nicht gegenseitig bewegen. Man arbeitet diskontinuierlich in einem Schachtofen oder kontinuierlich in einem Ofen mit Laufsieb. (**E. P. 651 297** vom 8/4. 1948, ausg. 14/3. 1951. A. Prior. 7/10. 1947.) ZÜRN. H 253

Standard Oil Development Co., New York, N. Y., V. St. A. (Erfinder: **W. K. Lewis** und **E. R. Gilliland**), *Herstellung von reinem Schwefeldioxyd durch Oxydation von schwefelhaltigen Stoffen.* Man erhitzt H_2S oder Sulfide, bes. FeS oder Pyriterze, mit festen, O_2-abgebenden Stoffen (Fe_2O_3), wobei diese in fl. Zustand verwendet u. im Kreislauf zwischen der Reaktionszone u. einer Regenerierzone geleitet werden, in der die festen Oxyde wieder in die höhere Oxydationsstufe aufoxydiert werden. — Zeichnungen. (**Schwed. P. 134 021** vom 2/11. 1949, ausg. 27/12. 1951. A. Prior. 22/12. 1948.) JÜRGEN SCHMIDT. H 253

United Chemical & Metallurgical Works, Prag, Tschechoslowakei, *Gewinnung von Schwefeldioxyd durch Zersetzen von Abfallschwefelsäure.* H_2SO_4, die wenig organ. Verunreinigungen enthält, z. B. Waschsäure des Kontaktverf., bringt man in die kalte oder mäßig warme Zone eines Röstofens. Man kann sie auch dem Pyrit beimischen, bevor er in den Ofen eingebracht wird. Bes. bei hoher Feuchtigkeit des Pyrits mischt man bis zu 30% Abbrand zu. (**E. P. 650 722** vom 27/6. 1947, ausg. 28/2. 1951. D. Prior. 29/9. 1943.) ZÜRN. H 253

VI. Silicatchemie. Baustoffe.

Albert Nicol und **Dominé-Bergès**, *Über ternäre Mischungen SiO_2–Al_2O_3–CaO.* Die Mischungen SiO_2–Al_2O_3–CaO werden in gleichen Verhältnissen wie die der Hochofenschlacken hergestellt: glasig, wiedergebrannt u. kristallisiert. Die Elektrolyse des festen Erzeugnisses in W. zeigt eine Extraktionsgrenze in Kalk an. Dies scheint das gleiche für die krist. Erzeugnisse zu sein u. ändert sich für die glasigen Erzeugnisse in Funktion der Zus. u. des Wiedergebrannten. Die Leitfähigkeit der Lsgg. in Funktion der Zeit zeigt die gleichen Eigentümlichkeiten, wird jedoch durch die Tatsache beeinflußt, daß in diesem Falle ein Gleichgewicht zwischen fl. u. fester Phase eintritt. — Die von Vff. bei ihren Verss. benutzten Prodd. sind von zwei Veränderlichen abhängig: Temp. u. Zusammensetzung. Die Wiederbrennungstempp. verändern die Struktur der Mischungen. Die Kristallisation ist definitiv bei 1100°, während der Körper für Tempp. unterhalb 800° noch glasig ist. Wie auch jede in Betracht gezogene Zus. sein mochte, war der Kristallisationszustand der gleiche mit wahrscheinlich einem Siliciumüberschuß für die Mischungen, die reich an diesem Bestandteil sind. Für SiO_2/Al_2O_3 zwischen 2,1 u. 1,5 weisen die glasigen Substanzen eine größere Extraktionsgrenze in Kalk als die krist. Substanzen auf. Für SiO_2/Al_2O_3 über oder gleich 2,8 ist die Extraktionsgrenze in Kalk für die glasigen Substanzen klein, d. h. kleiner als bei den kristallisierten. Hieraus ergibt sich, daß die Mischungen, die für die Zus. von hydraul. Bindemittel für einen gegebenen %-Satz an Kalk (ca. 50%) zu benutzen sind, einem Verhältnis SiO_2/Al_2O_3 unterhalb 2,8 entsprechen müssen, u. dann ist es angebracht, glasige Substanzen zu verwenden. (Rev. Matér. Construct. Trav. publ., Édit. C **1952.** 151—61. Juni.) Pistor. 6206

G. Gesche, *Das Putzen und Dekapieren als Vorbereitung für das Emaillieren von Grauguß.* Nach Schilderung der Putz- u. Dekapierverff. für Gußeisen durch Abstrahlen wird berichtet, daß mit Quarzsand dekapierte Stücke eine ebenso geringe Gasentw. zeigen wie sauber abgefeilte. Mit Gußkies dekapierter Guß ergibt beim Glühen, Grund- u. Deckemailbrand große Gasmengen. — 6 Abbildungen, 4 Schaubilder. (Ber. dtsch. keram. Ges. e. V. Ver. dtsch. Emailfachleute e. V. **29.** 325—28. Sept. 1952. Hirzenhain/Oberhessen.) Markhoff. 6212

A. Thürmer, *Leichtschmelzende Blechemails.* Berichtet wird über die Wrkg. eines Li-Zusatzes zu Emails, bes. über die Herabsetzung der Einbrenntemp. für Blechgrund u. Weißemails. Im Durchlaufofen ist es möglich, grund- u. fertigemaillierte Teile zusammen einzubrennen, wenn während der Durchlaufzeit eine gleichmäßige Wärmeverteilung trotz Verschiedenheit der Teile gewährleistet ist. (Sprechsaal Keram., Glas, Email **85.** 252—53. 5/6. 1952. Mariahütte/Saar.) Markhoff. 6212

—, *Lithiumverbindungen in Emails.* Li-Verbb. wirken durch ihre niedrige Viscosität in Emails günstig. Haftungsverbessernde Eigg. wurden nicht festgestellt. Li_2MoO_4 entfärbt bis zu einem gewissen Grade gelbliche Ti-Emails. — Diagramme. (Glas-Email-Keramo-Techn. **3.** 71—73. 15/3. 1952.) Markhoff. 6012

Rudolf Märker, *Erfahrungen aus der Güteprüfung emaillierter Blechwaren.* (Vgl. C. **1953. 2179.**) Beschrieben werden Beschauprüfung, Dickenmessung, Schlagfestigkeits-, Temperaturwechsel- u. Säurebeständigkeitsprüfung zur Erteilung eines Prüfzeichens. — Diagramm. (Silikattechnik **3.** 313—16. Juli 1952. Lichtentanne/Sachsen.) Markhoff. 6212

A. G. Biemond, *Über den Widerstand von chemischem Porzellan bei Temperaturänderungen und Methoden zur Messung desselben.* Es werden die Faktoren erörtert, die auf den therm. Widerstand des Porzellans einwirken, u. eine Theorie über die Spannungen, die im Schmelz u. im Porzellan entstehen, aufgestellt. Es folgen Angaben über die Messungen dieser Spannungen u. eine Beschreibung von drei Methoden zur Widerstandsmessung bei Temperaturänderungen, wobei gute Werte u. vergleichbare Kurven erhalten wurden. (Ind. céram. **1952.** 269—71. Aug./Sept. Enschede, Holland, Labor. N. V. Ramie Union.) Pistor. 6214

Andrés León, Carmen Villalobos und **Francisco Baena,** *Über die Plastizität von Ton, Kaolinen und keramischen Massen.* 1. Mitt. *Theorien über die Plastizität und vorgeschlagene Methoden zur Messung derselben.* Es werden eingehende Theorien über die Plastizität erörtert. Weiter werden besprochen: das Knetwasser; die Messung der Plastizität; die direkten Methoden zur Plastizitätsmessung (Stringer u. Emory, Zemiatchencow); die indirekten Methoden (Atterberg, Brougniart, Talwak u. Parmeli, Pfefferkorn, Bingham, Thiess u. Endell). (Ion [Madrid] **12.** 350—58. Juli 1952.) Pistor. 6216

Andrés León, Carmen Villalobos und **Francisco Baena,** *Über die Plastizität von Ton, Kaolinen und keramischen Massen.* 2. Mitt. *Messungen nach der Methode von Stringer und Emory mittels eines sehr vereinfachten Apparates nach Zemiatchencow.* (1. vgl. vorst. Ref.) Vff. haben die plast. Eigg. von 25 verschied. Mustern von Tonen, Kaolinen u. anderen keram. Massen nach der Meth. von Stringer u. Emory gemessen, wobei ein sehr einfacher u. von Vff. abgeänderter App. benutzt wurde. Die mit diesem App. erhaltenen Plastizitätswerte sind genauer als die nach der Meth. von Atterberg u. Emory ausgefallenen. Die Werte der Vff. stimmen gut überein mit den empir. der „Escuela de Cerámica“ in Madrid. (Ion [Madrid] **12.** 420—26. Aug. 1952.) Pistor. 6216

Louis Reymond, *Verbesserung der keramischen Massen durch Kontrolle des p_H-Wertes.* Die Eigg. der Tone können mittels Kontrolle des p_H-Wertes verbessert werden, indem während der Fabrikation geringe Mengen an Elektrolyten zugesetzt werden. Diese wirken durch Flockung oder Entflockung des tonigen Kolloids. Die Bearbeitung wird erleichtert, das Trocknen begünstigt, u. die Dauer des „Faulens“ der Erden kann wesentlich abgekürzt werden. Es ist möglich, magere Tone in plast. zu verwandeln u. Fett-Tone steifer zu machen. Bei Verss. an Löß, der mit einem geeigneten Elektrolyten zum Flocken gebracht worden ist, hat Vf. ausgezeichnete Ergebnisse sowohl für die Bildsamkeit des Löß als auch für die Beständigkeit beim Brennen erzielt, die aus angeführten Tabellen zu ersehen sind. (Ind. céram. **1952.** 275—77. Aug./Sept.) Pistor. 6216

Jean Comte, *Praktische Prüfung der Eigenschaften und Wahl der feuerfesten Steine für Zementdrehöfen.* Nach einleitenden Ausführungen stellt Vf. in einer Tafel die Eigg., die Arbeitsbedingungen aller Ofenteile sowie die Eigg. der Steine, die empfohlen werden können, zusammen. (Rev. Matér. Construct. Trav. publ., Édit. C **1952.** 173—75. Juni.) PISTOR. 6218

G. Ficker, *Zur Frage der Verwendbarkeit keramischer Werkstoffe für hochtemperaturbeanspruchte Maschinenbauteile.* Vf. führt die Reißlänge als Kriterium ein. Sillimanit hat bei 20 u. 1000° die Reißlänge von 5 km, Sintertonerde unter gleichen Bedingungen 4,5 km, Ventilkegelstahl WF 100 bei 20°: 9,6 km u. bei 800° nur noch 4,9 km. Die Festigkeitsprüfung ging über die Biegefestigkeit u. die Druckfestigkeit. Rechner. werden die Temperaturspannungen erfaßt sowie bekanntgewordene deutsche Verss. im Turbinenbau beschrieben. Gedanken zum Aufbau der Keramik-Gasturbine werden gegeben. (Ber. dtsch. keram. Ges. e. V. Ver. dtsch. Emailfachleute e. V. **29.** 310—24. Sept. 1952. Gustavsburg.) SCHÜTZ. 6220

Jean Walter, *Über Mahltechnik.* Vf. gibt an Hand der Literatur einen Überblick über die Mahlvorgänge im Betriebe. Es werden aktuelle Theorien aufgestellt u. die Fortschritte, die in der Mahltechnik durch systemat. Verss. im großen in Zementfabriken (USA, Canada, Afrika) erzielt worden sind, besprochen. (Rev. Matér. Construct. Trav. publ., Édit. C **1952.** 163—70. Juni. 193—98. Juli.) PISTOR. 6222

P. Lhopitallier, P. Stiglitz und **R. Vidal,** *Über falsches Abbinden von Zementen.* Es wird über ausgeführte Unterss. berichtet, durch die der wahrscheinliche Mechanismus des „falschen Abbindens", das beim Gebrauch von künstlichen oder metallurg. Zementen beobachtet worden ist, bewiesen werden soll. Dieses falsche Abbinden u. dessen Eigentümlichkeiten sind in Abwesenheit von Klinker reproduziert worden, indem letzterer durch einen inerten Stoff (kieseligen Sand) ersetzt wurde. Die Mischung Sand/Gips wurde einer Temp. entsprechend derjenigen, die in den Zementzerkleinerungsmaschinen erzielt wird, unterworfen. Unter diesen Bedingungen geht das in Form von Gips ($CaSO_4 \cdot 2 H_2O$) zugeführte Ca teilweise oder vollständig in Semihydrat ($CaSO_4 \cdot 0{,}5 H_2O$) über. Beim Mischen geht das Semihydrat von neuem in Gips über unter Bldg. eines Kristallskeletts, auf das die Steifheit der M. zurückzuführen ist. Die Menge an Semihydrat ist der bestimmende Faktor für die Intensität dieser Erscheinung. Ihre Geschwindigkeit ist verbunden mit der Anwesenheit von Gipsteilchen, die die Kristallisation hervorrufen. Ein verlängertes Mischen über das Abbinden des Semihydrats hinaus zerstört das gebildete Kristallskelett, u. ohne jeglichen Wasserzusatz wird die Mischung wieder plastisch. Es herrscht ein vollständiger Parallelismus zwischen den mit Zement gemachten Beobachtungen u. denjenigen mit einer Mischung mit inertem Grundstoff, obgleich im ersten Fall ein Bruchteil des Calciumsulfats sich mit einem oder mehreren Bestandteilen des Zements verbindet u. nicht an der beschriebenen Rk. teilnimmt. Die Ausbreitung dieser Fraktion entwickelt sich mit dem Grad der Aussetzung. Die Analyse des Mischungswassers, das in staffelförmigen Abständen entnommen wird, erlaubt es in allen Fällen, ununterbrochen den Verlauf der Eigg. der Übersättigung u. unabhängigen Kristallisation des $CaSO_4$ zu verfolgen. (Rev. Matér. Construct. Trav. publ., Édit. C **1952.** 181—87. Juli.) PISTOR. 6222

Hermann Harkort, *Die Bestimmung der Teilchengröße durch die Schlämmanalyse.* Ein abgekürztes Verf. durch die Best. einer einzelnen, jeweils geeigneten Fraktion mittels der Schlämmanalyse gibt eine Schnellmeth. der Betriebskontrolle von Rohstoffen u. Mahlvorgängen ab. Es werden die Einflüsse vom spezif. Gewicht der Schlämm-Fl. u. des Schlämmgutes u. der Temp. der ersteren dargelegt. Vf. gibt noch eine Zusammenstellung von Formeln zur Errechnung der Trockensubstanz aus ihren Suspensionen zwecks Aufstellung von Kurven, um Eintrocknung u. Wägung überflüssig zu machen. Zusammenfassend führt die Schnellanalyse mit dem neuen Gerät zu folgendem Ergebnis: Im Anschluß an die Siebanalyse ist die Korngrößenaufteilung bis in das bes. wichtige Gebiet der koll. Teilchen bis herunter zu ca. 8 μ für Ton u. Sand, bis zu ca. 4 μ für pulverförmige Stoffe bis zum spezif. Gewicht 10 mit W. möglich. Die Unterteilung mit der Düsenausrüstung von 1—6 mm läßt eine weitgehende Unterteilung in engen Größenbereichen zu. Es lassen sich bei Berücksichtigung aller Faktoren, bes. der Viscosität u. des spezif. Gewichts der Schlämm-Fl. in Abhängigkeit von der Temp. bei entsprechendem Zeitaufwand Werte von wissenschaftlicher Genauigkeit erzielen. (Glas-Email-Keramo-Techn. **3.** 256—58. 15/7. 1952.) PISTOR. 6240

Edwin S. Newman und **Lansing S. Wells,** *Hydratationswärmen und Puzzolangehalt von Portland–Puzzolan-Zementen.* Es werden Methoden zur Messung der angenäherten Lösungswärme in Säure von Portlandzement–Puzzolan-Mischungen unter Benutzung eines „Isothermaljacket"- u. „Vacuum-flask"-Calorimeters beschrieben mit dem Ziele, den Einfl. des bei Puzzolanzementen ungelöst bleibenden Materials zu reduzieren u. den Puzzolangeh. auf Grund seiner Beziehung zu der Lösungswärme u. dem %-Geh. an ungelöster Substanz zu bestimmen. Beispiele für die Berechnung der Hydratationswärme werden gegeben. Weiter werden Daten mitgeteilt für die Korrektur der Wärmekapazität des „Vacuum-flask"-Calorimeters mit anderen Mengen von HF als der 8 cm^3, die für die Messung der Hydratationswärme von Portlandzement nach der Standardmeth. vorgesehen sind. (J. Res. nat. Bur. Standards **49**. 55—60. Aug. 1952. Washington.) DICKHAUT. 6252

VII. Agrikulturchemie. Schädlingsbekämpfung.

Balwant Rai Puri und **K. K. Midha**, *Einfluß von feuchter Wärme und Druck auf Böden.* Fünf typ. Böden mit stark unterschiedlichen physikochem. Eigg. wurden verschied. Behandlungen (0,05n HCl u. Auslaugen mit W.; Erhitzen mit W. im Autoklaven bei 100 lbs. Druck während 10 Std.; 60std. Auslaugen mit W. im SOXHLET; 15tägiges Auslaugen mit W. im BÜCHNER-Trichter) unterworfen u. anschließend auf austauschbare Basen, p_H-Wert, NH_3-Absorption u. Feuchtigkeitsabsorption geprüft sowie mit NaOH titriert. Es ergab sich, daß Wärmebehandlung unter Druck die Oberflächenaktivität der Böden erhöht, was in der Aufspaltung in kleinere Teilchen seine Ursachen haben dürfte. Auslaugen hatte geringen oder keinen Einfluß. (Soil Sci. **72**. 443—48. Dez. 1951. Panjab, Univ.) SCHEIFELE. 6304

Gerhard Schrader, *Die Entwicklung neuer Insekticide auf Grundlage organischer Fluor- und Phosphorverbindungen.* Es werden die Arbeiten der I. G. FARBENINDUSTRIE von 1934—45 auf dem Gebiet organ. Fluorverbb. mit insekticider Wrkg. u. organ. Phosphorverbb. mit kontaktinsekticiden Eigg. beschrieben. Im einzelnen werden nachst. Verbindungstypen behandelt: *Phosphorsäureester, Thiophosphorsäureester, Esteramide der Phosphorsäure, Esteramide der Thiophosphorsäure,* Umsetzungen der *Dichlorphosphorsäureamide, Phosphorsäure-Esteramide* mit einem *sauren Substituenten, Dialkylaminofluorphosphorsäureester, Alkylaminofluorphosphorsäureester, Fluorphosphorsäurediamide, Fluorphosphorsäureester, Pyrophosphorsäureester, Derivv. der Pyrophosphorsäureester, Ester von Polyphosphaten (Bladane),* Entw. wasser- u. kalkbeständiger „Bladane", Entw. der Präpp. *E 600 (Mintacol)* u. *E 605 (Thiophos)* u. Entw. des Kartoffelkäferbekämpfungsmittels *E 838 (Potasan).* Die Monographie bringt viele Laborvorschriften zur Herst. vorst. Prodd.; diese Vorschriften waren bisher fast ausschließlich nur in der Patentliteratur zu finden. (Monogr. „Angew. Chem." u. „Chem.-Ing.-Techn." **1951**. 1—62.) ZIMMER. 6312

K. Sellke, *Insektenbekämpfungsversuche mit E-Brühen und ihren Gemischen mit pilztötenden Zusätzen.* Bei Bekämpfungsverss. gegen Blattläuse wurde die insekticide Wrkg. der E-Mittel E 605 forte, 29/51, 30/51 u. Ephotol (VVB ALCID FAHLBERG-LIST), sämtlich 0,3%ig, durch Zusatz der Fungicide Cupral (0,5%), Fuklasin F (0,5%) u. Schwefelkalkbrühe (1%) nicht beeinträchtigt, Laubschäden traten nicht ein. Wofatoxspritzmittel darf mit fungiciden Brühen wegen der Gefahr phytotox. Schäden nicht gemischt werden. Wenn die Mischbrühen vor Gebrauch 1—3 Tage stehen, bleibt die Wrkg. erhalten. Gemische von Polybar u. Insekticiden sind frisch zu verbrauchen. Zur Bekämpfung von Doralina pomi u. Spinnerraupen sind Hexaemulsionen, z. B. Arbitol (FAHLBERG-LIST VEB), wirksamer als E-Mittel. (Nachrichtenbl. dtsch. Pflanzenschutzdienst [Berlin] [N. F.] **5**. (**31**.) 221—24. Dez. 1951. Berlin, Biol. Zentralanst. für Land- u. Forstwirtschaft.) RANG. 6312

H. Schmidt, *Vorläufige Mitteilung über die fungicide Wirksamkeit E-Mittel-haltiger Mischbrühen.* Mischbrühen von Cupral (1%) u. Fuklasin (1%) mit E-Mittel 30/51 (0,75%) sind nach dem Laborschnelltest gegen Septoria apii ausreichend fungicid wirksam, ohne Auftreten phytotox. Schäden. Von der Beimischung von Wofatoxspritzmittel zu den Fungiciden wird wegen Beeinträchtigung der Schwebefähigkeit u. Verbrennungsgefahr bei den Blättern abgeraten. Gemische von Fungiciden mit E-Mittel 29/51 u. von Insekticiden mit polysulfidhaltigen Fungiciden neigen zu raschem Absetzen u. sind wenig wirksam. (Nachrichtenbl. dtsch. Pflanzenschutzdienst [Berlin] [N. F.] **5**. (**31**.) 224—25. Dez. 1951. Berlin, Biol. Zentralanst. für Land- u. Fortwirtschaft.) RANG. 6312

V. R. Vickery, *Bekämpfung von Insektenbefall bei Zuckermais.* Bei während 4 Jahren durchgeführten Bekämpfungsverss. gegen Maisschädlinge mit DDT, Parathion, Methoxychlor u. Lindane zeigte nur DDT gute Wirkung. (Annu. Rep., Nova Scotia Fruit Growers' Assoc. **88**. 79—81. Dez. 1951. Truro, N. S., Nova Scota Agricult. Coll.) RANG. 6312

—, *Die Tomatenmilbe (Phyllocoptes lycopersici).* Bekämpfung erfolgt außer Spritzen mit 0,05%ig. DDT-Emulsion (Blattunterseite der Tomatenpflanzen) hauptsächlich durch Stäuben mit Gemisch von Schwefelblüte u. gelöschtem Kalk (1 : 1) oder Spritzen mit Kalk-Schwefelbrühe (1 : 100). (Agric. Gaz. New South Wales **63**. 192—93. April 1952.) RANG. 6312

Arthur W. Lindquist, A. R. Roth und **John R. Walker,** *Bekämpfung von Chaoborus astictopus (D. u. S.) in Kalifornien.* Bei der Bekämpfung von Chaoborus astictopus D. u. S. erwies sich *TDE* (Dichlordiphenyldichloräthan) in einer Konz. von ca. 1 Teil Insekticid auf 50—100 Millionen Teile W. wirksam, ohne andere Wassertiere zu schädigen. (J. econ. Entomol. **44.** 572—77. Aug. 1951. U. S. D. A., Agric. Res. Admin., Bur. of Entomol. and Plant Quarantine, u. California State Dep. of Publ. Health, Bur. of Vector Control.) LIEBNER. 6312

James Sternburg und **C. W. Kearns,** *Die Gegenwart von DDT-fremden Toxinen im Blut von DDT-vergifteten Küchenschaben (Periplaneta americana).* Die chem. Analyse von Blutproben *DDT*-vergifteter Küchenschaben ergab 1 bis über 15 mg-% DDT. Vff. stellen fest, daß die Toxizität des Blutes in keiner Beziehung zur DDT-Konz. steht, indem Blut mit 1 mg-% DDT toxischer sein kann als solches mit einem Geh. von 10 mg-%. Auch durch Extraktion mit Ae. oder Bzl. von DDT befreites Blut bleibt toxisch. Die Wrkg. des DDT-fremden Toxins wird am Zentralnervensyst. nicht vergifteter Schaben demonstriert, wobei festgestellt wird, daß eine Temperaturabhängigkeit derart besteht, daß bei 35° das Toxin keine Wrkg. ausübt, während es bei 15° eine starke Reizung hervorruft. (Science [Washington] **116.** 144—47. 8/8. 1952. Urbana, Univ. of Illinois, Dep. of Entomol.) FAHRNLAENDER. 6312

J. J. Lehane und **W. J. Staple,** *Exsiccatormethode zur Bestimmung des dauernden Verwelkungsgrades von Böden.* Der dauernde Verwelkungsgrad eines Bodens entspricht der Menge Feuchtigkeit, die im Boden derart festgehalten wird, daß sie von wachsenden Pflanzen nicht ausgenutzt werden kann. Sie beträgt ca. 5% für feinen sandigen Lehmboden, 9% für Lehm, 20% für schweren Ton. Auf Grund der Veränderung des Dampfdruckes des Bodens mit dem Feuchtigkeitsgeh. werden im Exsiccator an kleinen Bodenproben Dampfdruckmessungen vorgenommen, wobei man die Bodenproben mit bekannten Schwefelsäurekonzz. ins Gleichgewicht kommen läßt. Kleine Schwankungen in der Feuchtigkeitsabsorption lassen sich durch gleichzeitige Best. einer Normalprobe von bekanntem Verwelkungsgrad ausschalten. (Soil Sci. **72.** 429—33. Dez. 1951. Swift Current, Saskatchewan, Canada Dep. of Agric., Soil Res. Labor.) SCHEIFELE. 6324

Gábor Vastagh, Erzsébet Vastagh und **Vilma Gervay,** *Über die Bestimmung vom Gesamtchlorgehalt in DDT und DDT-haltigen Präparaten.* Es wird ein einfaches Verf. zur Best. des Gesamtchlors (aliphat. u. aromat. gebundenes Chlor) in DDT oder ähnlichen Verbb. beschrieben, das ohne besondere App. auskommt. Die in PAe. (Kp. 100°) gelöste Halogenverb. wird dazu mit Na versetzt u. zum Sieden erhitzt. Bevor das Na zusammenschm., wird Amylalkohol hinzugegeben. Nach 1std. Sieden wird das Cl^- mit W.-HNO_3 ausgezogen u. wie üblich bestimmt. Das Verf. läßt sich auch im Mikromaßstab durchführen. Zur Best. des Cl-Geh. in Talkum, Bentonit u. ähnlichen enthaltenden Spritz- u. Stäubemitteln wird der Wirkstoff mit Bzn. extrahiert. Vaseline, Paraffinöl, Stearinsäure beeinflussen das Ergebnis nicht. (Arch. Pharmaz. Ber. dtsch. pharmaz. Ges. **285**/**57.** 165—69. 1952. Budapest, Staatl. Hygien. Inst., Chem. Abt.) K. F. MÜLLER. 6328

Gyula Josepovits, *Trennung der Isomeren des Hexachlorcyclohexans und Bestimmung ihrer chemischen Reaktionsfähigkeit.* Mit Chlf. bzw. Lösungsmittelmischungen konnte die Trennung der α-, β-, γ- u. δ-Isomeren aus einem techn. Prod. durchgeführt u. die Reaktionsfähigkeit der reinen Stoffe geprüft werden, um eine Bestimmungsmeth. für das akt. Isomere ausarbeiten zu können. Es wurden verschied. bekannte Methoden zur HCl-Abspaltung überprüft u. die Verss. mit $(NH_4)OH$, Anilin, Na_2CO_3, KCN, Eisessig + K-Acetat weitergeführt. Da jedoch der Unterschied zwischen den HCl-Abspaltungsgeschwindigkeiten der verschied. Isomeren gering ist, kann auf diese Weise die Best. des akt. Isomeren in techn. Prodd. nicht durchgeführt werden. (Magyar Kémiai Folyóirat [Ung. Z. Chem.] **57.** 353—57. Dez. 1951. Budapest, Növényvédelmi Kutató Intézet Kémiai Osztálya.) PLANK. 6328

F. B. Silbermann, Chemische Fabriken, Augsburg, *Herstellung eines Düngemittels auf Superphosphatbasis.* Möglichst hoch-%ig. Rohphosphate werden mit einem Unterschuß an H_2SO_4 aufgeschlossen, die M. wird einem ca. 2 Wochen währenden Nachaufschluß im Lagerhaufen unterworfen, mit Kalisalz u. $CaCO_3$ innig vermengt u. die Mischung weitere 3—4 Wochen nachgelagert, dann zerkleinert u. abgesackt. Der Kalk wird in Körnungen von 1 mm u. darunter verwendet u. Kali in Form von KCl oder K_2SO_4 zugesetzt. Das Düngemittel enthält wasser- u. ammoncitratlösl. P_2O_5 u. eignet sich vor allem als Herbstdünger für Wintersaaten. (**D. B. P. 849 560** Kl. 16 vom 1/11. 1949, ausg. 15/9. 1952.) KARST. 6283

John Norman Pring, London, England, *Herstellung von Calciumcyanamid.* Eine Charge aus Kalk oder Kalkstein wird mit Kohle, Sägemehl oder KW-stoffen in Ggw. von N_2 (mit oder ohne H_2) unter Drucken von 30—100 at im elektr. Lichtbogen zwischen

C- oder Metallelektroden bis auf ca. 3000° erhitzt. Die in der zentralen Zone gebildeten heißen Gase zirkulieren durch die umgebende Charge u. reagieren dort bei 600—1800°. Der Kalk wird vorher aus $Ca(OH)_2$ durch Calcinierung bei 500—600°, Agglomerierung, Körnung oder Brikettierung der feinverteilten M., gegebenenfalls unter Zusatz von feinverteilter Kohle u. Bindemitteln, z. B. Teer, als poröse M. gewonnen. Man erhält Prodd. mit höherem Geh. an $CaCN_2$. *Düngemittel.* — Vorrichtung. (**E. P. 672 570** vom 22/5. 1950, ausg. 21/5. 1952.) KARST. 6285

Lonza Elektrizitätswerke und Chemische Fabriken Akt.-Ges., Basel (Erfinder: **Samuel Ruosch,** Visp), Schweiz, *Herstellung von körnigem, wasserarmem Kalksalpeter.* Beim Eindampfen der $Ca(NO_3)_2$-Lsg. in Verdampfern u./oder Kristallisierrührwerken bis zu einer Konz. von 92% hält man durch Regelung von Druck u. Temp. die Verdampfungsgeschwindigkeit so niedrig u. gleichmäßig, daß die langsam ansteigende Viscosität der Schmelze bei einer Konz. von 90% u. bei 130° eine Viscosität von höchstens der Verhältniszahl 3 erreicht (hochviscoses Kompreßöl von 25 Englergraden bei 20° = 1 gesetzt) u. die Schmelze dauernd einen gut rührbaren grobkrist. Kristallbrei bildet, worauf sie dann durch Verspritzen in Zentrifugen oder durch Pressen durch gelochte Platten zerteilt u. unter Verfestigung in körnige Form übergeführt wird. Der grobkrist. Kristallbrei wird nach der Zerteilung auf zerkleinertes, bereits verfestigtes Material der gleichen Zus. fallengelassen u. dabei mit demselben unter Abkühlung vermischt. Die Durchmischung kann auf Vibrationsböden erfolgen. Die Abkühlung der Schmelze vor dem Zerteilen findet in Kaltrührwerken bis auf ca. 50° statt. Man erhält gut streufähigen u. lagerbeständigen, ca. 92%ig. Kalksalpeter mit 15,5% N-Gehalt. (**D. B. P. 849 702** Kl. 16 vom 2/4. 1949, ausg. 18/9. 1952. Schwz. Prior. 19/12. 1944.) KARST. 6285

Burbach-Kaliwerke Akt.-Ges., Wittmar (Erfinder: **Friedrich Spetling,** Wittmar, und **Hans Banthien,** Groß-Giesen), *Herstellung sulfathaltiger Kalidüngemittel aus kieserithaltigen Kalirohsalzen.* Man behandelt zunächst einen Teil des Rohsalzes mit Löselaugen, setzt der dabei anfallenden heißen Lsg. den restlichen Teil des Rohsalzes oder eine entsprechende Menge von calciniertem Kieserit zu, kühlt die Lsg. unter Rühren ab u. trennt den Bodenkörper ab. In der Umsetzungslauge wird durch Absieben oder Abschlämmen eine Trennung der groben Löserückstände von der heißen Lsg. u. etwa gebildeter feinkörniger Doppelsulfate vorgenommen. Man erreicht hohen Sulfatgeh. im Endprodukt. (**D. B. P. 847 141** Kl. 12l vom 2/10. 1948, ausg. 21/8. 1952.) KARST. 6287

Edward Henry Sams, Richmond, Surrey, England, *Verarbeitung von Torf zu Düngemitteln.* Zerkleinerter Torf wird auf Haufen gelagert u. der Einw. von Luft ausgesetzt, worauf die M. auf ein Bett von zerkleinertem, kompostiertem Abwasserklärschlamm, Müll oder dgl. aufgebracht u. dort unter teilweiser Entwässerung einer Vergärung unterworfen wird. Nach einigen Tagen erfolgt eine gründliche Durchmischung der gesamten M. unter Gewinnung von Düngemitteln mit hohem Geh. an aeroben Bakterien. Der Torf kann durch Zusatz von Kalk entsäuert werden. (**E. P. 651 079** vom 24/2. 1948, ausg. 14/3. 1951.) KARST. 6297

B. F. Goodrich Co., New York, N. Y., übert. von: **Luther Le Roy Baumgartner,** V. St. A., *Unkrautvertilgungsmittel.* Ein Trägerstoff aus einem Mineralöl, das vorwiegend aus gesätt. aliphat. KW-stoffen mit 10—20 C-Atomen besteht, wird mit 0,1—10% eines Chlorphenylcarbonats als akt. Verb. vermischt, z. B. mit *Polychlorphenylallylcarbonat* oder *Polychlorphenyläthylcarbonat,* bes. deren Pentachlorverbindungen. (**E. P. 660 545** vom 29/11. 1949, ausg. 7/11. 1951. A. Prior. 10/12. 1948.) KARST. 6313

Texas Co., New York, übert. von: **Robert T. Van Vleck,** Fishkill, N. Y., V. St. A., *Herstellung von 3-Jodthionaphthen* (I) durch Jodieren von Thionaphthen (**II**) in Ggw. von HgO (**III**). — Z. B. werden 227 (g) **II**, 436 J u. 300 **III** in 200 cm^3 Bzl. suspendiert u. eisgekühlt. Aufarbeitung ergibt 93 g **I**, $Kp._5$ 137—138°. Pikrat, F. 107—108°. Das entsprechende Sulfon wird durch Behandlung von **I** mit H_2O_2, Eisessig u. Essigsäureanhydrid erhalten, F. 197—199°. — *Fungicide u. insekticide Wirkung.* (**A. P. 2 557 708** vom 14/8. 1948, ausg. 19/6. 1951.) K. HEINZE. 6313

VIII. Metallurgie. Metallographie. Metallverarbeitung.

P. F. Fessetschko, *Chemie in der Metallurgie.* An den Beispielen der Hochofen- u. MARTIN-Ofen-Schmelze sowie der Stahlzementation werden die wichtigsten chem. Rkk. der Metallurgie u. die Maßnahmen zu ihrer Beschleunigung besprochen. (Химия в Школе [Chem. Schule] **1952.** Nr. 5. 8—16. Sept./Okt.) LEBTAG. 6350

I. N. Plakssin und **G. A. Mjassnikowa,** *Die Schutzwirkung von Ammoniumsalzen bei der Flotation von Pyrit, Arsenopyrit und einigen anderen Sulfidmineralien in kalkhaltigem Medium. Arsenopyrit* (I) wird durch Schwermetallsalze stärker aktiviert als *Pyrit* (**II**), auch bei der Flotation mit $Ca(OH)_2$ in ammoniakal. Medium verhalten sich I u. II verschieden: I wird durch NH_4-Salze nicht beeinflußt wie II, *Pyrrhotin, Galenit* u. *Sphalerit*. In neutralem Medium wirken NH_4-Salze weder auf I noch auf II aktivierend. Zur Flotationstrennung von I u. II kann NH_4Cl vor oder mit dem CaO eingeführt werden. Vor der eigentlichen Flotation ist der Brei mit den Zusätzen mindestens 10—15 Min. durchzumischen, um eine genügende Depression des I zu erzielen. Über den Chemismus der Wrkg. der NH_4-Salze wird eine Theorie entwickelt, wonach diese Puffer für die Einw. des CaO darstellen, indem sie die Konz. der OH-Ionen herabdrücken. (Известия Академии Наук СССР, Отделение Технических Наук [Nachr. Akad. Wiss. UdSSR, Abt. techn. Wiss.] **1951.** 1046—64. Juli.) R. K. Müller. 6362

D. D. Howat, *Ein Überblick über die Unterschiede des Hochdruckverfahrens und der Erzaufbereitung im Hochofenbetrieb in Amerika und England.* (Blast Furnace Steel Plant **40.** 71—76. Jan. 1952. Glasgow, Royal Techn. Coll., Metallurg. Dep.) Haug. 6370

Heinz-Ulrich Doliwa, *Neues auf dem Gebiete des Gießereiwesens.* Überblick. (Werkstatt u. Betrieb **84.** 52—54. Febr. 1951. München-Allach.) Habbel. 6382

A. Roth, *Aufheizerscheinungen an Stahlgußformen.* Die Aufheizwirkungen des Formstoffes werden erläutert. (Gießerei **39.** 585—87. 30/10. 1952. Hattingen.) Hochstein. 6382

Hans Betz, *Gießtechnische Maßnahmen bei der Herstellung von Weißmetallgleitlagern.* Verff. zur Erzielung einer einwandfreien Bindungsschicht zwischen Stützschale u. Ausgußmaterial bei Weißmetallagern (Entfetten, Beseitigen von Oxydhäuten u. Verunreinigungen), der Einfl. der Gießtechnik auf Bindung u. Festigkeit des Lagermetalls sowie die Abhängigkeit der Dauerstandfestigkeit von der Ausgußstärke werden behandelt. (Braunkohle, Wärme u. Energie **3.** 372—76. Nov. 1951. Wiesbaden-Schierstein.) Köhn. 6382

W. v. Preen, *Einfluß der Windmenge auf die Überhitzungstemperatur beim Kupolofenschmelzen.* Die im Betrieb auftretende Überhitzung des Eisens auf eine höhere Temp. bei steigender Windmenge bedingt einen höheren Wärmeverbrauch in der Schmelz- u. Überhitzungszone des Kupolofens. Es wird gezeigt, daß sich das Verbrennungsverhältnis wegen seiner Abhängigkeit vom Temperaturgefälle in der Reduktionszone mit der Windmenge ändern muß. Um die zur höheren Überhitzung des Eisens erforderliche Wärme zu decken, genügt eine so geringfügige Vergrößerung des Verbrennungsverhältnisses, daß sie bei der geringen Genauigkeit der Gichtgasanalysen kaum mit Sicherheit zu messen ist. (Giesserei, techn.-wiss. Beih. **1952.** 293—95. März. Huskvarna, Schweden.) Hochstein. 6402

E. Piwowarsky und **H. Schmidt,** *Schmelzversuche an einem sauer bzw. basisch ausgekleideten Kupolofen unter vergleichlichen Bedingungen.* Bei den Vgll. wurde festgestellt, daß bei Graugußschmelzen der Si-Abbrand im bas. Kupolofen doppelt so hoch ist u. der Mn-Abbrand bedeutend geringer ist als im sauren Ofen. P, der sich im sauren Ofen nicht entfernen läßt, ist im bas. Ofen zwischen 53 u. 67% bei einem Einsatz von 0,1% entfernt worden. Der S-Geh. liegt um 0,04—0,05% niedriger als im sauren Ofen. Durch geeignete Schlackenführung lassen sich P u. S noch weiter entfernen. Dabei muß für die Entphosphorung mit einer oxydierenden u. für eine Entschwefelung mit einer reduzierenden Schlacke gearbeitet werden. In einer besonderen Entphosphorungsschmelze ist es gelungen, 71,4% des P-Geh. zu entfernen. Eine Schmelze aus reinem Stahlschrott konnte im bas. Ofen auf eine Analyse von 3,53 (%) C, 0,0 Si, 0,18 Mn, unter 0,015 P u. 0,04 S gebracht werden. Hierbei war der C unterhalb der Düsen im Eisen linear von der Gestellhöhe abhängig. Durch CaC_2-Zusatz werden die Tempp. des fl. Eisens u. der Schlacke um mindestens 100° erhöht u. die Entschwefelung begünstigt. (Giesserei, techn.-wiss. Beih. **1952.** 261—71. März. Aachen, TH, Gießerei-Inst.) Hochstein. 6402

E. Piwowarsky und **H. Eyckeler,** *Großversuche mit einer wirksamen Koksumkrustung.* Zur Gußeisenherst. wurde kleinstückiger u. nicht stark gegarter Schmelzkoks zweifach umkrustet, wobei für die erste Umkrustung drei Gewichtsteile Portlandzement mit 2,5 Gewichtsteilen W. verrührt werden. Für die zweite Umhüllung wurde das Verhältnis 3 : 2 gewählt. Je nach der Oberflächenbeschaffenheit des Kokses u. der Lage, in der der Koks trocknete, beträgt die Schichtdicke der Umhüllung 0,6—2,5 mm. Von dem so behandelten Koks wird der Abrieb u. die mechan. Festigkeit ermittelt. Durch vergleichende Schmelzen wird bewiesen, daß die durch die Koksumkrustung erzielten Ergebnisse auf die Zurückdrängung der CO_2-Red. zurückzuführen sind. (Giesserei, techn.-wiss. Beih. **1952.** 281—86. März. Aachen, TH, Gießerei-Inst.) Hochstein. 6402

E. Piwowarsky und **G. Poel,** *Die Bedeutung einer richtigen Koksumkrustung für den Erfolg dieses Verfahrens.* Unzureichend oder unzweckmäßig umkrusteter Koks zeigte bei einem Kleinkupolofen keine schmelztechn. Vorteile, bes. hinsichtlich der erreichbaren Rinnentemperatur. Bei richtiger Umkrustung werden die Vorteile erhöhter Windtemp.

nachgewiesen. (Giesserei, techn.-wiss. Beih. **1952.** 287—88. März. Aachen, TH, Gießerei-Inst.) HOCHSTEIN. 6402

Richard D. Hoak, *Stahlindustrie.* Überblick über den Stand der Aufbereitung von Abfällen in der Stahlindustrie: Schlacke, Hochofenstaub, Chemikalien aus Koksöfen u. Beizlösungen. — 25 Literaturzitate. (Ind. Engng. Chem. **44.** 513—20. März 1952. Pittsburgh, Pa., Mellon Inst.) J. FISCHER. H 6408

Wolfgang Küntscher, *Die Anwendung von Sauerstoff bei der Stahlherstellung.* (Metallurgie u. Gießereitechn. **1.** 221. Juli 1951. Hennigsdorf.) PAHL. 6408

Takamura Suzuki, *Einige technische Aspekte der Aluminiumindustrie nach dem Kriege.* Überblick über den gegenwärtigen Stand der Erzeugung, techn. Fortschritte in den Hauptarbeitsgängen, Ausweitung der Verwendungsgebiete, das europäische u. amerikan. BAYER-Verf., Verarbeitungsverff. für arme Erze in USA usw. — 20 Literaturangaben. (Chem. and chem. Ind. [Kagaku to Kogyo] **5.** 283—88. Juni 1952. [Orig.: japan.]) SCHULER. 6442

Rudolf Fichter, *Die Normung des Aluminiums und seiner Legierungen in der Schweiz.* (Aluminium Suisse **2.** Nr. 2. 39—40. März 1952.) PAHL. 6442

M. Allec, *Die Magnete.* Vf. beschreibt die Bedeutung der vorzugsgerichteten Alnico-Magnete, bes. im Hinblick auf die französ. Erzeugung. (Métallurgie Construct. mécan. **83.** 881—87. Nov. 1951. Paris, Giffey, Prêtre et Cie.) FAHLENBRACH. 6442

Y. Dardel, *Erschmelzen von Aluminium–Silicium-Legierungen im Elektroofen.* Metallurg. Grundlagen. — 37 Literaturangaben. (J. Four électr. Ind. électrochim. **60.** 37—39. März/April 1951.) PAHL. 6442

H. Vosskühler, *Die Dauerstandfestigkeit der Aluminiumknetlegierungen.* Untersucht werden Al-Legierungen der Gattungen *Al–Mg, Al–Cu–Mg* u. *Al–Zn–Mg* im Temperaturbereich bis 300°. Es wird gezeigt, daß die Reihenfolge der ermittelten Werte bei Raumtemp. den Werten des Zugvers. entspricht. Es zeichnen sich zwei Gruppen von Legierungen ab, nämlich einmal Reinaluminium u. Al–Mg-Legierungen mit Werten unter 20 kg/mm² bei Raumtemp. u. unter 1 kg/mm² bei 300°; bei der 2. Gruppe liegen die Raumtemperaturwerte höher als 30 kg/mm²; bei 300° liegen diese in engem Bereich bei 1,5—2,5 kg/mm². Von der 2. Gruppe haben die Al–Mg–Zn-Legierungen die geringsten Werte. Diese fallen mit steigender Temp. stark ab. Die Al–Zn–Mg-Legierungen sind durch ausgezeichnete Warmverformungsfähigkeit gekennzeichnet. Legierungen der Gattung *Al–Cu–Ni* sind bes. warmfest. (Metall **5.** 135—41. April 1951. Ulm/Donau.) HOCHSTEIN. 6442

A. P. Penn, *Eine Aluminium–Kupfer–Silicium-Gußlegierung mit weitem Verwendungsbereich.* Die Al–Cu–Si-Gußlegierung *D.T.D. 424* hat 2—4 (%) Cu, 4—6 Si, 0,3 bis 0,7 Mn, bis 0,8 Fe, bis 0,15 Mg, bis 0,35 Ni, bis 0,2 Zn u. Rest Al. (Metal Treatment Drop Forging **18.** 246—48. Juni 1951.) HEINRICHS. 6442

O. A. Wheelon, *Titan.* In neueren USA-Strahltriebwerken werden gegenwärtig pro Einheit 849 Teile aus Ti oder Ti-Legierungen gefertigt. Im besonderen Fall betrug die Gewichtsersparnis rund 395 lbs., wobei der Anteil des Ti rund 5½% des Gesamtgewichtes betrug. Durch sorgfältige Kontrolle konnte der Schrottanteil auf 5% vermindert werden. Sogar der Ersatz hochfester Al-Legierungen durch hochfeste Ti-Legierungen für die Verwendung bei Tempp. oberhalb 325° F kann vom Standpunkte der Gewichtsersparnis von Vorteil sein. Die Formgebung von geglühtem Ti ist ähnlich der von Mg. Die spanabhebende Bearbeitung ist ähnlich der von rostfreiem Stahl. Punkt- u. Schmelzschweißen ist noch etwas unbefriedigend. (Aircraft Product. **14.** 21—28. Jan. 1952.) WERNER. 6448

Anderson Ashburn, *Die Behandlung von Titan und seinen Legierungen.* Überblick über die Eigg. des reinen Ti, über den Einfl. von C, N, O, Al, Cr, Cu u. Mn auf die Eigg., über die Wärmebehandlung, Be- u. Verarbeitbarkeit, Schweißen, Löten, mechan. Entzundern u. Beizen. (Machinist **95.** 961—69. 30/6. 1951.) WERNER. 6448

George Richard Hill, *Die Korrosion von Kupfer und von Metallen in Bi-Metallsystemen.* Es wird festgestellt, daß sich auf Cu in belüfteten Salzlsgg. ein Film bildet, dessen Dicke mit der Zeit zunimmt. Sind Cu u. Fe miteinander verbunden, dann nimmt der Korrosionsverlust des Fe mit steigendem Verhältnis Cu : Fe zu. Die Metallverluste lassen sich in mg/dm²/Tag berechnen, wenn mit Hilfe der Kurzschlußmeth. bei Widerstand Null der Stromfluß bestimmt worden ist. Der zu erwartende Verlust liegt je nach der Entfernung der Berührungsstelle der beiden Metalle zwischen 10 u. 25 i (mA). (Corrosion [Houston] **8.** 188—91. Mai 1952.) J. FISCHER. 6540

M. H. Brown, W. W. Binger und **R. H. Brown,** *Quecksilber und seine Verbindungen als Ursachen für Korrosionen.* Plötzlich auftretende Korrosionserscheinungen in chem. Anlagen können durch Hg u. dessen Verbb. (Hg_2Cl_2, HgO, Hg_2SO_4) verursacht werden. Beispiele solcher Angriffe werden in Bildern gezeigt. Es handelt sich um Spannungsbrüche.

Laboratoriumsverss. zeigen, daß schon eine Hg-Konz. unter 0,5 p.p.m. genügt. Der Dampfdruck des Hg ist schon bei niederen Tempp. so hoch, daß eine ganze Anlage bald durchspült ist. Es wird weiter festgestellt, daß ein Mol Wasserdampf $3{,}59 \cdot 10^{-4}$ Mol Hg enthalten kann. Es wird der Einfl. des Hg auf verschied. Metalle (Cu–Ni, rostfreier Stahl 304, Admiralty metal Erichsen, Al-Legierung 3 S–H 14) untersucht. (Corrosion [Houston] **8.** 155—64. Mai 1952. New Kensington, Pa., Aluminium Res. Labor.) J. FISCHER. 6540

Leonard Highley und **W. R. Schnarrenberger,** *Verhinderung der Korrosion in Kraftanlagen.* Das in der Praxis ausgeübte Verf., nach Ausgehen der Heizung das W. in dem Syst. zu belassen, führt oft zu schweren Korrosionen. Gegenmaßnahmen sind entweder Entleeren u. Trocknen der Anlage durch CaO oder Silicagel oder durch Fernhalten von Luftsauerstoff vom Wasser. Zugabe von 250—400 p.p.m. NaOH u. 100 p.p.m. Na_2SO_3 zu dem W. verhindert das Lösen von O_2 u. damit die Korrosion. (Corrosion [Houston] **8.** 171—77. Mai 1952.) J. FISCHER. 6540

G. C. Kiefer, *Die Instandhaltung von Einrichtungen aus rostfreiem Stahl.* Unter n. Bedingungen sind die rostfreien Stähle der ideale Baustoff für Brauereiausrüstungen. Es kann sich bei Verwendung von Hypochlorit als Desinfektionsmittel beim längeren Stehen durch Zers. HCl bilden, die den Stahl angreift. Beim mechan. Reinigen können Reste des Werkzeuges auf der Stahloberfläche haften bleiben, wodurch eine Elementbldg. gefördert wird. Schädlich sind auch einige Dichtungen, z. B. mit Graphit bedeckte Fiberplatten oder Sn-haltiger Graphit. Roter Gummi oder Teflon sind einwandfrei. Spannungskorrosion oder Ermüdungserscheinungen sind meist die Folge von Vibrationen oder von örtlichen Überhitzungen. (Brewers Digest **27.** Nr. 4. 49—51. April 1952. Brackenridge, Pa., Allegheny Ludlum Steel Corp.) J. FISCHER. 6540

E. G. Holmberg, *Eine Vorrichtung für die Korrosionsprüfung.* Vf. hat ein Prüfverf. entwickelt, mehrere Legierungen zu gleicher Zeit u. damit unter gleichen Bedingungen auf ihre Korrosionsfestigkeit zu prüfen. Sie werden als runde Plättchen mit Hilfe einer Isolierung aus Teflon an einem dafür entwickelten Gestell angebracht u. mindestens 60 Tage dem Korrosionsmittel (Ameisensäure, Essigsäure, Methylformiat, Acetaldehyd, Methyl- u. Äthylacetat, Aceton, Methylalkohol, Nicotinsulfat, Nicotin, Schwefelsäure) ausgesetzt. Das Ergebnis dieser Arbeitsweise wird an verschied. Aloyco-Legierungen u. Hastalloy-Legierungen gezeigt. (Chem. Engng. Progr. **48.** 377—80. Aug. 1952. Linden, N. J., Alloy Steel Prod. Comp.) J. FISCHER. 6540

Erz- und Kohle-Flotation G. m. b. H. (Erfinder: **Wilhelm Schäfer**), Bochum, *Schäumeröle für die Flotation sulfidischer Erze* erhält man durch Kondensation von Rohsulfatterpentinölen (I) mit alkoh. Gruppen enthaltenden Verbb. (auch Alkoholreste enthaltende Fraktionen von Laubholzteerölen) in Ggw. von konz. H_2SO_4, H_3PO_4, P-Chloriden, P_2O_5, $AlCl_3$ oder anderen Metallchloriden, zweckmäßig bei $>100^0$. Die Reaktionsprodd. werden nach dem Waschen mit alkoh. Alkali destilliert. — I werden mit Butanol u. konz. H_2SO_4 bei 50^0 behandelt. Durch Dest. erhält man ein leichtfl. Öl, Kp. 125—136^0. — Mit Fenchylalkohol → Öl, Kp. 138—148^0. — Mit allylalkoholreicher Holzteerölfraktion, Kp. 98—108^0, → Öl, Kp. 142—165^0. (**D. B. P. 856 438** Kl. 12o vom 13/6. 1941, ausg. 20/11. 1952.) KRAUSS. 6363

Erie Mining Co., V. St. A. (Erfinder: **Ernest George de Coriolis** und **Donald Beggs**), *Wärmebehandlung kleiner Formkörper aus Erz- und Mineralstaub.* Die noch feuchten Erz- oder dgl. Kügelchen werden durch zwei übereinander angeordnete, durch einen engen Durchlaß miteinander verbundene Kammern eines Schachtofens abwärtsgeführt u. hierbei zwecks Verfestigung einer Hitzebehandlung unterworfen. Sie werden durch Heizgase erhitzt, die in den unteren Teil der oberen Kammer seitlich eingeführt werden. In der unteren Kammer werden die heißen Kügelchen durch von unten eingeleitete Kaltluft gekühlt, die nach dem Durchströmen der Kammer u. entsprechender Erwärmung am oberen Teil dieser Kammer seitlich herausgeleitet u. nach weiterer Erhitzung durch ein Brennersyst. in die obere Kammer wieder eingeführt wird. Auch in den oberen Teil der oberen Kammer wird Kaltluft eingeführt. — Abbildung. (**F. P. 979 229** vom 17/1. 1949, 24/4. 1951. A. Prior. 30/1. 1948.) HANS HOFFMANN. 6379

Allied Chemical & Dye Corp., New York, N. Y., übert. von: **William Tiddy,** Manhasset, N. Y., und **Franklin D. Cooper,** Ashland, Ky., V. St. A., *Zweistufige Umwandlung von Eisenoxyd zu Eisen.* Koksofengas durchströmt das über 650^0 erhitzte Eisenoxyd so lange, bis mindestens 95% des O aus dem Eisenoxyd entfernt ist. Dann durchströmt H_2 mit einem Wassergeh. von ca. 10—50 mg je Liter das unvollständig red. Eisenoxyd bei einer Temp. zwischen 675 u. 815^0 so lange, bis wenigstens 98% des O entfernt u. der C-Geh. auf unter 0,55% red. ist. Zweckmäßig liegt die Reduktionstemp. für das Koksofengas zwischen 650 u. 760^0. Vor jedem Durchströmen des umlaufenden H_2-Gases muß der bei der Red. gebildete Wassergeh. entfernt werden. Das Verf. eignet sich zur Herst. von Eisenpulver. — Abbildung. (**A. P. 2 545 932** vom 26/5. 1948, ausg. 20/3. 1951.) HOCHSTEIN. 6391

Akt.-Ges. Brown, Boveri & Cie., Baden, Schweiz, *Gleichzeitige Verhüttung von Eisenerzen verschiedenen Eisengehaltes.* Reicheres Eisenerz wird in einem Eisenschwammofen red., der mit dem aus einem das ärmere Eisenerz reduzierenden elektr. Roheisenofen stammenden Gas betrieben wird. Hierbei wird das Abgas aus dem Eisenschwammofen zur Herst. eines carbonatfreien Möllers für den Roheisenofen verwendet. Das aus dem Roheisenofen stammende Gas wird zweckmäßig vor Eintritt in den Eisenschwammofen auf die für die Herst. von Eisenschwamm erforderliche Temp. erhitzt. Ein Teil dieses Gases kann unter Frischluftzufuhr vollständig verbrannt werden, während der restliche Teil nach Verwendung für den Reduktionsprozeß aus dem Ofen abgezogen u. für die Röstung des für die Beschickung des Roheisenofens erforderlichen Möllers dient. Auch kann das Abgas aus dem Eisenschwammofen für die Beheizung eines Eisenerzröstofens u. eines Kalkbrennofens dienen. — Abbildung. (**Oe. P. 169 555** vom 17/1. 1948, ausg. 26/11. 1951. Schwz. Prior. 24/1. 1947.) HOCHSTEIN. 6391

Max Naumann, Linz, Österreich, *Gewinnung von metallischem Eisen ohne dessen Schmelzung durch Gasreduktion von Eisenerzen und dergleichen unter Verwendung von Hochofengasen.* Die Hochofengase werden aus einem unter starker Einschränkung oder vollständigem Entfall der Roheisengewinnung als Gaserzeuger betriebenen Hochofen entnommen, wobei die Betriebsweise des Hochofens auf die Erzeugung eines nach Zus. u. Menge zur Red. geeigneten Gases eingestellt wird. Zweckmäßig wird das Gichtgas einer Konvertierung bzw. Gasreinigung, gegebenenfalls nach vorangegangener Kompression, unterworfen. (**Oe. P. 172 846** vom 21/2. 1951, ausg. 25/8. 1952.) HOCHSTEIN. 6391

Sachtleben Akt.-Ges. für Bergbau und chemische Industrie, Köln (Erfinder: **Adolf Krus**, Stürzelberg, und **Fritz Eulenstein**, Köln), *Erzeugung von Eisen oder Eisenlegierungen oder ähnlichen schwerschmelzbaren Metallen durch Reduktion von Eisenerzen oder dergleichen im chargenweise betriebenen Trommelofen.* Im Trommelofen wird die Beschickung unmittelbar mit Feuergasen bis zum Schmelzen des Metalls oder der Legierungen unter Vorwärmung des Erzes in besonderen, mit den Abgasen des Reduktionsofens beheizten Vorrichtungen erhitzt. Hierbei werden diese Abgase, bevor sie zur Vorwärmung des Erzes oder einer Mischung von Erz mit weiteren Beschickungsbestandteilen oder zur Vorwärmung der vom Reduktionsofen benötigten Verbrennungsluft oder dergleichen verwendet werden, über schwer schm. Stoffe, wie Kalkstein, Dolomit, Magnesit, zu brennendes Zement- oder Schamotte- oder dgl. feuerfestes Rohgut, zu sinterndes Zinkoxyd oder dgl., geleitet, an die sie einen Teil ihrer Wärme abgeben. Durch das Verf. wird das Auftreten von gesinterten oder geschmolzenen Reaktionsprodd. an der dem Ofen nachgeschalteten Einrichtung, die mit den Abgasen in Berührung kommt, vermieden. — Abbildungen. (**D. R. P. 763 206** vom 3/12. 1940, ausg. 16/8. 1951.) HOCHSTEIN. 6391

Soc. d'Électro-Chimie, d'Électro-Métallurgie et des Aciéries Électriques d'Ugine, Frankreich, *Eisen–Chrom–Mangan-Legierungen* bestehen aus 15—19 (%) *Cr*, 7—15 *Mn*, bis 0,1 *C*, ferner *Ti* u. *Ni*, wobei das Verhältnis Ni/C über 6 u. das Verhältnis Ni/Ti 3—8 beträgt, Rest *Fe*. Die Legierungen lassen sich walzen u. schmieden u. zeigen bei Tempp. zwischen 500—800° weder eine äußere noch interkristalline Korrosion. (**F. P. 977 034** vom 9/6. 1942, ausg. 27/3. 1951.) GÖTZE. 6411

Electric Furnace Products Co. Ltd., Toronto, Ontario, Can., *Eisenlegierung* enthält 15—25 (%) *Cr*, 2—25 *Ni*, 10—40 *Co*, bis 8 *Mo*, 0,5—15 *W*, bis 1 *Si*, bis 2 *Mn*, bis 1, bes. bis 0,35, *C*, 0,01—3 *B* oder *Al* oder beide, wobei dann nicht über 0,7 Al u. nicht unter 0,5 B vorhanden sein müssen, u. bis 0,25 N_2. Zusätzlich können die Legierungen 0,5—3 *Nb* (*Ta*, *Ti* u. *V*) enthalten. Die Legierungen dienen für Gegenstände, die hohen Tempp. ausgesetzt sind, wie Schaufeln, Laufräder, Abgasrohre von Verbrennungsturbinen. (**N. P. 78 729** vom 23/4. 1947, ausg. 2/7. 1951. A. Priorr. 13/6. 1945, 9/5. 1946.) JÜRGEN SCHMIDT. 6411

Soc. An. de Commentry Fourchambault & Decazeville, Paris, Frankreich, *Wärmebehandlung zur Ausscheidungshärtung von austenitischen Legierungen mit hohen Nickel-, Chrom- und Kobaltgehalten.* Zur Erhöhung der Dauerstandfestigkeit bei erhöhten Tempp., z. B. von Turbinenschaufeln, werden austenit. Legierungen mit bis zu 0,15 (%) *C*, 25 bis 40 *Ni*, 9—25 *Cr*, 18—30 *Co*, bis zu 5 *Ti* durch ein 2—300 std. Anlassen bei Tempp. zwischen 400 u. 900° angelassen, wobei eine Festigkeitssteigerung durch feinverteilte Ausscheidung von Härtebestandteilen auftritt. Zweckmäßig sollen bei den Legierungen die Cr-Gehh. bei 21—24%, die Co-Gehh. zwischen 20 u. 23%, die Ti-Gehh. zwischen 1,2—3% u. die Ni-Gehh. zwischen 28 u. 32% liegen. Auch können die Legierungen noch 2—6% W, 1—6 *Mo*, bis 0,2 *B* u. bis 4 *Al*, vorzugsweise 0,5—2%, enthalten. Zweckmäßig werden die

Legierungen vor dem Anlassen von 800—1300° abgeschreckt. (**Schwz. P. 280 585** vom 12/3. 1948, ausg. 1/5. 1952. F. Priorr. 14/3. 1947 u. 25/2. 1948.) HOCHSTEIN. 6411

Dortmund-Hoerder Hüttenverein Akt.-Ges., Dortmund (Erfinder: **Roland Wasmuth**, Dortmund-Reichsmark), *Walzerzeugnisse für durch Schmelzschweißung geschweißte Hoch- und Brückenbauten.* Für mehr als 25 mm starke Walzerzeugnisse wird ein Stahl verwendet mit ca. 0,05—0,2 (%) *C*, 0,85—1,8 *Mn*, 0,3—1 *Si*, 0,10—0,30 *Cr*, Rest *Fe* mit den üblichen Eisenbegleitern. Vorzugsweise werden die Walzerzeugnisse normalisierend geglüht, bes. bei Dicken über 30 mm. (**D. R. P. 767 123** Kl. 18d vom 11/10. 1940, ausg. 17/11. 1952.) HABBEL. 6411

Badische Anilin- & Soda-Fabrik (I. G. Farbenindustrie Akt.-Ges. „In Auflösung“), Ludwigshafen/Rh. (Erfinder: **Otto Konrad**, Laudenbach a. d. Bergstraße, und **Ludwig Raichle**, Ludwigshafen/Rh.), *Werkstoff für Mehrlagenkörper.* Der Körper besteht aus Schalen oder Bandlagen verschied. Beständigkeit oder/u. verschied. Festigkeit in der Weise, daß auf der beanspruchten Seite des fertigen Körpers entsprechend beständigere oder/u. festere Bänder oder Metallbleche als bei dem weniger beanspruchten Teil des Körpers vorhanden sind. Hierfür können die Bänder oder Metallbleche verschied. Vergütungsgrade oder verschied. Zus. besitzen. Ein Hochdruckgefäß für Rkk. mit H_2 bei hohen Tempp. besteht z. B. aus 4 verschieden zusammengesetzten Bändern, die von innen nach außen aus Stählen mit 17 (%) *Cr*, mit 13 Cr, mit 1,3 Cr u. 0,3 *Mo* sowie mit 0 Cr u. 1,5 *Mn* bestehen. (**D. B. P. 856 893** Kl. 18d vom 11/3. 1950, ausg. 24/11. 1952.) HABBEL. 6411

Wallram-Hartmetallwerk und Hartmetallwerkzeugfabrik Meutsch, Voigtländer & Co. K. G., Essen (Erfinder: **Franz Skaupy**, Berlin-Lichterfelde), *Herstellung von Sintermetallkörpern.* Metalle bzw. Legierungen, die schwer reduzierbare Oxydschichten bilden, bes. *Al* u. *Mg*, werden in pulverförmigem Zustand mit einer gepulverten niedrigerschm. Legierung vermischt, die mindestens 30% vom Hauptmetall oder einem diesem äquivalenten Metall enthält u. die Rolle eines Bindemittels spielt. Diese Mischung wird gesintert. Es kann aber auch die Bindelegierung in fl. Zustand in den gesinterten Körper des Hauptmetalles eingeseigert werden. Der fertige Körper kann bei erhöhter Temp. einer Homogenisierung unterworfen u. vorher oder nachher plast. verformt werden. (**D. R. P. 767 419** Kl. 40b vom 7/8. 1941, ausg. 29/9. 1952.) GÖTZE. 6475

Deutsche Gold- und Silberscheideanstalt vorm. Roessler, Frankfurt/M. (Erfinder: **Erich Kaufmann**, Oberursel/Taunus), *Herstellung pulveriger Mischprodukte.* Schmelzen von Metallen oder Metallen mit Stoffen, z. B. Oxyden, Graphit u. dgl., die im schmelzfl. Zustand zur Entmischung neigen, werden nach guter Durchmischung einem Zerstäubungsvorgang unterworfen, z. B. mittels Düsen oder Auffließenlassen auf schnellrotierende Scheiben. Ein Kühlmittel, vorzugsweise W., wird dabei dicht bei der Auftreffstelle des Schmelzstrahles zugeführt oder zusammen mit der Schmelze versprüht. Das erhaltene Prod. kann vorteilhaft zur Herst. von Gegenständen auf metallkeram. Wege verwendet werden. (**D. R. P. 755 916** Kl. 40b vom 27/4. 1938, ausg. 21/8. 1952.) GÖTZE. 6475

Gebr. Böhler & Co. Akt.-Ges., Wien, *Verbesserung des Dehnungsverhaltens von Sintereisen- oder Sinterstahlkörpern.* Durch eine Nachbehandlung mit überhitztem Wasserdampf bei Tempp. um 230° werden festhaftende Oxydhydrate an den Porenoberflächen erzeugt. (**D. B. P. 851 440** Kl. 48d vom 29/4. 1944, ausg. 6/10. 1952.) MARKHOFF. 6475

Schering Akt.-Ges., Berlin (Erfinder: **Nicolai Budiloff**, Moorabbin, Viktoria, Australien), *Erzeugen glänzender Oberflächen auf Gegenständen aus Aluminium und Aluminiumlegierungen.* Die Teile werden in Bäder aus H_3PO_4, HNO_3 u. H_2SO_4 getaucht. — Beispiel: 55 (%) H_2SO_4, 35 H_3PO_4, 10 HNO_3. Temp. 90°. Die Bäder eignen sich bes. für Cu-haltige Legierungen. Der erhaltene Glanz ähnelt dem eines Glanzchromniederschlags. (**D. B. P. 850 974** Kl. 48d vom 13/1. 1951, ausg. 29/9. 1952.) MARKHOFF. 6513

Anna Fanz, geb. Stiegler, München, *Reinigen von Gegenständen aus Edelmetallen mit Hilfe alkalischer Lösungen unter Aluminiumkontakt.* Als Behandlungslsg. wird eine Lsg. von *Na-Acetat* verwendet, z. B. 5 g Na-Acetat auf 1 Liter W. von 80°. Es bildet sich beim Arbeiten kein Nd. in der Lösung. (**D. B. P. 848 134** Kl. 48a vom 6/11. 1949, ausg. 1/9. 1952.) MARKHOFF. 6513

General Motors Corp., Detroit, Mich. (Erfinder: **Harold J. Reindl** und **Stanley R. Prance**, Dayton, O.), V. St. A., *Lösung zum Glänzen von Metalloberflächen* besteht aus einer Mischung von 40 (Teilen) P_2O_5, 12—36 H_2SO_4, wasserfrei, 12 HNO_3, wasserfrei, u. 12—34 *Wasser.* Die Teile werden in die heiße Lsg., von z. B. 107°, 0,5—2 Min. getaucht. Das Verf. eignet sich zum Glänzen von *Fe*, *Stahl*, *Al* u. seinen Legierungen sowie von *Cu* u. seinen Legierungen. (**D. B. P. 845 590** Kl. 48d vom 4/3. 1951, ausg. 4/8. 1952. A. Prior. 7/3. 1950.) MARKHOFF. 6513

Soc. Continentale Parker (Erfinder: **Jean Bary**, Frankreich), *Bearbeiten von Leichtmetallen.* Vor dem Ziehen, Walzen, Pressen u. dgl. wird die Oberfläche der Metalle durch chem. oder anod. Behandlung mit einem dünnen Oxydüberzug versehen. — Beispiele für Badzusammensetzungen. (**F. P. 971 432** vom 31/5. 1940, ausg. 17/1. 1951.) HOLM. 6531

American Chemical Paint Co. (Erfinder: **Frank Palin Spruance** und **James H. Thirks**), Ambler, Pa., V. St. A., *Erzeugen von Überzügen auf Aluminium und seinen Legierungen.* Die Teile werden mit sauren Lsgg. behandelt, die As-, F- u. CrO_4-Ionen enthalten, wobei die AsO_4-Ionen teilweise durch PO_4-Ionen ersetzt sein können. Das Verhältnis F : CrO_3 soll gleich 0,135—0,404: 1 betragen. p_H-Wert 1,7—2,2. Die Überzüge sind haftfest u. biegsam. (**D. B. P. 843 637** Kl. 48d vom 12/4. 1949, ausg. 10/7. 1952. A. Priorr. 9/4. 1946 u. 2/2. 1947. **Zusatz zu D. B. P. 819 191; C. 1952. 2252.**) MARKHOFF. 6529

Benzol Products Co., übert. von: **William F. Ringk**, Newark, N. J., und **Stanley K. Freeman**, Brooklyn, N. Y., V. St. A., *Erzeugen antiseptischer Metalloberflächen.* Die Metalloberflächen werden mit einer Oxydschicht überzogen u. dann mit Chinolinol oder seinen Derivv. behandelt. Es bildet sich hierbei eine feste Bindung zwischen dieser organ. Verb. u. dem Metalloxyd, wodurch die Bldg. von Bakterien, Pilzen oder dgl. auf den Metallflächen verhindert wird. Z. B. oxydiert man *Al*, *Mg*, *Zn* oder *Sn* anod., Al in einer 15%ig. H_2SO_4-Lsg., u. taucht dann in eine 0,3—0,4%ig. wss. Lsg. von *8-Chinolinolbenzoat* von 125° F (51° C) für 10 Minuten. (**A. P. 2 574 225** vom 28/7. 1948, ausg. 6/11. 1951.) MARKHOFF. 6531

Parker Rust Proof Co., Detroit (Erfinder: **Robert C. Gibson**, Birmingham, und **William S. Russell**, Royal Oak), Mich., V. St. A., *Aufbringen einer Phosphatschicht auf Aluminium und Eisen und/oder Zink.* Die Behandlungslsg. besteht aus lösl. Verbb. jedes der Metalle, Al, Fe u. Zn, einem Monophosphat, wie $Zn(H_2PO_4)_2$, einem Doppelfluorid, wie einem Fluoborat, u. einem Oxydationsmittel, wie einem Nitrat, das nicht alles Fe aus der Lsg. ausscheidet. Mit der Lsg. lassen sich gleichzeitig auf allen drei Metallen Phosphatüberzüge erzeugen. (**D. B. P. 858 695** Kl. 48d vom 1/10. 1950, ausg. 27/10. 1952. A. Prior. 11/9. 1946.) MARKHOFF. 6533

Parker Rust Proof Co. (Erfinder: **John S. Thompson**), Detroit, Mich., V. St. A., *Erhöhen der Korrosionsbeständigkeit von Eisen, Zink, Aluminium und deren Legierungen.* Die Metalloberfläche wird mit einer Lsg. von *$AlPO_4$* behandelt, die die 7—12fache Gewichtsmenge PO_4 im Vgl. zu Al enthält u. deren p_H-Wert zwischen 1,9 u. 4 liegt. Zweckmäßig wird der Lsg. CrO_3 zugesetzt, um Ausscheidungen beim Stehen der Lsgg. zu vermeiden. Die Gegenstände werden nach der Behandlung, ohne zu spülen, getrocknet. Das Verf. verbessert auch die Korrosionsbeständigkeit phosphatierter Oberflächen. — Diagramm. (**D. B. P. 853 694** Kl. 48d vom 1/10. 1950, ausg. 27/10. 1952. A. Prior. 2/7. 1948.) MARKHOFF. 6533

Sinclair Refining Co., New York, N. Y., übert. von: **Franklin M. Watkins**, Flossmoor, Ill., V. St. A., *Antikorrosionsmittel* für Metalle, die mit Fll., wie Salzwasser oder verd. Äthylenglykollsgg., in Berührung kommen. Der Fl. werden 0,002—0,4% eines Mahoganysulfonates, wie Ammonium-, Morpholin- oder Monocyclohexylaminmahoganysulfonat, zugesetzt. (**A. P. 2 588 441** vom 27/4. 1949, ausg. 11/3. 1952. Can. Prior. 23/12. 1948.) KRANZ. 6539

IX. Organische Industrie.

N. W. Tschalow, O. G. Temir, S. P. Gawrilowa und **A. I. Krushewnikowa**, *Vergleichende Beurteilung verschiedener Methoden zur Gewinnung von Trioxyglutarsäure aus Xylose.* Es werden vergleichende Unterss. der Methoden zur Gewinnung von *Trioxyglutarsäure* durch Oxydation von Xylose (I) mit HNO_3 nach SSÜTSCHEW, PLJUSCHKIN sowie AISENBERG u. SILBERMAN durchgeführt, die alle nicht den optimalen Bedingungen entsprechen. Auf Grund dieser Unterss. ist als die zweckmäßigste Meth. diejenige ermittelt worden, bei der mit HNO_3 (1,35—1,4) bei 60° 2 Std. oxydiert wird. Die Menge der HNO_3 beträgt 160% (berechnet auf 100%ig. Säure) auf 100 g **I**. Die Neutralisation des Oxydationsprod. erfolgt in 2 Stufen. In der 1. Stufe wird mit der äquivalenten Menge Kreide oder Kalkmilch, berechnet auf die vorhandene Menge an HNO_3 u. Oxalsäure, bei 80—100° neutralisiert. Hierbei fällt nur die Oxalsäure als Ca-Salz aus. Die 2. Stufe wird bei 100° durchgeführt. (Журнал Прикладной Химии [J. angew. Chem.] **24.** 274—82. März 1951. Allunions Wiss. Forschungs-Inst. der Sulfit-Alkohol- u. Hydrolysen-Ind.) R. RICHTER. H 850

Standard Oil Development Co., Del., übert. von: **Carl S. Carlson**, Elizabeth, **Charles E. Morrell** und **Paul V. Smith jr.**, Westfield, N. J., V. St. A., *Aufarbeitung der vornehmlich Alkohole enthaltenden Wasserschicht der Fischer-Tropsch-Synthese.* Man zerlegt das Gemisch in eine Fraktion mit einem Geh. an Alkoholen bis zu 2 C-Atomen u. eine solche mit höheren Alkoholen. Dann wird die 1. Fraktion in Ggw. von 65 (%) W. u. die 2. Fraktion in Ggw. von 86—95 W. azeotrop dest., wobei die n-Alkohole von den verzweigtkettigen getrennt werden. — Diagramme, Zeichnungen. (**A. P. 2 551 584** vom 24/6. 1948, ausg. 8/5. 1951.) MÖLLERING. H 550

Standard Oil Development Co., Del., übert. von: **Charles E. Morrell, Paul V. Smith jr.** Westfield, und **Carl S. Carlson**, Elizabeth, N. J., V. St. A., *Aufarbeitung der bei der Fischer-Tropsch-Synthese anfallenden wässerigen Schicht* mit einem Geh. an O enthaltenden organ. Verbb., wie Aldehyde, Ketone, Ester, Säuren u. Spuren Äther u. KW-stoffe. Aus der wss. Lsg. werden durch azeotrope Dest., wobei in der Fraktionierzone durch Wasserzuspeisung ein Wassergeh. von 65—99 Mol-% aufrecht erhalten wird, am Kolonnenboden n- u. Isoalkohole abgezogen, die durch Fraktionierung in Rohmethanol u. A. sowie höhere Alkohole getrennt werden. Am Kopf der Kolonne wird ein wss. Destillat mit einem Geh. an nicht alkoh., vornehmlich O enthaltenden Verbb. gewonnen, das durch Fraktionierung in einerseits Acetaldehyd u. KW-stoffe u. andererseits Aldehyde, Ketone u. Ester zerlegt wird. — Reaktionsschema. (**A. P. 2 551 625** vom 30/12. 1947, ausg. 8/5. 1951.) MÖLLERING. H 550

Standard Oil Development Co., Elizabeth, Del., V. St. A., *Trennen der sauerstoffhaltigen organischen Verbindungen, besonders aus der Fischer-Tropsch-Synthese.* Wss. O-haltige organ. Verbb., enthaltend mindestens 2 n Alkohole C_1—C_5, in Mischung mit verzweigten Alkoholen u. neutralen anderen O-haltigen organ. Verbb. mit 2—5 C-Atomen im Mol., wie Aldehyden, Ketonen, Acetalen, Ketalen, Estern, unterwirft man einer azeotrop. Dest. unter Aufrechterhalten eines Rückflusses von 65—90 Mol.-% W., wobei als Kopfdestillat die neutralen O-haltigen Verbb. übergehen u. als Bodenfraktion die n. prim. Alkohole erhalten werden. Sind Carbonsäuren in der Ausgangsmischung vorhanden, so bleiben sie im Bodenprod., man kann diese aber durch eine Vordest. als Bodenprod. gewinnen, während als Kopfdestillat die Alkohole u. die anderen neutralen O-haltigen Prodd. übergehen. — Zeichnung. (**E. P. 655 698** vom 15/9. 1948, ausg. 1/8. 1951. A. Prior. 30/12. 1947.) G. KÖNIG. H 550

Standard Oil Development Co., Del., übert. von: **Joseph K. Mertzweiller** und **John J. Owen**, Baton Rouge, La., V. St. A., *O-haltige organische Verbindungen* gewinnt man nach der Oxosynth., wobei die Olefine als Reaktionsprodd. der CO-Hydrierung erhalten werden u. die Reaktionsmischung durch eine alkal. Behandlung von den Carbonsäuren befreit wird. Die im Reaktionsprod. befindlichen Aldehyde u. Ketone werden zu Alkoholen hydriert. — Zeichnung. (**A. P. 2 560 360** vom 11/6. 1947, ausg. 10/7. 1951.) G. KÖNIG. H 550

Badische Anilin- & Soda-Fabrik (Erfinder: **Hans Joachim Pistor** und **Karl Bossert**), Ludwigshafen/Rh., *Herstellung von Methylalkohol* durch Rk. von Oxyden des C mit H_2, dad. gek., daß ein bei der Rk. von CO mit H_2 zu höheren Alkoholen, bes. Isobutylalkohol, entstandenes, von Alkoholen befreites Gas, gegebenenfalls nach Zusatz von frischem CO u./oder H_2 als Ausgangsgas verwendet wird. Es werden stark hydrierend wirkende Katalysatoren, bes. $ZnO-Cr_2O_3$, die noch andere hydrierend wirkende Metalle oder Metallverbb. enthalten, angewandt. (**D. B. P. 857 799** Kl. 12o vom 27/6. 1951, ausg. 1/12. 1952.) G. KÖNIG. H 560

N. V. de Bataafsche Petroleum Mij., Haag, Holland (Erfinder: **R. L. Maycock** und **C. L. Dunn**), *Herstellung von Äthanol.* Um aus dem Rohprod. der Hydratisierung von C_2H_4 reines Äthanol zu gewinnen, stellt man den p_H-Wert auf 6,5—7,5 ein u. dest. u. fraktioniert. Zweckmäßig erfolgt die Einstellung unmittelbar bei der Kondensation der aus der Reaktionszone kommenden Dämpfe durch Einspritzen einer alkal. Lsg. oder einer Pufferlösung. Die Äthanollsg. kann nach der Konz. noch in Ggw. eines billigen Hydrierungskatalysators, z. B. 10—15% Ni auf einem Träger, hydriert werden, um letzte Mengen Acet- u. Crotonaldehyd zu entfernen. (**Schwed. P. 134 104** vom 17/9. 1948, ausg. 8/1. 1952. A. Prior. 23/9. 1947.) JÜRGEN SCHMIDT. H 560

General Aniline & Film Corp., New York, N. Y., übert. von: **Samuel A. Glickman**, Easton, Pa., V. St. A., *1-Halogen-3-trihalogenpropyläther* erhält man beim Erhitzen von Vinyläthern (I), der allg. Formel ROCR'=CHR', mit Tetrahalogenmethan (**II**) bis zum Rückfluß in Ggw. geringer Mengen Pyridin u. unter Einw. von UV-Strahlen oder organ. Peroxyden als Katalysator. In der allg. Formel bedeuten R = KW-stoffreste von Alkoholen oder Phenolen, R' = H oder gleiche oder verschiedene Alkyl- oder Arylgruppen. Bei den unter 35° sd. I wird erhöhter Druck angewandt. Als **II** kommen bes. CCl_4, CBr_4, CCl_3Br, $CClBr_3$ in Betracht. — CCl_4 u. n-Butylvinyläther (**III**), mit wenig Pyridin u. Benzoylperoxyd unter Rückfluß auf 93° erhitzt, ergeben *1.3.3.3-Tetrachlorpropylbutyläther* (**IV**), $Kp._{0,7-1,2}$ 63—68°, n_D^{25} 1,4680. — Mit Äthylvinyläther erhält man *1.3.3.3-Tetrachlorpropyläthyläther*, $Kp._{11}$ 79—80°, n_D^{25} 1,4695. — CCl_4 u. **III** in Ggw. von Pyridin bei 77° der Einw. von UV-Strahlen ausgesetzt, ergeben **IV**. (**A. P. 2 560 219** vom 23/11. 1948, ausg. 10/7. 1951.) G. KÖNIG. H 560

E. I. du Pont de Nemours & Co., übert. von: **Joseph D. C. Wilson**, Wilmington, Del., V. St. A., *2-Methoxyalkohole und -aldehyde* erhält man aus den 1.1-Dimethoxyäthern der Paraffinreihe, bes. mit 2—3 C-Atomen im Mol., bei 125—300° (150—250°) u. Drucken >100 at (800—1500 at) durch Einw. von CO u. H_2 in Ggw. eines Co-Katalysators, wie CoO oder Co-Carbonyl. — Aus 1.1-Dimethoxyäthan bei 200° u. 850—950 at mit CO u. H_2 in Ggw. von CoO: *2-Methoxypropionaldehyd*, Kp. 106—108°, F. des *2.4-Dinitrophenylhydrazons* 163—164°, u. *2-Methoxy-1-propylalkohol*, Kp. 128—129°, F. des *3.5-Dinitrobenzoesäureesters* 95—96°. — 1.1-Dimethoxypropan ergibt *2-Methoxy-1-butyraldehyd*, Kp. 127—132°, n_D^{25} 1,4020—1,4027, F. des *2.4-Dinitrophenylhydrazons* 197 bis 198°, u. *2-Methoxy-1-butylalkohol*, Kp. 143—146°, n_D^{25} 1,4090—1,4101. Verwendung der teilweise neuen Verbb. als Zwischenprodd. zur Herst. von Arzneimitteln, Plastifikatoren u. als Lösungsm. für Harze. (**A. P. 2 555 950** vom 23/6. 1949, ausg. 5/6. 1951.) G. König. H 570

Badische Anilin- & Soda-Fabrik, Ludwigshafen/Rh. (Erfinder: **Hans Krzikalla**, Heidelberg, und **Otto Dornheim**, Rainbach), *Herstellung von 1.4-Dihalogen-2.3-dioxybutanen*, dad. gek., daß man auf 1.4-Dihalogenbutene-(2), zweckmäßig in Ggw. von Oxydationskatalysatoren (I), H_2O_2 einwirken läßt. Als I kommen bes. die Oxyde des V, Cr, Mo, Ru u. Os, sowie die Schwermetalle aus der 1. u. 2. Gruppe u. die metall. Elemente aus der 5. Gruppe des Period. Syst. in Betracht. Die Rk. kann bei n., erniedrigter oder erhöhter Temp., ferner im wss. oder in einem anderen organ. Medium ausgeführt werden. Aus 1.4-Dichlorbuten-(2) erhält man bei 50° in Ggw. von OsO_4 u. Methanol *1.4-Dichlor-2.3-dioxybutan*, F. 126°. (**D. B. P. 857 805** Kl. 12o vom 10/6. 1944, ausg. 1/12. 1952.) G. König. H 570

Rudolf Decker und Hellmuth Holz (Erfinder: **Franz Xaver Schwaebel** und **Hermann Unterguggenberger**), München, *Herstellung von 2-Methylpentan-2.3.4-triol*, dad. gek., daß Diacetonalkohol mit H_2 an einem Ni-Skelettkatalysator red. wird, dann aus dem erhaltenen Glykol nach bekannten Methoden W. abgespalten u. schließlich die dabei entstandene ungesätt. Verb. nach bekannter Meth. hydrolysiert wird. Verwendung als Weichmacher, Hektographenmasse, Gefrierschutzmittel, Kühl-Fl. u. zur Druckübertragung. (**D. B. P. 859 303** Kl. 12o vom 24/10. 1940, ausg. 11/12. 1952.) G. König. H 580

Deutsche Gold- & Silber-Scheideanstalt vormals Roessler (Erfinder: **Walter Pohl**), Frankfurt/M., *Herstellung von Pentaerythrit* (I) durch Kondensation von Acetaldehyd u. CH_2O unter Zusatz von $(NH_4)_2CO_3$ u./oder $(NH_4)HCO_3$ zur Umsetzung der Erdalkaliverbb. nach D. B. P. 845 194, dad. gek., daß die beim Eindampfen der $HCOONH_4$ enthaltenden I-Lsg. entweichenden Dämpfe zweckmäßig im Gegenstrom mit dem noch überschüssiges Erdalkalihydroxyd enthaltenden Reaktionsgemisch behandelt werden. Das entweichende NH_3 wird aufgefangen. (**D. B. P. 857 804** Kl. 12o vom 30/8. 1951, ausg. 1/12. 1952. **Zusatz zu D. B. P. 845 194.**) G. König. H 580

Badische Anilin- & Soda-Fabrik, Ludwigshafen/Rh. (Erfinder: **Claus Döring**, Coburg), *Aufbereitung der Reaktionsprodukte bei der Herstellung von Pentaerythrit* aus CH_2O u. Acetaldehyd in Ggw. von Kalkhydrat oder anderen Erdalkalihydroxyden, dad. gek., daß die zur Trockne eingedampfte Reaktionsmasse einer erschöpfenden heißen Extraktion mit OH-haltigen Lösungsmitteln der aliphat., hydroaromat. u. aromat. Reihe, außer den einwertigen Alkoholen der aliphat. Reihe, unterworfen wird, die unlösl. Erdalkalisalze der Ameisensäure durch Filtration aus der heißen Extraktionslsg. abgetrennt werden u. nach dem Erkalten u. Abfiltrieren der Pentaerythritkristalle aus der verbleibenden, die zuckerartigen sirupösen Verbb. enthaltenden Mutterlauge das Lösungsm. gegebenenfalls abdest. u. wiedergewonnen wird. — Zeichnung. (**D. B. P. 857 803** Kl. 12o vom 8/7. 1950, ausg. 1/12. 1952.) G. König. H 580

Pittsburgh Plate Glass Co., Allegheny County, Pa., übert. von: **Alphonse Pechukas**, Akron, O., V. St. A., *Glykol-bis-chlorsulfinate* erhält man durch Kondensation eines Glykols mit $SOCl_2$ nach dem Reaktionsschema: $2\ SOCl_2 + R(OH)_2 \rightarrow ClSOOROOSCl + 2\ HCl$ (R = aliphat. Glykol- oder Polyglykolrest). — Zu gekühltem $SOCl_2$ gibt man bei 10° Trimethylenglykol u. erhält nach dem Verjagen des $SOCl_2$ im Vakuum bei 30°/2 mm *Trimethylenglykol-bis-chlorsulfinat*, $ClSOO(CH_2)_3OOSCl$, n_D^{20} 1,5210; D.^{20} 1,536, in 94%ig. Ausbeute, das sich bei Raumtemp. langsam zersetzt. — *Diäthylenglykol-bis-chlorsulfinat*, n_D^{20} 1,5200; D.^{20} 1,521. — Triäthylenglykol → *Triäthylenglykol-bis-chlorsulfinat*, $ClSOOCH_2CH_2OCH_2CH_2OCH_2CH_2OOSCl$, n_D^{20} 1,5120; D.$^{20}_4$ 1,453. — Die Prodd. reagieren mit Alkoholen zu den entsprechenden Alkylsulfinaten, ferner mit Cellulose u. Polyvinylalkoholen. — Verwendung als Lösungsmittel, Insekticide u. Netzmittel. (**A. P. 2 576 139** vom 20/12. 1947, ausg. 27/11. 1951.) Krauss. H 600

Distillers Co. Ltd., Edinburgh (Erfinder: **David James Hadley**, Epsom), England, *Herstellung von ungesättigten Aldehyden*, dad. gek., daß man Olefine der allg. Formel

R—C(CH_3)=CH_2, in welcher R ein H-Atom oder eine gesätt. Alkylgruppe bedeutet, bes. Propylen oder Isobuten, mit O_2, gegebenenfalls in Ggw. von inerten Gasen bei 180—400° in Ggw. von elementarem Se in der Reaktionszone über Kontrakte leitet, die unter den Reaktionsbedingungen im wesentlichen beständige Cu-Verbb. enthalten, mit Ausnahme der Oxyde des Aluminats u. Silicats des Cu. — Se wird als Dampf zugesetzt oder kann durch Zers. von Seleniden erzeugt werden, die dem Cu-Kontakt zugemischt wurden. — Aus Propylen erhält man neben CO_2 u. W. Acrolein. (**D. B. P. 852 992** Kl. 12o vom 31/3. 1950, ausg. 20/10. 1952. E. Prior. 8/4. 1949.) G. König. H 670

United States Rubber Co., New York, N. Y., übert. von: **Elbert C. Ladd**, Passaic, N. J., V. St. A., *Ketone* erhält man bei der Rk. von Aldehyden (I) mit 2-Propenylverbb. (II) in Ggw. von Peroxyden bei An- oder Abwesenheit inerter Lösungsmittel u. Tempp., die eine Zers. der Peroxyde bedingen, vorteilhaft zwischen 0 u. ca. 140°. Erhöhter Druck wird bei flüchtigen Ausgangsstoffen angewandt. Das Mengenverhältnis von I : II kann 1 : 1 sein. Zweckmäßig wird ein Überschuß von I angewendet. Als I kommen z. B. in Betracht: Acetaldehyd, Propionaldehyd, Cyclohexanal, Benzaldehyd, Phenylacetaldehyd, alles Verbb. die mit einem prim. oder sek. C-Atom an die Aldehydgruppe gebunden sind. II sind bes. Verbb. der allg. Formel R'·CH=C(R'')·CH_2X, wobei R' = H, Methyl, Halogenmethyl oder Halogen, R'' = H, Alkyl, Aryl, Halogen, Halogenalkyl oder Acyloxymethyl, u. X = N, O oder Halogen (At.-Gew. $<$40), z. B. Allylalkohol, Methylallylchlorid, Allyläthyläther, Allylfurfuryläther, Diallylformal, Acroleinäthylketal, 2-Acetoxymethyl-allylacetat, N-Allylphthalimid, Allyltriäthylsilicat. An Stelle der Heteroatome O, N, Halogen können auch Verbb. mit den Heteroatomen Si, P u. S Anwendung finden, z. B. Äthyl-2-propenylphosphonat, Allyltriäthylsilan, Methallyläthylsulfid. — 110 (Teile) Allylacetat ergeben, mit 500 Acetaldehyd u. 8 Dibenzoylperoxyd im Autoklaven auf 70° erhitzt, bei fraktionierter Dest. im Vakuum *3-Acetopropylacetat*, $Kp._3$ 66,5—67°, n_D^{20} 1,021, VZ. 144,7; 2.4-Dinitrophenylhydrazon, F. 77,5—78°. — Allylacetat u. n-Butyraldehyd (III) → *3-Butyropropylacetat*, $Kp._{11}$ 111—114°, n_D^{20} 1,4311, $D.^{20}_4$ 0,9805. — Acroleinäthylacetal u. III → *Diäthylacetal* des *3-Butyropropionaldehyds*, $Kp._6$ 101—104°, n_D^{20} 1,4352. — 2-Acetoxymethylallylacetat u. III → *2-Acetoxymethyl-3-butyropropylacetat*, $Kp._7$ 154—159°. — Diallyläther u. III → *3-Butyropropylallyläther*, $Kp._6$ 96—98°, n_D^{20} 1,4539. — Diallylformal u. III → *3-Butyropropylallyloxymethyläther*, $Kp._1$ 78—81°, n_D^{20} 1,4447. Die erhaltenen Ketone sind Zwischenprodd. für chem. Synthesen u. zur Herst. von Farben, Duftstoffen u. pharmazeut. Präpp. verwendbar. (**A. P. 2 560 770** vom 9/8. 1949, ausg. 17/7. 1951.) G. König. H 710

Phillips Petroleum Co., übert. von: **Francis E. Condon**, Bartlesville, Okla., V. St. A., *Pinakolin* erhält man direkt aus Aceton, wenn man dieses in Ggw. wss. Säure u. eines Reduktionsmittels erhitzt. Man verwendet z. B. wss. HCl-Lsg. u. amalgamiertes Zn oder $CrCl_2$·6 H_2O. — Vorrichtung. (**A. P. 2 596 212** vom 25/10. 1946, ausg. 13/5. 1952.) Brösamle. H 710

Hooker Electrochemical Co., Niagara Falls, übert. von: **Joseph A. Sonja**, Niagara Falls, und **Carson E. Lismann**, Lewiston, N. Y., V. St. A., *Monochloressigsäure* erhält man durch Einleiten von Cl_2 in CH_2COOH (I) in Ggw. von 5—12% PCl_3 bei zunächst 25—50° u. mindestens 10 lbs./sq.in., später bei 85—130° u. bis zu 100 lbs./sq.in., bis je 1 (Mol) I 1—2 Cl_2 aufgenommen sind. (**A. P. 2 595 899** vom 13/10. 1949, ausg. 6/5. 1952.) Müller-Meiningen. H 810

Badische Anilin- & Soda-Fabrik (Erfinder: **Hans Jürgen Nienburg**, Ludwigshafen/Rh., und **Emil Keunecke**, Witten/Ruhr), *Carbonsäureamide* erhält man durch Einw. von olefin. Verbb. auf überschüssiges CO u. NH_3 unter erhöhtem Druck u. bei erhöhter Temp. in Ggw. von Metallen der 8. Gruppe. Z.B. entsteht aus Cyclohexen in Ggw. von Co bei 250—270° u. 200 at Hexahydrobenzoesäureamid u. aus Äthylen in Ggw. von $CoCO_3$ bei 200° u. 100 at Propionamid. (**D. B. P. 863 799** Kl. 12o vom 25/7. 1941, ausg. 19/1. 1953.) Schindler. H 810

Badische Anilin- & Soda-Fabrik, Ludwigshafen/Rh. (Erfinder: **Hans Krzikalla**, Heidelberg, und **Ernst Woldan**, Burgkirchen/Alz), *Carbonsäureamide* erhält man durch Rk. von CO u. Aminen unter Druck u. bei erhöhter Temp. in Ggw. von Carbonyle bildenden Metallen oder deren Verbb. in fl. Phase. Aus Monobutylamin in Ggw. von NiJ_2 bei 200° u. 200 at erhält man *Formylbutylamin*, $Kp._{17}$ 120°, u. Dibutylharnstoff; entsprechend *Formyldibutylamin*, $Kp._{15}$ 118—120°, u. *Formyldiisobutylamin*, $Kp._{20}$ 120°; aus Anilin *Diphenylharnstoff*, F. 236°, aus Piperidin *N-Formylpiperidin*, $Kp._2$ 68°, entsprechend *N-Formylpyrrolidin*, $Kp._{15}$ 98—100°, *Formylperhydrocarbazol*, $Kp._1$ 132—133°; aus Hexamethylenimin *Formylhexamethylenimin*, $Kp._2$ 90—95°, neben N.N'-Di-(cyclohexamethylen)-harnstoff; aus Trimethylamin *Formyldimethylamin*, $Kp._{760}$ 152—154°, entsprechend *Formyldibutylamin*, $Kp._2$ 106°, u. aus N-Propylpyrrolidin *N-Formylpyrrolidin*, $Kp._{15}$ 98°. (**D. B. P. 863 800** Kl. 12o vom 10/8. 1940, ausg. 19/1. 1953.) Schindler. H 810

Röhm & Haas Co., übert. von: **Charles L. Levesque**, Philadelphia, Pa., V. St. A., *Herstellung von Thioamiden* der allg. Formel R—C(: S)—N(R')(R''), worin R, R' u. R'' Alkylgruppen mit 1—18 C-Atomen darstellen u. R'' gegebenenfalls H bedeutet, durch Rk. eines Amins der allg. Formel R—CH_2—N(R')(R'') mit S in Ggw. inerter Lösungsmittel u. in Abwesenheit von Wasser. — Z. B. werden 97 (g) Dibutylamin, 48 S u. 200 cm^3 Pyridin 10 Std. am Rückfluß gekocht. Aufarbeitung ergibt gelbes Öl der Formel C_4H_9—NH—C(: S)—C_3H_7, $Kp._6$ 142—144°. Weitere Beispiele mit Triäthylamin u. Dinonylamin als Ausgangsmaterial. — *Insekticide* u. *Vulkanisationsbeschleuniger*. (**A. P. 2 560 296** 20/8. 1948, ausg. 10/7. 1951.) K. HEINZE. H 810

B. F. Goodrich Co., New York, N. Y., übert. von: **Jakob Eden Jansen**, Akron, **Warren L. Beears**, Cleveland, und **Archie B. Japs**, Cuyahoga Falls, O., V. St. A., *α.β-ungesättigte Monocarbonsäuren* erhält man durch Pyrolyse der Polymere von β-Lactonen von Monocarbonsäuren der allg. Formel I (R = H oder Alkyl, Aryl, Aralkyl, Cycloalkyl), wie β-Propiolacton (II), β-Butyrolacton (III), β-Valerolacton, α-Äthyl-β-propiolacton, β-Methyl-β-propyl-β-propiolacton, β-Phenyl-β-propiolacton, α-Cyclohexyl-β-propiolacton, mit überhitztem Wasserdampf bei 150—350°. Die Ausgangspolymeren werden in üblicher Weise erhalten durch Polymerisation der genannten Lactone, z. B. durch Hitze, Druck, aktin. Licht oder andere Katalysatoren (K-Acetat, NaOH, NaCN, NH_3, Pyridin, Chinolin, Trimethylamin, Triäthanolamin, Dimethylanilin, $ZnCl_2$, $AlCl_3$, BF_3, $SnCl_4$). Die Pyrolyse kann nach einem anderen Verf. auch mit einem Triarylphosphat (Trikresyl- oder Triphenylphosphat) bei ca. 130—300°, zweckmäßig im Vakuum bei 2—40 mm Hg, durchgeführt werden. — Ein β-Propiolactonpolymeres (erhalten durch Polymerisation von II mit K_2CO_3 u. Cu-Acetat) wird mit auf 150—240° erhitztem Dampf, der unter die Oberfläche des Polymeren geleitet wird, behandelt; man erhält in 98,5%ig. Ausbeute reine, wss. *Acrylsäure*. Aus polymerem III → *Crotonsäure*. Mit Trikresylphosphat erhält man in 91%ig. Ausbeute aus Propiolacton dagegen wasserfreie Acrylsäure. (**A. PP. 2 568 635** vom 22/3. 1950, u. **2 568 636** vom 29/7. 1950, beide ausg. 18/9. 1951.) KRAUSS. H 810

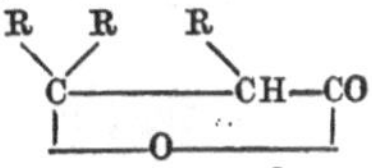

I

Ciba Akt.-Ges., Basel, Schweiz, *α.β-Ungesättigte Carbonsäureester* erhält man durch Rk. von β-Halogencarbonsäureestern mit tert. aliphat. Aminen C_3—C_9 bei 70—100°, F. 80—90°. — Beispiel: Man erhitzt 150,5 (Gewichtsteile) β-Chlorpropionsäureisopropylester, 105 $(C_2H_5)_3N$, 20 Vol. W. u. 0,2 Hydrochinon $1\frac{1}{2}$ Std. unter Rückfluß auf ca. 80°, versetzt dann mit 150 Vol. W., neutralisiert mit HCl, dest. mit Wasserdampf bei ca. 80 mm u. erhält 109 = 95% *Acrylsäureisopropylester*. — Weitere Beispiele für die Herst. von: *Acrylsäureäthylester, -propylester, -2.6.8-trimethylnonylester, -cyclohexylester* u. *Methacrylsäurebutylester*. (**Schwz. P. 280 474** vom 4/11. 1949, ausg. 1/5. 1952.) MÜLLER-MEININGEN H 810

Badische Anilin- & Soda-Fabrik (Erfinder: **Wilhelm Geisel**), Ludwigshafen/Rh., *Harnstoff aus CO_2 und NH_3*, wobei die Ausgangsstoffe, sowohl von anorgan. als auch organ. S-Verbb. sorgfältig befreit werden. Bes. muß die CO_2 von COS befreit werden, was durch Überleiten mit O_2 über A-Kohle u. dann mit H_2 über Cu oder Ni geschieht. (**D. B. P. 860 487** Kl. 12o vom 2/10. 1948, ausg. 22/12. 1952.) SCHINDLER. H 880

Dynamit-Akt.-Ges. vormals Alfred Nobel & Co., Troisdorf (Erfinder: **Fritz Gajewski**, Leverkusen, und **Ludwig Reuschenbach**, Köln), *Herstellung von Aminoguanidinsalzen*, dad. gek., daß Nitroguanidin in wss. Suspension mit Fe u. starker Mineralsäure bei niederer Temp., bes. 5—15°, red. wird. Die verbrauchte Säure soll so ergänzt werden, daß keine Schädigung im Reaktionsgemisch eintritt. — Beispiele für Aminoguanidinbicarbonat. (**D. B. P. 862 890** Kl. 12o vom 3/2. 1951, ausg. 15/1. 1953.) SCHINDLER. H 880

Bergwerksverband zur Verwertung von Schutzrechten der Kohlentechnik G. m. b.H. (Erfinder: **Otto Grosskinsky** und **Helmut Umbach**), Dortmund, *Herstellung von Guanidinrhodanid* durch Wärmebehandlung von NH_4CNS unter Druck nach D. B. P. 800 663, dad. gek., daß man NH_4CNS auf 200° u. darüber erhitzt u. beim Nachlassen der Reaktions-Geschwindigkeit unter Abblasen des H_2S die Rk. beendet. Die Temp. soll möglichst schnell erreicht werden. (**D. B. P. 863 047** Kl. 12o vom 30/10. 1951, ausg. 15/1. 1953. **Zusatz zu D. B. P. 800 663; C. 1951. I. 2806.**) SCHINDLER. H 880

Phillips Petroleum Co., Del., übert. von: **Charles W. Perry**, Bartlesville, Okla., V. St. A., *Gewinnung von HCN*. Man läßt Stücke aus feuerfestem, wärmeübertragendem Material (I) vermöge ihrer Schwere eine Reihe von Zonen durchlaufen. In der Erhitzungszone (II) werden sie auf ca. 800—1650° erhitzt, um über eine Zwischenzone unter Beibehaltung der Temp. in die eigentliche Reaktionszone (III) zu gelangen. Hier wird I im Gegenstrom mit den Reaktionsgasen, NH_3 u. CO [Molverhältnis NH_3 : CO = (1 : 25) bis (1 : 0,5)] oder KW-stoffen mit niederem Mol.-Gew. zusammengebracht. Das dabei entstehende HCN wird abgeführt u. abgeschieden. I wird am oberen Teil der II laufend zu- u. am unteren Teil von III abgeführt. — Vorrichtung. (**A. P. 2 596 507** vom 17/6. 1946, ausg. 13/5. 1952.) NEBELSIEK. H 890

Frederick C. Bersworth, Verona, N. J., V. St. A., *Reinigung von Äthylendiamindiessigsäure.* Eine wss. Lsg. des Na-Salzes u. NaOH wird mit H_2SO_4 auf p_H 6,5 eingestellt, das W. durch Vakuumdest. teilweise verdampft u. das ausgefällte Na_2SO_4 abfiltriert. Das Verf. wird wiederholt, bis ca. 90% des Na_2SO_4 entfernt sind. Aus dem Filtrat wird durch A. die Säure als weißes Kristallpulver gefällt u. auch dieses Verf. wiederholt. (**A. P. 2 558 923** vom 12/5. 1948, ausg. 3/7. 1951.) SCHINDLER. H 950

B. F. Goodrich Co., New York, N. Y., übert. von: **Thomas L. Gresham** und **Forrest W. Shaver**, Akron, O., V. St. A., *N- und S-haltige β-substituierte Carbonsäuren*, bes. Propionsäuren, erhält man durch Rk. von β-Lactonen mit substituierten Thioharnstoffen in Ggw. polarer Lösungsmittel, wie W., Alkoholen, Carbonsäuren, Nitrilen u. dgl. bei 0—100, bes. 0—50°. — Beispiel: Zu 38 (Teilen) Phenylharnstoff in 200 W. gibt man langsam unter Rühren 18 β-Propiolacton (I) bei 28°. Es fallen 39,98 (72%) *β-Phenylisothioureidopropionsäure*, F. 114—117°, an. — Ferner werden hergestellt: *β-Allylisothioureidopropionsäure*, F. 113 bis 115°, u. die entsprechenden Verbb. aus I u. Dithiobiuret → F. 161—163° (aus W.) (II) u. Thiosemicarbazid → F. 140—142° (aus W. u. CH_3OH) (III). (**A. P. 2 563 085** vom 5/7. 1949, ausg. 7/8. 1951.) MÜLLER-MEININGEN. H 950

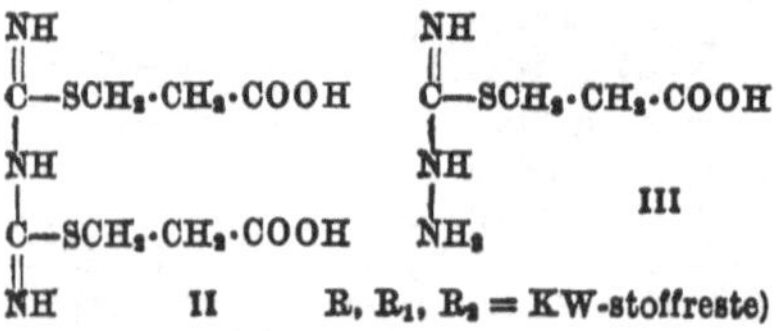

II III R, R_1, R_2 = KW-stoffreste

Libbey-Owens-Ford Glass Co., übert. von: **David B. Hatcher**, Toledo, O., V. St. A., *Silane* mit mehr als einem Alkylrest im Mol. erhält man durch Kondensation eines Olefins mit einem Halogensilan, das nur ein direkt an Si gebundenes H-Atom enthält, in Ggw. eines Katalysators, wie wasserfreiem $AlCl_3$ u. $AlBr_3$, bei wenigstens 300°. — $SiHCl_3$, $AlCl_3$ u. Äthylen werden im Druckgefäß auf 396° erhitzt, wobei ein Maximaldruck von 900 lbs./sq.in. bei 288° erreicht wird; durch Dest. erhält man *Äthyltrichlorsilan* u. Spuren von *Diäthyldichlorsilan.* Man kann auch dieses als Hauptprod. erhalten; je nach den Bedingungen bildet sich auch *n-Butyltrichlorsilan, n-Hexyltrichlorsilan.* (**A. P. 2 555 589** vom 31/1. 1948, ausg. 5/6. 1951.) KRAUSS. H 980

General Electric Co., übert. von: **Albert E. Schubert**, Schenectady, N. Y., V. St. A., *Gewinnung von reinem Dimethyldichlorsilan* (I) durch Rektifikation eines Gemisches, das durch Rk. von CH_3Cl mit Si erhalten wurde. Die niedrigsd. Bestandteile (CH_3Cl; CH_4 u. H_2) werden in einer Fraktionierkolonne am Kopf (26,6°) abgezogen u. der Rückstand wird in einer 2. Kolonne dest., wobei als Kopfprod. unterhalb oder beim Kp. des I eine Mischung aus I, Si-Tetramethyl, Trichlorsilan, Methyldichlorsilan, $SiCl_4$, Trimethylchlorsilan, Methyltrichlorsilan erhalten wird. Diese Mischung wird dann in einer 3. Kolonne unter oder nahe beim Kp. (66°) von Methyltrichlorsilan dest., wobei ein bin. Gemisch aus Methyltrichlorsilan u. I als Rückstand bleibt, der dann in einer 4. Kolonne rektifiziert wird, wobei I am Sumpf abgezogen werden kann. — Beispiel, Zeichnung. (**A. P. 2 563 557** vom 20/10. 1948, ausg. 7/8. 1951.) KRAUSS. H 980

Dow Corning Corp., übert. von: **John Goodwin jr., Midland**, Mich., V. St. A., *Di-(triorganosilyl)-methane* der allg. Formel $R_3SiCH_2SiR_3$ (R = einwertiger KW-stoffrest) erhält man durch Kondensation einer Verb. der Formel R_3SiX (X = Halogen) mit einer Verb. der Formel R_3SiCH_2X in fl. Phase in Ggw. eines Alkalimetalls. — Aus $(CH_3)_3SiCH_2Cl$ u. $(CH_3)_3SiCl$ erhält man durch Erhitzen mit Na in Hexadecan $(CH_3)_3SiCH_2Si(CH_3)_3$, $Kp._{740}$ 132,2°; n_D^{25} 1,4154; $D.^{25}$ 0,7858; C : Si-Verhältnis = 3,45. — Verwendung als *Schmier-* u. *hydraul. Öle, Isoliermittel.* (**D. B. P. 844 901** Kl. 12o vom 20/9. 1950, ausg. 24/7. 1952. E. Prior. 1/7. 1947 u. A. Prior. 20/4. 1948.) KRAUSS. H 980

International General Electric Co., Inc., Schenectady, N. Y. (Erfinder: **Eugene G. Rochow**, Winchester, Mass., und **Winton J. Patnode**, Richland, Wash.), V. St. A., *Organosiliciumhalogenide* erhält man durch Rk. eines KW-stoffhalogenids mit Si bei ca. 200—500°, bes. in der Dampfphase u. in Ggw. eines Katalysators, wie Cu, wobei zweckmäßig das Si mit dem Katalysator eine Legierung bildet. Das Si kann auch Bestandteil einer festen, porösen Kontaktmasse (I) sein, die bes. aus 55—98 (%) Si u. 2—45 des Katalysators (Cu) besteht u. die durch reduzierendes Erhitzen einer gepulverten Mischung aus Si u. dem Katalysator hergestellt werden kann. I kann auch aus gesintertem Material bestehen. — Beispiel: Man leitet CH_3Cl über feinpulverisiertes Si (325-Maschensieb) bei 300° u. erhält durch fraktionierte Dest. 52 (%) CH_3SiCl_3, 14,5 $(CH_3)_2SiCl_2$, 5—10 $SiHCl_3$, 2—3 CH_3SiHCl_2 u. Spuren von $(CH_3)_4Si$ u. $(CH_3)_3SiCl$. — Aus Chlorbenzol erhält man bei

600° *Phenylsiliciumchloride* bzw. bei 230—280° $C_6H_5SiCl_3$, $(C_6H_5)_2SiCl_2$ u. Diphenyl. — *Methyltribromsilan,* Kp 133,5°. *Dimethyldibromsilan,* Kp. 112,3°. — $C_2H_5SiCl_3$, $(C_2H_5)_2 \cdot SiCl_2$. — *Äthyl-Si-bromide.* — *Methyl-Si-jodide.* — *Methyl-Si-fluoride.* — Ferner können hergestellt werden: *Hexyl-, Phenyläthyl-* u. *Tolyl-Si-halogenide.* — Zwischenprodukte. (**D. B. PP. 842 055** vom 22/12. 1948, u. **842 059** Kl. 12o vom 24/9. 1950, beide ausg. 23/6. 1952. Beide A. Prior. 26/9. 1941.) KRAUSS. H 980

Soc. des Usines Chimiques Rhône-Poulenc, Paris, übert. von: **Auguste Florentin Bidaud,** Serezin-du-Rhône, und **Pierre Dumont,** Lyon, Frankreich, *Methylsilylacetate* erhält man durch Kondensation einer Mischung von wenigstens 2 Methylchlorsilanen mit den wasserfreien Salzen der Essigsäure u. anschließende Trennung der Acetate durch selektive Destillation. — CH_3SiCl_3 gibt mit wasserfreiem Na-Acetat bei 65° *Methylsilyltriacetat,* $Kp._4$ 90°, F. 40°. — *Dimethylsilyldiacetat,* Kp. 165°. — *Trimethylsilylmonoacetat,* Kp. 102—103°, F. —48°. (**A. P. 2 573 302** vom 16/9. 1947, ausg. 30/10. 1951. F. Prior. 23/7. 1947.) KRAUSS. H 980

United States of America, übert. von: **Anthony Loverde** und **Walter S. Beanblossom,** Niagara Falls, N. Y., V. St. A., *Alkylsubstituierte einringige aromatische Kohlenwasserstoffe* werden in der Seitenkette mittels Cl_2 unter der Einw. von aktin. Strahlen chloriert, indem man zuerst bei Tempp. zwischen 25 u. 120°, jedoch unterhalb der Zersetzungstemp., das Cl bis zur Aufnahme von ca. 5—15% einwirken läßt, hierauf die Temp. bis 170° steigert. — m- u. p-Xylol chloriert man 2 Std. bei 100—120°, steigert dann pro Tag um 10—20° u. unterbricht nach 5½ Tagen die Rk., wobei *Hexachlorxylol* erhalten wird. (**A. P. 2 566 065** vom 1/7. 1944, ausg. 28/8. 1951.) G. KÖNIG. H 1010

California Research Corp., San Francisco, übert. von: **Lloyd F. Brooke,** Berkeley, und **James B. Cull,** Martinez, und **Bernard E. Berlenbach,** San Francisco, Calif., V. St. A., *Entfluorierung von Alkylierungsprodukten des Benzols mit Polymeren des Propylens,* erhalten in Ggw. von HF, durch eine Hitzebehandlung zwischen 425 u. 550° u. n. oder erhöhten Drucken (bis ca. 20 lbs./sq.in.), wobei während der Alkylierung gebildete organ. Fluorverbb. zerlegt werden u. HF sowie vorhandenes Bzl. als Kopfdestillat entweichen. — Zeichnung. (**A. P. 2 556 644** vom 2/6. 1947, ausg. 12/6. 1951.) G. KÖNIG. H 1010

Shell Development Co., San Francisco, übert. von: **Clarence S. Benett,** Long Beach, und **William A. Bailey jr.,** Walnut Creek, Calif., V. St. A., *Isomerisieren von Xylolen* erfolgt in Ggw. von H_2 oder Wasserdampf in Mengen von 0,2—6 (Mol.) auf 1 Xylol bei 800—1100° F u. n. bis auf 500 at erhöhten Drucken mit einer Strömungsgeschwindigkeit zwischen 1 u. 16, bezogen auf den fl. Zustand u. pro Std., wobei Carbonium-Ionen bildende Katalysatoren, wie mit Säure aktivierte Erden oder synthet. gebildete Katalysatoren, bestehend vorwiegend aus SiO_2 u. Al_2O_3, MgO, ZrO, BO, Anwendung finden. Vorteilhaft setzt man dem Ausgangsgemisch Äthylbenzol zu. Bei der Isomerisierung stellt sich ein Gleichgewichtszustand ein, dieser wird durch die Temp. beeinflußt. Durch Abtrennen des gewünschten Isomeren aus der Reaktionsmischung u. Zurückleiten der Restmischung in den Ausgangsstrom kann eine Konz. der erwünschten Isomeren im Endziel erreicht werden. — Skizzen. (**A. P. 2 564 388** vom 9/1. 1950, ausg. 14/8. 1951.) G. KÖNIG. H 1010

N. V. de Bataafsche Petroleum Mij., Den Haag, Holland, *Reinigung von Alkylphenolen* (I) durch Abtrennung der Polyalkylphenole (II) aus ihren Mischungen mit einem oder mehreren I mit niedrigerem F. Man kühlt die Mischung auf eine solche Temp., daß höchstens ca. 90% des höherschm. II auskristallisieren. Die Mutterlauge wird dann weiter abgekühlt u. das abgetrennte Kristallisat nochmals umkrist., u. zwar bei einer Temp., die höher ist als die, bei der es gewonnen wurde. Im Beispiel wird *2.6-Di-(tert.-butyl)-4-methylphenol* rein erhalten. (**E. P. 662 783** vom 23/2. 1949, ausg. 12/12. 1951.) KRAUSS. H 1060

N. V. de Bataafsche Petroleum Mij., Den Haag, Holland, *Herstellung von Alkylphenolen, besonders 2.4-Dimethyl-6-tert.-butylphenol* (I). Ein anfallendes Gemisch aus 2.3-, 2.5-, 2.6-, 3.5- u. (55—60%) 2,4-Xylenol (II) wird mit so viel I versetzt, daß ein Mol-Verhältnis von I : II wie 1 : 2, 1 : 1 oder 2: 1 vorliegt. Nach Erwärmen auf 46° kühlt man ab u. erhält — gegebenenfalls nach Zusatz von Saatkristallen — ein krist. I-II-Addukt mit F. 45,7°, das sich von den restlichen Xylenolen leicht abtrennen läßt. Das erhaltene I-II-Addukt kann in Ggw. von H_2O_4 bei 90° mit Isobutylen zu reinem I substituiert werden, das zur Eliminierung weiterer Mengen II aus Rohxylenolgemischen dient. — Theoret. ist das Verf. auch auf andere Alkylphenole anwendbar. (**E. P. 655 715** vom 29/10. 1948, ausg. 1/8. 1951. A. Prior. 3/11. 1947.) MÖLLERING. H 1060

Standard Oil Development Co., übert. von: **A. Donald Green** und **E. Wendell Carrier,** Cranford, N. J., V. St. A., *Kontinuierliche Sulfonierung aromatischer Kohlenwasserstoffe* (I).

Man leitet über dem Boden eines Reaktionsturmes in diesen das Sulfonierungsmittel, I u. einen Teil des bereits sulfonierten Prod. getrennt ein u. am Boden erhitzten I-Dampf. Dieser führt das entstandene W. ab, wird am Kopf des Turmes abgezogen, vom mitgeführten Wasserdampf befreit u. unter Verdampfung wieder in den Kreislauf zurückgeführt. Ein Teil des Sulfonats wird am Kopf des Turmes abgezogen, der andere Teil in den Kreislauf zurückgegeben. Der I-Dampf kann auch im Gegenstrom geführt werden. — *Benzolsulfonsäure.* — Vorr., 2 Zeichnungen. (**A. P. 2 540 519** vom 21/2. 1946, ausg. 6/2. 1951.) KRAUSS. H 1090

United States of America, übert. von: **Frederic B. Stilmar,** Wilmington, Del., V. St. A., *Fluorierte cyclische organische Verbindungen* mit C-haltigen Sechsringen erhält man aus den entsprechenden mono- oder polykernchlorierten aromat. Verbb. mittels SbF_5 oder AsF_5 bei höheren Tempp., jedoch unterhalb der Zersetzungstemp. der Verbb. (100—300°). Die Cl- u. H-Atome werden ersetzt u. ungesätt. Bindungen durch Anlagerung von F-Atomen in gesätt. umgewandelt, man erhält als Endprodd. gesätt. fluorierte cycl. Verbindungen. Man arbeitet vorteilhaft in 2 Stufen, um Perfluorverbb. zu erhalten. Die Ausgangsstoffe können auch Substituenten enthalten, die entweder mit F reagieren oder durch F substituiert werden, oder solche, die gegen F indifferent sich verhalten. Aliphat. Substituenten werden im allg. während der Fluorierung abgespalten. — C_6Cl_6, mit SbF_5 6 Std. bei 250° behandelt, ergibt eine farblose Fl., Kp. 120—190°, n_D^{20} 1,389, die aus *Dichlorperfluorbenzol* u. *Dichlorperfluorcyclohexadien* besteht. Diese Mischung wird erneut mit SbF_5 behandelt u. ergibt eine Mischung von *Perfluorcyclohexan, Dichlorperfluorcyclohexan* sowie *Monochlorperfluorcyclohexan,* Kp. der Mischung von 65—95°. — Oktachlornaphthalin ergibt eine zwischen 140 u. 150° sd. Mischung von *Octadekafluordecalin, Monochlorheptadekafluordecaline* u. *Dichlorhexadekafluordecalin,* n 1,334. — Perchlordiphenyl, mit SbF_5 in der 1. Stufe behandelt, ergibt eine Mischung von $C_{12}Cl_3F_{13}$ u. $C_{12}Cl_2F_{10}$, Kp. 195—250°, n 1,390. Diese Mischung in der 2. Stufe mit weiterem SbF_5 behandelt, ergibt ein Öl, Kp. 145—188°, n 1,327, das aus *Perfluordicyclohexyl* (bei n. Temp. fest), *Mono-* u. *Dichlorperfluordicyclohexyl* besteht. — Aus o.o'-Diphenyldiphenyl erhält man *Perfluor-o.o'-dicyclohexyldicyclohexyl* neben isomeren *Monochlorperfluor-o.o'-dicyclohexyldicyclohexylen,* $Kp._8$ 140—190°. — Perchlorterphenyl ergibt eine Mischung von $C_{18}Cl_3F_{21}$ u. $C_{18}Cl_3F_{23}$, $Kp._8$ 130—150°, n_D 1,349, u. $C_{18}Cl_4F_{18}$, $C_{18}Cl_5F_{19}$ u. $C_{18}Cl_5F_{17}$, $Kp._2$ 118—160°, n 1,428. Diese Mischung abermals mit SbF_5 behandelt, ergibt *m-* u. *p-Perfluortercyclohexyl* ($C_{18}F_{32}$) sowie die Mono- u. Dichlorsubstitutionsprodukte. — Perchlortriphenylen ergibt eine Mischung von $C_{18}Cl_3F_{19}$ u. $C_{18}Cl_3F_{21}$, $Kp._{10}$ 145—200°. — Perchlortriphenylamin ergibt eine bei 140° u. 10 mm Hg sd. gelbe, viscose Fl. mit 14% Cl-Gehalt. — Perchlor-N-phenylcarbazol ergibt ein sehr dickes Öl, $Kp._{10}$ 140° bis $Kp._5$ 240°, mit einem Cl-Geh. von 18%. — Perchlordiphenylenoxyd u. Oktachlordihydrobenzol ergeben mit SbF_5 gleichfalls perfluorchlorierte Verbb. öliger Konsistenz mit hohen Kpp. u. niedrigen Dampfdrucken bei n. Temperatur. (**A. P. 2 553 217** vom 14/8. 1947, ausg. 15/5. 1951.) G. KÖNIG. H 1810

Libbey-Owens-Ford Glass Co., übert. von: **David B. Hatcher** und **Raymond H. Bunnell,** Toledo, O., V. St. A., *Cycloaliphatische Silane* der allg. Formel (X'')(X')(X)Si—R—R_2—Si(Y)(Y')(Y'') (R = Alkylen mit 2—5 C-Atomen, R_2 = Cycloalkylen mit 5-bis 12 C-Atomen, bestehend aus einem cycloaliphat. Kern mit 5—6 Kohlenstoffatomen u. nicht mehr als 3 Alkylseitenketten, die insgesamt nicht mehr als 6 C-Atome enthalten, X, X', X'', Y, Y', Y'' = hydrolysierbare Reste, wie Halogen, Alkoxy, Amino, Aryloxy u. Acyloxy) erhält man durch Kondensation eines Trihalogensilans ($SiHCl_3$) mit einem Alkenylcycloalken [Vinylcyclohexen-(1); Vinylcyclohexen-(2); 1-Äthyl-4-(2'-methyl-2'-propenyl)-cyclohexen; 1.2.2-Trimethyl-3-vinylcyclopenten] bei erhöhter Temp. unter Druck. — $SiHCl_3$ u. Vinylcyclohexen-(3) werden 90 Min. auf 320—340° im Druckrohr erhitzt. Durch Dest. erhält man *(Trichlorsilyläthyl)-cyclohexyltrichlorsilane,* $Kp._4$ 153—160°. (**A. P. 2 545 780** vom 9/8. 1948, ausg. 20/3. 1951.) KRAUSS. H 2180

Badische Anilin- & Soda-Fabrik (Erfinder: **Bruno Christ, Fritz Hanusch** und **Alois Seib**), Ludwigshafen/Rh., *Herstellung von Olefinoxyden* durch Überleiten von Olefinen mit O_2 oder O_2-haltigen Gasen über Ag-Katalysatoren bei erhöhter Temp., dad. gek., daß man das aus Olefin u. O_2 zunächst entstandene olefinoxydhaltige Endgas jeweils nach Ergänzung des verbrauchten Olefins ein- oder mehrmals wieder über einen Ag-Kontakt, unter Umständen jedesmal bei etwas höherer Temp. als bei der vorhergehenden Stufe, leitet. Das Verf. kann bei n. u. erhöhtem Druck ausgeführt, das gebildete Olefinoxyd kann durch Auswaschen oder durch Adsorption gewonnen werden. Leitet man das Endgas durch verd. Säure, so erhält man Glykole. — Aus Äthylen entsteht Äthylenoxyd. (**D. B. P. 855 703** Kl. 12o vom 16/5. 1943, ausg. 17/11. 1952.) G. KÖNIG. H 3030

X. Färberei. Organische Farbstoffe.

R. J. Hannay, W. H. Major und **R. Pickin**, *Eine neue Methode der p_H-Kontrolle beim Färben und einige Beobachtungen beim Metachromprozeß.* Die ausführlichen Verss. der Vff. haben gezeigt, daß die Erhöhung des p_H-Wertes, der gewöhnlich beim Färben nach dem Metachromprozeß erfolgt (bes. in geschlossenen Apparaten), verhindert oder zumindest stark abgeschwächt werden kann. Hierfür haben sich bes. Zusätze von Diäthyltartrat (I) oder Äthyllactat (II), die gleich zu Beginn des Färbens zugesetzt werden, bewährt. Diese zugesetzten Ester hydrolysieren während des Färbens, wobei die so frei werdende organ. Säure einer p_H-Erhöhung entgegenwirkt. Die an solchen Färbungen erhaltenen Reißfestigkeiten haben gezeigt, daß die Wolle beim Metachromprozeß mit oder ohne Zusatz von I oder II nicht stärker geschädigt wird als beim Färben mit den üblichen sauren Farbstoffen. Ferner wird darauf hingewiesen, daß der Zusatz von I bzw. II beim Färben mit Metachrom-, Walk- u. Carbolanfarbstoffen deren Egalisiervermögen deutlich erhöht, ohne die Baderschöpfung zu beeinflussen. Die Ergebnisse werden ausführlich diskutiert. — 9 Tabellen. (J. Soc. Dyers Colourists **68.** 373—80. Okt. 1952. Leeds, Brotherton & Co. Ltd., City Chambers.) H. G. Fröhlich. 7020

J. Ardron, M. R. Fox und **R. W. Speke**, *Das kontinuierliche Färben von Küpenfarbstoffen. Die Standfast-Methode der Metallschmelze.* Es wird eine Laboratoriumsmaschine zum Färben in der Metallschmelze beschrieben. Unterss. betreffen das Leukoküpenfärbeverf., das Pigmentklotzen, gefolgt von Trocknen u. Entwickeln in der Maschine u. schließlich Pigmentklotzen (naß), gefolgt von Entwickeln in der Maschine. Bzgl. der eingehenden Klärung der einzelnen Faktoren der Verff. an einer größeren Anzahl von Küpenfarbstoffen wird auf das Original verwiesen. (J. Soc. Dyers Colourists **68.** 249—56. Juli 1952. Manchester. ICI Ltd., Dyehouse Labors.) Zahn. 7020

—, *Acetatreyon.* Zusammenfassender Überblick über neuere Entwicklungen auf dem färber. Gebiet. (Textile Mercury Argus **127.** 507—08. 510. 19/9. 604. 607. 3/10. 653. 655—56. 10/10. 692. 17/10. 1952.) P. Eckert. 7020

Fred Fortess und **George C. Ward**, *Färben und Ausrüsten von Acetatmischgespinsten.* Nach einem allg. Überblick über das Färben von Acetatmischungen geht Vf. auf das Färben von Acetatwollmischgespinsten ein, wobei eine größe Anzahl für das Einbadverf. geeignete Farbstoffe angeführt werden, welche die erforderliche Echtheitseigg. u. das nötige Egalisiervermögen aufweisen. Besprochen wird ferner das Ausrüsten von Textilien aus Acetatmischungen mit den verschiedensten anderen Fasern mit Siliconen. Die prakt. Durchführung der Ausrüstung wird beschrieben u. Untersuchungsergebnisse hinsichtlich des erzielten Effektes werden angeführt. (Dyer, Textile Printer, Bleacher, Finisher **108.** 565. 567. 569. 571. 17/10. 1952.) P. Eckert. 7020

—, *Das Färben von Nylongeweben.* Vf. behandelt an Hand von Beispielen u. prakt. Hinweisen die Vorbehandlung des Nylons vor dem Färben sowie das Fixieren. Anschließend wird das Färben der Faser besprochen, wobei auf die Dispersol-, Säure- u. Chromfarbstoffe eingegangen wird u. bes. geeignete Farbstoffe angeführt werden. (Textile Weekly **50.** 298. 300. 302. 1/8. 416. 419. 15/8. 566. 668. 670. 29/8. 1952.) P. Eckert. 7020

R. Hünlich, *Zum Färben der synthetischen Terylene.* Terylene können nicht wegen der geringen Diffusion in die Faser mit den für Nylon u. Orlon gebräuchlichen (Diazo-, Palatineecht-, Säure- u. Naphthol AS-) Farbstoffen gefärbt werden. Gute Erfahrungen wurden mit Acetatreyonfarbstoffen (Duranole u. Dispersole) gemacht. Phenole u. Aminoverbb. vermögen in die Faser einzudringen; Verss. mit α- u. β-Naphthol u. 2-Oxynaphthoesäure als Kupplungskomponenten sollen zufriedenstellende Erfolge ergeben haben. Dispersol Diazoschwarz 2 BS-Pulver fein mit 2.3-Oxynaphthoesäure gibt blau-schwarze Töne mit guter Echtheit. (Färber u. Chemischreiniger, Färber-Ztg. **5.** 8. April 1952.) Schoenmann. 7020

Albert Franken, *Das Trocknen in der Filmdruckerei.* Übersicht über die in der Praxis angewandten Trockenverfahren. (De Tex **11.** 663—64. 15/7. 1952.) Wesly. 7022

R. Hünlich, *Die Herstellung von Filmdruckschablonen.* Übersicht über die Technik der Schablonenherstellung. (De Tex **11.** 661—62. 15/7. 1952.) Wesly. 7022

—, *Untersuchungen über die Schweißechtheit.* Die Unterss. der Schweißechtheitskommission haben gezeigt, daß bei Einw. von Schweiß auf Färbungen (bes. solche die Cuhaltig sind), der Aminosäuregeh. des Schweißes eine wichtige Rolle zu spielen scheint. Unter den Aminosäuren selbst soll das Histidin am reaktionsfähigsten sein. (J. Soc. Dyers Colourists **68.** 392—94. Okt. 1952.) H. G. Fröhlich. 7028

American Cyanamid Co., New York, N. Y., übert. von: **Frederick Fordemwalt**, Bound Brook, N. J., V. St. A., *Druckpaste für Textilien* auf der Grundlage einer W.-in-Öl-

Emulsion mit einem in W. unlösl. Farbstoff. Die wss. Phase enthält Alkalihydroxyde u. -carbonate, Na-Formaldehydsulfoxylat als Reduktionsmittel oder Ligninsulfonate als Netzmittel. Die Ölphase, die 10—60% der Druckpaste ausmacht, enthält als Öl einen oder mehrere niedrigviscose aliphat. oder aromat. KW-stoffe (Kp. 135—175°) u. 7—8% eines öllösl. trocknenden Alkydharzes, z. B. aus Phthalsäureanhydrid u. Leinöl. (**A. P. 2 594 899** vom 8/9. 1949, ausg. 29/4. 1952.) LAASS. 7007

Ciba Akt.-Ges., Basel (Erfinder: **Charles Gränacher**, Riehen, und **Jost Frei**, Monthey), Schweiz, *Imidazolverbindungen* erhält man durch Rk. von Imidazolen der Zus. I

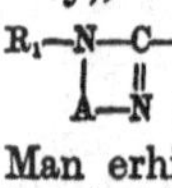
I

(A = aromat., mindestens eine freie oder neutralisierte SO_3H-Gruppe enthaltender Ring, R_1 = KW-stoff, R_2 = höhermol. Alkylrest) mit 1.2-Alkylenoxyden oder deren Substitutionsprodd. in Abwesenheit von Wasser. — Man erhitzt z. B. 25 (Gewichtsteile) Na-Salz des sulfonierten N-Methyl-μ-heptadecylbenzimidazols im Rührautoklaven mit 22 Äthylenoxyd bis zu dessen völliger Aufnahme auf 135—140°. — Das harzartige, in W. leicht mit neutraler Rk. lösl. Prod. besitzt gute *egalisierende Eigg.* in neutralen oder alkal. *Färbebädern* u. verleiht den damit behandelten Textilien einen weichen Griff. Ferner Netz-, Reinigungs-, Wasch-, Emulgier-, Dispergier, Schaum- u. Weichmachungsmittel, sowie Hilfsstoffe für die Wollfärberei. (**D. B. P. 852 090** Kl. 12p vom 27/2. 1941, ausg. 13/10. 1952. Schwz. Prior. 8/4. 1940.) MÜLLER-MEININGEN. 7007

Courtaulds Ltd., London, **Alan Shirley Cluley, Tom Gladstone Allen** und **Samuel Nelson Bradshaw**, England, *Nicht auslaufende Textildrucke* erhält man durch Verwendung eines in W. unlösl. Kondensates aus Cyanamid u. CH_2O, das mit Hilfe einer organ. Säure lösl. gemacht ist, als Verdickungsmittel. (**E. P. 668 421** vom 31/8. 1949, ausg. 19/3. 1952.) MÖLLERING. 7009

Imperial Chemical Industries Ltd., London, England (Erfinder: **G. T. Douglas, A. Lowe** und **S. Robinson**), *Färben von Textilien.* Man färbt Textilien mit wss. Druckpasten aus einem Pigment, ein oder mehreren Kunstharzen u. einer Verb. $R(O—CO—NH—CH_2—A—X)_n$, in der R einen organ., bes. aliphat. Rest, A ein aliphat. oder heterocycl. tert. Aminradikal, X ein Säureanion u. n eine ganze Zahl >1 bedeuten. Als Kunstharze kommen bes. Polyvinylchlorid u. Mischpolymerisate mit Polyvinylchlorid in Betracht. Als Zusätze gemäß obiger Formel eignen sich bes. *Tristearin-tri-[carbamatmethylpyridin]-trichlorid*, die entsprechende Oleinverb., *Tristearin-tri-[carbamatmethyltrimethylammonium]-triacetat* u. ähnliche. Die Textilien werden anschließend bei 100—150° therm. nachbehandelt. Die Pasten können auch noch Verdickungsmittel, Dispersionsmittel u. etwas Alkali enthalten. (**Schwed. P. 134 100** vom 19/4. 1948, ausg. 8/1. 1952. E. Priorr. 21/4. 1947 u. 21/1. 1948.) JÜRGEN SCHMIDT. 7021

Joachim Müller, Krefeld, *Entwickeln von Küpenfarbstoffen auf Geweben.* Man führt das mit dem Farbstoff, einem Reduktionsmittel u. einem Alkali behandelte Gut so durch 2 voneinander getrennte Räume, daß im 1. Raum die Red. des Küpenfarbstoffes unter dem Einfl. elektr., z. B. mittels eines starken elektromagnet. Schwingungsfeldes, erzeugter Wärme in <30 Sek. bei ca. 100° u. im 2. Raum die Fixierung durch Dämpfen erfolgt. (**D. B. P. 856 292** Kl. 8m vom 3/6. 1949, ausg. 20/11. 1952.) v. SCHILLER. 7021

Farbwerke Hoechst, vormals Meister Lucius & Brüning (Erfinder: **Joseph Nüsslein, Julius Rath** und **Karl Keller**), Frankfurt/M., *Herstellung von Färbungen und Drucken mit Pigmenten auf Faserstoffen.* Man bringt neben den Pigmenten wss. Lsgg. von Kondensationsverbb. aus Polyvinylalkoholen u. Verbb., die wenigstens zwei Methylolgruppen im Mol. enthalten, z. B. Tetramethylolacetylendiharnstoff oder Tetramethylolmelamin, auf die Faser auf u. unterwirft die so behandelten Gewebe einer Hitzebehandlung. (**D. B. P. 855 391** Kl. 8n vom 21/7. 1943, ausg. 13/11. 1952.) v. SCHILLER. 7021

Durand & Huguenin Akt.-Ges., Basel, Schweiz, *Bedrucken von Gebilden aus Cellulose*, wie Textilstoffen, Papier u. dgl. mit *Chromfarbstoffen.* Man bedruckt mit Pasten, welche neben dem Farbstoff, der Verdickung u. nötigenfalls weiteren üblichen Zutaten, wie Ameisen-, Essigsäure usw., ein Carbonsäureamid, als Beize ein Alkalichromat oder -bichromat, ferner ein lösl. Salz einer Säure, die sich von einer O-Verb. des S ableitet u. reduzierende Eigg. aufweist, eine Verb., die bei erhöhter Temp. eine starke Säure abspalten kann, sowie gegebenenfalls eine aromat. Verb., an der die reversible Rk.: Chinon (I) $\longleftrightarrow$ Hydrochinon (II) ausführbar ist, u. die sowohl als I als auch als II vorliegen kann, u. $\omega.\omega'$-Dioxydiäthylsulfid enthalten, u. trocknet einfach die bedruckten Gebilde zur Chromlackbldg., ohne zu dämpfen u. verhängt gegebenenfalls. (**D. B. P. 856 138** Kl. 8n vom 21/3. 1944, ausg. 20/11. 1952. Schwz. Prior. 17/2. 1944.) v. SCHILLER. 7023

Ciba Akt.-Ges. (Erfinder: **Willy Widmer** und **Jakob Brassel**), Basel, Schweiz, *Chromhaltiger o-Oxyfarbstoff.* Der Farbstoff I wird in saurer Lsg. bei hoher Temp., gegebenenfalls auch unter Druck mit Cr-Fluorid, -Sulfat, -Acetat oder -Formiat in solcher Menge behandelt, daß an 1 Mol Farbstoff ca. 1 Atom Cr-Komplex gebunden wird. Das Prod. färbt tier., auch animalisierte Cellulosefasern, sowie Leder, Superpolyamide u. Superpolyurethane blau bis marineblau. Man kocht z. B. eine Lsg. von 474 I in 10000 W. mit 1000 einer $Cr_2(SO_4)_3$-Lsg., die 80 Cr_2O_3 entspricht, 20 Std. unter Rückfluß. Dunkles bronzierendes Pulver, das sich in W. dichroit. blaurot löst. (**D. B. P. 842381** Kl. 22a vom 30/12. 1948, ausg. 26/6. 1952. Schwz. Prior. 6/1. 1947.)

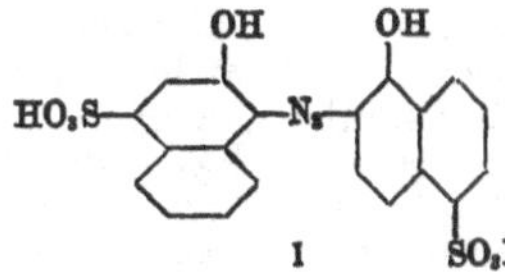

I

KALIX. 7053

General Aniline & Film Corp., New York (Erfinder: **William H. von Glahn**, Loudonville, und **Herman A. Bergstrom**, Albany), N. Y., V. St. A., *Azofarbstoffe*. Acetoacetylaminobenzolderivv. der allg. Formel I werden mit beliebigen Diazo- oder Tetrazokomponenten gekuppelt; die Prodd. färben Baumwolle, Seide u. Kunstseide kräftig gelb u. sind auch für den Textildruck geeignet, wobei die Acetoacetylverbb. auf die Faser aufgebracht u. mit Diazokomponenten entwickelt werden. 1-Amino-2-methyl-5-chlorbenzol (I) → 4-Cyan-2.5-dimethoxyacetoacetylaminobenzol (II). Lebhafter gelbgrüner Pigmentfarbstoff. An Stelle von I können auch verwendet werden: sein 4-Cl-Deriv., 1-Amino-2.5-diäthoxy-4-benzoylaminobenzol u. 1-Amino-2.5-dimethoxy-4-cyanbenzol, an Stelle von II sein 2.5-Diäthoxyderivat. (**D. B. P. 842819** Kl. 22a vom 1/3. 1949, ausg. 3/7. 1952. A. Prior. 22/8. 1947.) KALIX. 7053

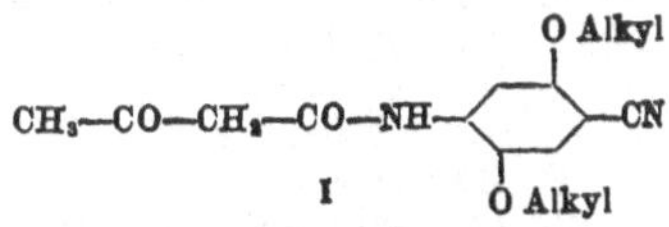

I

Ciba Akt.-Ges., Basel (Erfinder: **Willi Widmer**, Bottmingen), Schweiz, *Dis- und Polyazofarbstoffe ohne SO_3H-Gruppen*. Pyrazolonderivv. (Py) der allg. Formel Py_1—Diphenyl—Py_2 werden mit diazotierten Aminen der allg. Formel Y—R_2X—NH_2 gekuppelt. Dann wird noch einmal mit der gleichen Diazoverb. gekuppelt oder mit einer anderen, die auch Azogruppen enthalten kann. Hierbei sind Py_1 u. Py_2 in 4- u. 4'-Stellung an den Diphenylrest (I) gebunden, wobei dieser weiter substituiert sein kann, Py_1 u. Py_2 können gleich oder verschieden sein; Y bedeutet eine durch den Säurerest an R_2 gebundene Sulfon- oder Carbonsäureamidgruppe, R_2 einen Benzolrest u. X eine in Nachbarstellung zu NH_2 befindliche Gruppe, die befähigt ist Schwermetallkomplexe zu bilden, vorzugsweise OH. I kann durch Alkyl- oder Alkoxyreste oder Halogenatome ein- oder mehrfach substituiert sein, Py_1 u. Py_2 in 3-Stellung durch Alkyl-, bes. Methyl- oder durch Acet- oder Oxalylessigestergruppen. Als Diazokomponenten sind bes. Verbb. der Formel $H_2N \cdot SO_2 \cdot R_2(OH)NH_2$ geeignet, in der R_2 noch Alkyl- oder NO_2-Gruppen sowie Halogenatome enthalten kann. — 3,76 (Teile) 2-Amino-1-oxybenzol-4-sulfonamid werden in neutraler Lsg. mit 3,6 1.1'-[Diphenylen-(4.4')]-bis-(3 methyl-5-pyrazolon) gekuppelt. Orangefarbenes Pulver, das Cellulose nach Kupplung rotstichig gelb färbt. (**D. B. P. 842 382** Kl. 22a vom 30/12. 1948, ausg. 26/6. 1952. Schwz. Priorr. 16/4. 1946 u. 17/2. 1947.) KALIX. 7055

XIa. Farben. Anstriche. Lacke. Naturharze.

P. Colomb, *Dehydratisiertes Ricinusöl*. Kurzer Überblick über die Eigg. des dehydratisierten Ricinusöls u. seine Verwendung in Farben u. Lacken. (Ind. Vernice **6**. 69—71. März 1952.) WINIKER. 7096

Pierre Colomb, *Über ein Verfahren zur Entschleimung von pflanzlichen Ölen, insbesondere von Leinöl*. Besprechung der Methoden zur Entschleimung pflanzlicher Öle durch Wärmekoagulation, Schwefelsäure, Alkalien, Neutralsalze. Verss. mit Mischungen von Na_2HPO_4 u. H_3PO_4 ergaben günstige Resultate bei Verwendung von 0,5% 30%ig. H_3PO_4 + 1,1% 50%ig. Na_2HPO_4 sowie von 0,5% 30%ig. H_3PO_4 + 2,2% 50%ig. Na_2HPO_4 (Behandlungstemp. 20—70°). (Lack- u. Farben-Chem. [Däniken] **5**. 14—15. 1951.) SCHEIFELE. 7096

Niko Blitznakoff, *Die Geschichte der Unterwasserfarben*. Vortrag, in dem Vf. einen Überblick über die Entw. der Unterwasseranstriche vermittelt. (Ind. Vernice **6**. 39—47. Febr. 1952. Triest, S. p. A. Gioacchine Veneziani.) WINIKER. 7106

K. Meier und **H. Schmidt**, *Pilzbefall von Anstrichen*. Untersucht wurden Pilzarten, Befallsempfindlichkeit verschied. Bindemittel, Pigmenteinfl. sowie geeignete tox. Zusätze. Die Pilzarten für Anstrichbefall sind höhere Pilze (Eumycetes), die zu den Thallophytae zählen. Die Mehrzahl der auf Anstrichen wachsenden Arten gehört in die Klasse der Ascomycetes. Untersucht wurden auf Pilzbefall ein blau gestrichener Gartenzaun u. gelb gestrichenes Mauerwerk. Die auf den Anstrichen wachsenden Pilze können durch das Mycel ihre Nahrung beziehen aus: dem Anstrichbindemittel selbst, dem Untergrund (Holz) oder Nährquellen außerhalb des Bereichs des Anstrichs. Feuchte Wärme ist für das Pilzwachstum bes. förderlich. Untersucht wurde das Pilzwachstum auf zahlreichen Bindemitteln, u. a. Dextrin, Phenolharzen, Alkydharz, Methylcellulose, Nitrocellulose, Leinöl, Harnstoffharz, Asphalt, Polyvinylacetat, Chlorkautschuk, Holzöl, Schellack. Die Wachstumsgeschwindigkeit der Pilze nahm in der angegebenen Reihenfolge der Bindemittel ab. Der Einfl. der Pigmente wurde an Leinölfarben geprüft, die 2% Pigment enthielten. Nach ihrer hemmenden Wrkg. ergaben die Pigmente folgende zunehmende Reihenfolge: Chromoxydgrün, Kreide, Schwerspat, Bleiweiß, Eisenrot, Chromgelb, Cadmiumgelb, Zinkweiß, Mennige, Titandioxyd. Das Pilzwachstum wird durch die Anwesenheit von Pigmenten gehemmt; die Wachstumsgeschwindigkeit liegt in allen Fällen niedriger als im reinen Bindemittel. Durch den Pilzbefall werden Härte, Haftfestigkeit u. Elastizität der Anstriche beträchtlich vermindert u. die Alkalilöslichkeit erhöht. In Zusätzen von 0,2 u. 2% zu Leinöl wurden als tox. Stoffe untersucht: Natriumsilicofluorid, Zinkchlorid, Benzoesäure, Salicylsäure, p-Chlorbenzoesäure u. Phenol; die Wirksamkeit nahm in der angegebenen Reihenfolge zu, doch ist andererseits auf Beeinträchtigung der Trockenfähigkeit u. Wasserresistenz der Anstriche durch die Giftstoffe zu achten. (Dtsch. Farben-Z. **6.** 87—92. März 1952. Berlin, Techn. Univ., Labor. für Anstrichforsch.) SCHEIFELE. 7106

A. Hancock und **R. Sidlow**, *Butyltitanat in hitzefesten Aluminiumfarben.* n-Butyltitanat (I) ergibt mit Al-Pulver im Mengenverhältnis 1 : 1 nach Auftragen auf Stahl u. Erhitzen auf ca. 500° (Abbrennen) festhaftende, hitze- u. korrosionsbeständige Filme aus TiO_2 u. Al, die Tempp. von ca. 600° aushalten. Die Verarbeitung soll sogleich nach dem Vermischen erfolgen, um die Schwimmfähigkeit der Al-Bronze zu erhalten u. metall. glänzende Anstriche zu erhalten. Günstig sind Verdünnungsmittel von hoher Oberflächenspannung mit Geh. an Tetralin oder Dekalin. Harzgeh. des Bindemittels soll niedrig sein, ca. 5% auf I; geeignet ist Alkydharz (z. B. *Beckosol 1430*); Geh. der Farbe an Verdünner ca. 25%. Nach dem Aufspritzen wird die Farbe mindestens 2 Std. luftgetrocknet u. darauf 1½ Std. auf 500—550° erhitzt. Zusätze von zuviel Harz sowie von Pigmenten vermindern Schutzwrkg. der Filme. Da durch Hydrolyse von I Verdickung u. Gelatinieren eintritt, ist die Streichbarkeit beschränkt; am besten ist daher Spritzauftrag. Bei Mehrschichtenauftrag ist zwischenzeitliches Erhitzen erforderlich. Zusätze von I beschleunigen das Antrocknen von Ölfarben, vermindern aber Glanz- u. Farbtonbeständigkeit. (J. Oil Colour Chemist's Assoc. **35.** 28—39. Jan. 1952. Manchester, Coll. of Technol., Paint & Varn. Labor.) SCHEIFELE. 7106

A. R. Old, *Metallspritzen.* Überblick über Methodik u. Anwendungsmöglichkeiten. (J. Oil Colour Chemist's Assoc. **35.** 20—27. Jan. 1952.) SCHEIFELE. 7106

Radio Corp. of America, übert. von: **Arthur L. J. Smith**, Lancaster, Pa., V. St. A., *Leuchtstoffgewinnung.* Man stellt ein Gemisch aus SiO_2, CaO u. MgO her unter Zusatz von ca. 5 Mol-% TiO_2 als Aktivator u. calciniert in üblicher Weise. (**A. P. 2 589 513** vom 23/11. 1948, ausg. 18/3. 1952.) NEBELSIEK. 7093

Pollak Luminescent Corp., übert. von: **Sampson Isenberg**, Chicago, Ill., V. St. A., *Leuchtstoff*, bestehend aus Aluminaten des Zn, Ca, Sr, Ba, Mg, Be u./oder Cd u. 0,05 bis 5% Ce als Aktivator. (**A. P. 2 590 411** vom 18/12. 1947, ausg. 25/3. 1952.) NEBELSIEK. 7093

Diamond Alkali Co., Cleveland, übert. von: **David A. Berry**, Painesville, O., V. St. A., *Herstellung von trocknenden Ölen.* Chloriertes Paraffin mit 18—36 C-Atomen u. 4—10 Cl-Atomen wird in einem mehrwertigen Alkohol, wie Äthylenglykol, u. Cyclohexanol gelöst u. in Ggw. eines Katalysators (ZrO) mit einem Alkalimetallhydroxyd mehrere Std. bei erhöhter Temp., z. B. 160°, unter HCl-Abspaltung zur Rk. gebracht. (**A. P. 2 587 588** vom 24/12. 1947, ausg. 4/3. 1952.) KRANZ. 7097

Delrac Corp., übert. von: **Beaumont Thomas**, Watertown, N. Y., V. St. A., *Furanharz.* 94,50 (dm^3) Furfurylalkohol u. 47,25 Furfuraldehyd werden mit 210 cm^3 konz. HCl im Autoklaven auf 88° erwärmt, wobei eine exotherme Rk. einsetzt; bei 104° überläßt man den Ansatz 10 Min. sich selbst, bis er eine genügend hohe Viscosität aufweist. Das fl. Harz dient als chemikalienfester *Überzug* für Stahl, Holz u. Beton. (**A. P. 2 571 994** vom 26/4. 1951, ausg. 23/10. 1951.) SALZMANN. 7107

Standard Oil Development Co., Del., übert. von: **John D. Garber**, Cranford, N. J., V. St. A., *Schmelzpunktserhöhung von synthetischen Polymeren.* Ein bei —35 bis +15° polymerisiertes „Multiolefin" oder ein Mischpolymerisat (Butadien–Diisobutylen, Trimethyläthylen–Isopren) wird zu einer 15—35%ig. Lsg. in CH_3Cl gelöst u. diese mit einer 0,96%ig. Lsg. von $AlCl_3$ in CH_3Cl bei —20 bis +35° behandelt, wobei, je nach der angewandten Menge, Prodd. mit steigendem F. erhalten werden, die sich zur Herst. von *Lacken* eignen. (**A. P. 2 560 164** vom 28/12. 1946, ausg. 10/7. 1951.) SALZMANN. 7107

Lewis Berger & Sons Ltd., London, England (Erfinder: **D. H. Hewitt** und **F. Armitage**), *Herstellung von Mischpolymerisaten aus Styrol mit Mischestern aus mehrwertigen*

Alkoholen und konjugierten Trienfettsäuren. Man polymerisiert Styrol zusammen mit den genannten Estern, bes. in Ggw. eines Verdünnungsmittels, z. B. α-Terpen, oder einem Styrolüberschuß oder auch in wss. Suspension. Als Esterkomponente werden z. B. Ester aus Oiticicaöl oder Leinöl mit mehrwertigen Alkoholen, z. B. Glycerin, hergestellt unter Erhitzen u. Polymerisation, verwendet. Die Polymerisationsprodd. mit Styrol dienen bes. als *Emailleöle für Einbrennlacke* u. zeichnen sich durch schnelles Trocknen zu harten, aber biegsamen u. gegen Lösungsmittel beständigen Lacken aus. (**Schwed. P. 131 842** vom 15/2. 1947, ausg. 29/5. 1951. E. Prior. 15/2. 1946.) JÜRGEN SCHMIDT. 7107

Monsanto Chemical Co., St. Louis, Mo., übert. von: **Richard H. Hunt jr.** und **Theodore P. Malinowski**, Springfield, Mass., V. St. A., *Überzugsmasse*, bestehend aus einem gelösten Melaminharz [aus 280 (Teilen) Pentamethylolmelamin, 134 Dicyclopentadien u. 450 n-Butanol, eingestellt mit HCOOH auf p_H 5] u. einem aus dehydratisiertem Ricinusöl (oder anderen trocknenden Ölen oder höheren Fettsäuren) hergestellten Alkydharz; Trocknung 4 Std. bei 30°. (**A. P. 2 574 741** vom 25/3. 1950, ausg. 13/11. 1951.) SALZMANN. 7107

—, ASTM, standards on paint, varnish, lacquer, and related products. Phil: Amer. Soc. for Testing Materials. (800 S. m. Abb., Diagr.) ∅ $ 5,75.

XIb. Plaste (Kunstharze. Plastische Massen).

I. I. Denker und **A. A. Berlin**, *Einfluß einiger Metalloxyde auf die Stabilität nachchlorierter Polyvinylchloridharze bei erhöhten Temperaturen.* 6. Mitt. *Untersuchungen auf dem Gebiete der Chemie und Technologie hochmolekularer Verbindungen.* (5. vgl. BERLIN u. Mitarbeiter, C. **1952.** 7265.) Unters. des Einfl. von ZnO, Fe_2O_3, TiO_2, Cr_2O_3 u. Al als Butanolpaste auf Filme aus nachchloriertem Polyvinylchlorid. Neben den üblichen mechan.-physikal. Prüfungen untersuchen Vff. die HCl-Abspaltung bei 130° u. die Löslichkeit. Der Einfl. der Pigmentmenge auf die HCl-Abspaltung u. Bldg. des unlösl. Polymeren wurden nur bei ZnO untersucht, das schon in geringen Mengen beide Prozesse beschleunigt. Es wird angenommen, daß die Prozesse durch das entstehende $ZnCl_2$ katalysiert werden. Der Einfl. der chem. Natur der Pigmente auf die HCl-Abspaltung wurde an Filmen mit 10% Pigment untersucht. Am wirksamsten sind ZnO u. Fe_2O_3; Cr_2O_3 wirkt nur geringfügig, Al-Pulver hat sogar eine stabilisierende Wirkung. Die mit ZnO u. Fe_2O_3 pigmentierten Filme werden nach 4—5std. Erhitzen auf 130° schwarz, die mit Al pigmentierten dunkeln nur leicht nach. Während der pigmentfreie Film erst nach 8 Std. unlösl. wird, bewirkt ZnO ein Unlöslichwerden schon nach 2 Std., Fe_2O_3 nach 3 Std., Cr_2O_3 nach 5 Stunden. Mit Al-Pulver pigmentierte Filme bleiben auch nach 8 Std. löslich. Es wird noch der Einfl. der Strukturänderung beim Erwärmen der Filme auf deren Adhäsion an Metalloberflächen untersucht. Durch die Bldg. einer dreidimensionalen Struktur, die bes. durch bas. Metalloxyde gefördert wird, verringert sich die Biegsamkeit der Filme u. damit auch die Haftfestigkeit auf Metall. (Журнал Прикладной Химии [J. angew. Chem.] **24.** 1311—16. Dez. 1951.) ZELLENTIN. 7172

A. Sánchez Cabello, *Phenolharze.* 1. Mitt. *Novolake und Resole.* Überblick über Herst. u. Eigenschaften. — 54 Literaturhinweise. (Ion [Madrid] **12.** 527—36. Okt. 1952.) WINIKER. 7176

Erwin Müller, Otto Bayer, Siegfried Petersen, Hans-Frank Piepenbrink, Fritz Schmidt und **Erwin Weinbrenner**, *Über neuartige hochelastische Stoffe „Vulcollan".* 9. Mitt. 2. Teil. *Über Polyurethane.* (Vgl. C. **1951.** II. 3663.) Auf Grund eigener Arbeiten u. an Hand der Literatur diskutieren Vff. die Vernetzung der Isocyanatpolyester zum Kunststoff *Vulcollan* (**I**) mit Hilfe von Glykolen, Aminoalkoholen, Diaminen u. anderen bifunktionellen Verbb. u. behandeln den wesentlichen Einfl. der chem. Natur des Vernetzungsmittels auf die Eigg. des **I**, z. B. Möglichkeit eines lösungsmittelfreien Vergießens. — 16 Literaturhinweise. (Angew. Chem. **64.** 523—31. 7/10. 1952. Leverkusen, Farbenfabriken Bayer, Wissenschaftliches Hauptlabor.) WINIKER. 7180

E. F. Schulz, *Eine verbesserte Wasserextraktionsprüfung für Polyvinylchloridelastomere.* Die Probestücke werden 24 Std. bei 60° über BaO getrocknet, gewogen u. in nicht alkal. Aktivkohle gebettet. Sodann werden die Probestücke u. die umgebende Aktivkohle mit entionisiertem W. bedeckt u. 6 Tage bei 65° belassen. Nunmehr werden die Probestücke abgewischt u. vor der Endwägung erneut 24 Std. bei 60° über BaO getrocknet. (ASTM Bull. **1952.** Nr. 183. 75—78. Juli 1952. Bound Brook, N. J., Bakelite Co.) WINIKER. 7210

Schoeller & Co. Elektrochemische Fabrik, Frankfurt/M. (Erfinder: **Hans Heinrich Rust**, Hamburg), *Polymerisationsverfahren.* Niedrigmol. Systeme, die in Ggw. von O polymerisiert werden können, werden dadurch polymerisiert, daß man O durch Schall-

oder Ultraschallwellen aus dem zu polymerisierenden Stoff frei macht. (**D. B. P. 840 159** Kl. 39c vom 13/12. 1950, ausg. 29/5. 1952.) MÖLLERING. 7171

Monsanto Chemical Co., St. Louis, Mo., übert. von: **George Robert Sido**, Springfield, Mass., V. St. A., *Äther von Arylsulfonamid–Formaldehyd-Kondensationsprodukten.* 1 (Mol) eines Benzol- oder Toluolsulfonamids wird mit 1—2 CH_2O zwischen 0 u. 100° im alkal. Medium kondensiert u. das Kondensationsprod. mit 1—2 eines einwertigen, unsubstituierten Alkohols von 1—8 C-Atomen in Ggw. von 0,25—25% eines sauren Katalysators (HCl, Äthylphosphat, HCOOH, Essigsäure, Benzolsulfonsäure, H_3PO_4) bei 0° bis Rückflußtemp. behandelt. — m-Toluolsulfonamid wird mit CH_2O bei p_H 9 in wss. NaOH auf 30—35° erwärmt. Das Methylolsulfonamid wird mit Methanol u. konz. HCl 4 Std. bei 25—35° gerührt, man erhält ein viscoses, bei Raumtemp. fl. Prod., das mit synthet. u. natürlichen Harzen u. Cellulosederivv. verträglich ist u. als Weichmacher verwendet werden kann. In weiteren Beispielen erfolgt die Kondensation des Methylolderiv. mit 2-Äthylhexanol, n-Butanol u. Benzylalkohol. Verwendung als *Plastifizierungsmittel* u. *Weichmacher* für natürliche u. synthet. Harze u. Cellulosederivate. (**A. P. 2 545 174** vom 27/9. 1947, ausg. 13/3. 1951.) KRAUSS. 7171

Farbenfabriken Bayer, Leverkusen (Erfinder: **Hans Pfeffer**, Opladen, **Peter Hoppe**, Troisdorf, und **Erwin Müller**, Leverkusen), *Treibmittel für hochmolekulare, organische Stoffe* (Vinyl-, Phenol-, Polyesterharze, Kautschuk, Mischpolymerisate), bestehend aus $(COOH)_2$ u. solchen S-freien Verbb., die wenigstens einmal die Gruppe >N—C(:X)—NH— im Mol. enthalten, in der X für =O oder =NR (R = H, Alkyl, Cycloalkyl, Aralkyl oder Aryl) stehen kann u. die in wss. Lsg. einen p_H-Wert von <8 aufweisen, wobei die Komponenten vorzugsweise in äquimol. Verhältnis vorhanden sind, z. B. Dicyandiamidoxalat, Harnstoffoxalat. Man erhält Formstücke schwammartiger Struktur mit gleichmäßiger Porengröße. (**D. B. P. 851 848** Kl. 39b vom 24/8. 1950, ausg. 9/10. 1952.) SALZMANN. 7171

International General Electric Co., Inc., New York (Erfinder: **Murray M. Sprung** und **Frederick O. Guenther**, Schenectady), N. Y., V. St. A., *Polymonochlortrifluoräthylenlösungen.* Als Lösungsmittel dienen fluorierte organ. Verbb., z. B. o-, m- bzw. p-Chlorbenzotrifluorid, α.α-Dichlor-β.β-difluoräthylbenzol, α-Fluornaphthalin, o-Fluordiphenyl, 3-Fluorpentachlorpropen-(1), Tetrachlor-1.1.3.3-tetrafluorpropan, 1.1.1.4.4.4-Hexafluortetrachlorbutan. — Verwendung zum Überziehen u. Imprägnieren von Füllstoffen, wie Glasgewebe, Glaswatte, Asbestgewebe, -fasern, Glimmer, von elektr. Leitern, Herst. von Preßmassen u. Schichtstoffen. (**D. B. P. 851 853** Kl. 39b vom 25/11. 1950, ausg. 9/10. 1952. A. Prior. 25/11. 1949.) SALZMANN. 7173

E. I. du Pont de Nemours & Co., Wilmington, Del., V. St. A., *Emulsionspolymerisation von Tetrafluoräthylen* (I). In eine wss. Lsg. von $(NH_4)_2S_2O_8$ (bzw. Dibernsteinsäureperoxyd), $NaHSO_3$, $FeSO_4 \cdot 7H_2O$ u. Tetradecan (bzw. einem Paraffin mit >12 C-Atomen) wird unter 3—20 at gasförmiges I eingeleitet; Feststoffgeh. der Dispersion 4,6%. Als Dispergiermittel können auch die Alkalisalze der durch Oxydation erhaltenen Säuren der Polyfluoralkanole verwendet werden. — Herst. von Filmen, Überzügen, Formkörpern mit eingelegtem Glasgewebe u. dergleichen. (**E. P. 673 443** vom 21/4. 1950, ausg. 4/6. 1952. A. Prior. 27/7. 1949.) SALZMANN. 7173

B. F. Goodrich Co., New York, N. Y., V. St. A., übert. von: **Robert John Wolf**, *Polymerisation von Vinylchlorid* erfolgt in wss. Emulsion bei Ggw. eines Peroxyds als Katalysator u. eines in W. lösl. Phenol–Aldehyd-Kondensats als Emulgiermittel, wie z. B. DUREZ 12369 oder AMBERLITE PR-14. — 100 (Teile) Vinylchlorid, 200 W., 0,5 Durez 12369, 0,5 Pb-Acetat u. 0,3 Dicaprylperoxyd werden emulgiert u. auf 50° erwärmt. Nach 25 Std. erhält man mit 90—95% Ausbeute ein granuliertes Polymerisat. (**E. P. 670 197** vom 13/6. 1949, ausg. 16/4. 1952. A. Prior. 3/7. 1948.) MÖLLERING. 7173

Camille Dreyfus, New York, N. Y., übert. von: **John Downing**, Spondon bei Derby, England, *Herstellung von Polymeren in Form kleiner Kugeln.* Auf einen Strahl aus einer wss. Polymerisatemulsion, z. B. einer *Polyvinylchlorid*-Emulsion, wird ein Luftstrom gerichtet. Die sich bildenden Tropfen kommen in Alkohol mit 1—3 C-Atomen, wie A., u. die entstehenden Polymerisatteilchen werden abfiltriert. (**Can. P. 478 058** vom 4/7. 1947, ausg. 23/10. 1951. E. Prior. 12/8. 1946.) PANKOW. 7173

Österreichische Stickstoffwerke Akt.-Ges. (Erfinder: **Otto Pesta**), Linz/Donau, Österreich, *Weichmacher*, bes. für *Polyvinylchlorid* u. *Celluloseäther.* Das durch Rk. von Bzl. oder dessen Homologen mit S in Ggw. von $AlCl_3$ oder ähnlichen Kondensationsmitteln erhaltene Kondensationsprod. vom $Kp._{12}$ 180—240° wird, zweckmäßig nach Abtrennung sich etwa abscheidender krist. Anteile, durch fraktionierte Dest. in mindestens 2 Fraktionen mit verschied. Kp. zerlegt. 2 oder mehr der erhaltenen Teilfraktionen oder Teilmengen werden miteinander vermischt u./oder mit einem oder mehreren bekannten Weichmachern (Phthalsäureester, Trikresylphosphat) verschnitten, wodurch die damit behandelten Folien farblos, durchsichtig u. kältefest bleiben. Zweckmäßig verwendet man die Fraktion mit Kp.$_{12}$ 233—240° nach Entfernung der zur Kristallisation neigenden Anteile. (**D. B. P. 853 446** Kl. 12o vom 18/2. 1951, ausg. 23/10. 1952. Oe. Priorr. 20/2. u. 16/8. 1950.) KRAUSS. 7173

Anglo-Iranian Oil Co. Ltd., London, übert. von: **Eric William Musther** und **Albert Millien**, Sunbury-on-Thames, England, *Weichmachungsmittel für Polyvinylchlorid*, bestehend aus einem Gemisch eines gebräuchlichen, über 125° sd. Weichmachers u. einem Mineralölextrakt, der durch Behandlung von Petroleum (Kp. 360—525°) mit der doppelten Menge SO_2 + Bzl. bei 53° u. Vakuumdest. erhalten wird. Verwendung für *Lacke*, Kabelisolationen u. Formkörper. (**A. P. 2 580 290** vom 8/12. 1943, ausg. 25/12. 1951. E. Prior. 28/10. 1942.) SALZMANN. 7173

Bailli Nilssen, Blindern, Norwegen, *Mikroporöse bis großporige Zellkörper* erhält man aus einer mit Weichmachern u. 20% $(NH_4)_2CO_3$ kalt angerührten *Vinylharzlsg.* aus der das Lösungsm. (Pyridin) mit W. ausgewaschen wird. Nach ½ std. Erwärmen der M. auf 120° erhält man einen Zellkörper der D. 0,05—0,1. — Verwendung als Isoliermittel, Ledereresatz, Stuhl- u. Sofafüllung sowie für Schwimmwesten. (**E. P. 650 072** vom 29/6. 1948, ausg. 14/2. 1951.) SALZMANN. 7173

Equipement Menager et Industriel „E. M. I.", Paris, Frankreich, *Zellkörper aus Polyvinylchlorid* (I). 48 (g) I werden unter Luftausschluß mit 32 Trikresylphosphat, 25 C_6H_5NCO u. 10 Azodiisobutyronitril vermischt, in einer Form einem Druck von 18 t ausgesetzt u. 12 Min. auf 150° erhitzt. Nach dem Abkühlen wird der Formkörper zunächst noch 8 Min. auf 110°, nach erneutem Abkühlen 72 Std. in einer Wasserdampfatmosphäre auf 45° erwärmt. (**E. P. 660 358** vom 5/5. 1948, ausg. 7/11. 1951. F. Priorr. 9/5. u. 7/10. 1947.) SALZMANN. 7173

Deutsche Solvay-Werke G. m. b. H. (Erfinder: **Otto Heuse**), Solingen-Ohligs, *Plastische Massen* aus einem Gemisch von Polymerisaten u. hochmol. höherchlorierten wachsartigen Aromaten, dad. gek., daß die eine Komponente aus *Polyvinylchlorid* besteht. Die andere ist Tetra-, Oktachlornaphthalin oder 1.2.3.4-Tetrachlornaphthalintetrahydrat. Verwendung als Preß- oder Gußmasse (für Kabel oder Kondensatoren), zur Herst. von Kunstleder, Folien (Tapeten), Knöpfen, Sprechplatten u. zur Verwendung als zahnmedizin. Abdruckmassen. (**D. B. P. 856 219** Kl. 39b vom 21/7. 1943, ausg. 20/11. 1952.) SALZMANN. 7173

Lonza Elektrizitätswerke und **Chemische Fabriken Akt.-Ges.**, Basel, Schweiz (Erfinder: **A. V. Blom**), *Herstellung von Kunstmassen.* Man erhitzt *Polyvinylacetale* mit anderen Polyvinylkunstharzen, bes. *Polyvinylchlorid*, oder Polyvinylmischpolymerisaten, unter Druck u. inniger Vermischung auf 120—190°, wobei der Druck so eingestellt wird, daß das Prod. gegenüber dem Ausgangsstoff eine geringere Löslichkeit aufweist. Man kann gleichzeitig auch Weichmacher zusetzen. Beim Verspritzen dieser Massen erhält man Formkörper ohne wesentliche innere Spannungen. (**Schwed. P. 132 386** vom 24/4. 1946, ausg. 17/7. 1951, Schwz. Prior. 24/4. 1945.) JÜRGEN SCHMIDT. 7173

Martin Krahl, Markt Schwaben, Obb., *Modifizierte Phenolharze* erhält man, indem Naturharze mit Hexamethylentetramintriphenol (I) im Schmelzfluß umgesetzt werden. — 500 (Teile) Kolophonium werden auf 140° erhitzt u. mit 50 I verrührt. Man erhält z. B. für Öllacke geeignete Harze. (**D. B. P. 852 299** Kl. 39c vom 14/1. 1951, ausg. 13/10. 1952.) MÖLLERING. 7177

N. V. de Bataafsche Petroleum Mij., Den Haag, Holland, *Filmbildende, unlösliche Alkydharze.* Offenkettige Polyalkohole mit 3—7 C-Atomen u. mindestens 3 OH-Gruppen, z. B. Glycerin, werden mit Octadecyl- oder Octadecenylbernsteinsäureanhydrid ca. im mol. Verhältnis auf 170—250° erhitzt. (**E. P. 665 595** vom 20/12. 1949, ausg. 23/1. 1952. A. Prior. 24/12. 1948.) MÖLLERING. 7177

A. B. Bofors, Bofors, Schweden, *Gegen Licht beständige, farblose Kunstharze aus aromatischen Sulfamiden und Formaldehyd* (I). Sulfamide mit nur 1 reaktionsfähigen Gruppe werden bei p_H 3—6 u. bei erhöhter Temp. so kondensiert, daß der I-Geh. der wss. Phase >15% ist. — 700 (kg) p-Toluolsulfamid u. 430 I-Lsg. (35%ig.) werden in Ggw. von 12 Na-Hexametaphosphat unter Regulierung von p_H auf 5 bei 50° kondensiert. Die Auskondensation erfolgt wie üblich. (**E. P. 668 221** vom 22/12. 1949, ausg. 12/3. 1952. Schwed. Prior. 17/2. 1949.) MÖLLERING. 7181

Badische Anilin- & Soda-Fabrik (Erfinder: **Hanns Ufer**), Ludwigshafen/Rh., *Herstellung von Kondensationsprodukten.* Man erhitzt Aminocarbonsäuren oder ihre Derivv. allein oder im Gemisch mit Diaminen u. ihnen ca. äquivalenten Mengen von Dicarbonsäuren zusammen mit Dicarbonsäuren u. mit ihnen ca. äquimol. Mengen von Diisocyanaten bzw. Diisothiocyanaten. — Z. B. werden 335 (Teile) Adipinsäure, 386 Hexamethylendiisocyanat u. 400 ε-Caprolactam unter Rühren u. Luftausschluß auf 280° erhitzt u. bis zum Ende der CO_2-Entw. bei dieser Temp. (ca. 5 Std.) gehalten. Hochviscose klare Schmelze, die gut fadenziehend ist. Das kalte Prod. kann zu Kunstleder, Filmen, Folien verarbeitet werden. (**D. B. P. 854 701** Kl. 39c vom 13/2. 1945, ausg. 6/11. 1952.) DONLE. 7181

Badische Anilin- & Soda-Fabrik, Ludwigshafen/Rh. (Erfinder: **Karl Vierling,** Heidelberg), *Herstellung von Kunstharzen.* Man erhitzt Carbodiphenylimid (I) (durch CO_2-Abspaltung aus 2 Mol. C_6H_5NCO erhältlich) mit ca. 1 Mol. eines Phenols oder einer N-Base. — Z. B. werden 50 (Teile) I u. 24 Phenol auf 160° erhitzt; der sich bildende Triphenylisoharnstoff geht bei weiterem Erhitzen auf 220—260° in ein gelbes, in Aceton u. Benzol-KW-stoffen lösl. Harz über. — Weitere Beispiele für die Rk. von I u. Anilin, Äthylenimin, Morpholin, β-Naphthol, Resorcin bzw. Hydrochinon. (**D. B. P. 854 263** Kl. 39c vom 14/10. 1950, ausg. 4/11. 1952.) DONLE. 7181

Soc. An. des Manufactures des Glaces et Produits Chimiques de Saint-Gobain, Chauny & Cirey, Seine, Frankreich, *Herstellung von Preßpulver aus thermoplastischen Harzen.* Man gibt zu dem Harz oder der Harzmischung ein Quell-, Lösungs- oder Nichtlösungsmittel, das unter Durcharbeiten der M. bei hoher Temp. u./oder Unterdruck entfernt wird, wodurch die M. eine Kornstruktur erhält. — Man gibt zu einer Mischung von 800 (g) Polyvinylchlorid, 10 Pb-Phenolat, 10 Na-Stearat 300 Aceton–Bzn. (50:50 Gewicht) u. 200 Trikresylphosphat, mischt ½ Std. bei 70° unter Rückfluß u. 20 Min. ohne Rückfluß bei 100°. Gleichmäßiges Pulver. Auch kontinuierliche Mischung ist möglich. (**F. P. 994 854** vom 9/2. 1945, ausg. 23/11. 1951.) PANKOW. 7205

Heinrich Pichler jr., Sigmaringendorf, *Kunstharzpreßstoffmischungen.* Lsgg. von Kresol- bzw. Phenolformaldehydkondensationsprodd. werden, gegebenenfalls unter Rühren, auf den Kp. erhitzt u. die heiße Lsg. unmittelbar mit dem Füllmaterial (Sägemehl, Holzfasern) mechan. verarbeitet. (**D. B. P. 851 850** Kl. 39b vom 20/4. 1950, ausg. 9/10. 1952.) SALZMANN. 7205

Soc. Gevaert Photo-Producten, N. V., Belgien, *Herstellung von Matrizen für Grammophonplatten.* Der plast. M. aus natürlichen oder künstlichen Harzen mit oder ohne Zusatz von Streckmitteln, Weichmachern usw., werden fein verteilte oder in koll. Lsg. befindliche Metalle zugesetzt, z. B. koll. Ag in A.-Lösung. Statt der Metalle sind auch Metallsalze verwendbar, wie $AgNO_3$ in A.-Lsg. mit Zusatz von NH_3, die vor, während oder nach dem Guß der Matrizen durch Behandlung mit fl. oder gasförmigen Reduktionsmitteln, z. B. mit wss. Lsg. von Methyl-p-aminophenolsulfat, zu Metall red. werden. (**F. P. 972 081** vom 10/8. 1944, ausg. 25/1. 1951.) GRÄGER. 7205

XII. Kautschuk. Guttapercha. Balata.

Robert Delattre, *Thermosensibilisierung von Latex durch das Zinksalz des Mercaptobenzimidazols.* Die Vorteile der Thermosensibilisierung von Latex mit dem Zn-Salz des Mercaptobenzimidazols (I) gegenüber dem üblichen Verf. werden aufgezeigt. Zudem wirkt I als Desaktivator u. schützt vor Alterung durch Cu u. Mn. Das Verf. eignet sich zur Herst. von Weichgummi-, Kautschuk–Füllstoff- oder Ebonit-Mischungen. (Rev. gén. Caoutchouc **29.** 278—82. April 1952. Comp. Franc. des Matières Colorantes.) SCHÄFF. 7222

Guy Giger, *Industrielle Verwendung von peptisiertem Kautschuk.* Wenn die Peptisiermittel dem Latex bereits auf der Plantage vor Koagulierung u. Trocknung zugemischt werden, erhält man viel weichere Kautschuke als bei der Einarbeitung der Peptisiermittel in den Kautschuk auf der Walze. Im Labormaßstab wurde die Plastifizierung von gewöhnlichem Kautschuk u. von Kautschuk, dem ein Peptisiermittel bei Beginn der Mastifizierung zugemischt wurde, mit einem auf der Plantage peptisierten Kautschuk verglichen. Das Verf., den Kautschuk auf der Plantage zu peptisieren, bringt Energie- u. Zeitersparnis gegenüber dem älteren Verfahren. (Rev. gén. Caoutchouc **29.** 275—77. April **1952.** Inst. Franc. du Caoutchouc.) SCHÄFF. 7222

R. R. Warner, *Hypalon S-2, ein neues Elastomeres.* Das neuentwickelte kautschukelast. Prod. *Hypalon S-2* (I) (chlorsulfoniertes Polyäthylen), seine Eigg., Mischung u. Vulkanisation, die Eigg. typ. Vulkanisate, die Verarbeitung, die Eigg. von Mischungen mit anderen kautschukelast. Prodd. u. seine Anwendung werden beschrieben. I wird auf den üblichen Kautschukmaschinen verarbeitet u. mit Metalloxyden, wie MgO, PbO, ZnO, oder bestimmten organ. Verbb., wie dreibas. Pb-Maleat, zu vollkommen ozonbeständigen Vulkanisaten vernetzt. I-Vulkanisat besitzt ausgezeichnete Abriebfestigkeit u. Wärme-, Licht- u. Wetterbeständigkeit, sehr gute Biegefestigkeit, niedrige Wasseraufnahme, gute Tieftemperatureigg. ohne Weichmacher u. gute Anfärbbarkeit. Ferner kann I mit Naturkautschuk, GR-S, Butylkautschuk, Nitrilkautschuk u. Neopren vermischt werden. Als Anwendungsgebiete werden genannt: Autoreifen, Gewebekaschierung, Schuhe, Fußbodenbelag, Draht- u. Kabelisolierung usw. (Rubber Age [New York] **71.** 205—21. Mai 1952. Wilmington, Del., E. I. du Pont de Nemours & Co., Polychem. Dep.) SCHÄFF. 7224

Patrice Compagnon und **Maurice Liponski**, *Über die Herstellung eines Masterbatch aus Naturkautschuk und Ruß.* Die Meth. der Fällung von Mischungen aus synthet. Latex u. Rußemulsionen zur Herst. von Masterbatches eignet sich auch für Naturkautschuk. Mit den Rußtypen EPC u. MPC wurden folgende Mischungen koaguliert: 50—75 Teile Ruß (in W. dispergiert) auf 100 Teile Kautschuktrockensubstanz. Die mechan. Eigg. dieser Vulkanisate entsprechen denen von auf der Walze hergestellten Vulkanisationsmischungen. Das Verf. besitzt folgende Vorteile: Konservierung der im Latex vorhandenen natürlichen Beschleuniger, geringere Rußverluste, Zeitersparnis u. schnellere Vulkanisation. (Rev. gén. Caoutchouc **29.** 272—75. April 1952. Inst. des Recherch. sur Caoutchouc en Indochine.) SCHÄFF. 7226

Joseph Breckley, *Verwendung von Titanpigmenten im Kautschuk und Kunststoff.* Die Pigmentierung von Kunststoffen u. Kautschuk mit TiO_2 (Rutil- bzw. Anataskristallstruktur) wurde untersucht. Größere Färbe- u. Deckkraft zeigen Rutilpigmente. Anataspigmente haben dagegen größeren Weißeffekt. Mit Rutilpigmenten gefüllter Kautschuk u. Kunststoff weist sehr gute Licht- u. Wetterbeständigkeit auf. Die in W. nicht dispergierbaren TiO_2-Pigmente bilden die stabilsten Pigment-in-Wasser-Dispersionen. (Rubber Age [New York] **70.** 597—605. Febr. 1952. New York, N. Y., Titan. Pigment Corp., Techn. Serv. Staff., Rubber and Plastics Div.) SCHÄFF. 7226

J. J. Keilen, W. K. Dougherty und **W. R. Cook**, *Lignin als Verstärkerfüllstoff für Nitrilkautschuk, Neopren und Naturkautschuk.* Vff. zeigen, daß Lignin ein guter Verstärkerfüllstoff für Naturkautschuk (I), Nitrilkautschuk (II), Neopren u. GR-S (III) ist. Die Zugfestigkeiten entsprechen denen bei Rußfüllstoffen; die Abrieb- u. Einreißfestigkeiten sind gut. Bei I, II u. III werden bei hoher Zugfestigkeit u. großer Härte hohe Zerreißdehnung u. niedriger Modul gefunden. Von besonderem Vorteil ist das niedrige spezif. Gewicht des Lignins von ca. 1,3. (Ind. Engng. Chem. **44.** 163—67. Jan. 1952. Charleston, S. C., West Virginia Pulp & Paper Co., Developm. Dep.) SCHÄFF. 7226

Fritz S. Rostler, *Art und Weise der Kennzeichnung von Weichmachern aus Erdöl.* Vorschläge zur Standardisierung bzw. Normung von Erdölweichmachern für Kautschuk. (Rubber Age [New York] **71.** 223—28. Mai 1952. Oildale, Calif., Golden Bear Oil Co., Res. & Developm.) SCHÄFF. 7226

C. P. McClelland, *Carbowachse und Polyäthylenglykole als Hilfsmittel in der Kautschukindustrie.* Die Verwendung von Carbowachsen (Äthylenoxydpolymere) u. Polyäthylenglykolen in der Kautschukindustrie wird erörtert. (India Rubber Wld. **125.** 579—81. Febr. 1952. New York, N. Y., Carbide & Carbon Chem. Co., Div. of Union Carbide & Carbon Corp.) SCHÄFF. 7228

John E. McKinney und **Frank L. Roth**, *Die Unterscheidung von Rußtypen durch elektrische Widerstandsmessung von Vulkanisaten.* Zur Ergänzung der Zugspannungs-Dehnungs-Messungen an Kautschukvulkanisaten bei der Unters. der Qualität von Rußtypen arbeiteten Vff. eine elektr. Widerstandsmessung aus. Die Unters. an mit verschied. Ofen- u. Flammrußtypen gefüllten Vulkanisaten ergab, daß der elektr. Widerstand durch Biegebeanspruchung u. Vulkanisationsgrad der Vulkanisate u. durch die Art des Rußes stark beeinflußt wird. Diese Meth. eignet sich demnach zur laufenden Betriebskontrolle von Kautschuk-Ruß-Vulkanisaten. (Ind. Engng. Chem. **44.** 159—63. Jan. 1952. Washington, D. C., Nat. Bureau of Standards.) SCHÄFF. 7248

Imperial Chemical Industries Ltd., London, England (Erfinder: **J. Haworth** und **A. Lambert**), *Herstellung von Antioxydationsmitteln aus Nonaldehyden und 2.4-Dialkylphenolen.* Man kondensiert die Ausgangsstoffe, bes. 3.5.5-Trimethylhexanal-(1) u. 2.4-Dimethylphenol in Ggw. eines sauren Kondensationsmittels, wie HCl oder H_2SO_4, u. erhält 2.2.4-Trimethyl-6.6-bis-[2'-oxy-3'.5'-dimethylphenyl]-hexan, F. 169—170°. Die Prodd. dienen bes. zur Verhinderung der Oxydation oder Alterung von *Kautschuk.* (**Schwed. P. 132 342** vom 20/9. 1949, ausg. 17/7. 1951. E. Prior. 22/9. 1948.) JÜRGEN SCHMIDT. 7227

Deutsche Gold- & Silber-Scheideanstalt, vormals Roessler, Frankfurt/M., *Aluminiumoxyd*, das als *Füllstoff* für *Kautschuk* geeignet ist, erhält man durch Calcinieren von $Al_2(SO_4)_3$ oder $AlNH_4$-Sulfat in ca. 2 Std. bei 925°, wobei das Prod. noch 1—5, bes. 2—3%, SO_3 enthalten soll. (**E. P. 673 336** vom 2/10. 1950, ausg. 4/6. 1952. D. Prior. 31/10. 1949.) MÖLLERING. 7227

B. F. Goodrich Co., New York, N. Y., übert. von: **Roger A. Mathes** und **James T. Gregory**, Akron, O., V. St. A., *2-Mercaptothiazole* erhält man durch Rk. einer α-Thiocyancarbonylverb. (I) mit einem wasserlösl. Salz der Dithiocarbaminsäure in Ggw. von wss. HCl-Lsg., z. B. *2-Mercapto-4.5-dimethylthiazol* (II), F. 163°, durch Rk. von 3-Thiocyanbutanon-(2) mit NH_4-Dithiocarbamat. — Man kann auch I mit H_2S bei 50—150° u. 1000—10000 lbs./sq.in. reagieren lassen oder I mit Thioharnstoff in einer verd. wss.

Lsg. einer Mineralsäure umsetzen. — *Vulkanisationsbeschleuniger.* (**A. PP. 2 603 646, 2 603 647** u. **2 603 648** alle vom 18/10. 1951, ausg. 15/7. 1952.) BRÖSAMLE. 7229

Monsanto Chemical Co., St. Louis, übert. von: **Rutherford B. Hill,** Nitro, W. Va., V. St. A., *Beschleuniger für die Vulkanisierung von Kautschuk.* 2.2'-Dithiodibenzothiazol wird mit der gleichen Menge S u. 25%ig. NaOH bei 148° zusammengerührt, geschmolzen u. nach dem Trocknen gemahlen. (**A. P. 2 567 710** vom 24/9. 1947, ausg. 11/9. 1951.) SALZMANN. 7229

Firestone Tire & Rubber Co., übert. von: **George E. P. Smith jr.,** Akron, O., V. St. A., *Herstellung von 2-Benzothiazolsulfen-N-isobutenylamid,* F. 64—66°, durch Einw. schwacher Oxydationsmittel, wie Cl, Br, J, auf alkal. Lsg. von 2-Mercaptobenzothiazol u. Isobutenylamin. — Analoge Sulfenamide können mit Allyl-, Crotonyl-, 2.3.4.5-Tetrahydrobenzyl-, β.γ-Cyclohexenylamin usw. einerseits u. mit 2-Mercapto-4-methyl-, 2-Mercapto-4.5-dimethyl-, 2-Mercapto-4-phenyl-, 2-Mercapto-4-phenyl-5-methylthiazol bzw. mit durch KW-stoffreste substituierten 2-Mercaptobenzothiazolen andererseits hergestellt werden. — *Vulkanisationsbeschleuniger.* (**A. P. 2 560 021** vom 21/6. 1949, ausg. 10/7. 1951.) K. HEINZE. 7229

XIII. Ätherische Öle. Parfümerie. Kosmetik.

Asharam Bhati, *Ätherisches Öl aus den Beeren von Juniperus communis Linn.* Vf. stellte fest, daß im Gegensatz zu den Unterss. von SIMONSEN (Indian Forest Records **12.** [1924]) das äther. Öl aus den Beeren von Juniperus communis nicht zum größten Teil aus d-Sabinen, sondern aus d-α-Pinen besteht. (J. Indian Inst. Sci. **35.** 43—46. Jan. 1953. Agra, Chem. Labor., Agra Coll., u. Bangalore, Indian Inst. of Sci., Dep. of Organ. Chem.) WINIKER. 7262

H. Janistyn, *Karo-Karoundé.* Kurzer Überblick über Gewinnung, Eigg. u. Verwendungsmöglichkeiten des Blütenöls von Karo-Karoundé. (Parfümerie u. Kosmet. **33.** 40. Febr. 1952.) WINIKER. 7262

James D. Devey, *Die Rolle des Aluminiums beim Lagern von Orangenöl.* Unter N in Ggw. von Al-Plättchen (99,5%ig. Reinheit bei Tempp. bis +50° C gelagertes Orangenöl zeigt keine Veränderungen, während Luft mit u. ohne Al Verschlechterung des Geruchs, Ausbleichen der Farbe u. Peroxydbldg. bewirkt. (Soap, Perfum. Cosmet. **25.** 1156—57. Nov. 1952.) MÜHLMEISTER. 7262

Sadgopal und **B. S. Varma,** *Agaröl aus Holz der Aquilaria agallocha Roxburgh.* Inhaltlich ident. mit der C. **1952.** 6299 referierten Arbeit. (Indian Forester **78.** 26—33. 1952.) MÜHLMEISTER. 7262

V. Vasic, *Fertigung von Lippenstiften. Einige Fehler und ihre Ausschaltung.* Überblick. — 62 Literaturzitate. (Perfum. essent. Oil Rec. **43.** 191—92. Juni 1952.) MÜHLMEISTER. 7284

H. Manneck, *Vitamin F, Getreidekeimöle und Polyvitaminkonzentrate.* Kurzer Überblick über die Eigg. von Vitamin F u. seine Anwendung in kosmet. Produkten. (Parfümerie u. Kosmet. **33.** 44—45. Febr. 1952.) WINIKER. 7284

Rolf von zur Gathen, *Seifenhaltige und seifenfreie Shampooniermittel.* Behandelt werden fl., Öl-, Creme-, feste u. Trockenshampoons sowie Haarpackungen in Emulsionsform. (Seifen-Oele-Fette-Wachse **78.** 351—54. 2/7. 1952. Stuttgart.) WINIKER. 7284

Rolf von zur Gathen, *Grundlagen für Oxydationshaarfarben.* Allg. Ausführungen. (Parfümerie u. Kosmet. **33.** 42—43. Febr. 1952.) WINIKER. 7284

Siemens-Schuckertwerke Akt.-Ges., Berlin und Erlangen (Erfinder: **Paul Wenk,** Erlangen, und **Ulrich Nündel,** Nürnberg), *Verbesserung von Riechstoffen* (**I**). Flüssige I werden bei gleichbleibenden Tempp. von 20—35° beschallt. (**D. B. P. 853 931** Kl. 23a vom 28/12. 1950, ausg. 30/10. 1952.) LÜTTGEN. 7277

Voglmaier & Co., Plochingen/Neckar (Erfinder: **Matthias Voglmaier,** Bad Godesberg/Rh.), *Überzugsmasse zur Hautpflege,* bestehend aus der Lsg. eines physiol. indifferenten Kunststoffs, z. B. eines Polyamids, in einem 1- oder mehrwertigen Alkohol. (**D. B. P. 849 888** Kl. 30h vom 2/10. 1948, ausg. 18/9. 1952. Fr. Prior. 8/9. 1948.) E. PETERSEN. 7285

Stöcker & Co. (Erfinder: **Wilhelm Stöcker** und **Friedrich Kleinke**), Köln, *Mittel zum Einreiben der Haut,* bes. Massagemittel für Sportler, bestehend aus die Poren der Haut öffnenden Stoffen, z. B. Terpentinöl, die Haut nährenden u. kräftigenden Stoffen, z. B. Frischei mit Kalkzusatz, u. einem die Poren schließenden Mittel, bes. Maispuder. (**D. B. P. 851 241** Kl. 30h vom 10/12. 1949, ausg. 2/10. 1952.) E. PETERSEN. 7285

Emulsol Co., übert. von: **Herbert J. Bernstein** und **Charles F. Fuchs,** Chicago, Ill., V. St. A., *Haarwaschmittel.* Es werden Fettsäureamidsulfonate verwendet, bes. das

Na-Salz von Laurin- oder Myristinsäureisopropanolamidsulfonat. (**A. P. 2 588 197** vom 16/1. 1946, ausg. 4/3. 1952.) E. PETERSEN. 7285

Lever Brothers & Unilever Ltd., Port Sunlight, England (Erfinder: **T. H. Rider** und **S. D. Gershon**), *Kosmetisches Präparat*, bes. für die Behandlung lebender *Haare*. Das Präp. soll eine Öl- u. eine Wasserphase aufweisen, die leicht miteinander emulgierbar sein sollen, sich beim Stehen aber wieder trennen. Die Ölphase (I) soll ein nichttrocknendes pflanzliches Öl u. ein öllösl. Emulgiermittel (II), die wss. Phase, W., A. u. eine kation. oberflächenakt. Verb. (III) enthalten. Als I wird bes. Olivenöl, als II ein partieller Fettsäureester mehrwertiger Alkohole oder deren Polyalkylderivv., bes. ein partieller Ölsäureester von Propylenglykolglykosid verwendet. Als III kommen bes. quaternäre NH_4-Verbb. in Betracht, die alkal. Reste mit mindestens 12 C-Atomen aufweisen. Außerdem fügt man noch ein wasserlösl. Antioxydationsmittel, z. B. Tocopherol, zu. (**Schwed. P. 133 807** vom 13/4. 1948, ausg. 4/12. 1951. A. Prior. 19/5. 1947.) JÜRGEN SCHMIDT. 7285

XV. Gärungsindustrie.

Kilp, Grübler, Stemmer und **Lindenstromberg**, *Pilzmalzverzuckerung von Frischkartoffeln.* Die Verzuckerung von Frischkartoffeln mit Pilzmalzen ergab im Vgl. zur Verzuckerung mit Grünmalz keine Mehrausbeute, eher zeigte sich eine geringe Tendenz zu Minderausbeuten. Ebenso wurde bei der Verarbeitung von Kartoffelprodd., z. B. amerikan. Kartoffelwalzmehl, selbst bei Pilzemylasen mit günstigem Dextrierungs–Glucosidase-Verhältnis oft eine geringere Ausbeute festgestellt. Die Verss. bestätigten des weiteren, daß schon bei der Verwendung von Grünmalz von diesem eine Alkoholausbeute von rund 25 Liter/100 kg Gerste als Grünmalz erhält. (Alkohol-Ind. **66**. 35—39. 17/1. 1953. Itzehoe, Chemielabor. Isny, Gärungstechnol. Abt., Mühlenwerke u. Kornbrennerei Rudolf Rusch.) WINIKER. 7536

G. Krauß und **A. Rebmann**, *Analysen von Gersten des Jahrgangs 1952.* Ergebnisse von Unterss. an deutschen u. einigen ausländ. Gersten. (Brauwelt, Ausg. B **1953**. 77. 23/1. Stuttgart-Vaihingen, Brauerei Rob. Leicht A. G., Prüfstelle.) WINIKER. 7540

A. Ruppert, *Über die im Monat November untersuchten Neumalze.* Ergebnisse von Unterss. an Pilsener Malzen aus deutschen u. ausländ. Gersten sowie an Wiener u. Münchener Gersten. (Brauwelt, Ausg. B **1953**. 78—79. 23/1. Nürnberg, Bayer. Landesgewerbeanstalt, Versuchsanst. für Bierbrauerei.) WINIKER. 7540

L. Narziß, *Die Schaumhaltigkeit des Bieres in der Praxis.* Vf. gibt einen Überblick über die verschied. Faktoren (gewisse Bestandteile des Bierextraktes, geeignete Gärungsführung usw.), welche die Schaumbldg. u. Schaumhaltigkeit beeinflussen. (Brauwelt, Ausg. B **1953**. 25—28. 9/1. 48—51. 16/1. Nürnberg, Bayer. Landesgewerbeanstalt, Versuchsanstalt für Bierbrauerei.) WINIKER. 7550

D. B. West, R. F. Evans und **Kurt Becker**, *Untersuchungen über den Gehalt an Estern und höheren Alkoholen im Bier.* Die Methoden zur Best. von Estern u. höheren Alkoholen im dest. A. ergaben auch in Bier gut reproduzierbare u. durch andere Bierbestandteile nicht beeinflußte Werte. Der durchschnittliche Estergeh. von 22 untersuchten amerikan. Handelsbieren lag bei 40,7 p. p. m., der Geh. an höheren Alkoholen bei 54 p. p. m. im Durchschnitt. Der Geh. an Estern u. höheren Alkoholen stand in keinem Zusammenhang mit Aroma u. Geschmack des Bieres, seinem Proteingeh., ursprünglichen Extraktgeh. u. seinem Verdünnungsgrad. (Brewers Digest **27**. Nr. 3. 47—51. März 1952. J. E. Siebel Sons' Co., Inc.) HAEVECKER. 7550

Walter Deckenbrock und **Maria Sprick**, *Zur Frage des Methanolgehalts in Spirituosen. Geeignete Nachweismethoden.* Methanol (I) läßt sich gewöhnlich mit Hilfe einer für die betreffenden Spirituosen geeigneten Modifikation der Fuchsin–Schwefelsäure-Meth. nachweisen. Zum Nachw. sehr geringer Mengen I, z. B. in Kornbranntwein, eignet sich bes. die Phenylhydrazinmeth. oder noch besser die Chromotropsäuremethode. Vff. beschreiben eine von ihnen entwickelte Modifikation der letzteren. — 20 Literaturhinweise. (Branntweinwirtschaft **75**. 1—3. 10/1. 1953. Lüdinghausen/Westf., Fachlabor für die Spirituosenindustrie.) WINIKER. 7596

Walter Deckenbrock, *Läßt sich Kornbranntwein von Monopolbranntwein durch die Methylalkoholprobe unterscheiden?* Vf. stellte fest, daß der Methanolgeh. von Monopolspritarten derartig sein kann, daß eine Unterscheidung von Kornroh- u. Kornfeinspriten mit Hilfe einer Methanolbest. nicht möglich ist. (Alkohol-Ind. **66**. 11—12. 5/1. 1953.) WINIKER. 7596

Aktieselskabet Dansk Gaerings Industri, Kopenhagen, Dänemark, *Alkohol aus raffinose- oder melibiosehaltigen Lösungen durch Gärung.* Der Maische werden vor oder zu einem beliebigen Zeitpunkt während der Gärung Präpp. des Enzyms Melibiase, z. B. ein

Emulsinpräp. oder ein Rohpräp. des Enzyms Invertin (Saccharase), die sich bei vorheriger Untersuchung als melibiasehaltig erwiesen haben, zugesetzt. (**D. B. P. 851 040** Kl. 6b vom 1/10. 1950, ausg. 2/10. 1952. Dän. Prior. 21/6. 1947.) KETTNER. 7537

XVI. Nahrungs-, Genuß- und Futtermittel.

—, *Die Cola-Schokolade. Entwicklung und Herstellung.* Allg. Ausführungen mit Rahmenrezepten. (Zucker- u. Süßwaren-Wirtsch. **5.** 722—23. 20/9. 1952.) WINIKER. 7726

Georg Roeder, *Studien über Veränderungen der Milch nach dem Melken.* Vf. setzt die für die verschied. Veränderungen der Milch nach dem Melken bes. wichtige Gerinnbarkeit mit einer fortschreitenden Dehydratisierung des gequollenen Casein–Kalk-Komplexes in Zusammenhang. Um einen zahlenmäßigen Ausdruck für den Quellungszustand zu erhalten, wurde ein Verf. entwickelt, welches darauf beruht, mehrere Milchproben mit gleichen Voll. A. verschied. Konz. zu vermischen u. zu beobachten, von welcher Alkoholkonz. ab Gerinnung eintritt. Diese Konz. wird als „Alkoholtiter" bezeichnet. Ein Vgl. der Veränderungen des Reaktionsvermögens, des Säuregrades, des p_H, des Alkoholtiters, der Keimzahl u. des Colititers bei der Aufbewahrung der Milch bei verschied. Tempp. (30, -24, -18, -12, -6^0) ergab, daß die Erniedrigung der Aufbewahrungstemp. die Veränderung aller untersuchten Eigg. verzögert, u. zwar um so stärker, je tiefer die Temp. ist. Die Verzögerung ist allerdings in bezug auf die verschied. Eigg. ungleich. So wurde die Keimvermehrung am wenigsten u. Reduktionsvermögen, Acidität, Alkoholempfindlichkeit (Gerinnbarkeit) zunehmend stärker (in der angegebenen Reihenfolge) verzögert. Vf. weist auf die prakt. Bedeutung der erhaltenen Ergebnisse hin. (Milchwissenschaft **7.** 334—42. Okt. 1952.) WINIKER. 7756

M. Potterat und **O. Högl,** *Die Verwendung von Stickstoffoxydul (N_2O) bei der Behandlung von Lebensmitteln sowie dessen Prüfung und Bestimmung.* Besprechung der physiol. u. toxikolog. Eigg. des N_2O, dessen Unschädlichkeit in bei der Schlagrahmherst. zur Resorption gelangenden Mengen als erwiesen angesehen werden kann. Rahm unter N_2O-Druck, bes. mit CO_2 (5%), zeigt gewisse Hemmung der Bakterientätigkeit u. somit bessere Haltbarkeit. Beschreibung der physikal. Eigg. des N_2O, seiner Herst. u. Verwendungstechnik sowie seiner qualitativen u. quantitativen Bestimmung durch Adsorption in $CHCl_3$. (Mitt. Gebiete Lebensmittelunters. Hyg. [Bern] **42.** 342—75. 1951. Bern, Labor. du Service fédéral de l'hygiène publique.) LIEBNER. 7756

W. K. Harper und **I. A. Gould,** *Reifung von italienischem Käse.* Bei Unterss. über die Wirksamkeit verschied. Fermentpräpp. in der Reifung von Romano- u. Provolone-Käse konnten Vff. zeigen, daß durch ungereinigte Labpasten u. Extrakte von Ziegen- oder Kalbszungen das gewünschte Aroma u. ausreichende Mengen flüchtiger Fettsäuren gebildet wurden, was bei Anwendung von Labextrakten u. gereinigten Labpräpp. nicht der Fall war. Die von Ziegen gewonnenen Labzubereitungen erwiesen sich als am wirksamsten in der Aromabildung. (Butter, Cheese Milk Products J. **43.** 22—24. 44. 46. Aug. 1952. Ohio State Univ., Inst. of Nutr. and Food Techn., Dep. of Dairy Techn.) KRUSEN. 7760

H. Sulser, *Anwendung der Papierchromatographie auf lebensmittelchemische Probleme.* 1. Mitt. *Grundlagen und Methodik.* Zusammenfassender Überblick an Hand der Literatur (40 Hinweise). (Mitt. Gebiete Lebensmittelunters. Hyg. **42.** 376—94. 1951. Bern, Eidg. Gesundheitsamt, Labor.) LIEBNER. 7788

M. Staub, *Die Identifizierung von Hefengummi in Bouillonpräparaten.* 700 g Bouillonmasse werden heiß in 1 Liter W. gelöst; nach dem Erkalten wird das Fett durch Filtrieren abgetrennt u. nachgewaschen. Das Filtrat wird mit 2 Liter A. versetzt, der Nd. absetzen gelassen u. die klare Lsg. abgehebert. Der Nd. wird dann abgesaugt u. mit A. gewaschen, sodann mit 100 cm³ n/20 CH_3COOH behandelt u. wieder abgesaugt. Das Filtrat wird mit 100 cm³ FEHLINGscher Lsg. versetzt u. auf dem Wasserbade ½ Std. lang erwärmt. Die erhaltene Hefengummi–Cu-Verb. wird zentrifugiert u. in 5 cm³ 8%ig. HCl gelöst. Zusatz von 100 cm³ A. ergibt Fällung des Hefengummis, der abfiltriert u. mit A./Ae. ausgewaschen wird. Bei dem Vers. wurden erhalten insgesamt 0,412 g weißer Substanz $[\alpha]_D^{20}$ $+85,9^0$. Für Hefengummi kann der Wert von $+86^0$ als richtig angenommen werden. (Mitt. Gebiete Lebensmittelunters. Hyg. **42.** 413—14. 1951. Zürich, Kantonales Labor.) LIEBNER. 7838

Siegfried Beckmann und **Eva Voigt,** *Die Bestimmung von Carotin und Vitamin A in Futtermitteln.* Vff. diskutieren an Hand der Literatur u. auf Grund eigener Verss. die durch die Empfindlichkeit des Carotins (**I**) gegenüber Licht, O_2 u. erhöhte Tempp. bedingten Fehlerquellen bei der chem. **I**-Bestimmung. Die Prüf. verschied. Extraktionsverff. für **I** ergab als günstigste Meth. für Heu u. sonstiges trockenes Pflanzenmaterial die Extraktion durch Stehenlassen mit einem Gemisch von Aceton u. Spezialbenzin in der Kälte

unter Luft- u. Lichtanschluß. Zur chromatograph. Abtrennung von I eignet sich als Adsorptionsmittel am besten ein Gemisch gleicher Teile von standardisiertem Al_2O_3 u. wasserfreiem Na_2SO_4. Abschließend werden Modifikationen bekannter Verff. zur Best. von Vitamin A u. I in Milch sowie von Vitamin A in Fischmehl u. Futtermittelzusätzen mitgeteilt. — 16 Literaturhinweise. (Landwirtsch. Forsch. **4.** 146—53. 1952. Stuttgart-Hohenheim, Landwirtschaftliche Hochschule, Chem. Inst., u. Inst. für Tierernährung.)
WINIKER. 7868

National Antiseptics, Inc., Seattle, Wash., V. St. A. (Erfinder: **L. Frandsen**), *Konservierungsmittel*, zur Verwendung in wss. Lsg. *bei Kühlverfahren*. Es besteht aus ca. $^2/_3$ Benzoaten, bes. Na-Benzoat, u. $^1/_3$ Chloramin T. (**Schwed. P. 133 298** vom 21/3. 1946, ausg. 16/10. 1951.) JÜRGEN SCHMIDT. 7637

Aktiebolaget Separator, Stockholm, Schweden (Erfinder: **C. G. Eckers**), *Herstellung von Eiweiß aus eiweißhaltigen Stoffen*. Diese, z. B. zerkleinerte Erdnüsse, Sojabohnen oder dgl., werden in W. aufgeschlämmt. Dann werden durch Zusatz einer sauren Fl. die Eiweißstoffe mindestens teilweise in Lsg. gebracht, worauf zunächst filtriert u. dann zentrifugiert wird. In der anfallenden Lsg. wird das Eiweiß, bes. mit H_2SO_4 oder SO_2, gefällt. Der bei der Filtration anfallende ungelöste Rückstand wird nochmals mit der Fl., die beim Abfiltrieren des wieder ausgefällten Eiweißes verbleibt, ausgelaugt, u. die hierbei anfallende Lsg. ebenfalls auf Eiweiß aufgearbeitet. — Schemata. (**Schwed. P. 132 912** vom 30/1. 1948, ausg. 11/9. 1951.) JÜRGEN SCHMIDT. 7647

Buckeye Cotton Oil Co., Memphis, Tenn., übert. von: **Stewart Rowe**, Cincinnati, O., V. St. A., *Proteingewinnung*, Ölhaltige Saaten, wie Sojaflocken, werden nach der Entölung mit NaOH bei p_H von z. B. 8,5 u. bei 125° F 30 Min. behandelt. Nach Abtrennung der ungelösten Bestandteile wird eine Cu- oder Hg-Verb., wie $CuSO_4 \cdot H_2O$, zugegeben u. das Protein mit H_2SO_4 bei p_H 4 gefällt. Der abgesetzte dicke Nd. wird filtriert u. getrocknet. (**A. P. 2 589 867** vom 8/7. 1949, ausg. 18/3. 1952.) KRANZ. 7647

Glidden Co., Cleveland, O., übert. von: **Percy L. Julian**, Maywood, **Sidney J. Circle** Chicago, Ill., und **Robert T. MacDonald**, Minneapolis, Minn., V. St. A., *Reinigung von Eiweißstoffen*. Eine Ca-Ionen-haltige Dispersion von pflanzlichem Eiweiß, wie es z. B. aus Sojaflocken durch alkal. Extraktion u. Säurefällung erhalten wird, wird mit einem Carbonat, Silicat, Phosphat, Oxalat oder Citrat versetzt, wobei wenigstens ein Teil der Ca-Ionen ausgefällt wird u. gleichzeitig Verunreinigungen entfernt werden. (**A. P. 2 588 392** vom 20/4. 1948, ausg. 11/3. 1952.) KRANZ. 7647

F. Hoffmann-La Roche & Co. Akt.-Ges., Basel, Schweiz (Erfinder: **M. F. Furter** und **W. M. Lauter**), *Erhöhung des Gehaltes an Vitaminen und Mineralstoffen in Getreidekörnern*. Diese, bes. *Reiskörner*, werden mit wasserlösl. Vitaminen u. Mineralstoffen getränkt u. darauf mit einem Überzug aus Eiweiß (als Filmbildner), Harzsäure (als Adhäsionsmittel) u. einer höheren Fettsäure (als Weichmacher) versehen. Das Gemisch dieser drei Stoffe muß in kaltem W. unlösl., aber in warmem W. lösl. sein. (**Schwed. P. 132 910** vom 9/2. 1948, ausg. 11/9. 1951. A. Prior. 8/7. 1947.) JÜRGEN SCHMIDT. 7687

Earl P. Haney, Winchester, Mass., V. St. A., *Aromaerhaltung von Kaffee* (**I**). Dem gerösteten u. gemahlenen I werden vor dem Verpacken ca. 0,1% „Asa foetida" in Verbindung mit Gelatine beigemischt. (**A. P. 2 588 922** vom 9/4. 1951, ausg. 11/3. 1952.)
KRANZ. 7721

Wolfgang J. Lutz, Haag, Österreich, *Kaugummi*. Dieser besteht zu $>$50(%) aus Eiweiß, bes. von Weizen, u. 15—30 Glycerin als Bindemittel. (**A. P. 2 586 675** vom 15/2. 1949, ausg. 19/2. 1952. Oe. Prior. 21/2. 1948.) E. PETERSEN. 7731

General Cigar Co., Inc., New York, übert. von: **Paul W. Garbo**, Freeport, N. Y., und **Walter G. Frankenburg**, Millersville, Pa., V. St. A., *Tabakprodukt*. Feingemahlener Tabak wird mit der wss. Lsg. eines Cellulosederiv., z. B. des Alkalisalzes von Carboxymethylcellulose, u. Glycerin oder einer Alginatlsg. zu einem Teig verknetet, zu dünnen Schichten verformt u. getrocknet. (**A. PP. 2 592 553** u. **2 592 554** vom 30/1. 1950 bzw. 24/8. 1946, beide ausg. 15/4. 1952.) KRANZ. 7735

M. N. Wikmar, Göteborg, Schweden, *Konservieren von Eiern*. Man bespritzt die Eier mit einer Lsg. von 20—50 g Benzoesäure, 30—5 g Nipagin u. 3—25 g Harz, Schellack oder gleichartigen Prodd. in 1000 g Alkohol. Man kann den Überzug auch durch Eintauchen aufbringen. Zweckmäßig taucht man die Eier vorher in ein Öl, bes. Ricinusöl, ein. (**Schwed. P. 132 305** vom 9/4. 1949, ausg. 10/7. 1951. **Zusatz Schwed. P. 120 858.**)
JÜRGEN SCHMIDT. 7755

—, Beretning 64, fra Statens Forsøgsmejeri. Penicillinets indflydelse på nogle af mejeribrugets gæringsprocesser. København: Det danske Forlag. 1951. (96 S. m. Abb.) Kr. 5,—.

—, Beretning 68, Forsøg med. kemisk syrning og aromatisering af smør. København: Det danske Forlag. 1951. (50 S. m. Abb.) Kr. 3,—.

XVII. Fette. Seifen. Wasch- u. Reinigungsmittel. Wachse. Bohnermassen usw.

A. Lapschin, *Theoretische Voraussetzungen für die Intensivierung des Fettausschmelzens.* Da das Zerkleinerungsverf. mit dem Fleischwolf keine gleichmäßigen Teilchen ergibt u. hohen Energieverbrauch hat, schlägt Vf. ein Verf. zum Durchpressen der Fettmasse unter hohem Druck durch Siebe von 1—3 mm Lochweite vor. Dadurch wird der Energieverbrauch auf ca. $^1/_4$, die Zeit des Ausschmelzens auf $^1/_3$—$^1/_4$ herabgesetzt. (Мясная Индустрия СССР [Fleisch-Ind. UdSSR] **23.** Nr. 3. 70—72. Mai/Juni 1952.) v. SCHROEDER. 7872

James L. Boyle, *Die Geruchlosmachung von genießbaren Ölen.* Es werden betrachtet die grundsätzlichen Methoden u. Bedingungen für die Geruchlosmachung sowie die Einflüsse der Temp., des Druckes u. der Menge des strömenden Dampfes. Es werden zwei Fließdiagramme gegeben u. die Anlagen beschrieben. (Food **21.** 372—76. Okt. 1952.) BOYE. 7874

Pierre Dubouloz, *Schutz der Fette gegen das Ranzigwerden.* Kompilator. Darst. des Gebietes auf Grund eines Vortrages. Behandelt werden nach den zugrunde liegenden Umsetzungen das Ranzigwerden (Aldehydigkeit, Peroxydigkeit), die Reversion (bei Soja-, Rüb- u. Kolzaöl) sowie die mikrobiol. bedingten Prozesse (Hydrolyse, Ketonigkeit). Schemat. Darst. des Verlaufes der Autoxydation olefin. Fettsäuren nach der Hypothese von FARMER u. Mitarbeiter (Hydroperoxydbldg., Ketten-Rk.), Nachw. der Ranzigkeit, Messung der Stabilität eines Fettes (SWIFT-Test). Beschleunigung der Autoxydation durch physikal. (Temp., Verhältnis Oberfläche : Vol., Licht) bzw. durch chem. Einfl. (O_2, Natur der Triglyceride, Ggw. von Metallspuren u. ihre Blockierung durch Tannin, Ascorbinsäure, Ascorbylpalmitat, Phosphor-, Citronensäure, Prooxygene, wie Chlorophyll, Hämine). Hinweis auf die wichtigsten natürlichen Antioxygene u. ihre Wirkungsweise (Tocopherole, Sesamol, Gossypol, Nordihydroguajaretsäure [aus Larrea divaricata], Norconidendrin, Guajakharz, andere natürliche noch nicht identifizierte Substanzen); synthet. Antioxygene: Hydrochinon, Ester von Polyphenolen (Gallussäure), Derivv. des Anisols; Synergisten der Antioxygene, vor allem Citronensäure, Ascorbinsäure u. ihr Palmitylderiv., Methionin, Tryptophan; Hinweis auf die Lecithine u. das Carotin als Antioxygene. Gesichtspunkte für die prakt. Anwendung. (Oléagineux **7.** 465—71. Aug./Sept. 1952. Marseille, Fac. de Méd. et de Pharmacie.) TÄUFEL. 7878

Irene C. L. Chang, Li Ing Yang Tchen und **Betty M. Watts,** *Der Fettsäuregehalt ausgewählter Lebensmittel vor und nach dem Kochen.* Unter Anknüpfung an frühere Unterss. (J. Amer. Oil Chemists' Soc. **29.** [1952.] 334) werden weitere Verss. zwecks Ermittlung des Verh. von Nahrungsfetten (Schweineschmalz, Butter, pflanzliche Öle) bei der Einw. höherer Temp. (Braten, Backen; über 100°) angestellt; ergänzende Verss. in der gleichen Richtung mit eingequollenen u. lange zu erhitzenden Prodd. (Sojabohnen). Durchführung der Verss. unter Standardbedingungen mit definierten Fetten; die fertigen Erzeugnisse werden nach Zerkleinerung im WARING-Mischer mit CCl_4 in Ggw. von wasserfreiem Na_2SO_4 extrahiert u. das mit dem Extrakt abgetrennte Fett wird in der beschriebenen Weise geprüft (Fettgeh.; Peroxydzahl, JZ.; Art u. Menge der Fettsäuren). Aus den Ergebnissen (Tabelle) wird abgeleitet, daß beim Kochen u. Backen wesentliche Änderungen am Fett sich nicht vollziehen; nur beim Braten stellt sich ein Fettverlust ein; geringe Verluste an Linolsäure werden bei pflanzlichen Ölen manifest, wenn intensives, längerfristiges Braten stattgefunden hat. (J. Amer. Oil Chemists' Soc. **29.** 378—79. Sept. 1952. Syracuse, N. Y., Univ., Dep. of Foods and Nutrit.) TÄUFEL. 7888

C. Paquot, *Untersuchungen über das Unverseifbare der Karitébutter.* Hinweis auf das neuere Schrifttum über die Karité-(Shea-)Butter, bes. über das darin enthaltene (im Mittel 5—6%) Unverseifbare, das aus Triterpenalkoholen u. einem Kariten genannten KW-stoff besteht (β-Amyrin, Lupeol, Baseol, Parkeol, Butyrospermol, Karitesterol A u. B). Weitere Unterss. mit DUFOUR unter Heranziehung von Furfurol als Lösungsm., worin die stearin- u. ölsäurereichen Triglyceride wenig, die stark ungesätt. Anteile des Unverseifbaren (Latex) sowie freie Fettsäuren aber leichtlösl. sind. Systemat. Verss. lehren, daß in Gemischen aus 4 Teilen Furfurol u. 1 Teil Karitébutter, nacheinander durch 4 BÜCHNER-Trichter mit einer 2—3 cm dicken Schicht von Hyflo-Super-Gel oder Clarcel D. J. C. filtriert, aus den Filterrückständen mit Hexan bzw. Heptan eine Karitébutter extrahiert wird, deren Säuregeh. von anfänglich 22 auf 2% verringert ist. Unter gleichzeitigem Zusatz von Neutralisationsmitteln [gebrannter Kalk, MgO, $CaCO_3$, $Ba(OH)_2$, $BaCO_3$] wird die Entsäuerung noch verbessert; so liefert eine Karitébutter (15% freie Säure) mit 4 Teilen Furfurol u. 1 Teil calciniertem Dolomit ein Fett mit 0,7% Säure. Beim Erwärmen (60—65°) von Karitébutter mit dem gleichen Teil Furfurol in Ggw. einer wss. Lsg. von $NaCO_3$ u. NaCl scheiden sich die Seifen als Zwischenschicht zwischen der Oberschicht von Karitébutter (0,2% freie Säure) u. der Unterschicht (Furfurolphase) ab. Unter Auswertung der vorst. Erfahrungen wird gezeigt, daß es möglich ist, mit Furfurol aus der Karitébutter die eine Stoffgruppe des Unverseifbaren (die Terpenalkohole) weitgehend abzutrennen. — In Gemeinschaft mit **Raffailhac** werden Verss. über die Behandlung der Karitébutter mit H_2SO_4 durchgeführt (Abtrennung von Schleim, Latex): Trocknen des Fettes bei 98—100° im Vakuum, Behandlung mit 0,2—0,5% H_2SO_4 (66° Bé) bei 85—90° unter Rühren (40—60 Min.), Zugabe von überschüssiger (12—14%) NaOH zur Neutralisierung der H_2SO_4, Dekantieren des Fettes bei 50° (prakt. frei von Kariten) von der wss. Lsg. u. einem gelatinösen Niederschlag. (Oléagineux **7.** 195—99. April 1952. Labor. Général des Corps Gras.) TÄUFEL. 7892

Emilio Santelli, *Übersicht über die industriellen Anlagen zur Veresterung von Fettsäuren mit Glycerin.* Von dem Gedanken ausgehend, die Verluste bei der Technologie der Nahrungsöle (Entsäuerung) herabzusetzen, werden die industriellen Verff. zur Veresterung der freien Fettsäuren mit Glycerin besprochen (Temp. 160—225°; sicherer Ausschluß der Luft; Anwendung von Katalysatoren; Menge u. Feinverteilung des zugesetzten Glycerins; Abkürzung der Reaktionszeit auf ein Minimum; Entfernung des Reaktionswassers). Als Beispiel wird angegeben, daß ein mit Lösungsm. extrahiertes Olivenöl mit 47% freier Säure durch Veresterung Prodd. mit 3 bzw. 1,5% Säure liefert. Schemat. Angaben über den Gang der technolog. Veresterung, die durch sorgfältige Betriebskontrolle zu überwachen ist. (Oléagineux **7.** 481—82. Aug./Sept. 1952. Mailand, École Polytechnique.) TÄUFEL. 7894

F. K. Kawahara und **H. J. Dutton**, *Flüchtige Spaltprodukte von autoxydiertem Sojaöl.* Hinweis auf die neueren Arbeiten zur Identifizierung der bei der Autoxydation von Sojaöl in der Hitze entstehenden flüchtigen Spaltprodd. (α-Heptenal, 2.4-Decadienal, Malondialdehyd, Di-n-propylketon); weitere Verss. unter Heranziehung der chromatograph. Arbeitsmeth. mit sich anschließender UV-spektrometr. Prüfung der Fraktionen. Hinsichtlich der verwendeten Präpp. (Pentan/Hexan, Kieselsäure für das Chromatographieren, absol. A., Ae., m-Phenylendiaminhydrochlorid [Nachw. der α.β-ungesätt. Verbb.]), der Darst. der 2,4-Dinitrophenylhydrazone (**I**) der flüchtigen Verbb., chromatograph. Arbeitsweise mit den **I** sowie Konzentrierung der flüchtigen Prodd. vgl. Original. Die Autoxydation wird mit desodoriertem Sojaöl (5,6 ml) bei niedriger Temp. unter Zugabe von 5 mg $FeCl_3$ u. 5 mg $CuCl_2$ dergestalt durchgeführt, daß das Öl unter Durchleiten von O_2 3 Tage auf 60° erwärmt u. weiterhin (12—15 Tage) bei 37° gehalten wird; der austretende Gasstrom passiert eine Vorlage mit 10 ml Pentan–Hexan (gekühlt mit festem CO_2/Äthanol). Das gesamte Destillat wird säulenchromatograph. in 2 Hauptfraktionen zerlegt (Unterscheidung durch die verschied. Fluorescenz der Schichten im UV); Schema der Fraktionierung vgl. Original. Es zeigt sich, daß die eine Gruppe die Reversionsprodd. des Sojaöls (A), die andere die ranzigen Komponenten (B) enthält; in A u. B verläuft die Probe auf α.β-Ungesättigtheit positiv. Aus der Säule der Kieselsäure wird A fraktionierend eluiert (mit Ae.); Herst. der 2.4-Dinitrophenylhydrazone (F. 164—165°; Elementaranalyse); ferner UV-spektrophotometr. Charakterisierung, wobei sich deutlich Unterschiede zwischen A u. u. B zeigen. Weitere Fraktionen liefern Hydrazone verschied. Art (F. 93,5 bis 95°; 157—158°; 150—152°; 165—166°; 141—148°), die (Vgl. mit authent. Präpp.) UV-spektrometr., durch Elementaranalyse sowie durch die R_F-Werte identifiziert werden (vgl. Original). Zusammenfassend wird festgestellt, daß die Konstituenten von A u. B Aldehyde enthalten (Zugabe von Aldehydreagentien bringt die organolept. Eigg. zum Verschwinden). Nachgewiesen werden Acet-, Propionaldehyd, ferner α-Pentenal u. Hexanal; die Ggw. von Crotonaldehyd wird als sehr wahrscheinlich hingestellt. Krit. Betrachtungen darüber, daß Linolensäure der Ausgangsstoff für die „Reversion" von Sojaöl ist u. daß sich anschließend oxydative Prozesse (Polymerisation, Spaltung) vollziehen. Schemat. Ausführungen über den Chemismus der Bldg. der nachgewiesenen Aldehyde aus Linolensäure nach der Hydroperoxydhypothese von FARMER u. Mitarbeiter (C. **1945.** I. 1349); Hexanal wird von Linolsäure hergeleitet. (J. Amer. Oil Chemists' Soc. **29.** 372—77. Sept. 1952. Peoria, Ill., Northern Regional Res. Labor.) TÄUFEL. 7894

S. N. Mitra, S. C. Chakravarti und **A. B. Som**, *Bestimmung von Argemonöl in Senföl mittels des Bromid–Bromat-Testes.* Gibt man zu dem HCl-Extrakt des Argemonöl (**I**)-haltigen Senföles (**II**) (100 cm³ Öl u. 4 cm³ konz. HCl) 0,4 cm³ eines Gemisches aus KBr u. $KBrO_3$, so entwickelt sich in Ggw. von **I** in ca. 2 Std. eine orange bis gelbe Farbe, die bis zu einer Konz. von 0,75% **I** dem Geh. an **I** entspricht u. mit dem LOVIBOND-Tintometer unter Verwendung gelber u. roter Gläser u. einer Eichkurve ausgewertet werden kann. Bei höheren **I**-Gehh. muß **II** zuvor mit **I**-freiem **II** verd. werden. (Sci. and Cult. **17.** 522—23. Juni 1952. Calcutta, West Bengal Public Health Labor, u. All India Inst. of Hyg. u. Public Health, Chem. Dep.) FIEDLER. 7932

Lever Brothers Co., Cambridge, Mass., V. St. A., übert. von: **Christiaan van Loon**, Dubbeldam, **Eltje Smit**, Dordrecht, Holland, und **Willem van Rijn van Alkemade**,

Richmond, England, *Aufarbeiten von verdorbenen Fettpartien*, die infolge ihrer dunklen Farbe zur Herst. von Seifen ungeeignet sind. Die Fette werden zwecks Veresterung der freien Säuren in Ggw. von Katalysatoren mit hochsd. Alkoholen (I) bei Tempp. behandelt, die bei dem angewandten Reaktionsdruck über dem Kp. des W. liegen, so daß alles W. abdest., u. dann mit niederen I umgeestert, die durch Vakuumdest. mit Wasserdampf vom Rückstand getrennt werden. (**A. P. 2 588 435** vom 7/8. 1947, ausg. 11/3. 1952. Holl. Prior. 19/6. 1942.) LÜTTGEN. 7875

Armour & Co., Chicago, Ill., V. St. A., und **Arthur Abbey**, London, England, *Hydrieren von Ölen*. Öl, Katalysator (I) u. H_2 werden in eine Zone geleitet, in der ein Druck von 20—75 lbs./sq.in. herrscht. Das Gemisch wird ohne Abkühlung unter Vakuum gesetzt, damit H_2 u. Geruchsstoffe sich entfernen, u. dann durch Filtrieren von I befreit. Das Verf. arbeitet kontinuierlich. — Zeichnung. (**E. P. 673 273** vom 25/5. 1950, ausg. 4/6. 1952.) LÜTTGEN. 7881

Ryoichi Miyake und **Nippon Suisan Kabushiki Kaisha**, Tokyo-To, Japan, *Selektive Hydrierung von fetten Ölen* (I). I mit Geh. an Ölsäure (II) u. stärker ungesätt. Säuren (III) werden bei 100—230° u. 1—20 at oder 100—200° u. 20—80 at in Ggw. von Cu-Katalysatoren, die frei von Aktivatoren sind, mit so viel H_2 behandelt, wie zur Umwandlung von III in II notwendig ist. Eine Hydrierung der im I bereits vorhandenen II findet nicht statt. (**E. P. 670 906** vom 20/2. 1950, ausg. 30/4. 1952.) LÜTTGEN. 7881

Swift & Co., Chicago, übert. von: **Robert I. Brabets**, Hazelcrest, Ill., V. St. A., *Entfärben von Fetten und Fettsäuren*. Bes. niedriggrädige Prodd. werden nach Zugabe von Ebonyfett mit verflüssigten, sonst gasförmigen KW-stoffen, z. B. Propan, behandelt. (**A. P. 2 596 065** vom 18/12. 1950, ausg. 6/5. 1952.) LÜTTGEN. 7887

Michele Bonotto, Princeton, N. J., V. St. A., *Extraktion von Baumwollsaat* (I). Gemahlene I wird soweit wie möglich von den Hüllen (II) befreit u. zu Flocken gewalzt, worauf ein Teil der II wieder beigemischt wird. Das Prod. ist gut extrahierbar. — Zeichnung. (**A. P. 2 594 117** vom 3/7. 1948, ausg. 22/4. 1952.) LÜTTGEN. 7895

Procter & Gamble Co., Ivorydale, übert. von: **Walter H. Williamson**, Indian Hill, O., V. St. A., *Extrahieren von Baumwollsaat* (I). Die zerkleinerte I wird zunächst mit einem mindestens teilweise aus wasserlösl. Lösungsm. (II) bestehenden II behandelt, um eine Durchfeuchtung u. Schwellung von I zu erzielen, u. dann in einer Vielzahl von Behältern im Gegenstrom extrahiert. (**A. P. 2 595 825** vom 13/5. 1949, ausg. 6/5. 1952.) LÜTTGEN. 7895

Hordur Jonsson, Reykjavik, Island, *Gewinnung von Lebertran* (I). Fischleber wird bei Tempp. $<$ Koagulationstemp. des Cytoplasmas (II) zerkleinert u. die erhaltene, aus II in I bestehende Emulsion durch Zentrifugieren zerlegt. (**E. P. 675 661** vom 9/12. 1948, ausg. 16/7. 1952. Dän. Prior. 13/12. 1947.) LÜTTGEN. 7899

Colgate-Palmolive-Peet Co., Jersey City, übert. von: **Lowell A. Ledgett**, Ridgewood, N. J., V. St. A., *Kontinuierliches Verseifungsverfahren*. In einen Seifenleim (I), der sich in einer mit Prall- u. Umlenkflächen versehenen Kammer im Umlauf befindet, wird Fett u. Lauge eingeführt u. kontinuierlich I abgezogen. — Zeichnung. (**A. P. 2 594 461** vom 22/12. 1944, ausg. 29/4. 1952.) LÜTTGEN. 7907

Henkel & Cie. G. m. b. H. (Erfinder: **Ludwig Mannes** und **Josef Dresen**), Düsseldorf, *Trennung geradkettiger und verzweigtkettiger höhermolekularer Fettsäuren*, dad. gek., daß man die Gemische in Salze bzw. Seifen überführt u. in dieser Form mit organ. Lösungsmitteln behandelt. (**D. B. P. 855 444** Kl. 23d vom 22/7. 1944, ausg. 13/11. 1952.) LÜTTGEN. 7909

Donald Price, Detergents; what they are and what they do. New York: Chemical Pub. Co. 1952. (159 S. m. Abb.) $ 4,—.

XVIII a. Holz. Cellulose. Zellstoff. Papier. Papierdruck. Celluloid. Linoleum.

G. N. Christensen und **E. J. Williams**, *Diffusion in Holz*. 1. Mitt. *Eine quantitative Theorie der Diffusion in porösen Medien und ihre Anwendung auf Holz*. Die Diffusionsgeschwindigkeit von 0,5-, 1-, 2- u. 4m NaCl-Lsg. gegen dest. W. durch grünes Kernholz in 1,5, 3,2 u. 6,3 mm Stärke u. in dickeren Blöcken von Eucalyptus obliqua wurde in Abhängigkeit von der Zeit gemessen. Das Diffusionsgesetz von FICK ist bei Holz nur nach Einführung eines zweiten Parameters k u. eines geänderten Diffusionskoeff. anwendbar u. gilt auch nur für dünne Holzschichten. Bei dickeren Blöcken treten unübersichtliche Verhältnisse auf. (Austral. J. appl. Sci. **2.** 411—29. Dez. 1951. Melbourne, C. S. I. R. O., Div. of Forest Prod.) WERGIN. 7952

G. N. Christensen, *Diffusion in Holz*. 2. Mitt. *Der Temperaturkoeffizient der Diffusion durch Holz*. (1. vgl. vorst. Ref.) Der Einfl. der Temp. (20—50°) auf die Diffusionsgeschwindigkeit von NaCl-Lsgg. durch dünne Kernholzplatten von *Eucalyptus maculata, E. regnans* u. *Auracaria cunninghamii* in radialer, tangentialer u. longitudinaler Richtung wurde festgestellt. Der Temperaturkoeff. ist relativ hoch u. wird vermutlich durch enge Capillaren u. darin auftretende Energieschranken von festgehaltenen Ladungen beeinflußt. (Austral. J. appl. Sci. **2.** 430—39. Dez. 1951.) WERGIN. 7952

G. N. Christensen, *Diffusion in Holz.* 3. Mitt. *Ionenauswahl und ihr Einfluß auf die Diffusion von Elektrolyten.* (2. vgl. vorst. Ref.) Die Diffusion einer Reihe von ein- u. zweiwertigen Kationen (Li, Na, K, NH_4, Mg, Ca, Sr u. Ba) u. Cl-Anion, sowie von ein- u. zweiwertigen Anionen (Cl, NO_3, CNS, J, SO_4) u. K als Kation durch 3 mm dicke Holzplatten von 3 Eucalyptusarten u. *Auracaria cunninghamii* bei 40° wurde gemessen. Das Holz verhielt sich wie ein negativ geladenes, semipermeables, auswählendes Medium in Abhängigkeit von Holzart u. Diffusionsrichtung. Es wird vermutet, daß die Diffusion der Anionen durch negativ geladene Gruppen in den engen Capillaren eingeschränkt wird. Messungen des Membranpotentials erwiesen, daß der Durchgang der Anionen gehindert ist. (Austral. J. appl. Sci. **2.** 440—53. Dez. 1951.) WERGIN. 7952

Karl Kröner und **Leo Pungs,** *Über das Verhalten des dielektrischen Verlustfaktors von Naturholz im großen Frequenzbereich.* Das Verh. von Naturhölzern wurde bereits früher im Frequenzbereich von $3 \cdot 10^2 - 1 \cdot 10^9$ Hz hinsichtlich der DK. behandelt; Vff. dehnen die Unterss. jetzt auf den dielektr. Verlustfaktor aus. Geprüft wurde Holz im Darrzustande u. mit höherer Feuchtigkeit. Geschnitten wurde das Holz im Hirnschnitt, tangential u. radial. Bei Darrtrockenheit zeigte tg δ ein breites Maximum für den Bereich von $5 \cdot 10^6 - 10^7$; die Schnittart hatte wenig Einfluß. Bei höherem Wassergeh. wird bei mittleren Frequenzen der tg δ nur wenig beeinflußt. Das Auftreten eines Maximums wird durch die makroskop. Struktur des Holzes erklärt, die Verschiebung des Maximums zu höheren Frequenzen bei feuchtem Holz wird durch eine Wassereinlagerung zwischen die Mol.-Ketten erklärt. (Abh. braunschweig. wiss. Ges. **4.** 127—44. 1952.) FRIEDEMANN. 7952

F. A. Abadie und **Ø. Ellefsen,** *Übereinstimmung zwischen dem α-Cellulosegehalt und der Menge an „A"-Fraktion, das heißt der mit Wasser aus Acetonlösung fällbaren Menge von nitrierter Cellulose.* Vff. nitrierten gebleichte Cellulose (I), Baumwolle (II) u. Holz (III) u. lösten die nitrierte Cellulose in Aceton. Der mit W. fällbare Teil („A"-Fraktion) entsprach dabei dem bei der Hydrolyse (bei 20° mit 28,5—38,0%ig. HCl während $^1/_{12}$ bis 17½ Std.) des gleichen cellulosehaltigen Materials gefundenen Geh. an α-Cellulose, bestimmt nach Norweg. Standardmethode. Die Übereinstimmung ist dabei unabhängig von der Hydrolysendauer, der Säurekonz., der Menge an Nichthydrolysierbarem sowie dem Polymerisationsgrad P der „A"-Fraktion. Die viscosimetr. bestimmten minimalen P der „A"-Fraktion aus **I, II** u. **III** (Hydrolyse mit 0,625n bis 38%ig. HCl bei 20—105° u. 0,25—48 Std. u. Behandlung wie oben) stimmen mit dem für α-Cellulose bekannten überein. Vff. schließen daraus, daß die „A"-Fraktion nitrierte α-Cellulose darstellt u. die Nitrierung prakt. keinen Abbau der Cellulose bewirkt. (Norsk Skogind. **6.** 192—95. Juli 1952.) GNAUCK. 7970

Robert R. Austin, Pasadena, Calif., V. St. A., *Imprägnieren von Holz* mit einem Harz, z. B. CH_2O–Harnstoff-Harz. Man überzieht das mit der Lsg. eines polymerisierbaren Stoffes getränkte Holz vor dem Polymerisieren mit einer Schicht, z. B. aus Ceresin oder einer hochschm. Fettsäure, wie Stearinsäure, um das Klebrigwerden des Holzes beim Polymerisieren zu verhindern. (**A. P. 2 591 768** vom 22/8. 1947, ausg. 8/4. 1952.) E. PETERSEN. 7953

Henkel & Cie. G. m. b. H. (Erfinder: **Rudolf Köhler**), Düsseldorf, *Klebstoffe für Holz,* bestehend aus wss. Dispersionen härtbarer Aldehydkondensationsharze (Phenol-, Harnstoff-, Melaminharze) mit Zusatz von wasserlösl. Alginaten. (**D. B. P. 853 929** Kl. 22i vom 1/9. 1942, ausg. 28/8. 1952.) LÜTTGEN. 7953

Lionel M. Sutherland & Douglas G. Sutherland, übert. von: **Daniel Manson Sutherland,** Morrisville, PW., V. St. A., *Zellstoffgewinnung für Papier.* Holzschnitzel werden mit alkal. Kochlauge (z. B. auf 1000 kg 200—225 kg Na_2O) bei ca. 171° u. 8 at 55 Min. gekocht, die M. in einen Behälter geblasen, mit alkal. Waschlauge von 71—82°, gegebenenfalls unter Rühren, auf eine Stoffdichte von 3,25% verd., bei ca. 93° u. n. Druck gehalten, kontinuierlich bei ca. 82° in einem „Refiner" zerfasert u. der Stoff gewaschen. Vor dem Refiner können metall. Verunreinigungen abgeschieden werden. — Zeichnung. (**A. P. 2 591 106** vom 24/7. 1947, ausg. 1/4. 1952.) G. VOGEL. 7959

Infilco, Inc., Chicago, übert. von: **James M. Kahn,** Glencoe, Ill., V. St. A., *Weißlaugebereitung.* Nach dem Kaustifizieren der Grünlauge (I) läßt man die trübe Weißlauge (II) teilweise sedimentieren (1. Stufe), wäscht den $CaCO_3$-Schlamm (**III**), läßt **III** sedimentieren

(2. Stufe), zentrifugiert **III**, führt $CaCO_3$ zur Kaustifizierung, die abgeschleuderte Fl. zur 2. Stufe u. die Fl. aus der 2. Stufe zur I-Station zurück. Der trüben **II** aus Stufe 1 wird ein Mg-Salz zugesetzt, um Verunreinigungen, bes. Fe, niederzuschlagen. Der Nd.: $Mg(OH)_2$, $CaCO_3$, Fe-Verbb. wird der I-Station zugeführt u. die klare Lsg. als Kochlauge verwendet. — Zeichnungen. (**A. P. 2 592 907** vom 8/3. 1949, ausg. 15/4. 1952.) G. VOGEL. 7959

Aktiebolaget Separator, Stockholm, Schweden (Erfinder: **J. A. Aspegren**), *Herstellung von hochwertigem Zellstoff.* Bei der Herst. von Sulfatzellstoff bei alkal. Aufschluß wird die Rohlauge mit gebranntem Kalk behandelt, unter Gewinnung von Weißlauge u. Kalkschlamm. Die Lauge wird dann durch Zentrifugieren vollständig oder nahezu vollständig von Kalkschlammteilchen befreit u. erst dann wieder verwendet, wodurch man zu bes. hochwertigem Zellstoff gelangt. (**Schwed. P. 134 174** vom 1/3. 1945, ausg. 8/1. 1952.) JÜRGEN SCHMIDT. 7961

Aktiebolaget Separator, Stockholm, Schweden (Erfinder: **C. G. Hellsten**), *Herstellung von Sulfatzellstoff.* Zur Erhöhung der Wärmeausnutzung wird der von den Kochern kommende Druckdampf durch mehrere, in Reihe geschaltete Wärmeaustauscher geleitet, durch deren Kühlmittelseite W. zur Vorwärmung geleitet wird. Hierbei werden die Wärmeaustauscher in Richtung des strömenden Dampfes mit fallendem Druck betrieben. — Zeichnungen. (**Schwed. P. 134 173** vom 13/6. 1947, ausg. 8/1. 1952.) JÜRGEN SCHMIDT. 7961

Weyerhaeuser Timber Co., übert. von: **Thomas W. Stewart,** Longview, Wash., V. St. A., *Verbrennen von Sulfitablauge,* bes. solcher auf Mg-Basis. Wärmeverluste werden vermieden, wenn die Ablauge mindestens in der letzten Eindampfstufe unter erhöhtem Druck steht, der z. B. einer Temp. von 121° entspricht, u. ohne Verringerung des Druckes über einen Vorratsbehälter dem Verbrennungsofen zugeführt wird. — Zeichnung. (**A. P. 2 596 875** vom 26/5. 1950, ausg. 13/5. 1952.) G. VOGEL. 7963

Price Brothers & Co. Ltd., Quebec, übert. von: **Donald Helleur,** Kenogami, Quebec, Can., *Gewinnung von Wärme und Chemikalien aus Ammoniumsulfitablaugen.* Die Ablauge wird mit MgO versetzt, das NH_3 ausgetrieben, die Mg-Sulfitlsg. konz. u. unter Dampferzeugung verbrannt, das mit den Rauchgasen entweichende SO_2 mit wss. NH_3-Lsg. abgefangen u. auf Frischlauge verarbeitet u. aus der Asche MgO regeneriert. — Zeichnung. (**A. P. 2 596 241** vom 20/12. 1948, ausg. 13/5. 1952.) G. VOGEL. 7963

Deutsche Rhodiaceta Akt.-Ges. (Erfinder: **Arnulf Sippel**), Freiburg/Br., *Herstellung von Celluloseestern,* bes. *Celluloseacetaten,* mit $HClO_4$ als Katalysator unter vorheriger Zugabe von Nitroform. (**D. B. P. 862 884** Kl. 12q vom 29/10. 1943, ausg. 15/1. 1953.) FABEL. 7971

I. G. Farbenindustrie Akt.-Ges., Frankfurt/M. (Erfinder: **Wilhelm Böhm,** Dormagen, und **Walter Meskat,** Dessau), *Kontinuierliche Veresterung bzw. Veräthierung von Cellulose* mit fl. organ. Reaktionsmitteln in Ein- oder Mehrschneckenvorrichtungen. — Beispiele: *Celluloseacetat* in Faserform, *Benzylcellulose.* (**D. R. P. 765 441** Kl. 12o vom 30/9. 1939, ausg. 17/11. 1952.) FABEL. 7971

Siemens-Schuckertwerke Akt.-Ges., Berlin und Erlangen (Erfinder: **Hermann Bösche,** Finow, Mark), *Verminderung der Wasseraufnahmefähigkeit von Papier* durch teilweises Veräthern, bes. Benzylieren, der mit Alkali vorbehandelten Zellstoffasern unter Erhaltung ihrer Struktur, dad. gek., daß die Fasern unter Erwärmen mit einer schwachen, z. B. 1%ig. alkoh. Lsg. von NaOH oder KOH u. dann in einem geschlossenen Gefäß mit Benzylchlorid (**I**) unter Unterdruck so behandelt werden, daß der Kp. des **I** ca. bei 90° liegt. Statt **I** können Homologe, ω-Cl-Derivv. der Methylnaphthaline oder Halogenderivv. der Paraffine verwendet werden. (**D. R. P. 752 308** Kl. 55f vom 28/10. 1938, ausg. 13/10. 1952.) G. VOGEL. 7983

XVIIIb. Textilfasern.

H. Rath, *Zur Methylaminbildung bei der Kunstharzausrüstung.* Die Bldg. von Methylaminen bei der Kunstharzausrüstung mit stickstoffhaltigen Prodd. erfolgt gemäß folgenden Gleichungen: $2\,NH_3 + 3\,CH_2O = 2\,H_2N\cdot CH_3 + CO_2 + H_2O$ (Monomethylamin); $3\,NH_3 + 6\,CH_2O = 2\,HN(CH_3)_2 + 2\,CO_2 + 2\,H_2O$ (Dimethylamin); $2\,NH_3 + 9\,CH_2O = 2\,N(CH_3)_3 + 3\,CO_2 + 3\,H_2O$ (Trimethylamin). Zur Bldg. dieser Methylamine sind demnach NH_3 bzw. Ammonsalze u. CH_2O im Überschuß erforderlich, eine Bedingung, die bei der Kunstharzausrüstung normalerweise erfüllt ist. Die die Bldg. von Trimethylamin begünstigenden Faktoren sind die Ggw. bzw. Bldg. von viel Ammonsalz, hoher Kondensationstemp., langer Kondensationsdauer; CH_2O-Überschuß u. geringe Acidität. Ferner ist zu beachten, daß die Methylamine in der alkalifreien Ware als Salze der Katalysatorensäure vorliegen u. erst durch Alkali (z. B. Schweiß) in Freiheit gesetzt werden.

Zur Entfernung der Methylamine in der Ware wäre zwar eine saure Wäsche am günstigsten, jedoch wird hierdurch gleichzeitig das auf der Ware gebildete Harz fast völlig hydrolysiert. Daher erfolgt normalerweise eine Behandlung mit Soda, obwohl auch hierdurch durch die meist begrenzte Waschbeständigkeit der Harze im alkal. Gebiet der Ausrüstungseffekt zurückgeht. (Textil-Praxis **7.** 896—97. Nov. 1952. Reutlingen, Deutsches Forschungsinst. für Textilind.) H. G. FRÖHLICH. 8032

Walter Wegener und **Roland Questel,** *Untersuchungen über die Ursache der Zerstörung von nativen Faserstoffen durch Mikroorganismen.* 3. u. 4. Mitt. (2. vgl. C. **1952.** 6628.) In der 3. Mitt. beschreiben Vff. ausführlich die Ausscheidung u. Stockfleckenbldg. als Hemmung u. Förderung des Wachstums von Pilzen. In diesem Zusammenhang werden die für das Wachstum wichtigen Mineralien, wie P, K, Mg, Ca, S, Fe u. Zn, aufgezählt. Als wachstumsfördernde Spurenelemente werden Ba, Be, B, J u. Si genannt. Weiter wird darauf hingewiesen, daß das Zusammenleben der Mikroorganismen in erster Linie ein p_H-Problem darstellt. So werden die Pilze weniger durch Säuren u. Basen abgeschreckt als die Bakterien. Bei n/1 NaOH findet ebenso wie bei n/1 u. n/10 HCl kein Pilz- u. Bakterienbefall mehr statt. Da die Pilze zudem mit weniger Feuchtigkeit auskommen als die Bakterien, so ist es auch verständlich, daß die Pilze an der Textilschädigung durch Mikroorganismen bevorzugt beteiligt sind. (Melliand Textilber. **32.** 670—74. Sept. 1951.) H. G. FRÖHLICH. 8040

Hanna Klenk, *Unsachgemäße Lagerung von Textilien und ihre Folgen. — Ein Bildbericht.* Vf. beschreibt an Hand von zahlreichen Mikrophotos (22) die bei unsachgemäßer Lagerung von Textilien auftretenden Schäden: 1. durch Bakterien- u. Pilzbefall, 2. durch Insektenfraß (Mottenlarven, Speck-, Messing-, Pelz- u. Teppichkäfer) u. 3. durch Materialverwechslung in unübersichtlichen Rohstoff- u. Garnlagern. In letzterem Fall wird sehr oft Steifigkeit u. verschiedenartiges Anfärbevermögen beobachtet. (Textil-Praxis **7.** 891—95. Nov. 1952. Reutlingen, Staatl. Technikum für Textilind.) H. G. FRÖHLICH. 8040

W. J. Hart und **Jack Compton,** *Beschmutzung und Haftvermögen von Schmutz an Textilfasern.* Zur Bestätigung der früher aufgestellten Hypothese, daß die Bindung fettfreier Schmutzpartikel an die Baumwollfaser hauptsächlich eine geometr. Funktion (dimensionale Beziehung zwischen den Faseroberflächenrauheiten u. den Schmutzpartikelchen in wss. Dispersionen) u. nicht energet. Art, d. h. Ad- oder Absorption ist, werden Versuchsergebnisse dargelegt über Zeit der gegenseitigen Einw., Konz. der Schmutzmischung, Verhältnis von Fasergewicht zu Schmutzdispersion, Größe u. Verteilung der Schmutzpartikel, Einfl. der Teilchenbewegung, Vorbehandlung der Faser in wss. Lsgg. mit p_H-Werten von 3,5—11,5, Einfl. von oberflächenakt. Agentien in der Faser-Schmutz-Mischung u. Temperatureffekt. (Ind. Engng. Chem. **44.** 1135—41. Mai 1952. Charlottesville, Va., Inst. Textile Technol.) SCHOENMANN. 8044

R. Hünlich, *Das Carbonisieren.* Zur Beseitigung pflanzlicher Verunreinigungen carbonisiert man Wollgarne u. Stückgüter vor oder nach dem Färben. Für die Prüfung des sauren Carbonisierbades u. seine Anwendung werden mehrere Hinweise gegeben. (De Tex **11.** 948—50. 15/10. 1952.) WESLY. 8060

—, *Eigenschaften der textilen Glasfäden.* Besprochen werden: Faserfeinheit, Bruchfestigkeit u. Dehnung im trockenen Zustande, ebenso nach Benetzung mit W., sowie bei hohen u. niederen Temperaturen. (Rev. Textile [2] **50.** Nr. 9. 24—28. Sept. 1952.) FRIEDEMANN. 8082

Soc. d'Électro-Chimie, d'Électro-Métallurgie et des Aciéries Électriques d'Ugine, Paris, Frankreich (Erfinder: **Clifford A. Hampel,** Harvey, Ill., V. St. A.), *Bleichen von natürlichen oder künstlichen Harzen* einschließlich synthet. Fasern auf Kunstharzbasis, z. B. aus Polyamiden oder Celluloseesterkunstseide, dad. gek., daß die Harze mit einer nichtsauren wss. Lsg. eines Chlorits, bes. eines Alkali- u./oder Erdalkalichlorits u. eines Persulfats, bes. eines Alkalipersulfats, behandelt werden. Vorteilhaft wird bei $p_H \sim 7—11$ gebleicht. (**D. B. P. 857 790** Kl. 8i vom 28/9. 1950, ausg. 1/12. 1952. A. Prior. 16/6. 1944.) G. KÖNIG. 8027

General Aniline & Film Corp., New York, N. Y., übert. von: **Milton L. Hoefle** und **William Wilson Williams,** Easton, Pa., V. St. A., *4.5-Diphenylglyoxalondisulfonylchlorid* (I) erhält man durch Erhitzen eines Gemisches von Chlorsulfonsäure u. Na-4.5-Diphenylglyoxalondisulfonat auf ca. 75—155°. — *Zwischenprod.* bei der Herst. *opt. Bleichmittel.* (**A. P. 2 602 798** vom 15/1. 1951, ausg. 8/7. 1952.) BRÖSAMLE. 8027

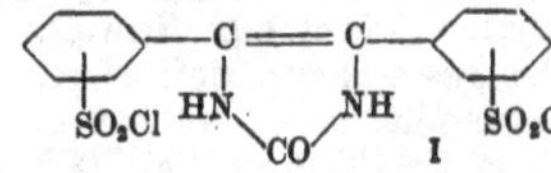

I

Henkel & Cie. G. m. b. H. (Erfinder: **Arthur Zimmermann**), Düsseldorf, *Herstellung von Kondensationsprodukten.* Durch Entacylierung von Chitin hergestellte chitosanartige

Erzeugnisse werden mit Aldehyden (CH_2O) umgesetzt. — *Textilhilfsmittel*, Verdickungsmittel. (**D. B. P. 858 550** Kl. 12q vom 22/5. 1943, ausg. 8/12. 1952.) FABEL. 8029

Badische Anilin- & Soda-Fabrik, Ludwigshafen/Rh. (Erfinder: **Lothar Jakob**, Viernheim, Hessen, **Guido v. Rosenberg**, Gersthofen, **Otto Roser**, Ludwigshafen/Rh., und **Otto Bayer**, Leverkusen), *Herstellung von Urethanen, die Oxidogruppen enthalten*, dad. gek., daß man Isocyansäureester in Ggw. von indifferenten Verdünnungsmitteln mit Oxidoalkoholen umsetzt. Z. B. werden erhalten aus Hexamethylendiisocyanat (I) u. Glycid (II) das *Hexamethylendioxidopropylurethan*, F. 78°; aus I u. II unter Abdest. des überschüssigen I u. des als Lösungsm. verwendeten Bzl. gelangt man zu einem dickfl. Öl der Formel: $OCN-(CH_2)_6-NH-COOCH_2-\underset{\diagdown O \diagup}{CH-CH_2}$; aus Tetramethylendiisocyanat u. II das *Tetramethylendioxidopropylurethan*, dickfl. Öl; entsprechend das *Phenyloxidopropylurethan*, dickes Öl; aus einem Gemisch von 1.4-Butandiolmonooxidopropyläther u. 1.4-Butandiol mit Phenylisocyanat das *Butandi-(phenylurethan)*, krist., u. das Oxidourethan der Formel: $C_6H_5NH-CO-O-(CH_2)_4-OCH_2-\underset{\diagdown O \diagup}{CH-CH_2}$. Zwischenprodd. bes. für *Textilhilfsmittel*. (**D. B. P. 862 888** Kl. 12o vom 21/5. 1941, ausg. 15/1. 1953.) SCHINDLER. 8029

Monsanto Chemical Co., St. Louis, Mo., V. St. A., übert. von: **Gerald R. Barrett**, *Schlichten von Garnen*. Nylon- oder andere Garne werden vor dem Weben mit der wss. Lsg. des Alkalisalzes eines Mischpolymerisates aus Styrol, Alkyl- oder Chlorstyrol u. Malein- oder Fumarsäure oder deren Anhydriden geschlichtet, wobei man Polyäthylen- oder Polypropylenglykole als Weichmachungsmittel zusetzen kann. (**E. P. 666 274** vom 4/4. 1949, ausg. 6/2. 1952. A. Prior. 29/4. 1948.) MÖLLERING. 8031

Celanese Corp. of America, New York, N. Y., V. St. A., *Textilschlichte und Konditioniermittel*, bestehend aus einem partiellen H_3PO_4-Ester eines langkettigen Alkohols, einem Alkylphenol u. einem Kondensat aus einem Alkylolamin u. langkettigen Fettsäuren. Das Gemisch wird Mineralöl zugesetzt u. macht dieses in W. emulgierbar. — Geeignet ist z. B. ein Gemisch aus 1 (Teil Kondensat aus Cocosnußfettsäure u. Triäthanolamin, ca. 0,13 n-Dodecanol–H_3PO_4-Ester u. eine geringe Menge Diamylphenol. (**E. P. 672 286** vom 5/10. 1949, ausg. 21/5. 1952. A. Prior. 7/10. 1948.) MÖLLERING. 8031

Max R. Wirth, Basel, Schweiz, *Herstellung eines wasserlöslichen Mischkondensates* (I) als *Imprägniermittel* für *Fasern* u. faserhaltige Stoffe. Man erzeugt durch Einw. von CH_2O auf Dicyandiamid u. Harnstoff in Ggw. von W. bei n. oder mäßig erhöhter Temp. in mindestens annähernd neutralem Medium ein in W. kristalloid-dispers lösl. I, welches das Harnstoffvorkondensat in Vernetzung mit einer solchen Menge von Dicyandiamidvorkondensat enthält, daß die wss. Lsg. des I gegen unerwünschte Teilchenvergröberung geschützt ist. (**Schwz. P. 280 486** vom 16/2. 1949, ausg. 1/5. 1952.) v. SCHILLER. 8037

Ontario Paper Co., Minneapolis, übert. von: **Edgar A. Lauring**, International Falls, Minn., V. St. A., *Feuerfestmachen von Textilgut*, Papier, Tapeten u. Holz. Man verwendet einen Überzug, der neben H_2BO_3, $Na_2B_4O_7$, Lithoponen u. Lösungsmitteln einen bindenden Ansatz aus 25 (Teilen) Standöl, 0,45 Ca-Naphthenat (6%ig), 1,35 Pb-Naphthenat (16%ig) u. 25 eines modifizierten thermoplast. Phenol–Aldehyd-Harzes (AMBEROL F-7) enthält. (**A. P. 2 594 937** vom 6/9. 1949, ausg. 29/4. 1952.) MÖLLERING. 8037

E. I. du Pont de Nemours & Co., übert. von: **Stockman C. Peckham †**, Wilmington, Del., V. St. A., *Schrumpffreie Wolle*, gek. durch einen Geh. von 15—40% Stapelfasern aus Acrylnitrilpolymerisaten (Mol.-Gew. 40000—250000). (**A. P. 2 595 977** vom 2/8. 1949, ausg. 6/5. 1952.) MÖLLERING. 8061

Tootal Broadhurst Lee Co. Ltd. (Erfinder: **Robinson Percy Foulds**), Manchester, England, *Behandlung von Stoffen, die ganz oder teilweise aus Wolle bestehen, mit Halogen*. Das Textilgut wird mit festen halogenabgebenden Stoffen, wie Ca-Hypochlorit, bestreut, einige Zeit so belassen, darauf durch Schütteln oder Bürsten von der Hauptmenge des Bleichpulvers wieder befreit u. danach mit Entchlorungsmitteln, wie $NaHSO_3$, in wss. Bade behandelt u. schließlich gewaschen. Durch diese Behandlung verliert die Wolle an Filzvermögen. (**D. B. P. 849 090** Kl. 8k vom 29/9. 1949, ausg. 11/9. 1952. E. Prior. 29/9. 1948.) HERBST. 8061

Enso-Gutzeit Osakeyhtiö, Helsinki, übert. von: **Turma Norta** und **Yrjö Sivola**, Imatra, Finnland, *Reinigen von chemisch aufgeschlossenem Zellstoff*, z. B. für *Viscose*. Der gewaschene, defibrierte u. abgetropfte Stoff wird sortiert, bei Raumtemp. mit Cl_2 behandelt, unter teilweisem Waschen auf 1—15% Stoffdichte gebracht u. die M. bei $p_H < 5$ u. Tempp. bei 100°, z. B. 40°, 10—200 Min. gehalten. Die p_H-Einstellung kann mit Cl_2 während des Erhitzens erfolgen. (**A. P. 2 593 173** vom 31/7. 1947, ausg. 15/4. 1952. Schwed. Prior. 30/10. 1943.) G. VOGEL. 8075

Vereinigte Glanzstoff-Fabriken Akt.-Ges., Wuppertal-Elberfeld (Erfinder: **Kurt Richter**, Erlenbach/M.), *Herabsetzung des Quellvermögens von künstlichen Gebilden aus Cellulosehydrat. Fäden* u. *Fasern* mit einem Feuchtigkeitsgeh. von ca. 30% werden einige Zeit auf $>100^0$ unter Druck erhitzt, wobei man das Erhitzungsgefäß mit dem zu behandelnden Gut prakt. vollkommen ausfüllt. Quellwert sinkt von 190(%) auf z. B. 60,9. (**D. B. P. 852 590** Kl. 29b vom 25/7. 1944, ausg. 16/10. 1952.) SALZMANN. 8075

Vereinigte Glanzstoff-Fabriken Akt.-Ges., Wuppertal-Elberfeld (Erfinder: **Willy Janke**, Randerath, und **Josef Buchkremer**, Oberbruch), *Schaumfreies Entlüften von Viscoselösungen* (I). Man läßt über der Oberfläche der unter vermindertem Druck stehenden I an sich bekannte schaumzerstörende Mittel in geringen, das Vakuum nicht nennenswert beeinträchtigenden Mengen verdunsten oder verdampfen bzw. in gewissen Zeitabständen zerstäuben. (**D. B. P. 852 892** Kl. 29b vom 3/12. 1944, ausg. 20/10. 1952.) SALZMANN. 8075

Gevaert-Photo-Producten N. V., Mortsel, Antwerpen, Belgien, *Stabilisierung organischer Celluloseester*, die durch Auswaschen von der zur Veresterung benutzten Säure befreit sind. Die Ester werden mit aliphat. oder aromat. KW-stoffen, auch in Mischung mit Alkoholen, Äthern, Ketonen, bei 50—150° behandelt. Die Behandlungsmittel dürfen bei dieser Temp. keine Säure abspalten. (**D. R. P. 767 498** Kl. 12o vom 26/2. 1936, ausg. 8/9. 1952. Oe. Prior. 25/2. 1935.) FABEL. 8077

Soc. Rhodiacéta (Erfinder: **Gabriel-Georges Pelanjon**), Seine, Frankreich, *Nähfaden aus synthetischen linearen Kondensationssuperpolymeren.* Man führt den Faden durch eine Lsg. von synthet. linearen Kondensationssuperpolymeren, wie Superpolyamiden, Superpolyestern oder Superpolyurethanen, in wss. A., Gemischen aus Alkoholen oder KW-stoffen oder Gemischen aus Alkoholen u. Metallsalzen, wie $CaCl_2$ oder KJ. Der so präparierte Faden wickelt sich auf der Nähmaschine ohne Reißen, Ausfasern, Verwirren oder Verdrehen gut ab, besitzt auch an den Knoten eine ausgezeichnete Führung u. liefert bei hoher Nähgeschwindigkeit eine fehlerlose Naht (z. B. beim Nähen von Fallschirmgewebe); er ist daher für die Herst. von Wäsche, Strumpf-, Galanterie-, Rauch- oder Schuhwaren oder von Bekleidungsstücken bes. geeignet. (**F. P. 995 118** vom 21/7. 1949, ausg. 28/11. 1951.) RAETZ. 8081

XIX. Brennstoffe. Erdöl. Mineralöle.

Je. I. Kasakow und **K. W. Grigorjewa**, *Über den Mechanismus der Bildung von „Asphaltenen" bei dem thermischen Zerfall von humushaltigem Brennmaterial.* Torfe aus Hoch- u. Tiefmooren, einzelne ihrer Bestandteile (Huminsäuren, Cellulose, Lignin) u. Steinkohle wurden der therm. Zers. nach 2 verschied. Methoden, entweder im N_2-Strom mit schneller Evakuierung des Dampf-Gas-Gemisches oder in Abwesenheit von N_2 u. mit langsamer Evakuierung, unterworfen. Die 1. Meth. sicherte, daß die prim. Zersetzungsprodd. infolge der Verdünnung durch N_2 u. des raschen Fortschaffens aus der Reaktionszone vor weiteren Umwandlungen geschützt waren. Im Laufe einer Std. wurde auf 500° erhitzt u. diese Temp. eine weitere Std. aufrechterhalten. Bei den Verss. ohne N_2 bestand ein bedeutender, im Falle von Huminsäuren der überwiegende Teil der sauren Verbb. aus in PAe. unlösl. „*Asphaltenen*" (hochmol. Phenolen). Therm. Zers. im N_2-Strom liefert bei etwas größerer Gesamtausbeute an Teer fast keine „Asphaltene", aber größere Mengen in PAe. lösl. Phenole. Die Resultate lassen den Schluß zu, daß die „Asphaltene" nicht Primärprodd. der therm. Zers. sind, sondern sich in sek. Rk. aus Phenolen bilden. Als Ausgangsstoffe für die Bldg. der „Asphaltene" kommen außer humushaltigen Substanzen auch Lignin u. Kohlenhydrate in Frage. (Журнал Прикладной Химии [J. angew. Chem.] **25.** 997—1000. Sept. 1952. Inst. für brennbare Fossilien der Akad. der Wiss. der UdSSR.) WÖRFFEL. 8122

P. G. Meerman, *Vorschriften für die Probenahme von Steinkohlen.* Zusammenstellung der in Holland angewendeten Vorschriften mit ausführlichen Nomogrammen zur Auswertung der genommenen Proben. (Chem. Weekbl. **48.** 605—11. 23/8. 1952.) ROSENDAHL. 8126

O. Jelambi, *Über die Verkokungseigenschaften der Kohle von Naricual.* Die Kohle, mit einem Geh. von 35% flüchtigen Anteilen, ist in die Sorten der langflammigen Kohlen einzuteilen mit einer geringen Fähigkeit zur Koksbildung. Die Kohle kann nicht zur Gewinnung von Hüttenkoks verwendet werden, allerdings läßt sie sich mit gutem Erfolg Kohlen mit guter Verkokungseig. beimischen. Ausführliche Wiedergabe der chem. u. physikal. Eigg. der Kohle. (Ing. Chemiste [Bruxelles] **34.** 78—80. Juni 1952.) ROSENDAHL. 8126

N. W. Franke, M. W. Kiebler, C. H. Ruof, T. R. Savich und **H. C. Howard**, *Wasserlösliche Polycarbonsäuren aus Oxydationsprodukten von Kohle.* Nach Schilderung des

Standes der Technik beschreiben Vff. zuerst die Vorverss. u. Apparaturen, um dann die genaue Arbeitsweise anzugeben, bei der verschied. Kohlensorten bei 270° u. 63,5 at O_2-Druck in Ggw. einer 40%ig. NaOH-Lsg. oxydiert wurden. Vor Einfüllen in den Autoklaven wird die feingepulverte Kohle völlig mit der Natronlauge benetzt, um Kohlenstaubexplosionen im O_2-Strom zu vermeiden. Die erhaltenen Säuren sind in W. fast vollkommen u. völlig in A., Ketonen, Estern löslich. Das C:H-Verhältnis läßt darauf schließen, daß cycl. Struktur u. kondensierte Ringe vorliegen; daneben Bzl.–Carbonsäuren. Die Bzl.–Carbonsäuren sind weiß, krist. u. sublimieren im Vakuum ohne Zersetzung. Die Säuregemische, wie sie bei der Kohlenoxydation anfallen, sind gefärbt u., obwohl sie bei 270° unter O_2-Druck gewonnen wurden, bei 150°, selbst in Abwesenheit von O_2, zersetzlich. Bei schnellem Erhitzen auf 350° dest. nur 55–60%, Rest: Koks u. gasförmige Produkte. Von den Bzl.–Carbonsäuren wurden in reiner Form abgeschieden: o- u. Isophthalsäure; 1.2.4-Benzoltricarbonsäure; 1.2.4.5-Benzoltetracarbonsäure; 1.2.3.4-Benzoltetracarbonsäure u. Benzolpentacarbonsäure. Diese durch Kohlenoxydation erhaltenen Gemische sollen sich eignen zur Metallreinigung, als Ersatz der Maleinsäure bei Brechen von Erdölemulsionen, als Dispergiermittel für Bohrschlämme u. dergleichen. — 20 Literaturhinweise. (Ind. Engng. Chem. **44.** 2784–92. Nov. 1952. Pittsburgh, Pa., Carnegie Inst. of Technol., Coal Res. Labor.) K. O. MÜLLER. 8126

W. Lowenstein-Lom, *Gewinnung der Phenole in einer Tieftemperaturverkokungsanlage.* Vf. bespricht die Gewinnung von *Phenolen* in einer kombinierten Anlage der Schwelung niedriggradiger Kohlen u. der Hydrierung der anfallenden Teeröle. Die Gewinnung wenigstens der einkernigen u. einfunktionellen Phenole ist dabei wirtschaftlich vorteilhafter als deren Hydrierung zu KW-stoffen. Die höheren Teerfraktionen werden dabei ohne vorherige Entphenolung in der Sumpfphase der Hydrierung eingesetzt, wobei die instabilen höhermol. Teersäuren verschwinden. Destillate bis 240° aus den Hydrierprodd. dieser Stufe werden gemeinsam mit leichteren Teerfraktionen durch Wäsche mit verd. NaOH entphenoliert. Bei der Schwelung oder bei Destillationsprozessen anfallende wss. Phasen werden nach dem *Phenosolvan*-Verf. (*Butylacetat*) behandelt, woraus schließlich auch eine Phenolatlauge resultiert. Abwässer werden schließlich mit entphenolierten leichten Ölen gewaschen, aus denen die Phenole ebenfalls mit NaOH entfernt werden. Die Gewinnung der Phenole aus den Phenolatlaugen geschieht in bekannter Weise über Zers. der Laugen mit CO_2 u. Aufarbeitung der Ölphase. Die NaOH wird durch Kaustifizierung regeneriert. Ein Fließschema einer Anlage wird besprochen. Abschließend werden Fragen der Wirtschaftlichkeit erörtert. (Petroleum [London] **15.** 154–57. 160. Juni 1952.) GERHARD GÜNTHER. 8140

P. Damm, *Zusammenhänge zwischen Verkokungsbedingungen, Teerausbeute und Teerbeschaffenheit.* Vortrag. Vf. schildert eingehend den Weg der Gase im Koksofen u. die sich bei der Verkokung abspielenden chem. Umsätze. (Erdöl u. Kohle **4.** 765–70. Dez. 1951. Frankfurt/M.) ROSENDAHL. 8142

Wilhelm Gumz, *Vergasung von festen Brennstoffen bei erhöhten Drucken.* Die Vergasung von festen Brennstoffen unter Drucken von 20–30 at ermöglicht hohen Durchsatz, geringeren O_2-Verbrauch u. Verminderung der Betriebs- u. Gaskosten. Das Verf. kann Anwendung finden in Hochdruckkesseln, Gasturbinen u. zur Herst. von Synthesegas u. Gasen mit hohem Wärmeinhalt. Es werden Verss. gebracht über die Wrkg. des Druckes auf die Gaszus., den Druckabfall im Brennstoffbett. Am Schluß der Arbeit findet sich eine 52 Zitate umfassende Literaturübersicht, die den Stand der Technik über Hochdruckvergasung bringt. — Diagramme, Tabellen u. 16 Literaturhinweise. (Ind. Engng. Chem. **44.** 1071–74. Mai 1952. Columbus, O., Battelle Memorial Inst.) K. O. MÜLLER. 8148

J.-P. Lacroix, *Die Hydrate in der Industrie der Naturgase.* 2. Mitt. *Die Bedeutung der Kohlenwasserstoffhydrate für die Ausbeutung von Naturgasvorkommen.* (1. vgl. C. **1953.** 799.) Das mit Haftwasser u. oft auch mit Lagerstättenwasser in Berührung stehende Naturgas bildet bei günstigen Druck- u. Temperaturbedingungen bereits vor der Förderung Hydrate. Aus der Temperaturabhängigkeit der Hydratbldg. bei gegebenen Drucken läßt sich, wenn Druck- u. Temperaturverlauf im Bohrloch bekannt ist, die Temp. bzw. Teufe errechnen, bei der Hydratbldg. erfolgt. Im Leitungsnetz hängt die Hydratbldg. von Temperatur- u. Wassergeh. ab, diese wiederum von der Förderleistung. Es werden Nomogramme zur Ermittlung dieser Daten gegeben. Verff. zur Beseitigung von Hydratstopfen umfassen die Anwendung von Wärme, Inhibitoren, Gefrierschutzmitteln u. die Herabsetzung des Druckes. Hinweise für die techn. Durchführung werden gegeben. Verhütung der Hydratbldg. ist durch partielle Entwässerung des Gases bis zum Erreichen einer unter der tiefsten Temp. der Leitung liegenden Taupunktstemp. möglich. Techn. Verff. hierzu beruhen auf Abkühlung, auf Anwendung von Absorptionsmitteln, wie Glykol, Tonerdegel, Silicagel, auf Entwässerung durch mechan. Verff., auf Beheizen der Leitungen oder auf Injektion von Gefrierschutzmitteln, z. B. Alkoholen. — 3. Mitt. *Die Lagerung von Naturgas in Form der Hydrate.* Die Möglichkeit zur Lagerung von Naturgas in Form der Hydrate wird diskutiert u. die Patentliteratur besprochen. Vgl. mit der üblichen Lagerung als Flüssiggas ergibt als Vorteil die Gefahrlosigkeit der Rückvergasung, als Nachteil die geringere Volumenverminderung von nur $^1/_{160}$ anstatt $^1/_{580}$ bei Flüssiggas. — 220 Literaturzitate. (Rev. Inst. franç. Pétrole Ann. Combustibles liquides **7**. 62—79. März 1952. Régie Autonome des Pétroles.) SYDOW. 8186

Petrolite Corp. Ltd., Wilmington, Del., übert. von: **Melvin De Groote**, St. Louis, Mo., V. St. A., *Brechen von Erdölemulsionen.* Man bricht eine Erdölemulsion (W.-in-Öl-Typ) mit einem Demulgator, der synthet., hydrophile Prodd. der Fornel: $HO(C_3H_6O)n-CO-RH(SO_3Na)-CO(OC_3H_6)nOH$ enthält. Es bedeuten: —CO—R—CO— den zweiwertigen Rest einer ungesätt. Dicarbonsäure (Malein-, Fumar-, Citraconsäure) n eine ganze Zahl von 12—80. Herst. der Demulgatoren erfolgt durch Veresterung zwischen 2 (Mol) eines Polypropylenglykols u. 1 einer Dicarbonsäureverb., wie Maleinsäureanhydrid, schließlich Rk. des Teilesters mit einem Alkalibisulfit ($NaHSO_3$). Das entsprechende Polypropylenglykol $HO(C_3H_6O)nH$ soll wasserunlösl. u. in Leuchtöl lösl. sein. Das Mol.-Gew. von Polypropylenglykol kann 700—2800 betragen. (**A. P. 2 602 054** vom 25/9. 1950, ausg. 1/7. 1952.) UNGER. 8191

Petrolite Corp. Ltd., Wilmington, Del., übert. von: **Melvin De Groote**, University City, Mo., V. St. A., *Brechen von Erdölemulsionen.* Man bricht eine Erdölemulsion (W.-in-Öl-Typ) mit einem Demulgator, der synthet. hydrophile Prodd. der Formel $R'COO\cdot(C_3H_6O)n-CO-RH(SO_3Na)-CO-(O\cdot C_3H_6)n-OOCR'$ enthält. Es bedeuten: —CO—R—CO— den zweiwertigen Rest einer ungesätt. Dicarbonsäure (Malein-, Fumar-, Citraconsäure), n eine ganze Zahl von 12—80 u. R'CO den Acylrest einer niedrigmol. Monocarbonsäure mit weniger als 8 C-Atomen. Herst. der Demulgatoren: Veresterung eines Polypropylenglykols mit einer äquimol. Menge einer niedrigmol. Monocarbonsäure (Essig-, Propion-, Milchsäure usw.) zu einer Teilester mit einer freien Oxygruppe u. dann Veresterung von 2 (Mol) dieses Esters mit 1 Dicarbonsäureverb., z. B. Maleinsäureanhydrid, schließlich Rk. des vollständigen Esters mit einem Alkalibisulfit ($NaHSO_3$). Das entsprechende Polypropylenglykol $HO(C_3H_6O)nH$ soll wasserunlösl. u. in Leuchtöl lösl. sein. Das Mol.-Gew. von Polypropylenglykol kann 700—2500 betragen. (**A. P. 2 602 055** vom 25/9. 1950, ausg. 1/7. 1952.) UNGER. 8191

Petrolite Corp. Ltd., Wilmington, Del., übert. von: **Melvin De Groote**, University City, Mo., V. St. A., *Brechen von Erdölemulsionen* des W.-in-Öl-Typs mit einem Demulgator, der synthet. hydrophile Prodd. der Formel $R'O(C_3H_6O)n-CO-RH(SO_3Na)-CO-(OC_3H_6)nOR$ enthält. Es bedeuten —CO—R—CO— den zweiwertigen Rest einer ungesätt. Dicarbonsäure (Malein-, Fumar-, Citraconsäure), n eine ganze Zahl von 12—80, R' einen KW-stoffrest mit weniger als 8 C-Atomen. Herst. der Demulgatoren erfolgt z. B. durch Veresterung äquimol. Mengen Polypropylenglykoläther u. Dicarbonsäure, dann Behandlung des Esters mit einem Alkalibisulfit ($NaHSO_3$). Der entsprechende Polypropylenglykoläther der Formel $R'O(C_3H_6O)nH$ soll wasserunlösl. u. in Leuchtöl lösl. sein. Das Mol.-Gew. von Polypropylenglykol kann 700—2500 betragen. (**A. P. 2 602 056** vom 25/9. 1950, ausg. 1/7. 1952.) UNGER. 8191

Aquaness Corp., übert. von: **Raymond W. Todd** und **Fritz E. Fuchs**, Houston, Tex., V. St. A., *Brechen von Erdölemulsionen.* Man behandelt die Erdölemulsion (W.-in-Öl-Typ) mit Demulgiermitteln, welche bes. aus Fettsäureestern von oxyalkylierten Polyoxyverbb., wie Glycerin u. Polyglycerin, bestehen. Man erhält die Polyoxyverbb. durch Rk. von Alkylpolyoxyverbb. (3 oder mehr freie OH-Gruppen) mit einem Gemisch von Äthylen- u. Propylenoxyden, das 15—60% Propylenoxyd enthält. Das Verhältnis des Oxydgemisches zur alkylierten Polyoxyverb. soll so bemessen sein, daß eine oxyalkylierte Polyoxyverb. vom durchschnittlichen Mol.-Gew. 2500—7500 entsteht. Zur Veresterung verwendet man Fettsäuren mit 8—18 C-Atomen, Man setzt mindestens 1 (Mol) der Fettsäure mit 1 der oxyalkylierten Polyoxyverb. um. — Beispiel: Ölsäureester von oxyalkyliertem Glycerin (aus Glycerin- u. Äthylen- u. Porpylenoxyden) vom Mol.-Gew. 5000. (**A. P. 2 597 204** vom 19/3. 1951, ausg. 20/5. 1952.) UNGER. 8191

Socony-Vacuum Oil Co., Inc., übert. von: **John Happel**, Brooklyn, und **Stephen P. Cauley**, Garden City, N. Y., V. St. A., *Wiederbelebung von gebrauchten Alkalilösungen.* Zur Extraktion von schwachsauren Schwefelverbb. aus *Mineralölen* gebrauchte Alkalilsgg. werden mit einem oxydierenden Gas, das freien O_2 enthält, in Ggw. einer organ. Verb. behandelt. Die aromat. Verb. enthält nur 3 benachbarte OH-Gruppen an einem Benzolring (Pyrogallol). Die Mercaptide werden zu Polysulfiden oxydiert, während ca. 0,35 Gew.-% des S nicht oxydiert werden. (**A. P. 2 599 449** vom 16/5. 1945, ausg. 3/6. 1952.) UNGER. 8195

Universal Oil Products Co., Chicago, übert. von: **Kenneth M. Brown,** Hinsdale, und **Clarenc G. Gerhold,** Riverside, Ill., V. St. A., *Entschwefelung von Kohlenwasserstoffgasen.* Man leitet einen mercaptanhaltigen KW-stoffgasstrom durch ein fl. KW-stofflösungsm., um das Mercaptan zu extrahieren. Den entschwefelten Gasstrom trennt man von dem mercaptanhaltigen Lösungsm., behandelt letzteres mit Kupferchlorid, um die Mercaptane zu Disulfiden zu oxydieren, u. gibt wenigstens einen Teil des disulfidhaltigen KW-stofflösungsm. in die Behandlungszone. — Zeichnung. (**A. P. 2 598 034** vom 19/1. 1949, ausg. 27/5. 1952.) Unger. 8195

Standard Oil Co., Chicago, Ill., übert. von: **Carl E. Johnson,** Griffith, und **Arthur P. Lien,** Hammond, Ind., V. St. A., *Entschwefelung von Kohlenwasserstoffen* durch Behandlung mit einem Gemisch aus BF_3 u. einer KW-stoffsulfonsäure, u. zwar mindestens mit so viel, daß sich eine 2. fl. Phase abscheidet. Man trennt den gereinigten KW-stoff von der Extraktphase, welche BF_3, die Sulfonsäure u. S-Verbb. enthält. Arbeitstemp.: —30 bis 120°. Verhältnis der Mischungskomponenten: 3—8 (Mol) KW-stoffsulfonsäure pro 1 BF_3. Menge der Mischung: 5—200 Vol.-%. — Zeichnung. (**A. P. 2 602 770** vom 23/5. 1950, ausg. 8/7. 1952.) Unger. 8195

Texaco Development Corp., übert. von: **Ludwig Rosenstein,** Wilmington, Del., V. St. A., *Entschwefeln von Kohlenwasserstoffen* durch Gegenstrombehandlung mit einer wasserfreien Alkanolaminlsg. eines Alkalihydroxyds, welche soviel Hydroxyd enthält, wie der in dem KW-stoff enthaltenen Mercaptanmenge entspricht. Genannt sind z. B. Monoäthanolamin u. Monoisopropanolamin. — Zeichnung. (**Can. P. 475 214** vom 23/11. 1949, ausg. 10/7. 1951.) M. F. Müller. 8195

Phillips Petroleum Co., Del., übert. von: **Martin R. Cines,** Bartlesville, Okla., V. St. A., *Beseitigung von Schwefelverbindungen aus Kohlenwasserstoffen.* Man dest. eine Mischung von KW-stoffen u. organ. S-Verbb. in Ggw. einer nichtsauren, aliphat. Perfluorverb. (Perfluorparaffine, -dialkyläther, -trialkylamine, -cycloparaffine, -alkylcycloparaffine), die mit den S-Verbb. ein destillierbares azeotropes Gemisch bildet. Die Kopfprodd. enthalten die S-Verbb., die Bodenprodd. KW-stoffe. — Zeichnung. (**A. P. 2 602 093** vom 26/12. 1950, ausg. 1/7. 1952.) Unger. 8195

Svenska-Skifferolje Aktiebolaget, übert. von: **Lars Börje Lundquist,** Narkes-Kvarntorp, Schweden, *Raffination von mercaptan- und schwefelkohlenstoffhaltigem Benzin.* Nach der üblichen Wäsche mit konz. H_2SO_4 wird mit ca. 15%ig. NaOH- oder KOH-Lsg. nachbehandelt. Anschließend wird das Bzn. durch Dest. in 2 Fraktionen zerlegt. Die leichte CS_2 u. die flüchtigen Mercaptane enthaltende Fraktion wird mit alkoh. Lauge, die schwere mercaptanhaltige mit Doktorlauge behandelt. (**A. P. 2 558 863** vom 14/2. 1949, ausg. 3/7. 1951. Schwed. Prior. 18/2. 1948.) v. Huhn. 8195

Aktiebolaget Separator-Nobel, Stockholm (Erfinder: **Erland Jung,** Landskroner, und **Hans Olof Lindgren,** Brommer), Schweden, *Entparaffinieren von Kohlenwasserstoffölen durch Schleudern.* Das Paraffin wird aus der Schleudertrommel in eine vom Schleuderraum abgetrennte Kammer über einen festen oder verstellbaren Überlauf für das Paraffin übergeführt u. hier mit Lösungsm. versetzt. — Zeichnung. (**D. B. P. 858 873** Kl. 23b vom 8/2. 1938, ausg. 11/12. 1952. Schwed. Prior. 29/5. 1937.) Unger. 8195

Standard Oil Development Co., übert. von: **Francis M. Archibald,** V. St. A., *Herabsetzung der Viscosität von Erdöldestillaten* durch Behandlung mit SO_3. Es entsteht dabei ein viscoser Nd., von dem das verbleibende Öl getrennt wird. Zweckmäßig wird das Ausgangsöl, z. B. ein Mineralöl von 350—380 Saybolt-Viscosität bei 37,7°, mit einem Mineralöl verd., welches keine wesentlichen Mengen von Stoffen enthält, die mit SO_3 reagieren. — Zeichnung. (**F. P. 987 196** vom 21/5. 1949, ausg. 9/8. 1951. A. Prior. 5/6. 1948.) M. F. Müller. 8195

Universal Oil Products Co., Chicago, Ill., V. St. A., *Druckwärmespaltung von Kohlenwasserstoffölen.* Die bei der Spaltung anfallenden dampfförmigen u. fl. Spaltprodd. werden getrennt, die Dämpfe zunächst in einer 1. Fraktionierzone in eine hochsd. u. eine niedrigsd. Rücklauffraktion u. in ein Benzindampf–Gas-Gemisch getrennt. Die hochsd. Fraktion wird in die 1. Spaltzone zurückgeführt, während die niedrigsd. in einer 2. Spaltzone strengeren Spaltbedingungen unterworfen wird. Die dabei erhaltenen dampfförmigen Spaltprodd. werden den dampfförmigen Spaltprodd. der 1. Spaltzone vor der Fraktionierung zugemischt u. das zu spaltende Frischöl wird mindestens einer der beiden Rücklauffraktionen zugesetzt. — Das Benzindampf–Gas-Gemisch wird in einer Rektifizierkolonne in eine gasförmige Spaltprodd. enthaltende niedrigsd. Benzinfraktion u. in eine gasfreie hochsd. Benzinfraktion getrennt u. nur die niedrigsd. Benzinfraktion in einer 3. Fraktionierzone durch Abtrennung der unerwünschten niedrigsd. Bestandteile stabilisiert. — Zeichnung. (**D. B. P. 861 140** Kl. 23b vom 19/2. 1935, ausg. 29/12. 1952. A. Prior. 19/2. 1934.) Unger. 8197

Hydrocarbon Research, Inc., New York, N. Y., übert. von: **Earl W. Riblett**, Penafly, N. J., V. St. A., *Umwandlung von kohligem Material und Spaltung von Öl.* KW-stofföl u. festes kohliges Material mit flüchtigen Bestandteilen u. ein fester, kokshaltiger Rückstand werden in der Weise aufgearbeitet, daß man den festen Rückstand des kohligen Materials durch 3 miteinander verbundene Zonen führt. Der feste Rückstand wird mit einem gasförmigen Reagens (O_2) entgast, wobei Wärme frei wird. Der heiße Rückstand gelangt anschließend in eine Kohlungszone, wo er mit frischem kohligen Material zusammengebracht wird. Dabei wird flüchtiges Material entfernt u. weiterer fester Rückstand gebildet. Den festen Rückstand bringt man zusammen mit KW-stofföl in eine Spaltzone, wo das Öl gespalten wird u. sich weiterer fester Rückstand bildet. Die festen Rückstände aus der Spaltzone gelangen zurück in die Entgasungszone, wo die gebildete Kohle u. ein Teil des festen Rückstandes vergast werden. Tempp.: Entgasungszone 2000° F, Kohlungszone: 1400—1600° F, Spaltzone 900—1200° F; gasförmiges Reagens: O_2 + Wasserdampf. — Zeichnung. (**A. P. 2 600 430** vom 9/8. 1947, ausg. 17/6. 1952.) UNGER. 8197

N. V. de Bataafsche Petroleum Mij., Den Haag, Holland (Erfinder: **Robert Pijzel**, Chicago, Ill., V. St. A.), *Spalten von Paraffinen.* Paraffinreiche, völlig verdampfbare KW-stofföle werden in der Dampfphase bei mäßigen Drucken gespalten, wobei das Behandlungsgut vorher aufgeheizt u. verdampft u. die Spaltprodd. abgeschreckt werden. Die Aufheizung vor der Verdampfung (465—550°) geschieht so schnell, daß keine Spaltung eintritt u. die unmittelbar anschließende Spaltung (540—570°, bes. bei 560°) wird ohne Zwischenschaltung eines Verdampfers vorgenommen. Spaltzeit: 1—8 Sek., bes. 6 Sekunden. — Zeichnung. (**D.R.P. 767 563** Kl. 23b vom 21/4. 1937, ausg. 8/12. 1952.) UNGER. 8197

Badische Anilin- & Soda-Fabrik (Erfinder: **Mathias Pier**, Heidelberg, **Wilhelm von Füner** und **Gerhart Free**), Ludwigshafen/Rh., *Alkalimetallfreie Aluminiumsilicatkatalysatoren.* Man setzt ein lösl. Al-Salz (Nitrat oder Chlorid) u. mindestens ein lösl. Salz des Mg, Zn, Ca, Be oder Mn mit einer (käuflichen) Wasserglaslsg. um, wobei die Lsg. des Al-Salzes gleichzeitig mit dem lösl. Salz der obengenannten Metalle in solcher Menge mit der Wasserglaslsg. vereinigt wird, daß das Alkali des Wasserglases prakt. vollständig durch die Säurereste der zugesetzten Salze gebunden wird u. das Gemisch noch ein p_H oberhalb 7 hat. Nach dem Abfiltrieren u. Auswaschen wird der Nd. bei 110° getrocknet, zu Pillen geformt u. langsam auf 500° gebracht. (**D. B. P. 856 677** Kl. 23b vom 9/5. 1941, ausg. 24/11. 1952.) UNGER. 8197

Universal Oil Products Co., Chicago, übert. von: **Vladimir Haensel**, Hinsdale, Ill., V. St. A., *Umwandlung, z. B. Spaltung von Kohlenwasserstoffen mittels zusammengesetzter Platinkontakte.* Man behandelt die KW-stoffe in Ggw. eines Katalysators, der aus Halogeniden (Cl 0,2—8, F 0,1—3 Gew.-%) des Al u. Pt besteht u. nicht mehr als 1 Gew.-% eines Erdalkalioxyds u. MgO enthält. Zur Herst. des Katalysators behandelt man Tonerde mit Cl_2 oder F_2 in trockenem Zustand, mischt 0,01—1 Gew.-% Pt zu, desgleichen CaO oder MgO u. calciniert die entstehende Mischung. (**A. P. 2 602 772** vom 27/5. 1949, ausg. 8/7. 1952.) UNGER. 8197

Anglo-Iranian Oil Co. Ltd., London (Erfinder: **William Arthur Partridge** und **Harold John Alty**, Sunbury-on-Thames, Middlesex), England, *Stabilisierung von Motortreibstoffen,* die $Pb(C_2H_5)_4$ als Antiklopfmittel enthalten, dad. gek., daß dem Treibstoff eine geringe Menge von Monocarbonsäuren, ihren Säureamiden, Anhydriden oder Salzen (außer Bleiacetat) zugesetzt wird. — Man setzt z. B. geringe Mengen Ammoniumacetat oder Acetamid zu. (**D. B. P. 853 225** Kl. 46a[6] vom 1/1. 1949, ausg. 23/10. 1952. E. Prior. 21/9. 1945.) DERSIN. 8205

Standard Oil Development Co., übert. von: **Barney R. Strickland**, Westfield, N. J., V. St. A., *Antioxydationsmittel für Benzin,* bestehend aus Dioxan mit Zusatz von 20 bis 50% *N.N'-Di-(sek.-butyl)-p-phenylendiamin.* (**A. P. 2 589 979** vom 1/9. 1949, ausg. 18/3. 1952.) DERSIN. 8205

Ethyl Corp., New York, N. Y., übert. von: **Ivar T. Krohn**, Royal Oak, und **Hymin Shapiro**, Detroit, Mich., V. St. A., *Alkylbleiverbindungen* erhält man durch Kondensation einer Ca–Pb-Legierung (Verhältnis 1:1 bis 1,5:1 bzw. 2,2:1 bis 3,5:1) mit einem Alkylierungsmittel, zweckmäßig bei 50—100° nach: $Ca_2Pb + 4RCl \rightarrow R_4Pb + 2CaCl_2$ bzw. $2CaPb + 4RX \rightarrow 2CaX_2 + R_4Pb + Pb$ (X = anorgan. Säurerest). — Ca–Pb (2,35:1) wird mit fl. C_2H_5Cl im Druckgefäß auf 85° bei 75 lbs./sq.in. erwärmt, wobei man 9,2% $Pb(C_2H_5)_4$ erhält. (**A. PP. 2 594 183** u. **2 594 225** vom 29/5. 1951, ausg. 22/4. 1952.) KRAUSS. 8209

Standard Oil Development Co., Del., übert. von: **Leonhard E. Moody**, Elizabeth, und **James W. Hand jr.**, Summit, N. J., V. St. A., *Rostschutzmittel,* bes. für den Zylinderraum von Motoren. Dem *Brennstofföl* werden 0,03—5% eines Alkyldiamins mit 2—5 C-Atomen, z. B. Propylendiamin, zugesetzt. (**A. P. 2 591 583** vom 21/1. 1949, ausg. 1/4. 1952.) KRANZ. 8213

Ruhrchemie Akt.-Ges., Oberhausen/Holten (Erfinder: **Karl Büchner**, Duisburg-Hamborn), *Verhinderung oder Beseitigung der Emulgierbarkeit von Turbinenölen* (I), dad. gek., daß den I nach der Raffination eine der Neutralisationszahl von mindestens 0,02 entsprechende Menge, höchstens 0,1% einer öllösl., tiefstockenden, verzweigten u. gesätt. Fettsäure zugesetzt wird, die durch Oxosynth., d. h. durch katalyt. Wassergasanlagerung an Olefine hergestellt wurde. (**D. B. P. 852 589** Kl. 23c vom 22/3. 1949, ausg. 16/10. 1952.) DERSIN. 8221

Metallgesellschaft Akt.-Ges., Frankfurt/M., *Schneidflüssigkeit für die spanabhebende Verformung von Eisen, Stahl und deren Legierungen.* Verwendung von Lsgg., die CrO_3 oder Chromate enthalten, für den angegebenen Zweck. Man kann ferner noch H_3PO_4 oder Phosphate u. Öle zusetzen. (**D. R. P. 748 559** Kl. 23c vom 2/6. 1938, ausg. 13/10. 1952.) DERSIN. 8221

A. Wyn Williams, Coal manuel for industry. New York: Conover-Mast Pubns. 1952. (335 S. m. Abb. u. Diagr.) Ø $ 5,50.

XXI. Leder. Gerbstoffe.

F. E. Humphreys, *Das Trocknen von Kollagen und dessen Wiederaufnahmevermögen von Wasser aus feuchter Atmosphäre.* Es wird die Auswirkung verschied. Arten des Trocknens von Kollagen (Hautpulver) untersucht. Dabei gibt ein Trocknen bei 110° u. gewöhnlichem Druck mit oder ohne Vorentwässern über SiO_2 die höchsten Feuchtigkeitswerte. Das getrocknete Kollagen zieht sehr begierig wieder Feuchtigkeit an, was zu besonderer Vorsicht beim Abkühlen u. Wiegen der Proben Anlaß gibt. Das Wiederaufnahmevermögen von W. ist je nach der mehr oder weniger schonenden Trocknungsweise unterschiedlich. (J. Soc. Leather Trades' Chemists **36.** 90—96. März 1952. Milton Park, Egham, Surrey, Brit. Leath. Manufact. Res. Assoc.) STADLER. 8334

H. Lee und **H. G. Wollenberg**, *Sohllledergerbungen in Mimosa-Gerbbrühen, die Salze der lyotropen Reihe enthalten.* In gleichen Gerbansätzen werden einerseits Zusätze von K_2SO_4, NaBr bzw. $CaCl_2$ gemacht, andererseits diese Brühen vergleichsweise mit H_2SO_4, Ameisen- oder Citronensäure auf einen Anfangs-p_H-Wert von 3,0 eingestellt. Es werden einzelne Einflüsse der Salze bzw. Säuren auf die Eigg. der erhaltenen Leder festgestellt, die allerdings nur wenig hervortreten. (J. Soc. Leather Trades' Chemists **36.** 79—90. März 1952. Beverly, Yorkshire, Tanning and Extract. Labor., R. Hodgson and Sons, Ltd.) STADLER. 8336

René Oehlers, Sverre Dahl und **Timothy J. Kilduff**, *Die Behandlung von Leder mit Polyisobutylen.* Es wird eine Labormeth. zum Imprägnieren von vegetabil. gegerbtem Leder sowie von mit Chrom nachgegerbtem Sohlenleder mit Polyisobutylen (Vistanex; I) beschrieben. Danach erfolgt die Behandlung durch Eintauchen des trockenen Leders in eine Lsg. von I (organ. Lösungsm.) bei Zimmertemp., während einer Dauer, die zwischen ½—48 Std. liegt. Nun wird der Überschuß abgewischt u. der Überschuß des Lösungsm. verdampft. Hierbei werden vom Leder nach einer Behandlung von 18 Std. ca. 13—18% I aufgenommen. Das günstigste Mol.-Gew. der I-Lsg. liegt zwischen 50—100 000. Ferner wurde gefunden, daß die Viscosität der I-Lsg. von der Art des verwendeten organ. Lösungsm. abhängig ist. Die Aufnahme durch das Leder wird aber hiervon nicht beeinflußt. Ebenso verhalten sich die anion., kation. u. nichtionogenen Netzmittel. Durch die I-Behandlung wird die Wasseraufnahme von vegetabil. gegerbtem Leder auf die Hälfte herabgesetzt, wobei gleichzeitig der Abrieb um 60% verbessert wird. Tragverss. haben gezeigt, daß das mit I behandelte Leder eine um ca. 80% höhere Tragfähigkeit aufweist als bestes Unterleder. Die erhaltenen Versuchsergebnisse werden ausführlich beschrieben. — 6 Tabellen, 8 Abbildungen. (J. Amer. Leather Chemists Assoc. **47.** 642—660. Okt. 1952. Washington, D. C., National Bureau of Standards.) H. G. FRÖHLICH. 8340

Hugo Dettmer, Kronberg/Taunus, *Gerbstoffe aus Pentosen und Hexosen*, bes. aus Glucose u. Invertzucker, durch Einw. von Alkali in wss. Lsg., wobei man die wss. Lsg. der Zucker mit Alkali im Überschuß auf ca. 150—170°, zweckmäßig im Druckgefäß, erhitzt. (**D. B. P. 861 842** Kl. 12o vom 9/2. 1938, ausg. 5/1. 1953.) BRÖSAMLE. 8337

Herausgeber u. verantwortlich für den Inhalt: Prof. Dr. Maximilian Pflücke, Berlin W 8, Jägerstraße 22/23, Fernsprecher: 200481, 201464. Redaktion: Chefredakteure Dr. Eugen Klever und Prof. Dr. Maximilian Pflücke. Verlag: Akademie-Verlag GmbH, Berlin NW 7, Schiffbauerdamm 19 (Fernsprecher 425571, Postscheckkonto Berlin 35021) u. Verlag Chemie, GmbH, Weinheim/Bergstraße (Postscheckkonto Frankfurt/M. 145314 u. Berlin [West] 7430, Fernsprecher: Weinheim 2017). Bestell- u. Verlags-Nr. dieses Heftes: 1007/124/17. Das Chemische Zentralblatt erscheint wöchentlich. Satz u. Druck: VEB Leipziger Druckhaus, Leipzig, III/18/203. IV. 53.
Veröffentlicht unter der Lizenznummer 1212 des Amtes für Literatur und Verlagswesen der Deutschen Demokratischen Republik.
Printed in Germany.

MIX
Papier | Fördert gute Waldnutzung
FSC® C083411

Zeitfracht Medien GmbH
Ferdinand-Jühlke-Straße 7
99095 Erfurt, Deutschland
produktsicherheit@kolibri360.de